ERICH
SCHMIDT
VERLAG

Öffentliches Rechnungs- und Prüfungswesen – Band 1

Doppelte Buchführung, Jahresabschluss und Neues Kommunales Finanzmanagement

Von

Herbert K. Heidler

2., neu bearbeitete Auflage

ERICH SCHMIDT VERLAG

Bibliografische Information der Deutschen Nationalbibliothek
Die Deutsche Nationalbibliothek verzeichnet diese Publikation in der Deutschen Nationalbibliografie; detaillierte bibliografische Daten sind im Internet über http://dnb.d-nb.de abrufbar.

Weitere Informationen zu diesem Titel finden Sie im Internet unter
ESV.info/978 3 503 19449 0

1. Auflage 2018
2. Auflage 2020

Gedrucktes Werk: ISBN 978 3 503 19449 0
eBook: ISBN 978 3 503 19450 6

www.ESV.info

Dieses Papier erfüllt die Frankfurter Forderungen der Deutschen Nationalbibliothek und der Gesellschaft für das Buch bezüglich der Alterungsbeständigkeit und entspricht sowohl den strengen Bestimmungen der US Norm Ansi/Niso Z 39.48-1992 als auch der ISO-Norm 9706.

Druck und Bindung: docupoint, Barleben

Vorwort

Die Bände „Öffentliches Rechnungs- und Prüfungswesen“ richten sich an **Beschäftigte**, die in den Bereichen **Finanz-, Rechnungs- und Prüfungswesen sowie im Controlling** tätig sind, aber auch an Mandatsträger, Studierende an Universitäten und Fachhochschulen, Teilnehmer in Aus- und Fortbildungskursen und zur Vorbereitung auf **Finanz- und Bilanzbuchhalterprüfungen** im öffentlichen Bereich. Die Inhalte sind überwiegend bundesweit für die staatliche und kommunale Doppik einsetzbar. Gemäß den Standards für die staatliche Doppik sind die Regelungen des Dritten Buches Handelsgesetzbuch (HGB) anzuwenden. Nur an wenigen Stellen der Standards wurden Abweichungen vorgenommen, um den Besonderheiten der öffentlichen Haushalte gerecht zu werden.

In Teil A des ersten Bandes wird die Buchführung, die Bilanzierung, die Bewertung und der Jahresabschluss behandelt. Die gesetzlichen Grundlagen beziehen sich hier auf das Handelsgesetzbuch mit Verweisen zur staatlichen Doppik und zu wesentlichen haushaltsrechtlichen Vorschriften für Kommunen, wobei in erster Linie auf die Rechtsvorschriften in NRW verwiesen wird. Verweise auf alle geltenden kommunalen Vorschriften zum öffentlichen Rechnungswesen wären nicht praktikabel und sind deshalb auch nicht Anspruch dieses Lehrbuches. Teil B bezieht sich primär auf die Inhalte zum „Neuen Kommunalen Finanzmanagement (NKF)“. Die Ausführungen sind auch in den anderen Bundesländern trotz geringfügig anderer Regelungen und Begrifflichkeiten anwendbar. Die Inhalte der Kapitel A.1–A.6, A.8 sowie B.1–B.2.3 sollten unabhängig der unterschiedlichen kommunalen gesetzlichen Grundlagen zum Grundwissen aller Beschäftigten gehören. Sie ermöglichen einen guten Einstieg für all diejenigen, die sich in die Themen neu einarbeiten möchten.

In der Aus- und Fortbildung werden häufig nur die spezifischen Regelungen der einzelnen Haushaltsverordnungen vermittelt. In diesem Band erfolgen zusätzlich Ausführungen und Verweise zum HGB als dem Referenzmodell des doppischen öffentlichen Rechnungswesens und zur betriebswirtschaftlichen Fachliteratur. Dies soll den Beschäftigten in der öffentlichen Verwaltung einen Zugang zum HGB und der weiterführenden Fachliteratur verschaffen und sie damit in die Lage versetzen, schwierigere Praxisfragen auch ohne kostspielige externe Beratung oder Unterstützung selbständig zu lösen.

Das Lehrbuch hat das Ziel, eine Verbindung der HGB-Regelungen zur vorhandenen kommunalen Doppik und zur neuen staatlichen Doppik herzustellen, indem Unterschiede und Gemeinsamkeiten aufgezeigt werden. Letztlich soll auch ein Beitrag zur Förderung der Personalmobilität zwischen Privatwirtschaft und öffentlicher Verwaltung und zur Vereinheitlichung des öffentlichen Rechnungswesens bei Bund, Ländern und Gemeinden geleistet werden.

Die nunmehr vorliegende **2. Auflage** von Band 1 berücksichtigt insbesondere die Änderungen im NKF, die sich durch die neue Rechtsgrundlage der **Kommunalhaushaltsverordnung NRW (KomHVO NRW)** ergeben haben und Änderungen in den Rechtsvorschriften der anderen Bundesländer. Das **neu** eingefügte **Kapitel A. 18** befasst sich mit den wesentlichen Unterschieden zwischen den HGB-Regelungen und den **Standards staatlicher Doppik (SsD)**.

Die Bände „Öffentliches Rechnungs- und Prüfungswesen“ gliedern sich in

Band 1:	Doppelte Buchführung, Jahresabschluss und Neues Kommunales Finanzmanagement,
Band 2:	Kosten- und Leistungsrechnung, Finanzierungs- und Wirtschaftlichkeitsrechnung,
Band 3:	Jahresabschlussprüfung.

Für Anregungen und die kritische Durchsicht des Manuskripts bedanke ich mich bei meinem Sohn Christoph Heidler, M. Sc.

Hagen, im Mai 2020 Herbert K. Heidler

Inhaltsverzeichnis

Abbildungsverzeichnis

Abkürzungsverzeichnis

ABZF	Abzinsungsfaktor
ADS	Adler, H. / Düring, W. / Schmaltz, K.: Rechnungslegung und Prüfung der Unternehmen
AG	Aktiengesellschaft
AfA	Absetzung für Abnutzung
AK/HK	Anschaffungs- oder Herstellungskosten
AktG	Aktiengesetz
AO	Abgabenordnung
AR	Ausgangsrechnung
AV	Anlagevermögen
BAB	Betriebsabrechnungsbogen
BaFin	Bundesanstalt für Finanzdienstleistungsaufsicht
Bay.	Bayern
Bdg.	Brandenburg
BeamtVG	Beamtenversorgungsgesetz
BDI	Bundesverband der Deutschen Industrie
BbesG	Bundesbesoldungsgesetz
BewG	Bewertungsgesetz
BgA	Betrieb gewerblicher Art
BilMoG	Gesetz zur Modernisierung des Bilanzrechts (Bilanz-modernisierungsgesetz)
BilRUG	Bilanzrichtlinienumsetzungsgesetz
BMF	Bundesministerium der Finanzen
BStBl.	Bundessteuerblatt
BW	Baden-Württemberg
CF	Cashflow
CSR	Corporate Social Responsibility
DRS	Deutsche Rechnungslegungsstandards
DRSC	Deutsche Rechnungslegungs Standards Committee e.V.
EBIT	Earnings before interest and taxes

EBITDA	Earnings before interest, taxes, depreciation and amortisation
EigVO	Eigenbetriebsverordnung für das Land Nordrhein-Westfalen
EK	Eigenkapital
EPSAS	European Public Sector Accounting Standards
EPOS	Einführung von Produkthaushalten zur Outputorientierten Steuerung Neues Rechnungswesen NRW
ER	Eingangsrechnung
EStDV	Einkommenssteuer-Durchführungsverordnung
EStG	Einkommenssteuergesetz
EStH	Amtliches Einkommenssteuer-Handbuch (www.bmf-esth.de)
EStR	Einkommenssteuer-Richtlinie
EWB	Einzelwertberichtigung
EZB	Europäische Zentralbank
FCF	Free Cash Flow
Fifo	First in, first out (Verbrauchsfolgeverfahren)
GE	Geldeinheiten
GO	Gemeindeordnung NRW
GoB	Grundsätze ordnungsmäßiger Buchführung
GoF	Geschäfts- oder Firmenwert
GuV	Gewinn- und Verlustrechnung(en)
GWG	Geringwertige Wirtschaftsgüter / Geringwertige Anlagegüter
HB	Handelsbilanz(en)
Hess.	Hessen
HGB	Handelsgesetzbuch
HGrG	Haushaltsgrundsätzegesetz
HK	Herstellungskosten
HWR	Handwörterbuch der Rechnungslegung
IAS	International Accounting Standards
IDW	Institut der Wirtschaftsprüfer
IDW-HFA	Hauptfachausschuss des Instituts der Wirtschaftsprüfer
IFRS	International Financial Reporting Standards

IKR	Industriekontenrahmen
ILV	Interne Leistungsverrechnung
ImmoWertV	Immobilien-Wertermittlungsverordnung
IPSAS	International Public Sector Accounting Standard
KAG	Kommunalabgabengesetz NRW
KGSt	Kommunale Gemeinschaftsstelle für Verwaltungsmodernisierung
KLR	Kosten- und Leistungsrechnung
KomHVO	Kommunalhaushaltsverordnung NRW
KonTraG	Gesetz zur Kontrolle und Transparenz im Unternehmensbereich
Lifo	Last in, first out (Verbrauchsfolgeverfahren)
LuL/L+L	Lieferungen und Leistungen
MU	Mutterunternehmen
MV	Mecklenburg-Vorpommern
Nds.	Niedersachsen
NHK	Normalherstellungskosten
NKF	Neues Kommunales Finanzmanagement
NKHR	Neues Kommunales Haushalts- und Rechnungswesen
PPP	Public Private Partnership
PWB	Pauschalwertberichtigung
PWC	Price Waterhouse Coopers
RAP	Rechnungsabgrenzungsposten
RhPf	Rheinland-Pfalz
Rn.	Randnummer
Sachs.	Sachsen
S-Anh .	Sachsen-Anhalt
SAP	Systemanalyse und Programmentwicklung AG
SsD	Standards staatliche Doppik
SchlH	Schleswig-Holstein
SoPo	Sonderposten
TEUR	Tausend Euro

Thür.	Thüringen
Tz.	Teilziffer/Textziffer
TU	Tochterunternehmen
US-GAAP	US-Generally Accepted Accounting Standards
USt	Umsatzsteuer
UV	Umlaufvermögen
VA	Verwaltungsakt
VE	Verpflichtungsermächtigung
VFE-Lage	Vermögens-, Finanz- und Ertragslage
VKR	Verwaltungs-Kontenrahmen
WPg	Die Wirtschaftsprüfung (Zeitschrift)

A. Doppelte Buchführung und Jahresabschluss

A.1 Teilgebiete des betrieblichen Rechnungswesens

Der Begriff „Rechnungswesen“ (engl. accounting) umfasst alle Rechenwerke innerhalb eines Betriebes, welche die betrieblichen Prozesse erfassen, auswerten, steuern und überwachen. Das Rechnungswesen übernimmt somit eine Dokumentations-, Planungs- und Kontrollfunktion. In der betriebswirtschaftlichen Literatur gibt es unterschiedliche Einteilungen für das betriebliche Rechnungswesen. Schmolke/Deitermann[1] unterscheiden die folgenden vier Bereiche:

- Die **Buchführung** (auch: Finanzbuchhaltung) dokumentiert den Bestand und die Veränderungen des Vermögens und des Eigen- und Fremdkapitals sowie alle Aufwendungen (Wertminderungen) und Erträge (Wertzuwächse). Die Buchführung bildet zusammen mit der Bilanz und der Gewinn- und Verlustrechnung die wichtigste Grundlage für das gesamte Rechnungswesen und damit die Kernfunktion im Rechnungswesen.

- Die **Kosten- und Leistungsrechnung** (KLR) als interne Rechnung eines Betriebes erfasst den betriebstypischen Wertverzehr (Kosten) und den betriebstypischen Wertzuwachs (Leistungen), der sich aus dem eigentlichen Zweck des Betriebes ergibt. Wichtigste Aufgaben sind die Überwachung der Wirtschaftlichkeit und die Ermittlung von Selbstkosten zur Kalkulation der Preise. Das Zahlenwerk der Buchführung dient als Grundlage. Sog. kalkulatorische Kosten (Kosten, die nur für Zwecke der betrieblichen Kalkulation angesetzt werden) sind zusätzlich zu berücksichtigen. Während die Kosten- und Leistungsrechnung nur die Kosten erfasst, die für die Erstellung der betrieblichen Leistungen üblich und angemessen sind, zeichnet die Buchführung alle Geschäftsvorfälle auf, auch wenn sie außergewöhnlich sind oder mit der eigentlichen Betriebstätigkeit in keinem Zusammenhang stehen.

- Die **Statistik und Vergleichsrechnung** als weiterer Bereich des Rechnungswesens baut auf dem Zahlenwerk von Buchführung und Kostenrechnung sowie eigener Erhebungen auf. Es werden Umsatz-, Kosten-, Personal- oder andere Statistiken erstellt und den Daten früherer Jahre (Zeitvergleich) oder anderer Betriebe (Betriebsvergleich) gegenübergestellt.

- **Planungs- und Wirtschaftlichkeitsrechnungen** verarbeiten das Zahlenmaterial aus der Buchführung, der Kosten- und Leistungsrechnung und der Statistik und ermöglichen so dem Betrieb, wirtschaftlich notwendige Entscheidungen für die Zukunft zu treffen.

---

[1] Schmolke/Deitermann, Industrielles Rechnungswesen, 47. Aufl. 2018, S. 7. Eine geringfügig andere Einteilung wird z.B. vorgenommen von: Baetge/Kirsch/Thiele, Bilanzen, 15. Aufl. 2019, S. 1.

Die wichtigsten Inhalte für jedes Teilgebiet ergeben sich aus der folgenden Abbildung:

Finanzbuchhaltung und Bilanz	**Kosten- und Leistungsrechnung**
• Buchführung • Inventar • Jahresabschluss (Bilanz, Erfolgsrechnung und ggf. Anhang) • Sonderbilanzen, Zwischenbilanzen	• Betriebsabrechnung • Kostenartenrechnung • Kostenstellenrechnung • Kostenträger-Zeitrechnung • Kostenträger-Stückrechnung (Selbstkostenrechnung)
Statistik und Vergleichsrechnung	**Planungs- und Wirtschaftlichkeitsrechnung**
• Betriebswirtschaftliche Statistik • Einzelbetrieblicher Vergleich • Zeitvergleich • Verfahrensvergleich • Soll-Ist-Vergleich • Zwischenbetrieblicher Vergleich	• Investitionsplanung und Investitionsrechnung • Finanzierungsplanung und Finanzierungsrechnung • Absatzplanung • Produktionsplanung

Abbildung 1: Betriebliches Rechnungswesen

Neben der Einteilung in vier Bereiche hat sich eine Einteilung des betrieblichen Rechnungswesens in ein internes und externes Rechnungswesen entwickelt. Beide dienen der Bereitstellung von Informationen, aber mit unterschiedlicher Zielsetzung. Das **interne Rechnungswesen** dient primär der Steuerung und Steuerungsunterstützung durch Planung und Kontrolle (Controlling). Im **externen Rechnungswesen** überwiegt die Dokumentationsfunktion, d.h. es soll eine möglichst genaue Abbildung der Vermögens-, Finanz- und Ertragslage erfolgen. Dabei wendet sich das externe Rechnungswesen in erster Linie an externe Adressaten wie Kapitalgeber, Gläubiger, Staat, Aufsichtsbehörden, Lieferanten etc. Finanzbuchführung und Bilanz zählen zum externen Rechnungswesen. Das interne Rechnungswesen richtet sich primär an das Management bzw. an die Geschäfts- oder Verwaltungsleitung. Hierzu zählen die Kostenrechnung, die Statistik und Vergleichsrechnung sowie die Investitions- und Finanzierungsrechnung.

A.2 Einführung in die Finanzbuchhaltung

A.2.1 Aufgaben der Buchführung

Die Buchführung dient der planmäßigen, lückenlosen und ordnungsmäßigen Aufzeichnung aller Geschäftsvorfälle (vgl. § 239 Abs. 2 HGB) eines Betriebes. Sie hat **Dokumentations- und Kontrollfunktion** und soll damit folgende Aufgaben erfüllen:

- Feststellung der Vermögens- und Schuldenbestände,
- chronologische Aufzeichnung aller Veränderungen von Vermögen und Schulden, die sich durch Geschäftsvorfälle anhand der Belege ergeben,
- Ermittlung des Erfolges in der Gewinn- und Verlustrechnung durch Erfassung aller Aufwendungen (Wertverzehr, Ressourcenverbrauch) und Erträge (Wertzuwachs, Ressourcenaufkommen) der jeweiligen Abrechnungsperiode,
- Ermittlung von Zahlenmaterial für die Preis- bzw. Gebührenberechnung (Kalkulation) der Produkte und für die Haushaltsplanung im öffentlichen Bereich,
- Bereitstellung von entscheidungsrelevanten Informationen (z.B. für Steuerung und Führung durch das Management, für Kosten- und Wirtschaftlichkeitskontrollen),
- Schaffung der Grundlagen zur Berechnung der Steuerzahlungen der Betriebe,
- Beweismittel bei Rechtsstreitigkeiten,
- Schutz von Gläubigern und Gesellschaftern sowie Rechenschaftslegung gegenüber Lieferanten, Kunden, Mitarbeitern und anderen Beteiligten (in der öffentlichen Verwaltung zusätzlich gegenüber Parlament, Gemeindevertretung und Bürgerschaft).

MERKE: Die Buchführung ist die laufende, vollständige, zeitnahe, planmäßige und nachvollziehbare Erfassung (Buchung) und Dokumentation aller Geschäftsvorfälle. Die Buchführung ist die Grundlage des gesamten Rechnungswesens und stellt auch die Zahlen für die Kostenrechnung, die Statistik und die Planungs- und Wirtschaftlichkeitsrechnung bereit.

Im Folgenden wird das Grundprinzip der kaufmännischen doppelten Buchführung (verkürzt: Doppik) erläutert. Auf die Besonderheiten für Gebietskörperschaften als öffentliche Verwaltungen wird, wo es erforderlich erscheint, eingegangen.

A.2.2 Reform des öffentlichen Rechnungswesens

In mehreren Landesverwaltungen und in der Bundesverwaltung ist die **Kameralistik** z. Zt. noch das praktizierte Buchführungssystem. Die Kameralistik ist im Gegensatz zur kaufmännischen Buchführung zahlungsstromorientiert, d.h. Einnahmen und Ausgaben werden jeweils in der Periode des Zahlungsvorgangs erfasst. Die **Einnahmen-/Ausgaben-Rechnung** dient in erster Linie der Überprüfung, ob der Haushaltsplan eingehalten wurde. Die Rechnung wird zwar um einen Nachweis des Vermögens und der Schulden ergänzt, in diesem kameralen Vermögensnachweis fehlt jedoch überwiegend eine Bewertung des Vermögens. Der Wertverzehr (Ressourcenverbrauch) wird deshalb nicht abgebildet; ebenso werden künftig anfallende, wirtschaftlich bereits verursachte Ausgaben nicht erfasst, sodass wesentliche Verpflichtungen (z.B. Pensionsverpflichtungen) unberücksichtigt bleiben.

Durch das Haushaltsgrundsätzegesetz (HGrG) wird seit 2010 als **Wahlrecht** zugelassen, dass die Haushaltswirtschaft des Bundes und der Länder in ihrem Rechnungswesen – alternativ zum kameralen Rechnungswesen – nach den Grundsätzen der staatlichen doppelten Buchführung (**staatliche Doppik**) gestaltet werden kann. Die „Standards staatlicher Doppik" (SsD)[2] legen für die öffentlichen Haushalte im Bund und in den Ländern einheitliche Ansatz-, Bewertungs- und Darstellungsregeln mit einer engen Orientierung an die Vorschriften des Dritten Buches des HGB über Kapitalgesellschaften fest und regeln die Abschlüsse auf staatlicher Ebene.

In den meisten Kommunalverwaltungen in Deutschland wird die doppelte Buchführung (Doppik) praktiziert. Sowohl in der staatlichen als auch in der kommunalen Doppik werden Einzahlungen und Auszahlungen sowie Erträge und Aufwendungen erfasst.

Der Schwerpunkt der Phasen in einem jährlichen Wirtschaftsprozess liegt in der öffentlichen Verwaltung in der Planung, während die Privatwirtschaft ihren Erkenntnisschwerpunkt und ihre Zielsetzung im Jahresabschluss sieht. Die wesentlichen Unterschiede zwischen der kameralistischen Buchführung und der Doppik bestehen im Hinblick auf die Dokumentation des laufenden Wirtschaftsprozesses:

	Bestellung	Lieferung	Bezahlung	Ver-/Gebrauch
Kameralistik	X		X	
Doppik		X	X	X

Die Kameralistik und die Doppik betrachten andere laufende Wirtschaftsprozesse. Die buchungsrelevanten Sachverhalte (vgl. Kap. A.2.3) sind verschieden: So wird in der Kameralistik die Lieferung und der Wertverzehr eines Vermögensgegenstandes nicht gebucht; gebucht wird jedoch bei der Bestellung. Dies hat Auswirkungen auf

[2] Die aktuellen Standards sind über die Homepage des BMF abrufbar.

die Erkenntnisse, die man bei der Anwendung der unterschiedlichen Arten des Rechnungswesens erhält. Die Kameralistik als traditionelle Einnahmen-/Ausgaben-Rechnung weist zusammenfassend folgende Unzulänglichkeiten auf:

- In der Kameralistik werden die Einnahmen und Ausgaben in chronologischer Reihenfolge in Spalten dargestellt. Für Kassen- und Bankkonten gibt es keine Buchungskonten. Das Rechnungssystem ist nicht in sich geschlossen.
- Es erfolgt keine vollständige und systematische Erfassung von Vermögen und Schulden und es fehlen die Abschreibungen als Ausdruck für den Wertverlust. Damit verstößt die kamerale Rechnungslegung gegen den Verfassungswortlaut des Art. 114 Abs. 1 GG, wonach auch das Vermögen nachzuweisen ist.
- Künftige finanzielle Belastungen sind aus der Kameralistik nicht ablesbar, d.h. es fehlen die Sachverhalte, die zu Ausgaben in der Zukunft führen (z.B. bei Pensionsverpflichtungen und unterlassener Bauunterhaltung), obwohl die Verursachung in der Gegenwart liegt.
- Die richtige Liquidität ist in der Kameralistik schwer herauszufinden.
- Wenn öffentliche Betriebe aus einer Kernverwaltung, die noch kameral bucht, ausgelagert werden und diese Betriebe das Buchführungssystem Doppik aufgrund gesetzlicher Vorgaben anwenden müssen, entsteht eine Konsolidierungsproblematik. Ein Gesamtabschluss ist so nicht durchführbar.
- Rechnungsabgrenzungen, Verbindlichkeiten und Forderungen werden in der Kameralistik nicht erfasst, was zu falschen Entscheidungsgrundlagen führt.
- Eine Kosten- und Leistungsrechnung lässt sich aus der Kameralistik nur mit höherem Aufwand als aus der Doppelten Buchführung entwickeln.
- Wirtschaftlichkeits- bzw. Investitionsrechnungen können in der Kameralistik nur unzureichend durchgeführt werden, da das Datenmaterial unvollständig ist.
- In der Kameralistik lässt sich der Haushaltsausgleich u.a. durch die Aufnahme von Krediten erreichen, da der Ausgleich durch die Übereinstimmung von Einnahmen und Ausgaben vorliegt. Dies stellt jedoch keinen echten Haushaltsausgleich dar, da der Ausgleich zwischen den laufenden Aufwendungen und Erträgen erfolgen muss.
- Die Kameralistik fördert ein Wirtschaften zu Lasten künftiger Generationen und verstößt damit gegen den Grundsatz der **intergenerativen Gerechtigkeit**.

A.2.3 Buchungsrelevante Sachverhalte

Nach § 246 Abs. 1 Satz 1 HGB hat der Jahresabschluss vorbehaltlich abweichender Bestimmungen sämtliche Vermögensgegenstände[3], Schulden, Rechnungsabgrenzungsposten sowie Aufwendungen und Erträge zu enthalten. § 246 Abs. 1 Satz 2 HGB bestimmt, dass Vermögensgegenstände in der Bilanz des Eigentümers aufzunehmen sind. Maßgeblich ist hiernach das zivilrechtliche Eigentum.

Das zivilrechtliche Eigentum entsteht durch ein sog. **Verfügungsgeschäft**, wonach der Käufer Eigentümer der Ware wird, wenn der Verkäufer ihm die Ware übergibt und beide darüber einig sind, dass das Eigentum übergehen soll (§ 929 BGB). Bei der Übertragung des Eigentums an einem Grundstück ist neben der dinglichen Einigung (Auflassung) noch die Eintragung ins Grundbuch erforderlich (§ 873 BGB). Im Grundsatz bewirkt erst das Verfügungsgeschäft die unmittelbare Rechtsänderung und ist damit **buchungsrelevant**. Das Verfügungsgeschäft ist in seiner Gültigkeit und in seinem Bestand unabhängig von der Wirksamkeit oder Unwirksamkeit des zugrundeliegenden Verpflichtungsgeschäfts (Abstraktionsprinzip).

Der Abschluss eines Kauf-, Miet-, Pacht- oder Kreditvertrages stellt ein solches **Verpflichtungsgeschäft** dar. Durch die Vertragsabschlüsse entstehen **Schuldverhältnisse** zwischen den Beteiligten. Zum Zeitpunkt des Vertragsabschlusses erfolgt im Normalfall weder eine Zahlung noch findet eine Güterbewegung statt, so dass das Vermögen der Vertragspartner weiterhin unverändert bleibt. So wird durch den Kaufvertrag der Verkäufer lediglich verpflichtet, dem Käufer die Ware zu übergeben und das Eigentum an der Ware zu verschaffen (§ 433 BGB). Demgegenüber ist der Käufer verpflichtet, dem Verkäufer den vereinbarten Kaufpreis zu zahlen und die gekaufte Sache abzunehmen.

Im Handelsrecht spricht man an Stelle von Verpflichtungsgeschäften von schwebenden Geschäften. Hier sind Geschäfte gemeint, die zum Bilanzstichtag noch von keiner Vertragspartei ganz oder teilweise erfüllt wurden. Solche Geschäfte sind damit noch **nicht buchungsrelevant**. Die Pflicht zur Buchung und Bilanzierung besteht nur, falls Anzahlungen bei Vertragsabschluss geleistet werden oder Verluste aus den schwebenden Geschäften vorauszusehen sind. Zu erwartende (noch nicht realisierte) Gewinne dürfen hingegen nicht bilanziert oder gebucht werden.

MERKE: In der doppelten Buchführung werden Verpflichtungen erst erfasst, wenn sie durch ein Verfügungsgeschäft tatsächlich erfüllt worden sind.

Dieser Grundsatz gilt immer, wenn Sacheigentum erworben und Geldeigentum abgegeben wird, was in den Tauschvorgängen Ware gegen Geld und Geld gegen Ware begründet ist. Die Tauschvorgänge fallen zeitlich zusammen; sie sind Zug um Zug vollzogen worden. Oft erfolgen die Zahlungen jedoch viel später als die Lieferungen.

[3] Während der Begriff „Vermögensgegenstand" im Handelsrecht körperliche und immaterielle Posten der Aktivseite der Bilanz umfasst, bezieht sich der steuerrechtliche Begriff des „Wirtschaftsgutes" auch auf Posten der Passivseite der Bilanz.

In diesen Fällen entsteht beim Käufer eine Verbindlichkeit (Schulden), beim Verkäufer eine Forderung (Außenstände).

Die Zuordnung von Vermögensgegenständen (im Steuerrecht als Wirtschaftsgüter bezeichnet) richtet sich für Zwecke der Rechnungslegung deshalb nicht unbedingt nach dem Zeitpunkt der Erlangung des zivilrechtlichen Eigentums, d.h. wenn Verpflichtungs- und Verfügungsgeschäft erfüllt sind, sondern in erster Linie danach, wem der Vermögensgegenstand **wirtschaftlich zuzurechnen** ist (vgl. § 246 Abs. 1 Satz 2 HGB). Man spricht hier auch vom **„wirtschaftlichen Eigentum“.** Wirtschaftliches Eigentum wird begründet, wenn ein anderer als der (zivilrechtliche) Eigentümer die **tatsächliche Herrschaft über einen Vermögensgegenstand** in der Weise ausübt, dass er den (zivilrechtlichen) Eigentümer für die gewöhnliche Nutzungsdauer von der Einwirkung auf den Gegenstand wirtschaftlich ausschließen kann (vgl. § 39 AO). Die tatsächliche Sachherrschaft besitzt derjenige, der auf Dauer „wie ein Eigentümer“ über den Vermögensgegenstand verfügen kann, der Nutzen und Lasten, Besitz und Gefahr der Sache trägt. Wirtschaftliches Eigentum liegt daher vor, wenn eine eigentumsähnliche wirtschaftliche Sachherrschaft über einen Vermögensgegenstand vorliegt, die es ermöglicht, **Dritte auf Dauer von der Nutzung dieses Vermögensgegenstandes auszuschließen**. In der Regel fallen jedoch das wirtschaftliche und rechtliche Eigentum zusammen.

MERKE: Ein Vermögensgegenstand ist in dem Zeitpunkt angeschafft, in dem Eigenbesitz, Gefahr, Nutzen und Lasten auf den Erwerber übergehen. Zu diesem Zeitpunkt scheidet der Vermögensgegenstand aus dem Vermögen des Veräußerers aus und zu diesem Zeitpunkt muss der Erwerber den Vermögensgegenstand bilanzieren.

In folgenden Fällen fallen rechtliches und wirtschaftliches Eigentum auseinander:

- **Kauf unter Eigentumsvorbehalt**

  Hier wird das Eigentum an einer verkauften beweglichen Sache unter der aufschiebenden Bedingung der vollständigen Zahlung des Kaufpreises auf den Erwerber übertragen (§ 449 BGB). Aber die Gefahr des zufälligen Untergangs und der Verschlechterung der Sache ist mit der Lieferung auf den Erwerber übergegangen. Dem Erwerber steht die Substanz des Gegenstandes zu. Damit ist er wirtschaftlicher Eigentümer und muss den Gegenstand bilanzieren. Der Lieferant bilanziert eine Gegenforderung.

- **Sicherungsübereignung**

  Der Sicherungsnehmer wird zwar bürgerlich-rechtlicher Eigentümer der Sachen (§§ 929, 930 BGB). Solange jedoch der Sicherungsgeber seinen Verpflichtungen nachkommt, kann der Sicherungsnehmer hierüber wirtschaftlich nicht verfügen. Dem Sicherungsgeber steht weiterhin die Substanz des Gegenstandes zu. Er muss den Gegenstand als wirtschaftlicher Eigentümer bilanzieren.

- **Leasingverträge**

  Während bei der Vermietung beweglicher Anlagegüter die Vermögensgegenstände beim Vermieter zu bilanzieren und abzuschreiben sind, kommt es beim Leasing auf die jeweilige Vertragsgestaltung an. In den Fällen des Finanzierungsleasings, also einer Art Ratenkauf unter Eigentumsvorbehalt, sind die Wirtschaftsgüter im Allgemeinen dem Betriebsvermögen des Leasing-Nehmers zuzurechnen, der den Leasinggegenstand zu aktivieren und die Leasingverbindlichkeit zu passivieren hat. Die genaue Zuordnung regeln die sog. „Leasingerlasse" im Steuerrecht (ausführlicher vgl. Kap. A.7.7)

- **Grundstücksübertragungen**

  Maßgebend ist der Zeitpunkt, in dem Besitz, Gefahr, Nutzungen und Lasten auf den Erwerber übergehen (z.B. beim Kauf einer Eigentumswohnung: Schlüsselübergabe). Der Übergang des wirtschaftlichen Eigentums ist unabhängig von der Auflassung und der Grundbucheintragung, sogar unabhängig vom tatsächlichen Abschluss eines notariellen Vertrags.

- **Bauwerke auf fremden Grund und Boden**

  Errichtet ein Kaufmann als Mieter bzw. Pächter eines Grundstückes auf dem fremden Grund und Boden ein seinem Geschäftsbetrieb dienendes Gebäude, so hat der Kaufmann als wirtschaftlicher Eigentümer das Bauwerk mit den Herstellungskosten zu aktivieren.

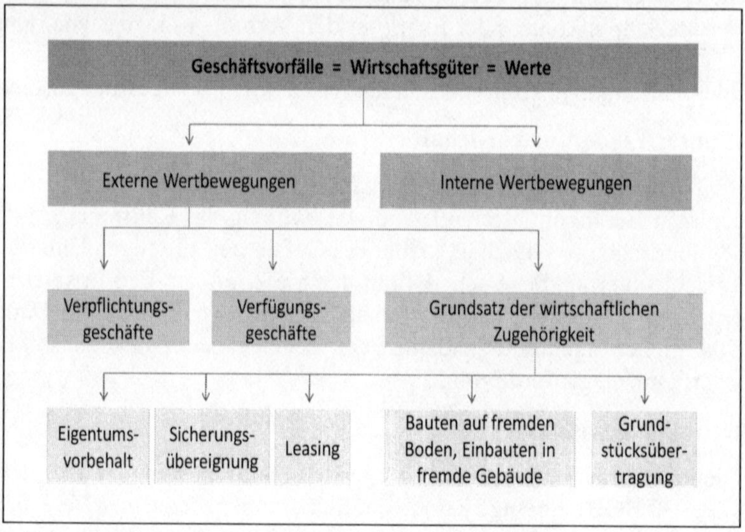

Abbildung 2: Wirtschaftliches Eigentum[4]

[4] Modifiziert entnommen aus: Studienbrief der Fernuniversität Hagen, Buchhaltung, Kurseinheit 2 (00046 (o4/05), S. 64.

A.2.4 Gesetzliche Regelungen zur Buchführung

Die handelsrechtlichen Vorschriften über die Rechnungslegung, nämlich Buchführung und Jahresabschluss, enthält das Handelsgesetzbuch (HGB) in seinem Dritten Buch „Handelsbücher".

Das **Dritte Buch HGB** gliedert sich in sechs Abschnitte:

1. Abschnitt: In den §§ 238-263 HGB finden sich allgemeine Vorschriften für alle Kaufleute. Hierzu zählen u.a. Regelungen zur Buchführungspflicht, zur Führung von Handelsbüchern, zum Inventar, zur Pflicht für die Aufstellung des Jahresabschlusses (Bilanz und Gewinn- und Verlustrechnung) sowie zur Bewertung des Vermögens und der Schulden.

2. Abschnitt: Die §§ 264-335 HGB enthalten – ergänzend zum 1. Abschnitt – spezielle Vorschriften für Kapitalgesellschaften und haftungsbeschränkte Personengesellschaften, insbesondere zu den Bereichen Jahresabschluss und Lagebericht, Konzernabschluss und Konzernlagebericht, Prüfung und Veröffentlichung.

3. Abschnitt: Die §§ 336-339 HGB enthalten Spezialvorschriften für eingetragene Genossenschaften.

4. Abschnitt: Die §§ 340-341y HGB enthalten ergänzende Regelungen für bestimmte Geschäftszweige (Kreditinstitute, Finanzdienstleistungsinstitute, Versicherungsunternehmen sowie Unternehmen des Rohstoffsektors).

5. Abschnitt: Die §§ 342-342a HGB enthalten Ermächtigungen für ein privates Rechnungslegungsgremium und einen Rechnungslegungsbeirat, wodurch die Gründung des Deutschen Rechnungslegungs Standards Committee (DRSC) ermöglicht wurde.

6. Abschnitt: Die §§ 342b-342e HGB enthalten Ermächtigungen für eine Prüfstelle für Rechnungslegung.

Zusätzlich zum HGB sind für Unternehmen **bestimmter Gesellschaftsformen (Aktiengesellschaft, Gesellschaft mit beschränkter Haftung, Genossenschaft)** Regelungen im Aktiengesetz, GmbH-Gesetz bzw. Genossenschaftsgesetz relevant. Daneben ist das „Gesetz über die Rechnungslegung von bestimmten Unternehmen und Konzernen" (Publizitätsgesetz) zu beachten, das Großunternehmen bzw. Konzerne wegen ihrer besonderen volkwirtschaftlichen Bedeutung ab einer bestimmten Größenordnung zur Veröffentlichung des Jahresabschlusses verpflichtet, die aufgrund ihrer Rechtsform eigentlich nicht publizitätspflichtig wären.

Für die **staatliche Doppik** nach §§ 7a und 49a Haushaltsgrundsätzegesetz (HGrG) gelten die Vorschriften des Ersten und des Zweiten Abschnitts (hier: Erster und Zweiter Unterabschnitt) des Dritten Buches Handelsgesetzbuch und die Grundsätze der ordnungsmäßigen Buchführung und Bilanzierung. Konkretisierungen, insbesondere die Ausübung handelsrechtlicher Wahlrechte und abweichende Regelungen, die aufgrund der Besonderheiten der öffentlichen Haushaltswirtschaft erforderlich sind, werden durch die **Standards staatlicher Doppik** festgelegt. Die SsD sind einmal jährlich zu überprüfen. Regelungen zur Doppelten Buchführung für **Kommunen** finden sich für jedes Bundesland in den jeweiligen Landesvorschriften (Gemeindeordnung/ Kommunalverfassung, Gemeindehaushaltsverordnung/ Kommunalhaushaltsverordnung, Eigenbetriebsverordnung). Die **Vorschriften für große Kapitalgesellschaften** im HGB finden **ergänzende Anwendung**, soweit keine spezialgesetzlichen Regelungen für die kommunale Haushaltswirtschaft bestehen. Für Krankenhäuser und Pflegeeinrichtungen sind die Krankenhaus- bzw. Pflege-Buchführungsverordnung zu beachten. Für Hochschulen gelten spezielle landesgesetzliche Regelungen (z.B. Hochschulwirtschaftsführungs-Verordnung NRW).

Steuerrechtliche Regelungen über die Buchführung enthalten

- die Abgabenordnung (AO),
- das Einkommensteuergesetz (EStG),
- das Körperschaftsteuergesetz (KStG),
- das Umsatzsteuergesetz (UStG) sowie
- die entsprechenden Durchführungsverordnungen (EStDV, KStDV, UStDV), Richtlinien (EStR, KStR) und Erlasse.

MERKE: Das Dritte Buch HGB enthält eine geschlossene Darstellung der handelsrechtlichen Rechnungslegungsvorschriften.

Auch internationale Rechnungslegungsnormen haben im Wege der Internationalisierung der Unternehmen und Kapitalmärkte zunehmend einen Einfluss auf das Rechnungswesen. Das betrifft den Konzernabschluss kapitalmarktorientierter Unternehmen. Eine Kapitalmarktorientierung liegt vor, wenn Eigenkapital- oder Fremdkapitaltitel in einem EU-Staat zum Handel auf einem geregelten Markt (Börse) zugelassen sind. Für diese Unternehmen gelten die **International Financial Reporting Standards (IFRS)**. Die IFRS sind ihrem Wesen nach keine Gesetzesvorschriften, sondern Regeln, die durch eine private Standardisierungsinstitution unter Beteiligung einer Vielzahl von Berufs- und Interessengruppen entwickelt werden. Andere Unternehmen dürfen (Wahlrecht) nach § 315e Abs. 3 HGB die IFRS anwenden. Die Technik der doppelten Buchhaltung wird davon nicht berührt.

A.2.5 Buchführungspflicht

Aus den Aufgaben der Buchführung für die externen Adressaten (Gläubiger/ Anteilseigner und Staat/Fiskus) lässt sich begründen, dass sowohl das Handelsgesetzbuch (§§ 238 ff. HGB) als auch die Abgabenordnung (§§ 140 ff. AO) den Kaufmann zur Buchführung verpflichten. Diese Buchführungspflichten gelten grundsätzlich auch für öffentliche Unternehmen.

Nach dem Handelsrecht ist jeder Kaufmann verpflichtet, Bücher zu führen und in diesen seine Handelsgeschäfte und die Lage seines Vermögens nach den Grundsätzen ordnungsmäßiger Buchführung ersichtlich zu machen (§ 238 Abs. 1 Satz 1 HGB).

Eine Befreiung von der Pflicht zur Buchführung und damit auch von der Abschlusserstellungspflicht gilt gemäß § 241a HGB für Einzelkaufleute unter der folgenden Voraussetzung: An den Abschlussstichtagen von zwei aufeinander folgenden Geschäftsjahren betragen die Umsatzerlöse nicht mehr als 600.000 Euro und der Jahresüberschuss beträgt nicht mehr als 60.000 Euro. Solche Einzelkaufleute (Kleinbetriebe) brauchen somit keine Bücher auf Basis der doppelten Buchführung führen, sondern können sich für steuerliche Zwecke auf eine Einnahmeüberschussrechnung i. S. des § 4 Abs. 3 EStG (Betriebseinnahmen abzüglich Betriebsausgaben) beschränken.

Nach dem Steuerrecht (§ 141 AO) sind auch Nichtkaufleute (z.B. Handwerker, Landwirte) zur Buchführung verpflichtet, wenn der Jahresumsatz über 600.000 € oder der Jahresgewinn über 60.000 € liegt.

Das Steuerrecht geht mit den bereits genannten Rechtsvorschriften grundsätzlich davon aus, dass die anzuwendenden handelsrechtlichen Vorschriften auch für steuerliche Zwecke gelten (z.B. § 5 Abs. 1 EStG). Diese Verpflichtung wird als Grundsatz der **Maßgeblichkeit der Handelsbilanz für die Steuerbilanz** bezeichnet. Dies schließt jedoch nicht aus, dass steuerrechtliche Einzelvorschriften, Verfügungen der Finanzverwaltung oder die Rechtsprechung handelsrechtlich zulässige Ansätze für steuerliche Zwecke nicht anerkennen.[5]

Die Buchführungspflicht der Gebietskörperschaften (Bund, Länder, Gemeinden) ergibt sich aus den jeweiligen Spezialgesetzen für das öffentliche Rechnungswesen.

A.2.6 Grundsätze ordnungsmäßiger Buchführung (GoB)

Der Gesetzgeber hat sowohl im Handels- als auch Steuerrecht lediglich den groben Rahmen normiert. Soweit für einzelne Fragen der Buchführung, Inventur und Bilanzierung deshalb keine Rechtsvorschriften vorhanden sind, sind die allgemeinen Grundsätze heranzuziehen, die sich im Laufe der Zeit durch praktische Übung ordentlicher und ehrenwerter Kaufleute und durch die Ableitung aus den Bilanzzwecken herausgebildet haben und als Grundsätze ordnungsmäßiger Buchführung (GoB) bezeichnet werden. Unter „Buchführung" wird dabei neben der Buchführung im engeren Sinn auch die Inventur und der Jahresabschluss verstanden, so dass die GoB im weiteren Sinne die Grundsätze zur ordnungsmäßigen Führung und Aufbewahrung von Büchern, Aufzeichnungen und Unterlagen in elektronischer Form sowie zum Datenzugriff (GoBD), die Grundsätze ordnungsmäßiger Inventur (GoI) und die Grundsätze ordnungsmäßiger Bilanzierung umfassen:

[5] So sind in den §§ 4 – 7 EStG vom HGB abweichende Bilanzierungs- und Bewertungsvorschriften geregelt. Eine gesonderte Steuerbilanz für das Finanzamt muss nicht erstellt, es genügt das Einreichen einer den steuerrechtlichen Vorschriften entsprechend korrigierten Bilanz.

Grundsätze ordnungsmäßiger Buchführung

Grundsätze ordnungsmäßiger Dokumentation (GoBD)	Grundsätze ordnungsmäßiger Inventur (GoI)	Grundsätze ordnungsmäßiger Bilanzierung (GoBil)

Eine Buchführung entspricht den GoB, sofern sie einem sachverständigen Dritten (Prüfer, Steuerberater) innerhalb angemessener Zeit einen Überblick über die Geschäftsvorfälle und die Vermögens-, Finanz- und Ertragslage ermöglicht und sich die Geschäftsvorfälle in ihrer Entstehung und sachlichen Zuordnung verfolgen lassen (§ 238 HGB, § 145 AO). Die Grundsätze ordnungsmäßiger Buchführung (GoB) gelten auch für die doppische Buchführung in den Gebietskörperschaften Bund, Länder und Gemeinden (vgl. z.B. SsD Tz. 1.4, § 93 Abs. 1 GO NRW).

Die GoB gehen dabei weit über die reinen gesetzlichen Vorschriften hinaus; sie stellen einen sog. **unbestimmten Rechtsbegriff** dar, der obligatorisch anzuwenden ist. Das Gesamtsystem der GoB besteht neben den gesetzlichen Regelungen aus der Rechtsprechung, aus Gutachten und Empfehlungen (Empfehlungen der Wirtschaftsverbände), aus der wissenschaftlichen Fachliteratur und Fachdiskussion und aus der kaufmännischen Übung. Die GoB unterliegen deshalb einem **ständigen Wandel**. Auch das Deutsche Rechnungslegungs Standards Committee (DRSC), ein privater Verein, entwickelt Rechnungslegungsgrundsätze. Das DRSC soll gemäß § 342 Abs. 1 HGB zur Rechtsentwicklung beitragen. Durch die GoB sollen die unterschiedlichen Adressaten vor falschen Informationen und Verlusten geschützt werden.

Die **Grundsätze zur ordnungsmäßigen Führung und Aufbewahrung von Büchern, Aufzeichnungen und Unterlagen in elektronischer Form sowie zum Datenzugriff (GoBD)** dienen der ordnungsmäßigen Aufzeichnung aller buchführungspflichtigen Geschäftsvorfälle in elektronischer oder in Papierform. Die GoBD sind im Wesentlichen in § 239 HGB bzw. in den jeweiligen Vorschriften für Gebietskörperschaften sowie im BMF-Schreiben vom 28. November 2019 geregelt. Sie umfassen u.a.:

- **Grundsatz der Nachvollziehbarkeit und Nachprüfbarkeit**

  Die Verarbeitung der einzelnen Geschäftsvorfälle sowie das dabei angewandte Buchführungs- oder Aufzeichnungsverfahren müssen nachvollziehbar sein. Die Buchungen und die sonst erforderlichen Aufzeichnungen müssen durch einen Beleg nachgewiesen sein oder nachgewiesen werden können (Belegprinzip).

  Die Buchführung muss so beschaffen sein, dass sie einem sachverständigen Dritten innerhalb angemessener Zeit einen Überblick über die Geschäftsvorfälle und über die Lage des Unternehmens vermitteln kann. Die einzelnen Geschäftsvorfälle müssen sich in ihrer Entstehung und Abwicklung lückenlos verfolgen lassen (progressive und retrograde Prüfbarkeit). Die progressive Prüfung beginnt beim Beleg, geht über die Grund(buch)aufzeichnungen und Journale zu den Konten, danach zur Bilanz mit Gewinn- und Verlustrechnung und schließlich zur Steueranmeldung bzw. Steuererklärung. Die retrograde Prüfung verläuft umgekehrt.

Die Nachprüfbarkeit der Bücher und sonst erforderlichen Aufzeichnungen erfordert eine aussagekräftige und vollständige Verfahrensdokumentation.

- **Grundsätze der Wahrheit, Klarheit und fortlaufenden Aufzeichnung**

  - Vollständigkeit,
  - Einzelaufzeichnungspflicht,
  - Richtigkeit,
  - zeitgerechte Buchungen und Aufzeichnungen,
  - Ordnung,
  - Unveränderbarkeit.

  Alle Geschäftsvorfälle sind vollständig und lückenlos aufzuzeichnen (Einzelaufzeichnungspflicht). Die vollständige und lückenlose Erfassung und Wiedergabe aller Geschäftsvorfälle ist bei DV-Systemen durch ein Zusammenspiel von technischen (einschließlich programmierten) und organisatorischen Kontrollen sicherzustellen (z. B. Erfassungskontrollen, Plausibilitätskontrollen).

  Geschäftsvorfälle sind in Übereinstimmung mit den tatsächlichen Verhältnissen und im Einklang mit den rechtlichen Vorschriften inhaltlich zutreffend durch Belege abzubilden, der Wahrheit entsprechend aufzuzeichnen und bei kontenmäßiger Abbildung zutreffend zu kontieren.

  Jeder Geschäftsvorfall ist zeitnah, d.h. möglichst unmittelbar nach seiner Entstehung in einer Grundaufzeichnung oder in einem Grundbuch zu erfassen. Die Geschäftsvorfälle müssen grundsätzlich laufend gebucht werden (Journal). Kasseneinnahmen und Kassenausgaben sind täglich festzuhalten.

  Der Grundsatz der Klarheit verlangt u.a. eine systematische Erfassung und übersichtliche, eindeutige und nachvollziehbare Buchungen.

  Eine Buchung oder eine Aufzeichnung darf nicht in einer Weise verändert werden, dass der ursprüngliche Inhalt nicht mehr feststellbar ist. Veränderungen und Löschungen von und an elektronischen Buchungen oder Aufzeichnungen müssen daher so protokolliert werden, dass die Voraussetzungen des § 239 Abs. 3 HGB erfüllt sind.

- **Elektronische Aufbewahrung**

  Werden Handels- oder Geschäftsbriefe und Buchungsbelege in Papierform empfangen und danach elektronisch bildlich erfasst (z. B. gescannt oder fotografiert), ist das hierdurch entstandene elektronische Dokument so aufzubewahren, dass die Wiedergabe mit dem Original bildlich übereinstimmt, wenn es lesbar gemacht wird. Eingehende elektronische Handels- oder Geschäftsbriefe und Buchungsbelege müssen in dem Format aufbewahrt werden, in dem sie empfangen wurden (z. B. Rechnungen oder Kontoauszüge im PDF- oder Bildformat). Eine Umwandlung in ein anderes Format (z.B. MSG in PDF) ist dann zulässig, wenn die maschinelle Auswertbarkeit nicht eingeschränkt wird und keine inhaltlichen Veränderungen vorgenommen werden.

- **Internes Kontrollsystem (IKS)**

  Für die Einhaltung der Vorschriften sind Kontrollen einzurichten, auszuüben und zu protokollieren. Die Beschreibung des IKS ist Bestandteil der Verfahrensdokumentation. Zum IKS gehören beispielsweise

  - Zugangs- und Zugriffsberechtigungskontrollen auf Basis entsprechender Zugangs- und Zugriffsberechtigungskonzepte (z. B. spezifische Zugangs- und Zugriffsberechtigungen),
  - Funktionstrennungen,
  - Erfassungskontrollen (Fehlerhinweise, Plausibilitätsprüfungen),
  - Abstimmungskontrollen bei der Dateneingabe,
  - Verarbeitungskontrollen,
  - Schutzmaßnahmen gegen die beabsichtigte und unbeabsichtigte Verfälschung von Programmen, Daten und Dokumenten.

- **Datensicherheit**

  Das DV-System muss gegen Verlust (z.B. Unauffindbarkeit, Vernichtung, Untergang und Diebstahl) gesichert und gegen unberechtigte Eingaben und Veränderungen (z. B. durch Zugangs- und Zugriffskontrollen) geschützt sein.

Die **Grundsätze ordnungsmäßiger Inventur (GoI)** dienen zur vollständigen, richtigen und nachprüfbaren Erfassung aller Vermögensgegenstände und Schulden. Sie beinhalten somit die Grundsätze der

- Vollständigkeit,
- Richtigkeit und Willkürfreiheit,
- Nachprüfbarkeit und Dokumentation und
- Einzelerfassung und Einzelbewertung.

Die genannten Inventurgrundsätze werden durch die Grundsätze der **Wirtschaftlichkeit und Wesentlichkeit** eingeschränkt. Der Inventuraufwand soll in einem angemessenen Verhältnis zum Inventurergebnis stehen. Daher sind verschiedenen Vereinfachungen, wie z.B. Fest- und Gruppenbewertung (vgl. Kap. A.4.2.2) zulässig.

Die **Grundsätze der ordnungsmäßigen Bilanzierung (GoBil)** umfassen bestimmte Regeln der Rechnungslegung, die sich speziell der Aufstellung des Jahresabschlusses widmen. Neben den allgemeinen Grundsätzen für eine ordnungsgemäße Dokumentation beinhalten die GoBil:

- **Ansatzgrundsätze**

  Nur aktivierungs- und passivierungsfähige Posten dürfen in die Bilanz aufgenommen werden.

- **Bewertungsgrundsätze**

  Es ist insbesondere das Vorsichtsprinzip mit seinen Ausprägungen des Realisations- und Imparitätsprinzips zu beachten. Daneben gelten das Anschaffungskostenprinzip sowie der Grundsatz der Einzelbewertung.

- **Abgrenzungsgrundsätze**

  Es gelten die Grundsätze der sachlichen und zeitlichen Abgrenzung, d.h. die Aufwendungen und Erträge müssen der richtigen Periode zugeordnet werden.

- **Grundsatz der Unternehmensfortführung**

  Bei der Bewertung ist grundsätzlich von einer Fortführung des Unternehmens auszugehen („Going-Concern-Prinzip").

- **Grundsatz der Klarheit und Übersichtlichkeit**

  Insbesondere sind die Gliederungsvorschriften der Bilanz und Erfolgsrechnung sowie ein klarer Aufbau von Anhang und Lagebericht zu beachten.

- **Grundsatz der Kontinuität**

  Für nachfolgende Geschäftsjahre sind die gleichen Erfassungs- und Bewertungsmethoden anzuwenden. Die Kontinuität beinhaltet die Vergleichbarkeit einzelner Jahresabschlüsse. Die **formelle Kontinuität** (Bilanzidentität) fordert, dass die Schlussbilanz des alten Geschäftsjahres der Eröffnungsbilanz des neuen Geschäftsjahres entsprechen muss. Die **materielle Kontinuität** verlangt die Bewertungsstetigkeit, d.h. die Beibehaltung von Bewertungsgrundsätzen und Bewertungsmethoden.

Eine ausführliche Darstellung der allgemeinen Bewertungsgrundsätze erfolgt in Kap. A.13.1.

MERKE: Die ordnungsmäßig geführten Unterlagen der Buchführung besitzen Beweiskraft (§§ 258 ff. HGB). Damit gewährleistet ist, dass die GOB erfüllt werden und auch das Buchführungssystem seinen Zweck erfüllt, ist ein **Internes Kontrollsystem (IKS)** einzurichten. Das IKS soll gleichzeitig das Buchführungssystem vor Manipulationen schützen.

Neben den GoB und den gesetzlichen Regelungen gibt es privatrechtlich erarbeitete Rechnungslegungsstandards (**Deutsche Rechnungslegungs Standards** – DRS), die primär Empfehlungen zur Konzernrechnungslegung beinhalten (ausführlicher vgl. Kap. B.10).

Die **Verletzung handelsrechtlicher Rechnungslegungsvorschriften** wird vom Gesetzgeber mit Sanktionen belegt:

- Verstößt der Jahresabschluss einer Aktiengesellschaft gegen Vorschriften zum Gläubigerschutz, so ist er nach § 256 AktG nichtig.
- Mitglieder des Vorstands und des Aufsichtsrates können gemäß § 331 HGB bei unrichtiger Darstellung der Vermögens-, Finanz- und Ertragslage mit einer Geld- oder Freiheitstrafe belegt werden.
- Wirtschaftsprüfer, die bei der Prüfung des Jahresabschlusses ihre Berichtspflichten verletzen, können gemäß § 332 HGB zu einer Geld- oder Freiheitsstrafe verurteilt werden.

A.3 Betriebliche Rechnungsgrößen

A.3.1 Begriffsbestimmung

Um sachgerecht und richtig buchen zu können oder um Kosten- bzw. Wirtschaftlichkeitsrechnungen richtig erstellen zu können, müssen im Vorfeld einige wesentliche betriebswirtschaftliche Rechnungsgrößen geklärt werden. Sie spielen in dem jeweils zu betrachtenden Rechnungssystem unterschiedliche Rollen:

Begriff 1	Begriff 2	Bedeutung in Kameralistik	Bedeutung in Doppik	Bedeutung in KLR
Auszahlung	Einzahlung		X	
Ausgabe	Einnahme	X	X	
Aufwand	Ertrag		X	
Kosten	Leistung			X

Oft verwendet der Gesetzgeber diese Begriffe ungenau, zuweilen setzt er sie gleich oder vertauscht sie. So heißt es z.B. in § 255 Abs. 1 HGB „Anschaffungskosten sind die Aufwendungen, die geleistet werden, um einen Vermögensgegenstand zu erwerben...“. Gemeint sind hier jedoch weder Kosten noch Aufwendungen, denn mit dem Anschaffungsvorgang können nur Ausgaben oder Auszahlungen verbunden sein. Es ist deshalb beim Lesen der Gesetzesvorschriften häufig auf den Sinn einer Vorschrift abzustellen, um Missverständnisse zu vermeiden.

Auszahlung/ Einzahlung: Jeder Abgang/ Zugang des Zahlungsmittelbestandes (Kasse, Bankkonto, Besitzschecks, Besitzwechsel) innerhalb der Periode. Nur der reine Zahlungsstrom wird betrachtet. Als Saldo von Einzahlungen und Auszahlungen ergibt sich der sog. „**Cashflow**“. In der Kameralistik entsprechen die Auszahlungen und Einzahlungen den Ist-Ausgaben bzw. Ist-Einnahmen.

Ausgabe/ Einnahme: Der Güterstrom, nicht der Zahlungsmittelstrom, wird betrachtet. Ausgabe ist der Wert aller beschafften Güter und Dienstleistungen in einer Periode. Einnahme ist der Wert aller veräußerten Leistungen in einer Periode. Eine andere Definition betrachtet das sog. Geldvermögen, das wie folgt ermittelt wird:

Zahlungsmittel
+ Forderungen
./. Verbindlichkeiten
= Geldvermögen

Ausgabe:	Ist jede Abnahme des Geldvermögens.
Einnahme:	Ist jede Zunahme des Geldvermögens.

Aufwand/ Ertrag: Aufwand ist der Wert aller während einer Abrechnungsperiode verbrauchten Sachgüter, Dienstleistungen und Abgaben, die in der Erfolgsrechnung der Geschäftsbuchhaltung erfasst werden. Aufwendungen verringern den Gewinn (oder erhöhen den Verlust). Ertrag ist der Wert aller in einer Abrechnungsperiode erbrachten Leistungen. Erträge erhöhen den Gewinn (oder vermindern den Verlust). Der Saldo von Erträgen und Aufwendungen ergibt somit einen **Gewinn** (Jahresüberschuss) oder **Verlust** (Jahresfehlbetrag). Zwischen den Aufwendungen werden allgemein folgende Unterscheidungen getroffen:

- Aufwendungen für Verbrauchsgüter (Roh-, Hilfs- und Betriebsstoffe),
- Wertminderungen der Gebrauchsgüter (Abschreibungen),
- Aufwendungen für die Inanspruchnahme von Leistungen (Löhne, Gehälter, Ausgaben für fremde Dienstleistungen, Versicherungsprämien etc.),
- Aufwendungen für Abgaben (Steuern, Beiträge, Gebühren).

Kosten/ Leistungen: Kosten sind der periodenbezogene Wert aller verbrauchten Sachgüter, Dienstleistungen und Abgaben im Rahmen der **betriebstypischen** Tätigkeit. Leistungen sind der periodenbezogene Wert aller erstellten Sachgüter und Dienstleistungen im Rahmen der betriebstypischen Tätigkeit. Kosten und Leistungen werden im **Betriebsergebnis** zusammengefasst.

A.3.2 Abgrenzung der vier Begriffspaare

Die vier Begriffspaare können oftmals gemeinsam auftreten. Die folgenden Beispiele für Auszahlungen/ Ausgaben/ Aufwand/ Kosten sollen dies verdeutlichen:

Auszahlung/ Ausgabe: Ein Auseinanderfallen von Auszahlung und Ausgabe liegt dann vor, wenn erbrachte Sachgüter und Dienstleistungen nicht direkt bezahlt werden müssen, sondern für einen bestimmten Zeitraum kreditiert werden.

Beispiele:

1.) Die Volkshochschule der Gemeinde A lässt einen Kurs durchführen. Der Kurs ist am 22.12. beendet, der Kursleiter reicht sofort die Abrechnung ein. Am 03.01. des Folgejahres wird die Abrechnung bearbeitet und am 10.01. bezahlt. Da am 22.12. die Arbeitsleistung des Kursleiters zugegangen ist, liegt zu diesem Zeitpunkt eine Ausgabe vor. Am 10.01. erfolgt die Auszahlung.

2.) Die Gemeinde A kauft Büromaterial im Wert von 2.000 €. Die Lieferung erfolgt am 03.12., die Zahlung des Betrages am 15.01. Die Ausgabe liegt am 03.12. und die Auszahlung am 15.01. vor.

Ausgabe/ Aufwand: Zeitliche Gründe für das Abweichen von Ausgabe und Aufwand treten z.B. beim abnutzbaren Sachvermögen auf. Wenn die Vermögensgegenstände beschafft werden, liegt eine Ausgabe vor. Erst bei Gebrauch des Vermögensgegenstandes wird der periodenbezogene Wertverlust erfasst und als Aufwand (Abschreibung) gebucht. Als sachlicher Grund für das Abweichen von Ausgabe und

Aufwand ist als klassisches Beispiel der Erwerb von Grundstücken zu nennen. Beim Kauf eines Grundstückes liegt eine Ausgabe vor. Da in der Regel kein Wertverzehr des Grundstücks erfolgt, ergibt sich kein Aufwand.

Aufwand/ Kosten: Aufwendungen, die keine Kosten darstellen, dürfen in der Kostenrechnung nicht berücksichtigt werden. Verschiedene Kostenarten sind dagegen keine Aufwendungen und dürfen in der Finanzbuchhaltung nicht berücksichtigt werden. Deshalb unterteilt man den Aufwand in Zweckaufwand und neutralen Aufwand.

Der **Zweckaufwand** ist identisch mit den Kosten. Man spricht auch von betrieblichem Aufwand oder (aus Sicht der Kostenrechnung) von **Grundkosten**.

Der neutrale Aufwand umfasst

- den betriebsfremden Aufwand (der Wertverzehr hat keinen Bezug zur betrieblichen Leistungserstellung, z.B. Spende an das Rote Kreuz),
- den periodenfremden Aufwand (der Wertverzehr von Sachgütern und Dienstleistungen erfolgt in einer anderen Periode, z.B. Steuernachzahlungen),
- den außerordentlichen bzw. außergewöhnlichen Aufwand (die Aufwendungen weisen bezüglich der Höhe oder der Bedeutung bzw. dem Anfall einen starken Zufallscharakter auf, z.B. Kursverluste bei Wertpapieren, nicht versicherter Brandschaden). Außergewöhnliche Aufwendungen fallen somit außerhalb der gewöhnlichen Geschäftstätigkeit an.

In der Kostenrechnung werden neben den Grundkosten (Zweckaufwendungen) die sog. kalkulatorischen Kosten berücksichtigt.

Kalkulatorische Kosten sind:

- kalkulatorische Abschreibung (Berichtigung der oft durch Steuerrecht geprägten Abschreibungen in betrieblich eingeschätzte Nutzungszeiten unter Berücksichtigung eines Wiederbeschaffungszeitwertes),
- kalkulatorische Miete (Berücksichtigung von fiktiven Mietzahlungen bei kostenfrei überlassenen Räumen),
- kalkulatorische Zinsen (in der Finanzbuchhaltung können nur Fremdkapitalzinsen berücksichtigt werden, wobei in der Kostenrechnung der Einsatz des gesamten Kapitals betrachtet wird, so dass auch Zinsen für das Eigenkapital als kalkulatorische Zinsen berücksichtigt werden),
- kalkulatorische Wagnisse (Gewährleistungswagnis, z.B. bei Garantieleistungen; Entwicklungswagnis, z.B. fehlgeschlagene Forschung; Vertriebswagnis, z.B. Forderungsausfälle; Beständewagnis, z.B. Schwund, Verderb; Fertigungswagnis, z.B. Nachbesserungen),
- kalkulatorischer Unternehmerlohn für die Mitarbeit des Unternehmers im Betrieb (gilt nur für Einzelunternehmen und Personengesellschaften).

Die Beziehungen zwischen Aufwand und Kosten lassen sich anhand des folgenden Schemas darstellen:

<table>
<tr><td colspan="4">Zusammenhang von Aufwand und Kosten</td></tr>
<tr><td colspan="2">Aufwand</td><td colspan="2"></td></tr>
<tr><td>neutraler Aufwand</td><td>betrieblicher Aufwand</td><td></td><td></td></tr>
<tr><td></td><td>Grundkosten/Zweckaufwand</td><td colspan="2">Kalkulatorische Kosten</td></tr>
<tr><td></td><td></td><td>Anderskosten,
d.h. Kosten, die in der Finanzbuchhaltung in anderer Höhe erfasst werden, z.B. kalkulatorische Abschreibungen und Zinsen</td><td>Zusatzkosten,
d.h. Kosten, denen in der Finanzbuchhaltung kein Aufwand gegenübersteht, z.B. kalkulatorischer Unternehmerlohn</td></tr>
<tr><td></td><td colspan="3">Kosten</td></tr>
</table>

Abbildung 3: Zusammenhang von Aufwand und Kosten

Weitere Beispiele zur Abgrenzung der Begriffe:

- Auszahlung, aber keine Ausgabe: Wir leisten eine Anzahlung per Banküberweisung auf eine später erfolgende Warenlieferung.
- Auszahlung gleich Ausgabe: Einkauf von Bürostühlen gegen Barzahlung (gleichzeitige Lieferung und Zahlung).
- Ausgabe, aber keine Auszahlung: Wareneinkauf gegen Rechnung.
- Ausgabe, aber kein Aufwand: Einkauf von Rohstoffen, die erst im folgenden Geschäftsjahr verbraucht werden.
- Ausgabe gleich Aufwand: Kauf und Lieferung von Büromaterial, das für den laufenden Bedarf verbraucht wird.
- Aufwand, aber keine Ausgabe: Bildung von Pensionsrückstellungen, die eventuell erst viele Jahre später zu Ausgaben führen; Abschreibungen für ein Gebäude.
- Aufwand, aber keine Kosten (neutraler Aufwand nur in der Finanzbuchhaltung): Spende (betriebsfremder Aufwand), Steuernachzahlung eines Betriebes

für frühere Geschäftsjahre (periodenfremder Aufwand), Brandschaden im Verwaltungsgebäude (außerordentlicher bzw. außergewöhnlicher Aufwand).

- Aufwand gleich Kosten (Zweckaufwand/ Grundkosten): Löhne, Gehälter und Materialaufwand im Geschäftsjahr.
- Kosten, aber kein Aufwand (kalkulatorische Kosten): Höhere kalkulatorische Abschreibungen als im Jahresabschluss (Anderskosten), Zusatzkosten als kalkulatorischer Unternehmerlohn, kalkulatorische Miete oder Eigenkapitalzinsen.
- Einzahlung, aber keine Einnahme: Wir erhalten eine Anzahlung eines Kunden für Produkte, die wir erst später ausliefern.
- Einzahlung gleich Einnahme: Verkauf eines Dienstfahrzeuges gegen Barzahlung (Lieferung und Zahlung fallen zusammen).
- Einnahme, aber keine Einzahlung: Verkauf von Waren gegen Rechnung (Zufluss liquider Mittel erfolgt später im Geschäftsjahr).
- Einzahlung, aber kein Ertrag: Tilgung eines gewährten Arbeitgeberdarlehens durch Überweisung auf das Bankkonto.
- Einnahme gleich Ertrag: Verkauf von Druckerzeugnissen im laufenden Geschäftsjahr gegen Banküberweisung.
- Ertrag, aber keine Einnahme: Selbsterstellte Vermögensgegenstände, die nicht zum Verkauf bestimmt sind.
- Ertrag, aber keine Leistung (neutraler Ertrag): Zinseinnahmen aus Wertpapieren (betriebsfremder Ertrag), Steuerrückerstattung für frühere Geschäftsjahre (periodenfremder Ertrag), Versicherungserstattung für einen Brandschaden am Verwaltungsgebäude (außerordentlicher bzw. außergewöhnlicher Ertrag).
- Ertrag gleich Leistung: Verkauf von hergestellten Produkten.
- Leistung, aber kein Ertrag (kalkulatorische Leistung): Selbstgeschaffene Marke, die gesetzlich nicht aktiviert werden darf (Immaterielle Vermögensgegenstände, vgl. § 248 Abs. 2 HGB – Zusatzleistung), umbewertete Fertigfabrikate, da bei den Herstellungskosten gemäß § 255 Abs. 2 HGB keine kalkulatorischen Kosten angesetzt werden dürfen (Andersleistung).

Das **Steuerrecht** verwendet in den Vorschriften über die Gewinnermittlung ein weiteres Begriffspaar, das mit keinem der o.g. Grundbegriffe in vollem Umfang übereinstimmt, nämlich **Betriebseinnahmen** und **Betriebsausgaben**.

MERKE: Die genaue Abgrenzung der Grundbegriffe des Rechnungswesens ist für das Verständnis aller Bereiche des Rechnungswesens unbedingte Voraussetzung, da ansonsten Fehlentscheidungen mit finanziellen und /oder rechtlichen Auswirkungen getroffen werden können. Erschwerend kommt hinzu, dass der Gesetzgeber selbst oft die Begriffe nicht korrekt benennt.

A.4 Inventur, Inventar, Bilanz

A.4.1 Die Inventur

Voraussetzung einer jeden ordnungsmäßigen Buchführung ist gemäß § 240 HGB die Bestandsaufnahme aller Vermögensgegenstände und Schulden zu Beginn des Handelsgewerbes und zum Ende eines jeden Geschäftsjahres. Die dazu erforderliche Tätigkeit bezeichnet man als Inventur (lat. invenire = vorfinden).

Eine Inventur ist bei Gründung oder Übernahme eines Unternehmens und bei Beginn der Buchführungspflicht, beispielsweise aus steuerlichen Gründen, durchzuführen. Für Gebietskörperschaften (Bund, Länder, Gemeinden) besteht eine solche Pflicht insbesondere bei Umstellung des Rechnungswesens auf die Doppelte Buchführung. Danach ist zum Schluss eines jeden Haushaltsjahres eine Inventur vorzunehmen.[6]

Die Inventur umfasst alle Vermögensgegenstände und alle Schulden, die jeweils einzeln nach Art (Bezeichnung), Menge (Stückzahl, Gewicht, Maß) und Wert (je Einheit und Gesamtwert des Postens in Euro) zu einem bestimmten Zeitpunkt (Stichtag) zu erfassen sind.[7] Die Inventur umfasst somit

- die mengenmäßige Aufnahme und
- die Bewertung der Wirtschaftsgüter und Schulden zum festgesetzten Inventurstichtag.

Die Inventur kann durchgeführt werden als

- körperliche Inventur und
- Buchinventur.

Die **körperliche Inventur** ist die mengenmäßige Bestandsaufnahme von körperlichen Gegenständen (z.B. Maschinen, Vorräte, Kassenbestand) durch Zählen, Messen, Wiegen. Notfalls kann die Inventur auch durch Schätzen erfolgen, wenn die mit der körperlichen Aufnahme verbundene Arbeit nicht mehr zumutbar ist (z.B. bei Nägeln, Schrauben). Nach der mengenmäßigen Aufzeichnung erfolgt die Bewertung in Euro.

Bei nicht körperlichen Vermögensgegenständen (z.B. Finanzanlagen, Forderungen, Bankguthaben) und Schulden (z.B. Rückstellungen, Verbindlichkeiten) wird die Inventur durch Prüfung anhand von Belegen oder mit Hilfe von Urkunden oder Vertragsunterlagen **(Buch- bzw. Beleginventur)** durchgeführt. So erfolgt die Inventur von Kreditvorgängen (Forderungen und Verbindlichkeiten) mithilfe von Kontoauszügen oder Saldenbestätigungen der Banken.

---

[6] Vgl. z.B. § 91 Abs. 1 GO NRW.

[7] Vgl. Schmolke/Deitermann, Industrielles Rechnungswesen, 47. Aufl. 2018, S. 12.

Ist eine zuverlässige Bestandsfortschreibung (Zugänge, Abgänge, Abschreibungen) bei körperlichen Gegenständen gewährleistet, kann der Bestand des Sachanlagevermögens (Gebäude, bauliche Anlagen, Kanäle, technische Anlagen etc.) durch Fortschreibung in einem Bestandsverzeichnis **(Anlagenkartei)** ermittelt werden. Am Inventurstichtag kann der buchmäßige Endbestand dann aus der Anlagenkartei ermittelt werden. Die in der Anlagenkartei (vgl. auch Kap. A.8.3 „Anlagenbuchhaltung") ausgewiesenen Bestände sind jedoch etwa alle drei bis fünf Jahre durch eine körperliche Inventur zu überprüfen.

MERKE: Die Inventur ist die auf einen Zeitpunkt bezogene Erfassung von Bestandsmengen durch Zählen, Messen, Wiegen sowie die Erfassung von finanziellen Ansprüchen und Verpflichtungen und die nachfolgende Bewertung der Vermögensgegenstände und Schulden.

Vermögensgegenstände	Unterlagen für die Inventur
Technische Anlagen und Maschinen **Betriebs- und Geschäftsausstattung**	Anlagenkartei, Anlagendatei (EDV)
Bankguthaben	Kontoauszug der Bank
Forderungen	unbezahlte Ausgangsrechnung an Kunden
Verbindlichkeiten	unbezahlte Eingangsrechnungen von Lieferanten

Abbildung 4: Unterlagen für die Inventur

A.4.2 Inventurverfahren

A.4.2.1 Inventurvereinfachungsverfahren

Zur Durchführung der Inventur sieht § 241 HGB Inventurvereinfachungsverfahren vor. Die einzelnen Voraussetzungen für die Anwendung der Verfahren sind in den ESt-Richtlinien bzw. -Hinweisen zu finden (R 5.3 EStR sowie H 5.3 EStH):

- **Die Stichtagsinventur** ist die zeitnahe körperliche Bestandsaufnahme. Die Stichtagsinventur hat grundsätzlich am letzten Tag des Wirtschaftsjahres, dem Bilanzstichtag (31. 12.), zu erfolgen. Aus technischen Gründen kann sich die Inventur bis zehn Tage vor oder nach dem Abschlussstichtag ausdehnen. Da das Inventar für den Bilanzstichtag aufgestellt wird, müssen Veränderungen, die den Zeitraum zwischen dem Tag der Inventur und dem Bilanzstichtag betreffen, anhand von Belegen über Art, Menge und Wert der zu- oder abgegangenen Vermögensgegenstände fortgeschrieben oder zurückgerechnet werden.

- **Die verlegte Inventur** ist nach § 241 Abs. 3 HGB die vor- bzw. nachverlegte körperliche Bestandsaufnahme. Die verlegte Inventur kann bis drei Monate vor oder zwei Monate nach dem Bilanzstichtag (1. 10. – 28. 2.) durchgeführt werden. Eine Fortschreibung bzw. Rückrechnung der Werte auf den Bilanzstichtag ist erforderlich. Bei der Anwendung dieser Inventurart gelten die gleichen Einschränkungen wie bei der permanenten Inventur. Die zu berücksichtigenden Veränderungen werden durch die beiden folgenden Berechnungsverfahren deutlich:

Vorverlegte Inventur:	**Nachverlegte Inventur:**
Bestand Inventurstichtag / Aufnahmetag + Zugänge zwischen Inventur- und Bilanzstichtag - Abgänge zwischen Inventur- und Bilanzstichtag = Bestandswert am Bilanzstichtag	Bestand Inventurstichtag / Aufnahmetag - Zugänge zwischen Inventur- und Bilanzstichtag + Abgänge zwischen Inventur- und Bilanzstichtag = Bestandswert am Bilanzstichtag

- **Die permanente Inventur** ist die laufende Inventur anhand der Lagerbuchführung oder Lagerdatei. Die Überprüfung der Bestände erfolgt zu einem beliebigen Zeitpunkt im Jahr, wobei dann eine wertmäßige Korrektur der Dateien erfolgt (das Inventurdatum ist zu vermerken). Die permanente Inventur darf nicht angewandt werden bei

  - besonders wertvollen Wirtschaftsgütern,
  - starken Änderungen,
  - starkem Schwund.

  Alle Bestände, Zugänge und Abgänge nach Tag, Art, Menge und Wert sind zu erfassen. Die jährliche Bestandsaufnahme muss durch körperliche Inventur noch geprüft werden.

- **Die Stichprobeninventur** mit Hilfe mathematisch-statistischer Methoden dient der Bewertung über eine mengen- und artmäßige Stichprobenerfassung. Es handelt sich dabei um eine mathematisch-statistische Inventur gemäß § 241 Abs. 1 HGB, die auf anerkannten Verfahren (Schätz- und Testverfahren) beruhen und den GoB entsprechen muss. Bei besonders wertvollen Beständen und Beständen mit unkontrollierbarem Schwund ist die Stichprobeninventur nicht zulässig.

Inventurvereinfachungsverfahren sind auch in der staatlichen und kommunalen Doppik zulässig.[8] Festgelegt ist nach den kommunalrechtlichen Vorschriften in den meisten Bundesländern bei Anwendung von Inventurvereinfachungsverfahren eine körperliche Bestandsaufnahme in bestimmten Zeitabständen.

---

[8] Vgl. z.B. SsD Tz. 3 (Stand:27.11.2019), § 30 KomHVO NRW.

Für Gemeinden regelt der Bürgermeister bzw. der Hauptverwaltungsbeamte das Nähere zur Durchführung der Inventur.[9] Hier werden i.d.R. festgelegt:

- Ausführungen zu den Grundsätzen ordnungsmäßiger Inventur,
- Ansatzvorschriften:
  - Definition und inhaltliche Darstellung zu Vermögensgegenständen, Schulden und Rechnungsabgrenzungsposten,
  - Bruttoprinzip (Trennung bzw. Verrechnungsverbot von Forderungen und Verbindlichkeiten),
  - wirtschaftliches Eigentum,
- Inventarbildung (Zuordnung von Werten zu einzelnen Vermögensgegenständen und Schulden),
- Arten und Fristen der Inventuraufnahme,
- Anforderungen zur Dokumentation des Verfahrens und der Ergebnisse (Nachvollziehbarkeit für sachverständige Dritte),
- Inventurverfahren (Grundsatz: körperliche Inventur, Voraussetzungen für Buch- oder Beleginventur),
- Gestaltungsspielräume beim Inventurverfahren (Stichprobeninventur), Inventurvereinfachungen (geringwertige Gegenstände, Verbrauchsfiktion für aus dem Lager abgegebene Vorratsbestände),
- Aufbewahrung von Inventurunterlagen.

Grundsätzlich sind bei einer Inventur die Vermögensgegenstände einzeln zu erfassen und entsprechend zu bewerten. Ausnahmen sind die Gruppen- und Festwertbewertung.

A.4.2.2 Gruppenbewertung/ Festwertbewertung

Bei der **Gruppenbewertung** nach § 240 Abs. 4 HGB ist es möglich, bei einer großen Stückzahl annähernd gleichartiger oder gleichwertiger beweglicher Vermögenswerte eine Bewertung mit dem gewogenen Durchschnitt durchzuführen.[10]

Beispiele:

1.) Verschiedene Liefermengen Heizöl, die zu unterschiedlichen Preisen eingekauft wurden, können mit einem gewogenen Durchschnittswert pauschal bewertet werden.

2.) Gleichartige und annähernd gleichwertige Straßenbaustoffe in einem Baustofflager können ebenso zusammengefasst werden.

Nach § 240 Abs. 3 HGB ist bei Gegenständen des Sachanlagevermögens und bei Roh-, Hilfs- und Betriebsstoffen – soweit von nachrangiger Bedeutung – bei regel-

[9] Im NKF vgl. § 29 Abs. 2 sowie § 30 Abs. 4 KomHVO NRW.

[10] Vgl. z.B. SsD Tz. 2 (Stand:27.11.2019), § 29 Abs. 1 Nr. 3 KomHVO NRW, 35 Abs.3 KomHKV Bbg.

mäßigem Ersatz eine Festbewertung mit gleichbleibender Menge und gleichbleibendem Wert möglich (**Festwertbewertung**). Es muss i.d.R alle drei Jahre eine körperliche Bestandsaufnahme durchgeführt werden.[11]

Beispiele:

1.) Bibliotheksbestände (Sachanlagegüter), die laufend abgenutzt und ausgesondert, aber auch ergänzt werden, Betriebsausstattung einer Kantine,

2.) Vorräte, die durch regelmäßige Nachlieferungen immer wieder aufgefüllt werden.

Von der Inventur zum Inventar	
Inventur = Bestandsaufnahme	
Inventurarten	– körperliche Inventur – Buch- bzw. Beleginventur
Inventurverfahren **Inventurvereinfachungsverfahren**	– Stichtagsinventur (31.12) bzw. zeitnahe Stichtagsinventur (zehn Tage vor oder nach Bilanzstichtag) – zeitlich verlegte Inventur (Wertfortschreibung/-rückrechnung) – permanente Inventur, wenn Bestandsverzeichnisse vorliegen – Stichprobeninventur
Vermögensbewertung im Inventar	– Einzelbewertung (Regelfall) – Bewertung mit Festwert – Gruppenbewertung
Inventar = Vermögens- Schuldenverzeichnis	

A.4.3 Das Inventar und seine Gliederung

Die durch die Inventur ermittelten Bestände und Werte werden in einem besonderen Verzeichnis, dem Inventar oder Bestandsverzeichnis, zusammengestellt. Sind die Inventurergebnisse zu bestimmten Positionen sehr umfangreich, werden sie als Anlagen beigefügt und nur das Gesamtergebnis der jeweiligen Position wird in das Inventarverzeichnis übernommen.

[11] Im NKF ist nach § 29 Abs. 1 Nr. 1 KomHVO NRW alle fünf Jahre eine körperliche Bestandsaufnahme durchzuführen.

MERKE: Das Inventar ist ein ausführliches Bestandsverzeichnis, das alle Vermögensteile und Schulden zu einem bestimmten Zeitpunkt nach Art, Menge und Wert ausweist.

Das Inventar wird in drei Teile gegliedert:

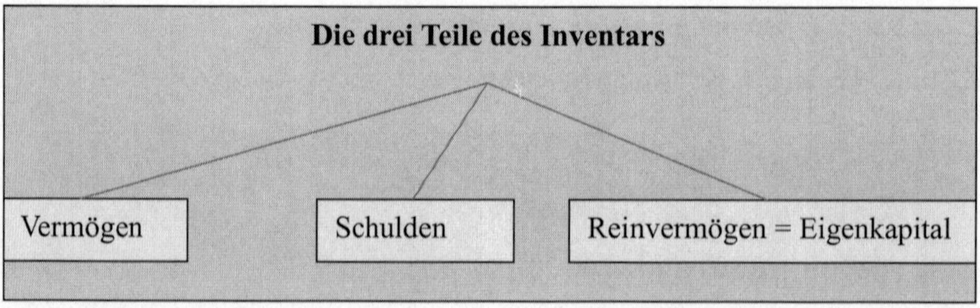

A.4.3.1 Vermögen

Die Vermögensgegenstände werden nach ihrer Flüssigkeit (Liquidität) geordnet, also nach dem Grad, wie sie in Geld umgesetzt werden können. So sind die weniger flüssigen Vermögensgegenstände (z.B. Gebäude) im Inventar zuerst, die flüssigsten (Kassenbestand, Bankguthaben) zuletzt aufzuführen. Das Vermögen untergliedert sich in zwei Gruppen gegliedert:

- **Anlagevermögen:** Dazu zählen alle Vermögensteile, die dazu bestimmt sind, dem Betrieb langfristig zu dienen. Das Anlagevermögen bildet die Grundlage der eigentlichen Betriebstätigkeit: Grundstücke und Gebäude, Maschinen und technische Anlagen, Fahrzeuge (Fuhrpark), Werkzeuge, Betriebs- und Geschäftsausstattung u.a. Im staatlichen und kommunalen Rechnungswesen ergeben sich zusätzlich Vermögensteile wie Infrastrukturvermögen (Straßen, Kanäle, Brücken), Parkanlagen, Wald, Baudenkmäler etc.
- **Umlaufvermögen:** Zum Umlaufvermögen zählen alle Vermögensposten, die nur kurzfristig im Betrieb verbleiben, weil sie ständig umgesetzt werden. Im Einzelnen gehören dazu:

  - Roh-, Hilfs- und Betriebsstoffe (Vorräte), die für die Produktion erforderlich sind,
  - unfertige Erzeugnisse, die sich noch in der Herstellung befinden,
  - fertige Erzeugnisse, die zum Verkauf bereitliegen,
  - Forderungen und alle Geldmittel (Bargeld und Bankguthaben).

Im Gegensatz zum Anlagevermögen, das langfristig genutzt wird, verändert sich das Umlaufvermögen ständig. Aus Fertigerzeugnissen entstehen durch Verkauf auf Ziel Forderungen. Diese werden beim Ausgleich der Rechnungen zu Zahlungsmitteln, die wiederum zum Einkauf der Rohstoffe u.a. ausgegeben werden.

A.4.3.2 Schulden (Fremdkapital)

Sie werden nach der Fälligkeit bzw. Dringlichkeit der Zahlung gegliedert:

- langfristige Schulden (Hypotheken-, Darlehensschulden),
- kurzfristige Schulden (Lieferantenschulden, Bankschulden).

Die Schulden stellen das im Betrieb arbeitende Fremdkapital dar.

A.4.3.3 Ermittlung des Eigenkapitals (Reinvermögen)

Vom Vermögen werden die Schulden abgezogen. Der Unterschied ist das Eigenkapital oder Reinvermögen:

Summe des Vermögens
- Summe der Schulden

= Eigenkapital (Reinvermögen)

MERKE: Die **Inventur** ist eine genaue Bestandsaufnahme aller Vermögensgegenstände und Schulden; die Bestandaufnahme erfolgt durch eine mengenmäßige (zählen, messen, wiegen, schätzen) und durch eine wertmäßige Erfassung.

Das **Inventar** ist ein ausführliches mengen- und wertmäßiges Verzeichnis des Vermögens und der Schulden zu einem bestimmten Stichtag. Die Differenz zwischen Vermögen und Schulden ergibt das Reinvermögen.

Das **Vermögen** unterteilt sich in Anlage- und Umlaufvermögen. Die Vermögensgegenstände werden nach zunehmender Liquidität aufgelistet.

Bei den **Schulden** werden langfristige und kurzfristige Schulden unterschieden. Die Schulden werden nach dem Zeitpunkt ihrer Fälligkeit aufgelistet.

Beispiel:[12]

I. Vermögenswerte

Anlagevermögen

1)	Unbebaute Grundstücke, 9000 qm	540.000 €
2)	Bebaute Grundstücke, 2300 qm	1.700.000 €
3)	Fahrzeuge	
	18 LKW Typ M	1.380.000 €
	13 LKW Typ S	830.000 €
	7 PKW Typ M	95.000 €
4)	Betriebs- und Geschäftsausstattung lt. Anlage	96.000 €

Umlaufvermögen

5)	Betriebsstoffe	
	50000 l Dieselöl	65.000 €
	5000 l Benzin	6.750 €
	2000 l Motoröl	8.250 €
6)	Forderungen	10.000 €
7)	Bankguthaben bei der Stadtsparkasse	500.000 €
8)	Kassenbestand	1.500 €
	Summe der Vermögenswerte	5.232.500 €

II. Schulden

Langfristige Schulden

1)	Darlehen Laufzeit 6 Jahre bei der Stadtsparkasse	1.475.000 €
2)	Darlehen bei der W-Bank	120.000 €

Kurzfristige Schulden

2)	Liefer- und Leistungsschulden gegenüber Firma X	520.000 €
3)	Liefer- und Leistungsschulden gegenüber Firma Y	370.000 €
4)	Liefer- und Leistungsschulden gegenüber Firma Z	80.000 €
	Summe der Schulden	2.565.000 €

[12] Beispiel in Anlehnung an: Klümper/Möllers/Zimmermann, Kommunale Kosten- und Wirtschaftlichkeitsrechnung, 20. Aufl. 2019, S. 59.

III. Feststellung des Reinvermögens

1)	Summe der Vermögenswerte	5.232.500 €
2)	Summe der Schulden	2.565.000 €
	Reinvermögen	2.667.500 €

A.4.4 Die Bilanz und ihre Gliederung

Das Inventar ist eine detaillierte Auflistung der einzelnen Vermögensgegenstände und Schulden nach Art, Menge und Wert und kann insofern sehr umfangreich sein. Die Übersichtlichkeit geht dadurch verloren.

Die gesetzlichen Regelungen (z.B. § 242 HGB, § 95 GO NRW) fordern deshalb außer der regelmäßigen Aufstellung des Inventars noch eine kurz gefasste Übersicht, um mit einem Überblick ein Bild vom Vermögen und den Schulden zu erhalten. Diese Übersicht ist die Bilanz.

Folgende Schritte sind nötig, um aus dem Inventar eine Bilanz zu erstellen:

- Die einzelnen Positionen des Inventars werden zu größeren Gruppen zusammengefasst.
- Die Mengenangaben werden weggelassen.
- Vermögens- und Schuldteile werden gegenübergestellt.
- Das Eigenkapital wird ausgewiesen.

Die Bilanz ist die Kurzfassung des Inventars in Kontenform. In der Bilanz werden Vermögen und Kapital gegenübergestellt. Die Vermögensteile stehen auf der linken Seite und werden mit **Aktiva** bezeichnet. Die Schulden (Fremdkapital) und das Reinvermögen (Eigenkapital) als Ausgleich (Saldo) stehen auf der rechten Seite und werden mit **Passiva** bezeichnet.[13] Da Vermögen und Kapital gleich groß sind, müssen die Summen der Aktivseite und der Passivseite identisch sein. Aus der Gleichheit von Aktiva und Passiva ist der Begriff Bilanz abgeleitet (ital.: bilancia = Waage).

Die Aktivposten in der Bilanz werden nach Flüssigkeit, die Passivposten werden nach der Dauer ihrer Fälligkeit gegliedert, und zwar beginnend mit der langfristigen Fälligkeit.

Aus dem Inventar in Kap. A.4.3 ergibt sich folgende Bilanz:

[13] Die Bezeichnungen nach den internationalen Rechnungslegungsvorschriften sind assets (Vermögen), liabilities (Schulden) und equity (Eigenkapital).

Aktiva		Bilanz zum 31. Dezember 01		Passiva
I	Anlagevermögen		I Eigenkapital	2.667.500 €
	1. Unbebaute Grundstücke	540.000 €	II Fremdkapital	
	2. Bebaute Grundstücke	1.700.000 €	1. Darlehen	1.595.000 €
	3. Fahrzeuge	2.305.000 €	2. Verbindlichkeiten aus Lieferungen und Leistungen	970.000 €
	4. Betriebs- und Geschäftsausstattung	96.000 €		
II	Umlaufvermögen			
	1. Betriebsstoffe	80.000 €		
	2. Forderungen	10.000 €		
	3. Bankguthaben bei der Stadtsparkasse	500.000 €		
	4. Kassenbestand	1.500 €		
		5.232.500 €		5.232.500 €

Die obige schräge Linie auf der Passivseite dient der Blockierung des freien Feldes, in das nachträglich nichts geschrieben werden darf; man nennt sie „Buchhalternase“.

MERKE: Die **Bilanz** wird aufgrund des Inventars erstellt. Sie ist eine kurz gefasste Übersicht des Vermögens (Aktiva) und des Kapitals (Passiva) in Kontenform.

Die Bilanz muss **klar und übersichtlich** gegliedert sein (§ 243 Abs.2 HGB). Anlage- und Umlaufvermögen, Eigenkapital und Schulden sind gesondert auszuweisen und hinreichend aufzugliedern (§§ 247, 266 HGB). Vermögensposten (Aktiva) sind nach der Flüssigkeit, Kapitalposten (Passiva) nach der Fristigkeit zu ordnen.

Der **Jahresabschluss** (Bilanz und Gewinn- und Verlustrechnung) ist vom Kaufmann unter Angabe des Datums persönlich zu unterschreiben, bei einer AG von allen Mitgliedern des Vorstandes, bei einer GmbH von allen Geschäftsführern (§ 245 HGB).

A.4.5 Bedeutung der Bilanz

Aus der Bilanz ist sofort erkennbar, woher das Kapital kommt und in welchen Formen es im Einzelnen angelegt (investiert) worden ist:[14]

Aktiva	**Bilanz** / **Passiva**
Vermögens**formen**	Vermögens**quellen**
Vermögens- oder Aktivseite zeigt die **Formen** des Vermögens I. Anlagevermögen II. Umlaufvermögen = Vermögen	Kapital- oder Passivseite zeigt die **Herkunft** des Vermögens I. Eigenkapital II. Fremdkapital = Kapital
Wo ist das Kapital angelegt?	Woher stammt das Kapital?
Investierung	**Finanzierung**

Abbildung 5: Bedeutung der Bilanz

Man kann auch sagen:

- Die Passivseite der Bilanz zeigt die Herkunft der finanziellen Mittel. Sie gibt also Auskunft über die Mittelherkunft oder Finanzierung.
- Die Aktivseite zeigt dagegen die Anlage bzw. Verwendung des Kapitals. Sie gibt also Auskunft über die Mittelverwendung oder Investierung.

MERKE: Die Bilanz stellt Vermögensformen und Vermögensquellen, Mittelverwendung und Mittelherkunft sowie Investierung und Finanzierung gegenüber. Aus der Bilanz ist der genaue Vermögens- und Kapitalaufbau ersichtlich.

Vermögen und Kapital sind mathematisch immer gleich, was sich durch die sog. Bilanzgleichung zeigen lässt:[15]

Bilanzgleichung				
Vermögen	=	Kapital		
Vermögen	=	Eigenkapital	+	Fremdkapital
Eigenkapital	=	Vermögen	-	Fremdkapital
Fremdkapital	=	Vermögen	-	Eigenkapital

[14] Vgl. Schmolke/Deitermann, Industrielles Rechnungswesen, 47. Aufl. 2018, S. 21.
[15] Vgl. Schmolke/Deitermann, Industrielles Rechnungswesen, 47. Aufl. 2018, S. 22.

A.4.6 Unterscheidung zwischen Inventar und Bilanz

Während die Inventur die Grundlage für die Aufstellung des Inventars darstellt, bildet das Inventar wiederum die Grundlage für die Erstellung der Bilanz:[16]

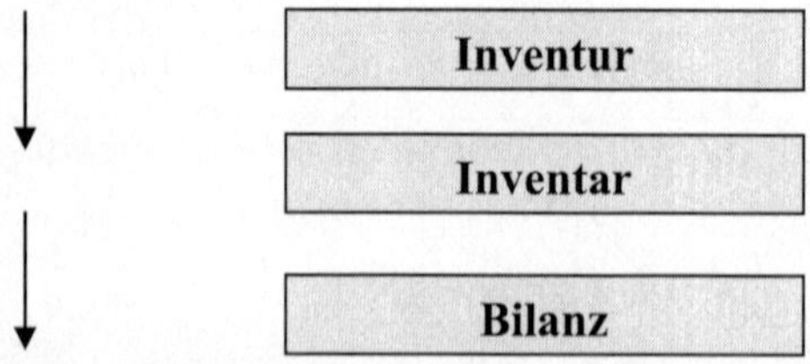

Inventar und Bilanz müssen erstellt werden:

- bei einer Gründung oder Übernahme eines Betriebes,
- regelmäßig zum Ende eines Geschäftsjahres,
- bei einer Veräußerung oder Auflösung des Betriebes.

Sowohl Inventar als auch Bilanz zeigen den Stand des Vermögens und des Kapitals. Unterschiede gibt es nur in der Art der Darstellung:[17]

Inventar	Bilanz
– ausführliche Darstellung der einzelnen Vermögens- und Schuldenwerte	– kurz gefasste Darstellung des Vermögens und des Kapitals
– Angabe der Mengen, Einzelwerte und Gesamtwerte	– Angabe der Gesamtwerte der einzelnen Bilanzposten
– Darstellung des Vermögens und des Kapitals untereinander	– Darstellung des Vermögens und des Kapitals nebeneinander
= **Staffelform**	= **Kontenform**

Abbildung 6: Inventur und Bilanz

MERKE: Inventar und Bilanz sind 10 Jahre aufzubewahren (§ 257 Abs. 4 HGB). Für das öffentliche Rechnungswesen gelten häufig abweichende Regelungen. So müssen Gemeinden in NRW die Jahresabschlüsse und die Eröffnungsbilanz dauernd aufbewahren (§ 59 Abs. 2 KomHVO NRW).

[16] Vgl. Schmolke/Deitermann, Industrielles Rechnungswesen, 47. Aufl. 2018, S. 22.
[17] Ebenda S. 22.

A.5 Eröffnung und Abschluss der Bestandskonten

A.5.1 Bilanzveränderungen

Die Bilanz ändert sich in doppelter Weise durch Geschäftsvorfälle, wobei das Bilanzgleichgewicht entsprechend einer Waage immer erhalten bleibt. Nicht jeder Geschäftsvorfall hat jedoch dieselben Auswirkungen. Es sind vier Arten von Bilanzveränderungen zu unterscheiden:

1. **Aktivtausch**, d.h. der Geschäftsvorfall hat nur Auswirkungen auf die Aktivseite der Bilanz. Dabei erhöht sich ein Aktivposten stets um den Betrag, um den sich ein anderer Aktivposten vermindert. Die Bilanzsumme bleibt folglich unverändert.

   Beispiel: Fahrzeugkauf gegen Banküberweisung in Höhe von 20.000 €

   Fahrzeuge + 20.000 €

   Bank - 20.000 €

2. **Passivtausch**, d.h. der Geschäftsvorfall wirkt sich nur auf der Passivseite aus. Die Bilanzsumme bleibt unverändert.

   Beispiel: Eine Lieferantenverbindlichkeit in Höhe von 10.000 € wird durch die Aufnahme eines Darlehens ausgeglichen (Umschuldung).

   Darlehen + 10.000 €

   Verb. L+ L - 10.000 €

3. **Aktiv-Passiv-Mehrung**, d.h. durch den Geschäftsvorfall nimmt ein Posten auf der Aktivseite und ein Posten auf der Passivseite der Bilanz zu. Die Bilanzsumme erhöht sich auf beiden Seiten um den gleichen Betrag (**Bilanzverlängerung**).

   Beispiel: Kauf von PCs auf Ziel 30.000 €

   Betriebs- und Geschäftsausstattung + 30.000 €

   Verb. L+ L + 30.000 €

4. **Aktiv-Passiv-Minderung,** d.h. durch den Geschäftsvorfall nimmt ein Posten auf der Aktivseite und ein Posten auf der Passivseite der Bilanz ab. Die Bilanzsumme verringert sich auf beiden Seiten um den gleichen Betrag (**Bilanzverkürzung**).

   Beispiel: Bezahlung einer Lieferantenrechnung aus dem Vorjahr durch Überweisung

   Verb. L+ L - 10.000 €

   Bank - 10.000 €

MERKE: Bei allen Geschäftsvorfällen bleibt das Bilanzgleichgewicht stets erhalten. Die Summe beider Bilanzseiten ist immer identisch.

A.5.2 Bilanz und Einrichten der Bestandskonten

Jeder Geschäftsvorfall verändert mindestens zwei Posten der Bilanz. Nach jedem Geschäftsvorfall eine neue Bilanz zu erstellen, wäre zu aufwendig. Man benötigt eine genaue und übersichtliche Einzelabrechnung jedes Bilanzpostens, also ein sog. Konto. Daher wird die Bilanz in Konten aufgelöst. **Für jeden Bilanzposten wird ein entsprechendes Konto geführt.**

Bestandskonten

Aus der Bilanz werden die Bestandskonten abgeleitet. Nach den Seiten der Bilanz unterscheidet man Aktiv- und Passivkonten, je nachdem aus welcher Bilanzseite ein Konto stammt. Auf den Aktivkonten werden die Vermögenswerte sowie die Veränderungen dieser Bestände aufgrund der Geschäftsvorfälle erfasst. Die Passivkonten nehmen Kapitalbestände und deren Veränderungen auf. Ein Konto ist in T-Form aufgebaut, wobei die linke Seite des Kontos als **Sollseite (S)** und die rechte Seite als **Habenseite (H)** bezeichnet wird. (Achtung! Die Bezeichnungen Soll und Haben sind einfach übliche Buchhaltungsbegriffe zur Bezeichnung der Kontenseiten, also **Soll = links** und **Haben = rechts**; "Haben" ist damit nicht mit "Besitzen" gleichzusetzen.) Die Anfangsbestände der aktiven Bestandskonten werden auf der Sollseite eingetragen, die Anfangsbestände der passiven Bestandskonten auf der Habenseite. Die Geschäftsvorfälle, die während des Jahres anfallen, mehren oder mindern die Anfangsbestände der aktiven und passiven Bestandskonten.

Auf den als Aktiv- oder Passivkonto eröffneten Konten werden während des laufenden Geschäftsjahres Vorfälle, die einen Bestand mehren, auf derselben Seite gebucht wie der Anfangsbestand, und Vorfälle, die den Bestand mindern, auf der Gegenseite.

Bei den meisten Konten ist eine eindeutige Zuordnung gegeben. Beispielsweise ist das Kassenkonto stets ein Aktivkonto; entweder hat man einen bestimmten Bestand in der Kasse oder nicht. Das Kassenkonto kann nie negativ werden. Das Konto „Verbindlichkeiten aus Lieferungen und Leistungen“ ist immer ein Passivkonto; man hat Schulden gegenüber Lieferanten oder nicht. Verbindlichkeiten werden jedoch niemals zu Guthaben (Guthaben gegenüber Geschäftspartnern erscheinen separat auf der Aktivseite der Bilanz unter der Position „Forderungen“). Diese eindeutige Klassifizierung eines Kontos ist jedoch nicht immer gegeben. Das Bankkonto kann zum Beispiel Aktivkonto sein (bei Bankguthaben), aber auch Passivkonto (bei Bankschulden). Der Status kann sich während des Geschäftsjahres ändern. Eine weitere Position, die ebenfalls einmal auf der anderen Seite der Bilanz stehen kann, ist das Eigenkapital. Das in der Regel als Passivkonto zu führende Eigenkapitalkonto wird im Fall der Überschuldung zu einem Aktivkonto. Der Saldo „Eigenkapital“ steht in der Bilanz dann auf der Aktivseite.

MERKE: Die Zugänge (Mehrungen) stehen auf der gleichen Seite wie die Anfangsbestände (AB), weil sie diese Bestände erhöhen. Die Abgänge (Minderungen) stehen auf der entgegengesetzten Seite.

Aktivkonten nehmen im „Soll“ zu und im „Haben“ ab. **Passivkonten nehmen im „Haben“ zu** und im „Soll“ ab.

Werden die Abgänge mit den Beträgen der anderen Seite saldiert, so ergibt sich der Schlussbestand (SB).

Jedes Konto weist wie eine kleine Waage am Ende auf beiden Seiten (Soll und Haben) die gleiche Summe aus. Aktiv- und Passivkonten sind Bestandskonten

Aktiva		Bilanz zum 1. Januar 02		**Passiva**	
I	Anlagevermögen		I	Eigenkapital	2.667.500 €
	1. Unbebaute Grundstücke	540.000 €	II	Fremdkapital	
	2. Bebaute Grundstücke	1.700.000 €		1. Darlehen	1.595.000 €
	3. Fahrzeuge	2.305.000 €		2. Verbindlichkeiten aus Lieferungen und Leistungen	970.000 €
	4. Betriebs- und Geschäftsausstattung	96.000 €			
II	Umlaufvermögen				
	1. Betriebsstoffe	80.000 €			
	2. Forderungen	10.000 €			
	3. Bankguthaben bei der Stadtsparkasse	500.000 €			
	4. Kassenbestand	1.500 €			
		5.232.500 €			5.232.500 €

S Unbebaute Grundstücke	H
AB 540.000	

S Bebaute Grundstücke	H
AB 1.700.000	

S Fahrzeuge	H
AB 2.305.000	

S Betriebs u. Geschäftsausstattung	H
AB 96.000	

S Betriebsstoffe	H
AB 80.000	

S Forderungen	H
AB 10.000	

S Bankguthaben	H
AB 500.000	

S Kasse	H
AB 1.500	

S Eigenkapital	H
	AB 2.667.500

S Darlehen	H
	AB 1.595.000

S Lieferantenverbindl.	H
	AB 970.000

Erläuterungen:[18]

Links stehen die Aktivkonten: Bei den Aktivkonten stehen die Anfangsbestände auf der Sollseite, weil sie sich auf der linken Seite der Bilanz befinden.

Rechts stehen die Passivkonten: Bei den Passivkonten stehen die Anfangsbestände auf der Habenseite, weil sie sich auf der rechten Seite der Bilanz befinden.

Kontoabschluss. Zum Ende des Geschäftsjahres werden nach Eintragung des Anfangsbestandes und Buchung der Geschäftsvorfälle die aktiven und passiven Bestandskonten abgeschlossen, d.h. es werden die Schlussbestände ermittelt. Dies erfolgt in folgenden Schritten:

- **Addition** der Seite, deren Wert in der Summe höher ist,
- **Übertragung** dieser Summe auf die andere (wertmäßig kleinere) Seite,
- **Ermittlung des Saldos** als Unterschiedsbetrag zwischen beiden Seiten,
- **Eintragung** des Saldos als Schlussbestand und Ausgleich beider Seiten.

[18] Vgl. Schmolke/Deitermann, Industrielles Rechnungswesen, 47. Aufl. 2018, S. 26.

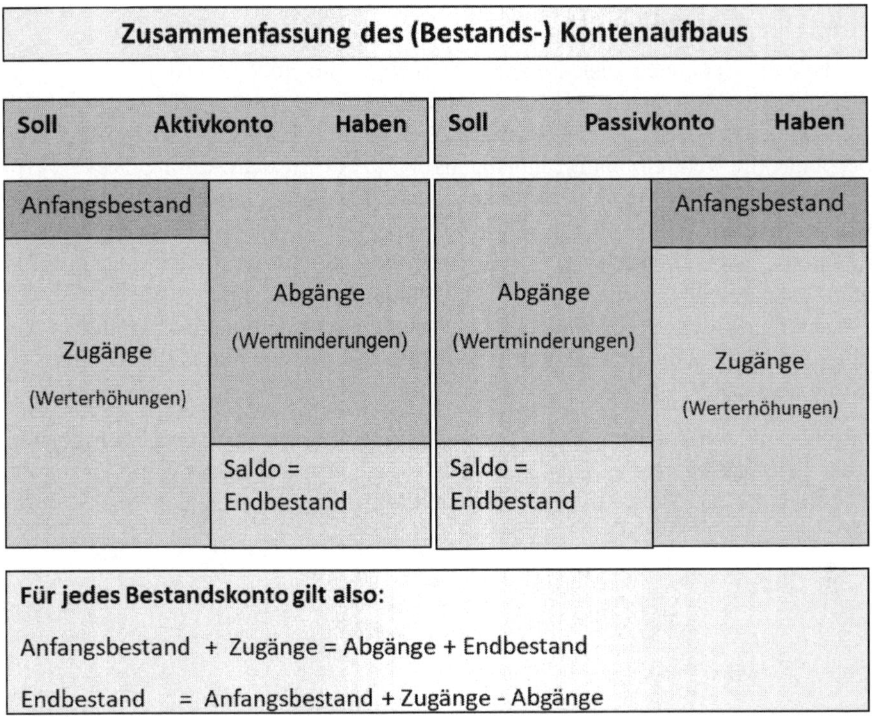

Abbildung 7: Aufbau der Bestandskonten

A.5.3 Buchen auf Bestandskonten und Kontenabschluss

Eröffnung der Konten

Die zum Schluss des vorhergehenden Geschäftsjahres aufgestellte Bilanz ist gleichzeitig die Eröffnungsbilanz zu Beginn des neuen Geschäftsjahres. Zu jeder Bilanzposition werden die entsprechenden Aktiv- und Passivkonten eingerichtet und die Anfangsbestände (AB) vorgetragen.

Laufende Buchungen

Die laufenden Geschäftsvorfälle sind nun auf den Aktiv- bzw. Passivkonten zu buchen, nachdem die Anfangsbestände (AB) vorgetragen wurden. Jeder Buchung muss der entsprechende Beleg zugrunde liegen, z.B. Eingangsrechnung, Ausgangsrechnung, Bankauszug etc. Das Belegprinzip ist ein wichtiger Grundsatz ordnungsmäßiger Buchführung (GoB).

MERKE: Vor jeder Buchung sollte überlegt werden, welche Konten angesprochen werden, um welche Kontoart es sich handelt, wie sich die Kontobestände verändern und auf welcher Kontoseite zu buchen ist.

Abschluss der Bestandskonten

Am Ende der betrachteten Geschäftsperiode werden die einzelnen Konten in folgender Weise wieder zu zwei aggregierten Rechenwerken zusammengefasst: Die auf den Bestandskonten aus den Salden zwischen Soll- und Habenbuchungen erkennbaren Endbestände, die sich rein buchtechnisch als Saldo auf der dem Anfangsbestand entgegengesetzten Kontoseite niederschlagen, sowie der Betrag des anfänglichen Reinvermögens werden dem Schema der Eröffnungsbilanz entsprechend zu der sog. Schlussbilanz zusammengefasst. Die Endbestände (Schlussbestände) sind mit den Inventurbeständen abzustimmen. Eine Abweichung zwischen den tatsächlich durch die Inventur ermittelten Beständen und den rechnerischen Schlussbeständen der Buchhaltung führt zu einer Berichtigung des Bestandskontos, indem die Inventurdifferenz gebucht wird.

Eine Reinvermögensänderung (Eigenkapitaländerung) ergibt sich erst bei Einbeziehung der Erfolgskonten (vgl. Kap. A.6). Die Geschäftsvorfälle aus Kap. A.5.1 werden wie folgt auf den Bestandskonten gebucht und abgeschlossen:

S	Unbebaute Grundstücke		H
AB	540.000	SB	540.000

S	Bebaute Grundstücke		H
AB	1.700.000	SB	1.700.000

S	Fahrzeuge		H
AB	2.305.000	SB	2.325.000
(1)	20.000		
	2.325.000		2.325.000

S	Betriebs- und Geschäftsausstattung		H
AB	96.000	SB	126.000
(3)	30.000		
	126.000		126.000

S	Betriebsstoffe		H
AB	80.000	SB	80.000

S	Forderungen		H
AB	10.000	SB	10.000

S	Bankguthaben		H
AB	500.000	(1)	20.000
		(4)	10.000
		SB	470.000
	500.000		500.000

S	Kasse		H
AB	1.500	SB	1.500

S	Eigenkapital		H
SB	2.667.000	AB	2.667.500

S	Darlehen		H
SB	1.605.000	AB	1.595.000
		(2)	10.000
	1.605.000		1.605.000

S	Lieferantenverbindlichkeiten		H
(2)	10.000	AB	970.000
(4)	10.000	(3)	30.000
SB	980.000		
	1.000.000		1.000.000

Aktiva	Schlussbilanz zum 31. Dezember 02			Passiva
I	Anlagevermögen		I	Eigenkapital	2.667.500 €
	1. Unbebaute Grundstücke	540.000 €	II	Fremdkapital	
	2. Bebaute Grundstücke	1.700.000 €		1. Darlehen	1.605.000 €
	3. Fahrzeuge	2.325.000 €		2. Verbindlichkeiten aus Lieferungen und Leistungen	980.000 €
	4. Betriebs- und Geschäftsausstattung	126.000 €			
II	Umlaufvermögen				
	1. Betriebsstoffe	80.000 €			
	2. Forderungen	10.000 €			
	3. Bankguthaben bei der Stadtsparkasse	470.000 €			
	4. Kassenbestand	1.500 €			
		5.252.500 €			5.252.500

Wie bereits erwähnt sind Fälle denkbar, in denen aus einem Aktivkonto ein Passivkonto wird oder umgekehrt, wenn z.B. die Abgänge größer sind als die Summe aus Anfangsbestand und Zugängen. Beträgt z.B. das Bankguthaben am 01.01. 10.000 € und belaufen sich die Zugänge während des Jahres bis zum 31.12. auf 6.000 € und die Abgänge im gleichen Zeitraum auf 19.000 €, verbleibt am 31.12. eine Bankschuld von 3.000 €. Es ergibt sich also ein „negativer Saldo" als Endbestand, der auf der gleichen Seite wie der Anfangsbestand steht.

Soll	**Bank**		**Haben**
Anfangsbestand	10.000	Abgänge	19.000
Zugänge	6.000		
Endbestand	3.000		
	19.000		19.000

Aus dem Aktivkonto „Bank" (Bankguthaben) ist ein Passivkonto „Bank" (Bankverbindlichkeiten) geworden. Der ermittelte „negative" Endbestand ist entsprechend auch in der Schlussbilanz auf der Passivseite auszuweisen.

A.5.4 Belege und Buchungssätze

Belege: Richtigkeit und Vollständigkeit der Buchungen lassen sich nur durch entsprechende Belege nachweisen. Deshalb muss jeder Buchung ein Beleg zugrunde liegen: Eingangsrechnungen (ER), Ausgangsrechnungen (AR), Kontoauszüge der Bank (BA), Kassenbelege (K) etc. Belege stellen das Bindeglied zwischen Geschäftsfall und Buchung dar. Es gilt der Grundsatz:

Keine Buchung ohne Beleg!

Kontierung der Belege: Bevor ein Geschäftsvorfall Eintragungen in den Buchführungsbüchern auslöst, wird die vorzunehmende Buchung auf dem Beleg in Kurzform ausgewiesen. In der Praxis hat sich hierfür die dreispaltige Kontierung bewährt.

Beispiel

Die Gemeinde W erhält folgende Eingangsrechnung:

Computerservice Hagen

Landstraße 144
Hagen
Telefon Fax

RECHNUNG

Konto	Soll	Haben
BGA	30.000,- €	
Verb.		30.000,- €
Gebucht: 13.06.20.. / J VI / 3 Dt.		

DATUM: 10.06.20..
RECHNUNG NR. 2485

Rechnung an:
Gemeindeverwaltung
Wilnsdorf
Marktplatz 1
57234 Wilnsdorf

Aufgrund Ihrer Bestellung vom 02.06.20. lieferten wir Ihnen frei Haus.

BESCHREIBUNG	STÜCK	BETRAG
Personalcomputer (á € 1500,-)	20	30.000 €
	GESAMTL	30.000€

VIELEN DANK FÜR IHREN AUFTRAG!

Jeder Geschäftsvorfall löst eine Soll- und eine Habenbuchung aus. Zuerst wird im Soll und dann im Haben der entsprechenden Konten gebucht. Die Kontierung auf dem Beleg (z.B. als Stempelaufdruck) verweist demgemäß zunächst auf das Konto und den Betrag der Sollbuchung, danach auf das Konto und den Betrag der Habenbuchung.[19] Das Datum und das Namenszeichen bestätigen, wann und von wem die Buchung durchgeführt worden ist. Die Angabe „J VI/3" weist darauf hin, dass dieser Vorgang im Grundbuch (Journal) für den Monat Juni (VI) auf Seite 3 eingetragen worden ist.

Eintragung ins Grundbuch

Bevor die Buchungen auf den Konten vorgenommen werden, ist jeder Geschäftsfall in zeitlicher Reihenfolge in einem Grundbuch (Tagebuch, Journal, Zeitbuch) festzuhalten. Für diese Eintragung des Geschäftsfalls im Grundbuch hat sich eine bestimmte Darstellungsform des Geschäftsvorfalls entwickelt, nämlich der **Buchungssatz**. Im Buchungssatz wird zuerst das Konto der Sollbuchung und dann das Konto der Habenbuchung genannt. Beide Konten werden durch das Wort „an" verbunden. Zur Vereinfachung wird im Folgenden die €-Bezeichnung im Buchungssatz und beim Buchen auf den T-Konten weggelassen.

Betriebs- und Geschäftsausstattung (BGA) *30.000*

an Verbindlichkeiten *30.000*

Die Eintragung im Grundbuch kann folgendermaßen lauten:

Einspaltig:

BGA an Verbindlichkeiten	30.000,-
Zielkauf von PCs lt. ER 65	

Zweispaltig:

Seite: 3 Grundbuch 20..	Soll	Haben
BGA an Verbindlichkeiten	30.000,-	30.000,-
Zielkauf von PCs lt. ER 65		

Aus dieser Buchung wird der Beleg auffindbar und der Geschäftsvorfall rekonstruierbar (§ 238 Abs. 1 HGB).

Buchung auf den Konten des Hauptbuches

Die Konten stellen das Hauptbuch dar. Der Geschäftsvorfall wird hier wie folgt eingetragen:

S Betriebs- und Geschäftsausstattung		H
AB	96.000	
Verbindl.	30.000	

S	Verbindlichkeiten	H
	AB	970.000
	BGA	30.000

[19] Die Umsatzsteuer bleibt aus methodischen Gründen noch unberücksichtigt.

Im Hauptbuch werden also die Buchungen nach sachlichen Kriterien geordnet, indem alle sachlich zusammengehörigen Geschäftsvorfälle auf dem jeweiligen Konto gebucht werden. Bei der Eintragung des Buchungssatzes auf den Konten wird jeweils das Gegenkonto angeführt, um die Buchungen jederzeit nachprüfen zu können. Bei Verwendung eines Kontenplans werden die entsprechenden Nummern der jeweiligen Gegenkonten aufgeführt (vgl. Kap. 8.1).

MERKE: Der **Buchungssatz** nennt die Konten, auf denen ein Geschäftsvorfall gebucht werden muss. Er wird auf dem Beleg vermerkt.

Zuerst wird das Konto mit der **Sollbuchung** genannt, dann – nach dem Wörtchen „an" - das Konto mit der **Habenbuchung**.

Die Buchungssätze werden zunächst im Grundbuch erfasst und danach entsprechend auf die Konten des Hauptbuches übertragen.

Im **Grundbuch** werden alle buchungsbedürftigen Geschäftsvorfälle chronologisch, d.h. in der zeitlichen Reihenfolge ihres tatsächlichen Anfalls erfasst.

Im **Hauptbuch** werden mit Hilfe von Konten die sachlichen Auswirkungen aller Geschäftsvorfälle erfasst.

Zusammengesetzte Buchungssätze

In der Praxis kommt es häufig vor, dass durch die Geschäftsvorfälle mehr als zwei Konten betroffen sind. In solchen Fällen werden sog. zusammengesetzte Buchungssätze formuliert.

Beispiele:

1.) Wir bezahlen die bereits gebuchte Eingangsrechnung über 30.000 €, und zwar durch Banküberweisung 28.000 € und bar 2.000 €.

Buchung: Soll: Verbindlichkeiten 30.000 Haben: Bank 28.000
+ Kasse 2.000

2.) Ein Kunde begleicht eine Rechnung über 3.000 € durch Banküberweisung über 2.200 € und durch Barzahlung über 800 €.

Buchung: Soll: Bank 2.200 Haben: Forderungen 3.000
+ Kasse 800

MERKE: Für einfache sowie zusammengesetzte Buchungssätze gilt: Summe der gebuchten Sollbeträge = Summe der gebuchten Habenbeträge.

A.5.5 Eröffnungsbilanz- und Schlussbilanzkonto

In der doppelten Buchführung (Doppik) gilt der Grundsatz, dass jeder Sollbuchung eine Habenbuchung in gleicher Höhe gegenübersteht. Damit dieses Prinzip auch bei den Konteneröffnungen eingehalten werden kann, ist für die Eröffnungsbuchungen ein Hilfskonto, das sog. Eröffnungsbilanzkonto (EBK) einzurichten.

Das Eröffnungsbilanzkonto weist die Anfangsbestände der Aktivposten der Bilanz im Haben und die Anfangsbestände der Passivposten der Bilanz im Soll auf. Somit ist das Eröffnungsbilanzkonto das **Spiegelbild** der Eröffnungsbilanz.

Aktiva **Bilanz**	Passiva
Aktivposten	Passivposten

S **Eröffnungsbilanzkonto**	H
Passivposten	Aktivposten

Durch die Eröffnungsbuchungen werden die Anfangsbestände auf die aktiven und passiven Bestandskonten übertragen. Die Buchungssätze lauten:

1. **Eröffnungsbuchungen für aktive Bestandskonten**

   alle Aktivkonten (Soll) an Eröffnungsbilanzkonto (Haben)

2. **Eröffnungsbuchungen für passive Bestandskonten**

   Eröffnungsbilanzkonto (Soll) an alle Passivkonten (Haben)

Zum Ende des Geschäftsjahres werden die Schlussbestände der aktiven und passiven Bestandskonten ermittelt. Für die Schlussbestände werden die Gegenbuchungen über das sog. Schlussbilanzkonto (SBK) vorgenommen.

Die Abschlussbuchungen für die aktiven und passiven Bestandskonten lauten:

1. **Abschlussbuchungen für aktive Bestandskonten**

   Schlussbilanzkonto (Soll) an alle Aktivkonten (Haben)

2. **Abschlussbuchungen für passive Bestandskonten**

   alle Passivkonten (Soll) an Schlussbilanzkonto (Haben)

MERKE: Eröffnungs- und Schlussbilanzkonten sind Hilfskonten zur Eröffnung bzw. zum Abschluss der Konten.

A.6 Erfolgskonten

A.6.1 Aufwendungen und Erträge

Bisher wurden lediglich Geschäftsvorfälle auf den Bestandskonten gebucht, die das Eigenkapital nicht berührten. Herstellung und Absatz der Erzeugnisse, Produkte oder Dienstleistungen bringen aber vor allem Geschäftsvorfälle mit sich, die sich auf den Erfolg und damit auf das Eigenkapital auswirken.

Beispiele:

1.) Wir erhalten Bargeld für eine erbrachte Dienstleistung.

2.) Wir zahlen Löhne durch Banküberweisung.

Im Fall (1) nimmt der Bestand des Kassenkontos zu, ohne dass der Bestand eines anderen bisher verwendeten Kontos beeinflusst wird. Das Vermögen wächst, die Schulden bleiben konstant. Damit steigt das Reinvermögen, d.h. der Bestand des Eigenkapitals erhöht sich.

Im Fall (2) nimmt der Bestand des Bankkontos ab, ohne dass sich der Bestand eines anderen bisher verwendeten Kontos verändert. Das Vermögen schrumpft, die Schulden bleiben konstant. Damit vermindert sich das Reinvermögen, d.h. der Bestand des Eigenkapitals nimmt ab.

Aufwendungen: Hauptaufgabe eines Betriebes oder einer Gebietskörperschaft ist es, Erzeugnisse herzustellen und zu verkaufen bzw. Dienstleistungen zu erbringen. Hierfür werden u.a. Roh-, Hilfs- und Betriebsstoffe verbraucht. Außerdem müssen Maschinen, Arbeitskräfte etc. eingesetzt werden. Jeden Wertverzehr an Sachgütern und Dienstleistungen bezeichnet man dabei als Aufwand. Aufwendungen vermindern das Eigenkapital. Zu den Aufwendungen zählen vor allem:

- Materialaufwendungen, d.h. Verbrauch von Roh-, Hilfs- und Betriebsstoffen oder Vorräten,
- Aufwendungen für fremde Leistungen, also z.B. die Reparatur eines Geschäftsfahrzeuges durch eine fremde Werkstatt,
- Personalaufwendungen inkl. Aufwendungen für Pensionsrückstellungen,
- Wertminderungen des Anlagevermögens durch Abnutzung (Abschreibung),
- Aufwendungen für Miete, Werbung, Gebäudeunterhaltung etc.,
- Aufwendungen für die Bildung von sonstigen Rückstellungen,
- Zinsen und ähnliche Aufwendungen.

MERKE: Aufwendungen stellen den gesamten Wertverzehr an Sachgütern und Diensten während einer Abrechnungsperiode (Monat, Quartal, Geschäftsjahr) dar. **Aufwendungen vermindern das Eigenkapital.**

Erträge sind dagegen alle Wertzuflüsse, die das Eigenkapital erhöhen. Hauptertrag des Betriebes bilden natürlich die Erlöse aus dem Umsatz. Diese Umsatzerlöse sollen im Handelsbetrieb nicht nur die Selbstkosten der Erzeugnisse decken, sondern außerdem auch einen angemessenen Gewinn erbringen. Daneben fallen zuweilen auch Zinserträge, Erträge aus Vermietung und Verpachtung etc. an. Erträge einer Gebietskörperschaft sind z.B. Steuern, Gebühren, Beiträge und Zuweisungen.

MERKE: Erträge sind alle erfolgswirksamen Wertzuflüsse innerhalb einer Abrechnungsperiode. **Erträge erhöhen das Eigenkapital.**

A.6.2 Erfolgskonten als Unterkonten des Kapitalkontos

Notwendigkeit der Erfolgskonten: Man könnte Aufwendungen und Erträge unmittelbar auf dem Passivkonto Eigenkapital buchen, und zwar Aufwendungen als Kapitalminderung im Soll (z.B. „Eigenkapital an Bank"), Erträge als Mehrung des Kapitals im Haben (z.B. „Bank an Eigenkapital"). Das hätte aber den Nachteil, dass das Eigenkapitalkonto sehr unübersichtlich würde. Aus Gründen der Klarheit und Übersichtlichkeit ist es notwendig, die einzelnen Aufwands- und Ertragsarten kontenmäßig gesondert aufzuzeigen, damit die **Quellen des Erfolges** deutlich erkennbar werden. Deshalb werden Erfolgskonten als Unterkonten des Eigenkapitalkontos eingerichtet, die die einzelnen Arten der Aufwendungen (Aufwandskonten) und Erträge (Ertragskonten) aufnehmen.

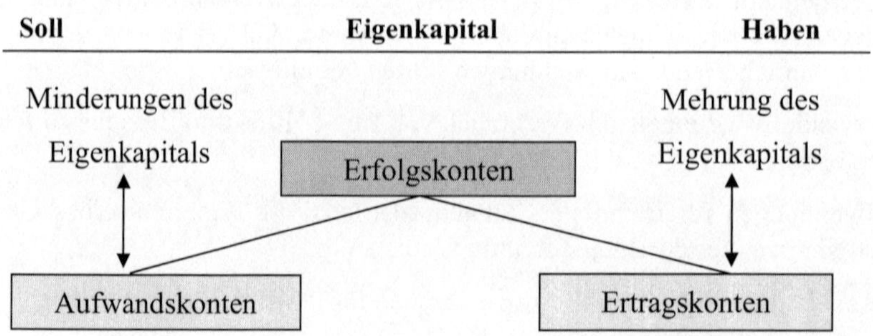

Da Aufwendungen das Passivkonto Eigenkapital mindern (also als Abgänge auf der Soll-Seite stehen) und Erträge das Passivkonto Eigenkapital erhöhen (also als Zugänge auf der Haben-Seite stehen), werden auch auf den Aufwandskonten die Eigenkapitalminderungen (Aufwendungen) im Soll und auf den Ertragskonten die Eigenkapitalmehrungen (Erträge) im Haben gebucht

Soll	**Aufwandskonto**	Haben
Aufwand		Saldo

Soll	**Ertragskonto**	Haben
Saldo		Ertrag

MERKE: Die **Erfolgskonten** sind Unterkonten des Eigenkapitalkontos. Sie bewegen sich deshalb wie das Eigenkapitalkonto:

Aufwendungen werden im **Soll** gebucht, **Erträge** werden im **Haben** gebucht. Berichtigungen der Aufwendungen oder Erträge erfolgen auf der entgegengesetzten Seite.

Im Gegensatz zu den Bestandskonten haben die Erfolgskonten keine Anfangs- und Schlussbestände.

Für jede Art von Aufwand und Ertrag wird ein eigenes Konto geführt. Lediglich für sehr geringe Aufwendungen wie z.B. für den üblichen Bürobedarf (Schreibpapier, Stifte, Radiergummi, Büroklammern etc.) wird ein Sammelkonto mit der entsprechenden Bezeichnung „Büromaterial" geführt. Die Bezeichnungen der einzelnen Erfolgskonten ergeben sich meistens aus der Formulierung des Geschäftsvorfalles. So wird z.B. der Verbrauch an Rohstoffen auf dem Aufwandskonto „Aufwendungen für Rohstoffe" gebucht und die Erlöse aus dem Verkauf werden auf dem Ertragskonto „Umsatzerlöse" erfasst. Im Zweifel ist die genaue Bezeichnung dem Kontenrahmen (vgl. Kap. A. 8) zu entnehmen.

Der Verbrauch an Roh-, Hilfs- und Betriebsstoffen (Vorräten) kann auf zwei Weisen ermittelt werden:

- Laufend mit Hilfe von Materialentnahmescheinen: Bei dieser direkten Methode wird der Verbrauch bei der Entnahme anhand von Belegen erfasst und gebucht.
- Nachträglich durch Inventur: Bei dieser indirekten Methode wird der Materialverbrauch erst am Ende der Rechnungsperiode über den Inventurbestand ermittelt und gebucht:
  Anfangsbestand + Zugänge ./. Endbestand lt. Inventur = Verbrauch

Beispiel:

Anfangsbestand an Rohstoffen		50 000 €
+	Zugänge (Einkäufe)	30 000 €
-	Endbestand lt. Inventur	10 000 €
=	Rohstoffverbrauch	70 000 €

Zusammen mit den bereits bekannten Bilanzkonten (Bestandskonten) ergibt sich in der Buchführung nunmehr folgende Kontenübersicht:

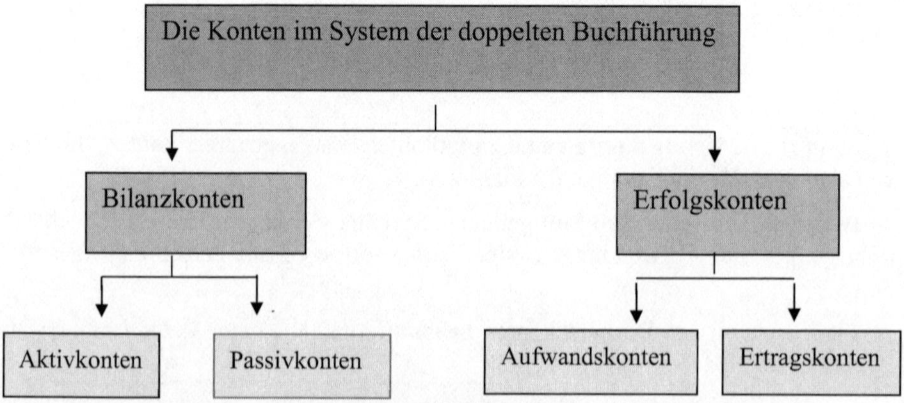

A.6.3 Die Erfolgsrechnung (Ergebnisrechnung)

A.6.3.1 Aufgaben des Gewinn- und Verlustkontos

Am Geschäftsjahresende werden die Aufwands- und Ertragskonten über ein Sammelkonto, das sog. Gewinn- und Verlustkonto (GuV), abgeschlossen. Aus der Gegenüberstellung aller Erträge und Aufwendungen wird als Saldo ein Gewinn bzw. Verlust ermittelt. Die **Buchungssätze lauten:**

GuV – Konto	*an*	*jeweiliges Aufwandskonto*
jeweiliges Ertragskonto	*an*	*GuV - Konto*

Das Gewinn- und Verlustkonto als Abschlusskonto aller Erfolgskonten sammelt auf der Sollseite alle Aufwendungen, auf der Habenseite alle Erträge. Sind die Erträge größer als die Aufwendungen, so ergibt sich im Soll des GuV-Kontos ein Gewinn, sind die Aufwendungen größer als die Erträge, so ergibt sich im Haben des GuV-Kontos ein Verlust.

S Gewinn u. Verlustkonto	H
Aufwendungen	Erträge
Gewinn	

S Gewinn u. Verlustkonto	H
Aufwendungen	Erträge
	Verlust

Erträge	>	Aufwendungen	→	Gewinn
Erträge	<	Aufwendungen	→	Verlust

A.6.3.2 Abschluss des GuV-Kontos

Der ermittelte Gewinn oder Verlust wird entweder als Position in der Schlussbilanz gezeigt oder direkt auf das Eigenkapitalkonto übertragen.

Die Abschlussbuchungen bei direkter Übertragung lauten:

Bei Gewinn:	*GuV-Konto*	*an*	*Eigenkapitalkonto*
Bei Verlust:	*Eigenkapitalkonto*	*an*	*GuV-Konto*

S Eigenkapital	H	S Eigenkapital	H
Schlussbestand	Anfangsbestand	**Verlust**	Anfangsbestand
	Gewinn	Schlussbestand	

MERKE: Der Gewinn erhöht das Eigenkapital (Buchung auf der Habenseite). Der Verlust vermindert das Eigenkapital (Buchung auf der Sollseite). Das GuV-Konto ist somit ein unmittelbares Vorkonto des Eigenkapitalkontos.

Man kann also zusammenfassen, dass die Aufwands- und Ertragskonten und auch das Gewinn- und Verlustkonto als Sammelkonto für Aufwendungen und Erträge denselben Regeln gehorchen wie das Eigenkapitalkonto. Erträge stehen demnach im Haben, Aufwendungen im Soll.

Sind beispielsweise aufgrund vorhergehender Fehlbuchungen einmal Korrekturen („Stornierungen“) nötig, so werden sie – das gilt auch für Bestandskonten – nicht durch direkte Änderung der falschen Buchung bzw. durch Überschreiben herbeigeführt, sondern indem man genau die umgekehrte Buchung zu der zu korrigierenden Buchung durchführt. Eine Ertragskorrektur wird also im Soll des entsprechenden Ertragskontos gebucht, eine Aufwandskorrektur im Haben des jeweiligen Aufwandskontos.

Eine Besonderheit der Erfolgskonten gegenüber den Bestandskonten ist, dass die Erfolgskonten keine Anfangsbestände und Schlussbestände haben. Erträge und Aufwendungen sind Stromgrößen. Die zugehörigen Konten werden erst dann eröffnet, wenn auch Erträge und Aufwendungen anfallen und zu buchen sind.

MERKE: Die Buchführung ermittelt den Erfolg auf zweifache Weise: zum einen durch die Gegenüberstellung der Aufwendungen und Erträge (Erfolgsquellen!), zum anderen durch den Eigenkapitalvergleich zwischen Eröffnungs- und Schlussbilanz.

Beispiel:

Das folgende Beispiel beschränkt sich auf die kontenmäßige Darstellung der Erfolgskonten. Die Bilanzkonten werden bewusst ausgeklammert, um den Abschluss der Erfolgskonten deutlich herausstellen zu können (Anfangsbestand auf dem Eigenkapitalkonto: 30.000 €).

Erfolgswirksame Geschäftsvorfälle:

1. Zahlungen von Löhnen und Gehältern	20.000 €
2. Kauf von Büromaterial für den laufenden Bedarf	80 €
3. Abbuchung der Stromkosten vom Bankkonto	150 €
4. Verkauf von Erzeugnissen auf Ziel	45.000 €
5. Gutschrift der Bank für Zinsen	140 €

Buchungssätze

Konten	**Soll**	Haben
1. Personalaufwand an Bank	20.000	20.000
2. Büromaterialaufwand an Kasse	80	80
3. Energieaufwand an Bank	150	150
4. Forderungen an Umsatzerlöse	45.000	45.000
5. Bank an Zinserträge	140	140
	65.370	65.370

Der Abschluss der Erfolgskonten und des GuV-Kontos ergibt folgendes Bild:

Lösung:

Soll	Personalaufwand		Haben
Bank	20 000	GuV	20 000

Soll	Büromaterialaufwand		Haben
Kasse	80	GuV	80

Soll	Energieaufwand		Haben
Bank	150	GuV	150

Soll	Umsatzerlöse		Haben
GuV	45 000	Ford.	45 000

Soll	Zinserträge		Haben
GuV	140	Bank	140

Soll	GuV-Konto		Haben
Personalaufwand	20 000	Umsatzerlöse	45 000
Büromaterial	80	Zinserträge	140
Energieaufwand	150		
EK	24 910		
	45 140		45 140

Soll	Eigenkapital		Haben
SBK	54 910	AB	30 000
		GuV	24 910
	54 910		54 910

Neben der GuV-Rechnung in der **Kontoform** (Gegenüberstellung der Erträge und Aufwendungen als Gesamtblock) gibt es die GuV-Rechnung in der **Staffelform** (Anordnung der Aufwendungen und Erträge untereinander, ausgehend von den Umsatzerlösen). Die GuV-Rechnung erfasst die Aufwendungen und Erträge für einen **bestimmten Zeitraum**. Die Staffelform ermöglicht einen besseren Überblick über die Entstehung und Zusammensetzung des Jahresergebnisses, da Zwischenergebnisse ausgewiesen werden.

Kapitalgesellschaften müssen für ihre GuV-Rechnung die Vorschriften der §§ 275-278 HGB beachten. Gemäß § 275 Abs. 1 Satz 1 HGB ist die GuV in **Staffelform** nach dem

- **Gesamtkostenverfahren** (§ 275 Abs. 2 HGB) oder dem
- **Umsatzkostenverfahren** (§ 275 Abs. 3 HGB)

aufzustellen.

Beim **Gesamtkostenverfahren** werden die gesamten Aufwendungen einer Periode den gesamten Erträgen derselben Periode (also einschließlich der Erträge aus Bestandserhöhungen an Halb- und Fertigfabrikaten und den selbsterstellten Anlagen) gegenübergestellt. Die Umsatzerlöse beziehen sich auf die abgesetzten Produkte, auch wenn sie bereits im Vorjahr angeschafft oder hergestellt wurden.

Beim **Umsatzkostenverfahren** werden die Aufwendungen, die zur Erzielung der Umsatzerlöse erforderlich waren (Umsatzkosten), den Umsatzerlösen gegenübergestellt. Den Umsatzerlösen werden also die Herstellungskosten der zur Erzielung der Umsatzerlöse erbrachten Leistungen gegenübergestellt. Als weitere Aufwendungen werden die Vertriebskosten und die allgemeinen Verwaltungskosten ausgewiesen. Damit folgt das Umsatzkostenverfahren im Ergebnis der Zuschlagskalkulation in der Kostenträgerrechnung. Beide Verfahren führen grundsätzlich zum selben Ergebnis.

Grundaufbau des (verkürzten) Gesamtkostenverfahrens
Umsatzerlöse (Erträge) +/- Erhöhung/Verminderung des Bestandes an fertigen u. unfertigen Erzeugnissen + andere aktivierte Eigenleistungen (z.B. selbst erstellte Maschine) + sonstige betriebliche Erträge
- Materialaufwand - Personalaufwand - Abschreibungen - sonstige betriebliche Aufwendungen
= **Betriebsergebnis** +/- Finanzergebnis (z.B. Zinsen, Dividenden)
= **Ergebnis vor Steuern** - Steuern vom Einkommen und vom Ertrag = **Ergebnis nach Steuern** - sonstige Steuern
= **Jahresüberschuss/Jahresfehlbetrag**

Abbildung 8: Gesamtkostenverfahren

Die GuV-Rechnung in der staatlichen und kommunalen Doppik wird als **Erfolgsrechnung** bzw. **Ergebnisrechnung** bezeichnet. Sie ist wie die GuV in Staffelform aufzustellen und dient, wie die GuV der sachlich geordneten und zeitraumbezogenen Gegenüberstellung von Aufwendungen und Erträgen sowie der periodengerechten Ermittlung des Jahresergebnisses. Die Postenbezeichnungen der Ergebnisrechnung bilden dabei staatliche bzw. kommunale Besonderheiten ab. Anstelle von Umsatzerlösen werden staatliche bzw. kommunale Erträge wie z.B. Steuern und ähnliche Abgaben, Zuwendungen, allgemeine Umlagen und sonstige Transfererträge, öffentlich-rechtlich und privatrechtliche Entgelte sowie Kostenerstattungen und Kostenumlagen ausgewiesen. Anstelle des Materialaufwands werden z.B. Sach- und Dienstleistungsaufwendungen ausgewiesen.

Im NKF ist das nachfolgende Schema lt. Anlage 19 VV Muster zur GO und KomHVO NRW verbindlich. Die Gliederung orientiert sich an dem Gesamtkostenverfahren lt. § 275 Abs. 2 HGB, weist jedoch ein Ergebnis der laufenden Verwaltungstätigkeit sowie zusätzlich ein außerordentliches Ergebnis aus, das aufgrund des Bilanzrichtlinie-Umsetzungsgesetzes im HGB nicht mehr ausgewiesen wird; nach § 285 Nr. 31 HGB sind lediglich im Anhang die Aufwendungen und Erträge von außergewöhnlicher Größenordnung oder außergewöhnlicher Bedeutung zu erläutern.

Muster Ergebnisrechnung im NKF (verkürzt)

Ergebnisrechnung (verkürzt)	**Ergebnis des Vorjahres**	**Fortgeschriebener Ansatz des Haushaltsjahres**	**Ist-Ergebnis des Haushaltsjahres**	**Vergleich Ansatz /Ist**
01 Steuern und ähnliche Abgaben 02 + Zuwendungen und allgemeine Umlagen 03 + sonstige Transfererträge 04 + öffentlich-rechtliche Leistungsentgelte 05 + privatrechtliche Leistungsentgelte 06 + Kostenerstattungen und Kostenumlagen 07 + sonstige ordentliche Erträge 08 + aktivierte Eigenleistungen 09 +/- Bestandsveränderungen				
10 = Ordentliche Erträge				
11 - Personalaufwendungen 12 - Versorgungsaufwand 13 - Aufwand für Sach- und Dienstleistungen 14 - bilanzielle Abschreibungen 15 - Transferaufwendungen 16 - sonstige ordentliche Aufwendungen				
17 = Ordentliche Aufwendungen				
18 = Ordentliches Ergebnis (= Zeilen 10 und 17)				
19 + Finanzerträge				

20 – Zinsen und ähnliche Aufwendungen				
21 = Finanzergebnis (= Zeilen 19 und 20)				
22 = Ergebnis der laufenden Verwaltungstätigkeit (=Zeilen 18 und 21)				
23 + Außerordentliche Erträge 24 – Außerordentliche Aufwendungen				
25 = Außerordentliches Ergebnis (= Zeilen 23 und 24)				
26 = Jahresergebnis (= Zeilen 22 und 25)				
27 – Globaler Minderaufwand				
28 = Jahresergebnis nach Abzug globaler Minderaufwand (= Zeilen 26 und 27)				
Nachrichtlich: Verrechnung von Erträgen und Aufwendungen mit der allgemeinen Rücklage				

Abbildung 9: Muster NKF-Ergebnisrechnung

Die weiteren Einzelheiten – insbesondere zur NKF-Ergebnisrechnung – werden in Teil B ausführlich behandelt.

A.6.3.3 Privatkonten bei Personengesellschaften und Einzelunternehmen

Das Gewinn- und Verlustkonto stellt als Sammelkonto aller Aufwands- und Ertragskonten ein Unterkonto des Eigenkapitalkontos für alle gewöhnlichen und ungewöhnlichen unternehmensbedingten Kapitaländerungen dar. Das **Privatkonto** als weiteres Unterkonto des Eigenkapitalkontos weist alle privat verursachten Kapitalveränderungen (Privateinlagen und –entnahmen) aus. Privatkonten gibt es nur bei Einzelkaufleuten und Personengesellschaften.

S	Privatkonto	H
Entnahmen		Einlagen

Oft wird das Privatkonto nochmals unterteilt in ein Privatentnahme- und ein getrenntes Privateinlagenkonto, die beide wiederum über das Privatkonto abgeschlossen werden. **Entnahmen** ergeben sich z.B. durch Bar- und Sachentnahmen oder Sachverhalte, die teilweise die Privatsphäre des Unternehmers betreffen (teils privat, teils betrieblich genutzter PKW, Telefon etc.). **Einlagen** ergeben sich entsprechend umgekehrt, wenn der Unternehmer dem Betrieb Vermögensgegenstände zuführt. Einlagen erhöhen das Eigenkapital, Entnahmen verringern das Eigenkapital. Abgeschlossen werden die Privatkonten direkt über das Eigenkapitalkonto oder über ein vorgeschaltetes Privatsammelkonto zur Zusammenfassung der verschiedenen Privatkonten.

MERKE: Das Privatkonto stellt bei Einzelkaufleuten oder Personengesellschaften ein Unterkonto des Eigenkapitalkontos dar. Privatentnahmen und -einlagen der Eigentümer bzw. Gesellschafter verändern seinen Bestand. Beim Jahresabschluss wird der Privatsaldo auf das Eigenkapitalkonto übertragen.

Beispiele: Buchungen auf dem Privatkonto

(1) Entnahme von Bargeld für private Zwecke: 2.000 €

Privatkonto 2.000 an Kasse 2.000

(2) Der Unternehmer überweist 3.000 auf das betriebliche Bankkonto.

Bank 3.000 an Privatkonto 3.000

(3) Abschluss des Privatkontos

Privatkonto 1.000 an Eigenkapital 1.000

S	Privatkonto		H
(1) Kasse	2.000	(2) Bank	3.000
(3) EK	1.000		
	3.000		3.000

S	Eigenkapital		H
Saldo	21.000	AB	20.000
		(3)	1.000
	21.000		21.000

A.6.4 Acht Grundregeln der doppelten Buchführung

1. **Buchen auf aktiven Bestandskonten:**
   - Im Soll werden die Anfangsbestände und die Zugänge gebucht.
   - Im Haben erfolgt die Buchung der Abgänge sowie die Erfassung des Endbestands.
2. **Buchen auf passiven Bestandskonten:**
   - Im Haben werden die Anfangsbestände und die Zugänge gebucht.
   - Im Soll erfolgt die Buchung der Abgänge sowie die Erfassung des Endbestands.
3. **Buchen anhand von Buchungssätzen:**
   - Gebucht wird immer „Soll an Haben“, somit wird jeder Geschäftsfall doppelt erfasst.
4. **Buchen von Aufwendungen:**
   - Aufwendungen werden im Soll gebucht.
   - Anfangsbestände gibt es bei Erfolgskonten nicht.
5. **Buchen von Erträgen:**
   - Erträge werden im Haben gebucht.
   - Anfangsbestände gibt es bei Erfolgskonten nicht.
6. **Abschluss der Aufwandskonten über die Gewinn- und Verlustrechnung (GuV):**
   - „GuV an Aufwandskonten“
7. **Abschluss der Ertragskonten über die Gewinn- und Verlustrechnung:**
   - „Ertragskonten an GuV“
8. **Abschluss des GuV Kontos über das Eigenkapital:**
   - Gewinn: „GuV an Eigenkapital“
   - Verlust: „Eigenkapital an GuV“

A.7 Weiterführende Buchungen

A.7.1 Zugänge und Abschreibung von Anlagegütern

A.7.1.1 Anschaffung von Anlagegütern

Vermögensgegenstände sind bei ihrem Erwerb mit dem Anschaffungswert auf dem jeweiligen Anlagenkonto zu buchen (§ 255 Abs. 1 HGB).[20] Beim Kauf von Vermögensgegenständen des Anlagevermögens (auch: Anlagegüter) sind im Allgemeinen zu berücksichtigen:

- Preis des Anlagegutes,
- Anschaffungspreisminderungen,
- Anschaffungsnebenkosten (z.B. Montage, Fracht, Transportversicherung),
- nachträgliche Anschaffungskosten.

In die Anschaffungskosten gehen nur Nettopreise (Bruttopreise ./. Vorsteuer) ein, wenn der Betrieb zum Vorsteuerabzug berechtigt ist, d.h. gegenüber dem Finanzamt einen Rechtsanspruch auf Erstattung der Steuer hat. Die Buchung der Vorsteuer, die sowohl auf den Rechnungspreis als auch auf die Anschaffungsnebenkosten berechnet wird, ist in Kap. A.7.3 dargestellt. Im öffentlichen Rechnungswesen zählt die Vorsteuer in der Regel zu den Anschaffungskosten und braucht deshalb nicht separat gebucht werden.

Unproblematisch ist die Aktivierung des Kaufpreises auf dem entsprechenden Anlagenkonto. **Nachlässe** (Rabatte, Skonto), **soweit sie dem Vermögensgegenstand einzeln zugerechnet werden können**, mindern die Anschaffungskosten des Anlagegutes. Während ein Rabatt direkt vom Anschaffungspreis abgezogen wird, ist das Nettoskonto erst bei Bezahlung auf der Habenseite des entsprechenden Anlagekontos als Minderung der Anschaffungskosten zu buchen (vgl. Kap. A.7.4).

Anschaffungsnebenkosten müssen aktiviert werden (§ 255 Abs. 1 HGB). Sie stellen weder Aufwendungen noch Kosten dar, sondern sind als Zugang auf dem Anlagenkonto im Soll zu buchen. Die Bezeichnung Kosten kann deshalb leicht zu Falschbuchungen führen. Die Anschaffungsnebenkosten sind einmalige Ausgaben im Zusammenhang mit der Anschaffung. Die nachfolgende Tabelle dient der Abgrenzung der Begrifflichkeiten:

---

[20] Vgl. SsD Tz. 4.2.1, im NKF: § 34 Abs. 2 KomHVO NRW.

	Maschinen	Fahrzeuge	Grundstücke oder Gebäude
Anschaffungsnebenkosten (müssen aktiviert werden)	Transportkosten Zölle Montagekosten Fundament Lärmschutz	Überführungskosten Zulassungskosten Werbeaufschrift Anhängerkupplung Spezialaufbau	Grunderwerbsteuer Maklerprovision Notargebühr Gebühr für Eintragung in das Grundbuch
keine Anschaffungsnebenkosten sind laufende Aufwendungen und Finanzierungskosten		Kfz-Steuer Haftpflichtversicherung	Grundsteuer Grundbuchkosten für Eintragung der Grundschuld

Abbildung 10: Anschaffungskosten

Die Anschaffungskosten eines Anlagegutes ergeben sich wie folgt:

	Listeneinkaufspreis ohne Umsatzsteuer
-	Preisminderung (z.B. Rabatte, Skonti, Boni)
+	Nebenkosten (z.B. Transport-, Montage-, Notariats-, Gerichts- und Registerkosten sowie die Grunderwerbsteuer)
=	Anschaffungskosten

Fallen nach Anschaffung bzw. Inbetriebnahme eines Vermögensgegenstandes noch Anschaffungs- oder Anschaffungsnebenkosten an, sind diese als **nachträgliche Anschaffungskosten** zu berücksichtigen. Nachträgliche Anschaffungskosten sind beispielsweise nachträgliche Fundamentierungen oder notwendige Ausbauarbeiten, die noch im Zusammenhang mit der Anschaffung stehen. Entstehen nachträgliche Anschaffungskosten erst in späteren Jahren, so sind diese so zu berücksichtigen, als wären sie zum 01.01. des Jahres der Entstehung der nachträglichen Anschaffungskosten angefallen und erhöhen ab diesem Zeitpunkt den bestehenden Buchwert des Vermögensgegenstandes.

Zu nachträglichen Anschaffungskosten zählen auch Erschließungsbeiträge nach dem Baugesetzbuch. Sie sind den Anschaffungskosten für Grund und Boden zuzurechnen.

Beispiel:

Ein Analysegerät des städtischen Lebensmitteluntersuchungsamtes wird am 01.01.01 zum Preis von 7.500 € angeschafft; die Nutzungsdauer beträgt 5 Jahre. Am 09.12.01 fallen nachträgliche Anschaffungsnebenkosten in Höhe von 500 € an. Für das Jahr der Anschaffung ist die Jahresabschreibung vom Gesamtbetrag in Höhe von 8.000 € zu berechnen und beträgt wie in den Folgejahren 1.600 €.

Abwandlung: Die Anschaffungsnebenkosten aus dem obigen Beispiel für das Laborgerät fallen erst im Folgejahr am 10.03.02 an. Im Jahr der Anschaffung 01 beträgt die Jahresabschreibung 1.500 €, in den Folgejahren ab 02 jeweils 1.625 €. Hierzu folgendes Berechnungsschema:

Anschaffungskosten 01		7.500 €
-	Jahresabschreibung 01	1.500 €
=	(Rest-)Buchwert am 31.12.01	6.000 €
+	Nachträgliche Anschaffungskosten 02	500 €
=	Fortgeschriebener (Rest-)Buchwert 01.01.02	6.500 €
:	Restnutzungsdauer 4 Jahre	
=	Abschreibung in 02	1.625 €

MERKE: Anlagegüter sind bei Erwerb mit ihren **Anschaffungswerten** (Anschaffungskosten) zu buchen. Finanzierungskosten zählen nicht zu den Anschaffungskosten.
Nachlässe, soweit sie dem Vermögensgegenstand einzeln zugerechnet werden können, mindern die Anschaffungskosten des Anlagegutes. Das entsprechende Anlagekonto ist zu berichtigen.
Die Anschaffungskosten stellen die **Bemessungsgrundlage für die Abschreibung** dar.

A.7.1.2 Herstellung von Anlagegütern

Wenn Anlagegüter nicht angeschafft, d.h. von Dritten gekauft werden, sondern selbst hergestellt werden, erfolgen andere Buchungen als beim Kauf. Beispiele für selbst erstellte Anlagegüter durch Gemeinden sind z.B. Spielplätze, Schutzhütten in Wäldern und Parkanlagen, Garagen, Werkzeugschuppen.

Diese Anlagegüter müssen auf einem Anlagenkonto aktiviert werden; sie erhöhen das Anlagevermögen. Als Gegenkonto kommt jedoch kein Zahlungsmittel- oder Verbindlichkeitskonto in Betracht, da für die Herstellung dieser Anlagegüter kein unmittelbarer Kaufpreis entrichtet wurde. Vielmehr wurden Löhne, Gehälter, Materialien, Energie sowie sonstige Produktions- und Verwaltungskosten anteilig aufgewandt. Diese Aufwendungen sind aber bereits bei ihrem Einsatz erfolgswirksam gebucht worden.

Da die Herstellung von Anlagen genauso wie ein Kauf im Ergebnis erfolgsneutral sein muss, sind die bereits gebuchten Aufwendungen durch eine entsprechende Gegenbuchung als Ertrag zu neutralisieren. Diese Ertragsposition wird in der GuV-Gliederung des § 275 Abs. 2 Nr. 3 HGB sowie in den Gliederungen der Ergebnisrechnungen für Gebietskörperschaften als „Andere aktivierte Eigenleistungen“ bzw. „Aktivierte Eigenleistungen“ bezeichnet.

Buchungssatz: „*Anlagekonto an Aktivierte Eigenleistungen*“.

Das Ertragskonto „**Aktivierte Eigenleistungen**" wird über das Ergebniskonto (GuV-Konto) abgeschlossen. Der gebuchte Betrag muss in der Höhe den Herstellungskosten des Anlagegutes entsprechen.

Die Bewertung der selbsterstellten Güter des Anlagevermögens richtet sich nach den Herstellungskosten, wobei hier begrifflich Herstellungsaufwendungen gemeint sind, denn Zusatzkosten, wie z.B. kalkulatorische Zinsen für das eingesetzte Eigenkapital, dürfen nicht berücksichtigt werden.

Beispiel:

Die Mitarbeiter eines städtischen Bauhofs errichten eine Garage. Hierfür wird Material im Wert von 20.000 € angeschafft und bezahlt. Die Baumaßnahme wird ausschließlich mit Aushilfskräften abgewickelt, die nur mit der Errichtung der Garage beschäftigt sind. Es fallen Auszahlungen für Löhne in Höhe von 40.000 € an. Nach der Fertigstellung wird die Garage bilanziert.

(1) Materialaufwand	*an Bank*	*20.000*
(2) Personalaufwand	*an Bank*	*40.000*
(3) Bebaute Grundstücke	*an Aktivierte Eigenleistungen*	*60.000*

Der Vorgang lässt sich folgendermaßen darstellen (Angaben in €):

S	Bank (Aktivkonto)		H
		(1)	20.000
		(2)	40.000

S	Materialaufwand (Aufwandskonto)		H
(1)	20.000		

S	Personalaufwand (Aufwandskonto)		H
(2)	40.000		

S	Bebaute Grundstücke (Aktivkonto)		H
(3)	60.000		

S	Akt. Eigenleistungen (Ertragskonto)		H
		(3)	60.000

Wie das Beispiel zeigt, ist die Erstellung von Eigenleistungen erfolgsneutral: Herstellungsaufwendungen und Eigenleistung sind in der Summe gleich. Übrig bleibt die Erhöhung des Sachanlagevermögens durch die Aktivierung der Herstellungskosten.

MERKE: Sachanlagen, die zur Eigennutzung selbst hergestellt werden, sind als Eigenleistung mit ihren Herstellungskosten auf dem jeweiligen Anlagekonto zu aktivieren. Die Herstellungskosten der selbst erstellten Anlagen bilden die Bemessungsgrundlage für die Abschreibung.

Zu aktivieren sind auch Großreparaturen, sofern sie zu einer wesentlichen Verbesserung des Anlagegutes führen (z.B. Einbau einer Sprinkleranlage) oder seine Verwendungsmöglichkeiten erheblich vergrößern (sog. **Herstellungsaufwand**).

Reparaturen, die lediglich der Erhaltung des Anlagegutes dienen, sind als Aufwand gewinnmindernd zu buchen (sog. **Erhaltungsaufwand**). Die Finanzrechtsprechung hat Abgrenzungskriterien für die Begriffe Herstellungsaufwand und Erhaltungsaufwand entwickelt, die auch im Handelsrecht und im öffentlichen Rechnungswesen Anwendung finden.[21]

A.7.1.3 Anzahlungen auf Anlagen

Anzahlungen stellen eine besondere Form im Zahlungsverkehr dar. Es sind Zahlungen, die bereits vor Erbringung der Leistung fließen. Bei Anzahlungen von Kunden erfolgt ein Zugang auf dem Konto „**Erhaltene Anzahlungen**". Sachlich handelt es sich hier um eine besondere Art einer Verbindlichkeit, die nach der Bilanzgliederung gemäß § 266 Abs. 3 Buchstabe C.3 HGB entsprechend auszuweisen ist.

Werden selbst Anzahlungen geleistet, erfolgt ein Zugang auf dem Aktivkonto „**Geleistete Anzahlungen**". Dabei werden für Sachanlagen, immaterielle Vermögensgegenstände sowie für Vorräte jeweils eigene Anzahlungskonten genutzt. Bei den geleisteten Anzahlungen handelt es sich um eine besondere Art einer Forderung.

Anzahlungen sind umsatzsteuerpflichtig (zu den Umsatzsteuerbuchungen vgl. Kap. A.7.3). Die entsprechenden Buchungssätze für Anzahlungen lauten:

Geleistete Anzahlung + Vorsteuer an Bank bzw.

Bank an Erhaltene Anzahlung + Umsatzsteuer

Im hoheitlichen Bereich in der öffentlichen Verwaltung erfolgen die Anzahlungsbuchungen brutto, also ohne ein zusätzliches Umsatzsteuerkonto.

Wenn später die Lieferung erfolgt, auf die eine Anzahlung geleistet oder erhalten wurde, sowie die Restzahlung überwiesen wird, ist eine Umbuchung vorzunehmen, z.B.:

BGA an Geleistete Anzahlungen + Bank bzw.

Erhaltene Anzahlungen + Bank an Umsatzerlöse

Die nachfolgende Übersicht fasst die wesentlichen Aspekte der Anzahlungen zusammen:

[21] Vgl. u.a. Erlass des Bundesministeriums für Finanzen vom 18.7.2003 (BStBl. I S.386). Im NKF gelten hierzu ergänzende Regelungen, wonach in bestimmten Fällen Instandhaltungsaufwendungen zu aktivieren sind und zu einer Neubewertung des Vermögensgegenstandes führen (vgl. Kap. B.2.4.2).

Anzahlungen	
Geleistete Anzahlungen	**Erhaltene Anzahlungen**
Forderungscharakter Aktivkonto Geleistete Anzahlungen	Verbindlichkeitscharakter Passivkonto Erhaltene Anzahlungen
Vorsteuerabzug	Umsatzsteuerschuld

A.7.1.4 Abschreibung von Anlagegütern

Vermögensgegenstände verlieren im Zeitablauf durch unterschiedliche Ursachen an Wert. Dieser Wertverzehr wird über Abschreibungen abgebildet. Bei **abnutzbaren** Anlagegütern (z.B. Gebäude, Maschinen und Einrichtungen) ist der vorhersehbare Wertverzehr durch planmäßige und der nicht vorhersehbare Wertverzehr durch außerplanmäßige Abschreibungen zu erfassen. Bei **nicht abnutzbaren** Vermögensgegenständen (z.B. unbebaute Grundstücke, Forderungen, Wertpapiere, Vorräte) kann der Wertverzehr nur durch außerplanmäßige Abschreibungen erfasst werden. Ursachen für außerplanmäßige Abschreibungen können Katastrophen, erhöhte Inanspruchnahme, unterlassene Instandhaltung, technischer Fortschritt oder gesunkene Wiederbeschaffungspreise sein.

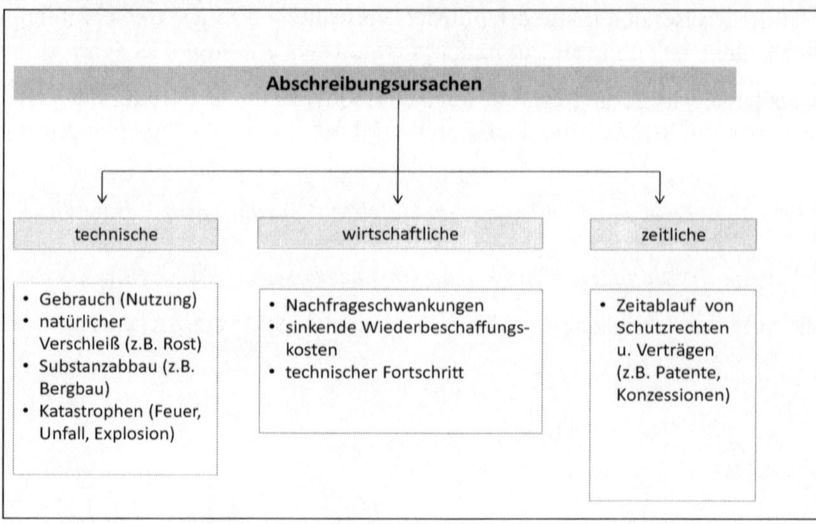

Abbildung 11: Abschreibungsursachen

Die Abschreibungen auf das Anlagevermögen werden in der Regel zum Schluss des Geschäftsjahres im Rahmen der Inventur vorgenommen. Im Steuerrecht bezeichnet man die planmäßige Abschreibung als „**Absetzung für Abnutzung (AfA)**". Die planmäßige wirtschaftliche Nutzungsdauer von abnutzbaren Vermögensgegenständen wird mit Hilfe einer **Abschreibungstabelle** bestimmt. Wegen der Auswirkung der Abschreibung auf den Erfolg hat die Finanzbehörde zu Vermeidung willkürlicher Schätzungen die jeweilige Nutzungsdauer für die abschreibungsfähigen Anlagegüter in sog. AfA-Tabellen festgesetzt. Die staatliche Doppik orientiert sich an den AFA-Tabellen. Für die kommunale Doppik gibt es entsprechende Abschreibungstabellen in den jeweiligen Haushaltsvorschriften.[22]

Die geplante Verteilung der Abschreibungssumme wird in einem Abschreibungsplan zusammengestellt. Neben den sich daraus ergebenden planmäßigen Abschreibungen, die im Voraus festgelegt werden, können zusätzlich unvorhergesehene Ereignisse zu einem plötzlichen Wertverzehr führen. In diesen Fällen sind **außerplanmäßige Abschreibungen** und Korrekturen des Abschreibungsplans durchzuführen. Im Gegensatz zu planmäßigen Abschreibungen können außerplanmäßige Abschreibungen auf das gesamte Anlagevermögen, also sowohl auf das abnutzbare als auch auf das nicht abnutzbare Anlagevermögen sowie auf das Umlaufvermögen, erfolgen.

Beispiel:

Ein Spezialfahrzeug mit 100.000 € Anschaffungskosten soll planmäßig über acht Jahre abgeschrieben werden. Am Ende der 4. Periode beträgt der Restbuchwert nach den planmäßigen Abschreibungen 50.000 €. Der Marktwert beläuft sich dagegen nur noch auf 40.000 €. In der 4. Periode wird somit zusätzlich noch eine außerplanmäßige Abschreibung von 10.000 € gebucht.

Planmäßige Abschreibung	*12.500*	*an Fahrzeuge*	*22.500*
+ Außerplanmäßige Abschreibung	*10.000*		

Die planmäßige Abschreibung reduziert sich ab dem 5. Jahr auf jährlich 10.000 € (40.000 € : 4 Jahre). Der Restbuchwert wird auf die verbleibende Nutzungsdauer verteilt.

Die Abschreibung stellt **betrieblichen Aufwand** dar und **schmälert** somit den Erfolg. Das Konto „Abschreibungen" wird daher über das Gewinn- und Verlustkonto (Ergebnisrechnung) abgeschlossen.

[22] Vgl. z.B. Anlage 16 VV Muster zur GO und KomHVO NRW.

Beispiel:

Abschreibung eines Fahrzeuges (Anschaffungswert 100.000 €, Nutzungsdauer 10 Jahre):

S	Fahrzeuge		H
AB	100.000	(1) Abschr.	10.000
		(3) SB	90.000

S	Abschreibungen		H
(1)	10.000	(2)	10.0

A	Schlussbilanz		P
(3)	90.000		

S	GuV-Konto		H
(2) Abschr.	10.000		

Buchungssätze:

(1) Abschreibungen	*an Fahrzeuge*	*10.000*
(2) Gewinn- und Verlustkonto	*an Abschreibungen*	*10.000*
(3) Schlussbilanz	*an Fahrzeuge*	*90.000*

Am Ende der Nutzungsdauer sind über die Abschreibungen die gesamten Anschaffungsausgaben zu Aufwand geworden. Wird damit gerechnet, dass die Anlagen am Ende der geplanten Nutzungsdauer noch einen – nicht geringfügigen - Verkaufserlös erbringen, so ist dieser geschätzte Wert von der Anschaffungssumme abzuziehen und nur der sich dann ergebende Wert über die Nutzungsdauer zu verteilen.

MERKE: Abschreibungen erfassen die Wertminderung der Anlagegüter. Bei abnutzbaren Anlagegütern werden Abschreibungen planmäßig vorgenommen, indem der Anschaffungswert auf die voraussichtlichen Nutzungsjahre verteilt wird. Abschreibungen mindern als Aufwand den Gewinn.

Abschreibungskreislauf

Bei der Kalkulation der Erzeugnisse werden die Abschreibungen als Kosten eingesetzt. Über die Verkaufserlöse fließen die kalkulierten Abschreibungsbeträge in Form von liquiden Mitteln (Geld) zurück. Diese Mittel stehen nun für Ersatzinvestitionen zur Verfügung. Die Neuanschaffungen werden somit aus Abschreibungsrückflüssen finanziert. Allerdings unterscheiden sich die nach handels- und steuerrechtlichen Vorschriften ermittelten Abschreibungen von den kalkulatorischen Ansätzen der Kosten- und Leistungsrechnung durch unterschiedliche Wertansätze, Bewertungsmethoden und Nutzungszeiträume. Die folgende Abbildung stellt den Abschreibungskreislauf beim Kauf eines Müllfahrzeuges einer Gemeinde dar. Dabei wird unterstellt,

- dass die Entgeltvorstellungen tatsächlich verwirklicht werden,
- dass die Nutzungsdauer richtig geschätzt wurde und
- dass der Vermögensgegenstand in gleicher Form und zum gleichen Preis am Ende der Nutzungsdauer wiederbeschafft werden kann.

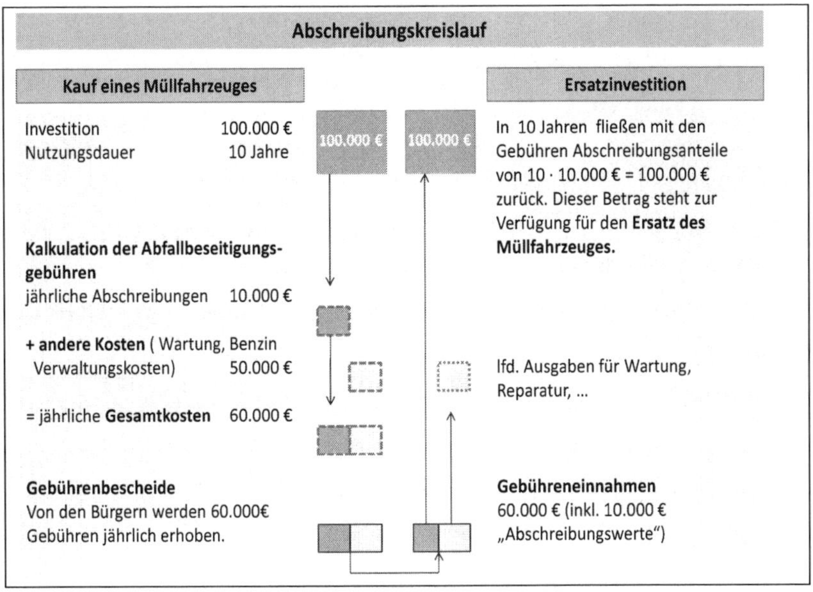

Abbildung 12: Abschreibungskreislauf[23]

MERKE: Abschreibungen finanzieren Neuinvestitionen über die Umsatzerlöse (in kostenrechnenden öffentlichen Betrieben sind die Gebührenerträge die Umsatzerlöse).

Bezüglich des Ausweises in der Bilanz kann zwischen direkter und indirekter Abschreibung unterschieden werden. Wird die Abschreibung unmittelbar von dem Wert der Anlagegüter abgesetzt, so spricht man von der **direkten Abschreibung**. **Indirekte Abschreibungen** liegen vor, wenn die Anlagegüter auf der Aktivseite mit den Anschaffungs- oder Herstellungskosten ausgewiesen werden und auf der Passivseite in Höhe der bisherigen Abschreibungen ein **Wertberichtigungsposten** ausgewiesen wird. Die Wertberichtigungen haben damit den Charakter eines Korrekturpostens zu dem unveränderten Ansatz der Anschaffungs- oder Herstellungskosten des Anlagegutes. Zu beachten ist jedoch, dass ein **Ausweis** eines passiven Wertberichtigungspostens in der Bilanz für Kapitalgesellschaften und für Gebietskörperschaften **nicht zulässig** ist. Die indirekte Buchung der Abschreibung hat jedoch den Vorteil, dass aus den Konten die ursprünglichen Anschaffungskosten und die im Laufe der Zeit angefallenen Abschreibungen (kumulierte Abschreibungen) erkennbar sind, da diese Daten für die Erstellung des **Anlagenspiegels** gebraucht werden (vgl. Kap. 15.1).

[23] Abbildung in Anlehnung an: Düngen/Zeiler, Rechnungswesen in der öffentlichen Verwaltung, 6. Aufl. 2019, S. 110.

Abschreibungsverfahren

Der jährliche Abschreibungsbetrag wird vorwiegend nach einer der beiden folgenden Berechnungsmethoden ermittelt:

- Abschreibung von den Anschaffungs- oder Herstellungskosten (**lineare Abschreibung**: gleichbleibende Abschreibungsbeträge),
- Abschreibung vom Buch- oder Restwert (**degressive Abschreibung**: fallende Abschreibungsbeträge).

Die gewählten Abschreibungsverfahren sind nach § 284 Abs. 2 Nr. 1 HGB im Anhang anzugeben.[24]

Beispiel:

Die Anschaffungskosten eines PKW betragen 60.000 €, die voraussichtliche Nutzungsdauer beträgt 10 Jahre. Der PKW soll linear mit 10 % oder degressiv mit 20 % abgeschrieben werden. Bei Anwendung der beiden Abschreibungsmethoden ergibt sich folgende Berechnung:

Lineare AfA	**Ermittlung des Buchwertes**	**Degressive AfA**
60.000	Anschaffungswert	60.000
6.000	./. AfA am Ende des 1. Jahres	12.000
54.000	= Buchwert am Ende des 1. Jahres	48.000
6.000	./. AfA am Ende des 2. Jahres	9.600
48.000	= Buchwert am Ende des 2. Jahres	38.400
6.000	./. AfA am Ende des 3. Jahres	7.680
42.000	= Buchwert am Ende des 3. Jahres	30.720
10 % AfA von den **Anschaffungskosten**	usw.	20 % AfA vom **Buchwert**

MERKE: Anschaffungskosten ./. AfA = Buchwert bzw. Restwert

Bei der **linearen Abschreibungsmethode** wird mit gleichbleibenden Beträgen von den Anschaffungs- oder Herstellungskosten des Anlagegutes abgeschrieben. Nach Ablauf der Nutzungsdauer ist der Buchwert gleich Null. Sollte das Anlagegut nach Ablauf der betriebsgewöhnlichen Nutzungsdauer noch weiterhin genutzt werden, wird der Vermögensgegenstand nach wie vor in der Anlagenkartei geführt.

[24] Die staatliche Doppik sieht nur die lineare Abschreibung vor (vgl. SsD Tz. 4.2.3).

$$\text{Jährlicher Abschreibungsbetrag} = \frac{\text{Anschaffungskosten}}{\text{Nutzungsdauer}}$$

$$\text{Jährlicher Abschreibungssatz in \%} = \frac{100\,\%}{\text{Nutzungsdauer}}$$

Bei der linearen Abschreibung geht man davon aus, dass sich der Vermögensgegenstand gleichmäßig abnutzt. Ein eventuell höherer Wertverlust durch technische oder wirtschaftliche Überholung oder infolge eines unterschiedlich hohen Verschleißes durch unterschiedliche Nutzung in den verschiedenen Nutzungsjahren wird nicht berücksichtigt.

Die lineare Abschreibungsmethode hat insbesondere folgende Vorteile:

- einfache und nur einmalige Berechnung des Abschreibungsbetrags,
- gute Vergleichbarkeit der aufeinander folgenden Erfolgsrechnungen,
- gleichmäßige Aufwandsbelastung mit Abschreibungen.

Bei der degressiven Abschreibung erfolgt die Abschreibung mittels eines konstanten Abschreibungsprozentsatzes im ersten Nutzungsjahr vom Anschaffungswert und in den folgenden Jahren vom jeweiligen Buch- oder Restwert. Es ergeben sich dadurch jährlich fallende Abschreibungsbeträge. Der Nullwert des Anlagegutes nach Ablauf der Nutzungsdauer wird bei der degressiven Abschreibung nicht erreicht. Steuerrechtlich ist die degressive Abschreibung zurzeit nicht erlaubt.[25] Ein Wechsel von einer degressiven auf die lineare AfA ist erlaubt, jedoch nicht umgekehrt. Dies ist ein Fall, in dem vom Grundsatz der Bewertungsstetigkeit nach § 252 Abs. 1 Nr. 6 HGB abgewichen und die Abschreibungsmethode gewechselt werden darf. Es stellt sich die Frage, wann der günstigste Zeitpunkt für einen Wechsel ist. Sinnvoll ist der Übergang dann, wenn bei der Verteilung des Restbuchwertes auf die Restnutzungsjahre ein höherer Abschreibungsbetrag als bei der degressiven Methode entsteht. Handelsrechtlich sind beide Abschreibungsmethoden zulässig.

Berechnung des optimalen Wechsels von der degressiven zur linearen Abschreibung:

$$\text{Übergangszeitpunkt} = \text{betriebsgewöhnl. ND} - \frac{100}{\text{degr. Abschreibungssatz}} + 1$$

Beispiel:

Anschaffungskosten eines PKW 60.000 €, Nutzungsdauer 10 Jahre. Das Fahrzeug wird linear mit 10 % oder degressiv mit 20 % abgeschrieben. Die lineare Abschrei-

[25] Wirtschaftsgüter, die noch 2009 bzw. 2010 angeschafft bzw. hergestellt wurden, können gemäß § 7 Abs. 2 EStG mit einem Abschreibungssatz von höchstens 25 % abgeschrieben werden. In der Gebührenkalkulation sind nach den Kommunalabgabengesetzen der Bundesländer degressive Abschreibungen nicht zulässig.

bung erreicht nach der 10-jährigen Nutzungsdauer den Nullwert. Die degressive Abschreibung vom jeweiligen Buchwert endet mit einem Restwert. Um hier auch den Nullwert zu erreichen, empfiehlt sich im 6. Nutzungsjahr der Übergang von der degressiven zur linearen Abschreibung.

$$\text{Übergangszeitpunkt} = (10 - \frac{100}{20}) + 1 = 6$$

Für die degressive Abschreibungsmethode sprechen folgende Argumente: Die degressive Abschreibung geht von der Überlegung aus, dass der Wertverlust eines Vermögensgegenstandes in den ersten Nutzungsjahren wesentlich höher ist als in den Folgejahren. Dem Risiko, dass durch den technischen Fortschritt der Vermögensgegenstand schnell an Wert verlieren kann, wird durch die anfangs hohe Abschreibung entsprochen.

MERKE: Nutzungsdauer und Abschreibungsmethode bestimmen die Höhe der jährlichen Abschreibungsbeträge.

$$\text{Afa} = \frac{\text{Anschaffungskosten}}{\text{Nutzungsdauer}} \text{ bzw. Afa-Satz (\%)} = \frac{100}{\text{Nutzungsdauer}}$$

Zuschreibungen haben die Funktion, außerplanmäßige Abschreibungen rückgängig zu machen, wenn der spezielle Grund für die Vornahme dieser Abschreibungen wieder entfallen ist. Die buchmäßige Werterhöhung des betreffenden Aktivkontos bedingt als Gegenbuchung eine Ertragsbuchung, eben die Zuschreibung. Dabei ist es nach § 253 Abs. 5 HGB zwingend vorgeschrieben, solche Zuschreibungen vorzunehmen. Bei abnutzbaren Vermögensgegenständen darf eine Zuschreibung nur bis zu dem Wert vorgenommen werden, der sich ergeben würde, wenn zuvor keine außerplanmäßige Abschreibung vorgenommen worden wäre (fortgeführte AK/HK nach planmäßiger Abschreibung).

Abschreibung im ersten und letzten Nutzungsjahr

Wird ein Anlagegut im Laufe eines Geschäftsjahres angeschafft, so beträgt der Nutzungszeitraum nur einen Teil eines vollen Jahres. Im Jahr der Anschaffung oder Herstellung kann nur der Teil der auf ein Jahr anfallenden Abschreibungen angesetzt werden, der auf den Zeitraum zwischen der Anschaffung oder Herstellung und dem Ende des Jahres entfällt. Der Monat der Anschaffung oder Herstellung darf – unabhängig von dem genauen Tag der Anschaffung oder Herstellung – vollständig bei der AfA berücksichtigt werden.[26]

[26] Diese Regelung entspricht auch der Gesetzgebung lt. § 7 EStG.

Beispiele:

(1) Herstellung (Fertigstellung) eines Gebäudes am 15. Mai für 600.000 €. Abschreibung nach § 7 Abs. 4 EStG 3 %. Eine Abschreibung auf das Gebäude für das 1. Geschäftsjahr ist für 8 Monate möglich.

$$\text{Abschreibung} = \frac{600\,000 \cdot 3 \cdot 8}{100 \cdot 12} = \underline{\underline{12.000\ €}}$$

(2) Kauf von Lagerregalen am 30. September im Wert von 20.000 €. Nutzungsdauer: 14 Jahre (Abschreibungssatz: 7,14 %). Eine Abschreibung auf die Lagerregale ist für 4 Monate möglich.

$$\text{Abschreibung} = \frac{20\,000 \cdot 7{,}14 \cdot 4}{100 \cdot 12} = \underline{\underline{476\ €}}$$

Scheiden Anlagegüter während des Geschäftsjahres aus, so darf ebenfalls der Monat des Ausscheidens bei der Ermittlung der Abschreibung mitgerechnet werden.[27]

Beispiel:

Ein LKW, der zum 1. 1. des Geschäftsjahres noch einen Buchwert von 12.000 € hat und jährlich mit 6.000 € linear abgeschrieben wird, soll am 14. August des gleichen Jahres verkauft werden. Eine zeitanteilige Abschreibung für das Geschäftsjahr ist noch für 8 Monate möglich.

$$\text{Abschreibung} = \frac{6\,000 \cdot 8}{12} = \underline{\underline{4.000\ €}}$$

Geringwertige Wirtschaftsgüter(GWG)

Besondere Buchungen treten bei der Anschaffung oder Herstellung von Anlagegütern auf, deren Anschaffungskosten bzw. Herstellungskosten (ohne Vorsteuer) eine bestimmte Wertgrenze nicht übersteigen. Die Güter müssen **selbständig nutzbar, bewertbar und abnutzbar** sein. Ein Gegenstand ist selbständig nutzbar, wenn sich der Vermögensgegenstand losgelöst von anderen nutzen lässt (z.B. Lampe, Stuhl, Tisch, Radio, Fahrrad). Bei den GWG-Grenzen hat es in den letzten Jahren mehrfach Änderungen gegeben. Daher hängt es auch vom Anschaffungszeitpunkt ab, ob ein GWG vorliegt. Im Steuerrecht gelten ab 1. 1. 2018 die folgenden Regelungen:

- GWG im Nettowert bis 250 € dürfen steuerrechtlich sofort im Jahr der Anschaffung als **Betriebsausgabe** (Aufwandsbuchung) abgesetzt werden. Sie können aber auch aktiviert werden und über die betriebsgewöhnliche Nutzungsdauer abgeschrieben werden. Es besteht steuerlich somit ein Wahlrecht. Eine Aufzeichnungspflicht in einem besonderen Verzeichnis besteht nicht.

[27] Vgl. R 7.4 Abs. 8 EStR und Beck´scher Bilanzkommentar, 12. Aufl. 2020, § 253 Tz. 227.

- GWG im Nettowert von 250,01 – 1000 € dürfen in einem jährlichen **Sammelposten** (Pool) erfasst und in fünf Jahren linear mit 20 % abgeschrieben werden. Für jedes Geschäftsjahr ist ein eigenes Aktivkonto „GWG-Sammelposten“ zu bilden, das nur durch Zugänge und die Jahresabschreibung verändert werden darf, nicht aber durch Abgänge (Entnahmen, Verkäufe). Scheidet ein GWG durch Verkauf aus, wird lediglich ein Ertrag gebucht, der Sammelposten bleibt unverändert.
- GWG im Nettowert von 250,01 - 800 € können alternativ nach § 6 Abs. 2 EStG im Jahr der Anschaffung voll abgeschrieben werden. Eine Aufzeichnungspflicht besteht.

Unternehmen haben damit ein Wahlrecht zwischen der Bildung eines Sammelpostens, der individuellen Abschreibung über die betriebsgewöhnliche Nutzungsdauer und der Vollabschreibung. Der Ansatz eines Erinnerungs- oder Nullwertes ist nicht zulässig. Für Gebietskörperschaften gelten oft unterschiedliche Regelungen. Die staatliche Doppik sieht bei einem GWG bis 250 € nur die Aufwandsbuchung vor, von 250,01 € bis 800 € kann eine Aufwandsbuchung erfolgen (vgl. SsD Tz. 3).[28]

Beispiel:

Der nicht umsatzsteuerpflichtige Bauhof der Gemeinde A in NRW beschafft eine Bohrmaschine. Die Bohrmaschine wird bar zu einem Preis 520 € (netto) bzw. 618,80 € (brutto) erworben. Da es sich bei der Bohrmaschine um einen selbständig nutzbaren, einzeln bewertbaren und abnutzbaren Vermögensgegenstand des beweglichen Anlagevermögens unter 800 € handelt, kann wie folgt gebucht werden:

GWG (geringwertige Wirtschaftsgüter)	*an*	*Kasse*	*618,80*

Buchung zum Jahresabschluss (Vollabschreibung):

Abschreibung auf Anlagevermögen	*an*	*GWG*	*618,80*

Das Anlagegut wird unter Angabe des Tages der Anschaffung zunächst auf dem Anlagekonto „Geringwertige Wirtschaftsgüter“ – (GWG) gebucht. Am Jahresende hat die Gemeinde die Möglichkeit, die GWG voll abzuschreiben oder aber die Abschreibung nach der betriebsbedingten Nutzungsdauer vorzunehmen, wobei dann vorher auf das entsprechende Anlagekonto umgebucht werden muss. Alternativ kann direkt gebucht werden:

Aufwand für Sach- und Dienstleistungen	*an*	*Kasse*	*618,80*

[28] Im NKF sind die Buchungsmöglichkeiten der geringwertigen Wirtschaftsgüter in § 36 Abs. 3 KomHVO NRW geregelt.

Anlagenspiegel

Für Kapitalgesellschaften (Ausnahme: Kleinstkapitalgesellschaften) ist gemäß § 284 Abs. 3 HGB die Entwicklung der einzelnen Posten des Anlagevermögens darzustellen, d.h. ausgehend von den gesamten Anschaffungs- und Herstellungskosten sind die Zugänge, Abgänge, Umbuchungen und Zuschreibungen des Geschäfts- oder Haushaltsjahres sowie die Abschreibungen in ihrer gesamten Höhe im sog. Anlagenspiegel gesondert aufzuführen. Der Anlagenspiegel ist Bestandteil des Anhangs zum Jahresabschluss (vgl. Kap. A. 15.1). Auch die Gebietskörperschaften sind zur Erstellung eines Anlagenspiegels verpflichtet.[29]

Sonderposten für erhaltene Investitionszuweisungen und -beiträge

Für bestimmte Aufgaben gewährt die öffentliche Hand zweckgebundene Zuwendungen. Diese Zuwendungen sind in der Regel für die Anschaffung und Herstellung von Anlagevermögen und damit **für Investitionen** bestimmt. So werden z.B. Investitionen in Schulgebäude, Krankenhäuser, Jugendeinrichtungen, in die Feuerwehr und in den Katastrophenschutz finanziell gefördert.

Die Sachanlagen dienen dem Zuwendungsempfänger über das Jahr der Anschaffung hinaus während der gesamten Nutzungsdauer, die sich aus der Abschreibungstabelle ergibt. Ebenso entfaltet eine erhaltene Investitionszuweisung ihren Nutzen nicht nur im Jahr der Zahlung, sondern während der gesamten Nutzungsdauer der geförderten Anlage. Die Sachanlagen wären ohne die Investitionszuweisung möglicherweise nicht (oder nicht in dieser Ausführung) angeschafft worden.

Hieraus ergibt sich eine besondere buchhalterische Erfassung der Investitionszuweisungen. Sowohl in der **kommunalen** als auch in der **staatlichen Doppik** bilden sie als Sonderposten eine eigene Position auf der Passivseite der Bilanz (zwischen Eigenkapital und Fremdkapital).[30] Im NKF-Kontenrahmen wird das Passivkonto als „Sonderposten aus Zuwendungen", auf dem die Einnahme des Zuweisungsbetrages gebucht wird, bezeichnet.

Da sich die Investitionszuweisung grundsätzlich auf die gesamte Nutzungsdauer der Investition auswirkt, wird der Zuweisungsbetrag über die Nutzungsdauer verteilt und nur der auf ein Jahr entfallene Teil wird als Ertrag (= Mehrung des Eigenkapitals) gebucht. Im Anschaffungsjahr ist dieser Betrag – wie bei der Abschreibung – zeitlich aufzuteilen. Der Sonderposten wird so über die gesamte Nutzungsdauer ertragswirksam aufgelöst.

Hier besteht eine Parallele zur Abschreibung: Bei der Abschreibung wird der Anschaffungswert eines Gutes auf die Jahre der Nutzung verteilt, der Abschreibungsbetrag drückt die Wertminderung (den Verschleiß) aus und wird als Aufwand erfasst. Bei der Auflösung des Sonderpostens wird der Zuweisungsbetrag auf die Jahre der

[29] Vgl. z.B. SsD Tz. 5.1 (Stand 27.11.2019) i.V. mit Anlage 2; § 46 KomHVO NRW.

[30] In Niedersachsen bilden Investitionszuweisungen und –beiträge, in Bayern nicht ertragswirksam aufzulösende Zuweisungen einen Bestandteil des Eigenkapitals. Zur staatlichen Doppik vgl. SsD Tz. 5.6 (Stand 27.11.2019).

Nutzung der Investition verteilt, der anteilige Zuweisungsbetrag drückt das „Aufzehren“ der Zuweisung aus und wird als Ertrag erfasst.

Die ertragswirksame Auflösung eines Sonderpostens stellt das Gegenstück zur Abschreibung dar. Der Bruttoausweis des Anlagevermögens in der Bilanz macht die Vermögenslage des Bilanzierenden transparenter.

Beispiel:

Ein Löschfahrzeug für die Feuerwehr einer Gemeinde, das mit einem Anschaffungswert von 600.000 € im Januar neu gekauft wurde, hat eine Nutzungsdauer von 6 Jahren. Das Land hat für das Fahrzeug eine Investitionshilfe von 300.000 € gewährt und ebenfalls im Januar an die Gemeinde überwiesen. Am Ende des ersten Jahres erfolgt die planmäßige Abschreibung und die anteilige Auflösung des Sonderpostens für die Investitionsbeihilfe.

Im ersten Jahr ergeben sich folgende Buchungen:

Bank *an* *Sonderposten für Investitionszuwendungen* *300.000*
Fahrzeuge *an* *Bank* *600.000*
Abschreibungen *an* *Fahrzeuge* *100.000*
Sonderposten für Investitionszuwendungen
an *Erträge aus der Auflösung von Sonderposten* *50.000*

In der Ergebnisrechnung (GuV-Konto) erscheint am Jahresende der Abschreibungsbetrag und der Ertrag aus der Auflösung des Sonderpostens für dieses Jahr. Eine Aufrechnung beider Beträge ergibt, dass der Nettoaufwand für diese Investition jährlich nur 50.000 € beträgt.

In der Schlussbilanz steht das Löschfahrzeug mit dem tatsächlichen Restbuchwert, der Jahr für Jahr um den Abschreibungsbetrag vermindert wird. Dass die Investition durch eine staatliche Finanzzuweisung mitfinanziert wurde, ergibt sich aus dem Sonderposten, dessen Restbuchwert sich ebenfalls Jahr für Jahr verringert.

Nach den steuerrechtlichen Regelungen können **Unternehmen** erhaltene Investitionszuschüsse entweder als Minderung der Anschaffungskosten oder als Ertrag buchen. In der Handelsbilanz ist bei Zuwendungen für die Anschaffung eines Vermögensgegenstandes des Anlagevermögens auch eine Buchung als passiver Sonderposten (Sonderposten für Investitionszuschüsse zum AV) möglich. Der Sonderposten ist dann über die Nutzungsdauer verteilt aufzulösen.[31]

[31] Vgl. Coenenberg/Haller/Schultze, Jahresabschluss und Jahresabschlussanalyse, 25. Aufl. 2018, S. 102.

A.7.2 Bestandsveränderungen[32]

A.7.2.1 Erfolgsermittlung ohne Bestandsveränderungen

In den bisherigen Ausführungen wurde unterstellt, dass die verkaufte Menge an Erzeugnissen im Geschäftsjahr mit der hergestellten Menge im gleichen Jahr übereinstimmt. Bestände an fertigen (absatzfähigen) sowie unfertigen (noch in Arbeit befindlichen) Erzeugnissen oder Leistungen haben weder zu Beginn noch am Ende des Geschäftsjahres vorgelegen. Der betriebliche Erfolg ließ sich somit einfach ermitteln, indem man den Herstellungsaufwendungen des Geschäftsjahres die Umsatzerlöse (Erträge) dieser Rechnungsperiode gegenüberstellte.

Je nachdem, ob ein Produkt verkauft wird oder ob es am Ende der Periode dem Lagerbestand zuzurechnen ist, wird ein anderer Wert berücksichtigt. Während die Produkte, die verkauft werden, mit dem entsprechenden Verkaufspreis bewertet werden müssen, sind die Produkte im Lager nach § 255 Abs. 2 HGB mit ihren entsprechenden Herstellungsaufwendungen anzusetzen.

Beispiel 1 (hergestellte Menge = abgesetzte Menge):

Eine Möbelfabrik hat in ihrem 1. Geschäftsjahr 2000 Stühle der Marke „Comfort" hergestellt. Die Herstellungsaufwendungen betragen je Stuhl 50 €. Bis zum 31.12. wurden alle Stühle zu einem Nettopreis von 75 € je Stück verkauft.

Soll		**Gewinn und Verlust**	Haben
Herstellungsaufwand für 2000 Stück	100.000	Umsatzerlöse für 2000 Stück	150.000
Gewinn	?		

MERKE: Wenn Herstellungs- und Absatzmenge der Erzeugnisse und Leistungen innerhalb einer Rechnungsperiode übereinstimmen, ermittelt sich der betriebliche Erfolg aus der Gegenüberstellung der Herstellungsaufwendungen und Umsatzerlöse dieser Rechnungsperiode.

A.7.2.2 Erfolgsermittlung mit Bestandsveränderungen

Ist in einem Geschäftsjahr mehr hergestellt als verkauft/abgegeben worden, liegt eine **Bestandsmehrung** vor.

Ist die verkaufte/abgegebene Menge im Geschäftsjahr größer als die hergestellte Menge, liegt eine **Bestandsminderung** vor.

[32] Beispiele und Buchungssätze in Anlehnung an: Schmolke/Deitermann, Industrielles Rechnungswesen, 47. Aufl. 2018, S. 58.

Die Bestandsmehrungen und Bestandsminderungen müssen am Ende des Geschäftsjahres bei der Ermittlung des Erfolges berücksichtigt werden, da sich die Aufwendungen in der GuV-Rechnung nur auf die hergestellte Menge beziehen, während sich die Höhe der Umsatzerlöse auf die verkaufte Menge bezieht.

Beispiel 2 (hergestellte Menge > abgesetzte Menge):

Im 2. Geschäftsjahr stellt die Möbelfabrik 4000 Stühle her, von denen bis zum 31.12. jedoch nur 3000 Stück verkauft wurden. 1000 Stühle mussten daher auf Lager genommen werden. Der Schlussbestand an Stühlen zum 31.12. beträgt somit 50.000 € (1000 Stück zu 50 €/Stück).

Buchung des Schlussbestandes zum 31.12.:

Schlussbilanzkonto an Konto "Fertige Erzeugnisse" 50 000

Bestandsmehrung: Wird die Bestandsmehrung gebucht, kommt es zu einer **Erhöhung des Gewinns**. Am Ende des Geschäftsjahres ergibt sich im o.g. Beispiel ein Mehrbestand an Stühlen, da der Schlussbestand (1000 Stück) größer ist als der Anfangsbestand (0 Stück). Im zweiten Geschäftsjahr wurden in der Möbelfabrik somit mehr Erzeugnisse hergestellt als verkauft:

SB > AB = Mehrbestand = Herstellungsmenge > Absatzmenge

Bei der Ermittlung der betrieblichen Gesamtleistung aus der Herstellung und dem Verkauf der Stühle ist auch der im Geschäftsjahr produzierte Mehrbestand von 1000 Stück entsprechend zu berücksichtigen: Das Gewinn- und Verlustkonto weist im Soll die Aufwendungen für die größere Herstellungsmenge (4000 Stück) aus, im Haben jedoch nur die Erlöse (Umsatzleistung) für die geringere Absatzmenge (3000 Stück). Deshalb muss noch auf der Habenseite des Gewinn- und Verlustkontos zusätzlich der Mehrbestand, d.h. der Herstellwert der auf Lager genommenen Stühle (1000 · 50 € = 50.000 €) als Ertrag der Möbelfabrik den gesamten Herstellungsaufwendungen des Geschäftsjahres gegenübergestellt werden:

S **Fertige Erzeugnisse (FE)** H

AB	--	SB	50.000
Mehrbestand	50.000		
	50.000		50.000

S **Schlussbilanzkonto** H

FE	50.000		

Soll		**Gewinn und Verlust**	Haben
Herstellaufwand (4000 St.)	200.000	Umsatzerlöse (3000 St.)	225.000
Gewinn	?	Mehrbestand (1000 St.)	50.000

Die Habenseite des Gewinn- und Verlustkontos weist die wichtigsten Ertragsposten als Gesamtleistung der Möbelfabrik aus:

	Verkaufs- bzw. Umsatzerlöse (Umsatzleistung)	225.000 €
+	Mehrbestand an Erzeugnissen (Lagerleistung)	50.000 €
=	Gesamtleistung	275.000 €

Beispiel 3 (hergestellte Menge < abgesetzte Menge):

Im 3. Geschäftsjahr stellt die Möbelfabrik 6000 Stühle her. Im gleichen Abrechnungszeitraum werden jedoch 6800 verkauft. 800 Stühle wurden somit aus dem Lagerbestand des Vorjahres (1000 Stück) abgesetzt. Der Schlussbestand beträgt daher zum 31.12. 200 Stück je 50 €/Stück = 10.000 €.

Buchung: *Schlussbilanzkonto an Fertige Erzeugnisse 10.000*

Bestandsminderung: Eine Bestandsminderung ergibt sich, wenn im Geschäftsjahr mehr verkauft als hergestellt wurde. Wird die Bestandsminderung gebucht, kommt es zu einer **Minderung des Gewinns**. Am Schluss des 3. Geschäftsjahres ergibt sich für die Möbelfabrik ein Minderbestand an Stühlen von 800 Stück, da der Schlussbestand (200 Stück) kleiner ist als der Anfangsbestand (1000 Stück). Im Geschäftsjahr wurden somit mehr Stühle verkauft als hergestellt:

SB < AB = Minderbestand = Herstellungsmenge < Absatzmenge

Im Gewinn- und Verlustkonto ist daher den Erlösen aus dem Verkauf der 800 Stühle aus Lagerbeständen des Vorjahres auch der entsprechende Herstellwert gegenüberzustellen, d.h. der Minderbestand von 40.000 € (800 · 50 €):

S	**Fertige Erzeugnisse (FE)**		H
AB	50.000	SB	10.000
		Minderbestand	40.000
	50.000		50.000

↔

S	**Schlussbilanzkonto**		H
FE	10.000		

Soll	**Gewinn und Verlust**		Haben
Herstellaufwand (6000 St.)	300.000	Umsatzerlöse (6800 St.)	510.000
Minderbestand (800 St.)	40.000		
Gewinn	?		

MERKE: Bestandsveränderungen an Erzeugnissen/Leistungen entstehen, wenn in einer Periode Herstellungs- und Absatzmenge nicht übereinstimmen. Die Mehr- und Minderbestände müssen in der Gewinn- und Verlustrechnung berücksichtigt werden, da sich die Aufwendungen des Geschäftsjahres auf die hergestellte, die Erträge (Umsatzerlöse) jedoch auf die abgesetzte Menge an Erzeugnissen beziehen.

Zur besseren Übersicht werden die Mehr- und Minderbestände an unfertigen und fertigen Produkten nicht direkt auf das GuV-Konto gebucht, sondern auf einem Sammelkonto (Erfolgskonto) **„Bestandsveränderungen“.** Hier werden im Soll als Aufwand die Bestandsminderungen und im Haben als Ertrag die Bestandsmehrungen erfasst. Nachdem die Schlussbestände lt. Inventur auf die Konten „Unfertige Erzeugnisse/Leistungen“ (UFE) und „Fertige Erzeugnisse“ (FE) übertragen wurden, ergeben sich folgende

Umbuchungen bei Bestands**mehrungen**:

Unfertige Erzeugnisse/Leistungen an Bestandsveränderungen
Fertige Erzeugnisse an Bestandsveränderungen

Umbuchungen bei Bestands**minderungen**:

Bestandsveränderungen an Unfertige Erzeugnisse/ Leistungen
Bestandsveränderungen an Fertige Erzeugnisse

Das Konto „Bestandsveränderungen“ erfasst die Mehr- und Minderbestände der unfertigen und fertigen Produkte. Der Saldo wird beim Jahresabschluss auf das Gewinn- und Verlustkonto übertragen. Der Abschlussbuchungssatz lautet:

- **bei Minderbestand:**

  Gewinn- und Verlustkonto an Bestandsveränderungen

- **bei Mehrbestand:**

  Bestandsveränderungen an Gewinn- und Verlustkonto.

Beispiel 4:

Am Schluss des 4. Geschäftsjahres beträgt der Endbestand an fertigen Stühlen lt. Inventur 2000 €, bewertet zum Herstellwert. Der Herstellwert des Schlussbestandes an noch nicht fertiggestellten Stühlen beträgt lt. Inventur 48 000 €. Nach Buchung dieser Schlussbestände ergibt sich folgender Kontenabschluss:

S	**Fertige Erzeugnisse (FE)**		H
AB	10.000	SB	2.000
		BV	8.000
	10.000		10.000

S	**Unfertige Erzeugnisse**		H
AB	---	SB	48.000
BV	48.000		
	48.000		48.000

S	**Bestandsveränderungen**		H
Minderbestand (FE)	8.000	Mehrbestand (UFE)	48.000
GuV	40.000		
	48.000		48.000

S	Gewinn und Verlust		H
Aufwendungen	700.000	Umsatzerlöse	760.000
Gewinn	100.000	Mehrbestand	40.000
	800.000		800.000

MERKE: Bestandsmehrungen erhöhen den Gewinn, Bestandsminderungen vermindern den Gewinn.

Im Öffentlichen Rechnungswesen spielen – anders als in Produktionsbetrieben –fertige und unfertige Erzeugnisse keine bedeutende Rolle, wohl aber unfertige Leistungen (z.B. Planungsleistungen), für die die obigen Ausführungen entsprechend gelten. Bestandsveränderungen, falls sie vorkommen, sind im Ergebnisplan bzw. in der Ergebnisrechnung nachzuweisen.

A.7.3 Umsatzsteuer

Steuerpflichtige Umsätze: Auf die meisten Umsätze wird in Deutschland Umsatzsteuer erhoben. Steuergegenstand sind gemäß § 1 Abs. 1 UStG (Umsatzsteuergesetz):

- **Lieferungen** (Verkäufe aller Art) und **sonstige Leistungen** (alle Dienstleistungen wie z.B. Reparaturleistungen, die Leistungen von Unternehmensberatern, Steuerberatern) gegen Entgelt,
- der **innergemeinschaftliche Erwerb** im Inland (Importe aus anderen EU-Ländern) gegen Entgelt und
- die **Einfuhr** von Gegenständen **aus Nicht-EU-Staaten** in das Inland.

Den Lieferungen und sonstigen Leistungen gleichgestellt sind nach § 3 UStG z.B. Privatentnahmen, unentgeltliche Zuwendungen oder die private Nutzung von Gegenständen, die dem Unternehmen zugeordnet sind.

Steuerfreie Umsätze: Zu den steuerfreien Umsätzen nach §§ 4 und 4 b UStG zählen u.a. Ausfuhrlieferungen in Nicht-EU-Staaten, innergemeinschaftliche Lieferungen (Lieferungen in EU-Länder), Umsätze im Geld- und Kapitalverkehr (z.B. Gewährung und Vermittlung von Krediten, Umsätze von Wertpapieren), Vermietung und Verpachtung von Grundstücken, Umsätze aus der Tätigkeit als Arzt, Zahnarzt, Zahlung von Versicherungsbeiträgen.

Die Umsatzsteuerschuld berechnet sich durch Multiplikation des Umsatzes (in EUR) mit dem Steuersatz. Der reguläre Umsatzsteuersatz beträgt aktuell 19 %; bei bestimmten Umsätzen (z.B. Lebensmittel, Bücher, Theateraufführungen) gilt ein ermäßigter Satz von 7 %.

Bemessungsgrundlage für die Umsatzsteuer ist grundsätzlich das jeweils erzielte Entgelt (netto), d.h. alles, was der Leistungsempfänger aufwendet, um die Leistung zu erhalten. Spezielle steuerliche Regelungen gelten beim Eigenverbrauch. Die Umsatzsteuerschuld entsteht im Regelfall unabhängig von der tatsächlichen Bezahlung des Entgelts bereits dann, wenn die Lieferung oder Leistung erbracht ist, d.h. mit Entstehen der Forderung (in der Praxis: bei Versand der Rechnung).

Umsatzsteuer (Mehrwertsteuer) und Vorsteuer: Viele Produkte, die ein Verbraucher erwerben kann, werden nicht von einem Unternehmen allein hergestellt und veräußert, sondern durchlaufen verschiedene Fertigungsstufen bis sie den Endverbraucher erreichen (z.B. von der Urproduktion über die weiterverarbeitende Industrie und den Groß- und Einzelhandel). Dabei steigt der Wert eines Produktes im Regelfall kontinuierlich an. Dieser Wertzuwachs wird vom Staat mit der Umsatzsteuer belastet, die umgangssprachlich mit „Mehrwertsteuer“ bezeichnet wird. Der Mehrwert ergibt sich aus der Differenz zwischen Verkaufs- und Einkaufpreis.

	Einkaufs-preis ER	Verkaufs-preis AR	Mehrwert	Zahllast: 19% USt vom Mehr-wert
Urproduktion	0 €	1.000 €	**1.000 €**	**190 €**
Verarbeitung	1.000 €	5.000 €	**4.000 €**	**760 €**
Großhandel	5.000 €	6.500 €	**1.500 €**	**285 €**
Einzelhandel	6.500 €	8.500 €	**2.000 €**	**380 €**

Die Besteuerung des Mehrwerts erreicht man durch das Instrument des **Vorsteuerabzuges**, d.h. von der vom Nettowarenwert berechneten Steuerschuld wird die von den Vorlieferanten in Rechnung gestellte Umsatzsteuer (**Vorsteuer**) abgesetzt. Die sich ergebende **Zahllast** ist an das Finanzamt abzuführen oder am 31.12. als Verbindlichkeit in die Bilanz einzustellen.

Umsatz-stufen	**Ausgangsrechnung/ Eingangsrechnung**		**Umsatz-steuer**	**Vorsteuer**	**Zahllast**
Urpro-duktion	Nettopreis + 19% USt Bruttopreis	1.000 € 190 € 1.190 €	190 €	0 €	**190 €**
Verarbei-tung	Nettopreis + 19% USt Bruttopreis	5.000 € 950 € 5.950 €	950 €	190 €	**760 €**
Großhan-del	Nettopreis + 19% USt Bruttopreis	6.500 € 1.235€ 7.735 €	1.235 €	950 €	**285 €**
Einzel-handel	Nettopreis + 19% USt Bruttopreis	8.500 € 1.615 € 10.115 €	1.615 €	1.235 €	**380 €**
Privat-kunde	**Bezahlt Brutto**	**10.115 € Probe:**	**3.990 € Schuld**	**2.375 € ./. Forde-rung**	**1.615 € = Zahllast**

Die **Umsatzsteuer**, die beim **Einkauf** anfällt, wird als **Vorsteuer** (**Eingangs**umsatzsteuer) bezeichnet und auf dem Konto Vorsteuer gebucht. Es ist die Steuer, die auf Vorleistungen beruht. Für den Betrieb stellt Vorsteuer eine **Forderung gegenüber** dem **Finanzamt** dar. Die **Umsatzsteuer**, die beim **Verkauf** entsteht (**Ausgangs**umsatzsteuer) wird auf dem Konto Umsatzsteuer gebucht. Für den Betrieb stellt sie eine **Verbindlichkeit gegenüber** dem **Finanzamt** dar. Aus der Differenz der berechneten Umsatzsteuer und der „abzugsfähigen" Vorsteuer ergibt sich die effektive Umsatzsteuerschuld und damit die **Umsatzsteuer-Zahllast**, die an das Finanzamt zu zahlen ist.

Die gesamte Steuer beträgt im obigen Beispiel 1.615 €, die vom Endverbraucher zu tragen ist. Für Unternehmen ist die Umsatzsteuer ein durchlaufender Posten.

Umsatzsteuerbuchungen

Für die Buchung der Umsatzsteuer ist mindestens ein **Vorsteuer-Konto** und ein **Umsatzsteuer-Konto** einzurichten.

➢ **Buchung von Eingangsrechnungen**

Auf dem **Vorsteuerkonto** wird die auf den Eingangsrechnungen ausgewiesene Steuer gebucht, unabhängig davon, ob die Rechnung schon bezahlt wurde oder nicht (Soll-Versteuerung). Die Vorsteuer aus den Eingangsrechnungen stellt einen Erstattungsanspruch gegenüber dem Finanzamt dar. Das Vorsteuerkonto ist ein aktives Bestandskonto, da es eine Forderung gegenüber dem Finanzamt darstellt, die innerhalb der **„Sonstigen Vermögensgegenstände"** zu bilanzieren ist.

Beispiel: Buchung der Vorsteuer

Kauf von Vorräten auf Ziel für 1.000 € zuzüglich 19 % Mehrwertsteuer.

Buchungssatz:

Rohstoffe	*1.000*		
Vorsteuer	*190*	*an*	*Verbindlichkeiten aus LuL 1.190*

➢ **Buchung von Ausgangsrechnungen**

Auf dem **Umsatzsteuerkonto** wird die auf den Ausgangsrechnungen ausgewiesene Steuer gebucht, unabhängig davon, ob die Rechnung schon beglichen wurde oder nicht. Die den Kunden in Rechnung gestellte Umsatzsteuer muss an das Finanzamt abgeführt werden. Das Umsatzsteuerkonto ist ein passives Bestandskonto, da es eine Verbindlichkeit gegenüber dem Finanzamt darstellt, die innerhalb der **„Sonstigen Verbindlichkeiten"** zu bilanzieren ist.

Beispiel: Buchung der Umsatzsteuer

Verkauf von fertigen Waren auf Ziel, netto 2.000 € zuzüglich 19 % Mehrwertsteuer.

Buchungssatz:

Forderungen LuL 2.380	*an*	*Umsatzerlöse 2.000*
	an	*Umsatzsteuer 380*

Rechentipp:

Nettobetrag = Bruttobetrag ÷ 1,19

Steuerbetrag = Nettobetrag · 0,19

➢ Ermittlung der Zahllast

Die Zahllast ist die Verbindlichkeit gegenüber dem Finanzamt, die sich durch Saldierung von Umsatzsteuertraglast und Vorsteuer ergibt.

Zahllast (Umsatzsteuerschuld) = Umsatzsteuertraglast – Vorsteuer

Im Normalfall fällt mehr Umsatzsteuer als Vorsteuer an. Der Saldo des Vorsteuerkontos wird dann auf das Umsatzsteuerkonto übertragen. Nach dieser Buchung weist nun der Saldo des Umsatzsteuerkontos die **Zahllast** aus, die an das Finanzamt abzuführen ist.

➢ Umsatzsteuervoranmeldung

Die Umsatzsteuer ist eine Jahressteuer, jedoch ist bis zum 10. Tag des laufenden Monats für den Vormonat eine Umsatzsteuervoranmeldung beim Finanzamt online einzureichen. Gleichzeitig ist für die darin zu ermittelnde Zahllast eine entsprechende Vorauszahlung auf die Jahressteuer zu leisten (§ 18 UStG). Am Jahresende erfolgt die Endabrechnung mit Hilfe der Jahressteuererklärung und des Jahressteuerbescheides. Nachzahlungen bzw. Rückerstattungen sind nicht ausgeschlossen, da sich die Bemessungsgrundlage aufgrund nachträglicher Skonti, Preisnachlässe oder aufgrund von Forderungsausfällen ändern kann.

Beispiel:

Die X-AG hat Wareneinkäufe von 200.000 € netto
zuzüglich 19 % Umsatzsteuer, also brutto 238.000 €
Warenverkäufe (Umsatzerlöse) von 300.000 € netto
zuzüglich 19 % USt, also brutto 357.000 €

S	Wareneinkaufskonto (WEK)		H
(1)	200.00		

S	Warenverkaufskonto (WVK)		H
		(2)	300.000

S	Vorsteuer		H
(1)	38.000	(3)	38.000

S	Umsatzsteuer		H
(3)	38.000	(2)	57.000
(4)	19.000		

S	Verbindlichkeiten L+L		H
		(1)	238.000

S	Forderungen L+L		H
(2)	357.00		

S	Bank		H
		(4)	19.000

In den Buchungen (1) und (2) werden der Wareneinkauf (WEK) und der Warenverkauf (WVK) unter Berücksichtigung der Vor- und Umsatzwertsteuer erfasst. Meistens wird in der Praxis zum Monatsende der Saldo des Vorsteuerkontos auf das Umsatzsteuerkonto gebucht, Buchung (3). Der sich hier ergebende Saldo ist die Zahllast, die an das Finanzamt abzuführen ist, Buchung (4). Für den Fall, dass die Vorsteuer die Umsatzsteuer (Steuertraglast) übersteigt, zeigt der Saldo ein Guthaben beim Finanzamt an, welches dem Unternehmen vom Finanzamt auszuzahlen ist. Das folgende Schema zeigt die Ermittlung der Zahllast auf den T-Konten:

Vorsteuer	
Berechnung durch Lieferanten	Übertrag auf Umsatzsteuer

Umsatzsteuer	
Übertrag von Vorsteuer	Berechnung an Kunden
Zahllast	

Aus dem o. g. Beispiel lässt sich das Wesen der Umsatzsteuer als **indirekte** Steuer erkennen, d.h. Steuerschuldner und Steuerträger sind verschiedene Personen. Steuerschuldner ist der steuerpflichtige Unternehmer; Steuerträger ist derjenige, auf den die Steuerbelastung überwälzt wird, d.h. der Verbraucher.

Zum Verständnis der Umsatzsteuerverrechnung sind noch zwei für die Umsatzbesteuerung des Waren- und Dienstleistungsverkehrs bedeutsame Sachverhalte näher zu erläutern.

(1) Erstens erfolgt die Umsatzbesteuerung grundsätzlich nach **vereinbarten Entgelten** (sog. Sollbesteuerung). Aus der Sicht des Lieferanten hat das zu Folge, dass die Umsatzsteuerschuld bereits bei Absendung der Rechnung und somit unabhängig vom Zeitpunkt der Zahlung durch den Kunden entsteht; aus der Sicht des Käufers ergibt sich daraus konsequenterweise, dass er bereits bei Erhalt der Rechnung und unabhängig vom Zeitpunkt der Zahlung die in der Rechnung ausgewiesene Vorsteuer geltend machen kann.

(2) Zweitens ist das ursprüngliche der Besteuerung zugrunde liegende Entgelt (im Sinne des Netto-Entgelts ohne Umsatzsteuer) um nachträgliche Änderungen zu korrigieren, d.h. sowohl nachträgliche Zahlungszuschläge (z.B. wegen verspäteter Zahlung) als auch nachträgliche Zahlungsabschläge (z.B. durch Gutschriften oder Preisnachlässe) führen zu einer **Korrektur** der bezahlten Umsatzsteuer sowie der verrechenbaren Vorsteuer. Das gilt sowohl für den Abnehmer als auch für den Lieferanten (ausführlicher vgl. Kap. A.7.4).

Umsatzsteuer und IT-gestützte Buchführung: Durch eine IT-gestützte Buchführung werden die arbeitsintensiven Tätigkeiten, wie Erstellung der Umsatzsteuer-Voranmeldungen, Buchung von steuerpflichtigen Umsätzen, Buchung der Vorsteuer und Errechnung der Zahllast stark vereinfacht. Diese Buchungen und Berechnungen lassen sich mit Hilfe von Umsatzsteuer- bzw. Vorsteuerschlüsseln und deren Zuordnung zu den Konten, bei denen Umsatzsteuer oder Vorsteuer berücksichtigt werden muss, automatisieren.

Umsatzsteuer bei Gebietskörperschaften als juristische Personen des öffentlichen Rechts:

Leistungen einer juristischen Person des öffentlichen Rechts, die **in Ausübung öffentlicher Gewalt** erbracht werden, unterliegen im Regelfall **nicht** der Umsatzsteuer, auch wenn die juristische Person im Zusammenhang mit diesen Tätigkeiten Zölle, Gebühren, Beiträge oder ähnliche Abgaben erhebt. Dies gilt nicht, sofern eine Behandlung als Nichtunternehmer zu größeren Wettbewerbsverzerrungen führen würde (vgl. § 2b Abs. 2 UStG). Die juristische Person wird bei der Ausübung öffentlicher Gewalt als Hoheitsbetrieb tätig. Zu den Hoheitsbetrieben zählen z.B. die Bereiche der Abfall- und Abwasserentsorgung. Im Hoheitsbetrieb ist bei einer Rechnung über Aufwendungen (z.B. Kauf von Büromaterial) die gezahlte Umsatzsteuer Teil des Aufwands und wird buchhalterisch mit dem Aufwand in einer Summe erfasst und gebucht. Ebenso ist sie beim Kauf von Anlagegütern (z.B. Dienstwagen) Teil des Anschaffungswertes. Leistungen der Vermessungs- und Katasterbehörden im Rahmen der Landesvermessung und des Liegenschaftskatasters gelten jedoch stets als unternehmerische Tätigkeit, auch wenn diese hoheitlich ausgeübt werden (vgl. Auflistung – Katalog - des § 2b Abs. 4 UStG). Leistungen einer juristischen Person des öffentlichen Rechts sind demnach **nicht umsatzsteuerpflichtig**, wenn

- eine juristische Person des öffentlichen Rechts diese erbringt,
- die Tätigkeit im Rahmen der öffentlichen Gewalt ausgeübt wird,
- eine Nichtbesteuerung nicht zu größeren Wettbewerbsverzerrungen führt und
- es sich nicht um eine sog. Katalogtätigkeit handelt.

Wird eine juristische Person des öffentlichen Rechts **unternehmerisch** tätig, unterliegt sie – wie jeder andere Unternehmer auch – den allgemeinen Regeln über die Umsatzsteuerpflicht. Hierzu zählen z.B. die Telekommunikation, die Lieferung von Gas, Wasser, Elektrizität oder thermischer Energie, die Güterbeförderung, Hafen- und Flughafendienstleistungen, die Personenbeförderung, die Veranstaltung von Messen und Ausstellungen mit gewerblichem Charakter, Umsätze von Kantinen, Bäderbetriebe, kommunale Freizeitparks und Märkte, der Betrieb eines Parkhauses oder dessen Verpachtung, die Umsätze eines Krematoriums oder einer kommunalen Friedhofsgärtnerei mit Grabpflege und Blumenverkauf sowie zahlreiche weitere Tätigkeiten.[33]Es handelt sich hier also um Tätigkeiten, die ebenso von einem privaten Unternehmen angeboten werden könnten.

MERKE: Die **Umsatzsteuer** gehört zur Gruppe der Verkehrssteuern, weil Umsätze (Verkehrsvorgänge) der Unternehmen besteuert werden. Wirtschaftlich gesehen ist

[33] Vgl. BMF-Schreiben v. 16.12.2016, BStBl. I S.1451.

sie eine Verbrauchssteuer, weil allein der Endverbraucher die Umsatzsteuer zu tragen hat. Für den Unternehmer ist die Umsatzsteuer ein **durchlaufender Posten**, also erfolgsunwirksam.
Häufig wird die Umsatzsteuer auch als Mehrwertsteuer bezeichnet, weil der Unternehmer nur den Betrag an das Finanzamt abzuführen hat, der auf den von ihm geschaffenen Mehrwert entfällt. Diese sogenannte **Zahllast** errechnet sich wie folgt:

	Umsatzsteuer der Ausgangsrechnungen
-	Umsatzsteuer der Eingangsrechnungen (Vorsteuer)
=	Zahllast

Die Umsatzsteuer auf den **Ausgangsrechnungen** hat den Charakter einer Verbindlichkeit; daher ist das Konto Umsatzsteuer ein Verbindlichkeitskonto (Passivkonto).
Die Umsatzsteuer auf den **Eingangsrechnungen** hat den Charakter einer Forderung; daher ist das Konto Vorsteuer ein Forderungskonto (Aktivkonto).
Bei der Abrechnung mit dem Finanzamt wird im Fall einer Zahllast (Normalfall) das Vorsteuerkonto über das Umsatzsteuerkonto abgeschlossen.

A.7.4 Bezugskosten, Preisnachlässe und Rücksendungen

A.7.4.1 Bezugs- und Vertriebskosten

Beim Kauf von Vermögensgegenständen insbesondere bei Anlagegütern, Waren und Vorräten können zusätzlich zum Kaufpreis noch Nebenkosten, z.B. für Transport, Zoll, Verpackung, Transportversicherung entstehen. Es handelt sich hier um sog. Bezugskosten, die als Anschaffungsnebenkosten grundsätzlich aktiviert werden müssen. Diese Bezugskosten erhöhen den Bestand des entsprechenden Vermögenskontos (§ 255 Abs. 1 HGB).

Nebenkosten, die beim Vertrieb der Waren bzw. selbsterstellten Produkte entstehen, werden hingegen als Aufwand auf den entsprechenden Vertriebsaufwandskonten gebucht (z.B. Ausgangsfracht, Porto, Vertreterprovision).

MERKE: **Bezugskosten** werden als Anschaffungsnebenkosten aktiviert, Vertriebskosten werden als Aufwand gebucht!

A.7.4.2 Rabatte

Der Rabatt ist ein Preisnachlass, der – im Unterschied zu Bonus oder Skonto – direkt bei Rechnungserstellung gewährt wird. Man unterscheidet Mengen-, Treue-, Einführungs-, Saison-, Funktions- und Handelsrabatte. Da die Rabatte bei Rechnungserteilung feststehen, werden nur der Nettobetrag (Bruttowert ./. Rabatt) und die darauf entfallende Umsatzsteuer gebucht. Der **Einstandspreis** einer Ware ergibt sich aus:

	Einkaufspreis
-	Rabatt
+	Bezugskosten
=	Einstandspreis (ohne Umsatzsteuer)

Die Umsatzsteuer wird dann auf diesen so ermittelten Einstandspreis berechnet. Der Zieleinkauf von Waren im Wert von 20.000 € (Betrag ohne USt), bei dem 10 % Treuerabatt gewährt werden, führt damit zu dem Buchungssatz:

Warenbestand (Vorräte)	*18.000*		
+ Vorsteuer	*3.420*	*an Verbindl. LuL*	*21.420*

A.7.4.3 Nachträgliche Preisnachlässe

Skonto ist ein Preisnachlass, der nachträglich, d.h. nach Erstellung der Rechnung gewährt wird, wenn die Zahlung innerhalb einer vereinbarten Frist erfolgt. Eine Rechnung könnte z.B. den folgenden Hinweis beinhalten:

„Zahlungsziel 30 Tage, bei Zahlung innerhalb von 10 Tagen 2 % Skonto"

Für eine 20 Tage frühere Zahlung ergibt sich in diesem Beispiel eine jährliche Verzinsung von 36,5 %.[34]

Je nachdem, ob es sich um den Skontoabzug bei einer Lieferantenverbindlichkeit oder bei einer Forderung aus Lieferung und Leistungen handelt, unterscheidet man Lieferantenskonti und Kundenskonti.

Lieferantenskonti werden bei der Begleichung der Schuld vom Schuldner zurückbehalten. Sie stellen Anschaffungspreisminderungen für den Schuldner dar und müssen deshalb von den Anschaffungskosten abgezogen werden (§ 255 Abs. 1 HGB). Sie werden bestandsmindernd über das jeweilige Aktivkonto gebucht. Bei der Anschaffung von abnutzbaren Vermögensgegenständen des Anlagevermögens reduziert sich der Ausgangswert für die spätere Abschreibung, da durch den Skontoabzug eine nachträgliche Entgeltminderung stattfindet. Die Vorsteuer ist zu berichtigen, da ursprünglich bei Rechnungseingang der volle Steuerbetrag gebucht wurde. Die Korrektur erfolgt mit dem Buchungssatz:

Verbindlichkeiten LuL	*an Bank*
	+ Aktivkonto (z.B. Sachanlagen, Waren, Vorräte)
	+ Vorsteuer

MERKE: Der **Skontobetrag** ist aufzuspalten in einen Nettoanteil und einen Steueranteil. Bei IT-gestützter Buchführung wird der Skontobetrag brutto eingegeben (Bruttobuchungsverfahren). Die Vorsteuerberichtigung erfolgt automatisch.

Kundenskonti entsteht, wenn ein Kunde vom eingeräumten Skontoabzug Gebrauch macht. Kundenskonti stellen Erlösschmälerungen des Verkäufers dar (gewährte Skonti) und mindern die Umsatzerlöse (vgl. § 277 Abs. 1 HGB). Die berechnete Umsatzsteuer ist entsprechend um den im Bruttoskontobetrag enthaltenen USt-Anteil zu reduzieren.

---

[34] 365 Tage / 20 Tage · 2 % = 36,5 % (ohne Zinseszins).

Buchungssatz: *Bank*
+ Erlösschmälerung
+ Umsatzsteuer *an Forderungen LuL*

Am Jahresende erfolgt eine Umbuchung des Kontos „Erlösschmälerungen" auf das Warenverkaufskonto (Umsatzerlöse).

Buchungssatz: *Warenverkauf (Umsatzerlöse)* *an Erlösschmälerungen*

Boni sind Preisnachlässe, die bei der Erstellung der Rechnung noch nicht bekannt sind. Sie werden erst nachträglich gewährt. Ein Treuebonus wird meist am Jahresende für einen guten Kunden, ein Umsatzbonus für die Überschreitung eines bestimmten Umsatzvolumens gewährt. Als Lieferantenboni sind sie wie Lieferantenskonti anschaffungskostenmindernd über entsprechende Bestandskonten zu buchen, wenn sie den angeschafften Vermögensgegenständen **einzeln zugerechnet** werden können (vgl. § 255 Abs. 1 HGB). Als Kundenboni stellen sie Erlösschmälerungen dar. Auch hier ist eine Vorsteuer- bzw. Umsatzsteuerkorrektur nötig, wenn vorher der volle Betrag gebucht wurde.

MERKE: **Erhaltene** Skonti und Boni von Lieferanten stellen eine Minderung des Anschaffungswertes dar. **Gewährte** Skonti und Boni an Kunden mindern die Umsatzerlöse. Die Erlösminderungen werden zur besseren Übersicht auf einem Unterkonto erfasst.

Rücksendungen (Retouren) und **Gutschriften (**nachträglicher Preisnachlass z.B. aufgrund von Mängelrügen) werden buchungstechnisch gleichbehandelt. Sie sind beim Kauf von Vermögensgegenständen als Bestandsverringerung im Haben des entsprechenden Aktivkontos zu buchen. Eine Vorsteuerberichtigung muss erfolgen.

Buchungssatz: *Verbindlichkeiten LuL* *an Waren (Rohstoffe, Vorräte)*
+ Vorsteuer

Beim Warenverkauf können Rücksendungen und Gutschriften direkt dem Verkaufskonto belastet oder zur besseren Übersicht auf einem Unterkonto „Erlösschmälerungen" bzw. „gewährte Nachlässe" gesammelt und am Jahresende über das Konto „Warenverkauf (Umsatzerlöse)" abgeschlossen werden. Eine Umsatzsteuerberichtigung muss erfolgen.

Buchungssatz: *Erlösschmälerungen*
+ Umsatzsteuer *an* *Forderungen LuL*

A.7.5 Personalbuchungen

Die Lohn- und Gehaltsabrechnung ist ein wesentlicher Bestandteil des Rechnungswesens. Sie ist Grundlage und Nachweis

- der ordnungsmäßigen Entlohnung der Beschäftigten,
- der Zahlen für die Buchführung, Kostenrechnung, Statistik und Planung,
- bei Prüfungen der Finanzbehörden bezüglich der Lohn- und Einkommenssteuer,
- bei Prüfungen der Sozialversicherungsträger bezüglich der Beitragszahlungen.

Da für jeden Beschäftigten ein persönliches Entgelt-Konto geführt wird, werden alle Personalaufwendungen weitgehend in der Personalabteilung buchhalterisch erfasst (Lohn- und Gehaltsbuchhaltung). Die Ergebnisse dieser Nebenbuchhaltung werden in der Regel als Buchungssummen in die Hauptbuchhaltung übernommen.

Zur Gruppe der Personalaufwendungen gehören:

- Gehälter und Löhne
- gesetzliche Sozialversicherung (SV) und Aufwendungen für die Altersversorgung
- sonstige Personalkosten (Zuschüsse, Beihilfen)

Das Bruttoentgelt bildet die im Arbeitsvertrag oder im Gesetz (bei Beamten) festgelegte Vergütung. Vom Bruttoentgelt muss der Arbeitgeber eine Reihe von Abgaben einbehalten, die er direkt an die jeweiligen Empfänger (z.B. Finanzamt, Krankenkasse) abführen muss.

	Bruttoentgelt
-	Steuern (Lohnsteuer, Kirchensteuer, Solidaritätszuschlag)
-	Arbeitnehmerbeitrag zur Sozialversicherung (Renten-, Kranken-, Pflege- und Arbeitslosenversicherung)
=	Nettoentgelt

Das Bruttoentgelt (Bruttopersonalkosten) stellt für den Arbeitgeber (AG) Aufwand dar. Es wird auf dem Konto „Löhne und Gehälter“ bzw. „Personalaufwand“ im Soll gebucht.

Zum **steuerpflichtigen Arbeitslohn** gehören alle Zuwendungen des Arbeitgebers (AG) an den Arbeitnehmer (AN) in Geld oder Geldeswert, soweit sie nicht ausdrücklich steuerfrei gestellt sind wie z.B. Reise-, Umzugskostenerstattungen, Sonntags-, Feiertags-, Nachtzuschläge.

Der steuerpflichtige Arbeitslohn umfasst **sonstige geldliche Bezüge** wie einmalige Arbeitslohnzahlungen, die zusätzlich zum laufenden Arbeitslohn gezahlt werden. Sie werden auf den Lohn- oder Gehaltskonten der Arbeitnehmer gebucht und unterliegen der Lohnsteuer. Zu den einmaligen Zahlungen zählen u.a. Weihnachtsgeld, Urlaubsgeld, 13. Monatsgehalt, Gratifikationen, Jubiläumszuwendungen, Heiratsbeihilfe, Geburtsbeihilfe.

Erhalten Arbeitnehmer zu ihren Geldbezügen noch **Sachbezüge** (Sachleistungen), wie z.B. Firmenwagen oder Telefon (zur privaten Nutzung), freie oder ermäßigte Verpflegung und Unterkunft, zinsgünstige Darlehen sowie kostenlose Überlassung von eigenen Erzeugnissen (Deputate), so erhöhen diese geldwerten Vorteile die lohnsteuer- und sozialversicherungspflichtigen Bruttobezüge. Die Gewährung dieser geldwerten Vorteile ist für den Arbeitgeber grundsätzlich umsatzsteuerpflichtig.

MERKE: Ein geldwerter Vorteil gilt als **Sachbezug** und erhöht das lohnsteuer- und sozialversicherungspflichtige Bruttoentgelt des Arbeitnehmers. Der Vorteil ist grundsätzlich umsatzsteuerpflichtig.

Alle Einkünfte aus nicht selbständiger Arbeit unterliegen der Lohnsteuer. Die Höhe der Lohnsteuer (LSt) richtet sich nach der Lohnhöhe, der Steuerklasse und möglichen Freibeträgen. In den LSt-Klassen sind die persönlichen Verhältnisse des AN berücksichtigt (z.B. Klasse I = ledig; Klasse III/2 = verheiratet mit zwei Kindern). Der Solidaritätszuschlag (SolZ) zur Finanzierung der deutschen Einheit beträgt z. Zt. 5,5 % der Lohnsteuer. Die Kirchensteuer (KiSt) beträgt je nach Bundesland entweder 8 % oder 9 % der Lohnsteuer. Die einbehaltenen und noch abzuführenden Steuern sind eine Verbindlichkeit des AG und werden auf dem Konto **„Abzuführende Lohn- und Kirchensteuer“** (Verbindlichkeiten Finanzamt) zwischengebucht, einem Passivkonto aus der Kontengruppe „sonstige Verbindlichkeiten“. Bis zum 10. des Folgemonats sind die einbehaltenen Steuern an das Finanzamt abzuführen.

Die **Sozialversicherungsbeiträge (Arbeitnehmer- und Arbeitgeberanteil)** sind spätestens **am drittletzten Bankarbeitstag** des laufenden Monats fällig. Bis zu diesem Zeitpunkt muss die zuständige Krankenkasse die Sozialbeiträge **durch Bankeinzug** (Lastschriftverfahren) vereinnahmt haben. Zur Vereinfachung kann der Arbeitgeber unter bestimmten Voraussetzungen die SV-Beiträge in Höhe der Beträge des Vormonats zahlen. Die abgebuchte Zahlung wird auf dem Konto **„SV-Vorauszahlung“** (Sonstige Vermögensgegenstände) erfasst und bei der Buchung der Löhne und Gehälter und des Arbeitgeberanteils verrechnet.

Der Anteil der AN an der gesetzlichen Kranken-, Pflege-, Renten- und Arbeitslosenversicherung beträgt 50 %. Kinderlose Arbeitnehmer zwischen 23 und 64 Jahren müssen einen erhöhten Beitrag zur Pflegeversicherung leisten. Den Aufwand für die Unfallversicherung trägt der Arbeitgeber allein; da der entsprechende Zahlungsvorgang nicht gleichzeitig mit der Lohn- und Gehaltsbuchung erfasst wird, wird bei dem nachfolgenden Beispiel auf diese Buchung verzichtet. Für den Arbeitgeber stellen die Zahlungen Aufwand dar (Konto „**AG-Anteil zur Sozialversicherung**“).

Sozialversicherungspflichtig ist das monatliche Arbeitsentgelt nur bis zur sog. **Beitragsbemessungsgrenze** (BBG).[35] Lohn-/ Gehaltsteile darüber sind nicht beitragspflichtig. Beamtenbezüge sind nicht sozialversicherungspflichtig.

Versicherungsart	BBG - West (monatlich, 2020)	Beitragssatz (AG und AN, 2020)
Krankenversicherung	4.687,50 €	14,6 %
Rentenversicherung	6.900,00 €	18,6 %
Arbeitslosenversicherung	6.900,00 €	2,4 %
Pflegeversicherung	4.687,50 €	3,05% (für Kinderlose 3,30%)

Abbildung 13: Beitragsbemessungsgrenzen

§ 41 Abs. 1 EStG schreibt vor, dass der Arbeitgeber für jeden Arbeitnehmer ein Lohn- oder Gehaltskonto führen muss. Das Konto wird meistens in einer eigenen **Lohn- und Gehaltsbuchführung** als Nebenbuchhaltung (vgl. Kap. 8.3) geführt. Im folgenden Beispiel wird auf das getrennte Führen einer Lohn- und Gehaltsbuchführung verzichtet; es werden aus Vereinfachungsgründen die Konten der Finanzbuchführung unmittelbar bebucht. Die Lohnberechnung am PC mit einem geeigneten Programm ist in der Praxis in fast allen Personalabteilungen sowie bei Steuerberatern unverzichtbar.

Beispiel:

Die Abfallbeseitigungs-GmbH bucht die Gehaltsabrechnung ihrer drei Angestellten: Bruttogehalt 9.606 €, Steuerabzüge (Lohn-, Kirchensteuer, Soli) 1.347,24 €, AN-Anteil SV 1.861,16 €, AG-Anteil SV 1.861,16 €, Nettozahlungen 6.397,60 €.

Aus Vereinfachungsgründen wird auf das getrennte Führen einer Lohn- und Gehaltsbuchung verzichtet, die entsprechenden Hauptkonten werden direkt angesprochen.

Buchung des Bankeinzugs der SV-Beiträge:
SV-Vorauszahlung *an Bank* *3.722,32*

Buchung am Tag der Gehaltszahlung:
Löhne und Gehälter 9.606,-- *an Bank* *6.397,60*
an Abzuf. Lohn- u. Kirchenst. 1.347,24
an SV-Vorauszahlung *1.861,16*
Arbeitgeberanteil zur Sozialversicherung
an SV-Vorauszahlung *1.861,16*

[35] Die jeweils aktuellen Beitragsbemessungsgrenzen und Beitragssätze zur Sozialversicherung sind auf den Internetseiten der gesetzlichen Krankenkassen veröffentlicht.

Buchung am Tag der Abführung der Steuerabzüge:
Abzuführende Lohn- und Kirchensteuer *an Bank* *1.347,24*

Vorschusszahlungen an Arbeitnehmer sind Vorauszahlungen, die sich auf eine Zeit **vor** dem Erbringen der Arbeitsleistung beziehen. Sie werden wie ein dem Arbeitnehmer zinslos gewährtes Darlehen zunächst in voller Höhe als **Forderung an Mitarbeiter** gebucht.

Buchungssatz: *Forderungen an Mitarbeiter* *an Bank*

Bei der späteren Lohn- und Gehaltsabrechnung werden wie üblich zunächst von der vollen Lohn- und Gehaltssumme die Sozialversicherungsbeiträge und die Steuern berechnet und abgezogen. Der Rest ist dann der Betrag, der an den Arbeitnehmer auszuzahlen wäre, als hätte er noch keinen Vorschuss erhalten. Da er nun aber schon im Voraus Geld bekommen hat, wird die Auszahlungssumme genau um diesen Betrag gekürzt und im Gegenzug die Forderung an Mitarbeiter ausgebucht. Nicht mit Vorschusszahlungen verwechselt werden dürfen sog. **Abschlagszahlungen**. Hier hat der Arbeitnehmer bereits eine Gegenleistung erbracht. Aus diesem Grunde werden Abschläge **aufwandswirksam** gebucht (für die Zahlung der Lohnsteuerabzüge gilt § 39b Abs. 5 EStG).

Lohn- und Gehaltspfändungen, um die sich die an den AN auszuzahlenden Beträge verringern, werden auf der Habenseite des Kontos **„Sonstige Verbindlichkeiten"** gebucht.

Arbeitnehmer-Vermögensbildung: Zweck der vermögenswirksamen Leistungen (VL) ist die Förderung der Vermögensbildung bei Arbeitnehmern, indem sie nicht direkt ausgezahlt, sondern in gesetzlich vorgeschriebener Form zugunsten des Arbeitnehmers längerfristig angelegt werden (z.B. Prämien- und Bausparen, Kapitalversicherungen, Grunderwerb, Aktien). Je nach Vereinbarung oder Tarifvertrag werden die VL vom Arbeitgeber alleine oder von Arbeitgeber und Arbeitnehmer gemeinsam getragen. Die VL sind einkommensabhängig. Für geringere Einkommen zahlt der Staat eine jährliche Sparzulage (Arbeitnehmersparzulage).

Der AG hat die vermögensbildende Sparleistung bei der monatlichen Lohn-/ Gehaltszahlung einzubehalten und an das entsprechende Anlageinstitut (z.B. Bank, Bausparkasse) abzuführen. Der AN erhält hierfür eine Bescheinigung. Die Auszahlung der Sparzulage erfolgt i.d.R. direkt auf das betreffende Vermögenskonto des AN.

Der Anteil des Arbeitgebers zur Vermögensbildung wird entweder direkt auf den Lohn- und Gehaltskonten gebucht oder auf entsprechenden Unterkonten (z.B. „Sonstige tarifliche oder vertragliche Aufwendungen"). Die an das Anlageinstitut abzuführenden vermögenswirksamen Beträge werden im Haben des Kontos **„Verbindlichkeiten aus vermögenswirksamen Leistungen (VL)"** gebucht.

MERKE: Eine **vermögenswirksame Leistung** des Arbeitgebers erhöht das lohnsteuer- und sozialversicherungspflichtige Bruttoentgelt des Arbeitnehmers. Die gesamte Sparrate (einschließlich des AN-Anteiles) wird vom Gehalt einbehalten und an das Anlageinstitut überwiesen.

Aufwand für Pensionsrückstellungen: Zum Personalaufwand gehören zusätzlich die Aufwendungen (Zuführungen) für spätere Pensionszahlungen (Betriebsrente), für die Rückstellungen zu bilden sind. Bei den Rückstellungen handelt es sich um einen Passivposten, der den Verbindlichkeiten ähnlich ist. Der entsprechende Buchungssatz lautet:

Zuführung zu Pensionsrückstellungen *an* *Pensionsrückstellungen.*

Einzelheiten zur Buchung und Bilanzierung der Rückstellungen für Beamtenpensionen werden in den Kapiteln A.12.5 sowie B.2.4.7 dargestellt. Schon an dieser Stelle ist jedoch darauf hinzuweisen, dass durch eine Rückstellungsbildung keineswegs garantiert ist, dass die entsprechenden Zahlungsmittel für die spätere Pensionszahlung dann auch tatsächlich vorhanden sind. Es ist deshalb notwendig, rechtzeitig Zahlungsmittel anzusparen bzw. anzulegen.

Kindergeld: Das im öffentlichen Dienst mit den Nettoentgelten ausgezahlte Kindergeld, das den Arbeitgebern erstattet wird, stellt keinen Personalaufwand dar, sondern einen „durchlaufenden Posten“.

A.7.6 Verkauf von Anlagegegenständen

Durch die Nutzung des Anlagegutes tritt eine Wertminderung ein. Sie wird durch die Abschreibung am Ende des Geschäftsjahres erfasst. Wird das Anlagegut während des Geschäftsjahres verkauft, so ist zunächst über eine zeitanteilige Abschreibung der Buchwert zu ermitteln. Zeitanteilig heißt, das Anlagegut ist bis zu seinem Ausscheiden aus dem Betriebsvermögen abzuschreiben, wobei steuerrechtlich der Monat des Ausscheidens als Nutzungsmonat berücksichtigt werden kann.

Der Verkauf von Anlagegütern stellt ein sog. Hilfsgeschäft dar und ist damit grundsätzlich umsatzsteuerpflichtig (§ 1 Abs. 1 Nr. 1 UStG). Die Umsatzsteuer wird vom erzielten Nettoverkaufspreis berechnet.

Der erzielte Nettoverkaufspreis kann mit dem errechneten Buchwert übereinstimmen (1. Fall). Häufiger wird der Fall auftreten, dass der erzielte Nettoverkaufspreis höher (2. Fall) bzw. niedriger (3. Fall) liegt als der Buchwert.

Ist der erzielte Nettoverkaufspreis höher als der errechnete Buchwert, entsteht ein Ertrag, der auf dem Konto „**Erträge aus dem Abgang von Gegenständen des Anlagevermögens**“ zu buchen ist.

Ist der erzielte Nettoverkaufspreis niedriger als der errechnete Buchwert, entsteht ein Aufwand, der auf dem Konto „**Aufwendungen (Verluste) aus dem Abgang von Gegenständen des Anlagevermögens**“ zu buchen ist.

Beispiele:

1. Fall: Der Nettoverkaufspreis entspricht dem Buchwert

Ein betriebseigener Pkw der X-AG weist unter Berücksichtigung der zeitanteiligen Abschreibung am Verkaufstag einen Buchwert von 8.000 € auf. Die X-AG verkauft den Pkw bar zum Buchwert von 8.000 € zuzüglich 19 % USt.

Buchungssatz:	*Kasse 9.520*	*an Fuhrpark*	*8.000*
		an Umsatzsteuer	*1.520*

2. Fall: Der Nettoverkaufspreis ist höher als der Buchwert

Der betriebseigene Pkw weist unter Berücksichtigung zeitanteiliger Abschreibung am Verkaufstag einen Buchwert von 8.000 € auf. Die X-AG verkauft den Pkw bar für 8.500 € zuzüglich 19 % USt.

Erzielter Nettoverkaufspreis	8.500
- errechneter Buchwert	8.000
Ertrag (Gewinn)	500

Buchungssatz:	*Kasse 10.115*	*an Fuhrpark*	*8.000*
		an Erträge a. d. Abgang v. Gegenständen des AV	*500*
		an Umsatzsteuer	*1.615*

3. Fall: der Nettoverkaufspreis ist niedriger als der Buchwert

Der betriebseigene Pkw weist unter Berücksichtigung zeitanteiliger Abschreibung am Verkaufstag einen Buchwert von 8.000 € auf. Der Pkw wird bar für 7.000 € zuzüglich 19 % USt verkauft.

Erzielter Nettoverkaufspreis	7.000
- errechneter Buchwert	8.000
Aufwand (Verlust)	1.000

Buchungssatz:	*Kasse*	*8.330*		
	+ Verluste a. d. Abgang v. Gegenständen des AV	*1.000*	*an Umsatzsteuer*	*1.330*
			an Fuhrpark	*8.000*

Nach der **Bruttomethode** werden die Verkaufserlöse in voller Höhe auf dem Ertragskonto gebucht. Die Anlagenabgänge werden mit ihrem Restbuchwert über das Aufwandskonto „Anlagenabgänge“ gebucht und den Erträgen aus den Anlagenverkäufen gegenübergestellt, wodurch der Gewinn oder Verlust aus den Verkäufen deutlich wird. Da der Nettoverkaufspreis der Umsatzsteuer unterliegt, ist steuerlich die Bruttomethode vorzuziehen. Die Bruttomethode entspricht auch § 246 Abs. 2 HGB, wonach Aufwendungen nicht mit Erträgen verrechnet werden dürfen.[36]

MERKE: Der Verkauf von Anlagegütern stellt grundsätzlich einen umsatzsteuerpflichtigen Vorgang dar, dessen Erlös auf einem Ertragskonto zu buchen ist. Das Ertragskonto wird über das jeweils betroffene Aktivkonto ausgebucht. Durch den Verkauf entsteht ein Buchgewinn oder Buchverlust. Der Buchgewinn wird auf dem Ertragskonto „Erträge aus dem Abgang von Gegenständen des Anlagevermögens“ erfasst. Der Buchverlust wird auf dem Aufwandskonto „Aufwendungen (Verluste) aus dem Abgang von Gegenständen des Anlagevermögens“ erfasst.

A.7.7 Leasing von Anlagegegenständen

A.7.7.1 Leasingarten

Oft werden Wirtschaftsgüter des Anlagevermögens nicht gekauft oder selbst hergestellt, sondern geleast oder gemietet, weil z.B. nicht ausreichend eigene oder fremde Mittel zur Verfügung stehen. Wird ein Anlagegut (z.B. IT-Anlage, Gebäude, Fahrzeug) geleast, so wird der Leasing-Nehmer Besitzer und der Leasing-Geber bleibt rechtlicher Eigentümer. Für die Frage der Bilanzierung ist es jedoch entscheidend, wer von beiden über das **wirtschaftliche Eigentum** (vgl. § 246 Abs. 1 Satz 2 HGB, § 39 AO) verfügt. Wer wirtschaftlicher Eigentümer wird, hängt wesentlich von der **Ausgestaltung des Leasingvertrages** ab. Der wirtschaftliche Eigentümer hat das Leasingobjekt zu bilanzieren, da er die mit dem Leasinggegenstand verbundenen Chancen und Risiken trägt.

Den Leasingverträgen liegt das folgende Schema zugrunde:

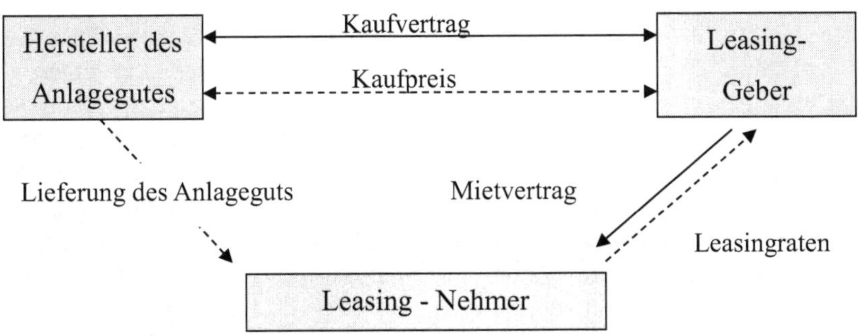

[36] Zu den Buchungssätzen nach der Bruttomethode vgl. Schmolke/Deitermann, Industrielles Rechnungswesen, 47. Aufl. 2018, S. 229. Im NKF werden Erträge und Aufwendungen aus dem Abgang und der Veräußerung von Anlagevermögen aufgrund von § 44 Abs. 3 KomHVO NRW unmittelbar mit der Allgemeinen Rücklage (= Eigenkapital) verrechnet.

Der Leasing-Geber kauft den Gegenstand beim Hersteller und vermietet ihn an den Leasing-Nehmer. In der Regel wird das Leasingobjekt direkt vom Hersteller an den Leasing-Nehmer geliefert.

Je nachdem welcher Vertragspartner das Investitionsrisiko trägt, unterscheidet man bei der vertraglichen Ausgestaltung zwischen

- Operate Leasing,
- Spezial-Leasing und
- Finance Leasing.

Operate Leasing: Der Leasingvertrag ist wie ein normaler, jederzeit kündbarer Miet- oder Pachtvertrag ausgestaltet, d.h. er ist in erster Linie auf die Nutzungsüberlassung und nicht auf die Verschaffung des wirtschaftlichen Eigentums für den Benutzer (Leasing-Nehmer) ausgerichtet. Das Investitionsrisiko trägt der Leasing-Geber. Beim Operate Leasing ist der Gegenstand beim **Leasing-Geber** als juristischen Eigentümer zu bilanzieren. Die Leasingraten sind beim Leasing-Geber als sonstiger betrieblicher (ordentlicher) Ertrag und beim Leasing-Nehmer als sonstiger betrieblicher (ordentlicher) Aufwand zu buchen.

Spezial-Leasing: Hier werden die Leasinggegenstände ohne Rücksicht auf Optionsrechte und das Verhältnis von Grundmietzeit zur betriebsgewöhnlichen Nutzungsdauer dem **Leasing-Nehmer** zugeordnet. Dieser muss die Gegenstände bilanzieren und über die betriebsgewöhnliche Nutzungsdauer abschreiben. Durch den speziellen Zuschnitt der Leasinggegenstände auf die individuellen Bedürfnisse des Leasing-Nehmers ist es allein ihm möglich, den Leasinggegenstand wirtschaftlich sinnvoll zu nutzen.

Finance Leasing (Finanzierungs-Leasing): Hier liegt eine längere Grundmietzeit vor. Da der Leasinggegenstand nahezu ausschließlich in den Händen des Leasing-Nehmers liegt, geht das Investitionsrisiko auf ihn über. Grundsätzlich muss der Leasing-Nehmer als wirtschaftlicher Eigentümer den Gegenstand bilanzieren. Das Leasingobjekt wird häufig direkt vom Hersteller oder vom Händler an den Leasing-Nehmer ausgeliefert. Im Vertrag wird eine unkündbare Grundmietzeit vereinbart, die in der Regel kürzer ist als die betriebsgewöhnliche Nutzungsdauer des Leasingobjektes. Beim Finanzierungs-Leasing kommt es für die Zurechnung eines Leasinggegenstandes zum Leasing-Geber oder Leasing-Nehmer vor allem auf das Verhältnis der unkündbaren Grundmietzeit zur betriebsgewöhnlichen Nutzungsdauer des Leasinggegenstandes und auf das Bestehen einer vereinbarten Kauf- oder Mietverlängerungsoption für den Leasing-Nehmer an.

Man unterscheidet das Leasing mit Voll- oder mit Teilamortisation. Bei einer **Vollamortisation** (Full-pay-out-Leasing) deckt die Summe der während der festen Grundmietzeit zu zahlenden Leasingraten die Anschaffungskosten und den kalkulierten Gewinn des Leasing-Gebers voll ab. Die Verträge können eine Kauf- oder Mietverlängerungsoption nach Ablauf der Grundmietzeit vorsehen. Bei einer **Teilamortisation** (Non-pay-out-Leasing) werden die Anschaffungskosten des Leasing-Gebers nicht voll durch die Summe der während der Grundmietzeit zu zahlenden Leasingraten gedeckt. Die Verträge können ein Verkaufs- oder Kündigungsrecht des Leasing-Gebers oder auch eine Beteiligung des Leasing-Nehmers an einem Mehrerlös beim Verkauf enthalten.

Da die Zuordnung des Vermögensgegenstandes zu dem wirtschaftlichen Eigentümer anhand dieses Kriteriums sehr abstrakt und in der Praxis häufig schwierig ist, finden die steuerrechtlichen **Leasing-Erlasse** Anwendung.[37]Für **bewegliche Wirtschaftsgüter** (Mobilien) gilt:

- Wenn die **Grundmietzeit weniger als 40 % oder mehr als 90 %** der betriebsgewöhnlichen Nutzungsdauer beträgt, ist der Leasinggegenstand immer dem Leasing-Nehmer zuzurechnen, unabhängig davon, ob er ein Optionsrecht auf Kauf oder Mietverlängerung hat. Im Mobilien-Leasing-Erlass des Bundesfinanzministers wird unterstellt, dass der Leasing-Nehmer bei einer Grundmietzeit von weniger als 40 % der betriebsgewöhnlichen Nutzungsdauer den Leasinggegenstand behält, damit sich die hohen Leasingraten in der Grundmietzeit für ihn lohnen. Beträgt die Grundmietzeit mehr als 90 % der betriebsgewöhnlichen Nutzungsdauer, hat der Leasinggegenstand für den Leasing-Geber nur noch einen geringen Wert, weshalb auch hier eine Zuordnung beim Leasing-Nehmer erfolgt.
- Wenn die **Grundmietzeit zwischen 40 % und 90 %** der betriebsgewöhnlichen Nutzungsdauer beträgt, besitzt der Leasinggegenstand nach Ablauf der Grundmietzeit noch einen relativ hohen Zeitwert. Verfügt der Leasing-Nehmer über kein Optionsrecht, so ist der Gegenstand dem Leasing-Geber zuzuordnen. Bei einer Kauf- oder Mietverlängerungsoption ist der Gegenstand dem Leasing-Nehmer nur dann zuzurechnen, wenn sich die Ausübung der Option für ihn lohnt. Dies ist der Fall, wenn der Kaufpreis geringer ist als der Buchwert oder die Anschlussmiete niedriger ist als die lineare Abschreibung.

Die Zuordnungsregeln für bewegliche Wirtschaftsgüter bei Vollamortisation lassen sich wie folgt zusammenfassen:

[37] Vgl. BMF, Schreiben vom 19. 4. 1971, vom 21.3.1972, vom 22.12.1975 und vom 23.12.1991.

Bilanzielle Zuordnung von Leasinggegenständen bei Vollamortisationsverträgen		
Grundmietzeit % der bg. ND	Fallunterscheidung	Aktivierung beim
< 40%	--	Leasing-Nehmer
40 % bis 90 %	Keine Kauf- oder Verlängerungsoption	Leasing-Geber
	Mit Kaufoption: Kaufpreis < Restbuchwert	Leasing-Nehmer
	Mit Kaufoption: Kaufpreis > Restbuchwert	Leasing-Geber
	Mit Verlängerungsoption: Anschlussmiete < lineare AfA	Leasing-Nehmer
	Mit Verlängerungsoption: Anschlussmiete > lineare AfA	Leasing-Geber
> 90 %	--	Leasing-Nehmer

A.7.7.2 Bilanzierung beim Leasing-Geber

Oft wird in den Leasingverträgen bereits geregelt, dass der Leasinggegenstand dem Leasing-Geber zuzurechnen ist. Die Buchungen sind dann unproblematisch, da sich die gleichen Auswirkungen ergeben wie bei einem gewöhnlichen Mietverhältnis. Der Leasing-Nehmer behandelt die laufenden Leasingraten als Aufwand. Der Leasing-Geber bucht Erträge.

Der Leasing-Geber hat den Vermögensgegenstand mit den ihm entstandenen Anschaffungskosten zu aktivieren und über die betriebsgewöhnliche Nutzungsdauer abzuschreiben.

Beispiel 1:

Die X-AG erwirbt am 2. Januar eine Maschine und vermietet diese sofort an die Y-GmbH als Leasing-Nehmer für jährlich 40.000 € netto + 19 % Umsatzsteuer. Im Leasingvertrag wird eine unkündbare Mietzeit von vier Jahren ohne Kauf- und Mietverlängerungsoption vereinbart. Die Anschaffungskosten betragen 180.000 € netto + 19 % Umsatzsteuer. Die betriebsgewöhnliche Nutzungsdauer beträgt fünf Jahre. Alle Zahlungen erfolgen zur Vereinfachung sofort über das Bankkonto.

Die Grundmietzeit beträgt 80 % der betriebsgewöhnlichen Nutzungsdauer. Die bilanzielle Zurechnung erfolgt beim Leasing-Geber, der das Leasingobjekt zu aktivieren hat.

Buchungen beim Leasing-Geber (X-AG):

(1) Anschaffung des Leasinggegenstandes:

Maschinen	*180.000*		
Vorsteuer	*34.200*	*an Bank*	*214.200*

(2) Gutschrift der Leasingraten:

Bank	*47.600*	*an Leasingerträge*	*40.000*
		an Umsatzsteuer	*7.600*

(3) Lineare Abschreibung bei 5-jähriger Nutzungsdauer:

Abschreibungen auf Sachanlagen an Maschinen *36.000*

Buchung der Leasingrate beim Leasing-Nehmer (Y-GmbH):

Leasingaufwendungen	*40.000*		
Vorsteuer	*7.600*	*an Bank*	*47.600*

A.7.7.3 Bilanzierung beim Leasing-Nehmer

In diesem Fall hat der Leasing-Nehmer den Gegenstand in seiner Bilanz mit den Anschaffungskosten zu aktivieren, die der Leasing-Geber bei der Berechnung der Leasingraten zugrunde gelegt hat, zuzüglich ggf. noch anfallender eigener Anschaffungs- oder Herstellungskosten (z.B. Transport, Versicherung, Aufwendungen für die Errichtung von Fundamenten). In Höhe der aktivierten Anschaffungskosten des Leasing-Gebers (jedoch ohne jene Teile, die nicht bei der Berechnung der Leasingraten zugrunde gelegen haben) muss der Leasing-Nehmer eine Verbindlichkeit gegenüber dem Leasing-Geber passivieren. Diese Regelung ist dann problematisch, wenn der Leasing-Nehmer die Anschaffungskosten des Leasing-Gebers nicht kennt, weil diese sich nicht aus dem Leasingvertrag ableiten lassen. In diesem Fall kann er als fiktive Anschaffungskosten den Betrag ansetzen, der sich anhand von Marktpreisen ergibt.

Die laufenden Leasingraten sind in einen **Zins- und Kostenanteil** (Aufwandsanteil) und in einen **Tilgungsanteil** aufzuteilen. Der Zins- und Kostenanteil wird erfolgswirksam als Aufwand gebucht. Der erfolgsneutrale Tilgungsanteil verringert die passivierte Verbindlichkeit gegenüber dem Leasing-Geber. Dabei ergibt sich der gesamte Zins- und Kostenanteil als Differenz zwischen der Summe der Leasingraten und dem Betrag der gebuchten Leasingverbindlichkeit.

Die Berechnung des Zins- und Kostenanteils der Leasing-Rate ist nach den steuerrechtlichen Regelungen wie folgt durchzuführen:

Summe aller Leasingraten (über alle Jahre)

minus Leasingverbindlichkeit (Anschaffungskosten lt. Leasing-Vertrag)

= Summe der Zins- und Kostenanteile (aller Jahre)

Die Aufteilung dieser Summe darf nicht gleichmäßig (d.h. Division durch die Mietjahre) auf die Grundmietzeit verteilt werden, da sich durch die Tilgung der Kaufpreisverbindlichkeit der Zins- und Kostenanteil an der jährlich gleichbleibenden Leasingrate im Zeitablauf verringert, während der Tilgungsanteil entsprechend steigt. Das Steuerrecht sieht hier zur Aufteilung des Zins- und Kostenanteils und des Tilgungsanteils die **Zinsstaffelmethode** vor:

$$\frac{\text{Summe aller Zins- und Kostenanteile}}{1 + 2 + 3 + \ldots n} \cdot (1 + \text{Anzahl der restlichen Raten})$$

wobei n die Dauer der Grundmietzeit in Jahren angibt.

Beispiel 2:

Die Y-GmbH least ein Geschäftsfahrzeug von der Leasinggesellschaft X-AG für jährlich 24.000 €, wobei im Leasingvertrag als Anschaffungskosten 60.000 € angegeben werden. Die Grundmiete beträgt drei Jahre. Der Leasinggegenstand hat eine betriebsgewöhnliche Nutzungsdauer von sechs Jahren und wird linear abgeschrieben. Bei der vorliegenden Vertragsgestaltung (Recht auf Verlängerung, Anschlussmiete < lineare AfA, Grundmietzeit > 40 % der betriebsgewöhnlichen Nutzungsdauer) ist das Fahrzeug dem Leasing-Nehmer zuzurechnen. Für die Berechnung des jährlichen Zins- und Kostenanteils kommt sowohl beim Leasing-Nehmer als auch beim Leasing-Geber die Zinsstaffelmethode zur Anwendung:

Ermittlung des jährlichen Zins- und Kostenanteils:

	Summe der Leasingraten (3 · 24.000)	72.000 €
./.	Anschaffungskosten	60.000 €
=	Gesamter Zins- und Kostenanteil	12.000 €
	Summe der Jahresziffern: $\sum t = 1+2+3 = 6$	

Die folgende Tabelle verdeutlicht die Aufteilung der Leasingraten in den jährlichen Zins- und Kostenanteil sowie des jährlichen Tilgungsanteils.

Perioden	jährliche Leasingrate	jährlicher Zins- und Kostenanteil	jährlicher Tilgungsanteil
1	24.000	3/6 · 12.000 = 6.000	18.000
2	24.000	2/6 · 12.000 = 4.000	20.000
3	24.000	1/6 · 12.000 = 2.000	22.000
∑	72.000	12.000	60.000

Buchungen beim Leasing-Geber (X-AG):

(1) Anschaffung des Leasinggegenstandes:

Waren (Umlaufverm.)	*60.000*			
Vorsteuer	*11.400*	*an*	*Bank*	*71.400*

(2) Übergabe des Leasinggegenstandes an den Leasingnehmer:

Leasingforderung	*60.000*	*an*	*Umsatzerlöse*	*60.000*
+ *UST-Forderung*	*13.680*	*an*	*Umsatzsteuer*	*13.680*

(3) Zahlungseingang der Umsatzsteuer aus dem Leasinggeschäft:

Bank	*13.680*	*an*	*UST-Forderung*	*13.680*

(4) Eingang der ersten Leasingrate:

Bank	*24.000*	*an*	*Leasingforderung*	*18.000*
		an	*Leasingerlöse*	*6.000*

Buchung beim Leasing-Nehmer (Y-GmbH):

(1) Zugang des Leasingobjektes:

Fahrzeuge	*60.000*	*an*	*Leasingverbindlichk.*	*60.000*
Vorsteuer	*13.680*	*an*	*UST-Verb.*	*13.680*

(2) Zahlung der Umsatzsteuerverbindlichkeit:

UST-Verbindlichkeit	*13.680*	*an*	*Bank*	*13.680*

(3) Überweisung der ersten Leasingrate:

Leasingverbindlichkeit	*18.000*			
+ *Leasingaufwand*	*6.000*	*an*	*Bank*	*24.000*

(4) Jahresabschreibung des Leasinggegenstandes:

Abschreibung	*10.000*	*an*	*Fahrzeuge*	*10.000*

Die Abschreibung auf das geleaste Anlagegut steht grundsätzlich dem zu, in dessen Bilanz der Vermögensgegenstand zu aktivieren ist, hier also dem Leasing-Nehmer. Bemessungsgrundlage für die Abschreibung sind die Anschaffungskosten des Leasing-Gegenstandes einschließlich der eigenen Anschaffungsnebenkosten des Leasing-Nehmers. Einmalige Sonderzahlungen vor Beginn des Leasing-Verhältnisses durch den Leasing-Nehmer an den Leasing-Geber sind wie ein Disagio vom Leasing-Nehmer zu aktivieren und über die Grundmietzeit abzuschreiben.

Die Leasingraten unterliegen der Umsatzsteuer. Wenn das Leasinggut dem Leasing-Nehmer zuzurechnen ist, aktiviert der Leasing-Geber eine Forderung gegenüber dem Leasing-Nehmer und stellt ihm die Umsatzsteuer in Rechnung. **Bemessungsgrundlage für die Umsatzsteuer** ist die Summe der Leasingraten plus der vereinbarte

Kaufpreis bei Kaufoption oder die vereinbarten Verlängerungsraten bei vereinbarter Mietverlängerungsoption.

Da die Summe der Leasingraten die Anschaffungskosten des Leasing-Gebers in der Regel übersteigt, weil zusätzlich die gesamten Kosten des Leasing-Gebers sowie sein Gewinnzuschlag hierin verrechnet werden, ist Leasing in der Regel teurer als Kauf. Die Leasingraten stellen in Höhe des Zins- und Kostenanteils Aufwendungen (Betriebsausgaben) dar, die den steuerpflichtigen Gewinn und damit die Einkommens-, Körperschafts- und Gewerbesteuer mindern. Es entsteht ein Steuerspareffekt.

Ob Leasingverträge in der öffentlichen Verwaltung, in der i.d.R. keine Steuerspareffekte auftreten, wirtschaftlich sinnvoll sind, ist durch eine dynamische Wirtschaftlichkeitsbetrachtung zwischen den Alternativen Kauf und Leasing zu entscheiden.

MERKE: Als Leasing wird die zeitlich begrenzte Nutzungsüberlassung von beweglichen oder unbeweglichen Anlagegütern bezeichnet, wobei ein Entgelt (Leasingraten) im Zeitablauf zu zahlen ist. Der **Leasing-Nehmer** wird Besitzer und der **Leasing-Geber** bleibt rechtlicher Eigentümer des Leasinggegenstandes.
Die Frage, ob der Leasinggegenstand beim Leasing-Geber oder beim Leasing-Nehmer als „wirtschaftlichem Eigentümer“ zu bilanzieren ist, richtet sich nach der Leasingart und der vertraglichen Ausgestaltung.

Operating Leasing entspricht buchungsmäßig einem normalen Mietvertrag.
Beim **Spezial-Leasing** wird der Leasinggegenstand dem Leasing-Nehmer zugerechnet, der ihn bilanziert.
Beim **Finanzierungs-Leasing** richtet sich die Frage der Zurechnung und Bilanzierung des Leasinggegenstandes nach dem Verhältnis der unkündbaren Grundmietzeit zur betriebsgewöhnlichen Nutzungsdauer des Leasinggegenstandes und danach, ob eine Kauf- oder Mietverlängerungsoption besteht.

A.8 Organisation der Buchführung

A.8.1 Kontenrahmen und Kontenpläne

Um eine einheitliche Buchungspraxis zu erreichen, ist ein übersichtliches Kontierungssystem in Form von Kontenrahmen und Kontenplänen notwendig. Eine solche Ordnung fordern letztlich auch die Grundsätze der ordnungsmäßigen Buchführung.

Ein **Kontenrahmen** ist ein Organisations- und Gliederungsplan zur ordnungsmäßigen Erfassung und Verarbeitung der Daten des gesamten Rechnungswesens. Er ist nach dem Zehnersystem aufgebaut und gliedert sich in die Kontenklassen 0 bis 9. Die Kontenklassen sind jeweils untergliedert in Kontengruppen, Kontenarten, Konten und bei Bedarf Unterkonten. Kontenrahmen gibt es jeweils für unterschiedliche Wirtschaftszweige, aber auch für Gebietskörperschaften. Bekannt sind z.B.:

- Kontenrahmen des Einzelhandels,
- Kontenrahmen des Großhandels,
- Kontenrahmen der Industrie (IKR),
- DATEV-Kontenrahmen (SKR 03/04),
- Verwaltungskontenrahmen für die staatliche Doppik,
- für die kommunale Doppik u.a. der NKF-Kontenrahmen.

Ein **Kontenplan** grenzt den Kontenrahmen auf die spezifischen Belange des Buchführungspflichtigen ein. Der Kontenplan ist demnach eine betriebsspezifische Darstellung, der auf einem bestimmten Kontenrahmen aufbaut.

Strukturbeispiel aus dem Kontenplan der Stadt X

Kontenklasse	**Kontengruppe**	**Kontenart**	**Konto**	**Unterkonto**	**Bezeichnung**
0					Immaterielle Vermögensgegenstände und Sachanlagen
	07				Maschinen, technische Anlagen und Fahrzeuge
		071			Maschinen
		072			Technische Anlagen
		073			Fahrzeuge
			0751		Dienstfahrzeuge
				07511	Pkw, Kombi
				07512	Lkw
			0752		Brand- und Katastrophenschutzfahrzeuge
			0753		Fahrzeuge für die Abwasser- und Abfallbeseitigung
			0754		Sonderfahrzeuge (z.B. Grabbagger, Straßenreinigung)
			0758		Zusatzgeräte für Fahrzeuge
				07581	Salzstreugerät für Winterfahrzeug
				07582	Schneepflug
				07583	Mäheinrichtungen

Der Kontenplan erlaubt es, die Buchungssätze einfach und eindeutig zu dokumentieren. Statt Kontennamen werden Kontennummern benutzt.

Beispiel:

Zur Finanzierung einer Baumaßnahme nimmt die Stadt A ein Darlehen auf. Die Gutschrift des Darlehensbetrages von 800.000 € auf dem Konto der Stadt bei der Bank wurde bisher durch folgenden Buchungssatz ausgedrückt:

Bank	800.000	
an Darlehen		800.000

Kontierung nach dem NKF-Kontenplan:

1810 Guthaben bei Banken und Kreditinstituten	800.000	
an 3250 Investitionskredite vom privaten Kreditmarkt		800.000

Bei der Kontierung nach dem Kontenplan kann die Kontenbezeichnung entfallen (die Buchung mithilfe eines Finanzbuchhaltungsprogramms erfordert nur die Kontennummer). Der Kontenplan erlaubt auch eine weitere Differenzierung der Konten, z.B. 1811 Guthaben bei der Stadtsparkasse, 1812 Guthaben bei der Volksbank, 3251 Investitionskredite von der Stadtsparkasse, 3252 Investitionskredite von der Volksbank usw.

Ein vereinfachter NKF-Kontenplan für die Aus- und Fortbildung befindet sich in der Anlage zu diesem Buch.

MERKE: Ein Kontenrahmen bildet ein strukturiertes Ordnungsgerüst zur Gliederung und zur Bezeichnung der Konten. Der Kontenrahmen hilft, den Verwaltungs- und Zeitaufwand in der Buchführung zu reduzieren und somit die Wirtschaftlichkeit zu erhöhen. Der auf betriebsindividuelle Erfordernisse angepasste Kontenrahmen wird als Kontenplan bezeichnet.

A.8.2 Kontenrahmen für Kommunen

Beispielhaft erfolgt eine Kurzdarstellung der Struktur des NKF-Kontenrahmens mit seinen Kontenklassen:

- Die **Kontenklasse 0** umfasst Immaterielle Vermögensgegenstände und Sachanlagen. Hierzu zählen: Konzessionen, EDV-Programme, Grundstücke, Infrastrukturvermögen, Fahrzeuge, Betriebs- und Geschäftsausstattung.
- Die **Kontenklasse 1** enthält die langfristigen Finanzanlagen, wie z.B. Beteiligungen, langfristige Ausleihungen sowie Wertpapiere, die als langfristige Kapitalanlage angeschafft wurden, das Umlaufvermögen und die aktiven

Rechnungsabgrenzungsposten. Zum Umlaufvermögen zählen Roh-, Hilfs- und Betriebsstoffe, Bestände an unfertigen und fertigen Erzeugnissen, Forderungen aus Lieferungen und Leistungen, sonstige Vermögensgegenstände, Wertpapiere des Umlaufvermögens, die nur kurzfristig unter Liquiditätsgesichtspunkten gehalten werden, und flüssige Mittel.

- Die **Kontenklasse 2** nimmt die Positionen Eigenkapital und Rückstellungen auf. Zusätzlich enthält die Klasse 2 die Sonderposten aus Zuwendungen und Rückstellungen für Verbindlichkeiten, deren Höhe oder Fälligkeit zum Bilanzstichtag noch nicht feststehen, wie z.B. Pensions- und Instandhaltungsrückstellungen.
- Die **Kontenklasse 3** erfasst alle kurz- und langfristigen Verbindlichkeiten gegenüber Banken, Lieferanten sowie die passive Rechnungsabgrenzung. Bei Letzteren handelt es sich z.B. um die Bilanzierung von im Voraus vereinnahmter Miete.
- Die **Kontenklasse 4** beinhaltet die ordentlichen (betrieblichen) und außerordentlichen Erträge.
- In der **Kontenklasse 5** werden die ordentlichen (betrieblichen) und außerordentlichen Aufwendungen geführt.
- Die **Kontenklasse 6** ist im Rahmen der Finanzrechnung für die Einzahlungen vorgesehen.
- Die **Kontenklasse 7** enthält die Auszahlungen der Finanzrechnung.
- Die **Kontenklasse 8** enthält die Konten der Eröffnung und des Abschlusses einschl. der Erfolgsrechnung. Die Erfolgsrechnung wird dabei nach dem Gesamtkostenverfahren aufgestellt.
- In der **Kontenklasse 9** erfolgt die von der Finanzbuchhaltung völlig getrennte Darstellung der Kosten- und Leistungsrechnung.

Im **Rechnungskreis I** wird das Gesamtergebnis als Jahresüberschuss der Finanzbuchhaltung ermittelt (Kontenklassen 0-8). Im **Rechnungskreis II** (Kontenklasse 9) wird im Rahmen der Kostenrechnung das Gesamtergebnis in einen betrieblich verursachten Teil (Betriebsergebnis) und einen Teil, der nicht betriebsbedingt verursacht ist (Neutrales Ergebnis), aufgeteilt. Diese Aufteilung erfolgt in Form einer Abgrenzungsrechnung, die dann eine Aufgabe der Kosten- und Leistungsrechnung darstellt. Wie sich diese sachliche Abgrenzung darstellt, wird in Kap. A.8.6 (Exkurs) erläutert.

<table>
<tr><th colspan="4">Struktur des NKF-Kontenrahmens</th></tr>
<tr><th>Kon-
ten-
klasse</th><th>Bezeichnung</th><th colspan="2">Abschluss</th></tr>
<tr><td>0</td><td>Immaterielle Vermögensgegenstände und Sachanlagen →</td><td rowspan="2">Aktiva</td><td rowspan="4">Bilanz</td></tr>
<tr><td>1</td><td>Finanzanlagen, Umlaufvermögen und aktive Rechnungsabgrenzung →</td></tr>
<tr><td>2</td><td>Eigenkapital, Sonderposten und Rückstellungen →</td><td rowspan="2">Passiva</td></tr>
<tr><td>3</td><td>Verbindlichkeiten und passive Rechnungsabgrenzung →</td></tr>
<tr><td>4</td><td>Erträge →</td><td colspan="2" rowspan="2">Ergebnisrechnung</td></tr>
<tr><td>5</td><td>Aufwendungen →</td></tr>
<tr><td>6</td><td>Einzahlungen →</td><td colspan="2" rowspan="2">Finanzrechnung</td></tr>
<tr><td>7</td><td>Auszahlungen →</td></tr>
<tr><td>8</td><td colspan="3">Abschlusskonten</td></tr>
<tr><td>9</td><td colspan="3">Kosten- und Leistungsrechnung</td></tr>
</table>

Abbildung 14: Struktur NKF-Kontenrahmen

A.8.3 Haupt-, Grund- und Nebenbücher

Die Grundsätze ordnungsmäßiger Buchführung (GoB) sind die Basis jeder Finanzbuchhaltung. Einer der wichtigsten GOB lautet: „Keine Buchung ohne Beleg". Nach der Herkunft der Belege werden Fremd- und Eigenbelege unterschieden.

Fremdbelege gelangen von außen in den Betrieb; sie werden also von Außenstehenden ausgestellt. Beispiele sind:

- Lieferantenrechnungen,
- Kontoauszüge,
- Bewilligungsbescheide anderer Stellen (Land, Bund),
- erhaltene Quittungen etc.

Eigenbelege entstehen im Betrieb. Beispiele sind:

- Lohn- und Gehaltslisten,
- Materialentnahmen,
- ausgestellte Quittungen,
- Kopien von Ausgangsrechnungen,
- Bescheide (Verwaltungsakte) in der öffentlichen Verwaltung.

Die Bearbeitung der Belege erfolgt üblicherweise in den folgenden Arbeitsstufen:

(1) Vorbereitung der Belege zur Buchung,

(2) Buchung der Belege im Grund- und Hauptbuch,

(3) Ablage und Aufbewahrung der Belege.

Zur Vorbereitung der Buchung sind die Belege auf sachliche und rechnerische Richtigkeit zu prüfen. Anschließend werden sie nach Belegarten sortiert (Ausgangs-, Eingangsrechnungen, Gutschriften an Kunden etc.), nummeriert und vorkontiert. Die Vorkontierung erfolgt in der Regel durch einen Buchungsstempel, aus dem sich ergibt, in welche Bücher bzw. auf welche Konten der Beleg verbucht wird. Die Aufbewahrung der Originalbuchungsbelege geschieht in der Form von manuellen oder elektronischen Ordnern.

Jeder Geschäftsvorfall wird in chronologischer Reihenfolge tagesaktuell im **Grundbuch**, auch Journal oder Tagebuch genannt, erfasst. Eine Aufzeichnung der Geschäftsfälle unter sachlichen Gesichtspunkten geschieht im **Hauptbuch,** wo die reine Sachkontenerfassung der Geschäftsvorfälle auf Bestands- und Erfolgskonten erfolgt. Bei den Buchungen im Hauptbuch werden die Geschäftsvorfälle meist gruppenweise nach gleichartigen Buchungen zusammengefasst und in bestimmten zeitlichen Abständen (z.B. wöchentlich) übertragen. Das Hauptbuch beginnt mit dem Eröffnungsbilanzkonto und endet mit dem Schlussbilanzkonto.

MERKE: Im Grundbuch (Journal) werden alle Geschäftsvorfälle in zeitlicher Reihenfolge anhand der Belege erfasst. Das Hauptbuch beinhaltet alle Sachkonten, die für die Erstellung des Jahresabschlusses erforderlich sind; hier finden die eigentlichen Buchungen statt.

Ergänzend zu den Grund- und Hauptbüchern werden Neben- und Hilfsbücher geführt. Sie stellen ähnlich wie das Eigenkapitalkonto in Unterkonten zerlegte Hauptkonten dar.

Folgende Nebenbuchhaltungen werden üblicherweise geführt:

1. Kontokorrentbuchhaltung (Personenbuchhaltung): Die wichtigste Nebenbuchhaltung ist die Kontokorrentbuchhaltung. Jeder Kunde oder Debitor erhält ein Debitorenkonto. Jeder Lieferant oder Kreditor wird unter einem Kreditorenkonto erfasst. Insofern werden diese Konten auch als Personenkonten bezeichnet. Debitor einer Gemeinde könnte z.B. ein Gewerbesteuerpflichtiger oder ein Beitragszahler einer Musikschule sein. Kreditor könnte ein Bauunternehmer sein, der eine Baurechnung eingereicht hat. Der **Kreditoren- und Debitorenbuchhaltung** kommt somit eine erhebliche Funktion zu, weil diese Nebenbuchhaltung praktisch bei den meisten Finanzvorfällen berührt ist. Sie ermöglicht die Terminüberwachung für Zahlungen und das Mahnwesen. In der **IT-gestützten Buchführung** erfolgen die laufenden Buchungen während des Jahres auf den **Personenkonten** (Debitoren und Kreditoren). Die dort erfassten Buchungen werden automatisch aufgrund von Kontokorrentziffern (z.B. 1 bis 5 für Debitoren und 6 bis 9 für die Kreditoren) auf die Sachkonten

Forderungen L+L und **Verbindlichkeiten L+L** übertragen (sog. Mitbuchkontentechnik). Beim Debitorenkonto steht der Saldo üblicherweise im Haben. Beim Kreditorenkonto steht der Saldo normalerweise im Soll. Es kann durchaus vorkommen, dass aufgrund von fehlerhaften Überweisungen auf den Personenkonten *falsche* Salden entstehen. Man spricht hier von kreditorischen Debitoren bzw. debitorischen Kreditoren.

2. Lagerbuchhaltung: In der Lagerbuchhaltung werden sämtliche Bestände, Zugänge und Abgänge von Rohstoffen, Material, fertigen und unfertige Erzeugnisse etc. erfasst. Es lässt sich jederzeit der Bestand ermitteln.

3. Anlagenbuchhaltung: In der Anlagenbuchhaltung werden die Gegenstände des Anlagevermögens erfasst, Vermögenszugänge und Vermögensabgänge dokumentiert. Hier sind für jeden Vermögensgegenstand oder für Vermögensgruppen einzelne Konten eingerichtet, die dann zum Gesamtvermögen addiert werden. Insofern wird bei einer Vermögensveränderung nicht unmittelbar das Bilanzkonto, sondern das konkrete Einzelvermögenskonto (z.B. Krankentransportwagen des Rettungsdienstes) angesprochen. Es werden drei Vermögenshauptgruppen unterschieden:

Immaterielle Vermögensgegenstände	**Sachanlagen**	**Finanzanlagen**
Konzessionen	Grundstücke und Bauten	Beteiligungen
Lizenzen	Technische Anlagen und Maschinen	Wertpapiere des Anlagevermögens
gekaufter Geschäfts- oder Firmenwert	Andere Anlagen/ Betriebs- und Geschäftsausstattung	Sonstige Ausleihungen

Abbildung 15: Vermögensgegenstände des Anlagevermögens

Für jeden einzelnen Vermögensgegenstand wird als Ergänzung der Anlagenbuchhaltung ein besonderer Datensatz oder eine **Anlagenkarte** geführt mit allen wichtigen Daten wie Anschaffungskosten, Herstellungskosten (z.B. bei Gebäuden), Zeitpunkt der Anschaffung oder Herstellung, Nutzungsdauer, Abschreibungsmethode, Abschreibungen, Zuschreibungen, Restbuchwert je Nutzungsjahr, Versicherungswert, Reparaturen, Investitionszuschüsse u.a. Bei Gebäuden ist zu beachten, dass das

Grundstück (Grund und Boden), das Bauwerk und vorhandene Betriebsvorrichtungen getrennt zu erfassen sind.[38] Nur für die Bilanz erfolgt eine summarische Darstellung. Die Daten der Anlagenbuchhaltung sind Grundlage für die Erstellung des **Anlagenspiegels** (vgl. Kap. A.15.1).

4. **Lohn- und Gehaltsbuchhaltung:** In der Lohn- und Gehaltsbuchhaltung wird für jeden Arbeitnehmer ein Lohn- bzw. Gehaltskonto geführt und mit dem Hauptbuchkonto abgestimmt, entweder manuell oder per IT-System. § 41 Abs. 1 EStG schreibt für jeden Arbeitnehmer die Führung eines Lohn- oder Gehaltskontos durch den Arbeitgeber vor.

Bücher der Buchführung

Grundbuch	Hauptbuch	Nebenbuch
Darstellung der Geschäftsvorfälle in **zeitlicher** Reihenfolge	**Sachlich** gegliederte Darstellung der Geschäftsvorfälle auf Sachkonten	**Sachlich detaillierte** Darstellung der Geschäftsvorfälle in Büchern, die das Hauptbuch ergänzen

A.8.4 IT-gestützte Buchhaltung

Die Finanzbuchhaltung alter Prägung (sog. konventionelle Finanzbuchhaltung) wird überwiegend manuell durchgeführt.

Da die Zahl der täglichen Geschäftsvorfälle selbst in kleinen Betrieben sehr groß ist, erfolgt i.d.R. eine IT-gestützte Buchführung. Die Buchungsdaten können nicht nur erfasst und vielfach automatisch verarbeitet, sondern jederzeit ausgewertet und abgerufen werden. Anbieter für branchenneutrale betriebswirtschaftliche Software sind u.a. SAP oder Lexware. Die manuelle Tätigkeit umfasst bei der IT-gestützten Buchführung nur noch die Belegsammlung und -prüfung sowie die Vorkontierung und Belegeingabe. Bestimmte Buchungen erfolgen automatisch (z.B. Umsatzsteuer, Vorsteuer, Skonto, Steuerberichtigungen bei Skontoabzug).

Für kleine Betriebe kann es wirtschaftlicher sein, die Buchführung auf Spezialanbieter zu übertragen. Hier gibt es eine Vielzahl von Anbietern, insbesondere auch Steuerberater, die geeignete Software zur Verfügung haben. Standardsoftware unterscheidet prinzipiell zwischen Stamm- und Bewegungsdaten.

[38] Das Grundstück wird nicht planmäßig abgeschrieben. Für Bauwerk und Betriebsvorrichtungen kann die Nutzungsdauer unterschiedlich sein.

Stammdaten sind Daten, die sich kurzfristig nicht ändern, wie z.B. die Konten des Betriebs, der Aufbau von Bilanz und GuV, Anschriften oder Kontonummern der Kunden. **Bewegungsdaten** sind z.B. die Daten auf den Lieferanten- oder Kundenrechnungen, die sich laufend verändern.

Die Belegsteuerung geschieht über Belegarten. Das führt dazu, dass sich die manuelle Eingabe auf die Eingabe von Belegarten, z.B. DZ für Debitorenzahlung, beschränkt. Die eigentliche Steuerung der Buchung geschieht dann über im System hinterlegte Tabellen in der Form von Buchungsschlüsseln.

Ein Buchungssatz *„Ford. L+L an Umsatzerlöse"* muss nicht mehr manuell eingegeben werden. Durch das System werden die durch den Buchungsschlüssel angesprochenen Konten automatisch als Beleg aufgerufen; es müssen dann nur noch die Beträge eingesetzt werden. Durch Plausibilitätskontrollen werden Eingabefehler teilweise erkannt. Ein Beleg kann dann nur gebucht werden, wenn der Saldo aus den Soll- und Habenpositionen gleich Null ist. Der Betrag der Sollbuchung muss also genauso hoch sein wie der Betrag der Habenbuchung.

Durch die **Mitbuchkontentechnik** werden die Umsätze mit dem Kunden nur über das Debitorenkonto im Nebenbuch gebucht. Das Hauptbuchkonto wird automatisch mitgebucht. In gleicher Weise erfolgt die Buchung von Lieferantenrechnungen. Die Mitbuchkontentechnik wird auch im Rahmen der direkten Buchung der Konten der Finanzrechnung angewandt (vgl. Kap. A.8.7).

Offene–Posten–Buchhaltung:

Wesentlicher Bestandteil eines Finanzbuchhaltungssystems ist die Offene–Posten–Buchhaltung. Bei Buchung einer Eingangs- bzw. Ausgangsrechnung wird jeweils ein offener Posten angelegt. Bei der Buchung des Zahlungsausgangs bzw. Zahlungseingangs wird die Belegnummer des entsprechenden offenen Postens angegeben und der offene Posten wird ausgeglichen. Auf den Konten Forderungen aus L+L und Verbindlichkeiten aus L+L wird nicht gebucht. Sie sind so genannte Sammelkonten und nehmen die Buchungen auf den Personenkonten automatisch auf.

Beispiel:

Die kommunale Freizeitpark-GmbH erhält am 15. Januar von dem Lieferanten X-AG die folgende Rechnung, die die Belegnummer 101 erhält:

Menge	Bezeichnung	Einzelpreis	Gesamtpreis
200	Papierkörbe	175,00	3.500,00
		Rechnungspreis netto	3.500,00
		19 % Umsatzsteuer	665,00
		Rechnungspreis brutto	4.165,00

Die GmbH bezahlt die Rechnung am 20. Januar per Banküberweisung. Die Belegnummer des Kontoauszuges ist 102.

Buchungen:

101	*Vorräte*	*3.500*		
	Vorsteuer	*665*	*an X-AG (Kreditorenkonto)*	*4.165*
102	*X-AG (Kreditorenkonto)*	*4.165*	*an Bank*	*4.165*

Bei der Methode **„Dialogbuchen"** werden beide Buchungen sofort nacheinander erfasst und auf die entsprechenden Konten übertragen. Im Gegensatz dazu werden bei der **„Stapelbuchung"** die erfassten Daten zunächst nur als Text gespeichert und können ohne Stornierung noch korrigiert werden. Mit der Offenen–Posten–Buchhaltung lassen sich erfasster Zahlungsbetrag (Nr. 102) und offener Posten (Nr. 101) abgleichen.

Die Buchungserfassungsmasken der einzelnen Softwareanbieter sind unterschiedlich aufgebaut. Wie sie im Einzelnen bedient werden, soll hier nicht Gegenstand sein. Die Vorteile einer IT-gestützten zu einer konventionellen Buchhaltung zeigt die folgende Gegenüberstellung:[39]

	Manuelle Buchhaltung	IT-gestützte Buchhaltung
Datenerfassung	Belege sammeln Belege vorkontieren	Belege sammeln Belege vorkontieren manuelle Dateneingabe
Datenverarbeitung	manuelle Grund- und Hauptbucheintragungen manuelle Ermittlung von Kontensalden manuelle Erstellung der Abschlussübersicht manuelle Erstellung des Jahresabschlusses	automatische Erstellung von Grund- und Hauptbuch automatische Ermittlung von Kontensalden automatische Erstellung der Abschlussübersicht automatische Erstellung des Jahresabschlusses
Datenspeicherung	Aufbewahrung von Belegen Aufbewahrung von Büchern	Aufbewahren von Belegen Speicherung von Daten

[39] Mit Änderungen entnommen aus: NKF-Handreichungen 7. Aufl. 2016, S. 2710.

Zur Präzisierung der GoB im Rahmen der IT-Buchführung sind die „**Grundsätze zur ordnungsmäßigen Führung und Aufbewahrung von Büchern, Aufzeichnungen und Unterlagen in elektronischer Form sowie zum Datenzugriff (GoBD)** entwickelt worden. Diese Grundsätze beschreiben die Maßnahmen, die vom Buchführungspflichtigen umzusetzen sind. Sie sollen sicherzustellen, dass die Buchungen und sonstigen Aufzeichnungen vollständig, richtig, zeitgerecht und geordnet vorgenommen werden. Die Grundsätze sind im Rahmen des Abgaben- bzw. Steuerrechts bekannt gemacht worden (BMF-Schreiben vom 28.11.2019).

A.8.5 Organisation der Buchführung in Kommunen

Nach den jeweiligen Vorschriften für das öffentliche Rechnungswesen[40] sind bei der Organisation der Finanzbuchhaltung strenge Vorgaben zu beachten. So ist die Ausführung von Zahlungen (Zahlungsabwicklung) genau zu trennen von

- der Feststellung der sachlichen und rechnerischen Richtigkeit,
- der Anordnung der Zahlungen,
- der Buchführung und
- der Rechnungsprüfung.

Die Buchführung (Geschäftsbuchführung) kann z.B. in einer Gemeinde dezentral in den Fachämtern oder zentral in der Kämmerei erfolgen, während die Zahlungsabwicklung im Regelfall durch die Gemeinde-, Kreis- oder Stadtkasse erfolgt. Es ist auch möglich, die Aufgaben durch eine Stelle außerhalb der eigenen Verwaltung oder durch Private wahrnehmen zu lassen.[41]

MERKE: Finanzbuchhaltung = Geschäftsbuchführung (Kämmerei) + Zahlungsabwicklung (Kasse)

Die wichtigsten Arbeitsschritte der gemeindlichen Geschäftsbuchführung sind:[42]

Die Arbeitsschritte der Geschäftsbuchführung	
Geschäftsvorfall ▼	z.B. Eingangsrechnungen, Ausgangsrechnungen, Banküberweisungen u.a.
Beleg ▼	Belege sammeln: Rechnung, Kontoauszug, Eigenbeleg.
Belegprüfung ▼	Prüfung z.B. auf sachliche, betragsmäßige und terminliche Richtigkeit.
Vorkontierung ▼	Konten festlegen und Beträge auf Konten aufteilen.
Nebenbucheintrag	Buchung auf den eingerichteten Personenkonten.

[40] Vgl. z.B. § 104 GO NRW, § 31 KomHVO NRW.

[41] Vgl. z.B. § 94 GO NRW.

[42] Vgl. NKF-Handreichungen 7. Aufl. 2016, S. 2658.

▼	
Grundbucheintrag ▼	Buchung der Geschäftsvorfälle in chronologischer Reihenfolge.
Hauptbucheintrag ▼	Buchung auf sachlich getrenntes Konto und Gegenkonto.
Vorbereitende Abschlussbuchungen ▼	Umbuchungen und Berichtigungen.
Abschlussbuchungen ▼	Ermittlung der Kontensalden und des Saldenübertrags.
Jahresabschluss ▼	Aufstellung der Bilanz, der Ergebnisrechnung und der Finanzrechnung.
Aufbewahrung der Geschäftsunterlagen	Aufbewahrung der Bücher, Belege und sonstiger Unterlagen.

Abbildung 16: Arbeitsschritte der Geschäftsbuchführung

Das Buchführungsverfahren bzw. die Arbeitsschritte der Geschäftsbuchführung einer Gebietskörperschaft sind auf die Erfassung der Geschäftsvorfälle entsprechend der Ausführung des Haushaltes ausgerichtet. Nach Ablauf des Haushaltsjahres soll dadurch der Jahresabschluss ermöglicht und ein Nachweis über die wirtschaftliche Leistungsfähigkeit der Gebietskörperschaft gewährleistet werden. Die Erledigung dieser Aufgaben erfordert nicht nur fachliche Kenntnisse, sondern auch sachgerechte Abläufe in der Finanzbuchhaltung, unabhängig davon, ob ein Geschäftsvorfall in Papierform oder in elektronischer Form abzuwickeln ist.

Innerhalb der Finanzbuchhaltung bieten sich deshalb eine Hauptbuchhaltung und gesonderte fachbezogene Nebenbuchhaltungen an. Als besondere Bereiche der Buchhaltung können eine Kreditorenbuchhaltung (für die Gläubiger), eine Debitorenbuchhaltung (für die Schuldner) und eine Anlagenbuchhaltung (für das Vermögen) eingerichtet werden. Die Ausgestaltung der Geschäftsbuchführung und die einzelnen Arbeitsschritte für die Erledigung sind in eigener Verantwortung und unter Berücksichtigung der jeweiligen Erfordernisse vorzunehmen. Angesichts der Komplexität der Buchungen innerhalb der Anlagenbuchhaltung sollte diese zentral erledigt werden.

A.8.6 Exkurs: Die sachliche Abgrenzungsrechnung

Die wichtigsten Teilgebiete des betrieblichen Rechnungswesens sind die Finanzbuchhaltung und die Kosten- und Leistungsrechnung.

Die **Finanzbuchhaltung**, die sich auf alle unternehmerischen Tätigkeiten bezieht, also **unternehmensbezogen** ist, erfasst alle Vorgänge, die zu Veränderungen der Vermögens- und Schuldenposten führen und weist durch Gegenüberstellung aller Aufwendungen und Erträge den Gesamterfolg aus. Die Finanzbuchhaltung bildet u.a. im Industriekontenrahmen, Verwaltungskontenrahmen und im NKF-Kontenrahmen mit den Kontenklassen 0 bis 8 den **Rechnungskreis I**. Es werden alle Aufwendungen und Erträge einer Abrechnungsperiode ohne Rücksicht darauf, ob sie **betriebsbedingt** oder **neutral** (betriebsfremd, periodenfremd, außergewöhnlich) sind, erfasst. Im Anschluss wird im Jahresabschluss das Gesamtergebnis ermittelt.

Die **Kosten- und Leistungsrechnung** erfasst die betriebstypischen Geschäftsvorfälle, die sich aus dem eigentlichen **betrieblichen Zweck** eines Unternehmens ergeben. Vorgänge, die mit der Erfüllung des eigentlichen Betriebszwecks nicht unmittelbar etwas zu tun haben (z.B. Spenden an politische Parteien), dürfen nicht in der Kosten- und Leistungsrechnung erfasst werden. Durch Gegenüberstellung der Kosten mit den Leistungen wird das Betriebsergebnis ausgewiesen. Im IKR, VKR und im NKF-Kontenrahmen bildet die Kosten- und Leistungsrechnung mit der Kontenklasse 9 den **Rechnungskreis II**.

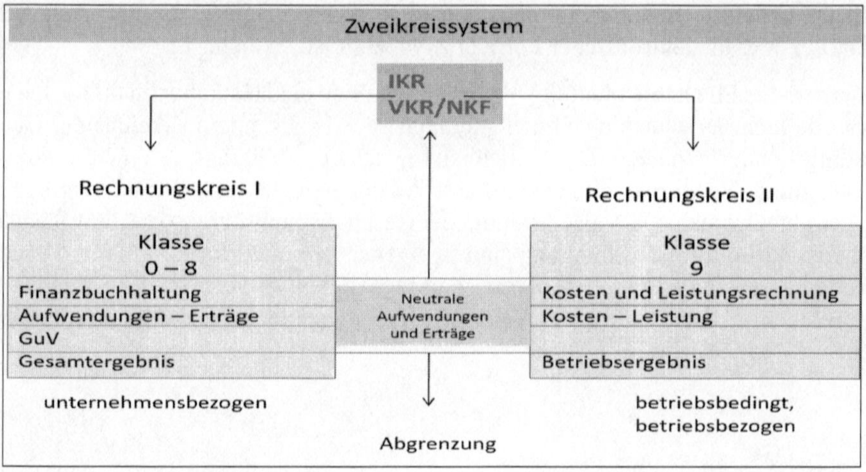

Abbildung 17: Zweikreissystem

MERKE: Die **Finanzbuchhaltung** (Rechnungskreis I) erfasst den gesamten Wertzufluss einer Abrechnungsperiode als Ertrag und den gesamten Wertverzehr als Aufwand. Die Differenz zwischen Ertrag und Aufwand ergibt das Gesamtergebnis. Die **Kosten- und Leistungsrechnung** ermittelt den Wertzufluss aus der betrieblichen Tätigkeit als Leistung und den betrieblichen Wertverzehr als Kosten. Die Differenz zwischen Leistungen und Kosten ergibt das Betriebsergebnis. Der Gesamterfolg setzt sich aus dem betriebsbedingten und dem neutralen Erfolg zusammen.

Die **Abgrenzungsrechnung** hat die Aufgabe, aus den in der Finanzbuchhaltung des Rechnungskreises I erfassten gesamten Aufwendungen und Erträge die neutralen herauszurechnen, um für die Betriebsergebnisrechnung nur die betrieblichen Aufwendungen (Grundkosten) als Kosten und die betrieblichen Erträge als Leistungen zu erhalten.

MERKE: Die Trennung in **Kosten** und **Leistungen** (Erlöse) sowie neutrale Aufwendungen und Erträge ist aus zwei Gründen notwendig:
Zur Ermittlung der Herstellkosten, der Selbstkosten, der Angebotspreise oder Benutzungsgebühren dürfen nur Kosten, also betriebsbedingte Aufwendungen einer Periode herangezogen werden.
Die Beurteilung des wirtschaftlichen Erfolgs ist nur aussagefähig, wenn die betrieblich bedingten und die nicht betrieblich bedingten Erfolgsteile getrennt werden können.

Die neutralen Aufwendungen und Erträge, die das Betriebsergebnis nicht beeinflussen und nicht in die Kostenrechnung eingehen dürfen, werden wie folgt unterschieden:

- **Betriebsfremde Aufwendungen und Erträge:** Sie stehen nicht mit dem Betriebszweck in Zusammenhang. Beispiele für betriebsfremde Aufwendungen sind Aufwendungen für vermietete Gebäude, Abschreibungen auf Finanzanlagen, Aufwendungen aus Beteiligungen, Körperschaftsteuer, Zinsaufwendungen. Beispiele für betriebsfremde Erträge sind Mieterträge aus Wohnungen in Betriebsgebäuden, Zinserträge, Erträge aus Finanzanlagen wie Aktien oder Beteiligungen, Diskonterträge.
- **Periodenfremde Aufwendungen und Erträge:** Die Buchung erfolgt nicht in dem Jahr, in dem der Erfolg wirtschaftlich erzielt wurde (z.B. Gehaltsnachzahlungen, Steuererstattungen aus Vorjahren).
- **Außergewöhnliche (außerordentliche) Aufwendungen und Erträge:** Sie stehen zwar mit dem Betriebszweck in Zusammenhang, sind jedoch außergewöhnlich hoch oder außergewöhnlich bedeutend, so dass sie die betriebliche Kosten- und Leistungsstruktur nicht beeinflussen sollen (z.B. Verluste durch Brandschäden oder Diebstahl, Erträge aus Versicherungsleistungen). Aufwendungen und Erträge fallen somit außerhalb der gewöhnlichen Geschäftstätigkeit an.

Die folgende Abbildung veranschaulicht den Zusammenhang der betrieblichen und neutralen Aufwendungen und Erträge:

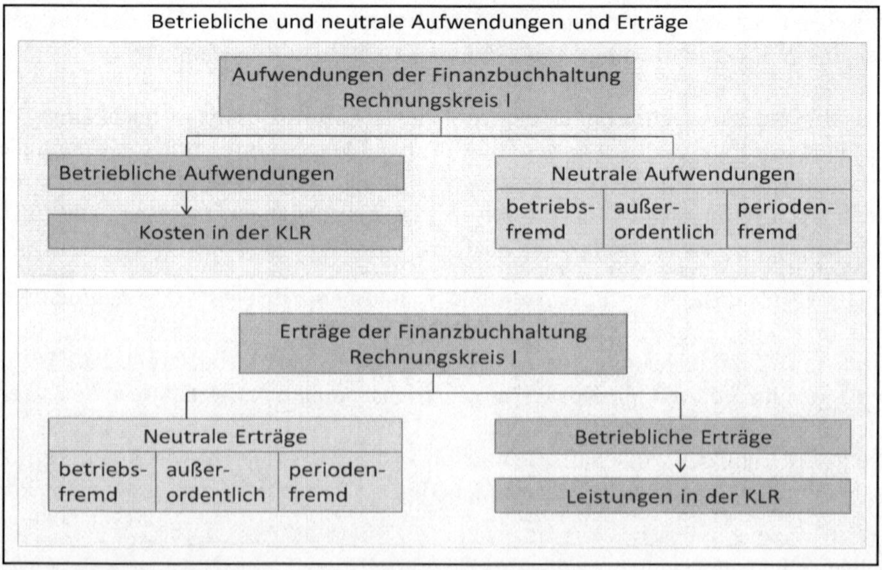

Abbildung 18: Betriebliche und neutrale Aufwendungen und Erträge

Die Abgrenzungsrechnung:

Unternehmensbezogene Abgrenzungen (1. Stufe der Abgrenzung): In der Abgrenzungsrechnung werden die neutralen Aufwendungen und Erträge aus den gesamten Aufwendungen und Erträgen der Finanzbuchhaltung (Rechnungskreis I) herausgerechnet, damit sie in der KLR (Rechnungskreis II) unberücksichtigt bleiben. Neutrales Ergebnis und Betriebsergebnis lassen sich dann im Rechnungskreis II getrennt ausweisen. Beide Ergebnisse ergeben in der Summe das Gesamtergebnis, welches mit dem Gesamtergebnis des Rechnungskreises I übereinstimmen muss.

Kosten- und leistungsrechnerische Korrekturen (2. Stufe der Abgrenzung): In der Finanzbuchhaltung gibt es bestimmte Aufwendungen, die zwar betriebsbezogen sind, die sich aber in ihrer Höhe oder Berechnungsmethode von der Kosten- und Leistungsrechnung unterscheiden. Diese Aufwendungen müssen kostenrechnerisch korrigiert werden. Diese Korrektur geschieht in der nächsten Stufe der Abgrenzungsrechnung, den „kostenrechnerischen Korrekturen". Zu den korrekturbedürftigen Aufwendungen der Finanzbuchhaltung zählen insbesondere die Abschreibungen auf Sachanlagen. So hängt die Höhe der Abschreibungen auf Sachanlagen in der Finanzbuchhaltung oft von steuerlichen Regelungen ab. In der Kosten- und Leistungsrechnung sollten die Abschreibungsbeträge jedoch die tatsächliche Wertminderung der Anlagen berücksichtigen. Zur Substanzerhaltung sollte zudem in der Kostenrechnung eine Abschreibung von sog. Wiederbeschaffungszeitwerten erfolgen. In der KLR werden daher statt der bilanziellen Abschreibungen die kalkulatorischen Abschreibungen berücksichtigt. Eine Korrektur erfolgt auch bei den Zinsaufwendungen. In der KLR werden nur kalkulatorische Zinsen berücksichtigt.

In diesem Zusammenhang werden nochmals die Begriffe Grundkosten, Anderskosten und Zusatzkosten gegenübergestellt (vgl. Kap. A.1.2):

Grundkosten sind die betrieblichen Aufwendungen der Finanzbuchhaltung, die identisch sind mit den Kosten der KLR.

Anderskosten sind Kosten, denen auch ein Aufwand in der Finanzbuchhaltung gegenübersteht, die aber in der KLR in anderer Höhe erfasst werden. Hierzu zählen die kalkulatorischen Abschreibungen auf das Anlagevermögen und die kalkulatorischen Wagnisse.

Den **Zusatzkosten** stehen in der Finanzbuchhaltung keine Aufwendungen gegenüber. Sie stellen jedoch einen leistungsbedingten Wertverzehr dar und sind deshalb in der KLR zu berücksichtigen. Zu den Zusatzkosten gehören der kalkulatorische Unternehmerlohn bei Einzelunternehmungen und Personengesellschaften, die kalkulatorischen Eigenkapitalzinsen und die kalkulatorische Miete.

Kalkulatorische Kosten	
Anderskosten	Zusatzkosten
• kalkulatorische Abschreibungen • kalkulatorische Wagnisse	• kalkulatorische Eigenkapitalzinsen • kalkulatorischer Unternehmerlohn • kalkulatorische Miete

Abbildung 19: Kalkulatorische Kosten

Die kostenrechnerischen Korrekturen haben zwar Einfluss auf das Betriebsergebnis und das neutrale Ergebnis, aber nicht auf das Gesamtergebnis. Die Aufwendungen der Finanzbuchhaltung, die zwar betrieblich sind, jedoch mit anderen Werten in der KLR angesetzt werden, sind in die Spalte „betriebliche Aufwendungen lt. Finanzbuchhaltung“ einzutragen (z.B. bilanzielle Abschreibungen); die Spalte „verrechnete Kosten lt. Kosten- und Leistungsrechnung“ beinhaltet die korrigierten Werte (z.B. kalkulatorische Abschreibungen nach Wiederbeschaffungszeitwert). Diese anderen Werte werden auch in die nächste Spalte „Kosten“ übernommen. Die Ergebnisse der Korrekturen werden in der letzten Zeile berechnet.

Die Abgrenzungsrechnung kann buchhalterisch über die Kontenklasse 9 oder tabellarisch durchgeführt werden. In der Praxis hat sich die tabellarische Form durchgesetzt, für die eine Ergebnistabelle nach folgendem Grundaufbau verwendet wird:

Rechnungskreis I		Rechnungskreis II					
Erfolgsbereich		Abgrenzungsbereich				Kosten- und Leistungsbereich	
Finanzbuchhaltung NKF-Klasse 4, 5		unternehmens-bezogene Abgrenzungen		kostenrechnerische Korrekturen		Betriebsergebnis-rechnung (KLR-Rechnung)	
Aufwendungen	Erträge	neutrale Aufwendungen	neutrale Erträge	betriebl. Aufwendungen lt. FB	verrechnete Kosten lt. KLR	Kosten	Leistungen
Gesamtergebnis	=	Ergebnis aus unternehmensbezogenen Abgrenzungen	+	Ergebnis aus kostenrechnerischer Korrekturen	+	Betriebsergebnis	

Abbildung 20: Aufbau Abgrenzungsrechnung

Beispiel:[43]

Die Ergebnisrechnung der Gemeinde B weist folgende Werte aus:

Soll (€)		**Ergebnisrechnungskonto (ERK)**			Haben (€)
5000	Personalaufwand	1.920.000	4000	Steuern	3.000.000
5250	Aufwendungen für Gebäude	108.000	4300	Gebühren	640.000
5280	sonstiger Sachaufwand	920.000	4410	Miete/Pacht	50.000
5510	Zinsaufwand	68.000	4540	Bußgelder	88.000
5700	Abschreibungen	600.000	4610	Zinserträge	34.600
5900	außerord. Aufw.	202.000			

Die Personalaufwendungen enthalten Nachzahlungen für die Vorjahre in Höhe von 59.000 €. Bei den sonstigen Sachaufwendungen sind 20.000 € für Reparaturen an Fahrzeugen auszusondern, da die Reparaturen im Vorjahr durchgeführt wurden. Die kalkulatorischen Abschreibungen betragen 840.000 €, die kalkulatorischen Zinsen 94.000 €. Von den Aufwendungen für Gebäude sind 24.000 € für die Instandhaltung der frei vermieteten Wohnungen verwendet worden. Bei den Miet- und Pachterträgen handelt es sich um frei vermietete Wohnungen.

[43] In Anlehnung an: Düngen/Zeiler, Rechnungswesen in der öffentlichen Verwaltung, 6. Aufl. 2019, S. 192.

Lösungsmuster Abgrenzungsrechnung (Beträge in Tausend €):

		Ergebnisrechnung der Fibu		**neutrales Ergebnis**		**kostenrechnerische Korrekturen**		**KLR-Rechnung Betriebsergebnis**	
Kto. Nr.	Kontenbezeichnung	Aufwendungen	Erträge	neutrale Aufwendungen	neutrale Erträge	betriebliche Aufwendungen	verrechnete Kosten	Kosten	Leistungen
4000	Steuern		3.000,0						3.000,0
4300	Gebühren		640,0						640,0
4410	Miete/Pacht		50,0		50,0				
4540	Bußgelder		88,0						88,0
4610	Zinserträge		34,6		34,6				
5000	Personalkosten	1.920,0		59,0				1861,0	
5250	Aufwand für Gebäude	108,0		24,0				84,0	
5280	sonstiger Sachaufw.	920,0		20,0				900,0	
5510	Zinsen	68,0				68	94	94,0	
5700	Abschreibungen	600,0				600	840	840,0	
5900	außerord. Aufwand	202,0		202,0					
	Summen	3.818,0	3.812,6	305,0	84,6	668	934	3779,0	3.728,0
	Salden		5,4		220,4	266			51,0

Probe: Gesamtergebnis (– 5.400) = neutrales Ergebnis (– 220.400) + Ergebnis aus kostenrechnerischen Korrekturen (+ 266.000) + Betriebsergebnis (– 51.000).

Der Ausweis der Aufwendungen und Erträge in der Gewinn- und Verlustrechnung

Das GuV-Konto muss nach den Vorschriften des HGB (§§ 275 und 277) in eine Gewinn- und Verlustrechnung nach der Staffelform umgewandelt werden. Dort werden die Aufwendungen und Erträge nicht so weit untergliedert, wie dies für das betriebliche Rechnungswesen erforderlich ist.

Die GuV-Gliederung nach dem HGB unterscheidet **nicht** zwischen Aufwendungen und Erträgen, die der gewöhnlichen oder außergewöhnlichen Geschäftstätigkeit zuzurechnen sind. Insofern gehören auch die neutralen Aufwendungen und Erträge zur Geschäftstätigkeit, d.h. betriebsfremde, periodenfremde sowie außerordentliche Vorgänge. In der kommunalen Ergebnisrechnung werden lediglich außerordentliche Aufwendungen und Erträge getrennt ausgewiesen.

Da sowohl die handelsrechtliche Gewinn- und Verlustrechnung als auch die staatliche und kommunale Erfolgsrechnung nicht zwischen Betriebs- und neutralem Ergebnis unterscheiden, verlieren sie sehr an Informationsgehalt. Selbst wenn für die GuV-Rechnung bzw. Erfolgsrechnung ein solchermaßen aggregierter Ausweis ausreichend ist, bleibt es für betriebsinterne Planungs- und Kontrollzwecke unerlässlich, die neutralen von den betriebsbedingten Aufwendungen und Erträgen kontenmäßig zu trennen.

MERKE: Die **Abgrenzungsrechnung** wird außerhalb der Finanzbuchhaltung tabellarisch in zwei Schritten durchgeführt:

1. In der **unternehmensbezogenen Abgrenzung** werden aus den gesamten Aufwendungen und Erträgen der FiBu die neutralen Aufwendungen und Erträge herausgefiltert und zum „Ergebnis aus unternehmensbezogenen Abgrenzungen“ zusammengeführt.
2. In der **kostenrechnerischen Korrektur** werden die korrekturbedürftigen betrieblichen Aufwendungen der FiBu (z.B. bilanzmäßige Abschreibungen, Zinsaufwendungen) von der Kostenrechnung ferngehalten. Ihnen sind kalkulatorische Kosten aus der Kostenrechnung gegenüberzustellen. Aus den korrekturbedürftigen betrieblichen Aufwendungen und den verrechneten Kosten wird das „Ergebnis aus kostenrechnerischen Korrekturen“ errechnet.

A.8.7 Zweiteiliges und dreiteiliges Rechnungssystem

Die kaufmännische Buchhaltung existiert in zwei grundsätzlichen Ausprägungen:

(1) Die **einfache** Buchhaltung kennt nur Bestandskonten, also Vermögens-, Schulden- und (Eigen-)Kapitalkonten, auf denen die anfallenden Geschäftsvorgänge nach chronologischen und sachlichen Gesichtspunkten gebucht werden. Der Reingewinn eines Geschäftsjahres wird durch einen einfachen Vermögensvergleich ermittelt:

	Neues Reinvermögen (Eigenkapital)
-	altes Reinvermögen (Eigenkapital)
+	(Kapital-)Entnahmen während des Geschäftsjahres
-	zusätzliche (Kapital-)Einlagen während des Geschäftsjahres
=	**Reingewinn**

Die einfache Buchführung ist die Mindestbuchhaltung des Einzelhandels und des Handwerks.

(2) Die **doppelte** Buchhaltung (Doppik) kennt nicht nur Bestandskonten, sondern auch eigenständige Erfolgskonten (und in der erweiterten Version auch Finanzkonten). Das Grundprinzip dieses Buchhaltungssystems, das in der Praxis insbesondere von Mittel- und Großbetrieben verwendet wird, besteht darin, dass jeder Geschäftsvorgang stets auf mindestens zwei verschiedenen Konten, also doppelt gebucht wird. Im einfachsten Fall werden nur zwei Konten berührt.

Der grundlegende Buchungssatz lautet dabei: **Soll an Haben**,

d.h. die Buchung erfolgt bei dem einen Konto auf der Sollseite (= linke Seite), bei dem anderen Konto dagegen auf der Habenseite (= rechte Seite). Dieses Grundprinzip gilt aber auch, wenn mehr als zwei Konten angesprochen werden. Es findet seinen allgemeinen Ausdruck in dem für das System der Doppik so charakteristischen Grundsatz, dass ohne Rücksicht auf die Zahl der berührten Konten die Summe der Sollbuchungen immer gleich der Summe der Habenbuchungen sein muss.

Die Buchung der Geschäftsvorfälle erfolgt auf Konten (= zweiseitig geführte Rechnungen, auf denen die Wertbewegungen registriert werden). Dabei lassen sich im System der Doppik prinzipiell drei Gruppen von Grundkonten, die jeweils wieder in zwei Teilkontenarten zerfallen, unterscheiden, wobei die Erfolgskonten Unterkonten des Kontos „Eigenkapital“ und die Finanzkonten Unterkonten des Kontos „**Liquide Mittel**“ (Bank, Kasse) sind:

- Bilanzkonten (Vermögens- und Kapital-/Schuldenkonten), auf denen Bestände und deren Änderungen gebucht werden;
- Erfolgskonten (Aufwands- und Ertragskonten), auf denen erfolgswirksame Vorgänge gebucht werden;
- Finanzkonten (Einzahlungs- und Auszahlungskonten), auf denen liquiditätswirksame (Zahlungs-) Vorgänge gebucht werden.

Geschäftsvorfälle, die einen Buchungsvorgang auslösen, können prinzipiell entweder erfolgswirksam oder erfolgsunwirksam sein und in einer weiteren Differenzierung noch liquiditätswirksam oder liquiditätsunwirksam sein.

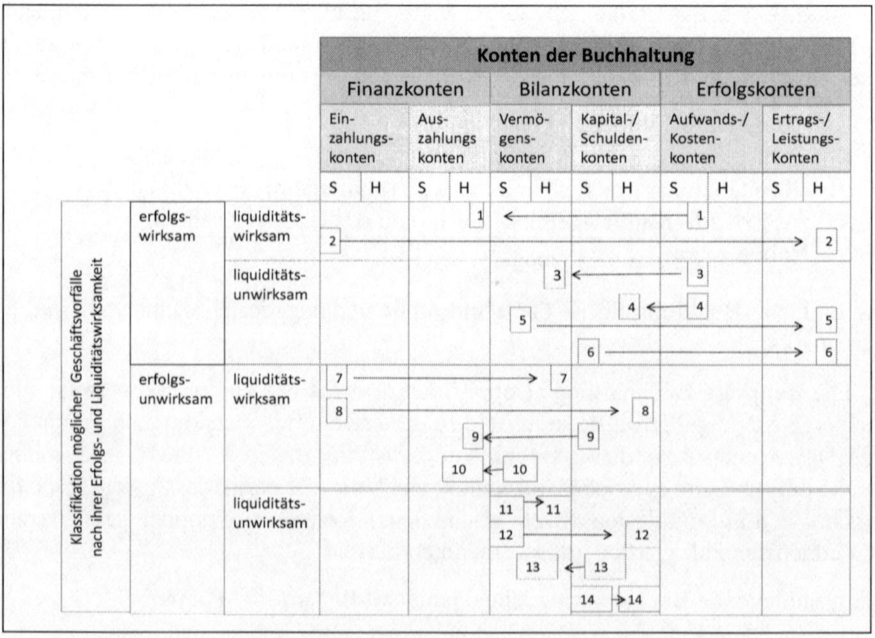

Abbildung 21: Vierzehn verschiedene Arten von Buchungssätzen

Wie die obige Abbildung zeigt, ergeben sich prinzipiell vierzehn verschiedene Arten von Buchungssätzen (für jeden der Buchungssätze ist als Beispiel ein passender Geschäftsvorfall konstruiert worden):

- Zahlung von Löhnen (1)
- Einzahlungen aus Zinserträgen (2)
- Abschreibungen auf Anlagen (3)
- Bildung von Pensionsrückstellungen (4)
- Verkauf von Absatzleistungen auf Ziel (5)
- Auflösung einer nicht beanspruchten Prozessrückstellung (6)
- Einzahlungen aus Zielverkäufen (7)
- Darlehensaufnahme (8)
- Zahlung von Lieferantenrechnungen (9)
- Rohstoffeinkauf gegen Barzahlung (10)
- Forderungsumschichtung (11)
- Kauf eines Fahrzeuges auf Ziel (12)
- Schuldentilgung durch Forderungsaufrechnung (13)
- kurzfristige Schulden werden in langfristige Darlehen umgewandelt (14)

Am Ende einer Periode werden Bilanz-, Finanz- und Erfolgskonten zusammengefasst und ihre Salden in die jeweiligen Abschlussrechnungen (Bilanz, Finanz- und Erfolgsrechnung) übertragen. Erfolgs- und Liquiditätssalden treten jeweils zweifach auf, und zwar ergibt sich der Erfolgssaldo sowohl als Saldo der Bilanz als auch der Erfolgsrechnung und der Liquiditätssaldo sowohl als Saldo der Bilanz als auch der Finanzrechnung.

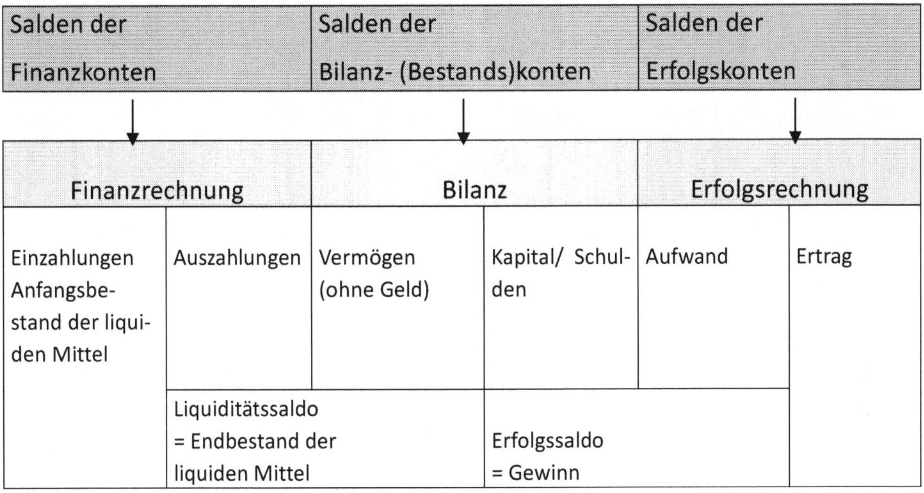

Abbildung 22: 3-Komponenten-System

In der Praxis ist das hier in Grundzügen geschilderte **dreiteilige Rechnungssystem** (bislang) in Unternehmen nicht gebräuchlich. Man beschränkt sich hier auf zwei Kontengruppen (Bilanz und Erfolgskonten) und erhält damit als Abschlussrechnung auch keine systematisch mit der Bilanz- und Erfolgsrechnung verzahnte Finanzrechnung. Liquiditätswirksame Geschäftsvorgänge werden also undifferenziert auf ein Bank- oder Kassenkonto gebucht und nicht wie im dreiteiligen System gegliedert nach Zahlungsarten auf eigenständige Finanzkonten. In der **kommunalen Doppik** ist eine **integrierte Finanzrechnung** vorgesehen:

Die traditionellen Konten Bank und Kasse fallen bei dieser Integration der Finanzrechnung in das System der doppelten Buchführung nicht weg. Sie werden statistisch mitgeführt. Dies hat folgende Konsequenzen für die Buchung zahlungswirksamer Vorgänge:

- An die Stelle der Finanzmittelkonten Bank und Kasse treten z.B. im NKF-Kontenrahmen die Finanzrechnungskonten der Kontenklassen 6 und 7. Die Finanzrechnungskonten haben - wie die Erfolgskonten - keine Anfangsbestände. Einzahlungen stehen im Soll, Auszahlungen stehen im Haben.
- Die Finanzmittelkonten Bank und Kasse werden „statistisch“ mitgeführt. Der Buchungssatz wird durch eine „statistische Kontierung“ ergänzt.
- Beim Abschluss der Finanzrechnung ersetzt das Konto „Liquide Mittel“ das Bank- und Kassenkonto.

Beispiel 1:[44]

Der Mieter einer städtischen Wohnung überweist die Monatsmiete von 850 €.

a) **Buchung ohne Finanzrechungskonto**:

S 1810 Bank H

Soll		Haben	
4410	850 €		

S 4410 Mieterträge H

Soll		Haben	
		1810	850 €

b) **Buchung mit Finanzrechnungskonto** „Mieteinzahlungen":

S 6410 Mieteinzahlungen H

Soll		Haben	
4410	850 €		

S 4410 Mieterträge H

Soll		Haben	
		1810	850 €

Statistische Mitbuchung des Finanzmittelkontos „1810 Bank"

Buchungssatz

6410 Mieteinzahlungen	*850*	
mit statistischer Kontierung 1810 Bank	*850*	
an 4410 Miet- und Pachterträge		*850*

Beispiel 2:

Ein neues Fahrzeug wird geliefert. Die Rechnung in Höhe von 30.000 € wird bei Ablauf der Zahlungsfrist durch Banküberweisung beglichen.

a) Buchung bei Rechnungseingang

b) Buchung auf Finanzrechnungskonto bei Zahlung

S 0730 Fahrzeuge H

Soll		Haben	
a.) *3500*	30.000 €		

S 3500 Verb. L+L H

Soll		Haben	
b.) *7800*	30.000 €	a.) *0730*	30.000 €

S 7800 Auszahlung für VG H

Soll		Haben	
		b.) *3500*	30.000 €

[44] Beispiele, Buchungen und Kontenabschluss in Anlehnung an Düngen/Zeiler, Rechnungswesen in der öffentlichen Verwaltung, 6. Aufl. 2019, S. 137.

Buchung bei Rechnungseingang:

0730 Fahrzeuge	*30.000*	
an 3500 Verbindlichkeiten LuL		*30.000*

Buchung bei Zahlung:

Habenbuchung auf dem Finanzmittelkonto „1810 Bank" als statistische Mitbuchung

3500 Verbindlichkeiten LuL	*30.000*	
an 7800 Auszahlungen für Vermögensgegenstände		*30.000*
mit statistischer Kontierung 1810 Bank		*30.000*

MERKE: Die direkte Buchung der Konten der **Finanzrechnung** bedeutet alternativ: Die Finanzkonten werden als Hauptbuch und die Bestandskonten für „Liquide Mittel" (Bank, Kasse) als Nebenbuchhaltung geführt oder die Bestandskonten für Liquide Mittel werden als Hauptbuch und die Finanzkonten als Nebenbuchhaltung geführt. In der Praxis wird die Entscheidung zwischen beiden Alternativen zumeist durch die IT-Software bestimmt.

Abschluss der Finanzrechnungskonten:

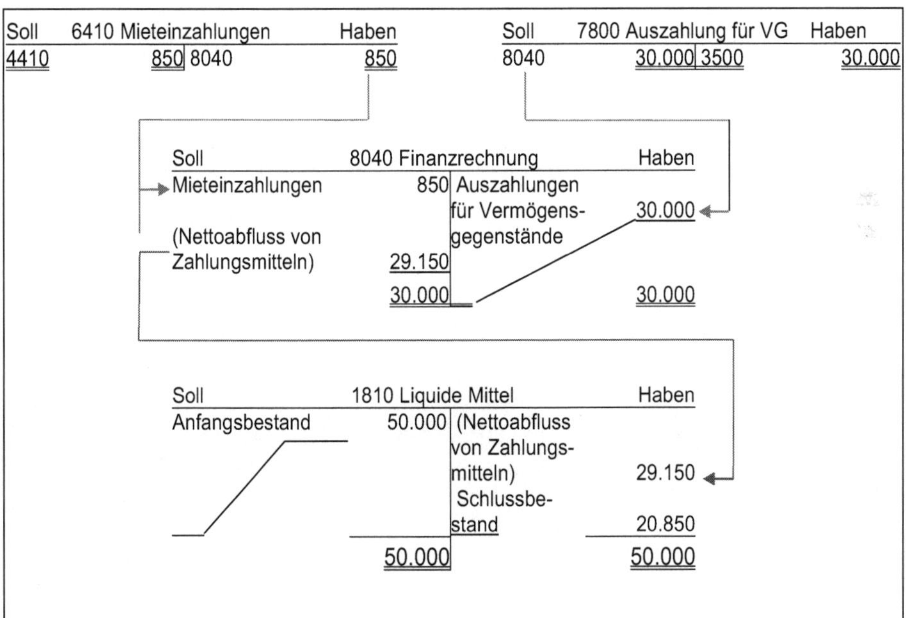

A.9 Vorbereitende Jahresabschlussbuchungen

A.9.1 Rechnungsabgrenzung

Die "Rechnungsabgrenzung" dient der periodenrichtigen Zuordnung der Erfolgsvorgänge auf das abzuschließende Geschäftsjahr oder wie § 252 Nr. 5 HGB vorschreibt: „Aufwendungen und Erträge des Geschäftsjahres sind unabhängig von den Zeitpunkten der entsprechenden Zahlungen im Jahresabschluss zu berücksichtigen."

Verschiedene erfolgswirksame Geschäftsvorfälle können in das nächste Rechnungsjahr hineinreichen. Es muss sich dabei um kalendermäßig eindeutig festgelegte oder rechnerisch bestimmbare zeitraumbezogene Sachverhalte handeln, z.B. wenn Versicherungen, Zinsen, Pacht, Miete, Leasingraten, Beiträge oder Kfz-Steuern von einem bestimmten Monat des laufenden Jahres bis zu einem bestimmten Monat des Folgejahres bezahlt werden. Diese jahresübergreifenden Erfolgsvorgänge müssen genau getrennt werden

- in den Anteil des Erfolgs, der das laufende Jahr betrifft und
- in den anderen Erfolgsteil, der sich auf das nächste Jahr bezieht.

Bei der Rechnungsabgrenzung sind zwei grundsätzliche Sachverhalte zu unterscheiden:

(1) Zahlungen, die im alten Jahr erfolgten, aber Aufwendungen bzw. Erträge im neuen Jahr darstellen (sog. transitorische Vorgänge).
(2) Zahlungen, die erst im neuen Jahr erfolgen, die Aufwendungen bzw. Erträge sind jedoch im alten Jahr verursacht (sog. antizipative Vorgänge).

Sachverhalt (1) wird als transitorische Rechnungsabgrenzung bezeichnet. Die Aufwendungen oder Erträge, die abgegrenzt werden, gehören wirtschaftlich ins neue Jahr. Sachverhalt (2) wird als antizipative Rechnungsabgrenzung bezeichnet. Die Aufwendungen oder Erträge, die abgegrenzt werden, gehören wirtschaftlich ins alte Jahr, auch wenn die Zahlung erst im neuen Jahr erfolgt.

Transitorische Rechnungsabgrenzung

§ 250 HGB[45] schreibt für Aufwendungen und Erträge des Folgejahres, die im abzuschließenden Geschäftsjahr **im Voraus** beglichen werden, eine Erfassung als aktive bzw. passive Rechnungsabgrenzung vor.

Erfolgt die Zahlung für einen Vorgang, der erst im Folgejahr erfolgswirksam wird (z.B. Steuervorauszahlung für Kfz), bereits im alten Jahr, dann darf die Erfolgsbuchung erst im nächsten Jahr erfolgen. Da die Zahlung aber im alten Jahr stattfindet,

---

[45] Im NKF vgl. § 43 KomHVO NRW.

kann als Gegenkonto zur Zahlung kein Erfolgskonto gebucht werden. Als Gegenkonto kommt damit nur ein Bestandskonto (Rechnungsabgrenzungsposten - RAP) in Betracht, um eine erfolgsneutrale Übernahme des Vorgangs ins neue Jahr zu erreichen. Im neuen Jahr muss der Rechnungsabgrenzungsposten dann erfolgswirksam aufgelöst werden. Die Rechnungsabgrenzung muss spätestens zum Jahresabschluss durchgeführt werden, wenn vorher bereits für den gesamten Zeitraum eine erfolgswirksame Buchung erfolgte. Alternativ kann auch bereits zum Zeitpunkt der Zahlung eine Rechnungsabgrenzungsbuchung erfolgen. **Aufwendungen**, die im Voraus gezahlt werden, sind über das Konto **„Aktive Rechnungsabgrenzung"** zu buchen.

MERKE: Transitorisches Aktivum = Aktive Rechnungsabgrenzung

Beispiel:

Die Kfz-Versicherung (3000,- €) wurde am 1.9. des alten Jahres für ein Jahr im Voraus gezahlt. Auf das alte Jahr entfallen 4/12 = 1000,- €.

Buchungen:

1.9. bei Bezahlung:
Versicherungsaufwand 3000 an Bank 3000

31.12. bei Jahresabschluss:
Aktive Rechnungsabgrenzung (RAP) 2000 an Versicherungsaufwand 2000

oder bei gleichzeitiger Abgrenzung der Aufwendungen am 1.9.:

Versicherungsaufwand 1000
+ Aktive RAP 2000 an Bank 3000

Im neuen Jahr wird das Konto „Akt. RAP" erfolgswirksam aufgelöst:

1.1: *Versicherungsaufwand 2000 an Aktive RAP 2000*

Erträge, die im Voraus an uns gezahlt wurden, sind über das Konto **„Passive Rechnungsabgrenzung"** zu buchen. Die Buchungen erfolgen analog, jedoch seitenverkehrt: Statt einer Ertragsbuchung im Haben des Ertragskontos bucht man im Haben des Bestandskontos „Passive RAP". Die Auflösung des Kontos „Passive RAP" im neuen Jahr erfolgt analog zum obigen Beispiel.

MERKE: Transitorisches Passivum = Passive Rechnungsabgrenzung

Beispiel:

Ein kommunales Fortbildungsinstitut erhält am 1.9.01 von einer Gemeinde das Entgelt in Höhe von 9000 € für einen Bilanzbuchhalter-Lehrgang im Voraus. Der Kurs beginnt am 1.10.01 und erstreckt sich dann ohne Unterbrechung über einen Zeitraum von 9 Monaten (Umsatzsteuer fällt nicht an).

Das Institut bucht **im Jahre 01**:

1.9.01 bei Bezahlung:
Bank *9000* *an* *Umsatzerlöse* *9000*

31.12.01 bei Jahresabschluss:
Umsatzerlöse *6000* *an* *Passive Rechnungsabgrenzung* *6000*

oder am 1.9.01 bei sofortiger Abgrenzung der Erträge:
Bank *9000* *an* *Umsatzerlöse* *3000*
+ Passive Rechnungsabgrenzung *6000*

Damit wird nur der Ertragsanteil des alten Jahres in die Gewinn- und Verlustrechnung übernommen. Durch die „Passive Rechnungsabgrenzung" werden die Ertragsanteile des neuen Jahres in die nächste Periode übertragen. Das Konto ist damit im neuen Jahr nach der Eröffnung wieder aufzulösen:

1.1.02:
Passive Rechnungsabgrenzung 6000 an *Umsatzerlöse* 6000

MERKE: Nach § 250 HGB sind als Rechnungsabgrenzungsposten auszuweisen: Auf der Aktivseite Ausgaben vor dem Abschluss-Stichtag, soweit sie Aufwand für eine kalendermäßig bestimmte Zeit nach diesem Tag darstellen: **Aktive Rechnungsabgrenzung (Akt. RAP).**

Auf der Passivseite Einnahmen vor dem Abschluss-Stichtag, soweit sie Ertrag für eine kalendermäßig bestimmte Zeit nach diesem Tag darstellen: **Passive Rechnungsabgrenzung (Pass. RAP).**

Direkte Rechnungsabgrenzung: Ausgaben/ Einnahmen des laufenden Geschäftsjahres, die Aufwendungen/ Erträge des nächsten Jahres betreffen, können bereits direkt bei Zahlung entsprechend zeitlich abgegrenzt werden. Dadurch erübrigt sich zum Jahresabschluss eine besondere Überprüfung aller Ausgaben/ Einnahmen auf ihre periodengerechte Abgrenzung.

Antizipative Rechnungsabgrenzung

Hat der Bilanzierende im laufenden Geschäftsjahr Erträge erwirtschaftet oder Aufwendungen verursacht, die erst im Folgejahr zu Einnahmen oder Ausgaben führen, so handelt es sich um keine Rechnungsabgrenzung im eigentlichen Sinne, sondern um eine Kreditierung von Zahlungsverpflichtungen. Diese „antizipativen Rechnungsabgrenzungen" sind zum Jahresabschluss auf den Konten

- **Sonstige Forderungen:** **bei Ertragsbuchungen**
- **Sonstige Verbindlichkeiten:** **bei Aufwandsbuchungen**

zu buchen. Sonstige Forderungen werden auch als „Antizipatives Aktivum" und Sonstige Verbindlichkeiten als „Antizipatives Passivum" bezeichnet.

Beispiele:

1.) Die Dezembermiete für die von uns gemieteten Geschäftsräume in Höhe von 1200 € wird erst am 3. Januar des neuen Jahres bezahlt.

Buchung im alten Jahr:

Mietaufwand	*an*	*Sonst. Verbindlichkeiten*	*1.200*

Buchung im neuen Jahr:

Sonstige Verbindlichkeiten	*an*	*Bank*	*1.200*

2.) Für die Zeit vom 1. November des laufenden Jahres bis zum 31. Januar des neuen Jahres stehen uns Zinserträge in Höhe von 3000 € für ein Festgeld zu, die nachträglich am 15. Februar unserem Bankkonto gutgeschrieben werden.

Buchung im alten Jahr:

Sonstige Forderungen	*an*	*Zinserträge*	*2.000*

Buchung im neuen Jahr:

Bank 3.000	*an*	*Zinserträge*	*1.000*
		+ Sonstige Forderungen	*2.000*

MERKE: Aufwendungen des alten Geschäftsjahres, die erst im neuen Geschäftsjahr gezahlt werden, sind auf dem Konto „Sonstige Verbindlichkeiten" zu buchen

im alten Geschäftsjahr Aufwandskonto an Sonstige Verbindlichkeiten	**im neuen Geschäftsjahr** Sonstige Verbindlichkeiten an Zahlungskonto (Kasse, Bank)

Erträge des alten Geschäftsjahres, die erst im neuen Geschäftsjahr eingehen, werden auf dem Konto „Sonstige Forderungen" gebucht.

im alten Geschäftsjahr Sonstige Forderungen an Ertragskonto	**Im neuen Geschäftsjahr** Zahlungskonto an Sonstige Forderungen

Sofern die abzugrenzenden Sachverhalte der Umsatzsteuer unterliegen (z.B. bei Wartungsverträgen), sind bei der Abgrenzung die entsprechenden Vor- oder Umsatzsteuerbuchungen zu berücksichtigen.

Disagio (Darlehensabgeld, Damnum)[46]

§ 250 Abs. 3 HGB regelt die aktive Abgrenzung eines Unterschiedsbetrages aus der Aufnahme von Verbindlichkeiten. Der Unterschiedsbetrag ergibt sich aus der Differenz zwischen dem Erfüllungsbetrag (Rückzahlungsbetrag) und dem niedrigeren Auszahlungsbetrag, der zur Verfügung steht. Diese Differenz bezeichnet man als Disagio (auch Darlehensabgeld, bei Hypothekenverbindlichkeiten auch als Damnum bezeichnet). Da Schulden in der Bilanz immer zum höheren Erfüllungsbetrag auszuweisen sind, ist das Disagio gesondert zu buchen.

Der Disagiobetrag darf im Jahr der Darlehensauszahlung sofort als Zinsaufwand gebucht werden. § 250 Abs. 3 HGB[47] erlaubt es aber auch, das Disagio als aktiven Rechnungsabgrenzungsposten auszuweisen und über das Konto „**Zinsähnliche Aufwendungen**" planmäßig – verteilt auf die Laufzeit der Verbindlichkeit - abzuschreiben. In § 250 HGB ist kein Passivierungswahlrecht für die passive Abgrenzung von Disagiobeträgen beim Kreditgeber geregelt. Eine analoge Anwendung von § 250 Abs. 3 HGB ist jedoch zulässig.

Beispiel:

Die Gemeinde A nimmt Anfang des Jahres ein Darlehen über 400.000 € auf, das in fünf jährlich gleichen Raten zum Jahresschluss zurückzuzahlen ist. Die Zinsen werden bei einem Zinssatz von 6 % nachträglich zum Jahresschluss gezahlt. Die Bank, die ein Disagio von 5 % berechnet, überweist der Gemeinde 380.000 €.

Darlehen (Rückzahlungsbetrag)	400.000 €
./ . 5 % Disagio	20.000 €
Auszahlungsbetrag	**380.000 €**

1. Buchung bei Darlehensaufnahme:

Bank	*380.000*	
+ Aktive Rechnungsabgrenzung (Disagio)	*20.000*	
an Langfristige Bankverbindlichkeiten		*400.000*

2. Verteilung bzw. Abschreibung des Disagios zum Abschluss-Stichtag:

Zinsähnliche Aufwendungen an Aktive Rechnungsabgrenzung 4.000

$$\frac{\text{Disagio}}{\text{Laufzeit des Darlehens}} = \frac{20.000}{5} = 4.000$$

3. Zinszahlung zum Jahresschluss:

Zinsaufwendungen an Bank 24.000

[46] Kreditbeschaffungskosten wie Abschluss- oder Bearbeitungsgebühren sind kein Disagio, da sie nur einmalig unabhängig von der Laufzeit der Verbindlichkeit anfallen. Sie sind als Aufwand zu buchen.

[47] Im NKF gilt nach § 43 Abs. 2 KomHVO NRW die gleiche Regelung; in der staatlichen Doppik besteht ein Aktivierungsgebot nach SsD Tz. 5.3.

4. Tilgung zum Jahresschluss:
Langfristige Bankverbindlichkeiten *an* *Bank* *80.000*

Zusammenfassung: Die zeitliche Abgrenzung der Aufwendungen und Erträge bezweckt eine periodengerechte Ermittlung des Jahreserfolgs. Man unterscheidet vier Fälle:

Geschäftsfall	Vorgang		Buchung zum 31. Dez.
	Im **alten** Jahr	Im **neuen** Jahr	
Von uns noch zu zahlender Aufwand	**Aufwand**	**Ausgabe**	Aufwandskonto an Sonstige Verbindlichkeiten
Noch zu vereinnahmender Ertrag	**Ertrag**	**Einnahme**	Sonstige Forderungen an Ertragskonto
Von uns im Voraus bezahlter Aufwand	**Ausgabe**	**Aufwand**	Aktive Rechnungsabgrenzung an Aufwandskonto
Im Voraus vereinnahmter Ertrag	**Einnahme**	**Ertrag**	Ertragskonto an Passive Rechnungsabgrenzung

Abbildung 23: Rechnungsabgrenzung

A.9.2 Rückstellungen

A.9.2.1 Das Wesen der Rückstellungen

Rückstellungen gemäß § 249 HGB sind fremdkapitalähnliche Posten auf der Passivseite der Bilanz. Sie haben die Aufgabe, Aufwendungen schon jetzt zu berücksichtigen, die in künftigen Perioden wahrscheinlich zu Auszahlungen führen, ihre Ursache jedoch in heute erbrachten Leistungen haben. Es sind also Aufwendungen zu berücksichtigen, die bezüglich ihrer Höhe und /oder Fälligkeit noch unklar sind. Damit stellt eine mögliche spätere Zahlung einen Verbrauch für heute genutzte Leistungen, somit einen Aufwand der laufenden Rechnungsperiode dar.

Die bedeutsamste Pflicht-Rückstellung im Öffentlichen Rechnungswesen ist die **Pensionsrückstellung**. Im Gegensatz zur gesetzlichen Rente, bei der die aktiv Beschäftigten die Rentner durch Umlage finanzieren, muss die Finanzierung der Pensionszahlungen aus der jährlichen Rückstellungsbildung erfolgen. Alle Beamten erwerben im Laufe ihrer Dienstjahre einen steigenden Anspruch auf Pensionszahlungen und anderer Versorgungsleistungen (z.B. Beihilfen) gegenüber ihrem Dienstherrn. Nach dem Grundsatz der intergenerativen Gerechtigkeit hat die Gebietskörperschaft in der aktiven Beschäftigungszeit der Beamten den Aufwand für die zukünftigen Pensionszahlungen zu buchen und der Pensionsrückstellung zuführen.

Die zukünftigen Ansprüche der Pensionäre müssen dabei wertmäßig für das zu bilanzierende Geschäftsjahr festgestellt werden. Dies geschieht versicherungsmathematisch i.d.R. nach dem **Teilwertverfahren** (vgl. z.B. SsD Tz. 5.7.2.1, § 37 Abs. 1 KomHVO NRW). Handelsrechtlich ist auch das sog. **Gegenwartswertverfahren** zulässig.[48] Der Teilwert nach den Vorschriften des § 6a EStG ist dabei als Wertuntergrenze zu sehen.

Der heutige Wert zukünftiger Pensionsansprüche wird aufgrund inflationärer Entwicklungen niedriger sein. Die Pensionsansprüche müssen deshalb **abgezinst** und damit entwertet werden. Der Abzinsungssatz entspricht dem durchschnittlichen Marktzinssatz der vergangenen zehn Geschäftsjahre (eine abweichende Regelung nach § 253 Abs. 2 S. 2 HGB ist möglich).[49] Je niedriger der Rechnungszinsfuß ist, umso höher fällt die Rückstellungsbildung und damit die Aufwandsbelastung im Geschäftsjahr aus, der Gewinn sinkt. In die Rechnung gehen u.a. Daten über Sterbe-, Invaliditäts-, Heiratswahrscheinlichkeiten und Finanzierungsendalter oder Renteneintrittsalter ein.

Die **Bildung** einer Rückstellung erfolgt jeweils zu Lasten des entsprechenden Aufwandkontos in der GuV-Rechnung.

Buchung: *„Aufwand (Zuführung) an Rückstellung“*

Bei der späteren Zahlung erfolgt die erfolgsneutrale **Auflösung** der Rückstellung als Aktiv-Passiv-Minderung.

Buchung: *„Rückstellung an Bank“.*

Aus der großen Zahl der Anlässe zur Bildung von weiteren Rückstellungen seien hier nur einige wenige charakteristische Fälle genannt:

- Rückstellungen für Zahlungen für anhängige Prozesse,
- Rückstellungen für evtl. umstrittene oder aus anderen Gründen zu erwartende Steuernachzahlungen,
- Rückstellungen für unterlassene Instandhaltung und Reparaturen,
- Rückstellungen für Garantieverpflichtungen und Gewährleistungen ohne rechtliche Verpflichtung,
- Rückstellungen für Bergschäden, Rekultivierung von Deponien,

[48] Die Gegenwartswertmethode unterstellt die gleichmäßige Verteilung des Aufwands vom Zeitpunkt der Zusage bis zum Pensionseintritt. Bei der Teilwertmethode wird der Aufwand gleichmäßig zwischen dem Zeitpunkt des Diensteintritts und dem Pensionseintritt verteilt. Erfolgt die Zusage nach dem Diensteintritt, so ist nach dem Teilwertverfahren im Jahr der Zusage eine höhere Einmalrückstellung zu berücksichtigen, die jedoch über mehrere Jahre verteilt werden kann.

[49] Für Gebietskörperschaften gelten oft andere Zinssätze, vgl. z.B. § 37 Abs. 1 KomHVO NRW.

- Rückstellungen für Eventualverbindlichkeiten (Bürgschaften),
- Rückstellungen für drohende Verluste aus schwebenden Geschäften (hier handelt es sich um Verträge, bei denen noch kein Vertragspartner geleistet hat, jedoch abzusehen ist, dass man Verluste erleiden wird, z.B. durch unerwartete Preissenkungen bei mit Festpreisen abgeschlossenen Einkaufsverträgen).

Diese Fälle sind alle von § 249 HGB erfasst. Zusätzlich haben Kapitalgesellschaften nach § 274 Abs. 1 HGB Rückstellungen für latenten Steueraufwand zu bilden. Für andere Zwecke dürfen keine Rückstellungen gebildet werden. Einzelheiten zu den Rückstellungen, insbesondere zur Bewertung, werden später im Rahmen der Passivposten behandelt. In diesem Kapitel geht es im Wesentlichen um die Buchungen bei Bildung und Auflösung der Rückstellung.

A.9.2.2 Rückstellungsbuchungen

Die Rückstellungen selbst sind Positionen auf der Passivseite der Bilanz. Bei der Rückstellungsbildung wird stets ein Aufwandskonto belastet und das Konto „Rückstellungen" gebucht. Rechnet z.B. die Stadt A damit, dass sie einen Prozess verliert (geschätzte Prozesskosten 6000 €), so muss im Rahmen der Abschlussbuchungen gebucht werden:

Prozesskostenaufwand an Rückstellungen 6000

Der Prozesskostenaufwand geht in die Ergebnisrechnung (GuV) ein, die Rückstellungen erscheinen auf der Passivseite der Bilanz. Bezüglich der Auflösung der Rückstellung sind im neuen Jahr folgende Fälle zu unterscheiden:

Rückstellung = tatsächlicher Aufwand: Die zunächst nur vermutete unsichere Belastung tritt tatsächlich in der erwarteten Höhe ein. Dann wird die damit verbundene Vermögensminderung (z.B. durch eine Auszahlung oder Erhöhung der definitiven Verbindlichkeiten) buchtechnisch durch eine Verminderung der Rückstellungsposition ausgeglichen. Es kommt zu einer Bilanzverkürzung oder einem Passivtausch; Aufwands- und Ertragskonten bleiben unberührt.

Rückstellungen an Bank 6000 (Beispiel für Bilanzverkürzung)

Rückstellungen an Verbindlichkeiten 6000 (Beispiel für Passivtausch)

Rückstellung nicht mehr erforderlich: Die erwartete Belastung tritt nicht ein. Auch in diesem Fall muss die Rückstellung aufgelöst werden; denn sie bildet ja einen zunächst vermuteten Sachverhalt ab, der inzwischen hinfällig geworden ist. Da diese Passivminderung weder mit der Erhöhung eines anderen Passivums noch mit einer Aktivminderung einhergeht, kommt als Gegenbuchung nur ein Ertragskonto in Frage.

Rückstellungen an Erträge aus der Auflösung von Rückstellungen 6000

Rückstellungen < tatsächlicher Aufwand, Rückstellungen > tatsächlicher Aufwand: Die tatsächlich eintretende Belastung fällt höher (z.B. 8000 €) oder niedriger (z.B. 4000 €) aus, als bei der Bildung der Rückstellung vermutet worden war. Dann muss der Differenzbetrag als Aufwand bzw. Ertrag erfasst werden.

Rückstellungen	*6000*		
+ Prozesskostenaufwand	*2000*	*an Bank*	*8000*
bzw.:			
Rückstellungen	*6000*	*an Bank*	*4000*
		+ Erträge aus der Auflösung von Rückstellungen	*2000*

MERKE: Rückstellungen sind Verbindlichkeiten für Aufwendungen, die am Bilanzstichtag ihrem Grunde nach feststehen, nicht aber in ihrer Höhe und/oder Fälligkeit. Sie dienen der periodengerechten Ermittlung des Jahreserfolges. Rückstellungen sind in Höhe des Erfüllungsbetrages anzusetzen, der nach vernünftiger kaufmännischer Beurteilung notwendig ist (§ 253 Abs. 1 HGB).[50] Die Bildung von Rückstellungen stellt eine Aufwandsbuchung dar.

Buchung: Aufwandskonto an Rückstellungen

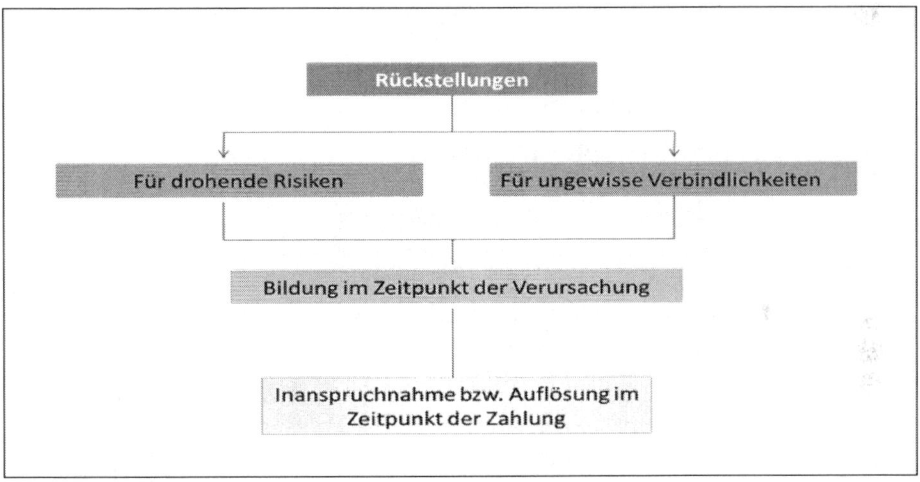

Abbildung 24: Rückstellungen

[50] § 88 Abs. 1 GO NRW spricht hier von angemessener Höhe.

Abschließende Bemerkungen zu den Kapiteln A.9.1 und A.9.2:

Die dargestellten Abgrenzungs- und Rückstellungsbuchungen lassen sich auch auf die Begriffe Ein- und Auszahlung, Einnahme und Ausgabe sowie Ertrag und Aufwand beziehen, die in Kap. A.3 erläutert wurden. Die Buchungen sind nämlich erforderlich, um trotz des zeitlichen Auseinanderfallens von Aufwand bzw. Ertrag einerseits und Ausgabe bzw. Einnahme andererseits, die Aufwendungen und Erträge der Periode zuordnen zu können, in die sie nach ihrer ursächlichen Entstehung gehören.

Transitorisches Aktivum: Grund für die Bildung einer solchen Abgrenzung ist immer, dass eine Ausgabe in der betrachteten Periode nicht oder nur zum Teil Aufwand derselben Periode ist. Die Korrektur wird also notwendig durch das zeitliche Auseinanderfallen von Ausgabe und Aufwand. Für denjenigen Ausgabenteil, der noch nicht Aufwand ist, wird als Gegenposten zu Korrekturzwecken eine fiktive Einnahme in Form eines transitorischen Aktivums gebucht. Man spricht auch von einer „Forderung an die Folgeperiode".

Transitorisches Passivum: Der Grund ist hier immer, dass eine Einnahme in der betrachteten Periode nicht oder nur zum Teil Ertrag derselben Periode ist. Für denjenigen Einnahmeteil, der noch nicht Ertrag ist, wird als Gegenposten zu Korrekturzwecken eine fiktive Ausgabe in Form eines transitorischen Passivums gebucht. Man spricht hier von einer „Verbindlichkeit gegenüber der Folgeperiode".

Antizipative Passiva bzw. Aktiva: Aufwand und Ertrag gehören in die Buchungsperiode, Ausgabe und Einnahme sind aber noch nicht erfolgt. Als Gegenkonto zur erforderlichen Aufwands- oder Ertragsbuchung werden „Sonstige Verbindlichkeiten" bzw. „Sonstige Forderungen" gebucht. Es handelt sich aber nicht um Verbindlichkeiten bzw. Forderungen im juristischen Sinne, sondern um fiktive Verbindlichkeiten bzw. Forderungen, also fiktive Ausgaben bzw. Einnahmen, weil die tatsächlichen Zahlungen erst in der Folgeperiode auftreten.

Rückstellungen: Ein Aufwand ist in der Rechnungsperiode zu buchen, die zugehörige Ausgabe wird aber erst später erfolgen. Ihre Höhe ist noch ungewiss (im Ausnahmefall wird sie gar nicht entstehen). Deshalb erfolgt die Gegenbuchung zum Aufwand in Form einer Rückstellung, die ebenfalls eine fiktive Verbindlichkeit und somit eine fiktive Ausgabe darstellt.

Übrigens: Das Gegenstück zur Rückstellung (Ertrag in ungewisser Höhe in der Rechnungsperiode, Einnahme in ungewisser Höhe später) gibt es nicht. Dieser Sachverhalt kommt zwar vor, aus Gründen der Vorsicht – Realisationsprinzip – darf aber nicht gebucht werden.

A.9.3 Abschreibungen auf Finanzanlagen und Wertpapiere

A.9.3.1 Die Begriffe „Finanzanlagen" und „Wertpapiere"

Nach den gesetzlichen Bilanzgliederungen sind im Anlagevermögen die Finanzanlagen (Unternehmensanteile, Beteiligungen, Ausleihungen als langfristige Forderungen, Wertpapiere des Anlagevermögens) auszuweisen. Im Umlaufvermögen werden ebenfalls Wertpapiere und Forderungen bilanziert. Für die Abgrenzung des Finanzanlagevermögens von den Forderungen und den Wertpapieren des Umlaufvermögens kommt es auf die **Zweckbestimmung** des Bilanzierenden an. Anlagen, die **auf Dauer** gehalten werden, gehören zu den **Finanzanlagen**. Dagegen sind Anteilswerte, die nur der **vorübergehenden** Anlage von Zahlungsmittelüberschüssen dienen, in der Absicht, dass sie im Bedarfsfall jederzeit veräußert werden können, dem **Umlaufvermögen** zuzuordnen.

Zum **Finanzanlagevermögen** gehören Vermögensgegenstände, die durch Kapitalüberlassung an andere Unternehmen entstanden sind. Nach der Art der Kapitalüberlassung lassen sich die Finanzanlagen in Anteilsrechte und Kapitalforderungen unterteilen. Anteile an verbundenen Unternehmen, Beteiligungen und Wertpapiere des AV gehören zu den Anteilsrechten; Ausleihungen sind Kapitalforderungen.

Als **Wertpapiere des Umlaufvermögens** sind die Anteilsrechte auszuweisen, die nicht auf Dauer oder nicht langfristig gehalten werden. Eine genaue Abgrenzung der einzelnen Arten von Anteilsrechten und Kapitalforderungen erfolgt in den Kapiteln A.12 sowie B.2.4.

Für den Nachweis der Daueranlageabsicht wird eine Gesamtlaufzeit von wenigstens einem Jahr gefordert.[51] Der Bilanzierende entscheidet letztlich selbst, ob eine Zuordnung zum Anlagevermögen oder Umlaufvermögen erfolgen soll. Werden Wertpapiere mit der Absicht erworben um auf ein anderes Unternehmen Einfluss zu gewinnen, sind sie im Anlagevermögen als Beteiligung (im Zweifel gemäß § 271 HGB bei mindestens 20 % des Nennkapitals) oder Unternehmensanteil (im Zweifel bei mehr als 50 % des Nennkapitals) auszuweisen.

MERKE: Ausweis der **Wertpapiere** in der Bilanz im

- **Anlagevermögen als Finanzanlagen**
  bei Beteiligungsabsicht : Beteiligungen, Unternehmensanteile
  als langfristige Kapitalanlage: Wertpapiere des AV
- **Umlaufvermögen bei kurzfristiger Kapitalanlage**
  als Liquiditätsreserve: Wertpapiere des UV

---

[51] Vgl. Beck´scher Bilanzkommentar, 12. Aufl. 2020, § 247 Tz.357.

A.9.3.2 Abschreibungsanlässe

Abschreibungen auf Finanzanlagen und Wertpapiere erfolgen im Regelfall aus dem handelsrechtlichen **Niederstwertprinzip** (§ 253 Absätze 3 und 4 HGB). Wertpapiere des Umlaufvermögens sind auf den niedrigeren Zeitwert (aus Börsen- oder Marktpreis abgeleiteter bzw. beizulegender Wert) abzuschreiben (§ 253 Abs. 4 HGB). Finanzanlagen des Anlagevermögens müssen dagegen auf den niedrigeren Wert, der ihnen am Abschlussstichtag beizulegen ist, nur dann abgeschrieben werden, wenn die Wertminderung von Dauer ist. Handelt es sich um eine nur vorübergehende Wertminderung besteht ein Abschreibungswahlrecht (§ 253 Abs. 3 S. 4 HGB).

In diesem Zusammenhang gilt das in § 252 Abs. 1 Nr. 4 HGB verankerte **Prinzip der Wertaufhellung**. Es verpflichtet, alle wertaufhellenden Erkenntnisse zwischen dem Abschlussstichtag und dem Aufstellungstag des Jahresabschlusses (also auch die Entwicklung des Börsenkurses) bei der Bewertung zum Abschlussstichtag zu berücksichtigen.[52]

A.9.3.3 Buchung der Abschreibungen auf Finanzanlagen

A.9.3.3.1 Beteiligungen und Anteile an verbundenen Unternehmen

Die Ermittlung des beizulegenden Wertes am Bilanzstichtag erfolgt durch einen Vergleich mit den Anschaffungskosten. Der beizulegende Wert kann nach unterschiedlichen Verfahren zur Unternehmensbewertung errechnet werden. Lässt sich ein Börsen- oder Marktpreis nicht ermitteln, kann z.B. das sog. **Ertragswertverfahren** angewandt werden.

Beispiel:

Die X-AG erwirbt eine Beteiligung am Ende der Periode 00 in Höhe von 20.000 €. Es werden jeweils Beteiligungserträge in Höhe von 1.500 € am Ende der Perioden 01 – 05 erwartet. Die X-AG plant, die Beteiligung am Ende von Periode 06 zu einem Wert von 15.000 € zu verkaufen. Der Kalkulationszinssatz beträgt 6 %.

Der Ertragswert der Beteiligung ergibt sich aus der Summe aller abgezinsten künftigen Einnahmeüberschüsse (Barwerte) aus der Beteiligung.[53]

1.500 · RBF (5 J., 6 %) + 15.000 · ABZF (6 J., 6 %) =

1.500 · 4,2124 + 15.000 · 0,7050 = 16.893,60 €

mit RBF = Rentenbarwertfaktor, ABZF = Abzinsungsfaktor.

[52] Die entsprechenden Abschreibungsregelungen im NKF finden sich in § 36 Absätze 6 u. 8 sowie in § 33 Abs. 1 Nr. 3 KomHVO NRW. Sie entsprechen inhaltlich den HGB-Regelungen. In der staatlichen Doppik werden Finanzanlagen bei nur vorübergehender Wertminderung nicht abgeschrieben (SsD Tz. 5.1.3).

[53] Zu Abzinsung und Barwertberechnung vgl. Band 2, Kap. B.5.1 dieser Reihe.

Der Vergleich der Anschaffungskosten der Beteiligung mit dem beizulegenden Wert am Bilanzstichtag (ermittelt nach dem Ertragswert) ergibt, dass eine Abschreibung in Höhe von 3.106,40 € notwendig ist. Abschreibungen auf Finanzanlagen und auf Wertpapiere des Umlaufvermögens erfolgen i.d.R. nach der direkten Methode. Es wird das Konto „**Abschreibungen auf Finanzanlagen**“ belastet und im betreffenden Bestandskonto gegengebucht.[54]

(1) Buchung der Anschaffung der Beteiligung:

Beteiligungen	*an Bank*	*20.000,00*

(2) Buchung der Abschreibung auf die Beteiligung:

Abschreibungen auf Finanzanlagen	*an Beteiligungen*	*3.106,40*

Die Ermittlung des Ertragswertes für Zwecke der bilanziellen Bewertung ist i.d.R. mit einem hohen Bewertungsaufwand verbunden. Zumindest für Gebietskörperschaften kann vereinfachend der Wert angesetzt werden, der dem Anteil am Eigenkapital des verbundenen Unternehmens bzw. der Beteiligung entspricht.[55] Bei Beteiligungen, die in börsennotierten Wertpapieren verbrieft sind, ist mit dem Börsenwert ein objektiver Veräußerungspreis gegeben. Bei dessen Berücksichtigung können die mit der Ermittlung des Ertragswertes zusammenhängenden Unsicherheiten teilweise vermieden werden. Bei börsennotierten Beteiligungen kann daher der **Börsenwert** als niedrigerer beizulegender Wert herangezogen werden.

A.9.3.3.2 Ausleihungen

Eine Abschreibungserfordernis kann sich ergeben, wenn die Kapitalforderung teilweise oder ganz uneinbringlich wird. Daneben kann es Ausleihungen geben, die nicht oder nicht mit dem üblichen Marktzins verzinst werden. Trifft dies zu, so sind die Ausleihungen ebenfalls abzuwerten. Diese **Abwertung wegen Zinslosigkeit oder niedriger Verzinsung** ist bereits beim Zugang (erstmaliger Ausweis) vorzunehmen. Bei unverzinslichen Ausleihungen gilt der Barwert als Anschaffungskosten und zwar auch dann, wenn der Darlehensbetrag in voller Höhe ausgezahlt wird. Bei zu geringer Verzinsung ist der um die Summe der Barwerte des Zinsverlustes verringerte Auszahlungsbetrag der Ausleihung anzusetzen.

Der Differenzbetrag zwischen höherem Auszahlungsbetrag und Barwert (Kapitalwert des Zinsverlustes) stellt entweder einen verdeckten Vorteil für den Kapitalnehmer dar, oder er ist ein Entgelt für einen dem Gläubiger durch den Darlehensnehmer gegebenen Vorteil. Resultiert der Unterschiedsbetrag aus dem Motiv, dem Schuldner einen verdeckten Zuschuss zu gewähren, so ist er als „**Sonstiger betrieblicher Auf-**

[54] Nach dem NKF-Kontenrahmen sind diese Abschreibungen als „Sonstige ordentliche Aufwendungen“ in der Kontengruppe 54 zu buchen, da es sich nicht um nutzungsbedingte Wertminderungen handelt.

[55] Vgl. SsD Tz. 5.1.3.1 und 5.3.3.3 (Stand 27.11.2019).

wand" der Auszahlungsperiode zu behandeln. Wird die Abwertung wegen mangelnder Rentierlichkeit aus vorgenanntem Anlass erst in der Folgeperiode vorgenommen, dann stellt die Abwertung eine Abschreibung i.S.d. § 253 Abs. 3 S. 3 und 4 HGB dar.

Beispiel 1 (ohne Gegenleistungsverpflichtung):

Am 31.12.01 gewährt die Stadt A einem Tochterunternehmen ein Darlehen von 100.000 € mit einer Laufzeit von 4 Jahren. Da die Liquiditätslage des Unternehmens angespannt ist, verzichtet die Stadt auf eine Verzinsung der Ausleihung. Eine Gegenleistung durch das Unternehmen erfolgt hierfür nicht. Der landesübliche Zinssatz, den die Stadt der Bewertung der Forderung zugrunde legt, beträgt 6 %.

Für die einzelnen Jahre ergeben sich über die Laufzeit des Darlehens folgende Barwerte:

Zeitpunkt	Barwert	ABZF 6 %
31.12.01	79.210	0,7921
31.12.02	83.960	0,8396
31.12.03	89.000	0,8900
31.12.04	94.340	0,9434
31.12.05	100.000	1,0

Buchung am 31.12.01:

Ausleihungen	*79.210*		
+ Sonst. ordentl. Aufwand[56]	*20.790*	*an Bank*	*100.000*

In den Folgejahren ist der Barwert der Ausleihung über Zuschreibungen zu erhöhen, da es sich bei dem jährlichen Verzicht auf Zinszuflüsse um zusätzliche Anschaffungskosten der Ausleihung handelt. Die **Zuschreibungserträge** stellen **„Sonstige Finanzerträge**" dar. Dies führt im Folgejahr zu folgender Buchung:

Buchung am 31.12.02:

Ausleihungen	*4.750*	*an Sonst. Finanzerträge*	*4.750*

Stellt der Unterschiedsbetrag ein Entgelt für einen gewährten Vorteil dar, der dem Gläubiger zugutekommt, so ist zu prüfen, ob dieser Vorteil als aktivierungsfähiger Vermögenswert zu bilanzieren ist. In diesem Fall sind Ausleihung und erworbener Vermögenswert getrennt zu behandeln. Neben der Aktivierung der Ausleihung zu ihrem Barwert (=Anschaffungskosten) wird der Vermögenswert gesondert in Höhe

[56] Betriebliche Aufwendungen werden in der kommunalen Doppik als „ordentliche Aufwendungen" bezeichnet.

der Differenz zwischen Barwert und Ausgabebetrag der Ausleihung ausgewiesen. Die Summe der abgezinsten Zinsverluste stellt damit die Anschaffungskosten für den vom Schuldner erworbenen aktivierungsfähigen Vermögenswert dar. In den Folgeperioden ist der aktivierte Vermögenswert über die Laufzeit des Darlehens abzuschreiben.

Beispiel 2 (mit Gegenleistungsverpflichtung):

Die Stadt A gewährt einer städt. Wohnungsbaugesellschaft ein zinsloses Darlehen in Höhe von 500.000 € mit einer Laufzeit von 10 Jahren und lässt sich dafür ein Belegungsrecht für mehrere Wohnungen einräumen. Die Stadt A beabsichtigt, das Belegungsrecht zugunsten ihrer Mitarbeiter auszuüben, die damit Mieter der Wohnungsbaugesellschaft werden. Zur Bewertung der Ausleihung setzt die Stadt den landesüblichen Zinssatz von 6 % an.

Die Ausleihung wird mit den Anschaffungskosten in Höhe des Barwertes aktiviert ($500.000 \cdot (1+0{,}06)^{-10} = 279.200$ €). Der vereinbarte Zinsverzicht in Höhe von 500.000 ./. 279.200 = 220.800 € stellt die Anschaffungskosten für den **immateriellen Vermögenswert „Belegungsrecht“** dar, der planmäßig abzuschreiben ist (alternativ könnte nach kommunalrechtlichen Regelungen auch ein aktiver Rechnungsabgrenzungsposten bilanziert werden). Nach der Bilanzgliederung gemäß § 266 Abs. 2 HGB kommt hier die Position A.I.2 „Konzessionen, gewerbliche Schutzrechte und ähnliche Rechte und Werte sowie Lizenzen an solchen Rechten und Werten“ bzw. eine vergleichbare Position in der Bilanz einer Gebietskörperschaft in Betracht.

Buchung:

Ausleihungen	*279.200*		
+Konzessionen etc.	*220.800*	*an Bank*	*500.000*

Wird bei der Auszahlung einer Ausleihung ein Disagio einbehalten, kann unterschiedlich gebucht werden.

Beispiel 3 (Disagio):

Die Stadt A gewährt einer städt. Wohnungsbaugesellschaft zum Jahresende ein zu verzinsendes, tilgungsfreies Darlehen (d.h. Rückzahlung in einer Summe am Ende der Laufzeit) in Höhe von 100.000 € mit einer Laufzeit von 5 Jahren. Bei Auszahlung wird ein Disagio von 3.000 € einbehalten.

Variante 1: Die Ausleihung wird zu dem Betrag, der an den Darlehensnehmer ausgezahlt wird, aktiviert. Der Unterschiedsbetrag ist als zusätzlicher Finanzertrag (zusätzlicher Zinsertrag) über die Laufzeit des Darlehens der Ausleihung zuzuschreiben.

Buchung bei Auszahlung:

(1) Ausleihungen	*97.000*	*an Bank*	*97.000*

Buchung in den Folgejahren:

(2) Ausleihungen	*600*	*an Sonst. Finanzerträge*	*600*

Variante 2: Die Ausleihung wird zum Nennbetrag bilanziert. Der Unterschiedsbetrag wird als passiver Rechnungsabgrenzungsposten abgegrenzt, der in der Folgezeit über die 5 Jahre erfolgserhöhend aufzulösen ist.

Buchungssatz bei Auszahlung:

(1) Ausleihungen	*100.000*	*an Bank*	*97.000*
		Passive RAP	*3.000*

Buchung in den Folgejahren:

(2) Passive RAP	*600*	*an Sonst. Finanzerträge*	*600*

A.9.3.3.3 Wertpapiere des Anlagevermögens

Für Wertpapiere, die der langfristigen Kapitalanlage dienen und keine Anteile an verbundenen Unternehmen oder Beteiligungen darstellen, ergeben sich keine weiteren Besonderheiten. Hierzu gehören Dividendenpapiere (Beteiligungswertpapiere wie Aktien oder Anteile an offenen Immobilienfonds, Genussscheine, Investmentanteile), festverzinsliche Wertpapiere (z.B. Obligationen, Schatzbriefe) oder zum öffentlichen Handel zugelassene Schuldbuchforderungen (wertpapierähnliche Rechte). Wertpapiere der gleichen Gesellschaft, die zu unterschiedlichen Kursen und Zeitpunkten gekauft wurden, können zu den durchschnittlichen Anschaffungskosten bewertet werden. Lassen sich die individuellen Anschaffungskosten anhand von Wertpapiernummern nachweisen, ist auch eine Einzelbewertung möglich.

Die Anschaffungskosten ergeben sich bei börsennotierten Wertpapieren aus dem Börsenkurs einschließlich der Anschaffungsnebenkosten (z.B. Provisionen). Liegt der beizulegende Wert am Bilanzstichtag niedriger, ergibt sich bei voraussichtlich dauerhafter Wertminderung eine Abschreibungserfordernis.

Festverzinsliche Wertpapiere, bei denen die Zinszahlung erst am Ende der Laufzeit in einem Betrag erfolgt (**Zero Bonds** oder **Null-Kupon-Anleihen**) sind beim Erwerber im Zeitpunkt der Ausgabe mit dem für sie verausgabten Betrag (=Anschaffungskosten) anzusetzen und in den Folgejahren um den jährlichen Zinsanteil zuzuschreiben (*Buchung: Zero-Bonds an Zinserträge*). Die Höhe des Zinssatzes ist durch eine Effektivzinsberechnung zu ermitteln.

Der Effektivzinssatz (interner Zinssatz) ist der Kalkulationszinssatz, mit dem die geschätzten künftigen Zahlungsmittelzuflüsse oder -abflüsse während der erwarteten

Laufzeit des Finanzinstruments auf den Nettobuchwert des finanziellen Vermögenswertes oder der finanziellen Verbindlichkeit abgezinst werden

Beispiel:[57]

Eine Gemeinde erwirbt zum Jahresbeginn einen Zerobond (Nullkupon-Anleihe) für einen Betrag von 75.131 € mit einer Laufzeit von n = 3 Jahren. Nach der Laufzeit erhält sie bei Rückgabe des Papieres einen Betrag von 100.000 €. Als Effektivzins ergibt sich

$$\text{Effektivzins} = \sqrt[n]{\frac{\text{Rückzahlungsbetrag}}{\text{Ausgabebetrag (zzgl. ANK)}}} - 1$$

$$= \sqrt[3]{\frac{100.000}{75.131}} - 1 = 10\%$$

Die Zuschreibungsbeträge und Buchwerte ergeben sich damit wie folgt (Ungenauigkeiten beruhen auf Rundungsdifferenzen):

Buchwert bei Ausgabe	75.131
Zuschreibung 10 % Jahr 1 (zum Abschlussstichtag)	7.513
Buchwert	82.644
Zuschreibung 10 % Jahr 2	8.264
Buchwert	90.908
Zuschreibung 10 % Jahr 3	9.091
Buchwert	100.000

[57] In Anlehnung an: Coenenberg/Haller/Mattner/Schultze, Einführung in das Rechnungswesen, 7. Aufl. 2018, S. 372.

A.9.4 Abschreibungen auf Forderungen

Forderungen lassen sich nach dem Grad ihrer Güte (Bonität) in drei Gruppen unterteilen:

- **Einwandfreie Forderungen**. Es besteht kein Zweifel an der Zahlungsfähigkeit des Schuldners.
- **Zweifelhafte (dubiose) Forderungen**. Es liegen Informationen vor, dass eine Forderung ganz oder teilweise ausfallen könnte.
- **Uneinbringliche Forderungen.** Es steht fest, dass die Forderungen endgültig ausfallen.

A.9.4.1 Zweifelhafte Forderungen

Eine Forderung wird zweifelhaft,

- wenn ein Kunde trotz Mahnungen nicht zahlt oder
- wenn ein Insolvenzverfahren anhängig ist.[58]

Eine zweifelhafte Forderung wird wegen des Grundsatzes der **Bilanzklarheit** von den einwandfreien Forderungen **abgegrenzt** und **gesondert ausgewiesen**.

Beispiel 1:

Unser Kunde A hat trotz mehrfacher Mahnungen keine Zahlungen geleistet. Wir (X-AG) müssen annehmen, dass die Forderung zumindest teilweise ausfällt. Unsere Forderung an den Kunden beträgt 11.900,00 €. Die gefährdete Forderung wird kontenmäßig von den einwandfreien Forderungen getrennt.

Buchung:

		Soll	Haben
	Zweifelhafte Forderungen	*11.900,00*	
an	*Forderungen L+L*		*11.900,00*

[58] Steuerrechtlich ist bereits bei der Eröffnung eines Insolvenzverfahrens unbeschadet einer möglichen Insolvenzquote von der Uneinbringlichkeit der Forderung auszugehen, so dass bereits eine Umsatzsteuerberichtigung vorzunehmen ist.

A.9.4.2 Uneinbringliche Forderungen

In folgenden Fällen sind Forderungen uneinbringlich:

- Insolvenzverfahren wird mangels Masse abgewiesen,
- Zwangsvollstreckung über das Vermögen eines Kunden ist fruchtlos verlaufen,
- Verjährung der Forderung,
- Erlass einer Forderung (Forderungsverzicht).

Uneinbringliche Forderungen werden **voll (direkt) abgeschrieben**.

Beispiel 2:

Über das Vermögen des Kunden (siehe Ausgangsbeispiel) wurde der Antrag auf Eröffnung eines Insolvenzverfahrens gestellt. Mit Eröffnung des Verfahrens erfolgt die Umsatzsteuerkorrektur. Vor Aufstellung der Bilanz zum 31.12. erfahren wir, dass das Verfahren mangels Masse, also wegen fehlender Deckung der Verfahrenskosten, gar nicht eröffnet wurde. Die Forderung an unseren Kunden in Höhe von 11.900,00 € (10.000,00 € + 1.900,00 € Umsatzsteuer) wird damit uneinbringlich.

Korrektur der Umsatzsteuer bei Eröffnung des Insolvenzverfahrens:

	Umsatzsteuer	*1.900,00*	
an	*Zweifelhafte Forderung*		*1.900,00*

Buchung des tatsächlichen Forderungsausfalls zum 31.12.:

	Abschreibungen a. F.[59]	*10.000,00*	
an	*Zweifelhafte Forderung*		*10.000,00*

(Erfolgte keine Umbuchung auf das Konto „Zweifelhafte Forderung“, ist auf dem Konto „Forderungen L+L“ zu buchen.)

Es ist auch möglich, dass ein Teil einer ausstehenden Forderung uneinbringlich und der andere Teil erstattet wird.

Beispiel 3:

Das Insolvenzverfahren (Beispiel 2) endet mit einer Erstattungsquote von 10 %. Von unserer Forderung sind 90 %, d.h. 10.710,00 € (9.000,00 € + 1.710,00 € Umsatzsteuer) uneinbringlich geworden. Wir erhalten per Banküberweisung 1.190,00 €

[59] Abschreibungen auf Forderungen wegen Uneinbringlichkeit. Sie werden den sonstigen betrieblichen bzw. ordentlichen Aufwendungen zugerechnet.

(1.000,00 € + 190,00 € Umsatzsteuer). Mit der Überweisung muss eine erneute Korrektur der Umsatzsteuer erfolgen, d.h. die Umsatzsteuer, die bereits bei Eröffnung des Insolvenzverfahrens voll berichtigt wurde, lebt teilweise wieder auf.

Buchung des Zahlungseingangs:

	Bank	*1.190,00*	
an	*Zweifelhafte Forderungen*		*1.000,00*
an	*Umsatzsteuer*		*190,00*

Buchung des tatsächlichen Forderungsausfalls:

	Abschreibungen a. F.	*9.000,00*	
an	*Zweifelhafte Forderungen*		*9.000,00*

Es ist auch möglich, dass ein Kunde nachträglich und unerwartet eine bereits als uneinbringlich abgeschriebene Forderung erstattet.

Beispiel 4:

Auf eine im vorigen Jahr als uneinbringlich abgeschriebene Forderung erhalten wir unerwartet 2.380,00 € (2.000,00 € + 380,00 € Umsatzsteuer) erstattet. Damit lebt die Umsatzsteuerschuld teilweise wieder auf.

	Bank	*2.380,00*	
an	*Erträge aus abgeschriebenen Ford.*		*2.000,00*
an	*Umsatzsteuer*		*380,00*

Beachte: Eine Umsatzsteuerbuchung bzw. -berichtigung erübrigt sich im öffentlichen Bereich, soweit die Gebietskörperschaft nicht - wie jeder andere Unternehmer auch – vergleichbare umsatzsteuerpflichtige Leistungen erbringt.

A.9.4.3 Einzelwertberichtigungen

➢ **Die Bildung von Einzelwertberichtigungen**

Ist zum Bilanzstichtag zu erwarten, dass mit Forderungsverlusten zu rechnen ist, muss für jede dieser Forderungen der **vermutete Ausfall** ermittelt (geschätzt) werden. Aus Gründen der Klarheit und Übersichtlichkeit erfolgt diese Abschreibung der Forderungen nicht direkt über das Konto „Zweifelhafte Forderungen“, sondern indirekt über ein **Wertberichtigungskonto**. In den Fällen, bei denen aus einer **Einzelforderung** ein Verlust zu erwarten ist, ist somit eine **Einzelwertberichtigung auf Forderungen (EWB)** vorzunehmen. Das Wertberichtigungskonto ist ein Passivkonto, die Bildung (Zuführung) der Einzelwertberichtigung erfolgt über das Aufwandskonto „Zuführung (Einstellung) zu Einzelwertberichtigungen“.

Beispiel 5:

Unser Kunde B hat trotz Mahnungen unsere Forderung von 4.760,00 € (4.000,00 € + 760,00 € Umsatzsteuer) nicht beglichen. Zum Jahresabschluss (31.12.) rechnen wir mit einem Ausfall von 80 %.

Umbuchung der Forderung:

	Zweifelhafte Forderungen	*4.760,00*	
an	*Forderungen L+L*		*4.760,00*

Buchungssatz zum Jahresabschluss (31. 12.)

	Zuführung zu Einzelwertberichtigungen	*3.200,00*	
an	*Einzelwertberichtigungen zu Forderungen*		*3.200,00*

(Beachte: Keine Umsatzsteuerkorrektur, in der Regel indirekte Abschreibung.)

Die in der Praxis vorherrschende **indirekte Abschreibung** (Buchung: *Aufwand an Passivkonto*) hat den Vorteil, dass der Nennwert der zweifelhaften Forderungen und der vermutete Forderungsausfall aus dem Schlussbilanzkonto ersichtlich ist. Da trotz Zweifelhaftigkeit der Forderung der rechtliche Anspruch bestehen bleibt, ist es sinnvoll, die volle Höhe der Forderungen weiterhin in den Büchern auszuweisen.[60]

Die Wertberichtigung erfolgt bei umsatzsteuerpflichtigen Betrieben auf den Nettobetrag der zweifelhaften Forderungen. Wenn der tatsächliche Forderungsausfall am Bilanzstichtag noch nicht feststeht und noch kein Insolvenzverfahren eröffnet wurde, darf die Umsatzsteuer nicht berichtigt werden.

➢ **Die Auflösung von Einzelwertberichtigungen**

Im Regelfall wird eine zweifelhafte Forderung spätestens zum Jahresabschluss wertberichtigt. Für die weitere Buchung sind in einem späteren Jahr drei verschiedene Fälle denkbar:

1. Der ursprünglich geschätzte Forderungsausfall entspricht dem tatsächlichen Ausfall.
2. Der ursprünglich geschätzte Forderungsausfall ist kleiner als der tatsächliche Forderungsausfall.
3. Der ursprünglich geschätzte Forderungsausfall ist größer als der tatsächliche Forderungsausfall.

[60] Bei der Einzelwertberichtigung wird nicht direkt gegen das entsprechende Forderungskonto gebucht, da die Forderung nicht endgültig verloren ist. Ansonsten würde sich auch die Debitorenbuchhaltung verändern, was für Zahlungsabwicklung oder Mahnverfahren nachteilig wäre.

Beispiel 6: (Auflösung der gebildeten Einzelwertberichtigung)

Fall 1: Der geschätzte Forderungsausfall (siehe Beispiel 5) und der tatsächliche Forderungsausfall **stimmen überein**. Die Erstattungsquote beträgt, wie bei Bildung der Einzelwertberichtigung angenommen, 20 %. 952,00 € werden überwiesen.

			Buchung des Zahlungseingangs:	
	Zweifelhafte Ford.	4.760,00	*Bank an Zweifelhafte Forderungen*	
-	Zahlungseingang	952,00		*952,00*
=	tatsächlicher Forderungsausfall, brutto	3.808,00	**Buchung der Umsatzsteuerkorrektur:**	
-	anteiliger Umsatzsteuerausfall	608,00	*USt an Zweifelhafte Forderungen*	*608,00*
=	tatsächlicher Forderungsausfall, netto	3.200,00	**Auflösung der Einzelwertberichtigung:**	
-	Einzelwertberichtigung	3.200,00	*EWB an Zweifelhafte Forderungen*	*3.200,00*

Fall 2: Der geschätzte Forderungsausfall ist **kleiner** als der tatsächliche Forderungsausfall. Die Erstattungsquote beträgt 10 %. 476,00 € werden überwiesen.

			Buchung des Zahlungseingangs:	
	Zweifelhafte Ford.	4.760,00	*Bank an Zweifelhafte Forderungen*	
-	Zahlungseingang	476,00		*476,00*
=	tatsächlicher Forderungsausfall, brutto	4.284,00	**Buchung der Umsatzsteuerkorrektur:**	
-	anteiliger Umsatzsteuerausfall	684,00	*USt an Zweifelhafte Forderungen*	*684,00*
=	tatsächlicher Forderungsausfall, netto	3.600,00	**Auflösung der Einzelwertberichtigung:**	
-	Einzelwertberichtigung	3.200,00	*EWB an Zweifelhafte Forderungen*	*3.200,00*
=	Sonstiger betrieblicher Aufwand	400,00	**Buchung des sonst. betriebl. Aufwands:** *Abschr. a. F. an Zweifelhafte Forderungen*	*400,00*

Fall 3: Der geschätzte Forderungsausfall ist **größer** als der tatsächliche Forderungsausfall. Die Erstattungsquote beträgt 30 %. 1.428,00 € werden überwiesen.

			Buchung des Zahlungseingangs:	
	Zweifelhafte Forderung	4.760,00	*Bank an Zweifelh. Forderungen*	*1.428,00*
-	Zahlungseingang	1.428,00		
=	tatsächlicher Forderungsausfall, brutto	3.332,00	**Buchung der Umsatzsteuerkorrektur:**	
-	anteiliger Umsatzsteuerausfall	532,00	*USt an Zweifelh. Ford.*	*532,00*
=	tatsächlicher Forderungsausfall, netto	2.800,00	**Ausgleich des Kontos Zweifelhafte Forderungen:**	
-	Einzelwertberichtigung	3.200,00	*EWB an Zw. Ford.*	*2.800,00*
=	sonstiger betrieblicher Ertrag	400,00	**Buchung des sonst. betriebl. Ertrages (Restauflösung der EWB):** *EWB an Erträge a. d. Auflösung von Wertber.*[61]	*400,00*

Hinweis: Alternativ zur dargestellten Ermittlung und Auflösung des Korrekturwertes kann auch die gesamte Wertberichtigung als Ertragsbuchung aufgelöst werden. Gleichzeitig wird dann eine volle Abschreibung in Höhe des tatsächlichen Ausfalls vorgenommen.[62]

A.9.4.4 Pauschalwertberichtigungen

➢ **Die Bildung von Pauschalwertberichtigungen auf Forderungen**

Grundsätzlich gilt bei Forderungen der Grundsatz der Einzelbewertung. Werden jedoch Wertberichtigungen für allgemeine Ausfallrisiken erforderlich, so erfolgt in der Praxis bei einer großen Anzahl an Einzelforderungen (z.B. Gewerbesteuerforderungen einer Gemeinde) eine **Pauschalwertberichtigung**. Aufgrund fehlender Informationen oder wegen der Unüberschaubarkeit der Vielzahl der einzelnen Forderungen lassen sich solche gefährdeten Forderungen oft nicht gesondert ermitteln.

Bemessungsgrundlage für Pauschalwertberichtigungen ist der Gesamtbestand an Forderungen **abzüglich der bereits einzelwertberichtigten Forderungen**. Der Abschreibungsprozentsatz ergibt sich aus **betrieblichen Erfahrungswerten** und der vorhersehbaren Entwicklung. Die Pauschalwertberichtigung wird auf einem entspre-

[61] Erträge aus der Auflösung von Wertberichtigungen (NKF Gruppe 45, VKR Gruppe 54).
[62] Zur Anpassung der Einzelwertberichtigung nach der Bruttomethode vgl. Coenenberg/Haller/Mattner/-Schultze, Einführung in das Rechnungswesen, 7. Aufl. 2018, S. 247.

chenden Passivkonto erfasst. Es handelt sich somit ebenfalls um eine indirekte Abschreibung. Eine Umsatzsteuerkorrektur ist wie bei der Einzelwertberichtigung nicht möglich, weil der tatsächliche Forderungsausfall noch nicht feststeht.

Beispiel 7:

Die Y-GmbH hat zum Bilanzstichtag einen Forderungsbestand von 736.000 €. Da sich zwei Kunden in Zahlungsschwierigkeiten befinden, gelten Forderungen in Höhe von 22.000 € als zweifelhaft. Die Y-GmbH rechnet jeweils mit einem Forderungsausfall von 70 %, weshalb bereits entsprechende Einzelwertberichtigungen erfolgten. Für die einwandfreien Forderungen soll eine Pauschalwertberichtigung von 4 % erfolgen.

Gesamtforderungsbestand am Bilanzstichtag, brutto		736.000,00
-	zweifelhafte Forderungen, brutto (wurden einzeln wertberichtigt)	22.000,00
=	Bruttoforderungsbestand für die Pauschalwertberichtigung	714.000,00
-	anteilige Umsatzsteuer	114.000,00
=	Nettoforderungsbestand für die Pauschalwertberichtigung	600.000,00
Der betriebliche Erfahrungssatz für Forderungsausfälle beträgt 4 %		24.000,00

Buchung:

	Zuführungen zu Pauschalwertberichtigungen	*24.000,00*	
an	*Pauschalwertberichtigungen zu Ford.*		*24.000,00*

➢ **Die Anpassung von Pauschalwertberichtigungen aus Forderungen (Anpassungsmethode)**

Es ist üblich, das Konto „Pauschalwertberichtigungen zu Forderungen" mit seinem Anfangsbestand bis zum Bilanzstichtag unverändert zu lassen.

Treten tatsächliche Forderungsausfälle während des Geschäftsjahres auf, werden die Forderungen **direkt abgeschrieben**, wobei eine anteilige Korrektur der Umsatzsteuer erfolgt.

Beispiel 8:

Auf eine zum pauschalwertberichtigten Forderungsbestand gehörende Forderung von 7.140,00 € (6.000,00 € + 1.140,00 € Umsatzsteuer) werden uns 2.380,00 € überwiesen. Die Restforderung von 4.760,00 € (4.000,00 € + 760,00 € Umsatzsteuer) ist uneinbringlich.

Buchung:

		Soll	Haben
	Bank	*2.380,00*	
	Abschreibungen a. F.	*4.000,00*	
	Umsatzsteuer	*760,00*	
an	*Forderungen L+L*		*7.140,00*

Zum Ende des Geschäftsjahres wird die bestehende Pauschalwertberichtigung dem neu zu erwartenden Forderungsausfall **angepasst** (daher **Anpassungsmethode**).

Beispiel 9:

Neu errechnete Pauschalwertberichtigung	30.000,00
Bereits bestehende Pauschalwertberichtigung	24.000,00
Einzubuchende Pauschalwertberichtigung	6.000,00

Buchung:

		Soll	Haben
	Zuführungen zu Pauschalwertberichtigungen	*6.000,00*	
an	*Pauschalwertberichtigungen zu Ford.*		*6.000,00*

Der Bestand auf dem passiven Bestandskonto „Pauschalwertberichtigungen“ hat sich erhöht. Der neu errechnete Wert der Pauschalwertberichtigung stellt den Schlussbestand dar.

Beispiel 10:

Neu errechnete Pauschalwertberichtigung	20.000,00
Bereits bestehende Pauschalwertberichtigung	24.000,00
Auszubuchende Pauschalwertberichtigung	4.000,00

Buchung:

		Soll	Haben
	Pauschalwertberichtigungen zu Ford.	*4.000,00*	
an	*Erträge a. d. Aufl. v. Wertberichtigungen*		*4.000,00*

Der Bestand auf dem passiven Bestandskonto „Pauschalwertberichtigungen“ hat sich auf den neu errechneten Wert vermindert.

Bei der sog. **Auflösungsmethode** wird die im Vorjahr gebildete Pauschalwertberichtigung zunächst vollständig erfolgswirksam aufgelöst und im aktuellen Jahr wird der Wertberichtigungsbedarf wiederum vollständig als Aufwand gebucht.

Einzel- und Pauschalwertberichtigungen auf Forderungen kommen regelmäßig nebeneinander zur Anwendung (gemischtes Verfahren). Die Forderungen werden zunächst individuell auf ihre Vollwertigkeit hin geprüft und – soweit als dubios erkannt – einzelwertberichtigt. Der verbleibende Bestand einwandfreier Forderungen wird pauschalwertberichtigt, wobei aufgrund der gegenseitigen Ausschließlichkeit der beiden Vorgehensweisen die bereits durch Einzelwertberichtigungen abgedeckten hohen Risiken bei der Bemessung des Durchschnittssatzes zu berücksichtigen sind. Das Mischverfahren kommt immer dann zur Anwendung, wenn einzelne betragsmäßig ins Gewicht fallende Forderungen größere Ausfälle erwarten lassen und für den Bestand der übrigen Forderungen das allgemeine Ausfallrisiko Berücksichtigung finden soll.

Nach dem Gliederungsschema des § 266 HGB dürfen Kapitalgesellschaften in der offenlegungspflichtigen Bilanz keine Wertberichtigungen zu Forderungen als Passivkonto ausweisen. Gleiches gilt für Gebietskörperschaften. Um sowohl den gesetzlichen Vorschriften als auch dem innerbetrieblichen Informationsbedürfnis zu genügen, wird bei Erstellung der Schlussbilanz aus dem Schlussbilanzkonto die Wertberichtigung mit den Forderungen saldiert. Ebenfalls werden für die Schlussbilanz die zweifelhaften und einwandfreien Forderungen zusammengefasst.

MERKE: **Einwandfreie Forderungen** werden zum Nominalwert bilanziert. Wegen des allgemeinen Kreditrisikos wird am Jahresende nach den Erfahrungssätzen in den Vorjahren eine Abwertung in Form einer Pauschalwertberichtigung (PWB) vorgenommen. Die **Pauschalwertberichtigung** bezieht sich auf das allgemeine Ausfallrisiko.

Zweifelhafte Forderungen (Dubiose) werden mit ihrem wahrscheinlichen Wert bilanziert, wenn teilweiser Ausfall mit hoher Wahrscheinlichkeit droht. Die Abschreibung erfolgt indirekt durch Einzelwertberichtigung (EWB). Die **Einzelwertberichtigung** bezieht sich auf das besondere Ausfallrisiko.

Uneinbringliche Forderungen werden durch direkte Abschreibung voll abgeschrieben.

A.10 Die Abschlussübersicht

A.10.1 Die Aufgaben der Abschlussübersicht

Die Abschlussübersicht ist eine zusammenfassende Übersicht, die die Entwicklung aller Bestandskonten von der Eröffnungsbilanz bis zur Schlussbilanz und die Entwicklung der Erfolgskonten und gemischten Konten zur Gewinn- und Verlustrechnung zeigt. Man bezeichnet sie auch als **Abschlusstabelle**. Im Gegensatz zur Schlussbilanz, die nur den Stand von Aktiva und Passiva des Bilanzstichtages zeigt, lässt die Abschlussübersicht den Betriebsablauf des Geschäftsjahres, wie er sich in den Bewegungen der Konten widerspiegelt, erkennen.

In erster Linie soll die Abschlussübersicht einen **Probeabschluss** darstellen. So lässt sich die Auswirkung von vorbereitenden Abschlussbuchungen (Abschreibungen, Bildung von Rückstellungen) probeweise verdeutlichen. Die Abschlussübersicht kann auch für einen unterjährigen Abschluss erstellt werden.

Eine weitere Aufgabe der Abschlussübersicht besteht darin, eine bewusste Beeinflussung des zu erstellenden Jahresabschlusses durch die Ausnutzung legaler Freiräume vorzunehmen. Dies wird als **Bilanzpolitik** bezeichnet. Möchte ein Betrieb z.B. bei angespannter Finanzlage einen Kredit von seiner Hausbank erhalten, dann kann er ein Interesse daran haben, im Rahmen des Jahresabschlusses die Vermögens- und Ertragslage möglichst positiv darzustellen. Innerhalb bestimmter gesetzlich erlaubter Grenzen kann er deshalb versuchen, das Bild der Bilanz und der Gewinn- und Verlustrechnung zu „verschönern". Die Abschlussübersicht kann als Probeabschluss dazu verwendet werden, die Ergebnisse alternativer Gewinnausweisstrategien abzubilden. Der Bilanzierende kann dann die Strategie einsetzen, die sein Ziel am besten erfüllt.

A.10.2 Gliederung der Abschlussübersicht

Eine Abschlussübersicht hat in der Regel sechs Spalten, deren Inhalte hier kurz erläutert werden:

1. Spalte: Summenbilanz: Für alle Sachkonten werden die Summen der Sollseiten und der Habenseiten durch Addition ermittelt und in die Spalten der Summenbilanz übernommen. In den jeweiligen Summen für die einzelnen Sachkonten sind die Anfangsbestände und alle Veränderungen infolge der Buchung von Geschäftsvorfällen enthalten. Da jeder Geschäftsvorfall durch gleich große Soll- und Habenbuchungen erfasst worden ist, muss auch die Gesamtsumme der Sollseite der Gesamtsumme der Habenseite entsprechen. Die Summenbilanz hat eine Kontrollfunktion. Formelle Buchungsfehler können leicht festgestellt werden.

2. Spalte: Saldenbilanz I: Für jede Kontenzeile werden aus den Zahlen der Summenbilanz Salden errechnet und auf die wertmäßig größere Seite der Saldenbilanz I eingetragen. Wenn alle Salden richtig errechnet wurden, müssen wiederum beide Seiten der Saldenbilanz übereinstimmen. Durch die Saldenbilanz wird die Richtigkeit des Saldierens überprüft.

3. Spalte: Abschlussbuchungen: Üblicherweise treten folgende Abschlussbuchungen auf:

- transitorische Posten,
- antizipative Posten,
- Rückstellungen,
- Inventurdifferenzen,
- Bestandsveränderungen,
- Fehlbestände,
- Abschreibungen,
- Auflösung von Sonderposten,
- Verrechnung von Vor- und Umsatzsteuer,
- Abschluss der Privatkonten auf das Konto Eigenkapital,
- Abschluss der Konten für Erlösschmälerungen, gewährte Skonti und Boni,
- Abschluss des Warenbestandkontos und Buchung des Wareneinsatzes.

In der Abschlussübersicht ist diese Spalte vorgesehen, um die formale Richtigkeit der Abschlussbuchungen kontrollieren zu können.

4. Spalte: Saldenbilanz II: Zur Erstellung der Saldenbilanz II sind für jedes Konto jeweils die Sollspalten aus der Saldenbilanz I und aus den Umbuchungen zu addieren, analog die entsprechenden Habenspalten. Treffen für ein Konto Soll- und Habenspalten aufeinander, so sind die Beträge zu subtrahieren. Durch die Saldenbilanz II wird die richtige Fortführung des Saldierens kontrolliert.

5. Spalte: Vermögensrechnung: In der Vermögensrechnung werden alle Salden für aktive und passive Bestandskonten übernommen. Mit Ausnahme des Kontos Eigenkapital stimmt die Vermögensrechnung mit der Schlussbilanz überein. Der Saldo der Vermögensrechnung ergibt den Unternehmenserfolg (Gewinn- und Verlust), der jedoch noch nicht auf das Kapitalkonto übertragen wird.

6. Spalte: Erfolgsrechnung (Gewinn- und Verlustrechnung): Sie enthält alle Erfolgskonten und ermittelt den Jahreserfolg. Durch die Erfolgsrechnung wird das Gewinn- und Verlustkonto dargestellt. Die Differenz zwischen Aufwand und Ertrag muss der Differenz zwischen Aktiv- und Passivseite entsprechen. Wenn die Salden in der Abschlussübersicht ein rechnerisch richtiges Ergebnis ausgewiesen haben, werden die vorbereitenden Abschlussbuchungen auf die Konten übertragen, die Konten abgeschlossen und die Schlussbilanz sowie die Gewinn- und Verlustrechnung erstellt.

MERKE: Vor der endgültigen Aufstellung des Jahresabschlusses bietet es sich an, einen **„Probeabschluss"** in Form einer Abschlussübersicht vorzunehmen. Der „Probeabschluss" erfolgt vor dem endgültigen Abschluss der Konten. **Vorteile** sind: Kontrolle der Richtigkeit der Buchführung, Aufdeckung von Fehlern während der Abschlussarbeiten, eventuelle Bewertungsspielräume und deren Auswirkungen können simuliert werden. Außerdem werden der (vorläufige) Stand des Vermögens und der Schulden, die Aufwendungen und Erträge sowie das Jahresergebnis sichtbar.

Das folgende Beispiel stellt eine einfache Abschlussübersicht dar:

Erläuterung der Abschlussbuchungen der nachfolgenden Abschlussübersicht:

(1) Abschluss der Konten Vorsteuer und Umsatzsteuer untereinander (9972 – 2517 = 7455)

(2) Ermittlung der Umsatzsteuerzahllast und Ausweis als Steuerverbindlichkeit (7455 – 5510 = 1945)

(3) Umbuchung der gewährten Skonti auf das Warenverkaufskonto WVK

(4) Buchung der Abschreibungen auf Sachanlagen

(5) Abschluss des Privatkontos über das Eigenkapitalkonto

(6) Umbuchung der erhaltenen Skonti auf das Wareneinkaufskonto

(7) Wareneinkauf und Warenverkauf WVK werden unsaldiert in die Erfolgsrechnung übernommen

(8) Warenbestand lt. Inventur 8100 €, somit Wareneinsatz von 1600 €

Abschlussübersicht der Einzelhandel-OHG zum 31. Dezember 20..

Konten	Summenbilanz		Saldenbilanz I		Abschluss-buchungen		Saldenbilanz II		Vermögensrechnung		GuV	
	S	H	S	H	S	H	S	H	Aktiva	Passiva	Aufwand	Ertrag
Fahrzeuge	4.250		4.250			750_4	3.500		3.500			
BGA.	12.750		12.750			1.200_4	11.550		11.550			
Kasse	32.920	29.007	3.913				3.913		3.913			
Bank	85.174	52.997	32.177				32.177		32.177			
ForderungenLuL	1.360	788	572				572		572			
Vorsteuer	2.701	184	2.517			2.517_1						
Eigenkapital		36.150		36.150	12.000_5			24.150		24.150		
Dahrlehensverbindl.	1.800	10.000		8.200				8.200		8.200		
Verbindl. LuL	14.030	14.862		832				832		832		
Verbindl. Steuern						1.945_2		1.945		1.945		
Umsatzsteuer	108	10.080		9.972	9.972_1							
USt-Zahllast	5.510		5.510		1.945_2	7.455_1						
Privatentnahmen	12.000		12.000			12.000_5						
Wareneinkauf	11.200	1.000	10.200		1.600_8	150_6	11.650				11.650_7	
Erhaltene Skonti		150		150	150_6							
Warenbestand	9.700		9.700			1.600_8	8.100		8.100			
Löhne u. Gehälter	14.400		14.400				14.400				14.400	
Gesetzl. soz. Aufwand	3.025		3.025				3.025				3.025	
Miete	3.200		3.200				3.200				3.200	
Kfz-Kosten	1.680		1.680				1.680				1.680	
Abschreibungen					1.950_4		1.950				1.950	
Telefon	810		810				810				810	
Bürobedarf	920		920				920				920	
Umsatzerlöse WVK		63.000		63.000	680_3			62.320				62.320_7
Gewährte Skonti	680		680			680_3						
	218.218	218.218	118.304	118.304	28.297	28.297	97.447	97.447	59.812	35.127	37.635	62.320
										24.685	24.685	
									59.812	59.812	62.320	62.320

A.11 Aufstellung des Jahresabschlusses gemäß §§ 242, 264 ff. HGB

A.11.1 Zwecke und Adressaten

Der Jahresabschluss nach den Rechnungslegungsvorschriften des HGB soll insbesondere folgende drei Funktionen erfüllen:

(1) Dokumentationsfunktion,

(2) Zahlungsbemessungsfunktion,

(3) Informationsfunktion.

Dokumentationsfunktion: Die Aufzeichnung aller Geschäftsvorfälle des abgelaufenen Geschäftsjahres ermöglicht eine Kontrolle des betrieblichen Handelns. Damit kann der Jahresabschluss z.B. im Insolvenzfall oder bei Rechtsstreitigkeiten als Beweismittel herangezogen werden oder strafbare Handlungen (Unterschlagungen, Schmiergeldzahlungen) und Fehlentscheidungen der Unternehmensleitung können nachträglich aufgedeckt werden.

Zahlungsbemessungsfunktion: Jahresabschlüsse haben auch die Aufgabe, eine Bemessungsgrundlage für die Gewinnverwendung, z.B. in Form von Dividendenzahlungen, zu liefern. Zum Schutz der unterschiedlichen Bilanzadressaten wie Darlehensgeber, Lieferanten, Aktionäre, Arbeitnehmer und Finanzverwaltung mit teilweise unterschiedlichen Interessen bedarf es klarer und eindeutiger gesetzlicher Gewinnermittlungsvorschriften. Darlehensgeber sind eher an einer restriktiven Gewinnermittlung und somit geringen Gewinnausschüttungen interessiert, damit möglichst viel Vermögen im Unternehmen zur Sicherung der Kredite verbleibt. Die Eigentümer (Aktionäre) präferieren dagegen eher Regeln, die hohe Ausschüttungen ermöglichen. Der durch den Jahresabschluss ermittelte Gewinn ist auch Basis für die Ermittlung der Einkommens-, Körperschafts- und Gewerbesteuer, weshalb es steuerlich bedingte Gewinnermittlungsregeln gibt.

Informationsfunktion: Die wichtigste Aufgabe des Jahresabschlusses stellt die Unterrichtung der Bilanzadressaten dar, wobei die Gläubiger und Aktionäre als Kapitalgeber eine herausragende Rolle spielen. Die Kapitalgeber benötigen Informationen über das Insolvenzrisiko und die Ertragskraft eines Kapitalnehmers um zu entscheiden, wem sie ihr Geld anvertrauen. Der Jahresabschluss mit einer möglichst objektiven und realistischen Abbildung der Vermögens-, Finanz- und Ertragslage soll diese Informationen liefern.

Die Rechnungslegungszwecke des handelsrechtlichen Jahresabschlusses sind auf das staatliche und kommunale Rechnungswesen überwiegend übertragbar. **Zusätzlich** gilt:

Gebietskörperschaften finanzieren sich überwiegend aus Steuergeldern. Verlässliche Informationen für Parlamente und Öffentlichkeit sind deshalb von entscheidender verfassungsrechtlicher Bedeutung für die demokratische Legitimation des Verwaltungshandelns (**Legitimations- und Transparenzfunktion** des parlamentarischen Budgetrechts).

Um dauerhaft die Aufgabenerfüllung der Gebietskörperschaften sicher zu stellen, spielt die ‚Kapitalerhaltung' eine wichtige Rolle. Die jeweilige Mehrheit in den Parlamenten darf nicht die öffentlichen Ressourcen nach Belieben verbrauchen und ausbeuten. Es geht um den nachhaltigen Schutz der haushaltspolitischen und ökonomischen Handlungsfähigkeit künftiger Generationen (**Schutzfunktion**). Es ist somit zu vermeiden, dass aktuelle Parlamentsmehrheiten das ihnen ‚treuhänderisch' übertragene öffentliche Vermögen (Reinvermögen) auf Kosten künftiger Generationen und Mehrheiten unangemessen schmälern (Grundsatz der **intergenerativen Gerechtigkeit**).[63]

Im Gegensatz zum Einzelabschluss hat der **Konzernabschluss** im Wesentlichen nur eine Informationsfunktion.

A.11.2 Bestandteile des Jahresabschlusses

Zum Ende eines jeden Geschäftsjahres erstellen

- Personenunternehmen und Kleinstkapitalgesellschaften einen einfachen Jahresabschluss (§ 242 HGB),
- kleine, große und mittelgroße Kapitalgesellschaften einen erweiterten Jahresabschluss (§ 264 HGB).[64]

Einfacher und erweiterter Jahresabschluss setzen sich aus verschiedenen Bestandteilen mit unterschiedlichen Informationen zusammen. Kleine und Kleinstkapitalgesellschaften brauchen keinen Lagebericht erstellen, Kleinstkapitalgesellschaften sind darüber hinaus von der Erstellung eines Anhangs befreit. **Kapitalmarktorientierte Kapitalgesellschaften** nach § 264d HGB, die nicht zur Aufstellung eines Konzernabschlusses verpflichtet sind, haben - unabhängig von Größenkriterien - außerdem den Jahresabschluss um eine **Kapitalflussrechnung** und einen **Eigenkapitalspiegel** zu erweitern. Eine **Segmentberichterstattung** kann zusätzlich erfolgen. Der Anhang ist fester Bestandteil des erweiterten Jahresabschlusses. Seine Aufgabe besteht vor allem darin, die Ansätze in der Bilanz und GuV zu erläutern und zu präzisieren (§ 284 HGB). Der Lagebericht soll vor allem den Geschäftsverlauf, die Geschäftsfelder und die voraussichtliche Geschäftsentwicklung der Kapitalgesellschaft in groben Zügen umreißen (§ 289 HGB).

---

[63] Vgl. Brixner, Harms, Noe, Verwaltungskontenrahmen, 2003, S. 25, Rn. A 94 – 97 sowie SsD Tz. 1.2.

[64] Die Einteilung der Größenklassen ist in §§ 267, 267a HGB geregelt.

<table>
<tr><th>Bilanz</th><th>GuV</th><th>Anhang</th><th>Lagebericht</th></tr>
<tr><td>Vermögenshöhe,
Vermögenszusammensetzung,
flüssige Mittel,
Schulden,
Eigenkapital.</td><td>Erfolgshöhe,
Erfolgszusammensetzung.</td><td>Erläuterungen zu Bilanz- und Erfolgsausweis</td><td>Erläuterungen zur allgemeinen Geschäftslage</td></tr>
<tr><td colspan="2">Einfacher Jahresabschluss
(Einzelfirmen, Personengesellschaften, Kleinstkapitalgesellschaften)</td><td colspan="2"></td></tr>
<tr><td colspan="3">Erweiterter Jahresabschluss
(kleine Kapitalgesellschaften)</td><td></td></tr>
<tr><td colspan="4">Erweiterter Jahresabschluss
(große und mittelgroße Kapitalgesellschaften)</td></tr>
</table>

Abbildung 25: Bestandteile Jahresabschluss

Jahresabschluss und Lagebericht sind von den gesetzlichen Vertretern (Vorstand, Geschäftsführer) einer Kapitalgesellschaft innerhalb von drei Monaten nach Ablauf des Geschäftsjahres aufzustellen (§ 264 Abs. 1 Satz 3 HGB). Die Bestandteile des Jahresabschlusses für die kommunale Doppik sind in Kap. B.9 zusammengefasst.

A.11.3 Bilanzierung, Bewertung, Gliederung

Bei der Aufstellung einer Bilanz sind stets folgende Fragen zu beantworten:

- Welche Gegenstände können oder müssen in der Bilanz bilanziert, d.h. angesetzt werden (Frage nach der Bilanzierung)?
- Welcher Wert ist den bilanzierten Gegenständen beizulegen (Frage nach der Bewertung)?
- Wo sind die Gegenstände in der Bilanz auszuweisen (Frage nach der Gliederung bzw. dem Ausweis)?

Die Frage nach der Bilanzierung muss der Frage nach der Bewertung vorgeschaltet sein. Erst wenn die Bilanzierung bejaht wird, ergibt die Frage nach der Bewertung Sinn. Bilanzierung und Bewertung richten sich nach den Verhältnissen am Abschlussstichtag. Dies ist der letzte Tag des Geschäftsjahres. Ist geklärt, dass ein Bilanzposten oder ein Aufwand oder Ertrag zu erfassen ist, so stellt sich die Frage der

Gliederung oder des Ausweises. Der Ausweis im Einzelnen ist nur für Kapitalgesellschaften (§§ 266, 275 HGB), jedoch nicht für Personenunternehmen (Einzelunternehmen und Personengesellschaften), geregelt. Die ausführliche Behandlung der Inhalte erfolgt in den nächsten Kapiteln, wobei die wesentlichen Regelungen zur Gliederung im Kapitel „Bilanzierung" mit behandelt werden.

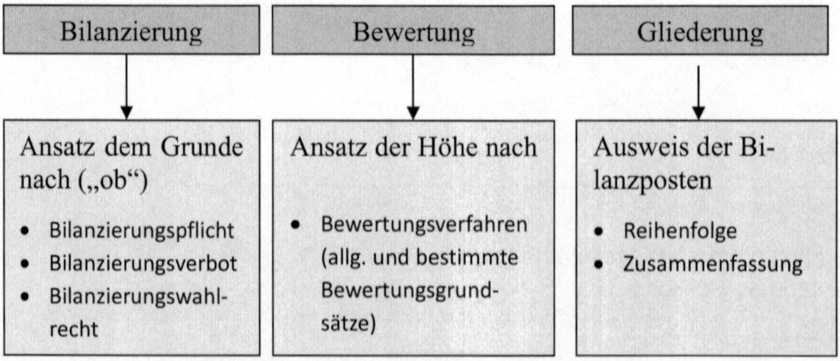

A.11.4 Grundsätze ordnungsmäßiger Buchführung und Bilanzierung (GoB)

Die nachfolgende Übersicht enthält sämtliche GoB. Die formellen GoB (§§ 243, 246 HGB) wurden bereits in Kap. A.2.6 dargestellt. Die GoB, die sich auf die Bewertung beziehen, werden in Kap. A.13 erläutert.

§ 243 HGB	**§ 246 HGB**	**§ 252 HGB**	**§ 253 HGB**
Klarheit und Übersichtlichkeit	Vollständigkeit	Bilanzidentitätsprinzip	Anschaffungskostenprinzip
Fristgerechte Aufstellung	Wirtschaftliche Zurechnung	Unternehmensfortführungsprinzip	Niederstwertprinzip
Richtigkeit und Willkürfreiheit (nicht kodifiziert)	Saldierungsverbot (Ausnahme: §246 Abs.2 Satz 2)	Stichtagsprinzip	
Wahrheit (nicht kodifiziert)	Ansatzstetigkeit	Einzelbewertungsprinzip	
		Vorsichtsprinzip	
		Realisationsprinzip	
		Imparitätsprinzip	
		Periodenabgrenzungsprinzip	
		Bewertungsstetigkeitsprinzip	

Abbildung 26: Grundsätze ordnungsmäßiger Buchführung und Bilanzierung

Das bisher geltende deutsche Recht zum Jahresabschluss wird vom Vorsichtsprinzip, also vom pessimistischen Vermögens- und Erfolgsausweis dominiert. Dagegen wurden auf internationaler Ebene Jahresabschlussvorschriften, sog. International Financial Reporting Standards (IFRS) entwickelt, die sich um

- einen neutralen Vermögens- und Erfolgsausweis sowie
- die Einschränkung von Bilanzierungs- und Bewertungswahlrechten

bemühen. Durch verschiedene HGB-Änderungen in den letzten Jahren (Bilanzrechtsmodernisierungsgesetz, Bilanzrichtlinienumsetzungsgesetz) hat sich auch der deutsche Gesetzgeber den internationalen Bilanzierungsregeln angenähert. Die Grundsätze ordnungsmäßiger Buchführung gelten sowohl für die Planung als auch für die Rechnung ebenfalls für das öffentliche Rechnungswesen auf doppischer Grundlage.[65]

Der **Grundsatz der Wirtschaftlichkeit (cost benefit)**, der als ungeschriebener Grundsatz auch zu den GoB zählt, erfasst den Aspekt, dass die zusätzlichen Kosten für genaue und detaillierte Informationen in der Buchführung im Zusammenhang mit dem hieraus resultierenden Nutzenzuwachs gesehen werden müssen (balance between benefit and costs).

Der **Grundsatz der Wesentlichkeit (materiality)** ergänzt den Grundsatz der Wirtschaftlichkeit. Der Jahresabschluss muss alle Informationen enthalten, um dem Bilanzleser die Möglichkeit zu geben, die Vermögens-, Finanz- und Ertragslage beurteilen zu können. Unwesentliche Informationen müssen dem Adressaten nicht mitgeteilt werden. Feste Größen (Relation zur Bilanzsumme, zur Jahresüberschusshöhe oder zu einem einzelnen Bilanzposten u.a.) zur Quantifizierung der Wesentlichkeitsgrenze gibt es nicht; es kommt auf den Einzelfall an.

[65] In einigen kommunalen Haushaltsverordnungen gilt statt des Vorsichtsprinzips das sog. **Wirklichkeitsprinzip**, wonach Risiken bei geringer Wahrscheinlichkeit außer Betracht bleiben, vgl. z.B. § 33 Abs. 1 Nr. 3 KomHVO NRW, § 37 Abs. 1 Nr. 3 SächsKomHVO-Doppik, § 43 Abs. 1 Nr. 3 GemHVO BW. Realisations- und Imparitätsprinzip gelten jedoch trotzdem (ausführlicher hierzu vgl. Kap. A.13.1).

A.12 Bilanzierung

A.12.1 Grundsätze für die Bilanzierung

Nach § 246 Abs. 1 HGB hat die Bilanz grundsätzlich alle Vermögensgegenstände, Schulden und Rechnungsabgrenzungsposten zu erfassen, die dem Bilanzierenden zuzurechnen sind. Soweit ein Sachverhalt geeignet ist, als Aktiv- oder Passivposten in die Bilanz aufgenommen zu werden, spricht man von **„abstrakter Bilanzierungsfähigkeit"**. Sie ist nach h. M. bei **Vermögensgegenständen** gegeben, wenn selbständige Verkehrsfähigkeit, selbständige Bewertbarkeit und Greifbarkeit vorliegen. Bei **Schulden** liegt die abstrakte Passivierungsfähigkeit vor, wenn eine wirtschaftliche Belastung, eine Leistungsverpflichtung durch den Bilanzierenden, eine quantifizierbare Leistung und selbständige Bewertungsfähigkeit gegeben sind.[66] Durch die Berücksichtigung des Grundsatzes der subjektiven Zurechenbarkeit (wirtschaftliches Eigentum des Bilanzierenden) sowie gesetzlicher oder durch GoB gewährter Bilanzierungswahlrechte oder –verbote ergibt sich die sog. **„konkrete Bilanzierungsfähigkeit"**, d.h. der durchzuführende Bilanzansatz.

Nach § 247 Abs. 1 HGB sind das Anlagevermögen, das Umlaufvermögen, das Eigenkapital, die Schulden und die Rechnungsabgrenzungsposten gesondert auszuweisen und hinreichend aufzugliedern. Aus dem Verhältnis der §§ 246 Abs. 1 und 247 Abs. 1 HGB zueinander folgt, dass die Vermögensgegenstände aus dem Anlagevermögen und aus dem Umlaufvermögen bestehen. Das für Kapitalgesellschaften geltende Gliederungsschema des § 266 HGB enthält auf der Passivseite außer dem Eigenkapital und dem passiven Rechnungsabgrenzungsposten noch die Posten Rückstellungen und Verbindlichkeiten. Den Posten „Schulden" enthält das Gliederungsschema hingegen nicht. Hieraus ist zu folgern, dass die Schulden i.S.d. § 246 Abs. 1 HGB sowohl Rückstellungen als auch Verbindlichkeiten i.S.d. § 266 Abs. 3 HGB umfassen. § 249 HGB beinhaltet Regelungen für die Passivierung von Rückstellungen.

Die Posten sind, wie oben erwähnt, hinreichend aufzugliedern. Für Kapitalgesellschaften ergibt sich die Art der Aufgliederung zwingend aus dem Schema des § 266 HGB. Kleine Kapitalgesellschaften i. S. d. § 267 Abs. 1 HGB brauchen nach § 266 Abs. 1 S. 3 HGB lediglich eine verkürzte Bilanz aufstellen. In dieser sind nur die mit Großbuchstaben und römischen Zahlen bezeichneten Posten des Bilanzschemas des § 266 HGB gesondert auszuweisen. Kleinstkapitalgesellschaften gemäß § 267a HGB brauchen nur die Bilanzposten mit den Großbuchstaben ausweisen. Die Gliederungen der Bilanzen für Gebietskörperschaften orientieren sich am Gliederungsschema des § 266 HGB für Kapitalgesellschaften (vgl. z.B. Anlage 1 SsD, § 42 KomHVO NRW). Im Vergleich dazu wird das Sachanlagevermögen einer Gebietskörperschaft

---

[66] Vgl. Petersen/Zwirner (Hrsg.), Systematischer Praxiskommentar Bilanzrecht, 4. Aufl. 2020, § 246 HGB Tz. 7-30.

stärker untergliedert. Abweichend ist auch die Gliederung des Eigenkapitals, da eine Gebietskörperschaft naturgemäß über kein „gezeichnetes Kapital“ verfügt.

Die nachfolgende Übersicht stellt die verkürzte Bilanz für kleine Kapitalgesellschaften dar:

Aktiva	Passiva
A. Anlagevermögen I. Immaterielle Vermögensgegenstände II. Sachanlagen III. Finanzanlagen **B. Umlaufvermögen** I. Vorräte II. Forderungen und sonstige Vermögensgegenstände III. Wertpapiere IV. Kassenbestand, Bundesbankguthaben, Guthaben bei Kreditinstituten und Schecks **C. Rechnungsabgrenzungsposten** **D. Aktive latente Steuern** **E. Aktiver Unterschiedsbetrag aus der Vermögensverrechnung**	**A. Eigenkapital** I. Gezeichnetes Kapital II. Kapitalrücklage III. Gewinnrücklagen IV. Gewinn-/Verlustvortrag V. Jahresüberschuss/-fehlbetrag **B. Rückstellungen** **C. Verbindlichkeiten** **D. Rechnungsabgrenzungsposten** **E. Passive latente Steuern**

Abbildung 27: "Verkürzte Bilanz der kleinen Kapitalgesellschaft"

Aktiviert, d.h. in die Bilanz aufgenommen werden alle **Vermögensgegenstände**, die sich im wirtschaftlichen Eigentum des Bilanzierenden befinden, sofern diese selbständig nutzbar sind sowie die Wertgrenze für geringwertige Wirtschaftsgüter - ohne Umsatzsteuer – übersteigen (Aktivierungsgrundsatz).

Wirtschaftlicher Eigentümer ist, wer die tatsächliche Sachherrschaft über einen Vermögensgegenstand in einer Art und Weise ausübt, dass ein Dritter wirtschaftlich auf Dauer von der Einwirkung auf diese Sache ausgeschlossen ist (vgl. § 39 AO). Die tatsächliche Sachherrschaft hat i.d.R. derjenige, bei dem Besitz, Gefahr, Nutzen und Lasten der Sache liegen.

In einer Vielzahl von Fällen wird der wirtschaftliche Eigentümer auch zugleich als zivilrechtlicher (juristischer) Eigentümer anzusehen sein. Allerdings kann wirtschaftliches und juristisches Eigentum – wie bereits in Kap. A.2.3 dargestellt - beispielsweise bei folgenden Sachverhalten voneinander abweichen:

- Bauten auf fremdem Grund und Boden,
- Leasing,

- Kommissionsgeschäfte,
- Factoring (Veräußerung von Forderungen), Nießbrauch, Grunddienstbarkeit.

Selbständige Nutzbarkeit ist dann gegeben, wenn der Vermögensgegenstand nicht nur in Kombination mit anderen Gegenständen genutzt werden kann (z.B. PC, Drucker, Monitor). Die Frage einer selbständigen Nutzbarkeit stellt sich insbesondere auch bei Gebäudeeinrichtungen wie beispielsweise Heizungsanlagen, welche mit dem Gebäude fest verbunden und somit als Gebäudebestandteil zu aktivieren sind.

Passiviert werden alle rechtlichen und wirtschaftlichen **Verpflichtungen**, die eine wirtschaftliche Belastung darstellen und quantifizierbar sind (Passivierungsgrundsatz). Erforderlich ist nicht nur der Ansatz der sicheren Schulden (Verbindlichkeiten), sondern auch der Ansatz der unsicheren (wahrscheinlichen) Schulden – der Rückstellungen.

A.12.2 Vermögensgegenstände des Anlagevermögens

Zum Anlagevermögen (AV) gehören diejenigen Vermögensgegenstände, die bestimmt sind, dauernd dem Geschäftsbetrieb zu dienen (§ 247 Abs. 2 HGB). Die Regelungen für das öffentliche Rechnungswesen entsprechen dieser Vorschrift.[67] Andernfalls sind die Vermögensgegenstände als Umlaufvermögen (UV) auszuweisen. Zum Umlaufvermögen zählen die betrieblichen Vermögensgegenstände, die zum Ge- oder Verbrauch bestimmt sind.

Bestimmte Vermögensgegenstände, die ihrer Eigenart nach im Prozess der betrieblichen Leistungserstellung verbraucht oder weiterverarbeitet werden oder nur einmalig verwendet werden können, sind stets dem Umlaufvermögen zuzuordnen (etwa Rohstoffe, Hilfs- und Betriebsstoffe).

Ansonsten richtet sich die für die Zuordnung zum Anlage- oder Umlaufvermögen maßgebliche Zweckbestimmung des Vermögensgegenstandes nach dem subjektiven Willen des Bilanzierenden. Es kommt also darauf an, wie und wie lange der Vermögensgegenstand eingesetzt werden soll. Besteht etwa eine sofortige Verkaufsabsicht, so ist der Vermögensgegenstand – unabhängig davon, ob er in einer bestimmten betrieblichen Funktion für eine mehrmalige Verwendung geeignet erscheint – dem Umlaufvermögen zuzuordnen. Im Umlaufvermögen einer Gemeinde sind aus diesem Grund z.B. die gemeindlichen Grundstücke auszuweisen, die zum Zwecke der Veräußerung gehalten werden, auch wenn sie nach ihrer Eigenart eigentlich dem Anlagevermögen zuzurechnen wären.

Ein Vermögensgegenstand des Anlagevermögens muss dazu bestimmt sein „dauernd dem Geschäftsbetrieb zu dienen". **„Dauernd"** ist in diesem Kontext nicht im Sinne von „für alle Zeiten" zu verstehen. Zum Anlagevermögen gehören schließlich auch Vermögensgegenstände, „deren Nutzung zeitlich begrenzt ist". Erforderlich ist, dass der Vermögensgegenstand für eine gewisse Zeit ununterbrochen zur Verfügung steht

[67] Vgl. z.B. § 34 Abs. 1 Satz 2 KomHVO NRW.

bzw. zur wiederholten betrieblichen Nutzung verwendet wird. Längere Verweildauern stützen die Vermutung, dass es sich um Anlagevermögen handelt. Eine konkrete Mindestverweildauer im Vermögen wird zwar nicht vorausgesetzt, von Vermögensgegenständen des Anlagevermögens wird aber üblicherweise erwartet, dass die beabsichtigte Nutzungsdauer **mindestens ein Jahr** beträgt. Im Umkehrschluss heißt das: Verweildauern von unter einem Jahr sprechen dafür, den Vermögensgegenstand dem Umlaufvermögen zuzuordnen. Die Entscheidung, ob ein Vermögensgegenstand im Anlage- oder Umlaufvermögen ausgewiesen wird, hat Auswirkungen auf das von der Bilanz vermittelte Bild der Vermögens- und Finanzlage. Die jeweiligen Werte gehen in zahlreiche Bilanzkennzahlen ein (vgl. Kap. A.17). Ebenfalls wirkt sich der unterschiedliche Ausweis auf die Bewertung der Vermögensgegenstände in den Folgejahren aus (planmäßige Abschreibungen beim Anlagevermögen, gemildertes Niederstwertprinzip beim Anlagevermögen und strenges Niederstwertprinzip beim Umlaufvermögen).

Das Anlagevermögen besteht aus drei Hauptgruppen, die gemäß § 266 HGB jeweils noch weiter untergliedert sind:

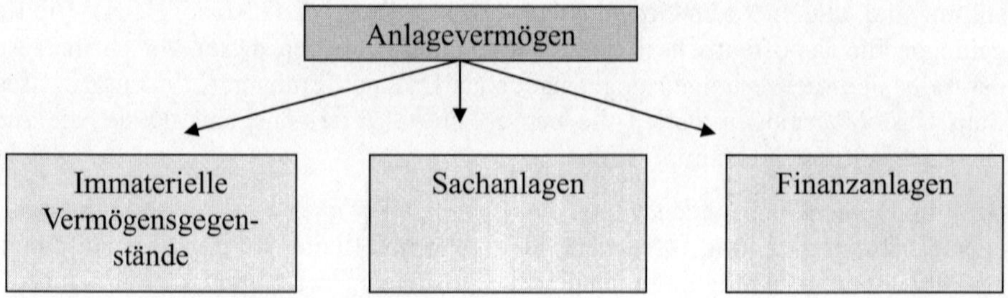

A.12.2.1 Immaterielle Vermögensgegenstände

Immaterielle Vermögensgegenstände sind Vermögenswerte, die nicht körperlich fassbar sind. Sie sind nur dann aktivierungsfähig, wenn es sich um einen Vermögensgegenstand handelt, der eigenständig verkehrsfähig und damit selbständig bewertbar ist. Selbst geschaffene immaterielle Vermögensgegenstände des Anlagevermögens können (Bilanzierungswahlrecht) nach § 248 Abs. 2 HGB als Aktivposten bilanziert werden. Nicht bilanziert werden dürfen selbst geschaffene Marken, Drucktitel, Verlagsrechte, Kundenlisten oder andere vergleichbare immaterielle Vermögensgegenstände des Anlagevermögens (Bilanzierungsverbot).

Beispiel:

Zu den immateriellen Vermögenswerten zählen bei einer Unternehmensbewertung auch Kundenlisten und der Name der Firma. Diese sind jedoch nur dann aktivierungsfähig, wenn sie, etwa als Kundenkartei oder bei einem Unternehmenskauf, von einem Dritten entgeltlich erworben wurden.

Immaterielle Vermögensgegenstände sind gemäß § 266 Abs. 2 HGB:

- selbst geschaffene gewerbliche Schutzrechte und ähnliche Rechte und Werte,
- entgeltlich erworbene Konzessionen, gewerbliche Schutzrechte und ähnliche Rechte und Werte sowie Lizenzen an solchen Rechten und Werten,
  - entgeltlich erworbene Konzessionen sind Betriebs- und Versorgungsrechte bei Energieunternehmen, Wegerechte, Fischereirechte, Verkehrs- und Spielbankkonzessionen, Gaststättenerlaubnis etc.,
  - gewerbliche Schutzrechte sind Patente, Gebrauchs- und Geschmacksmuster, Urheberrechte, Verlagsrechte, Warenzeichen, Markenrechte,
  - ähnliche Rechte sind Brenn- und Braurechte, Lieferrechte, Nutzungsrechte, Belegungsrechte, Vertriebsrechte,
  - ähnliche Werte sind Archive, IT-Software, Erfindungen, Film- und Tonaufzeichnungen, Know-how, Kundenstamm etc.,
  - Lizenzen an solchen Rechten und Werten sind Lizenzverträge an obigen Rechten und Werten,
- Geschäfts- oder Firmenwert,
- geleistete Anzahlungen auf immaterielle Vermögensgegenstände.

Immaterielle Vermögensgegenstände, deren Nutzungsdauer zeitlich begrenzt ist, sind planmäßig linear über die eingeräumte Nutzungsdauer abzuschreiben.

In der **staatlichen und kommunalen Doppik** gibt es überwiegend die Abweichung von der HGB-Regelung, dass **selbst geschaffene** immaterielle Vermögensgegenstände **nicht bilanziert** werden. Eine Aktivierung immaterieller Vermögensgegenstände des **Anlagevermögens** hat hier generell drei Voraussetzungen:[68]

- Erwerb gegen Entgelt,
- Erwerb von Dritten,
- Gegenstand des Erwerbs ist ein Vermögensgegenstand.

Eine Besonderheit in der öffentlichen Rechnungslegung stellen die von einer Gebietskörperschaft „**Geleisteten Zuwendungen bzw. Investitionszuschüsse**“ dar.

[68] Vgl. SsD Tz. 5.1.1, im NKF: § 44 Abs. 1 KomHVO NRW.

Um geleistete Zuwendungen als immaterielles Vermögen zu aktivieren, wird (kumulativ) vorausgesetzt, dass

- nicht die Gebietskörperschaft mit der Gewährung einer Zuwendung das wirtschaftliche Eigentum an dem bezuschussten Vermögensgegenstand erwirbt, sondern der Zuwendungsempfänger, der die Zuwendung zur Finanzierung der Anschaffung oder Herstellung eines Vermögensgegenstandes verwenden muss,
- eine mehrjährige bzw. mengenmäßige Zweckbindung oder Gegenleistungsverpflichtung des Zuwendungsempfängers besteht.

Hinsichtlich des Ausweises zu aktivierender Zuwendungen ergeben sich Unterschiede in den einzelnen Bundesländern (vgl. hierzu Kap. B.4.2.6).

Für selbst geschaffene immaterielle Vermögensgegenstände des **Umlaufvermögens** gilt das Aktivierungswahlrecht des § 248 Abs. 2 HGB nicht. Dies bedeutet, dass immaterielle Vermögensgegenstände des Umlaufvermögens nach dem Vollständigkeitsgebot des § 246 Abs. 1 HGB stets zu aktivieren sind, und zwar unabhängig davon, ob sie entgeltlich erworben sind oder selbst hergestellt werden.

Beispiel:

Die Datenverarbeitungszentrale AG entwickelt eine Software. Die Software ist

a) zum Einsatz im eigenen Betrieb,

b) zur Veräußerung bestimmt.

Im Fall a) handelt es sich bei der Software um einen selbst erstellten immateriellen Vermögensgegenstand des Anlagevermögens. Dieser darf nach § 248 Abs. 2 HGB angesetzt werden. Im Fall b) handelt es sich um einen selbst erstellten immateriellen Vermögensgegenstand des Umlaufvermögens, der nicht unter das Aktivierungswahlrecht des § 248 Abs. 2 HGB fällt, vielmehr nach dem Vollständigkeitsgebot des § 246 Abs. 1 HGB zu aktivieren ist.

Bei Bezug zum Sachanlagevermögen erfolgt keine Zuordnung als immaterieller Vermögensgegenstand. Es handelt sich z.B. um

- dingliche Rechte wie das Erbbaurecht,
- Kosten einer Baugenehmigung als Teil der Nebenkosten für die Anschaffung oder Herstellung eines Gebäudes,
- Software-Werte mit Bezug zum Sachanlagevermögen PC, d.h. die Nutzung des Rechners steht wertmäßig im Vordergrund (z.B. Betriebssystem sowie mitgelieferte Anwendungsprogramme, solange wertmäßig nicht die Software im Vordergrund steht).

Die Folge ist, dass für obige Beispiele eine Bilanzierung als grundstücksgleiches Recht bzw. eine Bewertung zusammen mit dem Rechner erfolgt.

Ebenfalls zu den immateriellen Vermögensgegenständen zählt der sog. **„Geschäfts- oder Firmenwert“** (GoF) gemäß § 246 Abs. 1 S. 4 HGB. Dies ist der Unterschiedsbetrag zwischen dem bei der Übernahme eines ganzen Unternehmens zu leistenden Kaufpreis und der Summe aller im Zeitpunkt der Übernahme vorhandenen Vermögensgegenstände abzüglich der Schulden (z.B. Mehrwert für Kundenstamm, Know-how, Management, Standortvorteil, Lieferbeziehungen oder Monopole). Er muss als zeitlich begrenzter Vermögensgegenstand aktiviert werden, wenn er entgeltlich erworben wurde (sog**. derivativer GoF**).[69]

	Kaufpreis für das Unternehmen
./.	Zeitwerte der einzelnen Vermögensgegenstände abzüglich der Schulden zum Übernahmezeitpunkt
=	derivativer Geschäfts- oder Firmenwert

A.12.2.2 Sachanlagen

Während § 90 BGB zwischen Sachen und Rechten unterscheidet, differenziert das Handelsrecht zwischen materiellen und immateriellen Vermögensgegenständen.

Das Sachanlagevermögen umfasst die materiellen Vermögensgegenstände des Anlagevermögens, also Vermögensgegenstände, die körperlich fassbar und damit beweglich oder unbeweglich sind.

Man unterscheidet das **nicht-abnutzbare** (z.B. Grund und Boden, Kunstgegenstände) und das **abnutzbare Sachanlagevermögen** (z.B. Gebäude und sonstige Bauten, Maschinen und maschinelle Anlagen, Betriebsausstattung, Geschäftsausstattung, Büroeinrichtung, Kraftfahrzeuge); beide werden mit den Anschaffungs- und Herstellungskosten aktiviert. Das abnutzbare Sachanlagevermögen ist nach § 253 Abs. 3 HGB planmäßig abzuschreiben.[70] Ferner sind unter Sachanlagen auszuweisen:

Geleistete Anzahlungen auf Sachanlagen, im Bau befindliche Sachanlagen

Auf den Grundsatz der Wirtschaftlichkeit geht die Sofortabschreibung sog. **Geringwertiger Wirtschaftsgüter (GWG)** zurück, die in § 6 Abs. 2 EStG steuerrechtlich geregelt ist. Die buchhalterische Erfassung der GWG richtet sich nach der Höhe der Anschaffungskosten (vgl. Kap. A.7.1.4).

[69] Ein sog. originärer Geschäftswert beruht auf der Vorstellung, dass der Gesamtwert eines Unternehmens höher sein kann als die Summe des bilanzierten Vermögens (abzüglich der Schulden). Gründe hierfür könnten der Name des Unternehmens, der gute Ruf, ein fester Kundenstamm, Standortvorteile, das Humankapital etc. sein. Da der sich originäre Geschäftswert nur auf Annahmen über zukünftige Ertragschancen bezieht, darf er nicht bilanziert werden.

[70] Vgl. SsD Tz. 4.2.3, im NKF: § 36 Abs. 1 KomHVO NRW.

Einzelne Positionen des Sachanlagevermögens sind u.a.

⇨ **Grundstücke, grundstücksgleiche Rechte und Bauten einschließlich der Bauten auf fremden Grundstücken**

Der Grundstücksbegriff lässt sich aus § 70 Bewertungsgesetz (BewG) ableiten.

Unbebaute Grundstücke sind nach § 72 BewG Grundstücke, „auf denen sich keine benutzbaren Gebäude befinden". Befinden sich Gebäude von untergeordneter Bedeutung auf dem Grundstück, so gilt das Grundstück trotzdem als unbebaut. Im kommunalen Bereich gehören zu den unbebauten Grundstücken Friedhöfe, Parkanlagen, Kleingartendaueranlagen, Sportflächen, Kinderspielplätze, Naturschutzflächen und Wasserflächen, Ackerland bzw. Flächen der Landwirtschaft, Waldflächen und Flächen der Forstwirtschaft.

Bebaute Grundstücke sind nach § 74 BewG Grundstücke, „auf denen sich benutzbare Gebäude befinden", mit Ausnahme der in § 72 Absätze 2 und 3 BewG bezeichneten Gebäude (untergeordnete Bedeutung, Zerstörung oder Verfall). **Gebäude** stellen Bauwerke dar, die

- fest mit dem Grund und Boden verbunden sind,
- von einiger Beständigkeit und ausreichend standfest sind,
- Menschen oder Sachen durch räumliche Umschließung Schutz gegen Witterungseinflüsse gewähren und
- den Aufenthalt von Menschen gestatten.[71]

Unbebaute Grundstücke werden mit ihren Anschaffungskosten auf das Konto „Unbebaute Grundstücke" gebucht. Wird das Grundstück später bebaut, erfolgt mit Bezugsfertigkeit des Gebäudes eine Umbuchung auf das Konto „Bebaute Grundstücke". Als Bebauung gelten neben Gebäuden auch andere Bauten wie Straßen, Brücken, Wege und Plätze. In der Bilanz einer Gebietskörperschaft werden diese regelmäßig unter dem Posten Infrastrukturvermögen ausgewiesen. Aufgrund seiner stark eingeschränkten Verwertbarkeit wird das Infrastrukturvermögen zur besseren Beurteilung des öffentlichen Vermögens separat ausgewiesen.

Grundstücksgleiche Rechte sind dingliche Rechte, die wie Grundstücke behandelt werden, weil sie umfangreiche Nutzungsrechte am Grundstück einräumen. Das **Erbbaurecht** ist unter diesem Posten auszuweisen, wenn die Bestellung des Erbbaurechts aufgrund der Zahlung eines Einmalbetrags erfolgt, das Erbbaurecht also von einem Dritten gegen Entgelt erworben wurde. Wird das Erbbaurecht gegen Zahlung eines laufenden Erbbauzinses (=Aufwand) gewährt, liegt ein bilanziell nicht zu erfassendes „schwebendes Geschäft" vor. **Dauerwohnrechte** zählen ebenfalls zu diesem Posten. Nicht zu den grundstücksgleichen Rechten zählen die Grunddienstbarkeit lt. § 1018 BGB, das Nießbrauchrecht lt. §§ 1030 ff BGB und die beschränkt

[71] Vgl. Bundesfinanzhof v. 28. 5. 2003, BStBl. II S. 693.

persönliche Dienstbarkeit lt. § 1090 BGB, da sie lediglich eine eingeschränkte Nutzung des Grundstücks erlauben; sie werden als immaterielle Vermögensgegenstände erfasst, wenn sie gegen Entgelt erworben wurden.

Bauten auf fremdem Grund und Boden sind Gebäude oder andere Bauten auf z.B. gepachteten Grundstücken. Es besteht ein vertraglich gesichertes Recht, eine bauliche Anlage auf fremdem Grund und Boden vorzuhalten. Dieser Bilanzposten hat besondere Bedeutung für den Bereich der baulichen Anlagen in Form von Betriebsvorrichtungen (z.B. Trafostationen, Druckreglerstationen).

Während zivilrechtlich zu den Grundstücken der Grund und Boden einschließlich der darauf stehenden Gebäude gehört, ist in der Buchführung zwischen Grund und Boden, grundstücksgleichen Rechten sowie Gebäuden jeweils als gesonderte Vermögensgegenstände zu unterscheiden. Diese Trennung, die in der Anlagenbuchhaltung erfolgt, ist notwendig für die Berechnung der planmäßigen Abschreibungen. Es wird nur der Gebäudewert planmäßig abgeschrieben. Zu den Gebäuden gehören auch Einrichtungen, die wirtschaftlich als Teil des Gebäudes anzusehen sind, sog. **unselbständige Gebäudebestandteile**. Sie sind mit den Gebäuden zu aktivieren und abzuschreiben (Heizungs-, Beleuchtungs- und Lüftungsanlagen, Installationen, Rolltreppen, Personenaufzüge, Türen, Fenster u.ä.). Werden unselbständige Gebäudebestandteile ersetzt, so handelt es sich steuerrechtlich um sofort abzugsfähigen Erhaltungsaufwand.

Nicht zu dieser Position gehören selbständige Gebäudebestandteile im Sinne von **Betriebsvorrichtungen**. Die Bilanzierung folgt hier der steuerrechtlichen Einordnung, wonach Gebäudeteile, die der betrieblichen Nutzung und damit der Ausübung des Geschäftsbetriebs näherstehen als der Gebäudenutzung, als Betriebsvorrichtung (siehe Position „Technische Anlagen und Maschinen“) behandelt werden.

Bei der Erstellung von Gebäuden bereitet die Frage, welche Teile der Herstellungskosten auf den Grund und Boden entfallen und welche dem Gebäude zuzurechnen sind, besondere Schwierigkeiten. Beiträge des Eigentümers zu den Anlagen, die die Gemeinde erstellt (Kanalanschluss-, Straßenanliegerbeiträge) erhöhen den Grundstückswert und werden dem Grund und Boden zugerechnet. Zum Gebäude gehören die Anschlusskosten, die die Ver- und Entsorgungsleitungen vom Gebäude bis zur Grundstücksgrenze betreffen.

Bei geleasten unbeweglichen Vermögensgegenständen richtet sich die Bilanzierung nach dem wirtschaftlichen Eigentum. Die steuerrechtlichen Regelungen finden hierzu Anwendung.

⇨ Technische Anlagen und Maschinen

Hierzu gehören diejenigen Vermögensgegenstände des Anlagevermögens, die unmittelbar dem betrieblichen Leistungsprozess dienen. Bei den technischen Anlagen und Maschinen sind auch sog. Betriebsvorrichtungen auszuweisen, wie z.B. Anlagen für Arbeit, Sicherheit und Umweltschutz, Bahnanlagen, Lastenaufzüge, Tresoranlagen.

Für den Bilanzausweis ist es unerheblich, ob die Vermögensgegenstände zivilrechtlich Bestandteil oder Zubehör von Grundstücken bzw. Gebäuden sind. Maßgebend ist das wirtschaftliche Eigentum, nicht der zivilrechtliche Eigentumsübergang.

Bei geleasten beweglichen Vermögensgegenständen richtet sich die Zurechnung des wirtschaftlichen Eigentums in Anlehnung an das Steuerrecht nach dem Verhältnis der Grundmietzeit zur betriebsgewöhnlichen Nutzungsdauer des Leasinggegenstandes (vgl. Kap. A.7.7).

⇨ Andere Anlagen, Betriebs- und Geschäftsausstattung

Hier sind alle Sachanlagen auszuweisen, soweit sie nicht zu einem vorherigen Posten des Sachanlagevermögens gehören. Als Abgrenzungskriterium für „Andere Anlagen" gilt im Zweifel die allgemeine Betriebsbezogenheit, für „Technische Anlagen" dagegen der Bezug zum Leistungserstellungsprozess. Beispiele sind: IT-Anlagen des Verwaltungsbereichs, Büroeinrichtung, Fahrzeuge. Vermögensgegenstände der Betriebs- und Geschäftsausstattung kommen häufig für die Bildung eines Festwertes in Betracht oder sind geringwertige Wirtschaftsgüter.

⇨ Geleistete Anzahlungen und Anlagen im Bau

„Geleistete Anzahlungen" und „Anlagen im Bau" werden in einem Posten zusammengefasst ausgewiesen. Die Anzahlungen müssen für künftige Sachanlageinvestitionen geleistet sein, und zwar im Sinne von Vorleistungen auf das schwebende Geschäft „Anlageinvestition". Bei den Anzahlungen auf Vermögensgegenstände steht der Zahlung noch kein Vermögenszugang gegenüber, weshalb vorübergehend das entsprechende Anzahlungskonto zu buchen ist. Bei Vermögenszugang ist die Anzahlung durch einen Aktivtausch gegen den Vermögensgegenstand im jeweiligen Bestandskonto auszubuchen. Wird das vereinbarte Liefer- oder Leistungsgeschäft, auf das sich die Anzahlung begründet, von der Gegenseite nicht erfüllt, ist ein evtl. Rückzahlungsanspruch unter „Sonstige Vermögensgegenstände" auszuweisen.

Begonnene, aber noch nicht abgeschlossene Sachanlageninvestitionen sind „Anlagen im Bau". Die Höhe der zu aktivierenden Beträge richtet sich nach den bereits angefallenen Anschaffungs- und Herstellungskosten, gleichgültig ob es sich um Fremd- oder Eigenleistungen handelt. Es kommt nur darauf an, ob die Baumaßnahmen nach Fertigstellung dem Sachanlagevermögen zuzuordnen sind. Bis zur Fertigstellung fallen planmäßige Abschreibungen nicht an. Nach Fertigstellung ist das fertig gestellte Bauvorhaben auf eine der drei vorhergehenden Bilanzposten umzugliedern.

Die **Vorschriften zur staatlichen und kommunalen Doppik** sehen für das Sachanlagevermögen eine deutlich stärkere Untergliederung vor, als die entsprechende handelsrechtliche Vorschrift des § 266 Abs. 2 A.II. HGB. Der dadurch vermittelte Einblick in die Zusammensetzung des Sachanlagevermögens soll vor allem dazu beitragen, dem Bilanzleser Rückschlüsse aus der Art des Vermögens auf dessen Verwendung und Verwertbarkeit zu ermöglichen. Wesentliche Teile des Vermögens einer Gebietskörperschaft sind spezifischen Zwecken gewidmet und können nur stark eingeschränkt in Geld umgewandelt oder einer anderen Verwendung zugeführt werden (z.B. Schulen, Straßen, Naturgüter, Kunstgegenstände und Kulturdenkmäler). Dies ist etwa bei der Beurteilung der Schuldendeckungsfähigkeit des Vermögens und der Handlungsmöglichkeiten einer Gebietskörperschaft mit in Betracht zu ziehen.

Detaillierte Regelungen zum Ausweis des Sachanlagevermögens für die staatliche Doppik enthält SsD Tz. 5.1.2, die vergleichbar sind zu den Regelungen im NKF, die in Kap. B.2.4.2 dargestellt sind.

A.12.2.3 Finanzanlagen

Als Finanzanlagen[72] werden Vermögensgegenstände bezeichnet, die im Unterschied zu immateriellen Vermögensgegenständen und Sachanlagen keine Sachwerte darstellen, aber als Finanzwerte dauerhaften Zwecken dienen. Man unterscheidet Unternehmensanteile, Beteiligungen, Ausleihungen und Wertpapiere.

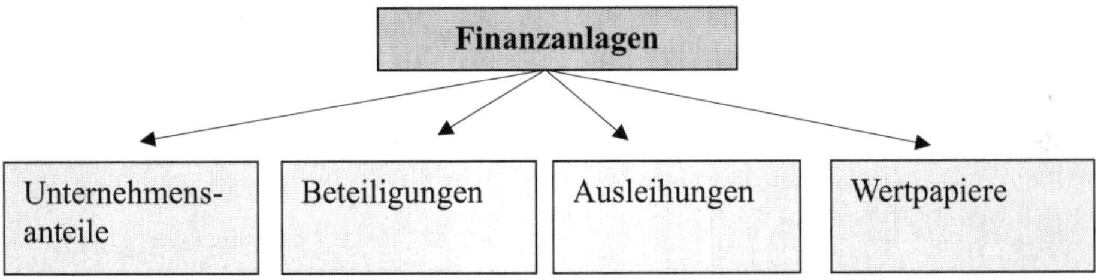

⇨ Anteile an verbundenen Unternehmen

Verbundene Unternehmen sind nach § 271 Abs. 2 HGB Unternehmen, die gemäß § 290 HGB aufgrund der Möglichkeit eines beherrschenden Einflusses als Mutter- oder Tochterunternehmen nach den Vorschriften der Vollkonsolidierung in einen Konzernabschluss einzubeziehen sind. Ab einer Beteiligungshöhe von mehr als 50 % kann von einem mittelbaren oder unmittelbaren **beherrschenden Einfluss** ausgegangen werden. Falls im Ausnahmefall nicht von einer dauernden Besitzabsicht ausgegangen werden kann, sind die Anteile im Umlaufvermögen auszuweisen.

⇨ Beteiligungen

Beteiligungen sind in Anlehnung an § 271 Abs. 1 HGB Anteile an Unternehmen, die in der Absicht gehalten werden, eine dauernde Verbindung aufzubauen oder zu halten. Von Beteiligungen spricht man bei Kapitalgesellschaften, wenn ein **maßgeblicher Einfluss** ausgeübt wird. Als Beteiligung gelten in der Regel Anteile, die insgesamt den fünften Teil des Nennkapitals an dem Unternehmen überschreiten und die

[72] Finanzanlagen zählen in der Literatur (vgl. u.a. Coenenberg/Haller/Schultze, Jahresabschluss und Jahresabschlussanalyse, 25. Aufl. 2018, S. 254) zu den originären Finanzinstrumenten, die sowohl lang- und kurzfristige finanzielle Vermögenswerte als auch finanzielle Verbindlichkeiten umfassen. Im Gegensatz dazu gibt es die sog. derivativen Finanzinstrumente wie z.B. Swaps, Optionen und Futures.

nicht verbundene Unternehmen sind (> 20 % und ≤ 50%). Diese Vermutung ist widerlegbar. Falls keine Beteiligungsabsicht vorliegt, sind die Anteile als Wertpapiere des Anlagevermögens auszuweisen. Ist darüber hinaus nicht von einer dauerhaften Anlage auszugehen, erfolgt ein entsprechender Ausweis im Umlaufvermögen. Anteile an einer eingetragenen Genossenschaft gelten nicht als Beteiligung (§ 271 Abs. 1 S. 5 HGB). Sie werden den sonstigen Ausleihungen zugerechnet.

⇨ Ausleihungen

Ausleihungen sind **Forderungen aus Kapitalhingabe** im Gegensatz etwa zu Forderungen aus Lieferungen und Leistungen oder Forderungen ohne eine Gegenleistung. Bei Kapitalhingabe muss also die Absicht bestanden haben, dem Empfänger - i.d.R. für eine bestimmte Zeit - Kapital zur Verfügung zu stellen. Beteiligungen ≤ 20%, soweit sie keine Wertpapiere sind, zählen ebenfalls zu den Ausleihungen. Die Dauer der Ausleihung muss mindestens ein Jahr betragen. Beim Bilanzausweis ist zu unterscheiden zwischen Ausleihungen an verbundene Unternehmen, Ausleihungen an Unternehmen, mit denen ein Beteiligungsverhältnis besteht und sonstigen Ausleihungen. Langfristige Forderungen aus Lieferungen und Leistungen sind nicht unter den Finanzanlagen auszuweisen.

⇨ Wertpapiere des Anlagevermögens

Hierzu gehören solche Wertpapiere, die dauernd oder lange Zeit gehalten werden, ohne dass - bei Wertpapieren mit Mitgliedschaftsrechten - die Absicht besteht, an dem anderen Unternehmen mit unternehmerischer Gestaltungsabsicht beteiligt zu sein. Beispiele sind: Dividendenpapiere wie Aktien, Anteile an offenen Immobilienfonds, Genussscheine, Investmentanteile, festverzinsliche Wertpapiere wie Obligationen, Schatzbriefe oder zum öffentlichen Handel zugelassene Schuldbuchforderungen. Die dauerhafte Zweckbindung besteht in der Absicht, nachhaltige Finanzerträge zu erzielen. Ist diese dauerhafte Absicht nicht gegeben, muss ein Ausweis im Umlaufvermögen erfolgen.

Finanzderivate (z. B. Zinsswapgeschäfte) sind schwebende Geschäfte. Werden diese zur Steuerung des Chance-Risikoprofils des Schuldenbestandes aufgenommen, stellen sie keine eigenständig bewertbaren Vermögensgegenstände dar, auch wenn sie positive Barwerte ausweisen. Finanzderivate bilden mit dem Grundgeschäft (z.B. Schuldscheindarlehen) zusammen eine Bewertungseinheit (vgl. Kap. A.13.3.3).

Für Finanzanlagen gibt es andere Bewertungs- und Abschreibungsregeln als bei den immateriellen Vermögensgegenständen und Sachanlagen. Sie dienen normalerweise auch nicht unmittelbar dem Produktionsprozess von Sach- und Dienstleistungen. Finanzanlagen sind in der Regel als Investitionen in Sondervermögen oder Vermögen Dritter zu betrachten und dienen dort dem Betriebszweck. Die Erträge aus Finanzanlagen werden daher in der Erfolgsrechnung von den betrieblichen Erträgen (ordentlichen Erträgen) abgesondert und als **Finanzerträge** ausgewiesen. Finanzanlagen - wie das Anlagevermögen generell - unterscheiden sich von den Wertpapieren und Forderungen des Umlaufvermögens dadurch, dass sie dem Betrieb auf Dauer dienen sollen. Für die Abgrenzung der Finanzanlagen von Wertpapieren und Forderungen des Umlaufvermögens ist somit zu prüfen, ob die Mittel auf Dauer angelegt werden.

Prinzipiell gelten die allgemeinen Grundsätze der Bewertung zu Anschaffungskosten, soweit nicht außerplanmäßige Abschreibungen nach § 253 Abs. 3 Satz 5 HGB vorgenommen werden. Diese sind bei Vermögensgegenständen des Anlagevermögens immer dann vorzunehmen, wenn eine voraussichtlich dauernde Wertminderung vorliegt (Abschreibungspflicht). Bei Finanzanlagen können sie auch bei nicht dauernder Wertminderung vorgenommen werden, um diese mit dem niedrigeren Wert anzusetzen, der ihnen am Abschlussstichtag beizulegen ist (vgl. § 253 Abs. 3 Satz 6 HGB - Abschreibungswahlrecht). Finanzanlagen sind von planmäßigen Abschreibungen ausgenommen. Außerplanmäßige Abschreibungen sind im Anhang zu erläutern. Eine in früheren Jahren vorgenommene außerplanmäßige Abschreibung muss nach § 253 Abs. 5 HGB korrigiert werden, sofern die Gründe für die Wertminderung nicht mehr bestehen. Entsprechende Zuschreibungen sind im Anhang zu erläutern. Überwiegend gleichlautende Regelungen gelten für die **staatliche und kommunale Doppik.**[73] Hier gibt es zusätzlich sog. Sondervermögen, wobei die Abgrenzung, was zum Sondervermögen zählt, nicht einheitlich ist (vgl. Kap. B.2.4.3).

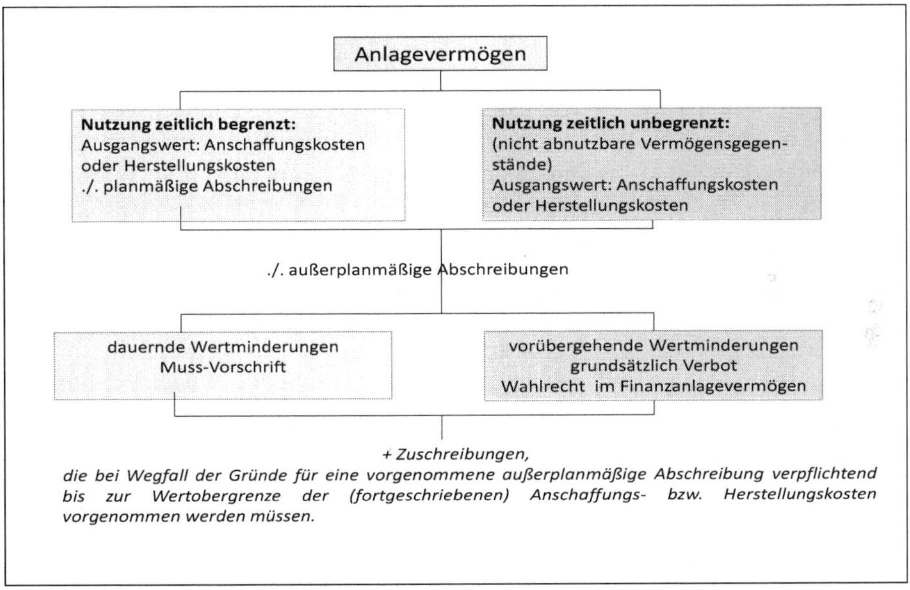

Abbildung 28: Bewertungsregeln im Anlagevermögen

[73] Vgl. jedoch die Sonderregelung für die staatliche Doppik in SsD Tz. 5.1.3, wobei eine Abschreibung von Finanzanlagen nur bei dauernder Wertminderung erfolgt. § 36 Absätze 6 und 9 KomHVO NRW entsprechen inhaltlich den HGB-Regelungen.

A.12.3 Umlaufvermögen

Zum Umlaufvermögen gehören alle Wirtschaftsgüter, die dem Betrieb nur vorübergehend dienen sollen. Sie sind zum Verbrauch, zum Verkauf oder für eine andere Art einer kurzfristigen Verwertung bestimmt. § 266 HGB unterscheidet beim Umlaufvermögen zwischen Vorräten, Forderungen und sonstigen Vermögensgegenständen, Wertpapieren und liquiden Mitteln. Das Umlaufvermögen der Gebietskörperschaften ist in der staatlichen sowie überwiegend in der kommunalen Doppik vergleichbar gegliedert.[74] Letztlich umfasst das Umlaufvermögen sämtliche aktivierbaren Vermögensgegenstände, die nicht zum Anlagevermögen zählen und keine Rechnungsabgrenzungsposten darstellen.

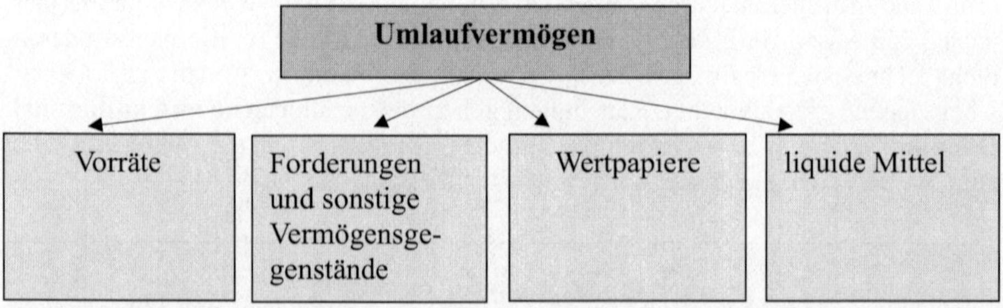

Das Gliederungsschema des § 266 Abs. 2 B. HGB ordnet die Vermögensgegenstände des Umlaufvermögens nach ihrer Liquidierbarkeit. Dem Anlagevermögen am nächsten stehen die Vorräte; die Liquidierbarkeit nimmt über die Forderungen bis zu den flüssigen (liquiden) Mitteln stets zu.

Für die Bewertung des Umlaufvermögens gilt das **strenge Niederstwertprinzip**. Die Anschaffungs- und Herstellungskosten sind gemäß § 253 Abs. 4 HGB bei jeder Wertminderung auf den niedrigeren beizulegenden Wert am Abschlussstichtag abzuschreiben (nicht wie beim Anlagevermögen nur bei einer dauerhaften Wertminderung). Eine planmäßige Abschreibung erfolgt beim Umlaufvermögen nicht, da das Umlaufvermögen nicht genutzt, sondern verbraucht, verarbeitet oder veräußert wird.

[74] Die kommunale Doppik in Niedersachsen und Baden-Württemberg sieht keine Einteilung des Vermögens in Anlage- und Umlaufvermögen vor.

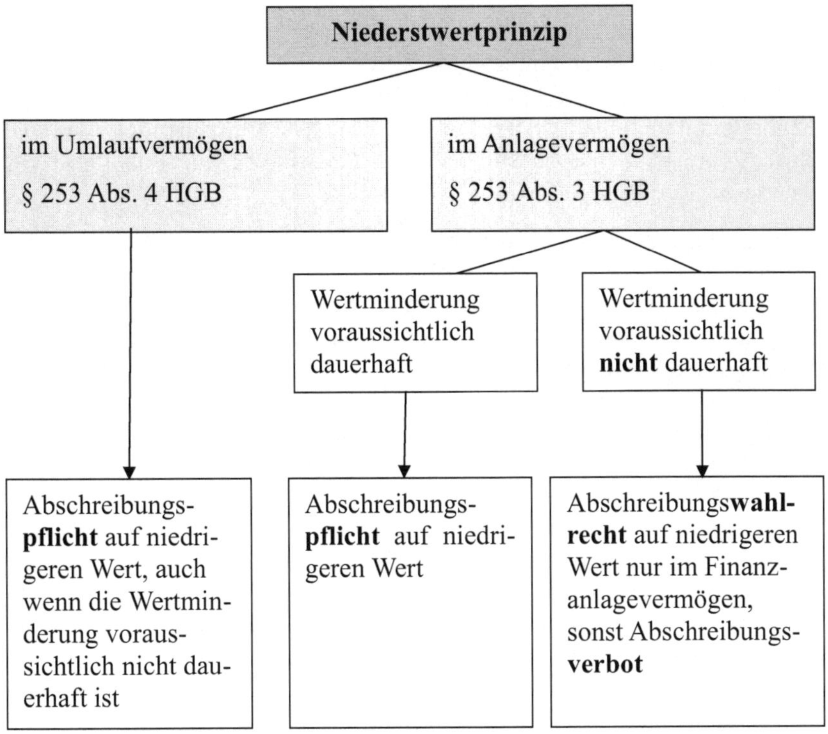

A.12.3.1 Vorräte

Als Vorräte werden Vermögensgegenstände erfasst, die für den betrieblichen Leistungsprozess erworben werden und ggf. verbraucht bzw. be- oder verarbeitet und verkauft werden. Im Einzelnen gehören zu den Vorräten

- Roh-, Hilfs- und Betriebsstoffe,
- unfertige Erzeugnisse und unfertige Leistungen,
- fertige Erzeugnisse und Waren,
- geleistete Anzahlungen auf Vorräte.

Rohstoffe sind alle Stoffe, die unmittelbar in ein Fertigerzeugnis eingehen und dessen Hauptbestandteil bilden. **Hilfsstoffe** gehen ebenfalls in die Fertigerzeugnisse ein; ihnen kommt im Rahmen der Produktion jedoch lediglich eine Hilfsfunktion zu; sie sind im Vergleich zu den Rohstoffen von untergeordneter Bedeutung. **Betriebsstoffe** werden zur Produktion der Erzeugnisse verbraucht; sie werden selbst nicht Bestandteile der Erzeugnisse.

Beispiel:

In einem städtischen Bauhof lagern am Bilanzstichtag u.a. verschiedene Holzarten, Nägel, Schrauben, Beizen, Lacke sowie Reinigungs- und Schmiermaterialien für die zur Produktion benötigten Werkzeuge. Bei den Hölzern handelt es sich um Rohstoffe; Nägel, Schrauben, Beizen und Lacke sind Hilfsstoffe, Reinigungs- und Schmiermaterialien sind Betriebsstoffe.

Fertige Erzeugnisse sind im eigenen Betrieb erstellte Produkte, sofern sie am Bilanzstichtag bereits verkaufsfertig sind. **Unfertige Erzeugnisse** sind Produkte, mit deren Herstellung am Bilanzstichtag bereits begonnen worden ist, die aber noch nicht verkaufsfähig sind. Es handelt sich somit um Vorräte in einem Zustand zwischen Rohstoffen und Fertigerzeugnissen. Zusammen mit den „Unfertigen Erzeugnissen" sind unfertige Leistungen im Sinne von Dienstleistungen auszuweisen. **Unfertige Leistungen** sind am Bilanzstichtag noch nicht abgeschlossen, wie z.B. in Arbeit befindliche Aufträge bzw. noch nicht abgenommene Leistungen aus Werkverträgen i.S.v. § 640 BGB. **Waren** sind von Dritten erworbene Produkte, die zur Weiterveräußerung bestimmt sind und keiner weiteren Bearbeitung bedürfen. Bei unfertigen (Dienst-) Leistungen (unfertige Arbeiten) ist darauf hinzuweisen, dass sie nur dann bilanziert werden dürfen, wenn ein Anspruch auf Vergütung der bisherigen Leistungen z.B. bei Vertragsauflösung bestehen würde oder wenn selbständig abrechenbare Teilleistungen vorliegen.[75] **Geleistete Anzahlungen** stellen Vorausleistungen eines Vertragspartners auf ein schwebendes Geschäft dar (z.B. abgeschlossener Kaufvertrag, wobei eine Lieferung noch nicht erfolgte). Soweit sich die Vorausleistungen auf Roh-, Hilfs- oder Betriebsstoffe sowie Waren oder Dienstleistungen beziehen, erfolgt ein Ausweis bei den Vorräten. Geleistete Anzahlungen auf immaterielle Vermögensgegenstände oder Sachanlagen werden hingegen im Anlagevermögen ausgewiesen.

MERKE: Fertige (Dienst-)Leistungen als Vorratsvermögen gibt es begrifflich nicht. Wenn die Leistung erbracht bzw. vollendet ist, erfolgt die Buchung „Forderungen an Umsatzerlöse" in Höhe des gesamten Entgeltanspruches.

A.12.3.2 Forderungen und sonstige Vermögensgegenstände

Die Forderungen und sonstigen Vermögensgegenstände werden nach § 266 Abs. 2 B.II. HGB untergliedert in

- Forderungen aus Lieferungen und Leistungen,
- Forderungen gegen verbundene Unternehmen,
- Forderungen gegen Unternehmen, mit denen ein Beteiligungsverhältnis besteht und
- sonstige Vermögensgegenstände.

[75] Vgl. Beck´scher Bilanzkommentar, 12. Aufl. 2020, § 247 Tz. 66.

In der **staatlichen Doppik** werden zusätzlich Forderungen aus Steuern, Zuweisungen und Zuschüssen sowie aus der Steuerverteilung und aus Finanzausgleichsbeziehungen ausgewiesen. In der **kommunalen Doppik** erfolgt überwiegend eine Einteilung in öffentlich-rechtliche Forderungen und Forderungen aus Transferleistungen, privatrechtliche Forderungen und sonstige Vermögensgegenstände.

Eine Forderung ist privatrechtlich das Recht, von einem anderen aufgrund eines Schuldverhältnisses eine Leistung zu verlangen (§ 241 BGB).

Schuldverhältnisse können durch Erfüllung der Tatbestandsvoraussetzungen einer bestimmten Gesetzesvorschrift oder durch Vertrag entstehen. Eine Forderung erlischt durch den Zahlungseingang oder wenn die Leistung in anderer Weise erfüllt ist. Entscheidend für das Entstehen einer bilanziellen Forderung ist nach dem Handelsrecht nicht das Entstehen des Vertragsanspruches, sondern der **Zeitpunkt der Bewirkung der Hauptleistung** (Realisationsprinzip). Ansonsten liegt ein so genanntes schwebendes Geschäft vor, das gar nicht bilanziert wird, weil sich bis zum Bewirken einer Leistung diese und die Gegenleistung gleichwertig gegenüberstehen. Erfolgt dagegen nur die Gegenleistung, liegt bis zum Bewirken der Hauptleistung eine Anzahlung vor.

Ursächlich für **Forderungen aus Lieferungen und Leistungen** ist eine Leistungserstellung durch den Bilanzierenden. Der Zeitpunkt der Bilanzierung richtet sich wie bei den Vorräten nach dem Zeitpunkt des **Gefahrübergangs** im Sinne des Übergangs der Verfügungsmacht, da erst dann die Lieferung tatsächlich bewirkt ist. Bei Dienstleistungen ist dies der Zeitpunkt, zu dem die Leistung erbracht bzw. vollendet ist. Eine Rechnungserstellung ist somit ebenso wenig erforderlich wie der Zugang eines öffentlich-rechtlichen Gebührenbescheides beim Bürger (Ausnahmen ergeben sich bei Steuererträgen in der staatlichen und kommunalen Doppik) – vgl. Kap. B.4.

Maßgebend für die Forderungshöhe ist der vereinbarte Kaufpreis bzw. der vereinbarte Preis für die erbrachte Dienstleistung, der als Anschaffungskosten gilt. Vertraglich vereinbarte Rabatte und Nachlässe mindern die Forderungshöhe. Im Übrigen gilt für die Bewertung von Forderungen (wie für das gesamte Umlaufvermögen) das **strenge Niederstwertprinzip**. Demnach sind Forderungen abzuschreiben bzw. wertzuberichtigen, wenn der Forderungseingang nach den allgemeinen Umständen zweifelhaft ist, wobei unerheblich ist, ob sich die Zweifelhaftigkeit aus der Person des Schuldners, der Eigenschaft der Forderung oder aus anderen Umständen ergibt (sog. **Einzelwertberichtigung**). Bei sog. **Massenforderungen** der Gebietskörperschaften kann die Einzelwertberichtigung auch in Form von **pauschalierten Einzelwertberichtigungen** erfolgen. Die Forderungen werden dadurch unter Berücksichtigung eingeräumter Sicherheiten mit dem wahrscheinlich eingehenden Wert ausgewiesen (vgl. z.B. SsD Tz. 5.2.2., § 34 Abs. 5 KomHVO NRW).

Neben den Einzelwertberichtigungen ist es zulässig, das in den Forderungen latent enthaltene pauschale Ausfallrisiko durch eine **Pauschalwertberichtigung** zu berücksichtigen. Es muss sich in der Vergangenheit gezeigt haben, dass mit einer gewissen Wahrscheinlichkeit ein bestimmter Teil des gesamten Forderungsbestandes uneinbringlich war. Einzel- und Pauschalwertberichtigung sind bei Kapitalgesellschaften (und bei Gebietskörperschaften) aktivisch von dem auszuweisenden Forderungsbestand abzusetzen. Risiken, die bereits bei der Einzelwertberichtigung ihren Niederschlag gefunden haben, dürfen nicht noch einmal bei der Bemessung der Pauschalwertberichtigung berücksichtigt werden, so dass Bemessungsgrundlage für die Pauschalwertberichtigung die nicht einzelwertberichtigten Forderungen – ohne die zu berichtigende Umsatzsteuer – sind (vgl. Kap. A.9.4).

Unverzinsliche oder niedrig verzinsliche Forderungen mit langer Laufzeit[76] sind nicht mit dem Nennwert (dem Auszahlungsbetrag), sondern mit dem Barwert als Wert am Bilanzstichtag (§ 253 Abs. 4 HGB) anzusetzen. Der Unterschiedsbetrag zwischen Auszahlungsbetrag und niedrigerem Barwert wird im Zeitpunkt der Auszahlung als sonstiger betrieblicher Aufwand ausgewiesen; die Differenz aus Nennwert und Barwert ist der Forderung über die Laufzeit verteilt als Zinsertrag zuzuschreiben. Ein Ansatz mit dem Nennwert würde gegen das Realisationsprinzip verstoßen.

Bei einer Forderung aus Umsatztätigkeit wird als Gegenbuchung auf einem Ertragskonto gebucht; damit fließen aber noch keine Zahlungsmittel zu. Es ist daher möglich, dass Erträge und Aufwendungen ausgeglichen sind, die Einzahlungen aber dennoch nicht zur Deckung der Auszahlungen ausreichen. Somit ist zur Aufrechterhaltung einer geordneten Zahlungsbereitschaft eine regelmäßige Überwachung der Forderungsbestände und des Zahlungsverhaltens der Schuldner erforderlich. Da das Konto „Forderungen aus Lieferungen und Leistungen" ein Sammelkonto ist, sollte für jeden Schuldner ein besonderes Personenkonto eingerichtet werden, auf dem der Geschäftsverkehr mit diesem gebucht und überwacht wird (sog. **Debitorenbuchhaltung**).

Als **Forderungen gegen verbundene Unternehmen** oder gegen Unternehmen, mit denen ein Beteiligungsverhältnis besteht, sind alle Forderungen auszuweisen, die nicht als langfristige Ausleihungen dem Finanzanlagevermögen zuzuordnen sind.

Als **„Sonstige Vermögensgegenstände"** sind Forderungen auszuweisen, die nicht schon einem anderen Forderungsposten zuzuordnen sind. Beispiele sind:

- Forderungen aus Versicherungserstattungen und sonstige Schadensersatzansprüche,
- Gehaltsvorschüsse und kurzfristige Forderungen an Mitarbeiter,
- Vorauszahlung der Sozialversicherungsbeiträge,
- Kautionen und sonstige Sicherheitsleistungen,

[76] Soweit es sich um kurzfristig fällige Forderungen mit einer Restlaufzeit bis zu einem Jahr handelt, kann die Abzinsung aus Vereinfachungsgründen unterbleiben (ADS, § 253 Tz. 532). Dies gilt ebenfalls entsprechend dem Wesentlichkeitsgrundsatz für geringe Beträge. Im NKF sind Forderungen gemäß § 34 Abs. 6 KomHVO NRW mit dem Nominalbetrag anzusetzen. In Sachsen ist bei einer Restlaufzeit von mehr als drei Jahren die Forderung zwar auch mit dem Nominalwert zu bilanzieren, allerdings ist für die Differenz zwischen Nominalwert und Barwert der Forderung ein passiver Rechnungsabgrenzungsposten zu bilden, der als Zinsertrag jährlich aufzulösen ist.

- debitorische Kreditoren,
- Mietforderungen,
- Forderungen aus Kostenverauslagungen und sog. durchlaufende Posten (z.B. Vorsteuer),
- sog. antizipative Rechnungsabgrenzungen (sonstige Forderungen).

Forderungen dürfen grundsätzlich nicht mit Posten der Passivseite saldiert werden, (**Saldierungsverbot** bzw. Gebot der Bruttodarstellung). Von der Bruttodarstellung darf insbesondere dann nicht abgewichen werden, wenn es sich um Forderungen und Verbindlichkeiten verschiedener Geschäftspartner oder ungleicher Art handelt. Diese dürfen keineswegs saldiert werden.

Nach allgemeinem handelsrechtlichen Verständnis ist eine Saldierung aber zulässig oder aus Gründen der Übersichtlichkeit sogar geboten, wenn die Voraussetzungen für eine Aufrechnung von Forderungen und Verbindlichkeiten gemäß § 387 BGB erfüllt sind. Danach ist eine Aufrechnung dann zulässig, wenn zwei Personen einander gleichartige Leistungen (z.B. in Geld) schulden und beide Leistungen fällig und gleichwertig sind.

Beispiel:

Die X-AG weist Forderungen aus Lieferungen und Leistungen gegenüber der Y-GmbH in Höhe von 100.000 € aus; gleichzeitig bestehen Verbindlichkeiten aus Lieferungen und Leistungen gegenüber der Y-GmbH in Höhe von 70.000 €. In diesem Fall ist es erlaubt, dass die X-AG lediglich Forderungen aus Lieferungen und Leistungen von 30.000 € ausweist.

Die Position Forderungen und sonstige Vermögensgegenstände ist als sog. Liquidität zweiten Ranges für die Beurteilung der Finanzlage von besonderer Bedeutung (vgl. Kap. A.17), weshalb nach § 268 Abs. 4 HGB bei einer Restlaufzeit der ausgewiesenen Forderungen von mehr als einem Jahr ein entsprechender „Davon-Vermerk“ in der Bilanz anzubringen ist. In der **staatlichen und kommunalen Doppik** sind detaillierte Angaben in einem **Forderungsspiegel**[77] zu machen.

A.12.3.3 Wertpapiere

Die Wertpapiere des Umlaufvermögens werden untergliedert in

- Anteile an verbundenen Unternehmen und
- sonstige Wertpapiere.

Im Umlaufvermögen sind die Wertpapiere zu bilanzieren, die jederzeit verfügbar sind. Sie dürfen nicht dazu bestimmt sein, eine dauernde Verbindung zu einem anderen Unternehmen herzustellen – dann sind es „Beteiligungen“ i. S. v. § 271 Abs. 1 S. 1 HGB. Sie dürfen auch nicht dem Unternehmen über mehrere Geschäftsjahre z.B.

[77] Vgl. z.B. SsD Anlage 3, im NKF: § 47 KomHVO NRW.

als dauerndes Liquiditätspolster dienen – dann sind es Wertpapiere des Anlagevermögens. Maßgebend ist also der Zweckbestimmungswille zum Bilanzstichtag, weil sich aus der Vermögensart „Wertpapiere“ allein eine Zuordnung zum Umlaufvermögen nicht ergibt.

A.12.3.4 Liquide Mittel

Liquide Mittel sind Kassenbestand, Bundesbankguthaben sowie Guthaben bei Kreditinstituten und Schecks. Bei den o. g. Vermögensgegenständen handelt es sich um liquide oder flüssige Mittel, die die Liquidität ersten Ranges im Sinne sofort verfügbarer Mittel ausmachen.

Zu den Kassenbeständen zählen neben dem Bargeld auch Briefmarken sowie noch nicht verbrauchte Wertmarken für Frankiermaschinen. Bundesbankguthaben schließen Guthaben bei den Landeszentralbanken ein.

Für das **staatliche und kommunale Umlaufvermögen** gelten überwiegend dem HGB vergleichbare Regelungen. Unterschiede bestehen insbesondere bei der Gliederung der Forderungen. In BW und NS erfolgt jedoch kein separater Ausweis des Umlaufvermögens in der Bilanz. Das Umlaufvermögen im NKF wird in Kap. B.2.4.4 dargestellt.

A.12.4 Bilanzierung von derivativen Finanzinstrumenten

Unter „Finanzinstrumente“ versteht man unterschiedliche finanzwirtschaftliche Produkte. Sie unterteilen sich in originäre und derivative Instrumente. Im HGB gibt es keine Legaldefinition für den Begriff Finanzinstrumente, obwohl sie in § 285 mehrmals erwähnt sind. Zur Erläuterung wird im Allgemeinen auf die internationalen Rechnungslegungsvorschriften IFRS/IAS zurückgegriffen. Finanzinstrumente umfassen danach sowohl finanzielle Vermögenswerte als auch finanzielle Verbindlichkeiten. Sie lassen sich weiter unterteilen in originäre, derivative und strukturierte Finanzinstrumente:[78]

Die originären Finanzinstrumente sind in diesem Kapital dargestellt. Derivative Finanzinstrumente können je nach ihrem Einsatzbereich in Sicherungs-, Spekulation- und Handelsinstrumente abgegrenzt werden.[79] Von Bedeutung ist vor allem das Motiv der Absicherung (hedging) von Risiken gegen nachteilige Entwicklungen von Warenpreisen, Währungskursen, Zinssätzen oder Aktienkursen.[80] Werden derivative Finanzinstrumente als Sicherungsgeschäfte eingesetzt, richtet sich die Bilanzierung

[78] Vgl. Coenenberg/Haller/Schultze, Jahresabschluss und Jahresabschlussanalyse, 25. Aufl. 2018, S. 253.

[79] Zu den Unterschieden der einzelnen Finanzinstrumente vgl. z.B. Baetge/Kirsch/Thiele, Bilanzen, 15. Aufl. 2019, S. 332.

[80] Im einfachsten Fall wird ein einziges Grundgeschäft einem einzelnen Sicherungsgeschäft gegenübergestellt (sog. micro hedge). Bei einem portfolio hedge werden mehrere, gleichartige Grundgeschäfte mit einem oder mehreren Sicherungsgeschäften zusammengefasst. Bei einem macro hedge werden mehrere Grundgeschäfte derart zusammengefasst, dass innerhalb der Gruppe gegebene risikokompensierende Effekte ausgenutzt werden und nur noch das verbleibende unkompensierte Risiko abgesichert wird.

und Bewertung nach § 254 HGB, wonach eine bilanzielle Zusammenfassung von Grundgeschäft und Sicherungsgeschäft erfolgen kann (ausführlicher vgl. Kap. A.13.3). Da das HGB zur Bilanzierung keine speziellen Regelungen enthält, gelten die allgemeinen Vorschriften zum Ansatz, zur Bewertung und zum Ausweis. Soweit ein aktivierungsfähiger Vermögensgegenstand vorliegt, hat eine Bewertung zu den Anschaffungskosten zu erfolgen. Dies trifft z.B. für die Prämien zu, die für ein derivatives Finanzinstrument gezahlt worden sind. Positive Wertänderungen gelten vor deren Veräußerung oder Ausübung als nicht realisiert (Ausnahmen gelten für Kredit- und Finanzdienstleistungsinstituten). Negative Entwicklungen sind jedoch nach dem Imparitätsprinzip zu berücksichtigen. Sind z.B. Optionen in Höhe der gezahlten Prämie aktiviert worden, erfolgt eine außerplanmäßige Abschreibung.

Forwards und Futures sind schwebende Geschäfte, die grundsätzlich nicht zu erfassen sind. Für eingetretene negative Entwicklungen muss jedoch eine Rückstellung für drohende Verluste aus schwebenden Geschäften gebildet werden. Vorauszahlungen, die beim Kauf an die sog. Clearing-Stelle zu zahlen sind, sind als Forderungen an diese Stelle unter den „Sonstigen Vermögensgegenständen" auszuweisen.[81] Die Angaben, die bei derivativen Finanzinstrumenten im Anhang zu machen sind, ergeben sich aus § 285 Nr. 19 HGB. Der Bilanzausweis kann je nach Absicht des Bilanzierenden im Anlage- oder Umlaufvermögen erfolgen.

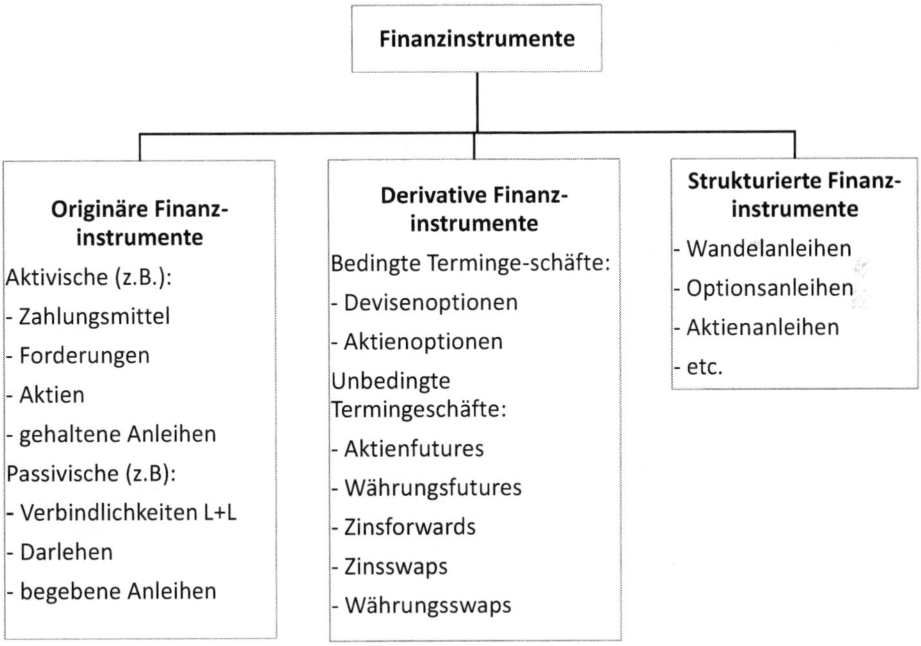

Abbildung 29: Finanzinstrumente

[81] Vgl. Baetge/Kirsch/Thiele, Bilanzen, 15. Aufl. 2019, S. 337.

A.12.5 Bilanzierung von Schulden (Fremdkapital)

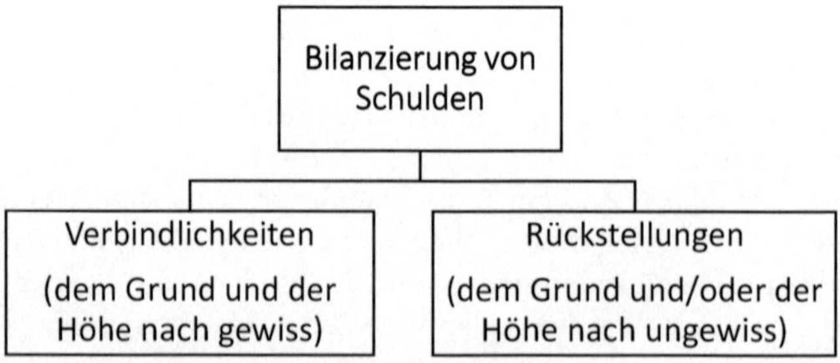

Für Verbindlichkeiten und Rückstellungen besteht eine Passivierungspflicht, wenn

- eine rechtliche oder wirtschaftliche Verpflichtung vorliegt,
- das Vermögen aus dieser Verpflichtung am Abschlussstichtag belastet ist,
- die Verpflichtung exakt oder ungefähr zahlenmäßig bestimmt werden kann und
- die Verpflichtung selbständig bewertbar ist.

Als wirtschaftliche Verpflichtung gilt im deutschen Handelsrecht in bestimmten Fällen auch eine Verpflichtung, die nur im Innenverhältnis des Bilanzierenden besteht (z.B. Rückstellungen für unterlassene Instandhaltungen).[82]

Für die Bilanzierungspflicht von Schulden kommt es nicht auf die Fälligkeit oder die Leistungsfähigkeit zur Erfüllung der Schuld an. Allerdings dürfen Schulden, die etwa durch Tilgung oder Erlass erloschen sind oder deren Erfüllung endgültig verweigert werden kann (z.B. wegen Verjährung), nicht (mehr) passiviert werden. Der Schuldner muss sie ggf. ertragswirksam ausbuchen. Die Schulden stellen in der Buchführung den Gegenposten zur Ermittlung des Eigenkapitals dar, das sich als reine Rechengröße aus der Differenz von Aktiva und Schulden ergibt.

A.12.5.1 Verbindlichkeiten

Verbindlichkeiten sind Schulden, die sowohl dem Grunde als auch der Höhe nach feststehen. Es handelt sich um Verpflichtungen zu einer Geld-, Dienst- oder Sachleistung. Rückstellungen sind im Gegensatz dazu Schulden, die dem Grund und/oder der Höhe nach nicht feststehen, also ungewiss sind.

Verbindlichkeiten aus Schuldverträgen sind beim Schuldner erst ab dem Zeitpunkt der Vertragserfüllung durch den Gläubiger passivierungsfähig. Ab diesem Zeitpunkt sind sie auch passivierungspflichtig. Es kommt nicht darauf an, ob ggf. schon eine

[82] Nach den internationalen Rechnungslegungsvorschriften (IFRS, US-GAAP) sind solche Rückstellungen nicht zulässig.

Rechnung vorliegt oder nicht. Entscheidend ist – wie bei den Forderungen – dass die Hauptleistung erbracht wurde.

Verträge, die von beiden Seiten noch nicht erfüllt sind (schwebende Geschäfte), können bilanziell grundsätzlich nicht erfasst werden. Eine Ausnahme ergibt sich bei drohenden Verlusten aus schwebenden Geschäften, die im nächsten Gliederungspunkt dargestellt sind sowie bei Vorleistungen, insbesondere, wenn sie in Form von Anzahlungen erbracht wurden.

§ 266 Abs. 3 HGB unterscheidet zwischen mehreren Arten von Verbindlichkeiten.

Zu nennen sind vor allem

- Verbindlichkeiten gegenüber Kreditinstituten,
- Anleihen,
- erhaltene Anzahlungen auf Bestellungen,
- Verbindlichkeiten aus Lieferungen und Leistungen[83],
- Verbindlichkeiten gegenüber verbundenen Unternehmen,
- Verbindlichkeiten gegenüber Unternehmen, mit denen ein Beteiligungsverhältnis besteht,
- sonstige Verbindlichkeiten, z.B. aus Steuern, im Rahmen der sozialen Sicherheit sowie die antizipative Rechnungsabgrenzung.

Gesondert auszuweisen sind in der **staatlichen und kommunalen Doppik** u.a. Verbindlichkeiten aus Zuweisungen und Zuschüssen, aus der Steuerverteilung und Finanzausgleichsbeziehungen bzw. Verbindlichkeiten aus Transferleistungen. Die kommunalen Verbindlichkeiten im NKF sind Kap. B.2.4.8 dargestellt.

Nach § 251 HGB sind folgende **Haftungsverhältnisse** (sog. Eventualverbindlichkeiten) **unter der Bilanz zu vermerken:**

- Verbindlichkeiten aus der Begebung und Übertragung von Wechseln,
- Verbindlichkeiten aus Bürgschaften, Wechsel- und Scheckbürgschaften,
- Verbindlichkeiten aus Gewährleistungsverträgen und
- Haftungsverhältnisse aus der Bestellung von Sicherheiten für fremde Verbindlichkeiten.

Für **Kapitalgesellschaften** sieht § 268 Abs. 7 HGB eine **erweiterte Ausweispflicht** vor. Sie haben die Beträge der verschiedenen gesondert und unter Angabe der mit ihnen in Verbindung stehenden gewährten Pfandrechte und sonstigen Sicherheiten im Anhang auszuweisen; Vermerke „unter" der Bilanz sind damit nicht zulässig. Bei den Eventualverbindlichkeiten handelt es sich um Risiken, die nur möglicherweise (eventuell) eine Belastung darstellen, jedoch wird nicht mit dem Eintritt gerechnet. Hierdurch unterscheiden sie sich von den zu bilanzierenden Verbindlichkeiten oder

[83] Forderungen an Lieferanten (z.B. aufgrund von Überzahlungen, Gutschriften) dürfen nicht mit den Verbindlichkeiten verrechnet werden, sondern sind als sog. debitorische Kreditoren unter den „Sonstigen Vermögensgegenständen" auszuweisen. Verbindlichkeiten gegenüber Kunden sind als sog. kreditorische Debitoren unter den „Sonstigen Verbindlichkeiten" auszuweisen.

Rückstellungen, bei denen eine Inanspruchnahme zukünftig sicher oder wahrscheinlich ist. Sobald also mit Zahlungen zu rechnen ist, muss eine Rückstellung gebildet werden bzw., wenn die Zahlung mit Sicherheit zu leisten ist, eine Verbindlichkeit.

Die Haftungsverhältnisse sind von den nicht in der Bilanz enthaltenen **sonstigen finanziellen Verpflichtungen** abzugrenzen, die nach § 285 Nr. 3 und 3a HGB im Anhang anzugeben sind. Im Gegensatz zu den Haftungsverhältnissen ist bei den sonstigen finanziellen Verpflichtungen die Inanspruchnahme (wie bei den Verbindlichkeiten oder Rückstellungen) ebenfalls sicher oder wahrscheinlich.

Die Restlaufzeiten der Verbindlichkeiten sind für die Beurteilung der Finanzlage sehr bedeutend. Sie sind entsprechend § 268 Abs. 5 HGB in der Bilanz gesondert anzugeben. Zulässig ist auch eine Darstellung im Anhang. Hierfür geeignet ist ein **Verbindlichkeitenspiegel**.[84]

A.12.5.2 Rückstellungen

Rückstellungen werden gebildet für Verbindlichkeiten und verschiedene Aufwendungen, die **dem Grunde und/oder der Höhe nach ungewiss** sind. Durch eine Rückstellungsbildung werden die später zu leistenden Auszahlungen als Aufwand den Geschäfts-/Haushaltsjahren periodengenau zugerechnet, in welchen sie wirtschaftlich verursacht wurden. Rückstellungen gehören daher nicht zum Eigen-, sondern zum Fremdkapital. Sie stellen ihrem Charakter nach wegen der unerwarteten künftigen Zahlungsverpflichtung Schulden dar.

Nach § 249 HGB werden grundsätzlich folgende Arten von Rückstellungen unterschieden:

- **Rückstellungen für ungewisse Verbindlichkeiten:** Beispiele sind vertragliche oder gesetzliche Pensionsverpflichtungen, Abraumbeseitigung aufgrund öffentlich-rechtlicher Verpflichtung, Urlaubsverpflichtungen für das abgelaufene Geschäftsjahr, Jahresabschluss- und Prüfungskosten, Haftungsrisiken bei drohender Inanspruchnahme (aus Bürgschaftsübernahmen), Prozesskosten für anhängige Verfahren, Schadensersatzleistungen, Umweltschutzmaßnahmen und Vertragsstrafen. Ungewisse Verbindlichkeiten sind ebenfalls drohende Verpflichtungen zur Verlustabdeckung bei Beherrschungs- und Gewinnabführungsverträgen; die Rückstellung erstreckt sich hier im Regelfall nur auf ein Jahr. Für zukünftig drohende Verlustausgleiche sind jedoch keine Rückstellungen zu bilden, da keine wirtschaftliche Verursachung der noch nicht entstandenen Verluste vorliegt.[85]

---

[84] Ein Mustervorschlag ist enthalten in: Baetge/Kirsch/Thiele, Bilanzen, 15. Aufl. 2019, S. 405. SsD Anlage 3 und § 48 KomHVO NRW schreiben einen Verbindlichkeitenspiegel ausdrücklich vor.

[85] Dies gilt auch dann, wenn zum Bilanzstichtag nicht damit gerechnet werden kann, dass der verselbständigte Aufgabenbereich jemals die Gewinnschwelle erreichen wird. Jedoch ist bei Kommunen eine Angabe im Anhang über die künftigen erheblichen Verpflichtungen zum Verlustausgleich erforderlich (vgl. z.B. § 45 Abs. 2 Satz 3 KomHVO NRW).

- **Rückstellungen für drohende Verluste aus schwebenden Geschäften:** Die Pflicht zur Bildung von sog. Drohverlustrückstellungen ergibt sich aus dem Imparitätsprinzip. Danach sind alle „vorhersehbaren Risiken und Verluste, die bis zum Abschlussstichtag entstanden sind" im Jahresabschluss zu berücksichtigen. Voraussetzung ist zum einen das Vorliegen eines schwebenden Geschäfts. Darunter versteht man einen gegenseitigen, auf einen Leistungsaustausch gerichteten Vertrag (Kauf-, Werk-, Arbeits-, Darlehens- oder Mietvertrag), der von dem zur Lieferung oder Leistung Verpflichteten noch nicht erfüllt ist. Zum anderen setzt die Bildung einer Rückstellung voraus, dass der Wert der Ansprüche aus dem Geschäft hinter dem Wert der Verpflichtungen zurückbleibt. Maßgebend sind dabei die objektiven Verhältnisse am Bilanzstichtag unter Berücksichtigung der bis zur Aufstellung des Jahresabschlusses gewonnenen werterhellenden Erkenntnisse.
- **Aufwandsrückstellungen:** Sie erfassen innerbetriebliche Notwendigkeiten (**Innenverpflichtungen**), deren man sich bei der stetigen Fortführung des Betriebes nicht entziehen kann. Zu den nach HGB zulässigen Aufwandsrückstellungen zählen z.B. Rückstellungen für unterlassene Aufwendungen für Instandhaltung oder für Abraumbeseitigung. Eine Rückstellung für unterlassene Instandhaltung muss z.B. gebildet werden, wenn eine fällige Reparatur- oder Wartungsmaßnahme in die folgende Periode verschoben und innerhalb von drei Monaten nachgeholt wird, der Verschleiß jedoch bereits in der laufenden Periode eingetreten ist.[86] Sie darf auch nicht durch eine Abschreibung auf den niedrigeren beizulegenden Wert ersetzt werden.[87]
- **Gewährleistungsrückstellungen:** Sie sind auch dann zu bilden, wenn kein juristisch durchsetzbarer Anspruch besteht, es sich also nur um Kulanzleistungen handelt. Ein ursächlicher Zusammenhang zwischen den möglichen Gewährleistungsverpflichtungen und früheren Rechtsgeschäften muss gegeben sein.

Andere Rückstellungen dürfen nach § 249 Abs. 2 HGB nicht gebildet werden. Diese Vorschrift ist allerdings auslegungsbedürftig, weil der Begriff „Rückstellungen für ungewisse Verbindlichkeiten" nicht näher konkretisiert wird.[88] Das **Bilanzgliederungsschema** des § 266 Abs. 3 HGB sieht eine Aufgliederung der Rückstellungen in Rückstellungen für Pensionen und ähnliche Verpflichtungen,[89] Steuerrückstellungen und sonstige Rückstellungen vor. Die Bildung einer Rückstellung erfolgt jeweils zu Lasten des entsprechenden Aufwandskontos.

---

[86] Soweit Instandhaltungsaufwendungen aktivierungspflichtig sind, ist hierfür keine Rückstellungsbildung zulässig.

[87] Vgl. Coenenberg/Haller/Schultze, Jahresabschluss und Jahresabschlussanalyse, 25. Aufl. 2018, S. 456.

[88] Einen ausführlichen Positivkatalog enthält: Petersen/Zwirner (Hrsg.), Systematischer Praxiskommentar Bilanzrecht, 4. Aufl. 2020, § 249 HGB, Tz. 362. Ein ABC der Rückstellungen ist enthalten in: Beck´scher Bilanzkommentar, 12. Aufl. 2020, § 249 HGB, Tz. 100 sowie WP Handbuch, 16. Aufl. 2019, Kap. F, Tz. 636ff.

[89] Der Begriff „Altersversorgungsverpflichtung" unterscheidet sich inhaltlich nicht vom Begriff der Pensionsverpflichtungen; vgl. WP Handbuch, 16. Aufl. 2019, Kap. F, Tz. 603.

Auch im öffentlichen Rechnungswesen sind Rückstellungen immer in voller Höhe des zu erwarteten Risikos zu bilden. Es bestehen jedoch teilweise Unterschiede in der Bewertung (vgl. Kap. B.2.4.7). In der **staatlichen Doppik** werden Rückstellungen für unterlassene Instandhaltungen, die im folgenden Haushaltsjahr innerhalb von drei Monaten nachgeholt werden, aus Wesentlichkeitsgründen nicht gebildet. Ebenfalls gilt ein Passivierungsverbot für Rückstellungen für den Jahresabschluss und die Aufbewahrung der Geschäftsunterlagen (vgl. SsD Tz. 5.7.3). In der **kommunalen Doppik** wird in einigen Bundesländern (z.B. BW, Sachs., S-Anh., Thür.) die Auffassung vertreten, dass die (Pflicht-)Mitgliedschaft einer Gemeinde in einem kommunalen Versorgungsverband bzw. einer kommunalen Versorgungskasse von der Verpflichtung zur Bildung einer Rückstellung beim Dienstherrn (der Gemeinde) befreit. Die Rückstellungsbildung erfolgt dort beim Versorgungsverband bzw. der Versorgungskasse.

Sinnvoll ist die Erstellung eines **Rückstellungsspiegels,**[90] um einen detaillierten Überblick über den Stand und die Veränderungen der Rückstellungen zu erhalten.

Mit der Bilanzierung von Rückstellungen fallen verschiedene Buchungen an, die in Kap. A.9.2 dargestellt wurden:

- **Zuweisungen (Zuführungen)** zu Rückstellungen stellen die aufwandswirksame Bildung oder Erhöhung von Rückstellungen dar; die Zuweisung wird daher in der entsprechenden Aufwandsposition, für die die Rückstellung gebildet wird z.B. „Aufwand für Gebäudeunterhaltung" gebucht.

- Die **Inanspruchnahme** von Rückstellungen erfolgt, wenn das erwartete Risiko eingetreten ist und die Rückstellung zweckentsprechend verwendet wird. Es erfolgt keine Aufwandsbuchung mehr. Die Gegenbuchung zur Auszahlungsbuchung erfolgt unmittelbar zu Lasten der entsprechenden Rückstellung.

- Die **Auflösung** von Rückstellungen muss nach § 249 Abs. 2 HGB erfolgen, wenn das erwartete Risiko nicht eingetreten ist und die Rückstellung damit nicht mehr benötigt wird. Die Rückstellung ist dann ertragswirksam zugunsten der sonstigen betrieblichen (ordentlichen) Erträge aufzulösen.

Rückstellungen, deren **Restlaufzeit mehr als ein Jahr** beträgt, sind gemäß § 253 Abs. 2 HGB **abzuzinsen**. Die Aufwendungen und Erträge aus der Abzinsung sind im Finanzergebnis als „Sonstige Zinsen und ähnliche Erträge" bzw. „Zinsen und ähnliche Aufwendungen" auszuweisen.

MERKE: Rückstellungen sind ungewisse Schulden, die dem Grunde nach bekannt sind, nicht jedoch in ihrer Höhe und/oder tatsächlichen Fälligkeit. Die Bildung einer Rückstellung verringert als Aufwandsbuchung den Gewinn.

[90] Ein Mustervorschlag ist enthalten in: Baetge/Kirsch/Thiele, Bilanzen, 15. Aufl. 2019, S. 455 sowie in den NKF-Handreichungen 7. Auflage 2016, S. 3168.

A.12.6 Eigenkapital

Das Eigenkapital (Reinvermögen) ist die Differenz zwischen dem Vermögen als Summe der Aktivposten und den Schulden abzüglich der passiven Rechnungsabgrenzungsposten. Das Eigenkapital ist somit von Ansatz und Bewertung der anderen Aktiv- und Passivposten abhängig, die indirekt die Höhe des Eigenkapitals bestimmen.

Die Darstellungsform des Eigenkapitals in der Bilanz ist abhängig von der jeweiligen Unternehmensrechtsform. Im Handelsrecht werden konstante und variable Eigenkapitalkonten unterschieden. Die Unterscheidung hängt vor allem von den Haftungsverhältnissen ab; die Haftungsbeschränkung bei Kapitalgesellschaften erfordert konstante Kapitalkonten, damit jederzeit die Höhe des Haftungskapitals erkennbar ist und eine unzulässige Schmälerung des Haftungskapitals erschwert wird. Variable Eigenkapitalkonten verändern sich durch Einlagen, Entnahmen oder durch Gewinne bzw. Verluste und sind bei Einzelkaufleuten sowie Personengesellschaften vorzufinden, wobei keine weitere Unterteilung des Bilanzpostens erfolgen muss. Kapitalgesellschaften müssen das Eigenkapital gemäß § 266 Abs. 3 HGB wie folgt untergliedern:

- Gezeichnetes Kapital
- Kapitalrücklage
- Gewinnrücklagen
  (1) gesetzliche Rücklage
  (2) Rücklage für Anteile an einem herrschenden oder mehrheitlich beteiligten Unternehmen
  (3) satzungsmäßige Rücklagen
  (4) andere Gewinnrücklagen
- Gewinnvortrag / Verlustvortrag
- Jahresüberschuss / Jahresfehlbetrag

Das **gezeichnete Kapital** ist das Kapital, auf das die Haftung der Gesellschafter für die Verbindlichkeiten der Gesellschaft gegenüber den Gläubigern beschränkt ist. Es bestimmt sich i.d.R. nach der Höhe des am Bilanzstichtag geltenden Eintrags im Handelsregister. Bei Aktiengesellschaften handelt es sich um das Grundkapital, bei Gesellschaften m.b.H. um das Stammkapital. Das gezeichnete Kapital braucht nicht eingezahlt zu sein; es ist in der Bilanz gemäß § 272 Abs. 1 HGB immer zum Nennbetrag anzusetzen und zwar auch dann, wenn die Einzahlungen zwar eingefordert, aber noch nicht geleistet wurden. Dem gezeichneten Kapital steht in diesem Fall auf der Aktivseite der Bilanz ein Korrekturposten unter den Forderungen gegenüber. Nicht eingeforderte ausstehende Einlagen auf das gezeichnete Kapital sind auf der Passivseite offen vom gezeichneten Kapital abzusetzen.

Die **Kapitalrücklage** beruht auf Kapitalzufuhren durch Gesellschafter, soweit das gezeichnete Kapital nicht erhöht wird. Die Kapitalrücklage wird somit dem bilanzierenden Betrieb von außen zugeführt **(Außenfinanzierung)**. Bei Aktiengesellschaften wird sie vor allem aus dem Agio (Aufgeld) bei einer Aktienemission gebildet.

Beispiel:

Die X-AG erhöht ihr Grundkapital (gezeichnetes Kapital) durch Ausgabe junger Aktien: Nennwert 5.000.000 €, Ausgabekurs 130 % = 6.500.000 € (Bankeinzahlung). Das Agio ist der Kapitalrücklage zuzuführen.

Buchung: *Bank 6.500.000 an Gezeichnetes Kapital 5.000.000*
an Kapitalrücklage 1.500.000

Gewinnrücklagen werden im Rahmen der Ergebnisverwendung aus den Gewinnen (Jahresüberschüssen) gebildet. Gewinne entstehen aus erwirtschafteten Vermögensmehrungen; man spricht hier von **Innenfinanzierung**. Die Gewinnrücklagen werden nach § 266 Abs. 3 HGB unterteilt in gesetzliche, satzungsmäßige und andere Rücklagen sowie in Rücklagen für eigene Anteile. Die Einstellung in Gewinnrücklagen einer Aktiengesellschaft erfolgt nach Gesetz (z.B. § 58 Abs. 2 AktG), Gesellschaftsvertrag, Satzung oder besonderer Beschlüsse.

Der **Gewinnvortrag** enthält den nicht ausgeschütteten Teil des Jahresüberschusses, der nicht den Rücklagen zugeführt und nicht anders verwendet wurde und durch Beschluss der Gesellschafter vorgetragen werden soll. Erzielt die Gesellschaft keinen Gewinn sondern einen Verlust (Jahresfehlbetrag) und kann dieser nicht durch Gewinnvorträge und bestimmte Gewinnrücklagen früherer Jahre ausgeglichen werden, so ist dieser Verlust in das kommende Jahr vorzutragen. Dieser Vorgang wird als **Verlustvortrag** bezeichnet.

Kapital- und Gewinnrücklagen werden als gesonderte Eigenkapitalposten offen in der Bilanz ausgewiesen. Man bezeichnet sie auch als „offene“ Rücklagen.

MERKE: Offene Rücklagen sind aus der Bilanz erkennbare Eigenkapitalbestandteile einer Kapitalgesellschaft, die über das gezeichnete Kapital hinausgehen.

Dagegen sind stille Rücklagen (stille Reserven) nicht aus der Bilanz zu ersehen. Sie bilden sich entweder durch eine **Unterbewertung** der **Vermögenswerte** (z.B. überhöhte Abschreibungen) oder durch eine **Überbewertung von Rückstellungen**. Stille Reserven sind auch in den bereits voll abgeschriebenen und noch weiter genutzten Vermögensgegenständen enthalten.

Der fünfte Unterposten, der unter dem Bilanzposten „Eigenkapital“ aufzuführen ist, ist der **Jahresüberschuss** oder der **Jahresfehlbetrag**. Der Jahresüberschuss oder der Jahresfehlbetrag ist der Gewinn / Verlust des Geschäftsjahres. Er muss dem Betrag entsprechen, der sich aus der Gewinn- und Verlustrechnung als Jahresüberschuss bzw. Jahresfehlbetrag ergibt.

Von dem Jahresüberschuss bzw. dem Jahresfehlbetrag ist nach § 268 Abs. 1 HGB der **Bilanzgewinn** bzw. der **Bilanzverlust** zu unterscheiden. Dieser Posten ist in der aktienrechtlichen Gewinn- und Verlustrechnung an letzter Stelle aufzuführen. Er ergibt sich bei einer **Bilanzaufstellung nach teilweiser Verwendung** des Jahresergebnisses aus dem Jahresüberschuss bzw. aus dem Jahresfehlbetrag durch Hinzurechnung des Gewinnvortrags bzw. Abzug des Verlustvortrags aus dem Vorjahr und Hinzurechnung der Entnahmen aus den Rücklagen und Abzug der Einstellung in die Gewinnrücklage. Bei dem Bilanzgewinn handelt es sich also um ein korrigiertes Jahresergebnis.

Abgrenzung Jahresüberschuss/-fehlbetrag und Bilanzgewinn/-verlust:

Jahresüberschuss / Jahresfehlbetrag
\+ Gewinnvortrag aus Vorjahr
\- Verlustvortrag aus Vorjahr
\+ Entnahmen aus Rücklagen
\- Einstellung in Rücklagen
= Bilanzgewinn / Bilanzverlust

Diese sog. **Gewinnverwendungsrechnung** muss bei Aktiengesellschaften unmittelbar an die GuV angeschlossen werden und führt deren Nummerierung entsprechend fort.

Auf der Passivseite werden fast alle Bestandteile des Eigenkapitals ausgewiesen. Eine Ausnahme gilt jedoch für den Posten **„Nicht durch Eigenkapital gedeckter Fehlbetrag"**, der auf der Aktivseite auszuweisen ist = negatives Eigenkapital! Der Posten entsteht, wenn das Eigenkapital negativ wird und damit eine Überschuldung vorliegt. Bei Kapitalgesellschaften muss in diesem Fall die Unternehmungsleitung beim zuständigen Amtsgericht einen Insolvenzantrag stellen, da der Tatbestand der Überschuldung (neben dem Tatbestand der Zahlungsunfähigkeit) für sich ausreicht, ein **Insolvenzverfahren** auszulösen.

MERKE: Ein nicht durch Eigenkapital gedeckter Fehlbetrag deutet auf eine Kreditfinanzierung laufender Ausgaben hin!

In der **staatlichen Doppik** wird das Eigenkapital nach SsD Tz. 5.5 untergliedert in

(1) Nettoposition,
(2) Kapitalrücklage,
(3) Gewinnrücklagen (Verwaltungsrücklagen),
(4) Gewinnvortrag/Verlustvortrag und
(5) Jahresüberschuss/Jahresfehlbetrag.

Im **NKF** ergibt sich nach § 42 Abs. 4 KomHVO NRW folgende Mindestgliederung des Eigenkapitals:

(1) Allgemeine Rücklage
(2) Sonderrücklagen
(3) Ausgleichsrücklage
(4) Jahresüberschuss / Jahresfehlbetrag

Die Bezeichnungen für die einzelnen Positionen und die Gliederung des Eigenkapitals für Kommunen unterscheiden sich in den einzelnen Bundesländern erheblich. Statt z.B. Allgemeine Rücklage (NRW, Saarl., SchlH) heißt es auch Kapitalrücklage

(RhPf, Thür.), Netto-Position (Hess., Bay.), Basisreinvermögen (Nds.) bzw. Basiskapital (BW). Unterschiedliche Bezeichnungen gibt es auch bei den anderen Positionen des Eigenkapitals. Die Darstellung der einzelnen Bestandteile des kommunalen Eigenkapitals im NKF erfolgt in Kap. B.2.4.5.

A.12.7 Sonderposten

Sonderposten auf der Passivseite der Bilanz gehören weder eindeutig zum Eigen- noch zum Fremdkapital. Deshalb werden sie zwischen dem Eigen- und dem Fremdkapital ausgewiesen.

Sonderposten kommen in der **staatlichen und kommunalen Doppik** insbesondere für nicht rückzahlbare zweckgebundene Zuwendungen (Zuweisungen, Zuschüsse) bei Anschaffung oder Herstellung von Anlagevermögen vor. Wegen der besonderen Bedeutung dieser Finanzierungsart im öffentlichen Bereich kommt für die Darstellung nur der Bruttoausweis in Frage. Beim Bruttoausweis wird das bezuschusste Anlagegut mit seinen vollen Anschaffungs- oder Herstellungskosten aktiviert, gleichzeitig wird die Zuwendung als Sonderposten (besonderer Bilanzposten entsprechend § 265 Abs. 5 S. 2 HGB) passiviert. Während nach dem Handelsrecht ein Sonderposten zulässig ist, dürfen in der Steuerbilanz Investitionszuschüsse entweder nur von den Anschaffungskosten abgesetzt oder als sofortiger Ertrag dargestellt werden. Die Sonderposten im NKF werden ausführlich in Kap. B.2.4.6 dargestellt.

MERKE: Um der Zweckbindung zu entsprechen, müssen Gebietskörperschaften für erhaltene Investitionszuweisungen Sonderposten auf der Passivseite ausweisen und im Zeitablauf auflösen.

A.12.8 Rechnungsabgrenzungsposten

Neben den Vermögensgegenständen und Schulden sind in der Bilanz die Rechnungsabgrenzungsposten zu erfassen. Diese Posten stellen weder Vermögensgegenstände noch Schulden dar.

Rechnungsabgrenzungsposten dienen lediglich einer periodengerechten Gewinnermittlung. Sie können sowohl auf der Aktiv- als auch auf der Passivseite der Bilanz vorkommen. Ihre grundlegende Definition ergibt sich aus § 250 HGB. Als **aktive Rechnungsabgrenzungsposten** sind danach solche Ausgaben vor dem Abschlussstichtag auszuweisen, die Aufwand für eine bestimmte Zeit nach dem Stichtag darstellen. Der Begriff Ausgabe ist als betriebswirtschaftlicher Begriff zu definieren und umfasst sowohl alle Auszahlungen als auch Veränderungen der Forderungen/Verbindlichkeiten (vgl. Kap. A.3.1). Die Formulierung „für eine bestimmte Zeit“ fordert, dass der Zeitraum kalendermäßig genau mit seinem Anfang und mit seinem Ende eindeutig festliegen muss.

Passive Rechnungsabgrenzungsposten sind zu bilden für Einnahmen vor dem Abschlussstichtag, die Ertrag für eine bestimmte Zeit nach dem Stichtag darstellen. Nach herrschender Meinung muss sich das Merkmal des bestimmten Zeitraumes aus dem Sachverhalt ergeben und genau abgegrenzt und definiert sein.[91] Anfang und Ende des Zeitraums müssen eindeutig festliegen, d.h. kalendermäßig bestimmt sein.

Die Rechnungsabgrenzungsposten müssen gebildet werden. Dies ergibt sich aus dem Wortlaut des § 250 HGB. Insoweit besteht also ein Bilanzierungsgebot. Es dürfen hierbei lediglich die transitorischen Abgrenzungsposten aufgenommen werden.

Bei geringfügigen Einzelposten, die regelmäßig wiederkehren, kann auf eine Rechnungsabgrenzung verzichtet werden, wenn dadurch der Einblick in die Vermögens-, Finanz- und Ertragslage nicht beeinträchtigt wird.[92]

Kein Bilanzierungsgebot, sondern lediglich ein Bilanzierungswahlrecht, besteht hingegen in Fällen des § 250 Abs. 3 HGB. Hiernach darf ein Darlehnsnehmer in den Fällen, in denen der Rückzahlungsbetrag der Verbindlichkeit höher ist als der Ausgabebetrag (Verfügungsbetrag), den Unterschiedsbetrag (Abgeld, Disagio bzw. Rückzahlungsaufgeld, Agio) als Rechnungsabgrenzungsposten aktivieren; er darf ihn aber auch direkt als Aufwand buchen. Bei einer Aktivierung ist der Unterschiedsbetrag in der Folgezeit aufzulösen. Er muss gemäß § 268 Abs. 6 HGB in der Bilanz gesondert ausgewiesen oder im Anhang angegeben werden.

Beispiel Disagio:

Die X-AG nimmt ein Bankdarlehen i. H. v. 10 Mio. € auf. Nach Abzug eines Disagios von 6 % werden am 02.01.01 9,4 Mio. € ausgezahlt. Die X-AG kann das Disagio handelsrechtlich entweder aktivieren oder aber sofort als Aufwand verbuchen.

Beispiel Agio:

Die Darlehenskonditionen bestimmen, dass das Darlehen mit seinem Nennbetrag von 10 Mio. € voll ausbezahlt wird, die X-AG aber 10,3 Mio. € zurückzuzahlen hat. Wiederum kann der Unterschiedsbetrag von 300.000 € (Agio) als Rechnungsabgrenzungsposten aktiviert und entsprechend aufgelöst werden.

Kreditbeschaffungskosten, wie Abschluss- oder Bearbeitungsgebühren, stellen keinen Unterschiedsbetrag i. S. v. § 250 Abs. 3 HGB dar. Sie fallen nur einmalig an und sind deshalb als Aufwand zu buchen (im Steuerrecht gilt hier eine andere Regelung).

Die kommunalen Regelungen in den einzelnen Bundesländern entsprechen überwiegend den HGB-Vorschriften, wobei in der **staatlichen Doppik** ein Aktivierungsgebot vorgesehen ist, das auch die Abschluss- und Bearbeitungsgebühren umfasst.[93] Ferner kann ein aktiver Rechnungsabgrenzungsposten aufgrund von geleisteten Zuwendungen entstehen (vgl. Kap. B.4.2.6).[94]

[91] Vgl. Coenenberg/Haller/Schultze, Jahresabschluss und Jahresabschlussanalyse, 25. Aufl. 2018, S. 481.

[92] SsD Tz. 5.3 (Stand 27.11.2019) sieht eine Wesentlichkeitsgrenze von 2000 € im Einzelfall vor, jedoch nicht für Besoldung und gesetzliche Leistungen. Im Steuerrecht gilt als Wesentlichkeitsgrenze im Einzelfall der Betrag gemäß § 6 Abs. 2 EStG von z.Zt. 800 € für geringwertige Wirtschaftsgüter.

[93] Vgl. z.B. SsD Tz. 5.3 und Tz. 5.8, im NKF: § 43 KomHVO NRW.

[94] Vgl. SsD Tz. 6.11, im NKF: § 44 Abs. 2 KomHVO NRW.

A.12.9 Aktive und passive latente Steuern

Nach § 274 HGB stellen latente Steuern **zukünftige Steuerbelastungen bzw. Steuerentlastungen** dar, die sich aus Differenzen zwischen handelsrechtlichen und steuerrechtlichen Wertansätzen von Vermögensgegenständen, Schulden und Rechnungsabgrenzungsposten ergeben, wobei sich diese Differenzen in späteren Jahren wieder auflösen müssen. Ferner gehören dazu Steuerentlastungen, die aus steuerlichen Verlustvorträgen resultieren. Ergeben sich aus den Differenzen Steuerentlastungen, so können aktive latente Steuern gebildet werden (Wahlrecht), ergeben sich Steuerbelastungen, so sind passive latente Steuern zu bilden (Bilanzierungspflicht).

Aktive latente Steuern ergeben sich z. B durch

- Verrechnung des Disagios als Aufwand in der Handelsbilanz,
- höhere Abschreibungen in der Handelsbilanz als in der Steuerbilanz,
- Bildung von Rückstellungen für drohende Verluste aus schwebenden Geschäften, die steuerrechtlich nicht zulässig sind.

Passive latente Steuern ergeben sich z.B. durch

- niedrigere Abschreibungen in der Handelsbilanz als in der Steuerbilanz,
- Bewertung der Vorräte nach dem Fifo-Verfahren in der Handelsbilanz bei steigenden Preisen
- Aktivierung selbst erstellter immaterieller Vermögensgegenstände in der Handelsbilanz.

Die latenten Steuern sind nach § 285 Nr. 29 u. 30 HGB im Anhang zu erläutern. Für Gebietskörperschaften werden aktive oder passive latente Steuern nicht ausgewiesen, da diese Posten dort keine praktische Relevanz haben.

MERKE: Der bilanzielle Ausweis latenter Steuern resultiert aus den Folgen unterschiedlicher Ansatz- und Bewertungsvorschriften im Handels- und Steuerrecht. Latente Steuern zeigen den Umfang künftig zu erwartender Steuerbelastungen oder Steuerentlastungen.

Die folgende Abbildung enthält die Gliederung der **Vermögensrechnung** (Bilanz) nach der **staatlichen Doppik** gemäß Anlage 1a SsD (Stand 27. 11.2019), um die Unterschiede und Gemeinsamkeiten zur HGB-Gliederung gemäß § 266 aufzuzeigen:

Gliederung - Vermögensrechnung nach SsD

Aktiva	**Passiva**
A. Anlagevermögen **I. Immaterielle Vermögensgegenstände** 1. Geleistete Investitionszuweisungen und -zuschüsse 2. Entgeltlich erworbene Konzessionen, gewerbliche Schutzrechte und ähnliche Rechte und Werte sowie Lizenzen an solchen Rechten und Werten 3. Geschäfts- oder Firmenwert 4. Geleistete Anzahlungen **II. Sachanlagen** 1. Grundstücke, grundstücksgleiche Rechte und Bauten einschließlich der Bauten auf fremden Grundstücken 2. Infrastrukturvermögen, Naturgüter, Kulturgüter 3. Technische Anlagen und Maschinen, andere Anlagen, Betriebs- und Geschäftsausstattung 4. Geleistete Anzahlungen und Anlagen im Bau **III. Finanzanlagen** 1. Anteile an verbundenen Unternehmen und Einrichtungen 2. Ausleihungen an verbundene Unternehmen und Einrichtungen 3. Beteiligungen 4. Ausleihungen an Unternehmen und Einrichtungen, mit denen ein Beteiligungsverhältnis besteht 5. Wertpapiere des Anlagevermögens 6. Sondervermögen ohne eigenverantwortliche Betriebsleitung 7. sonstige Ausleihungen	**A. Eigenkapital** I. Nettoposition (Kapitalkonto) II. Kapitalrücklage III. Gewinnrücklagen (Verwaltungsrücklagen) IV. Gewinnvortrag/Verlustvortrag V. Jahresüberschuss/Jahresfehlbetrag **B. Sonderposten für Investitionen** **C. Rückstellungen** I. Rückstellung für Pensionen und ähnliche Verpflichtungen II. Steuerrückstellungen III. sonstige Rückstellungen **D. Verbindlichkeiten** I. Anleihen und Obligationen II. Verbindlichkeiten ggü. Kreditinstituten III. Verbindlichkeiten aus Steuern. IV. Verbindlichkeiten aus Zuweisungen und Zuschüssen V. Erhaltene Anzahlungen auf Bestellungen VI. Verbindlichkeiten aus Lieferungen und Leistungen VII. Verbindlichkeiten gegenüber verbundenen Unternehmen und Einrichtungen VIII. Verbindlichkeiten gegenüber Unternehmen und Einrichtungen, mit denen ein Beteiligungsverhältnis besteht IX. Verbindlichkeiten aus der Steuerverteilung und Finanzausgleichsbeziehungen X. sonstige Verbindlichkeiten davon aus Steuern davon im Rahmen der sozialen Sicherheit **E. Passive Rechnungsabgrenzung**
B. Umlaufvermögen **I. Vorräte** 1. Roh- Hilfs- und Betriebsstoffe 2. Unfertige Erzeugnisse, unfertige Leistungen 3. Fertige Erzeugnisse und Waren 4. Geleistete Anzahlungen **II. Forderungen und sonstige Vermögensgegenstände** 1. Forderungen aus Steuern 2. Forderungen aus Zuweisungen, Zuschüssen 3. Forderungen aus Lieferungen + Leistungen 4. Forderungen gegen verbundene Unternehmen und Einrichtungen 5. Forderungen gegen Unternehmen und Einrichtungen, mit denen ein Beteiligungsverhältnis besteht	

6. Forderungen aus der Steuerverteilung und Finanzausgleichsbeziehungen 7. sonstige Vermögensgegenstände **III. Wertpapiere des Umlaufvermögens** 1. Anteile an verbundenen Unternehmen und Einrichtungen 2. sonstige Wertpapiere **IV. Kassenbestand, Bundesbankguthaben, Guthaben bei Kreditinstituten, Schecks** **C. Aktive Rechnungsabgrenzung**	

Abbildung 30: Gliederung Vermögensrechnung nach SsD

Die **Gliederung** der Vermögensrechnung/Bilanz nach den SsD und den kommunalrechtlichen Vorschriften **unterscheidet sich vom Bilanzgliederungsschema des § 266 Abs. 2 und 3 HGB** im Wesentlichen aufgrund von besonderen Sachverhalten, deren Abbildung nicht durch die HGB-Gliederung abgedeckt wird. Die besonderen und teilweise zusätzlich abzubildenden **Sachverhalte** betreffen u.a.

- Sachanlagevermögen, wie z.B. Grünflächen, Ackerland, Wald und Forste, Infrastrukturvermögen, Kunstgegenstände, Kulturdenkmäler sowie Schulen und Kinder- und Jugendeinrichtungen,
- Spezielles Finanzanlagevermögen, wie Sondervermögen, rechtsfähige kommunale Stiftungen und Mitgliedschaften in Zweckverbänden,
- die Bilanzierung von Sonderposten auf der Passivseite zur Darstellung von erhaltenen Finanzzuweisungen, Zuschüssen sowie Beiträgen und ähnlichen Entgelten
- von Gebietskörperschaften geleistete Investitionszuwendungen, die je nach landesrechtlicher Regelung als immaterieller Vermögensgegenstand oder aktiver RAP abzubilden sind,
- die Gliederung des Eigenkapitals,
- die Gliederung der Forderungen nach öffentlich- und privatrechtlichen Forderungen sowie der Verbindlichkeiten mit dem Ausweis von Transferverbindlichkeiten.

A.13 Bewertung

A.13.1 Allgemeine Bewertungsgrundsätze

Die allgemeinen Bewertungsvorschriften des § 252 HGB, die für alle Kaufleute gelten, sind in der folgenden Übersicht zusammengefasst:

Allgemeine Bewertungsgrundsätze nach § 252 HGB	
Abs. 1 Nr. 1	Bilanzidentität
Abs. 1 Nr. 2	Unternehmensfortführung (Going-Concern-Prinzip)
Abs. 1 Nr. 3	Stichtagsprinzip und Grundsatz der Einzelbewertung
Abs. 1 Nr. 4	Vorsichtsprinzip, Realisationsprinzip, Imparitätsprinzip Wertaufhellungsgrundsatz
Abs. 1 Nr. 5	Grundsatz der Periodenabgrenzung
Abs. 1 Nr. 6	Beibehaltungspflicht der Bewertungsmethoden (Stetigkeitsprinzip)
Abs. 2	Abweichung nur in begründeten Ausnahmefällen

Abbildung 31: Allgemeine Bewertungsgrundsätze

Grundsatz der Bilanzidentität (§ 252 Abs. 1 Nr. 1)

Der Grundsatz der Bilanzidentität verlangt, dass die Wertansätze in der Eröffnungsbilanz eines jeden Geschäftsjahres denen der Schlussbilanz des vorhergehenden Geschäftsjahrs entsprechen müssen.

Grundsatz der Unternehmensfortführung (§ 252 Abs. 1 Nr. 2)

Die Bewertung im Jahresabschluss hat grundsätzlich unter der Annahme zu erfolgen, dass das Unternehmen fortgeführt wird (Going-Concern-Prinzip). Dies bedeutet, dass grundsätzlich keine Liquidationswerte angesetzt werden dürfen und zukünftige Verpflichtungen zu berücksichtigen sind. Eine Vermögensbewertung unter Fortführungsaspekten hat nur dann zu unterbleiben, wenn im Einzelfall in Kürze mit einer Einzelveräußerung oder mit der Unternehmensliquidation zu rechnen ist.

Grundsätze der Stichtagsbezogenheit und Einzelbewertung (§ 252 Abs. 1 Nr. 3)

Die Bewertung der einzelnen Vermögensgegenstände und Schulden hat sich nach den **Verhältnissen am Abschlussstichtag** zu richten.

Grundsätzlich sind **alle Vermögensgegenstände** und Schulden **einzeln zu bewerten**. Der **Grundsatz der Einzelbewertung** kann aus Gründen der Bewertungsvereinfachung in einigen gesetzlich geregelten Fällen **durchbrochen werden** (Festwertverfahren, Gruppenbewertung nach § 240 HGB, Verbrauchsfolgeverfahren nach § 256 Satz 1 HGB, Bildung von Bewertungseinheiten bei bestimmten Grundgeschäften mit Finanzinstrumenten nach § 254 HGB). Mit dem Einzelbewertungsgrundsatz hängt auch das **Saldierungsverbot** nach § 246 Abs. 2 HGB zusammen. Danach dürfen Posten der Aktivseite nicht mit Posten der Passivseite und Aufwendungen nicht mit Erträgen verrechnet werden. Ausnahmen gelten für Vermögensgegenstände, die dem Zugriff aller übrigen Gläubiger entzogen sind und ausschließlich der Erfüllung von Schulden aus Altersversorgungsverpflichtungen oder vergleichbaren langfristig fälligen Verpflichtungen dienen; sie sind mit diesen Schulden zu verrechnen.[95]

Beispiel: Saldierungsverbot

Bankschulden dürfen nicht mit Bankguthaben auf anderen Konten verrechnet werden. Ebenso dürfen Zinsaufwendungen und Zinserträge nicht verrechnet werden.

Grundsatz der Vorsicht (§ 252 Abs. 1 Nr. 4)

Der Grundsatz der Vorsicht ist das dominierende Prinzip im deutschen Bilanzrecht. Es hat nicht nur erhebliche Bedeutung für die Gewinnermittlung, sondern auch für die Bilanzierung und Bewertung des Vermögens und der Schulden. Das Vorsichtsprinzip hat dabei auch Konsequenzen für die Wahl der Nutzungsdauer bei der Abschreibung sowie für Zeitpunkt und Höhe der Bildung von Rückstellungen. Der **Grundsatz der Vorsicht** wird konkretisiert durch das **Realisationsprinzip** und das **Imparitätsprinzip.** Abgeleitet werden hieraus das **Niederstwertprinzip** für Vermögen und das **Höchstwertprinzip** für Schulden.

Realisationsprinzip

Gewinne (Erträge) dürfen erst dann ausgewiesen werden, wenn sie durch Umsätze tatsächlich entstanden, also realisiert worden sind. Wertsteigerungen, die über die Anschaffungs- oder Herstellungskosten hinausgehen, werden durch das Realisationsprinzip ausgeschlossen.[96] **Die Anschaffungskosten dürfen nicht überschritten werden!** Aus dem Realisationsprinzip folgt damit das Prinzip der Bewertung höchstens zu AK/HK.[97]

---

[95] Dies gilt nicht in der staatlichen Doppik. Nach SsD Tz. 5.7.2.1 findet das Saldierungsgebot i.S.d. § 246 Abs. 2 S. 2 HGB keine Anwendung. Vermögensgegenstände, die ausschließlich zur Erfüllung von Pensionsverpflichtungen oder vergleichbar langfristig fälliger Verpflichtungen bestimmt sind, dürfen nicht mit diesen verrechnet werden.

[96] Vgl. Coenenberg/Haller/Schultze, Jahresabschluss und Jahresabschlussanalyse, 25. Aufl. 2018, S. 43.

[97] Vgl. Beck´scher Bilanzkommentar, 12. Aufl. 2020, § 252 Tz. 29.

Beispiel:

Der Wert eines zu 250.000 € erworbenen Grundstücks ist inzwischen auf 300.000 € gestiegen.

Solange das Grundstück nicht zu dem höheren Wert verkauft ist, spricht man von einer stillen Reserve oder einem nicht realisierten Gewinn. Aus Gründen kaufmännischer Vorsicht sind nicht realisierte Gewinne noch keine Gewinne und dürfen deshalb auch nicht ausgewiesen (und somit auch nicht ausgeschüttet) werden. Das Grundstück ist höchstens mit 250.000 € Anschaffungskosten zu bilanzieren.

In den folgenden Spezialfällen kommt es zu einer Durchbrechung des Realisationsprinzips:

- Bewertung von Deckungsvermögen zum beizulegenden Zeitwert im Zusammenhang mit der Verrechnung von Pensionsrückstellungen gemäß § 246 Abs. 2 Sätze 2 und 3 HGB,
- Bewertung von Fremdwährungsforderungen und Fremdwährungsverbindlichkeiten mit einer Restlaufzeit von einem Jahr oder weniger gemäß § 256a HGB,
- Abzinsung von Rückstellungen mit einer Restlaufzeit von mehr als einem Jahr gemäß § 253 Abs. 2 HGB.

Eine Ausnahme bilden auch zum Zeitwert zu bilanzierende „zu Handelszwecken erworbene Finanzinstrumente“ bei Kredit- und Finanzinstitutionen (§ 340a Abs. 3 HGB). Da die Zeitwertbilanzierung erfolgswirksam durchzuführen ist, kann es somit zum Ausweis von unrealisierten Gewinnen kommen (ausführlicher vgl. Kap. A.13.3.3).

Imparitätsprinzip

Nach dem Imparitäts- oder Verlustantizipationsprinzip dürfen Gewinne und Verluste nicht paritätisch behandelt werden. Im Gegensatz zu den Gewinnen, die erst berücksichtigt werden, wenn sie am Abschlussstichtag realisiert wurden, müssen alle vorhersehbaren Risiken und Verluste, die entstanden sind, unabhängig davon ob sie zum Abschlussstichtag realisiert wurden, berücksichtigt werden (§ 252 Abs. 1 Nr. 4 HGB). Das bedeutet, dass noch nicht realisierte Verluste bei vorübergehender Wertminderung im Finanzanlagevermögen ausgewiesen werden dürfen. Dauerhafte Wertminderung im Anlagevermögen sowie jede Wertminderung im Umlaufvermögen müssen jedoch ausgewiesen werden. Die Wertminderungen erfolgen über außerplanmäßige Abschreibungen.

Die folgende Abbildung stellt die außerplanmäßigen Abschreibungen im Anlage- und Umlaufvermögen nach dem gemilderten und strengen Niederstwertprinzip dar:[98]

[98] In Anlehnung an: Baetge/Kirsch/Thiele, Bilanzen, 15. Aufl. 2019, S. 209.

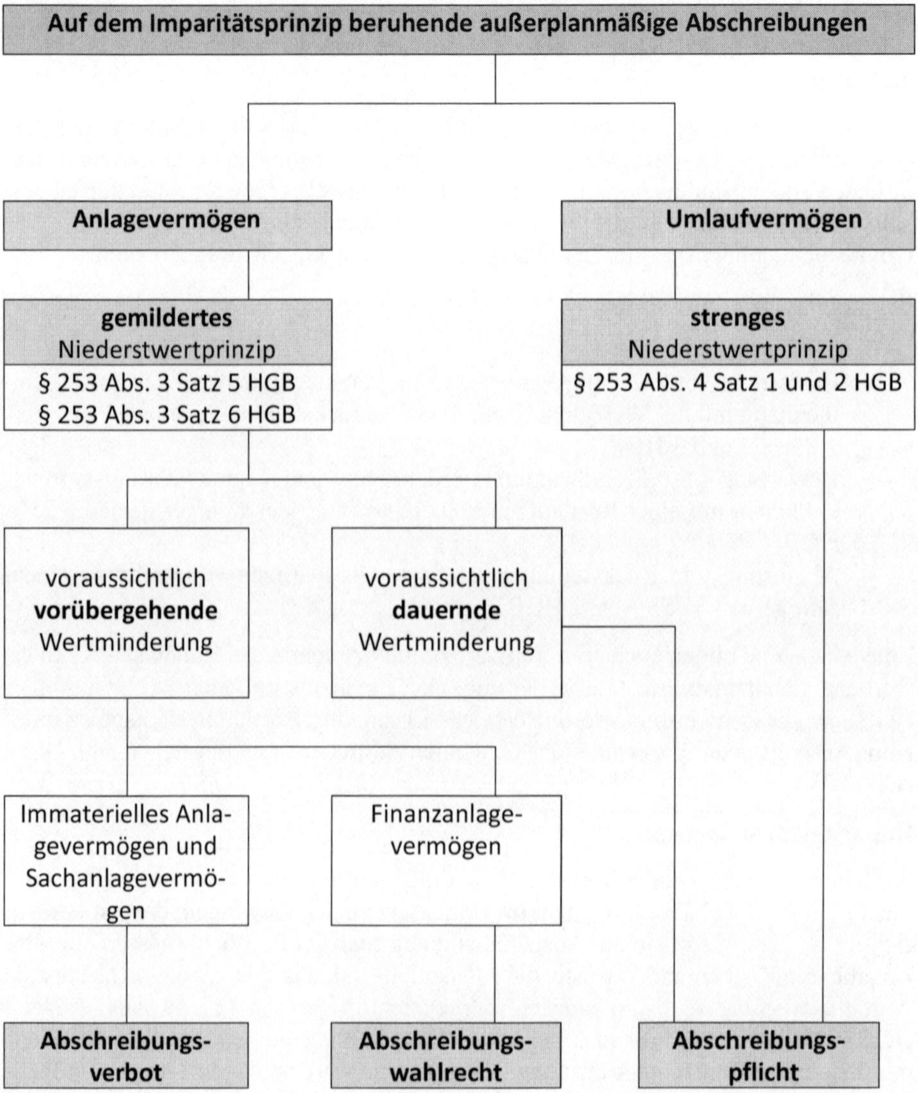

Abbildung 32: Außerplanmäßige Abschreibungen

Niederstwertprinzip auf der Aktivseite

Der niedrigere Wert bezieht sich auf den Anschaffungswert oder Stichtagswert. Von den zwei möglichen Werten muss (**strenges Niederstwertprinzip** – beim Umlaufvermögen und bei dauerhafter Wertminderung im Anlagevermögen) und kann wahlweise (**gemildertes Niederstwertprinzip** – bei den Finanzanlagen im Anlagevermögen und bei vorübergehender Wertminderung) der niedrigere Wert angesetzt werden.

Beispiel 1:

Der Wert eines mit 220.000 € aktivierten Baugrundstücks ist durch den Bau einer naheliegenden Umgehungsstraße auf 100.000 € gesunken.

Auch wenn das Grundstück noch nicht zu dem niedrigeren Wert verkauft ist, muss der Wert wegen der **dauerhaften** Wertminderung um 120.000 € auf 100.000 € herabgesetzt werden (§ 253 Abs. 3 HGB). Das **Niederstwertprinzip** führt somit zum **Ausweis eines noch nicht realisierten Verlustes.** Es gilt: Nicht realisierte Verluste müssen aus Gründen kaufmännischer Vorsicht wie tatsächliche Verluste behandelt werden.

Beispiel 2:

Bei einer Straßenbrücke ergibt sich ein außerplanmäßiger Wertverlust, wenn das Nutzungspotential sinken würde, z.B. durch Witterungseinflüsse, einen Unfall oder durch Betonschäden werden Teile (Fahrbahnen) der Brücke gesperrt.

Beispiel 3:

Der Bauhof einer Stadt verfügt über eine eigene Tankstelle für die Betankung der städtischen Fahrzeuge. Zum Bilanzstichtag sind die Benzinpreise erheblich gesunken. Da es sich beim Benzin um einen Vermögensgegenstand des Umlaufvermögens handelt, muss die Stadt das Benzin zum niedrigeren Wert bilanzieren. Die Wertkorrektur erfolgt durch eine außerplanmäßige Abschreibung.

Höchstwertprinzip auf der Passivseite

Das Höchstwertprinzip ist für die Passivseite der Bilanz relevant und ist für Verbindlichkeiten und Rückstellungen der umgekehrte Grundsatz zum Niederstwertprinzip. Wenn der Zeitwert niedriger ist als ursprüngliche Wert, muss der höhere Wert passiviert werden. Ist umgekehrt der Zeitwert einer Verbindlichkeit oder Rückstellung höher, muss dieser passiviert werden.

Beispiel 4:

Import von Material zum sofortigen Verbrauch am 20. Dezember, Zahlungsziel vier Wochen, Rechnungsbetrag 10.000 US-$, Kurs am 20. Dezember 1,3802 US-$/1 €. Zum Bilanzstichtag am 31. Dezember beträgt der Devisenkassamittelkurs 1,3607 US-$/1 €; der Dollarkurs ist gestiegen.

Buchung zum 20. Dez.: *Materialaufwand an Verbindlichk. a. LuL... 7.245,33 €*

Buchung zum 31. Dez.: *Materialaufwand an Verbindlichk. a. LuL... 103,83 €*

Das **Höchstwertprinzip** führt somit wie das Niederstwertprinzip zum **Ausweis eines nicht realisierten Verlustes**. Eine Kursänderung auf beispielsweise 1,4167 US-$/1 € führt nach der Regelung des § 256a HGB zur Durchbrechung des Realisationsprinzips. Es wird dann ein nicht realisierter Gewinn von 186,67 € ausgewiesen, da das Zahlungsziel (Restlaufzeit bis zu einem Jahr) vier Wochen beträgt. Bei einer Restlaufzeit von mehr als einem Jahr ist der höhere der beiden Werte anzusetzen; das Imparitätsprinzip wird dadurch gewahrt.

Anschaffungs-, Niederst- und Höchstwertprinzip bewirken also, dass zwar nicht realisierte Verluste ausgewiesen werden, aber grundsätzlich keine nicht realisierten Gewinne. Dieses **Prinzip der ungleichen Behandlung von nicht realisierten Gewinnen und Verlusten** bezeichnet man als **Imparitätsprinzip (Ungleichheitsprinzip)**. Es ist **Ausdruck kaufmännischer Vorsicht** als dem obersten Bewertungsgrundsatz.

MERKE: **Realisationsprinzip:** Gewinne dürfen erst nach der Realisation ausgewiesen werden. **Imparitätsprinzip:** Verluste müssen bereits bei ihrer Entstehung und nicht erst bei der Realisation berücksichtigt werden.

Nach § 253 Absätze 3 und 4 HGB dürfen außerplanmäßige Abschreibungen auf Gegenstände des Anlage- und Umlaufvermögens nur erfolgen, wenn von einer **voraussichtlich dauernden Wertminderung** ausgegangen werden kann. Die Voraussetzung der Dauerhaftigkeit kann dann als gegeben angesehen werden, wenn die Wertminderung voraussichtlich länger als die Hälfte der Restnutzungsdauer anhält. Wenn sich aber in einem späteren Geschäftsjahr herausstellt, dass diese Wertminderung nicht mehr besteht, ist eine **Zuschreibung (Wertaufholung)** vorzunehmen (vgl. § 253 Abs. 5 HGB) und zwar höchstens bis zu den um die normale Abschreibung verminderten Anschaffungs- oder Herstellungskosten (fortgeführte AK/HK). An jedem Bilanzstichtag ist zu überprüfen, ob Anhaltspunkte vorliegen, dass eine vorherige Wertminderung nicht länger besteht oder geringer sein könnte.

Beispiel 5:

Die Y-GmbH kauft am 3. Januar 01 Aktien zur vorübergehenden Geldanlage für 20.000 €. Zum 31. Dezember 01 ist der Wert der Aktien auf 15.000 € gesunken. Gemäß dem strengen Niederstwertprinzip sind die Aktien zu diesem Wert zu bilanzieren. Bis zum 31. Dezember 02 steigen die Aktien auf einen Wert von 23.000 €. In der Steuer- und Handelsbilanz der Y-GmbH zum 31. Dezember 02 muss eine **Wertaufholung bzw. Zuschreibung** bis zu den ursprünglichen Anschaffungskosten von 20.000 € erfolgen, wodurch eine **stille Reserve von 5.000 € ertragswirksam aufgelöst** wird:

Buchung: Wertpapiere d. Umlaufverm. an Erträge a. Wertpapieren d. UV 5.000

Wertaufhellungsgrundsatz

Bis zum Zeitpunkt der Bilanzaufstellung, der meist nach dem Bilanzstichtag liegt, verändern sich oft die Werte von Vermögensgegenständen und Schulden. Der Bilanzierende verfügt vielleicht über bessere Informationen z.B. über die Höhe von Rückstellungen oder Forderungsausfällen. Nach dem Wertaufhellungsgrundsatz sind diese besseren Informationen, die dem Bilanzierenden erst nach dem Bilanzstichtag zugehen, zu berücksichtigen, wenn diese Informationen die wirklichen Bilanzstichtagsverhältnisse wiedergeben.

Im Zusammenhang mit dem Imparitätsprinzip verweist § 252 Abs. 1 Nr. 4 HGB ausdrücklich auf den Wertaufhellungsgrundsatz. Es müssen auch Erkenntnisse (noch nicht realisierte Verluste) berücksichtigt werden, die erst zwischen dem Bilanzstichtag und dem Tag der Bilanzaufstellung bekannt geworden sind (wertaufhellende Erkenntnisse).

Beispiel 6:

Das Schlussbilanzkonto der Y-GmbH weist zum 31.12.01 eine zweifelhafte Forderung in Höhe von 200.000 € gegenüber dem Kunden A aus. Am 20.01. des folgenden Geschäftsjahres erfährt die Y-GmbH, dass das Insolvenzverfahren über das Vermögen von A eingeleitet wurde. Die Y-GmbH hat bereits zum Bilanzstichtag am 31.12.01 eine Einzelwertberichtigung vorzunehmen. Die nach dem Bilanzstichtag, aber noch vor Aufstellung der Bilanz gewonnene bessere Erkenntnis über die Verhältnisse am Bilanzstichtag muss berücksichtigt werden (Wertaufhellungstheorie). Da die Forderung objektiv bereits zum 31.12.01 zweifelhaft war, ist der voraussichtliche Forderungsausfall schon im Jahresabschluss 01 darzustellen.

Grundsätzlich unberücksichtigt bleiben dagegen die sog. **wertbegründeten Ereignisse** in der Bilanz des abgelaufenen Jahres, die erst nach dem Abschlussstichtag eingetreten sind. Jedoch ist nach § 285 Nr. 33 HGB eine Berichterstattung im Anhang über solche Ereignisse zwingend vorgeschrieben.

Grundsatz der Periodenabgrenzung (§ 252 Abs. 1 Nr. 5)

Aufwendungen und Erträge des Geschäftsjahrs sind unabhängig von den Zeitpunkten der entsprechenden Zahlungen im Jahresabschluss zu berücksichtigen. Die Berücksichtigung erfolgt grundsätzlich in der Periode, in der der Wertverzehr bzw. Wertzuwachs wirtschaftlich verursacht wurde. Die zeitliche Abgrenzung der Aufwendungen und Erträge erfolgt durch die Rechnungsabgrenzungs- und Rückstellungsbuchungen.

Grundsatz der Bewertungsstetigkeit (§ 252 Abs. 1 Nr. 6)

Der Grundsatz besagt, dass einmal gewählte Bewertungsmethoden über die einzelnen Geschäftsjahre hinaus grundsätzlich beizubehalten sind und nicht von Jahr zu Jahr wechseln dürfen. Hiervon darf nur in begründeten Ausnahmefällen abgewichen werden (§ 252 Abs. 2 HGB). In diesem Zusammenhang ist auch auf das Gebot der Bilanzansatzstetigkeit nach § 246 Abs. 3 HGB hinzuweisen.

Die gleichen allgemeinen Bewertungsgrundsätze gelten überwiegend auch für die **staatliche und kommunale Doppik.**[99] Der Grundsatz der Unternehmensfortführung ist in einigen Landesgesetzen für die kommunale Doppik nicht übernommen worden, da er im öffentlichen Bereich kaum eine praktische Bedeutung erlangt. In einigen Landesgesetzen für die kommunale Doppik (z.B. BW, NRW, Sachs.) wurde das handelsrechtliche Vorsichtsprinzip durch eine **wirklichkeitsgetreue Bewertung** ergänzt, wobei das Vorsichtsprinzip grundsätzlich beibehalten wird. Hiernach sind „Risiken und Verluste, für deren Verwirklichung im Hinblick auf die besonderen Verhältnisse der öffentlichen Haushaltswirtschaft nur eine geringe Wahrscheinlichkeit spricht", außer Betracht zu lassen (vgl. z.B. § 91 Abs. 4 Nr. 3 GO NRW).[100] Soweit mehrere Wertansätze zur Auswahl stehen, ist am Abschlussstichtag der wahrscheinlichste, der Wirklichkeit entsprechende Wert anzusetzen – sog. **Wirklichkeitsprinzip**. Mehrere Wertansätze können in der Praxis bei der Festlegung von Schätzgrößen z.B. bei der Bewertung von Rückstellungen in Frage kommen; hier ist dann der Wert, der mit der höchsten Wahrscheinlichkeit eintritt, anzusetzen oder es ist ein Mittelwert (Erwartungswert)[101] auszuwählen. Das Wirklichkeitsprinzip fordert von den Kommunen, strategische Bilanzpolitik (vgl. Kap. A.16) zu unterlassen und möglichst realitätsnahe Wertmäßstäbe anzusetzen, d.h. sie sollen ihre Bewertungen bei Bewertungsspielräumen nicht pauschal auf die Bewertungsuntergrenze oder die Bewertungsobergrenze ausrichten.

Da **Imparitätsprinzip** (Berücksichtigung vorhersehbarer Risiken und Verluste) und **Realisationsprinzip** (Berücksichtigung nur realisierter Gewinne) als **Ausprägungen des Vorsichtsprinzips** durch eine wirklichkeitsgetreue Bewertung ausdrücklich nicht eingeschränkt werden, können Vermögensgegenstände als Obergrenze höchstens mit den Anschaffungs-/Herstellungskosten abzüglich der planmäßigen Abschreibungen bewertet werden. Eine Wertanpassung im Sinne einer Zuschreibung über die historischen AK/HK hinaus widerspricht damit grundsätzlich dem Realisationsprinzip. In den Fällen des § 36 Abs. 5 KomHVO NRW (**Aktivierung von Erhaltungs- und Instandsetzungsaufwendungen bei Verlängerung der Nutzungsdauer**) kann sich jedoch durch die vorgesehene Neubewertung der Vermögensgegenstände eine Überschreitung der historischen AK/HK als Obergrenze ergeben (vgl. Kap. B.2.4.2).

MERKE: Die **allgemeinen Bewertungsgrundsätze** nach § 252 Abs. 1 HGB gelten für alle Kaufleute und Unternehmensformen sowie überwiegend für die Gebietskörperschaften, die die doppelte Buchführung anwenden. Von den allgemeinen Bewertungsgrundsätzen darf nur in begründeten Ausnahmefällen abgewichen werden (§252 Abs. 2 HGB).

[99] Vgl. SsD Tz. 2, im NKF: § 91 Abs. 4 GO NRW.

[100] Gleichlautend § 33 Abs. 1 Nr. 3 KomHVO NRW. Diese Regelung entspricht auch R 5.7 Abs. 6 EStR; hier wird für eine Rückstellungsbildung gefordert, dass mehr Gründe für als gegen eine Inanspruchnahme sprechen müssen, wie dies auch in IAS 37.15 formuliert ist („more likely than not").

[101] Zur Bewertung von Rückstellungen nach der Erwartungswertmethode vgl. IAS 37.36 – 40.

A.13.2 Wertbegriffe

Die für die Bewertung der Vermögensgegenstände und Schulden wichtigsten Begriffe sind in der folgenden Übersicht – getrennt nach Aktiv- und Passivseite – aufgeführt:[102]

Aktivseite	Passivseite
Anschaffungskosten	Erfüllungs-/Rückzahlungsbetrag
Herstellungskosten	nach vernünftiger kaufmännischer Beurteilung notwendiger Erfüllungsbetrag
Unterschiedsbetrag	
Nennwert	Nennwert
Barwert	Barwert
Börsen- oder Marktpreis	
Beizulegender Stichtagswert/Zeitwert	

Abbildung 33: Wertkategorien

Die Anschaffungs- und Herstellungskosten (AHK) sind die Ausgangswerte für die Bewertung der Gegenstände des Anlage- und Umlaufvermögens. Sie bilden im HGB die absolute **Obergrenze** für den Wertansatz. Die anderen Wertbegriffe stellen überwiegend Vergleichswerte zu den Anschaffungs- oder Herstellungskosten dar, um einen niedrigeren Wertansatz beim Anlage- und Umlaufvermögen zu ermöglichen. Für die Bewertung der Passiva sind alle Begriffe der Passivseite Ausgangswerte für die Bewertung des Eigen- und Fremdkapitals.

Neben den aufgeführten Wertbegriffen wird als **Buchwert** oder **fortgeführter Anschaffungs-/Herstellungswert** der nach Abzug von planmäßigen oder außerplanmäßigen Abschreibungen verminderte (ggf. auch um Zuschreibungen erhöhte) Wert von Vermögensgegenständen am Schluss des Jahres bezeichnet.

A.13.2.1 Anschaffungskosten

Die Anschaffungskosten sind maßgebend für **fremdbezogene** Vermögensgegenstände. Nach § 255 Abs. 1 HGB[103] sind Anschaffungskosten die Aufwendungen, die geleistet werden, um einen Vermögensgegenstand zu erwerben und ihn in einen **betriebsbereiten** Zustand zu versetzen. Voraussetzung ist, dass die Aufwendungen dem Vermögensgegenstand **einzeln zugeordnet** werden können. Es können also nur

[102] In Anlehnung an: Bitz/Schneeloch/Wittstock/Patek, Der Jahresabschluss, 6. Aufl. 2014, S. 234.

[103] Gleichlautend § 34 Abs. 2 KomHVO NRW.

Einzelkosten und keine Gemeinkosten in die Anschaffungskosten einbezogen werden. Kalkulatorische Kostenbestandteile sind ausgeschlossen. Betriebsbereitschaft liegt dann vor, wenn sich der Vermögensgegenstand in dem Zustand befindet, der die vom Erwerber vorgesehene Nutzung ermöglicht.

Die Anschaffungskosten setzen sich aus dem Anschaffungspreis und den Anschaffungsnebenkosten zusammen. Kaufpreisminderungen verringern die Anschaffungskosten.

Anschaffungsnebenkosten sind z.B. Zölle sowie Transport- und Montagekosten bei Anschaffung von Maschinen, Notar- und Gerichtskosten sowie Grunderwerbsteuer beim Erwerb von Grundstücken und Bankenprovisionen beim Kauf von Wertpapieren. **Anschaffungspreisminderungen** sind Rabatte, Skonti und Boni. Grundsätzlich zählen zu den Anschaffungspreisminderungen auch erhaltene Zuwendungen (öffentliche Subventionen und Zuschüsse). Für **erhaltene Zuwendungen** gelten in der **staatlichen und kommunalen Doppik** spezielle Regelungen.[104] Erhaltene Zuwendungen für die Anschaffung von Vermögensgegenständen des Anlagevermögens werden hiernach durch die Bildung von Passivposten (Sonderrücklage, Sonderposten) berücksichtigt und gehen nicht als Anschaffungspreisminderungen in die Ermittlung der Anschaffungskosten ein. Die Bildung eines Sonderpostens für Investitionszuschüsse zum Anlagevermögen ist auch für Unternehmen als Wahlrecht zulässig. Der Sonderposten wird i.d.R. parallel zu den Abschreibungen des entsprechenden Vermögensgegenstandes ertragswirksam aufgelöst.

Nachträgliche Anschaffungskosten im Sinne des § 255 Abs. 1 S. 2 HGB sind Kosten, die zur Herstellung der Betriebsbereitschaft gehören, aber zeitlich nach dem Anschaffungsvorgang auftreten und in einem ursächlichen Zusammenhang mit dem Anschaffungsvorgang stehen (z.B. Kanalanschlussbeiträge, späterer Einbau eines Radios in PKW). Hierzu zählen auch Ausgaben für den Ersatz von Anlagenkomponenten, wenn die Anlagen komponentenweise planmäßig abgeschrieben werden. Nachträgliche Anschaffungskosten sind damit werterhöhend zu berücksichtigen. Wenn sie erst in späteren Jahren anfallen, sind sie steuerrechtlich so zu behandeln, als wären sie jeweils zu Beginn des Jahres angefallen (vgl. § 7a Abs. 1 EStG).[105]

Beispiel:

Eine Gemeinde führt eine neue Finanzbuchhaltungssoftware ein. Es wurde hierfür eine Lizenz gekauft; die Software wurde von eigenen Mitarbeitern installiert. Es sind insgesamt folgende Kosten angefallen:

Vorbereitung der Ausschreibung 5.000 €
Lizenzkosten 120.000 €

[104] Vgl. z.B. SsD Tz. 6.3, im NKF: § 44 Absätze 4 und 5 KomHVO NRW.

[105] Die Anwendung dieser steuerrechtlichen Vereinfachungsregel für den kommunalen Abschluss wird in den einzelnen Bundesländern unterschiedlich ausgelegt. Es wird teilweise die Meinung vertreten, dass auch bei nachträglichen Anschaffungskosten eine monatsgenaue Abschreibung erfolgen muss.

Programmierung durch eigene Mitarbeiter 40.000 €
Systemtest durch eigene Mitarbeiter 15.000 €
Altdatenübernahme durch externe Berater 4.000 €
Fortbildung der Finanzbuchhalter 20.000 €

Die Kosten für die Ausschreibung, Altdatenübernahme und Fortbildung der Mitarbeiter sind als Aufwendungen zu buchen und zählen nicht zu den Anschaffungskosten, da sie nicht für den betriebsbereiten Zustand erforderlich sind bzw. nicht dem Vermögensgegenstand einzeln zugeordnet werden können. Die Anschaffungskosten betragen somit 175.000 €.

Sofern die im Bruttopreis enthaltene **Umsatzsteuer** für den Erwerber einen durchlaufenden Posten darstellt, da er sich die Umsatzsteuer als Vorsteuer vom Finanzamt erstatten lassen kann, ist als Anschaffungspreis der Bruttopreis abzüglich der Umsatzsteuer anzusehen. Soweit der Erwerber zum Vorsteuerabzug nicht berechtigt ist, gehört die in Rechnung gestellte Umsatzsteuer zu den Anschaffungskosten. Dies trifft insbesondere bei juristischen Personen des öffentlichen Rechts zu, wenn diese hoheitlich und nicht privatrechtlich handeln. Die Ermittlung der Anschaffungskosten lässt sich schematisch wie folgt darstellen:

Bruttoeinkaufpreis – Kaufpreisminderungen = Nettoeinkaufpreis
Nettoeinkaufpreis + Anschaffungsnebenkosten + nachträgliche Anschaffungskosten
= Anschaffungskosten

Bei einem Erwerb von Vermögensgegenständen auf Rentenbasis entsprechen die Anschaffungskosten dem Barwert (als Höchstgrenze) der vom Bilanzierenden zu zahlenden Rente.

Besondere Bewertungsprobleme entstehen beim **unentgeltlichen Erwerb** und bei Tauschgeschäften. Hier kommt als Bewertungsobergrenze der vorsichtig geschätzte Betrag, der normalerweise für die Anschaffung des Gegenstandes hätte aufgewendet werden müssen, in Frage.[106] **Sicherungseinbehalte**, die im Einzelfall bei Erwerb von Vermögensgegenständen notwendig werden, um z.B. die ordnungsgemäße Leistung durch Dritte oder Mängelansprüche sicherzustellen, mindern **nicht** die Anschaffungskosten. Sie stellen Verbindlichkeiten dar.

MERKE: Anschaffungskosten sind im HGB Ausgangspunkt und Bewertungsobergrenze für Vermögensgegenstände des Anlage- und Umlaufvermögens.

[106] Vgl. Beck´scher Bilanzkommentar, 12. Aufl. 2020, § 255 Tz. 101.

A.13.2.2 Herstellungskosten

Die Herstellungskosten kommen als Bewertungsmaßstab immer dann in Betracht, wenn Vermögensgegenstände (Wirtschaftsgüter) nicht gekauft, sondern vom Bilanzierenden **selbst hergestellt** werden. Herstellungskosten sind „die Aufwendungen, die durch den Verbrauch von Gütern und die Inanspruchnahme von Diensten

- für die **Herstellung** eines Vermögensgegenstandes,
- seine **Erweiterung** oder
- für eine über seinen ursprünglichen Zustand hinausgehende **wesentliche Verbesserung**

entstehen“ (§ 255 Abs. 2 S. 1 HGB).[107]

Sowohl bei Erweiterungen als auch bei wesentlichen Verbesserungen ergibt sich oft das Abgrenzungsproblem, ob die Maßnahmen als **Erhaltungsaufwendungen** zu qualifizieren sind. Um solche handelt es sich bei laufend oder einmalig anfallenden Instandhaltungen und Reparaturen, um die Anlagen wieder in den üblichen bzw. ursprünglichen Betriebsverwendungszweck zu versetzen. Sofern nur die Wiederherstellung der Funktionsfähigkeit erfolgt, also z.B. keine wesentliche Verlängerung der Nutzungsdauer einer Anlage gegeben ist, sind auch solche Maßnahmen als Erhaltungsaufwand einzustufen, bei denen entsprechend dem technischen Fortschritt Modernisierungen vorliegen.[108]

Zur Abgrenzung können die folgenden Abbildungen hilfreich sein, wobei sich die zweite Abbildung auf Gebäude bezieht:[109]

Erhaltungsaufwand	Herstellungsaufwand
- Erhaltung in ordnungsgemäßem Zustand, - es erfolgen regelmäßige notwendige Ausbesserungen, - Wesensart des Vermögensgegenstands (VG) wird nicht verändert.	- VG wird in seiner Substanz vermehrt, - Erweiterung des VG (wesentliche Verbesserung der Gebrauchsmöglichkeiten), - erhebliche Verbesserung über den bisherigen Zustand hinaus, - Nutzungsdauer des VG wird nicht nur geringfügig verlängert.
Beurteilung des Einzelfalls ist entscheidend!	

[107] Gleichlautend § 34 Abs. 3 KomHVO NRW.

[108] Näheres zur Abgrenzung von Herstellungskosten und Erhaltungsaufwand vgl. Erlass des Bundesministeriums der Finanzen vom 18.07.2003, (BStBl I S.386), R 21.1 EStR. Im NKF gelten ergänzende Regelungen zur Aktivierbarkeit von Instandhaltungsaufwendungen bei Vermögensgegenständen des Anlagevermögens (vgl. Kap. B.2.4.2).

[109] Mit Änderungen entnommen aus: NKF-Handreichungen 7. Aufl. 2016, S. 3012.

Gebäude:				
Herstellung eines Vermögensgegenstandes		**Erweiterung eines Vermögensgegenstandes**		**Wesentliche Verbesserung eines Vermögensgegenstandes**
►	**Neuanschaffung**	►	**Substanzmehrung**	**Prüfung, ob** - Maßnahmen über eine zeitgemäße substanzerhaltende Erneuerung hinausgehen, - Maßnahmen den Gebrauchswert des Gebäudes als Ganzes deutlich erhöhen **und** für die Zukunft eine erweiterte Nutzungsmöglichkeit schaffen, - der Standard des Gebäudes gesteigert wird, z.B. von einem einfachen in einem mittleren Standard; für die Klassifizierung sind die Bereiche Heizungs-, Sanitär-, Elektroinstallation und Fenster maßgeblich.
►	**Herstellung nach Vollverschleiß**	►	**Vergrößerung der Nutzfläche**	
►	**Wesensänderung**	►	**Aufstockung eines Gebäudes, Anbau an bestehendes Gebäude**	

Abbildung 34: Abgrenzung von Erhaltungs- und Herstellungsaufwand

Herstellungskosten können also sowohl bis zum Zeitpunkt der erstmaligen Fertigstellung als auch nach der Fertigstellung anfallen. Aus der Formulierung „Herstellungskosten sind die Aufwendungen …" ergibt sich, dass nur solche in der Kostenrechnung erfassten Kosten zu den bilanziellen Herstellungskosten gehören können, die in der Gewinn- und Verlustrechnung Aufwand darstellen. Damit sind also lediglich aufwandsgleiche Kosten, kostenrechnerisch auch als „Grundkosten" bezeichnet, in die Herstellungskosten einzubeziehen, nicht hingegen kalkulatorische Kosten.

Bei Anwendung des **Komponentenansatzes** (vgl. Kap. B.2.4.2) ist zu beachten, dass die Kosten für den Ersatz einer verbrauchten Teilkomponente des einheitlichen Vermögensgegenstandes nicht Erhaltungsaufwand, sondern nachträglich zu aktivierende AK/HK darstellen.[110]

Bei der Ermittlung der Herstellungskosten gelten im HGB folgende

- Einbeziehungsgebote,
- Einbeziehungswahlrechte und
- Einbeziehungsverbote.

Sie bilden jeweils die Wertuntergrenze oder Wertobergrenze der Herstellungskosten.

[110] Vgl. Beck´scher Bilanzkommentar, 12. Aufl. 2020, § 255 Tz. 391.

Materialeinzel/-gemeinkosten + Fertigungseinzel/-gemeinkosten + Wertverzehr des Anlagevermögens + Sondereinzelkosten der Fertigung	**Einbeziehungsgebote**
= **Wertuntergrenze der HK**	
+ allgemeine Verwaltungskosten + Aufwendungen für soziale Betriebseinrichtungen + freiwillige soziale Leistungen + Aufwendungen für betriebliche Altersversorgung + bestimmte Fremdkapitalzinsen	**Einbeziehungswahlrechte**
= **Wertobergrenze der HK**	

Abbildung 35: Wertuntergrenze und Wertobergrenze

Materialeinzelkosten umfassen den Verbrauch von Roh-, Hilfs- und Betriebsstoffen sowie die fremdbezogen und selbsterstellten Waren bzw. Teilerzeugnisse (z.B. Zulieferteile, Halbfertigfabrikate). **Fertigungseinzelkosten** sind dem Herstellungsvorgang direkt zurechenbare Personalkosten und Personalnebenkosten (z.B. Arbeitgeberanteile zur Sozialversicherung). **Sondereinzelkosten der Fertigung** sind insbesondere Ausgaben für Spezialwerkzeuge, Modelle, Entwürfe, Schablonen, stückbezogene Lizenzen usw. Sie können zwar nicht dem einzelnen hergestellten Vermögensgegenstand direkt zugeordnet werden, jedoch dem Auftrag insgesamt.

Materialgemeinkosten sind häufig die Kosten der Einkaufsabteilung, der Materialannahme und –überprüfung, der Materialverwaltung und die Abschreibungen des für die Materialverwaltung notwendigen Anlagevermögens. Zu den **Fertigungsgemeinkosten** rechnen die im Produktionsbereich anfallenden Kosten, wie z.B. Energiekosten, Miete, Sachversicherungen, Kosten der Abteilungen Arbeitsvorbereitung, Fertigungskontrolle, Instandhaltung sowie die Abschreibung des für die Fertigung notwendigen Anlagevermögens (z.B. auf Maschinen), soweit diese Kosten nicht bereits bei den Material- oder Verwaltungsgemeinkosten berücksichtigt wurden. **Allgemeine Verwaltungskosten** sind hauptsächlich die Personalkosten der Verwaltungsabteilungen, wie z.B. der Geschäftsführung, der Buchhaltung, der Rechtsabteilung und anderer kaufmännischer Abteilungen. Dazu zählen auch die hier anfallenden Sachkosten (Versicherungen, Büromaterial, Telekommunikation etc.) sowie die Abschreibungen für Verwaltungsgebäude.

Zinsen für Fremdkapital gehören gemäß § 255 Abs. 3 S. 1 HGB grundsätzlich nicht zu den Herstellungskosten. Sie dürfen jedoch gemäß Satz 2 dieser Vorschrift in die Herstellungskosten einbezogen werden, wenn folgende zwei Voraussetzungen erfüllt sind:

- das Fremdkapital muss zur Finanzierung des herzustellenden Vermögensgegenstandes verwendet werden und
- die Zinsen müssen auf den Zeitraum der Herstellung entfallen.

Forschungs- und Vertriebskosten dürfen nach § 255 Abs. 2 S. 4 HGB **nicht** den Herstellungskosten zugerechnet werden. Dieses Einbeziehungsverbot besteht für alle Vertriebskosten, d.h. sowohl für die Vertriebsgemeinkosten als auch für die Sondereinzelkosten des Vertriebs.

Aus der in § 255 Abs. 2 S. 2 und 3 HGB verbindlich vorgeschriebenen Regelung zur **Angemessenheit der zurechenbaren Gemeinkosten** folgt, dass Aufwendungen, die das normale Maß übersteigen, nicht in die Herstellungskosten einbezogen werden dürfen. Soweit in einem Betrieb Überkapazitäten bestehen, die zu höheren Fixkosten (Leerkosten) führen, darf der auf die nicht genutzte Kapazität entfallende Teil nicht berücksichtigt werden.[111]

In der **staatlichen Doppik** gilt nur die **Wertuntergrenze nach dem HGB** als Pflichtansatz (vgl. SsD Tz. 4.2.1). Im **NKF** gilt die vom HGB abweichende Regelung, dass gemäß § 34 Abs. 3 KomHVO NRW Material- und Fertigungsgemeinkosten berücksichtigt werden **dürfen** – das gleiche gilt für Verwaltungsgemeinkosten einschließlich der Aufwendungen für soziale Einrichtungen des Betriebs, für freiwillige soziale Leistungen und betriebliche Altersversorgung sowie für Zinsen für Fremdkapital gemäß § 34 Abs. 4 KomHVO NRW. Der Wertverzehr des Anlagevermögens (Abschreibungen) kann überwiegend im Rahmen der Fertigungsgemeinkosten berücksichtigt werden.

Im Einkommenssteuerrecht (R 21.1 EStR 2012) gilt auf Antrag die Vereinfachungsregel, wonach Herstellungsaufwand für Gebäude bis zur Höhe von 4000 € netto als sofort abziehbarer Erhaltungsaufwand behandelt werden kann. Es empfiehlt sich, diese Grenze auch in der öffentlichen Verwaltung anzuwenden. Instandsetzungs- und Modernisierungsmaßnahmen, die innerhalb von drei Jahren nach der Anschaffung des Gebäudes durchgeführt werden, zählen gemäß § 6 Abs. 1 Nr. 1a EStG zu den Herstellungskosten, wenn die Aufwendungen ohne die Umsatzsteuer 15 % der Anschaffungskosten des Gebäudes übersteigen (anschaffungsnahe Herstellungskosten). Im Übrigen gelten im Steuerrecht zur Ermittlung der Herstellungskosten die gleichen Aktivierungsvorschriften wie im Handelsrecht.

Von den „Herstellungskosten" ist der Begriff „Herstellkosten" zu trennen. Der Letztere entstammt der Kostenrechnung, speziell der Kalkulation und umfasst die Materialkosten (Fertigungsmaterial, Materialgemeinkosten) und die Fertigungskosten (Fertigungslöhne, Fertigungsgemeinkosten, Sondereinzelkosten der Fertigung).

[111] Vgl. Coenenberg/Haller/Schultze, Jahresabschluss und Jahresabschlussanalyse, 25. Aufl. 2018, S. 107. Nach den steuerrechtlichen Regelungen kommt eine Verrechnung nicht mehr in Betracht, wenn die Kapazitätsauslastung 70 % unterschreitet (vgl. Schmidt/Kulosa, § 6 EStG Rz.196).

MERKE: Den Anschaffungskosten dürfen nur Einzelkosten zugerechnet werden; den Herstellungskosten werden auch bestimmte Gemeinkosten zugerechnet.

A.13.2.3 Unterschiedsbetrag

Der Unterschiedsbetrag kommt auf der Aktivseite der Bilanz in zwei Fällen zur Anwendung:

- bei Ermittlung des derivativen Geschäftswertes und
- bei Ermittlung des Disagios.

Disagio (auch: Damnum) ist der Unterschiedsbetrag zwischen dem Erfüllungsbetrag einer Verbindlichkeit und dem niedrigeren Auszahlungsbetrag. Der derivative Geschäftswert ist der Differenzbetrag zwischen dem Kaufpreis für ein Unternehmen und dem Wert der übernommenen Vermögensgegenstände abzüglich der übernommenen Schulden.

A.13.2.4 Nennwert (Nominalwert)

Als Nennwert (Nominalwert) wird der auf Banknoten, Münzen, Schecks, Briefmarken, Wertpapieren etc. angegebene Geldbetrag bezeichnet. Die inländischen Geldmittel (Kasse, Bankguthaben) sind damit mit dem Nennbetrag zu bewerten. Die Anschaffungskosten von Forderungen entsprechen ebenfalls dem Nennwert.

Das gezeichnete Kapital von Kapitalgesellschaften (Grundkapital bei Aktiengesellschaften, Stammkapital bei Gesellschaften mbH) ist gemäß § 272 Abs. 1 HGB mit dem Nennbetrag und nicht mit dem jeweiligen Börsen- oder Marktpreis anzusetzen.

A.13.2.5 Erfüllungsbetrag und Erfüllungsbetrag nach vernünftiger kaufmännischer Beurteilung

Gemäß § 253 Abs. 1 HGB sind **Verbindlichkeiten** mit dem Erfüllungsbetrag und **Rückstellungen** in Höhe des nach vernünftiger kaufmännischer Beurteilung notwendigen Erfüllungsbetrages anzusetzen.[112]Nach dem Gesetzeswortlaut sind beide Posten somit zu ihrem „**Erfüllungsbetrag**“ anzusetzen. **Unverzinsliche oder niedrig verzinsliche Darlehen** sind ebenfalls mit dem Erfüllungsbetrag anzusetzen; eine Abzinsung ist aufgrund des Realisationsprinzips nicht zulässig. Für Rückstellungen mit einer Restlaufzeit von mehr als einem Jahr gilt jedoch die Ausnahme, dass hier abzuzinsen ist; es wird also statt des vollen Erfüllungsbetrages nur der Barwert passiviert (vgl. § 253 Abs. 2 S. 1 HGB).

[112] Soweit sich die Höhe von Altersversorgungsverpflichtungen ausschließlich nach dem beizulegenden Zeitwert von Wertpapieren im Sinn des § 266 Abs. 2 A. III. 5 HGB bestimmt, sind Rückstellungen hierfür zum beizulegenden Zeitwert dieser Wertpapiere anzusetzen, soweit er einen garantierten Mindestbetrag übersteigt. Nach § 246 Abs. 2 Satz 2 HGB zu verrechnende Vermögensgegenstände sind mit ihrem beizulegenden Zeitwert zu bewerten. § 88 Abs. 1 GO NRW spricht bei den Rückstellungen von einem Ansatz „in angemessener Höhe“.

Der Erfüllungsbetrag ist der von dem Schuldner an den Gläubiger zur Tilgung einer Verbindlichkeit zu erbringende Geldbetrag. In Durchbrechung des Stichtagsprinzips sind lt. HGB im Gegensatz zum früheren Begriff des Rückzahlungsbetrages künftige **Preis- und Kostensteigerungen** zu berücksichtigen.[113] Die Höhe einer Rückstellung hängt somit von den Preis- und Kostenverhältnissen zum Zeitpunkt der Erfüllung der Verpflichtung ab. Bei Pensionsverpflichtungen sind damit insbesondere **Gehalts- und Karrieretrends** für die Anwartschaften und die Rentenentwicklung für die nicht mehr aktiv Tätigen zu berücksichtigen.[114] Ist die Höhe des Erfüllungsbetrages nicht bekannt, hat der Bilanzierende eine Rückstellung auszuweisen, deren Höhe vorsichtig zu schätzen ist. Es handelt es sich um (Ein-) Schätzungen von subjektiven und objektiven Eintrittswahrscheinlichkeiten bestimmter Situationen, wobei das subjektive Moment i.d.R. eine bedeutendere Rolle spielt.

Beachte: Falls es keine ausreichenden Anhaltspunkte für künftige Preis- oder Kostenänderungen gibt, sind die Wertverhältnisse am Bilanzstichtag maßgebend. Die dieser Einschätzung zugrunde liegenden Annahmen sind immer zu **dokumentieren** und zu jedem Bilanzstichtag zu überprüfen.

Was bei Rückstellungen als **„vernünftiger kaufmännischer“ Wert** anzusehen ist, richtet sich nach der jeweiligen Rückstellungsart. Hier ist nach dem Vorsichtsprinzip grundsätzlich nicht von dem günstigsten anzunehmenden, sondern von dem Betrag mit der höchsten Wahrscheinlichkeit auszugehen. Der Beurteilungsspielraum ist tendenziell eher pessimistisch als optimistisch auszulegen. Rückstellungen für ungewisse Verbindlichkeiten sind deshalb mit dem „wahrscheinlichen Erfüllungsbetrag“, Rückstellungen für drohende Verluste in Höhe des voraussichtlich bis zum Verlusteintritt erwarteten Betrages und Rückstellungen für unterlassene Aufwendungen mit dem voraussichtlich erforderlichen Aufwand zu bewerten.[115]Zur Bewertung von Rückstellungen nach dem sog. **Wirklichkeitsprinzip im NKF** vgl. Kap. B.2.4.7.

A.13.2.6 Barwert

Als **Barwert** bezeichnet man den heutigen Zeitwert zukünftiger Zahlungen. Man errechnet den Barwert durch Abzinsung der Zahlungen (Ein- und Auszahlungen) mit einem Diskontierungsfaktor (Abzinsungsfaktor) auf den heutigen Zeitpunkt. Zahlungen, die kurzfristig anfallen sind damit „belastender“, als wenn sie erst zu einem späteren Zeitpunkt anfallen. Der Barwert bestimmt sich nach den zukünftigen Zahlungsströmen, der Laufzeit und der Höhe des Diskontierungszinssatzes.

Rückstellungen mit einer Restlaufzeit von mehr als einem Jahr sind nach § 253 Abs. 2 HGB mit dem durchschnittlichen Marktzinssatz der vergangenen sieben Jahre ab-

[113] Somit sind auch automatische Gehaltserhöhungen entsprechend dem Dienstalter oder der Betriebszugehörigkeit zu berücksichtigen.

[114] Vgl. Hoffmann/Lüdenbach, NWB Kommentar Bilanzierung, 11. Aufl., 2019, § 253 HGB, Tz. 91.

[115] Vgl. Bitz/Schneeloch/Wittstock/Patek, Der Jahresabschluss, 6. Aufl. 2014, S. 247. Ausführlicher zur Berücksichtigung unsicherer Datenstrukturen vgl. Baetge/Kirsch/Thiele, Bilanzen, 15. Aufl. 2019, S. 452.

zuzinsen, der monatlich von der Deutschen Bundesbank bekanntgegeben wird. Abweichend davon dürfen Rückstellungen für Altersversorgungsverpflichtungen oder vergleichbare langfristig fällige Verpflichtungen pauschal mit dem durchschnittlichen Marktzinssatz abgezinst werden, der sich bei einer angenommenen Restlaufzeit von 15 Jahren ergibt.[116] Nach dem HGB besteht ein Abzinsungsgebot. Der Barwert von Renten- oder Pensionszahlungen wird nach versicherungsmathematischen Regeln unter Berücksichtigung sog. Sterbetafeln mit dem genannten Marktzinssatz ermittelt. Bei der Berechnung der handelsrechtlichen Pensionsrückstellungen werden künftige Entwicklungen (Lohn-, Preis- und Personalentwicklungen) berücksichtigt. Die Erträge und Aufwendungen aus den Rückstellungsabzinsungen sind gesondert – als Bestandteil des Finanzergebnisses – unter den GuV-Posten „Sonstige Zinsen und ähnliche Erträge“ bzw. „Zinsen und ähnliche Aufwendungen“ auszuweisen (vgl. § 277 Abs. 5 HGB).

Der Barwert ist auch relevant beim Ansatz und bei der Bewertung von un- oder niedrigverzinslichen langfristigen Forderungen (vgl. Kap. A.9.3.3.2).

A.13.2.7 Börsen- oder Marktpreis

Der Börsen- oder Marktpreis stellt gemäß § 253 Abs. 4 HGB einen Vergleichswert zu Anschaffungs- oder Herstellungskosten bei Gegenständen des Umlaufvermögens dar.

Als **Börsenpreis,** insbesondere bei börsennotierten Wertpapieren, gilt der an einer amtlichen Börse oder im Freiverkehr ermittelte Kurs.

Der **Marktpreis** ist der Preis, der an einem Markt für Waren einer bestimmten Gattung (z.B. landwirtschaftliche Produkte) zu einem bestimmten Zeitpunkt gezahlt wird. Für die Ermittlung des Vergleichswertes gilt folgende Grundregel: Für Gegenstände, die **regelmäßig wiederbeschafft** werden müssen (z.B. Rohstoffe) ist der Stichtagswert vom **Beschaffungsmarkt** abzuleiten, indem die Wiederbeschaffungspreise + Nebenkosten angesetzt werden. Für Gegenstände, die **nicht wiederbeschafft** werden können (z.B. fertige oder unfertige Erzeugnisse) bzw. nicht wiederbeschafft werden sollen (Überbestände an Rohstoffen), ist der Stichtagswert vom **Absatzmarkt** abzuleiten. Hier werden die Verkaufspreise abzüglich noch anfallender Aufwendungen (= Nettoveräußerungserlös) angesetzt, was als verlustfreie Bewertung bezeichnet wird.

A.13.2.8 Beizulegender Stichtagswert/Zeitwert

Als weiterer Vergleichswert zu den Anschaffungs- oder Herstellungskosten der Vermögensgegenstände des Anlage- und Umlaufvermögens gilt der beizulegende Wert am Abschlussstichtag (**beizulegender Stichtagswert**) nach § 253 Absätze 3 und 4

[116] Gemäß § 37 Abs. 1 KomHVO NRW gilt für die Abzinsung von Pensionsrückstellungen – abweichend von den HGB-Regelungen - ein Zinssatz von 5%. Abweichend auch SsD Tz. 5.7.2.1.

HGB.[117] Er kommt ausschließlich bei der **Folgebewertung** als Korrekturwert in Betracht, wenn er niedriger ist als der Ausgangswert. Der beizulegende Stichtagswert entspricht einem Zeit- oder Verkehrswert, der sich je nach dem zu bewertenden Vermögensgegenstand aus einem Wiederbeschaffungs- bzw. Wiederherstellungswert oder als Einzelveräußerungs- bzw. Ertragswert ermittelt.[118]

Der **beizulegende Zeitwert** (fair value) wird sowohl bei der **Zugangsbewertung** als Basiswert als auch bei der **Folgebewertung** als Vergleichswert verwendet. Er kann sogar auch zu einem höheren Wertansatz im Vergleich zum Basiswert führen mit der Folge des ansonsten nicht erlaubten Ausweises unrealisierter Gewinne. Der beizulegende Zeitwert ist nur **in wenigen gesetzlich geregelten Fällen zulässig** (vgl. § 246 Abs. 2, § 253 Abs. 1 S. 3, § 253 Abs. 1 S. 4, § 340e HGB). Er entspricht nach § 255 Abs. 4 HGB dem **Marktpreis**. Soweit kein aktiver Markt besteht, anhand dessen sich der Marktpreis ermitteln lässt, ist der beizulegende Zeitwert mit Hilfe **allgemein anerkannter Bewertungsmethoden** zu bestimmen. Letztendlich ist auch eine Ermittlung durch Fortführung der Anschaffungs- oder Herstellungskosten zulässig. Als allgemein anerkannte Bewertungsmethoden kommen z.B. in Betracht

- Grundsätze zur Durchführung von Unternehmensbewertungen (IDW S 1),
- Bewertung von Beteiligungen (IDW RS HFA 10),
- Bewertung von Immobilien (IDW S 10),
- Bewertung von immateriellen VG (IDW S 5),
- kapitalwertorientierte Methoden,
- Vergleichswertmethoden.

Unter dem beizulegenden Zeitwert eines Vermögensgegenstandes oder einer Schuld wird allgemein auch der Betrag verstanden, zu dem zwei voneinander unabhängige Personen mit Sachverstand und Abschlusswillen bereit wären, den Vermögensgegenstand zu tauschen bzw. die Verbindlichkeit zu begleichen.[119] Vorausgesetzt wird, dass die Transaktion unter marktüblichen Konditionen und ohne Abschlusszwang erfolgt.

Auch in der Steuerbilanz gilt das Niederstwertprinzip. Als aktueller Wert am Bilanzstichtag wird der **steuerliche Teilwert** nach § 6 Abs. 1 EStG ermittelt. In der Bewertungspraxis orientiert sich dieser Wert auch an marktabhängigen Werten wie Börsenkurs bzw. Wiederbeschaffungskosten.

[117] Vgl. SsD Tz. 4.2.3, § 36 Absätze 6 und 8 KomHVO NRW.

[118] Zu den Unterschieden vgl. Baetge/Kirsch/Thiele, Bilanzen, 15. Aufl. 2019, S. 210.

[119] Vgl. Beck´scher Bilanzkommentar, 12. Aufl. 2020, § 255 HGB, Tz. 513. Eine ähnliche Definition enthält IFRS 13.9, wonach der beizulegende Zeitwert der Preis ist, der in einem geordneten Geschäftsvorfall zwischen Marktteilnehmern am Bemessungsstichtag für den Verkauf eines Vermögenswerts eingenommen bzw. für die Übertragung einer Schuld gezahlt würde.

A.13.3 Bewertungsmethoden

A.13.3.1 Einzelbewertung

Im Regelfall sind die Vermögensgegenstände, Schulden und Rechnungsabgrenzungsposten einzeln zu bewerten. Dies ist jedoch nicht immer möglich und teilweise unverhältnismäßig schwierig und unwirtschaftlich. Für die Ermittlung der Anschaffungs- und Herstellungskosten sind deshalb in bestimmten Fällen Bewertungsvereinfachungen (sog. Sammelbewertungsverfahren) gesetzlich oder nach den GoB zugelassen.

A.13.3.2 Sammelbewertungsverfahren

In der folgenden Übersicht sind die Bewertungsvereinfachungsverfahren aufgeführt:

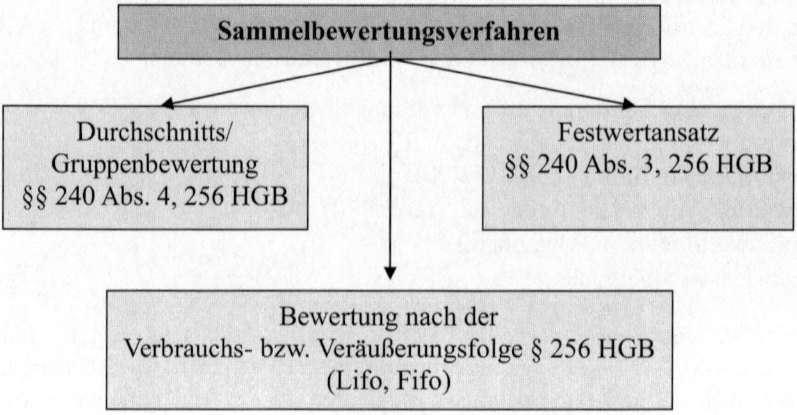

A.13.3.2.1 Gruppenbewertung und Durchschnittsbewertung

Das für die Inventur aus Vereinfachungsgründen zulässige Gruppenbewertungsverfahren (§ 240 Abs. 4 HGB) ist gemäß § 256 HGB auch für den Jahresabschluss zulässig. Die **Gruppenbewertung** darf angewandt werden für

- gleichartige Vermögensgegenstände des Vorratsvermögens,
- andere gleichartige oder andere annähernd gleichwertige bewegliche Vermögensgegenstände des Anlage- oder Umlaufvermögens (z.B. Wertpapiere) und Schulden (z.B. Rückstellungen für Überstunden, Resturlaub).

Die Gleichartigkeit von Vermögensgegenständen als Voraussetzung der Anwendung eines Bewertungsvereinfachungsverfahrens setzt handelsrechtlich unstrittig voraus, dass die Vermögensgegenstände

- entweder zu der gleichen Warengattung gehören (Gattungsgleichheit)
- oder dem gleichen Verwendungszweck dienen (Funktionsgleichheit).

Das Merkmal der annähernden Gleichwertigkeit ist erfüllt, wenn die Einzelpreise der beweglichen Vermögensgegenstände nicht mehr als bis zu 20 % voneinander abweichen.

Die **Durchschnittsbewertung** wird häufig angewandt bei der Bewertung von Roh-, Hilfs- und Betriebsstoffen, Waren oder auch Wertpapieren, weil sie auf der Basis der entsprechenden IT-Programme besonders leicht und sicher anzuwenden ist. Bei diesem Verfahren wird ein Durchschnittspreis errechnet, der mit dem mengenmäßigen Endbestand multipliziert wird, um den Bestandswert der Vermögensgegenstände zu ermitteln. Bei der Durchschnittsmethode unterscheidet man:

- einfaches gewogenes Durchschnittswertverfahren (in der Praxis weit verbreitet bei Roh-, Hilfs- und Betriebsstoffen, Waren und Wertpapieren),
- gleitendes gewogenes Durchschnittswertverfahren.

Beispiel: einfaches gewogenes Durchschnittsverfahren

Kauf von Streusalz für den städtischen Winterdienst:

05.01.	10 t	zu	50 €/t	Im Geschäftsjahr wurden
15.02.	20 t	zu	44 €/t	insgesamt 65 t Streusalz beschafft,
15.03.	15 t	zu	40 €/t	verbraucht wurden 40 t,
01.04.	20 t	zu	40 €/t	Restbestand somit 25 t.

Ermittlung des Durchschnittspreises je t Streusalz:
(10 · 50 € + 20 · 44 € + 15 · 40 € + 20 · 40 €) / 65 = 42,77 €
Bestandswert zum 31.12.: 25 t · 42,77 €/t = 1.069,25 €

A.13.3.2.2 Verbrauchs- bzw. Veräußerungsfolgeverfahren

Die Verbrauchsfolgeverfahren sind nach § 256 HGB nur auf das **Vorratsvermögen** anwendbar.[120] Als Verbrauchsfolgeverfahren sind handelsrechtlich das Lifo- (last in – first out) und das Fifo-Verfahren (first in – first out) zulässig.

Beispiel:

Kauf von Streusalz für den städtischen Winterdienst:

05.01.	10 t	zu	50 €/t	Im Geschäftsjahr wurden also
15.05.	20 t	zu	44 €/t	insgesamt 65 t Streusalz beschafft.
30.06.	15 t	zu	40 €/t	verbraucht wurden 40 t,
05.08.	20 t	zu	40 €/t	Restbestand 25 t.

Bewertung des Restbestandes zum Jahresende:
nach Lifo: 10 t · 50 €/t + 15 t · 44 €/t = 1.160 €
nach Fifo: 5 t · 40 €/t + 20 t · 40 €/t = 1.000 €

[120] Im NKF: vgl. § 35 KomHVO NRW.

A.13.3.2.3 Festwertansatz

Der Festwertansatz ist zulässig für Gegenstände des **Sachanlagevermögens** sowie **Roh-, Hilfs- und Betriebsstoffe** (§§ 240 Abs. 3, 256 HGB). Voraussetzungen sind:

- regelmäßiger Ersatz,
- Gesamtwert von untergeordneter Bedeutung,
- geringe Veränderungen des Bestandes hinsichtlich Größe, Wert und Zusammensetzung und
- körperliche Bestandsaufnahme i.d.R. alle drei Jahre.

Wird bei einer Bestandsaufnahme eine Werterhöhung festgestellt, gilt:

- bis 10 % kann der bisherige Wert beibehalten werden,
- über 10 % muss der Festwert um die Anschaffungs- oder Herstellungskosten der neuen Vermögensgegenstände aufgestockt werden, bis der neue Festwert erreicht ist.

Die Anpassung des Festwertes an die Veränderungen erfolgt durch eine Zu- oder Abschreibung, die im Anhang des Jahresabschlusses darzustellen ist. Für den Ansatz eines Festwerts kommen abnutzbare und nicht besonders wertvolle Gegenstände in Betracht, wie z.B. Werkzeuge, Gerätschaften, Geschirr und Wäsche in Anstalten, Feuerwehrschläuche, Atemmasken, Grünflächen, Schriften in Druckereien, Einrichtungen in Seminarräumen, Büchereibestände, Gerüst- und Schalungsteile, Papierkörbe, Bäume, Parkbänke, Gleisanlagen und Straßen (nur im Rahmen der Eröffnungsbilanz für Gebietskörperschaften) sowie ähnliche Vermögensgegenstände. Liegen die Voraussetzungen für eine Festwertbewertung vor, ist je nach Alter und Abnutzung der Vermögensgegenstände bei der erstmaligen Bildung des Festwertes ein Abschlag in Höhe von 50 bis 60 % von den ursprünglichen Anschaffungs- oder Herstellungskosten vorzunehmen. Die Höhe ist im Einzelfall zu bestimmen.

Vorteile des Festwertansatzes:

- Einsparung von Inventurarbeiten,
- Zugänge der im Festwert zusammengefassten Vermögensgegenstände werden als Aufwendungen gebucht,
- Vereinfachung der Buchführung.

Die durch den Festwert zu erreichende Vereinfachung liegt darin, dass in der Anlagenbuchhaltung eine Vielzahl von Vermögensgegenständen nur als „einziger“ Vermögensgegenstand ausgewiesen wird und dazu jährlich keine planmäßigen Abschreibungen erfasst werden müssen.

Bewertungsvereinfachungsverfahren sind auch in der **staatlichen und kommunalen Doppik** zulässig.

Beispiel:

Bei der städtischen Feuerwehr werden Atemschutzmasken gelagert, die dem regelmäßigen Ersatz dienen. Der Bestand beinhaltet 100 Stück für die Ausstattung der

Fahrzeuge. Ein Mitarbeiter prüft monatlich den Bestand und bestellt regelmäßig Ersatzmasken; der Durchschnittspreis einer Atemschutzmaske beträgt 90 €.

Ermittlung des Festwerts: 100 · 90 €/Stück = 9.000 €

Die nachfolgende Abbildung enthält eine Zusammenfassung der Bewertungsvereinfachungsverfahren:

<table>
<tr><th>Verfahren</th><th>Voraussetzungen</th><th>Erläuterungen</th></tr>
<tr><td>Festbewertung
(§ 240 Abs. 3 HGB)</td><td>VG des Sachanlagevermögens sowie Roh-, Hilfs- und Betriebsstoffe müssen regelmäßig ersetzt werden,
im Gesamtwert für das Unternehmen von nachrangiger Bedeutung sein,
in Menge, Wert und Zusammensetzung nur geringen Veränderungen unterliegen.</td><td>In der Regel ist alle drei Jahre eine körperliche Bestandsaufnahme durchzuführen.</td></tr>
<tr><td>Gruppenbewertung
(§ 240 Abs. 4 HGB)</td><td>Gleichartige VG des Vorratsvermögens sowie andere gleichartige oder annähernd gleichwertige bewegliche VG können jeweils zu einer Gruppe zusammengefasst werden.
Es ist der gewogene Durchschnittswert anzusetzen.</td><td rowspan="2">Kapitalgesellschaften, bei denen sich gegenüber der Bewertung aufgrund des letzten Börsen- oder Marktpreises ein erheblicher Unterschied ergibt, haben den Differenzbetrag pauschal,
aber getrennt für die jeweilige Gruppe, im Anhang auszuweisen (§ 284 Abs. 2 Nr. 3 HGB)</td></tr>
<tr><td>Bewertung mittels Verbrauchsfolgeverfahren
(§ 256 HGB)</td><td>Soweit es den GoB entspricht, kann für den Wertansatz gleichartiger Vorratsgüter unterstellt werden, dass die zuerst oder zuletzt angeschafften oder hergestellten VG zuerst verbraucht oder veräußert worden sind (Fifo-, Lifo- Verfahren).</td></tr>
</table>

Abbildung 36: Bewertungsvereinfachungsverfahren

A.13.3.3 Bewertungseinheiten

Unternehmen sind im Rahmen ihrer Geschäftstätigkeit unterschiedlichsten Risiken, wie z.B. Zins-, Währungs-, Ausfall- und Preisänderungsrisiken, ausgesetzt. Um diese Risiken zu minimieren, können **Sicherungsgeschäfte** (**hedging**) abgeschlossen werden. Ein Absicherungszusammenhang besteht dabei aus einem oder mehreren Grundgeschäften mit einem oder mehreren Sicherungsgeschäften (Finanzinstrumente, wie z.B. Finanzderivate, Forderungen, Verbindlichkeiten und Warentermingeschäfte). Marktbedingte Verluste (z.B. aufgrund von Devisenänderungen) aus dem

Grundgeschäft sollen durch marktbedingte Gewinne beim Sicherungsgeschäft ausgeglichen werden.

§ 254 HGB spricht von sog. Bewertungseinheiten, wenn **Grundgeschäfte** (Vermögensgegenstände, Schulden, schwebende Geschäfte oder mit hoher Wahrscheinlichkeit erwartete Transaktionen) zum Ausgleich gegenläufiger Wertänderungen oder Zahlungsströme aus dem Eintritt vergleichbarer Risiken **mit Finanzinstrumenten zusammengefasst** werden. Nach der gesetzlichen Regelung sind in dem Umfang und für den Zeitraum, in dem die Anforderungen erfüllt sind, die folgenden Vorschriften **nicht** anzuwenden:

- Verpflichtung zu Rückstellungsbildung insbesondere für Drohverluste nach § 249 Abs. 1 HGB,
- Einzelbewertungsgrundsatz nach § 252 Abs. 1 Nr. 3 HGB,
- Vorsichts-, Imparitäts- und Realisationsprinzip nach § 252 Abs. 1 Nr. 4 HGB,
- Höchstwertprinzip bei Anschaffungs-/ Herstellungskosten nach § 253 Abs. 1 Satz 1 HGB,
- Grundsätze zur Währungsumrechnung nach § 256 a HGB.

Durch die Bildung der Bewertungseinheiten besteht somit die Möglichkeit, Sicherungszusammenhänge erfolgsrechnerisch und bilanziell so darzustellen wie sie ihrem wirtschaftlichen Gehalt entsprechen. Es kann auf die Darstellung nicht realisierter Verluste verzichtet werden, wenn diesen in gleicher Höhe nicht realisierte Gewinne gegenüberstehen. Eine konkrete Vorgabe, wie die Bewertungen der Grund- und Sicherungsgeschäfte konkret zu erfolgen haben, ist gesetzlich nicht geregelt. Es besteht vielmehr ein Wahlrecht zwischen der sog. Einfrierungsmethode und der sog. Durchbuchungsmethode, wobei sich keine Unterschiede in den Auswirkungen auf das Jahresergebnis ergeben.[121]

Soweit sich Wertänderungen nicht ausgleichen bzw. aus nicht abgesicherten Risiken resultieren, findet das Vorsichtsprinzip (Anschaffungskostenprinzip, Imparitätsprinzip, Realisationsprinzip) uneingeschränkt Anwendung. Nach § 285 Nr. 23 HGB müssen detaillierte Angaben über Bewertungseinheiten im Anhang zum Jahresabschluss gemacht werden, sofern sich diese Angaben nicht bereits aus dem Lagebericht ergeben.[122]

[121] Zur bilanziellen Abbildung von Bewertungseinheiten nach der Einfrierungs- und Durchbuchungsmethode vgl. Coenenberg/Haller/Schultze, Jahresabschluss und Jahresabschlussanalyse, 25. Aufl. 2018, S. 314ff.

[122] Im NKF sind die Regelungen zu Bewertungseinheiten in § 35a KomHVO NRW enthalten. Die erforderlichen Anhangangaben nach § 45 Abs. 2 Nr. 11 KomHVO NRW entsprechen wortgleich den HGB-Regelungen.

A.14 Erfolgsrechnung

A.14.1 Einführung

Neben der Bilanz gehört auch die Gewinn- und Verlustrechnung (Erfolgsrechnung) zum Jahresabschluss. Beide sind eng miteinander verbunden, da sich **alle Entscheidungen über die Bilanzierung und Bewertung sowie die Ausübung von Ansatz- und Bewertungswahlrechten unmittelbar in der Erfolgsrechnung auswirken.** In der Bilanz als stichtagsbezogene Rechnung sind die vermögenswirksamen Vorgänge dargestellt, während die Erfolgsrechnung als zeitraumbezogene Rechnung das **Zustandekommen des Periodenerfolges** nach Art, Höhe und Quellen erklärt, indem die Aufwendungen und Erträge gegenübergestellt werden.

Personenunternehmen, die weder dem Publizitätsgesetz (PublG) noch branchenspezifischen Regelungen unterliegen, sind in der konkreten Ausgestaltung der GuV-Rechnung weitgehend frei. Kapitalgesellschaften hingegen müssen die starren Gliederungsregeln des § 275 HGB beachten.

Nach § 275 Abs. 1 HGB müssen Kapitalgesellschaften die GuV-Rechnung in **Staffelform** aufstellen, und zwar wahlweise auf Basis des Gesamtkostenverfahrens nach § 275 Abs. 2 HGB oder des Umsatzkostenverfahrens nach § 275 Abs. 3 HGB. Die gesetzlichen Gliederungsvorschriften sind allerdings zu beachten.

Da im öffentlichen Rechnungswesen lediglich das **Gesamtkostenverfahren** anzuwenden ist, soll nachfolgend nur auf dieses eingegangen werden. Abweichungen ergeben sich jedoch insbesondere bei der Gliederung der Ertragsarten, da in Gebietskörperschaften primär Steuern, Zuweisungen und Zuschüssen, Gebühren, Beiträge u.a. die Haupteinnahmen darstellen (vgl. Kap. B.3). Während die staatliche Doppik (wie das HGB) ein außerordentliches Ergebnis nicht mehr vorsieht, ist der Ausweis in den kommunalen Erfolgs- bzw. Ergebnisrechnungen überwiegend z.Zt. noch vorgesehen. Der Verzicht auf einen separaten Ausweis von außerordentlichen Posten wird teilweise jedoch durch verpflichtende Angaben im Anhang kompensiert (vgl. § 285 Nr. 31 und Nr. 32 HGB).

Eine Erweiterung der Grundgliederungen des § 275 HGB ermöglichen verschiedene Einzelvorschriften. So ergeben sich gesondert auszuweisende Posten aus

- positiven oder negativen Erfolgen aus Unternehmensverbindungen (§ 277 Abs. 3 S. 2 HGB),
- außerplanmäßigen Abschreibungen (§ 277 Abs. 3 S. 1 HGB),
- Erträgen und Aufwendungen aus der Abzinsung von Vermögensgegenständen und Schulden (§ 277 Abs. 5 S. 1 HGB),
- Erfolgen aus Währungsumrechnungen (§ 277 Abs. 5 S. 2 HGB) sowie
- Angaben zur Gewinnverwendung (§ 158 Abs. 1 S. 1 AktG).

A.14.2 Einzelne Gliederungsposten nach § 275 Abs. 2 HGB

Umsatzerlöse (Nr. 1)

Die Umsatzerlöse stellen i.d.R. den wichtigsten Posten der GuV-Rechnung dar. Nach § 277 Abs. 1 HGB handelt es sich hierbei um Erlöse aus dem Verkauf und der Vermietung oder Verpachtung von Produkten sowie aus der Erbringung von Dienstleistungen.

Beispiele:

- Leistungen, die für die gewöhnliche Geschäftstätigkeit des Unternehmens typisch sind,
- für die Geschäftstätigkeit untypische Dienstleistungen, wie z.B. Beratungsleistungen,
- Miet- und Pachteinnahmen aus Nebengeschäften,
- Patent- und Lizenzgebühren,
- Erlöse aus Verkauf von Fahrzeugen bei Kfz-Händlern,
- Zins- und Provisionserträge aus der Gewährung von Krediten und Vermittlung von Wertpapiergeschäften bei einer Bank,
- Entgelte für Grabpflege eines kommunalen Friedhofs.

Erlösschmälerungen, also Kundenskonti oder –rabatte, mindern nach § 277 Abs. 1 HGB die Umsatzerlöse. Die dem Kunden in Rechnung gestellte Umsatzsteuer gehört nach derselben Vorschrift nicht zu den Umsatzerlösen. Die Umsatzerlöse sind also netto, d.h. ohne Umsatzsteuer auszuweisen. Erlöse aus dem Verkauf von Anlagevermögen zählen nicht zu den Umsatzerlösen, sondern zu den sonstigen betrieblichen Erträgen. Das Realisationsprinzip bestimmt, dass Umsatzerlöse und damit verbundene Leistungserträge erst **nach Erbringung und Abrechnung der betrieblichen Lieferungen und Leistungen** ausgewiesen werden. Als **Realisationszeitpunkt** gilt bei

- **Verkaufsgeschäften**: Nach Abschluss eines Kaufvertrags und der Erbringung der Hauptleistung ist die Abrechnungsfähigkeit gegeben; die Preisgefahr ist auf Käufer übergegangen.

- **Dienstverträgen**: Gewinnrealisation, wenn Hauptleistung erbracht wurde.

- **Werkverträgen**:
  - Leistung muss nach § 640 BGB vom Auftraggeber abgenommen worden sein, wobei dies insbesondere bei periodenübergreifender Auftragsfertigung Relevanz hat,
  - eine anteilige Ertragsrealisierung bei mehrperiodigen Dienstleistungsgeschäften bzw. Auftragsfertigung ist grundsätzlich nicht möglich,
  - Gewinn wird erst nach Abschluss der Vertragsbeziehung vereinnahmt,
  - unter engen Restriktionen (Zerlegung Gesamtauftrag in einzelne Teilleistungen in Form mehrerer selbständig zu erbringender Werksleistungen;

kein Gesamtfunktionsrisiko) ist eine **Teilgewinnrealisierung** möglich, wenn der Auftraggeber die Teilleistung rechtlich verbindlich abgenommen hat.

Eine Leistung gilt hierbei erst ab dem Zeitpunkt des Gefahrenübergangs als erbracht. Deshalb müssen Zahlungen, die der Bilanzierende vom Kunden vor diesem Zeitpunkt erhält, erfolgsneutral als erhaltene Anzahlungen gebucht werden.

Bestandsveränderungen (Nr. 2)

Ist der in der Bilanz auszuweisende Bestand an fertigen oder teilfertigen Erzeugnissen sowie unfertigen Dienst- und Werkleistungen höher als der in der letzten Bilanz ausgewiesene Bestand, so ist die Bestandserhöhung in der GuV-Rechnung als Erhöhung der Erträge (Pos. 2) auszuweisen. Bestandsminderungen verringern entsprechend die Erträge. Als Bestandsveränderungen sind sowohl Änderungen der Menge als auch solche des Werts zu berücksichtigen. Abschreibungen sind jedoch nur zu berücksichtigen, soweit diese die sonst üblichen Abschreibungen nicht überschreiten (§ 277 Abs. 2 HGB). Werden die sonst üblichen Abschreibungen überschritten, erfolgt der Ausweis unter Pos. 7b des Gliederungsschemas.

Andere aktivierte Eigenleistungen (Nr. 3)

Unter dem Posten „Andere aktivierte Eigenleistungen“ (Pos.3) werden im Wesentlichen selbst erstellte materielle und immaterielle Vermögensgegenstände des Anlagevermögens sowie mit eigenen Arbeitskräften durchgeführte und aktivierte Großreparaturen erfasst. Die entsprechende vorbereitende Abschlussbuchung lautet:

Gebäude an Andere aktivierte Eigenleistungen

Sonstige betriebliche Erträge (Nr. 4)

Zu den sonstigen betrieblichen Erträgen (Pos. 4) gehören alle Erträge, die weder den Umsatzerlösen zuzurechnen sind noch unter die Posten 9, 10 und 11 fallen. Hierzu gehören:

- Erträge aus dem Abgang von Gegenständen des Sachanlagevermögens oder des immateriellen Vermögens,
- Erträge aus Zuschreibungen zu Gegenständen des Sachanlagevermögens oder des immateriellen Vermögens,
- Erträge aus Zuschreibungen zu Forderungen,
- Erträge aus Zahlungseingängen auf bereits abgeschriebene Forderungen,
- Erträge aus der Auflösung von Einzel- und Pauschalwertberichtigungen,
- Erträge aus der Auflösung von Rückstellungen,
- Währungskursgewinne, soweit diese nicht bei Finanzanlagen, Wertpapieren des Umlaufvermögens oder bei Finanzverbindlichkeiten anfallen,
- Erträge aus öffentlichen Zuwendungen,
- Kostenerstattungen, Rückvergütungen und Gutschriften früherer Perioden.

Nach § 285 Nr. 31 HGB sind die einzelnen außergewöhnlichen Erträge hinsichtlich ihres jeweiligen Betrages und ihrer Art im Anhang zu erläutern, soweit die Beträge nicht von untergeordneter Bedeutung sind. Als „**außergewöhnliche Erträge**" sind nur solche Erträge zu verstehen, die von außergewöhnlicher Größenordnung oder außergewöhnlicher Bedeutung sind. Es handelt es sich also um Posten, die

- in hohem Maße ungewöhnlich sind und
- selten bzw. unregelmäßig vorkommen sowie
- vom Betrag her wesentlich sind.

Nach § 285 Nr. 32 HGB sind darüber hinaus die einem anderen Geschäftsjahr zuzurechnenden (**periodenfremden**) einzelnen Erträge hinsichtlich ihres Betrages und ihrer Art im Anhang zu erläutern, soweit die Beträge nicht von untergeordneter Bedeutung sind.

Die außergewöhnlichen und periodenfremden Erträge sind häufig in den sonstigen betrieblichen Erträgen enthalten.

Materialaufwand (Nr. 5)

a) Aufwendungen für Roh-, Hilfs- und Betriebsstoffe und für bezogene Waren

Im Einzelnen sind unter dem Posten 5a folgende Aufwendungen zu erfassen:

- Sämtliche Aufwendungen für Material im Fertigungs-, Forschungs- und Entwicklungsbereich sowie im Verwaltungs- und Vertriebsbereich,
- Energieaufwendungen, Reinigungs- und Reparaturmaterial,
- Aufwendungen für Zukäufe bei Gegenständen des Umlaufvermögens und des Sachanlagevermögens, die als Festwerte geführt werden, sowie Veränderungen der Festwerte bei Gegenständen des Umlaufvermögens,
- Handelswareneinsatz,
- Inventur- und Bewertungsdifferenzen bei Roh-, Hilfs- und Betriebsstoffen und Handelswaren.

b) Aufwendungen für bezogene Leistungen

Hier sind Aufwendungen zu erfassen, die dem Materialaufwand zugeordnet werden können, wie z.B. Fremdleistungen im Fertigungsbereich.

Personalaufwand (Nr. 6)

a) Löhne und Gehälter

Der Posten 6a enthält sämtliche Bruttoarbeitsentgelte an Mitarbeiter (Arbeiter, Angestellte, Auszubildende, Vorstandsmitglieder und Geschäftsführer).

b) Soziale Abgaben und Aufwendungen für Altersversorgung und für Unterstützung

Zu den sozialen Abgaben zählen die Arbeitgeberanteile zur gesetzlichen Sozialversicherung (Renten-, Kranken-, Pflege und Arbeitslosenversicherung) sowie die Beiträge des Arbeitgebers zur Unfallversicherung. Zu den Aufwendungen für Altersversorgung zählen insbesondere die Zuführungen zu Pensionsrückstellungen. Bei den Unterstützungsaufwendungen handelt es sich meistens um freiwillige Leistungen (z.B. Heirats- und Geburtshilfen) oder Abfindungen und Sozialplanleistungen.[123]

In der staatlichen und kommunalen Doppik gehören zum Personalaufwand u.a. noch die Bezüge der Beamten, Beihilfen, Ruhebezüge und Pensionen der Beamten und ihrer Hinterbliebenen, soweit keine Rückstellungen gebildet wurden. Pensionsaufwendungen sind nur in dem Maße zu erfassen, wie die Zahlungen nicht erfolgsneutral zu Lasten der Pensionsrückstellungen erfolgen. Zahlungen an Pensionskassen sind hier ebenfalls auszuweisen.

Abschreibungen (Nr. 7)

a) auf immaterielle Vermögensgegenstände des Anlagevermögens und Sachanlagen

b) auf Vermögensgegenstände des Umlaufvermögens, soweit diese die üblichen Abschreibungen überschreiten

Im Geschäftsjahr vorgenommene planmäßige und außerplanmäßige Abschreibungen auf immaterielle Vermögensgegenstände des Anlagevermögens und Sachanlagen sind hier zu erfassen. Auch Herabsetzungen von Festwerten beim Sachanlagevermögen gehören hierzu. Abschreibungen und Wertberichtigungen auf Forderungen sind unter Posten 8, Abschreibungen auf Finanzanlagen und auf Wertpapiere des Umlaufvermögens sind dagegen unter Posten 12 auszuweisen. Abschreibungen auf Roh-, Hilfs- und Betriebsstoffe und auf Handelswaren sind unter Nr. 5a abzubilden, Abschreibungen auf fertige und unfertige Erzeugnisse hingegen unter Nr. 2. **Unübliche** Abschreibungen auf Vermögensgegenstände des Umlaufvermögens werden unter Nr. 7b erfasst.[124] Abschreibungen auf ein Damnum (Disagio) gehören zu Nr. 13.

Sonstige betriebliche Aufwendungen (Nr. 8)

Unter den sonstigen betrieblichen Aufwendungen (Pos. 8) sind als Sammelposten alle Aufwendungen zu erfassen, die keiner anderen speziell aufgeführten Aufwandsart zuzurechnen sind. Im Einzelnen gehören hierzu u.a. folgende Aufwendungen:

---

[123] Werden erhebliche Abfindungsbeträge an „lästige" Mitarbeiter gezahlt, ist auch ein Ausweis unter den sonstigen betrieblichen Aufwendungen zulässig, vgl. Beck´scher Bilanzkommentar, 12. Aufl. 2020, § 275 Tz. 131.

[124] Zur Abgrenzung von den üblichen Abschreibungen vgl. Baetge/ Kirsch/Thiele, Bilanzen, 15. Aufl. 2019, S. 620.

- Verluste aus dem Abgang von immateriellen VG des Anlagevermögens und Gegenständen des Sachanlagevermögens,
- Verluste aus dem Abgang von Gegenständen des Umlaufvermögens, sofern diese nicht das Vorratsvermögen oder die Wertpapiere betreffen,
- Miet-, Leasing-, Reparatur-, Porto- oder Versicherungsaufwendungen sowie Spenden, Werbeaufwendungen oder Prüfungskosten,
- Abschreibungen und Wertberichtigungen auf Forderungen soweit diese den üblichen Rahmen nicht überschreiten,
- Zuführungen zu sonstigen Rückstellungen,
- Abschreibungen auf den Geschäfts- oder Firmenwert,
- Zugänge zu Anlagewerten, für die in der Bilanz ein Festwert angesetzt ist,
- Aufwendungen aus der Währungsumrechnung gemäß § 256a HGB,
- Unterschiedsbeträge zwischen Auszahlungsbetrag und niedrigerem Barwert bei unverzinslich oder niedrig verzinslichen Forderungen aus Lieferungen und Leistungen (die zuzuschreibenden Aufzinsungsbeträge hingegen gehören zum Finanzergebnis und sind gemäß § 277 Abs. 5 HGB dort gesondert auszuweisen).

Nach § 285 Nr. 31 HGB sind die einzelnen außergewöhnlichen Aufwendungen hinsichtlich ihres jeweiligen Betrages und ihrer Art im Anhang zu erläutern, soweit die Beträge nicht von untergeordneter Bedeutung sind. Als „**außergewöhnliche Aufwendungen**" sind nur solche Aufwendungen zu verstehen, die von außergewöhnlicher Größenordnung oder außergewöhnlicher Bedeutung sind. Es handelt es sich also um Posten, die

- in hohem Maße ungewöhnlich sind und
- selten bzw. unregelmäßig vorkommen sowie
- vom Betrag her wesentlich sind.

In Frage kommen z.B. Aufwendungen bei außergewöhnlich hohen Schadensfällen (Katastrophen, Schadensersatzprozesse) oder bei Umstrukturierungen, Sanierungsmaßnahmen, Massenentlassungen oder Sozialplänen.[125]

Nach § 285 Nr. 32 HGB sind darüber hinaus die einem anderen Geschäftsjahr zuzurechnenden (**periodenfremden**) einzelnen Aufwendungen hinsichtlich ihres Betrages und ihrer Art im Anhang zu erläutern, soweit die Beträge nicht von untergeordneter Bedeutung sind.

Die außergewöhnlichen und periodenfremden Aufwendungen sind häufig in den sonstigen betrieblichen Aufwendungen enthalten.

---

[125] Zu weiteren Beispielen zu außergewöhnlichen Aufwendungen (sowie Erträgen) vgl. Beck´scher Bilanzkommentar, 12. Aufl. 2020, § 285, Tz.890-891.

Betriebsergebnis

Nach den Posten 1 – 8 ist es sinnvoll, eine Zwischensumme zu bilden und diese als Betriebsergebnis zu bezeichnen. Geschieht dies, so lassen sich in Abgrenzung hierzu die Posten 9 – 13 zur Zwischensumme „Finanzergebnis“ zusammenfassen.

Finanzergebnis

Nach dem Gliederungsschema des § 275 Abs. 2 HGB setzt sich das Finanzergebnis wie folgt zusammen:

Erträge aus Beteiligungen (Nr. 9),
\+ Erträge aus anderen Wertpapieren und Ausleihungen des Finanzanlagevermögens (Nr. 10),
\+ sonstige Zinsen und ähnliche Erträge (Nr. 11),
./. Abschreibungen auf Finanzanlagen und auf Wertpapiere des Umlaufvermögens (Nr. 12),
./. Zinsen und ähnliche Aufwendungen (Nr. 13).[126]

Steuern vom Einkommen und vom Ertrag (Nr. 14)

Kapitalgesellschaften weisen hier als Aufwand aus:

- Körperschaftssteuer (= Steuer vom Einkommen),
- Gewerbeertragsteuer (= Steuer vom Ertrag),
- latente Steuern,
- Zuführungen zu bzw. Auflösung von Rückstellungen für o. g. Steuern,
- Steuererstattungen zu Steuern vom Einkommen und Ertrag (ein gesonderter Ausweis periodenfremder Aufwendungen und Erträge ist nicht vorgesehen, es handelt sich um eine Korrektur des Aufwands – keine Ertragsbuchung!),
- Steuernachzahlungen zu Steuern vom Einkommen und vom Ertrag.

Ergebnis nach Steuern (Nr. 15)

Sonstige Steuern (Nr. 16)

Hierzu zählen alle sonstigen Steuern, die Aufwand sind, wie

- Substanzsteuern: Erbschaftssteuer, Grundsteuer,
- Verbrauchssteuern: Bier-, Branntwein-, Kaffee-, Mineralölsteuer,
- Verkehrssteuern: Ausfuhrzölle, Versicherungssteuer,
- Sonstige Steuern: Kraftfahrzeug-, Vergnügungs-, Getränke-, Hundesteuer,
- sämtliche Verbrauchssteuern,
- Steuererstattungen zu sonstigen Steuern.

[126] Zu den einzelnen Posten des Finanzergebnisses vgl. Hoffmann/ Lüdenbach, NWB Kommentar Bilanzierung, 11. Aufl. 2019, § 275 HGB, Tz. 86 f sowie Baetge/ Kirsch/Thiele, Bilanzen, 15. Aufl. 2019, S. 626 f.

Nicht hier auszuweisen sind die Steuern, die als Anschaffungsnebenkosten gelten und zu aktivieren sind (z.B. Grunderwerbsteuer, Einfuhrzölle).

Jahresüberschuss/Jahresfehlbetrag (Nr. 17)

Hier ist der erwirtschaftete Gewinn oder Verlust auszuweisen, der sich als Differenz der ausgewiesenen Erträge und Aufwendungen ergibt. Bei Aktiengesellschaften schließt sich die Gewinnverwendungsrechnung an (vgl. Kap. A.12.6).

Die folgende Abbildung enthält die **Gliederung der Erfolgsrechnung** nach der **staatlichen Doppik** gemäß Anlage 1b SsD (Stand 27. 11.2019), um die Unterschiede und Gemeinsamkeiten zur HGB-Gliederung gemäß § 275 Abs. 2 aufzuzeigen:

Gliederung – Erfolgsrechnung nach SsD

1. Steuern und steuerähnliche Erträge
2. Erträge aus Finanzausgleichsbeziehungen
   davon Bundesergänzungszuweisungen
3. Erträge aus Zuweisungen und Zuschüssen
4. Erträge aus Verwaltungstätigkeit, Umsatzerlöse
   a) Erträge aus Gebühren
   b) Erträge aus Geldstrafen, Geldbußen, Verwarnungs- und Zwangsgeldern sowie aus Einziehung oder Verfall
   c) Umsatzerlöse
5. Bestandsveränderungen/aktivierte Eigenleistungen
6. Sonstige Erträge

7. Summe Erträge

8. Aufwendungen für Verwaltungstätigkeit
   a) Aufwendungen für Material, Energie und bezogene Waren
   b) Aufwendungen für bezogene Leistungen
   c) Aufwendungen für die Inanspruchnahme von Rechten und Diensten
9. Personalaufwand
   a) Entgelte
   b) Bezüge
   c) Soziale Abgaben und Aufwendungen für Altersversorgung und für Unterstützung
10. Abschreibungen
    a) Abschreibungen auf immaterielle Vermögensgegenstände des Anlagevermögens und Sachanlagen
    b) Abschreibungen auf Vermögensgegenstände des Umlaufvermögens, soweit unüblich hoch
11. Aufwendungen aus Finanzausgleichsbeziehungen
    davon Bundesergänzungszuweisungen
12. Aufwendungen für Zuweisungen und Zuschüsse
13. Sonstige Aufwendungen
    a) Sonstige Personalaufwendungen
    b) Verluste aus Wertminderungen und dem Abgang von Vermögensgegenständen und übrige Aufwendungen

14. Summe Aufwendungen

15. Verwaltungsergebnis *(Saldo 7 und 14)*

16. Erträge aus Beteiligungen
    davon aus verbundenen Unternehmen und Einrichtungen
17. Erträge aus anderen Wertpapieren und Ausleihungen des Finanzanlagevermögens
    davon aus verbundenen Unternehmen und Einrichtungen
18. Sonstige Zinsen und ähnliche Erträge
    davon aus verbundenen Unternehmen und Einrichtungen
19. Abschreibungen auf Finanzanlagen und Wertpapiere des Umlaufvermögens
20. Aufwendungen aus Verlustübernahme
21. Zinsen und ähnliche Aufwendungen
    davon an verbundene Unternehmen und Einrichtungen

22. Finanzergebnis *(Saldo 16 bis 21)*

23. Ergebnis der Geschäftstätigkeit *(Saldo 15 und 22)*

24. Steuern
    a) vom Einkommen und vom Ertrag
    b) sonstige Steuern
25. Erträge aus Verlustübernahme/Aufwendungen aus Gewinnabführung

26. Jahresüberschuss/Jahresfehlbetrag *(Saldo 23, 24 und 25)*

Abbildung 37: Gliederung Erfolgsrechnung nach SsD

Im **kommunalen Rechnungswesen** wird die handelsrechtliche Gewinn- und Verlustrechnung als Ergebnisrechnung bezeichnet, die auch in Staffelform aufzustellen ist. Die Postenbezeichnungen der kommunalen Ergebnisrechnung wie der Erfolgsrechnung nach SsD bilden dabei wiederum die öffentlichen Besonderheiten ab. Diese betreffen insbesondere die Erträge wie z.B.

- Steuern und ähnliche Erträge,
- Zuwendungen, allgemeine Umlagen und sonstige Transfererträge,
- öffentlich-rechtlich und privatrechtliche Entgelte sowie
- Kostenerstattungen und Kostenumlagen.

Anstelle des Materialaufwands werden z.B. Sach- und Dienstleistungsaufwendungen ausgewiesen. Beim Jahresergebnis wird in der kommunalen Doppik in den meisten Bundesländern noch weiterhin zwischen dem ordentlichen und außerordentlichen Ergebnis unterschieden.

A.15 Anhang, Lagebericht und Prüfung

A.15.1 Anhang

Kapitalgesellschaften und gleichgestellte Personengesellschaften gemäß § 264a HGB sowie Gebietskörperschaften haben zusätzlich zur Bilanz und zur Gewinn- und Verlustrechnung einen Anhang zu erstellen. Diese Verpflichtung haben andere Personenunternehmen und Kleinstkapitalgesellschaften nicht. Der Anhang dient der Erläuterung der Bilanz und der Gewinn- und Verlustrechnung. Außerdem soll er zusätzliche Informationen liefern, die aus der Bilanz und aus der Gewinn- und Verlustrechnung nicht ersichtlich sind.

In § 284 Abs. 2 HGB sind einige **Pflichtangaben** formuliert, die jeder Anhang enthalten muss. Danach müssen u.a. Angaben gemacht werden über

- die angewandten Bilanzierungs- und Bewertungsmethoden (Nr. 1),
- Abweichungen von den bisher angewandten Bilanzierungs- und Bewertungsmethoden (Nr. 2),
- Unterschiedsbeträge bei Anwendung von Bewertungsvereinfachungsverfahren i.S.d. §§ 240 Abs. 4, 256 S. 1 HGB (Nr. 3),
- die Einbeziehung von Zinsen für Fremdkapital in die Herstellungskosten (Nr.4).

Daneben enthalten verschiedene andere Vorschriften des HGB pflichtige Anhangangaben, wie z.B. über

- zusätzliche Angaben zur Vermittlung ein den tatsächlichen Verhältnissen entsprechendes Bild der Vermögens-, Finanz- und Ertragslage (§ 264 Abs. 2 S. 2 HGB),[127]
- Abweichungen bei der Gliederung der Bilanz und der GuV (§ 265 Abs. 1 S. 2 HGB),
- nicht vergleichbare oder angepasste Vorjahresbeträge (§ 265 Abs. 2 S. 2 und 3 HGB),
- Gliederung nach verschiedenen Gliederungsvorschriften (§ 265 Abs. 4 S. 2 HGB),

[127] Der Jahresabschluss von Kapitalgesellschaften hat nach § 264 Abs. 2 Satz 1 HGB ein den tatsächlichen Verhältnissen entsprechendes Bild der Vermögens-, Finanz- und Ertragslage zu vermitteln („**true and fair view**". Es soll damit eine **wirklichkeitsgetreue bzw. realitätsnahe Darstellung** der Lage der Gesellschaft gegeben werden. Falls es z.B. aufgrund des Vorsichtsprinzips als GoB oder durch Bilanzierung- oder Bewertungswahlrechte zur Bildung oder Auflösung von stillen Reserven kommt und damit nicht zu einem wirklichkeitsgetreuen Bild der Lageverhältnisse, sind im Anhang zusätzliche Angaben zu machen, die eine insgesamt zutreffende Gesamtlagedarstellung ermöglichen. Das sog. Wirklichkeitsprinzip als GoB, das in einigen kommunalen Haushaltsvorschriften geregelt ist und das Vorsichtsprinzip ergänzt (vgl. z.B. § 91 Abs. 4 Nr. 3 GO NRW) kann hingegen unmittelbar zu einer anderen Bewertung eines Vermögensgegenstandes oder einer Schuld führen.

- Posten, die in der Bilanz oder in der GuV zusammengefasst sind (§ 265 Abs. 7 Nr. 2 HGB),
- antizipative Abgrenzungsposten (§ 268 Abs. 4 S. 2 und Abs. 5 S. 3 HGB),
- Haftungsverhältnisse i.S.d. § 251 HGB (§ 268 Abs. 7 HGB).

Weitere Pflichtangaben nach § 285 HGB betreffen u.a.[128]

- den Gesamtbetrag der Verbindlichkeiten mit einer Restlaufzeit von mehr als fünf Jahren (Nr. 1a),
- jeden einzelnen ausgewiesenen Posten der Verbindlichkeiten (Nr. 2),[129]
- Risiken, Vorteile und finanzielle Auswirkungen von nicht in der Bilanz enthaltenen Geschäften (Nr. 3),
- sonstige Verpflichtungen, die nicht in der Bilanz enthalten sind, z.B. Verpflichtungen zur Verlustabdeckung von Beteiligungsgesellschaften, Nachholverpflichtungen aus der Unterlassung von Großreparaturen, Wartungen und Instandsetzung (Nr. 3 a),
- die Aufgliederung der Umsatzerlöse (Nr. 4),
- die Pflicht zur Angabe der durchschnittlichen Zahl der während des Geschäftsjahres beschäftigten Arbeitnehmer, getrennt nach Gruppen (Nr. 7),
- Tätigkeiten, Leistungen, Gesamtbezüge, Vorschüsse und Kredite für Mitglieder des Geschäftsführungsorgans, eines Aufsichtsrats, eines Beirats oder einer ähnlichen Einrichtung jeweils für jede Personengruppe (Nr. 9),
- Rückstellungen, die in der Bilanz unter dem Posten „Sonstige Rückstellungen" nicht gesondert ausgewiesen werden (Nr. 12),
- Geschäfte mit nahestehenden Unternehmen und Personen (Nr. 21),
- Bewertungseinheiten (Nr. 23),
- Pensionsrückstellungen und ähnliche Verpflichtungen (Nr. 24),
- die Einschätzung von Risiken der Inanspruchnahme aus Eventualverbindlichkeiten (Nr. 27),
- außergewöhnliche Erträge und Aufwendungen (Nr. 31),[130]
- periodenfremde Erträge und Aufwendungen (Nr. 32),
- Vorgänge von besonderer Bedeutung nach Schluss des Jahres (Nr. 33),
- den Gewinnverwendungsvorschlag (Nr. 34).

Im Unterschied zur Bilanz und GuV-Rechnung enthält das Gesetz nur wenige Vorgaben, wie der Anhang aufgebaut werden soll (vgl. z.B. § 284 Abs. 1 HGB zur Reihenfolge der Darstellung der einzelnen Posten der Bilanz und GuV-Rechnung). Zu

[128] Eine tabellarische Übersicht über alle Pflichtangaben im Anhang enthält: Coenenberg/Haller/Schultze, Jahresabschluss und Jahresabschlussanalyse, 25. Aufl. 2018, S. 883.

[129] Die Angaben zu den Verbindlichkeiten sind auch in einem Verbindlichkeitsspiegel zulässig. Im NKF ist ein Verbindlichkeitsspiegel vorgeschrieben (vgl. § 48 KomHVO NRW).

[130] Die außergewöhnlichen Erträge und Aufwendungen, die nicht von untergeordneter Bedeutung sind, sind nicht zusammengefasst, sondern jeweils einzeln unter Angabe des Betrages und der Art anzugeben.

beachten sind jedoch die allgemeinen Grundsätze, nach denen der Anhang übersichtlich, klar, vollständig und willkürfrei aufzustellen ist. Bei der Wahl der Darstellungsform ist der Grundsatz der Stetigkeit zu beachten. In der Literatur gibt es zahlreiche Gliederungsvorschläge zur Erstellung des Anhangs.

Gliederung des Anhangs für die staatliche Doppik nach Anlage 3 SsD (Stand: 27. 11.2019)

A. Allgemeine Angaben zu Inhalt und Gliederung des Jahresabschlusses

Anhangangaben zu/zur:

1. Abweichung von den Standards für staatliche Doppik in der Übergangsfrist
2. besonderen Umständen, die dazu führen, dass der Jahresabschluss ein den tatsächlichen Verhältnissen entsprechendes Bild der Vermögens-, Finanz- und Ertragslage nicht vermittelt (§ 264 Abs. 2 Satz 2 HGB)
3. Darstellungsstetigkeit
a) Beibehaltung der Darstellungsform, insbesondere die Gliederung der aufeinander folgenden Vermögens- und Erfolgsrechnungen
b) Abweichungen von der Darstellungsstetigkeit wegen besonderer Umstände (§ 265 Abs. 1 Satz 2 HGB)
4. Vergleichbarkeit mit dem Vorjahr
a) Angabe und Erläuterung, wenn Vorjahresbeträge mit den Zahlen des Berichtsjahres nicht vergleichbar sind (§ 265 Abs. 2 Satz 2 HGB)
b) Angabe und Erläuterung angepasster Vorjahresbeträge (§ 265 Abs. 2 Satz 3 HGB)

B. Bilanzierungs- und Bewertungsmethoden

Anhangangaben zu/zur:

5. Erläuterungen zu den einzelnen Posten der Vermögens- und Erfolgsrechnung (§ 284 Abs. 1 HGB) sowie zu den angewandten Bilanzierungs- und Bewertungsmethoden für die Posten der Vermögens- und der Erfolgsrechnung (§ 284 Abs. 2 Nr. 1 HGB)
6. Grundlagen der Währungsumrechnung
7. außerplanmäßigen Abschreibungen im Anlagevermögen (§§ 277 Abs. 3 Satz 1 und 253 Abs. 3 Satz 5 und 6 HGB)

C. Erläuterungen zur Vermögensrechnung

8. Anlagevermögen
a) Die Entwicklung der einzelnen Posten des Anlagevermögens (Anlagenspiegel, Anlage 2) ist im Anhang darzustellen (§ 284 Abs. 3 HGB).
b) Die Mitzugehörigkeit zu anderen Posten ist anzugeben, wenn dies zur Aufstellung eines klaren und übersichtlichen Jahresabschlusses erforderlich ist.
9. Forderungen und sonstige Vermögensgegenstände
a) Die Forderungen mit einer Restlaufzeit von mehr als einem Jahr sind in einem Forderungsspiegel aufzuführen.

b) Die Mitzugehörigkeit eines Vermögensgegenstandes zu einem anderen Posten ist anzugeben oder zu vermerken, wenn dies zur Aufstellung eines klaren und übersichtlichen Jahresabschlusses erforderlich ist (§ 265 Abs. 3 Satz 1 HGB).

c) Antizipative Aktiva sind zu erläutern, soweit die unter dem Posten „sonstige Vermögensgegenstände" ausgewiesenen Beträge einen größeren Umfang haben (§ 268 Abs. 4 Satz 2 HGB).

10. Es ist gesondert anzugeben, wenn die Vermögensrechnung unter Berücksichtigung der teilweisen Verwendung des Jahresergebnisses aufgestellt wird (§ 268 Abs. 1 Satz 2 HGB).

11. Rückstellungen

a) Die in der Bilanz nicht ausgewiesenen Rückstellungen für mittelbare Verpflichtungen aus einer Zusage für eine laufende Pension oder eine Anwartschaft auf eine Pension sowie für ähnliche unmittelbare oder mittelbare Verpflichtungen sind in einem Betrag anzugeben (Art. 28 Abs. 2 EGHGB).

b) Rückstellungen im Posten „sonstige Rückstellungen" mit einem nicht unerheblichen Umfang sind gesondert anzugeben und zu erläutern (§ 285 Nr. 12 HGB).

12. Verbindlichkeiten

a) Der Betrag der Verbindlichkeiten mit einer Restlaufzeit bis zu einem Jahr sowie einer Restlaufzeit von mehr als fünf Jahren ist in einem Verbindlichkeitenspiegel aufzuführen (§ 285 Nr. 1a, Nr. 2 HGB).

b) Die Mitzugehörigkeit eines Schuldpostens zu einem anderen Posten ist anzugeben oder zu vermerken, wenn dies zur Aufstellung eines klaren und übersichtlichen Jahresabschlusses erforderlich ist (§ 265 Abs. 3 Satz 1 HGB).

c) Zu jedem gesondert ausgewiesenen Verbindlichkeitsposten ist der Betrag der Verbindlichkeiten anzugeben, die durch Pfandrechte oder ähnliche Rechte gesichert sind, unter Angabe von Art und Form der Sicherheiten (§ 285 Nr. 1 b, Nr. 2 HGB).

d) Antizipative Passiva sind zu erläutern, soweit die ausgewiesenen Beträge einen größeren Umfang haben (§ 268 Abs. 5 Satz 3 HGB).

13. Haftungsverhältnisse

a) Die in § 251 HGB bezeichneten Haftungsverhältnisse sind gesondert unter Angabe der gewährten Pfandrechte und sonstigen Sicherheiten anzugeben.

b) Die unter a) genannten Verpflichtungen, die gegenüber verbundenen Unternehmen bestehen sind gesondert anzugeben.

c) Verpflichtungen betreffend die Altersversorgung und Verpflichtungen gegenüber verbundenen oder assoziierten Unternehmen sind jeweils gesondert zu vermerken (§ 285 Nr. 3a HGB).

14. Art und Zweck sowie Risiken, Vorteile und finanzielle Auswirkungen von nicht in der Bilanz enthaltenen Geschäften sind anzugeben, soweit die Risiken und Vorteile wesentlich sind und die Offenlegung für die Beurteilung der Finanzanlage erforderlich ist (§ 285 Nr. 3 HGB).

15. Sonstige finanzielle Verpflichtungen

a) Der Gesamtbetrag der sonstigen finanziellen Verpflichtungen, die nicht in der Vermögensrechnung erscheinen und auch nicht nach § 251 HGB anzugeben sind, ist anzugeben, sofern diese Angabe für die Beurteilung der Finanzlage von Bedeutung ist.

b) Verpflichtungen der unter a) genannten Art, die gegenüber verbundenen Unternehmen bestehen, sind gesondert anzugeben (§ 285 Nr. 3a HGB).

D. Erläuterungen zur Erfolgsrechnung

16. Die außerplanmäßigen Abschreibungen im Anlagevermögen (§§ 277 Abs. 3 Satz 1 und 253 Abs. 3 Satz 5 und 6 HGB) sind aufzuführen, sofern sie nicht bei den Abschreibungen in der Gewinn- und Verlustrechnung gesondert ausgewiesen sind.
17. Die Aufgliederung der Steuererträge ist nach Steuerarten vorzunehmen.
18. Den „kofinanzierten“ Aufwendungen aus Zuweisungen und Zuschüssen sind die korrespondierenden Erträge aus Zuweisungen und Zuschüssen gegenüber zu stellen. Sie sind nach Herkunftsbereichen und Leistungen aufzuschlüsseln, sofern dies für die Beurteilung der Ertragslage nicht von untergeordneter Bedeutung ist.
19. Erträge aus Verwaltungstätigkeit, Umsatzerlöse sind nach Tätigkeitsbereichen (§ 285 Nr. 4 HGB) aufzugliedern.
20. Die in den sonstigen Erträgen ausgewiesenen Erträge mit einem nicht unerheblichen Umfang sind gesondert anzugeben und zu erläutern.
21. Periodenfremde Aufwendungen und Erträge sind hinsichtlich ihres Betrages und ihrer Art zu erläutern, soweit die ausgewiesenen Beträge für die Beurteilung der Ertragslage nicht von untergeordneter Bedeutung sind (§ 285 Nr. 32 HGB).
22. Es ist jeweils der Betrag und die Art der einzelnen Ertrags- oder Aufwandposten von außergewöhnlicher Größenordnung oder außergewöhnlicher Bedeutung anzugeben, soweit die Beträge nicht von untergeordneter Bedeutung sind (§ 285 Nr. 31 HGB). Dabei handelt es sich um Vorgänge, die in hohem Maße ungewöhnlich sind, d.h. deren Auftreten nicht erwartet werden kann, und die selten oder unregelmäßig vorkommen, d.h. nicht ständig anfallen bzw. nicht wiederkehrender Natur und somit nicht planbar sind. Diese Voraussetzungen müssen kumulativ erfüllt sein.
23. Angaben zu Steuern vom Einkommen und Ertrag als Steuerschuldner.

E. Sonstige Angaben

24. durchschnittliche Zahl der während des Haushaltsjahres beschäftigten Arbeitnehmer, getrennt nach Gruppen unter Angabe der Anzahl der Teilzeitkräfte (§ 285 Nr. 7 HGB),
25. für die Verwaltungsspitze mit Geschäftsführungsfunktion (z.B. Minister und Staatssekretäre, abhängig vom jeweiligen Bundes- bzw. Landesrecht) unter Berücksichtigung des § 286 Abs. 4 HGB Angabe der für die Tätigkeit im Haushaltsjahr gewährten Dienstbezüge (§ 285 Nr. 9a HGB), der Gesamtbezüge der früheren Mitglieder der o.g. Organe und ihrer Hinterbliebenen (§ 285 Nr. 9b HGB), gewährte Vorschüsse und Kredite unter Angabe der Zinssätze, der wesentlichen Bedingungen und der ggf. im Geschäftsjahr zurückgezahlten oder

erlassenen Beträge sowie der für diese Person eingegangenen Haftungsverhältnisse (§ 285 Nr. 9c HGB),

26. Angabe aller Mitglieder der o.g. Organe mit dem Familienamen und mindestens einem ausgeschriebenen Vornamen, einschließlich ihrer Funktion (§ 285 Nr. 10 HGB),
27. Namen und Sitz von Unternehmen, soweit es sich um eine Beteiligung im Sinne des § 271 Abs. 1 HGB handelt; außerdem sind die Höhe des Anteils am Kapital, das Eigenkapital und das Ergebnis des letzten Geschäftsjahres dieser Unternehmen anzugeben, für das ein Jahresabschluss vorliegt (§ 285 Nr. 11 HGB),
28. Auflistung der in dem Posten Finanzanlagen ausgewiesenen Sondervermögen unter Angabe der auf diese entfallenden Werte,
29. Angabe und Erläuterung sämtlicher in Anspruch genommener Verpflichtungsermächtigungen, deren Fälligkeit nach dem Bilanzstichtag liegt, soweit diese nicht in den Rückstellungen bzw. Verbindlichkeiten enthalten sind,
30. Hinweis auf Belastungen aufgrund der Mitgliedschaft in einer Versorgungskasse,
31. Art und Zweck sowie Risiken, Vorteile und finanzielle Auswirkungen von nicht in der Bilanz enthaltenen Geschäften, soweit die Risiken und Vorteile wesentlich sind und die Offenlegung für die Beurteilung der Finanzlage erforderlich ist,
32. Vorgänge mit besonderer Bedeutung, die nach dem Schluss des Geschäftsjahres eingetreten und weder in der Gewinn- und Verlustrechnung noch in der Bilanz berücksichtigt sind, unter Angabe ihrer Art und ihrer finanziellen Auswirkungen (§ 285 Nr. 33 HGB).

Abbildung 38: Gliederung Anhang nach SsD

Die Erläuterungen müssen so gestaltet sein, dass ein sachverständiger Dritter die Wertansätze beurteilen kann.

Die einzelnen Posten des AV sind in einer gesonderten Aufgliederung darzustellen (§ 284 Abs. 3 HGB). Dies erfolgt üblicherweise in einem sog. **Anlagenspiegel** (Anlagengitter). Kleine Kapitalgesellschaften sind von der Aufstellung befreit.

Erläuterungen zum Anlagenspiegel

Im Anlagenspiegel ist jeder einzelne Posten des Anlagevermögens (Sachanlagen, Finanzanlagen und immaterielle Vermögensgegenstände) aufzuführen. Der Anlagenspiegel wird über eine gesonderte Auswertung aus der Anlagenbuchhaltung erstellt. Gemäß § 284 Abs. 3 HGB sind ausgehend von den gesamten Anschaffungs- und Herstellungskosten (Brutto-Anlagenspiegel) die Zugänge, Abgänge, Umbuchungen

und Zuschreibungen des Geschäfts- bzw. Haushaltsjahres sowie die Abschreibungen gesondert aufzuführen.[131]
Zu den Abschreibungen sind gesondert folgende Angaben zu machen über

- die Abschreibungen in ihrer gesamten Höhe zu Beginn und Ende des Geschäftsjahrs,
- die im Laufe des Geschäftsjahrs vorgenommenen Abschreibungen und
- Änderungen in den Abschreibungen in ihrer gesamten Höhe im Zusammenhang mit Zu- und Abgängen sowie Umbuchungen im Laufe des Geschäftsjahrs.

Die gesonderten Angaben können auch im Anhang direkt gemacht werden. Sind in die Herstellungskosten Zinsen für Fremdkapital einbezogen worden, ist für jeden Posten des Anlagevermögens anzugeben, welcher Betrag an Zinsen im Geschäftsjahr aktiviert worden ist.

Werden geringwertige VG sofort als Aufwand gebucht oder werden für das Sachanlagevermögen Festwerte gebildet, so ist keine Erfassung der Zugänge im Anlagenspiegel erforderlich. Lediglich die Erhöhung oder Minderung des Festwertes ist als Zugang oder Abgang zu erfassen.

Die nachfolgende Abbildung zeigt die mögliche (verkürzte) **Spaltengliederung**[132] des Anlagenspiegels nach § 284 Abs. 3 HGB. Die Tiefe der **Zeilengliederung** richtet sich nach dem jeweiligen Bilanzgliederungsschema.

1	2	3	4	5	6	7	8	9
AK/ HK	Zugänge (AK/ HK)	Abgänge (AK/ HK)	Umbuchungen (AK/ HK)	Zuschreibungen	Abschreibungen (kum.)	Buchwert 31.12. Geschäftsjahr	Buchwert 31.12. Vorjahr	Abschreibung Geschäftsjahr

Abbildung 39: Gliederung Anlagenspiegel

Erläuterung der Spalten:

(1) **Gesamte Anschaffungs- oder Herstellungskosten**: In der ersten Spalte des Anlagenspiegels sind die gesamten historischen Anschaffungs- und Herstellungskosten der zu Beginn des Geschäftsjahres zum Anlagevermögen gehörenden Vermögensgegenstände (= AK/HK zu Beginn des vorangegangenen

[131] Vgl. Anlage 2 SsD. § 46 Abs. 2 KomHVO NRW i.V. mit Anlage 24 VV Muster zur GO und KomHVO enthält eine geringfügig veränderte Gliederung.
[132] Insgesamt ergibt sich eine bis zu 14-spaltige Darstellung. Vgl. Beck´scher Bilanzkommentar, 12. Aufl. 2020, § 284, Tz. 224.

Jahres + Zugänge - Abgänge +/- Umbuchungen des vorangegangenen Jahres) auszuweisen. Der Umfang der AK/HK richtet sich nach § 255 HGB.

(2) **Zugänge:** Sie umfassen die AK/HK der neu erworben bzw. hergestellten Gegenstände des Anlagevermögens während des laufenden Geschäftsjahres. Zugänge sind grundsätzlich Vermögensumschichtungen, die im Gegensatz zu Zuschreibungen keine Auswirkungen auf den Erfolg haben. Der Zugangszeitpunkt richtet sich nach dem Erlangen der Verfügungsgewalt über den Vermögensgegenstand, also nach der Erlangung des wirtschaftlichen Eigentums. Nachträgliche AK/HK sind ebenfalls als Zugänge zu behandeln. Im Folgejahr werden die Zugänge in die Spalte (1) aufgenommen.

(3) **Abgänge:** Beim Ausscheiden von Vermögensgegenständen (z.B. Veräußerung, Verschrottung, Brand) werden die ursprünglich aktivierten AK/HK in voller Höhe als Abgänge erfasst. Der als Abgang zu berücksichtigende Wert setzt sich somit aus dem Restbuchwert zum Abgangszeitpunkt und den entsprechenden kumulierten Abschreibungen zusammen.

(4) **Umbuchungen:** Umbuchungen erfolgen nicht aufgrund von Mengen- oder Wertänderungen, sondern kennzeichnen lediglich die Umgruppierung von Wirtschaftsgütern von einer Bilanzposition zur anderen innerhalb des Anlagevermögens. Sie treten vor allem auf bei dem Posten „Geleistete Anzahlungen und Anlagen im Bau" sowie bei den auf immaterielle Vermögensgegenstände geleisteten Anzahlungen. Aufgrund des Bruttoprinzips sind die Umbuchungen ebenso wie die Zugänge und Abgänge mit den gesamten historischen Anschaffungs- oder Herstellungskosten auszuweisen.

(5) **Zuschreibungen:** Zuschreibungen sind wertmäßige Erhöhungen des Anlagevermögens zur Korrektur von in früheren Jahren vorgenommenen außerplanmäßigen Abschreibungen. Die kumulierten Abschreibungen sind im Folgejahr um die Zuschreibungen des Vorjahres zu vermindern. Das Zuschreibungsgebot ist in § 253 Abs. 5 HGB geregelt.

(6) **Kumulierte Abschreibungen:** Sie umfassen sämtliche plan- und außerplanmäßigen Abschreibungen aller am Abschlussstichtag noch vorhandenen Vermögensgegenstände, vermindert um die Zuschreibungen der Vorjahre. Die kumulierten Abschreibungen des laufenden Geschäftsjahres ermitteln sich aus: kumulierte Abschreibungen Vorjahr – Zuschreibungen Vorjahr + Abschreibungen im Geschäftsjahr – auf die Abgänge des Geschäftsjahres entfallende kumulierte Abschreibungen.

(7) **Buchwert zum Schluss des Geschäftsjahres (Restbuchwert):** Er ermittelt sich aus der Zusammenfassung der Spalten (1) + (2) – (3) +/– (4) + (5) – (6).

(8) **Buchwert zum Schluss des Vorjahres:** Er wird als Vergleichswert dem Anlagenspiegel des Vorjahres entnommen und hier eingetragen.

(9) **Abschreibungen des Geschäftsjahrs:** Nach § 284 Abs. 3 HGB sind die Abschreibungen des Geschäftsjahrs in ihrer gesamten Höhe gesondert anzugeben. Erfolgt die Buchung und Abschreibung der Vermögensgegenstände über eine Anlagenbuchhaltung, wird dies von der Buchhaltungssoftware i.d.R. automatisch im Anlagenspiegel abgebildet.

Beispiel:

Die Anlagenbuchhaltung der X-AG weist für den Bilanzposten „Technische Anlagen und Maschinen" im Geschäftsjahr folgende Beträge (in T€) aus:

AK aller erworbenen Anlagen und Maschinen zum 1. 1.	8.000
Erwerb einer neuen Maschine im Januar, AK	600
Kumulierte Abschreibungen bis 31. 12. des Vorjahres	4.800
Abschreibungen im Geschäftsjahr	860
Buchwert zum 31. 12. des Vorjahres	3.200

Der Anlagenspiegel für den Posten Technische Anlagen und Maschinen ergibt:

1	2	3	4	5	6	7	8	9
AK/HK	Zugänge (AK/HK)	Abgänge (AK/HK)	Umbuchungen (AK/HK)	Zuschreibungen	Abschreibungen (kum.)	Buchwert 31.12. Geschäftsjahr	Buchwert 31.12. Vorjahr	Abschreibung Geschäftsjahr
8.000	600	-	-	-	5.660	2.940	3.200	860

MERKE: Der Anlagenspiegel (Anlagengitter) ist eine Übersicht über die Wertentwicklung der Posten des Anlagevermögens im abgelaufenen Geschäftsjahr. Er ist Bestandteil des Anhangs.

In den einzelnen Bundesländern sind Inhalt und Umfang der geforderten Anhangangaben für die **kommunale Doppik** sehr unterschiedlich ausgeprägt, abgesehen von grundlegenden Inhalten, wie

- der Angabe der angewandten Bilanzierungs- und Bewertungsmethoden oder
- der Angabe und Begründung der Abweichung von bisher angewandten Bilanzierungs- und Bewertungsmethoden einschl. der Darstellung der Auswirkungen auf die Vermögens-, Finanz- und Ertragslage.

A.15.2 Lagebericht

Zusätzlich zum Jahresabschluss, d.h. zusätzlich zur Bilanz, zur GuV-Rechnung und zum Anhang, müssen Kapitalgesellschaften (Ausnahme: kleine und Kleinstkapitalgesellschaften) nach § 264 Abs. 1 HGB einen Lagebericht erstellen. Im Lagebericht sind der **Geschäftsverlauf** einschließlich des Geschäftsergebnisses und die **Lage** der Gesellschaft so darzustellen, dass ein den tatsächlichen Verhältnissen entsprechendes Bild vermittelt wird (**true and fair view**). Des Weiteren sind Geschäftsverlaufs und Lage ausgewogen und umfassend, dem Umfang und der Komplexität der Geschäftstätigkeit entsprechend zu analysieren (§ 289 Abs. 1 S. 2 HGB). In die Analyse sind die für die Geschäftstätigkeit bedeutsamsten **finanziellen Leistungsindikatoren** einzubeziehen und unter Bezugnahme auf die im Jahresabschluss ausgewiesenen Beträge und Angaben zu erläutern. Dieser Teil des Lageberichts ist der sog. **Wirtschaftsbericht**. Adressaten sind vor allem Eigentümer, Gläubiger, Mitarbeiter und Öffentlichkeit.

Ferner ist im Lagebericht die voraussichtliche Entwicklung mit ihren wesentlichen **Chancen und Risiken** zu beurteilen und zu erläutern; zugrundeliegende Annahmen sind anzugeben. Dieser Teil des Lageberichts ist der sog. **Prognose-/Chancen- und Risikobericht** (§ 289 Abs. 1 S. 4 HGB). Nach § 289 Absätze 2 bis 4 und § 289a HGB ist im Lagebericht auch einzugehen auf

- die Risikomanagementziele und –methoden der Gesellschaft einschließlich der Methoden zur Absicherung der Transaktionen im Zusammenhang mit Sicherungsgeschäften,
- die Preisänderungs-, Ausfall- und Liquiditätsrisiken sowie die Risiken aus Zahlungsstromschwankungen, denen die Gesellschaft ausgesetzt ist, jeweils in Bezug auf Finanzinstrumente (**Bericht über die Finanzrisiken**),
- den Bereich Forschung und Entwicklung (**Forschungs- und Entwicklungsbericht**),
- bestehende Zweigniederlassungen (**Zweigniederlassungsbericht**),
- bei **kapitalmarktorientierten** Kapitalgesellschaften (vgl. § 264d HGB): wesentliche **Merkmale des internen Kontroll- und des Risikomanagementsystems** im Hinblick auf den Rechnungslegungsprozess,
- bei **börsennotierten Aktiengesellschaften**: Erklärung zur Unternehmensführung (**Corporate Governance Erklärung**, vgl. § 289f HGB),
- bei **großen** Kapitalgesellschaften (vgl. § 267 Abs. 3 HGB): **„nichtfinanzielle Leistungsindikatoren“** nach § 289 Abs. 3 HGB, wie Informationen über Umwelt- und Arbeitnehmerbelange, soweit sie für das Verständnis des Geschäftsverlaufs oder der Lage von Bedeutung sind.

Die Bedeutung von **nichtfinanziellen Leistungsindikatoren** zeigt sich auch in weiteren Regelungen (§§ 289b, 289c HGB), wonach große kapitalmarktorientierte Kapitalgesellschaften, die im Durchschnitt mehr als 500 Mitarbeiter beschäftigt haben, eine Erklärung im Lagebericht aufzunehmen haben, die das Geschäftsmodell beschreibt und die Aspekte über Umwelt-, Arbeitgeber- und Sozialbelange sowie Angaben zur Achtung der Menschenrechte und Bekämpfung von Korruption und Bestechung beinhaltet.

Bei der Anfertigung des Lageberichtes sind die durch die Literatur in Auslegung der unbestimmten Rechtsbegriffe in § 289 HGB entwickelten **Grundsätze ordnungsgemäßer Lageberichterstattung** (GoL) zu beachten, die auch z.T. in DRS 20 übernommen wurden. Zu den GoL gehören:[133]

- Grundsatz der Richtigkeit (Objektivität und Willkürfreiheit),
- Grundsatz der Vollständigkeit,
- Grundsatz der Klarheit und Übersichtlichkeit,
- Grundsatz der Vergleichbarkeit,
- Grundsatz der Wirtschaftlichkeit und Wesentlichkeit,
- Grundsatz der Informationsabstufung nach Art und Größe des Unternehmens,
- Grundsatz der Ausgewogenheit.

Der Lagebericht einer **Gebietskörperschaft,** der in einigen Bundesländern als **Rechenschaftsbericht** bezeichnet wird, sollte folgende Mindestbestandteile aufweisen:

- Vermittlung eines den tatsächlichen Verhältnissen entsprechenden Bildes der Vermögens-, Schulden-, Ertrags- und Finanzlage,
- Darstellung der wichtigsten Ergebnisse des Jahresabschlusses,
- Rechenschaftslegung über die Haushaltswirtschaft,
- Berichterstattung über Vorgänge von besonderer Bedeutung,
- Analyse der Haushaltswirtschaft und der Vermögens-, Ertrags- und Finanzlage,
- Berichterstattung über die Chancen und Risiken der künftigen Entwicklung unter Benennung der zu Grunde liegenden Annahmen (**Risikofrüherkennungssystem** vorhanden?),[134]
- nichtfinanzielle Leistungsindikatoren.

Insgesamt kommt dem Lagebericht eine prognostische Funktion und eine Rechenschaftsfunktion zu. In der unternehmerischen Praxis ist es üblich, den Lagebericht in sog. Teilberichte zu gliedern. Dies bietet sich auch für den staatlichen und kommunalen Lagebericht an.[135]

---

[133] Zu den einzelnen Grundsätzen vgl. Baetge/Kirsch/Thiele, Bilanzen, 15. Aufl. 2019, S. 741.

[134] Zum Risikofrüherkennungssystem vgl. NKF-Handreichungen, 7. Auflage 2016, S. 4028. Ein enormes Risiko für Kommunen stellen z.B. künftig steigende Zinsen für aufgenommene Kredite dar.

[135] Darüber hinaus wird in DRS 20.2 eine Anwendung der Regelungen für die Erstellung des Konzernlageberichtes auch für den Lagebericht gemäß § 289 HGB empfohlen (Deutscher Rechnungslegungsstandard Nr. 20 -DRS 20- vom 14. 9. 2012).

Gliederung des Lageberichts für die staatliche Doppik nach Anlage 4 SsD (verkürzte Darstellung, Stand: 27.11.2019)

Berichtsteil	Bezeichnung des Teilbereichs	Inhalt
I	**Grundlagen**	Allgemeine Informationen (z.B. Bevölkerung, Fläche, Wirtschaftszweige), grundlegende Angaben zur rechtlichen und organisatorischen Struktur der Gebietskörperschaft.
II	**Wirtschaftsbericht**	Gesamtwirtschaftliche Rahmenbedingungen, Darstellung des Geschäftsverlaufs und der Lage der Gebietskörperschaft, Analyse der Ertrags-, Finanz- und Vermögenslage der Gebietskörperschaft.
III	**Prognosebericht**	Erwartungen zur voraussichtlichen wirtschaftlichen Entwicklung der Gebietskörperschaft. Prognosen des vergangenen Berichtsjahres sind der tatsächlichen Entwicklung gegenüberzustellen, eventuelle Abweichungen sind zu erläutern.
IV	**Risiko- und Chancenbericht**	Beschreibung der wesentlichen Risiken und Chancen sowie deren Management, die eine deutliche Verschlechterung oder Verbesserung der Lage der bilanzierenden Einheit bewirken oder den Eintritt der geäußerten Erwartungen und Prognosen beeinflussen können. Es ist jeweils über Risiken und Chancen getrennt zu berichten. Ebenso sind die Methoden zur Erkennung und Maßnahmen zur Minimierung der Risiken sowie zur Erhöhung der Chancen darzustellen.

Abbildung 40: Gliederung Lagebericht nach SsD

Die unterschiedlichen kommunalrechtlichen Regelungen der Bundesländer zum Inhalt des Lage- bzw. Rechenschaftsberichts spiegeln sinngemäß hauptsächlich § 289 Abs. 1 HGB wider. Über die Inhalte zu § 289 Absätze 2 bis 5 HGB haben Gemeinden kommunalrechtlichen Regelungen nur teilweise zu berichten, obwohl sie ebenfalls von Bedeutung sind (z.B. Berichterstattung über Sicherungsgeschäfte bei der Verwendung von Finanzinstrumenten). Im Gegensatz zum HGB und den SsD erfolgt in der **kommunalen Doppik** die Nachtragsberichterstattung bisher weiterhin im Lage- bzw. Rechenschaftsbericht und nicht im Anhang.

A.15.3 Prüfung

Jahresabschluss und Lagebericht einer großen und mittelgroßen Kapitalgesellschaft unterliegen gemäß § 316 HGB einer allgemeinen Prüfungspflicht. Kleinstkapitalgesellschaften, kleine Kapitalgesellschaften, Einzelunternehmen und Personengesellschaften sind davon befreit; sie können sich aber freiwillig prüfen lassen. Nach § 316 Abs. 2 HGB ist außerdem jeder Konzernabschluss und Konzernlagebericht durch einen Abschlussprüfer zu prüfen. Unternehmen, die in den Anwendungsbereich des Publizitätsgesetzes fallen (Großunternehmen), unterliegen ebenfalls der Prüfungspflicht. Die Prüfung wird für die Feststellung des Abschlusses vorausgesetzt.[136] Abschlussprüfer für große Kapitalgesellschaften können nach § 319 Abs. 1 HGB nur Wirtschaftsprüfer und Wirtschaftsprüfungsgesellschaften sein. Ziel, Gegenstand und Umfang der Prüfung sind in § 317 HGB geregelt.

Zielsetzung der Prüfung ist das Erkennen wesentlicher Unrichtigkeiten und Verstöße im Rahmen der anzuwendenden Normen auf die Darstellung der Vermögens-, Finanz- und Ertragslage (vgl. § 264 Abs. 2 HGB).

Gegenstand der Prüfung sind:

- die Buchführung (§ 317 Abs. 1 HGB),
- der Jahresabschluss bzw. der Konzernabschluss (§ 317 Abs. 1 HGB),
- der Lagebericht (§ 317 Abs. 2 HGB),
- das Risikofrüherkennungs- und Überwachungssystem bei börsennotierten Aktiengesellschaften (§ 317 Abs. 4 HGB) sowie
- sonstige Bereiche.

Der **Umfang der Prüfung** ist nicht direkt geregelt. Hinweise ergeben sich jedoch sowohl aus § 317 Abs. 1 Satz 3 HGB, wie die Prüfung anzulegen ist, als auch indirekt daraus, dass die Prüfung so gestaltet sein muss, dass sich der Pflichtinhalt des Prüfungsberichts gemäß § 321 Abs. 1 bis 3 HGB für jede Einzelheit aus den in den Arbeitspapieren des Prüfers dokumentierten Prüfungshandlungen herleiten und notfalls beweisen lässt. Im Übrigen ergeben sich Art und Umfang der Prüfung aus den **Grundsätzen ordnungsmäßiger Abschlussprüfung** (GoA), die im Gegensatz zu den GoB nicht gesetzlich geregelt sind, aber durch die IDW-Prüfungsstandards als Teil der GoA schriftlich fixiert sind. Hierzu zählt insbesondere das **risikoorientierte Prüfungsvorgehen**, das in Band 3 dieser Lehrbuchreihe ausführlich dargestellt wird.

Eine Zusammenfassung der sich aus § 317 HGB ergebenden Gegenstände und des Prüfungsumfangs enthält die folgende Übersicht:[137]

---

[136] So stellt z.B. § 102 Abs. 1 Satz 2 GO NRW klar, dass ohne eine vorhergehende Prüfung der Jahresabschluss nicht festgestellt werden kann.

[137] Vgl. Bitz/Schneeloch/Wittstock/Patek, Der Jahresabschluss, 6. Aufl. 2014, S. 367 mit Ergänzungen.

Prüfungsgegenstand	Prüfungsumfang
Buchführung **Bilanz** **GuV** **Anhang**	• Beachtung der GoB sowie der gesetzlichen Vorschriften und gesellschaftsvertraglichen/ satzungsmäßigen Bestimmungen • Erkennen von Verstößen und Unrichtigkeiten mit wesentlicher Auswirkung auf Generalnorm § 264 Abs. 2 HGB (Bild der Vermögens-, Finanz- und Ertragslage)
Lagebericht	• in Einklang mit dem Jahresabschluss und den bei der Prüfung gewonnenen Erkenntnissen des Abschlussprüfers • Beachtung der gesetzlichen Vorschriften zur Aufstellung in allen wesentlichen Belangen • Vermittlung eines zutreffenden Bildes von der Lage des Betriebes • zutreffende Darstellung der Chancen und Risiken der künftigen Entwicklung
Überwachungs-system	• Beurteilung, ob Vorstand von börsennotierten AG geeignete Maßnahmen für Risikomanagement eingerichtet hat und ob das danach einzurichtende Überwachungssystem seine Aufgaben erfüllen kann
Nichtfinanzielle Erklärung	• Vorlage bei großen kapitalmarktorientierten Kapitalgesellschaften

Für **Gebietskörperschaften** gelten für die Prüfung des Jahresabschlusses und des Lageberichtes Regelungen, die sich im Wesentlichen an den Vorschriften des HGB orientieren.[138] Einzelheiten hierzu sind in Band 3 dieser Lehrbuchreihe dargestellt.

Der Abschlussprüfer hat nach § 321 Abs. 1 HGB über das Ergebnis seiner Prüfung in einem schriftlichen **Prüfungsbericht** zu berichten. Er hat nach § 321 Abs. 5 HGB den Bericht zu unterzeichnen und den gesetzlichen Vertretern (Geschäftsführer, Vorstand, Aufsichtsrat, bei Kommunen: Bürgermeister bzw. Hauptverwaltungsbeamter) vorzulegen. Hat der Aufsichtsrat den Auftrag erteilt, so ist der Bericht ihm und gleichzeitig einem eingerichteten Prüfungsausschuss vorzulegen.

Dabei ist zu beachten, dass der Prüfungsbericht sprachlich so abzufassen ist, dass er auch von nicht sachverständigen Dritten verstanden wird.

Eine detaillierte, die Reihenfolge der Berichtsangaben exakt einzuhaltende Gliederung des Prüfungsberichts ist gesetzlich nicht vorgeschrieben. Die nachfolgende Übersicht enthält eine Gliederungsempfehlung des IDW:[139]

[138] Vgl. z.B. §§ 101 ff. GO NRW.

[139] Vgl. IDW PS 450: Grundsätze ordnungsmäßiger Berichterstattung bei Abschlussprüfungen.

1.	Prüfungsauftrag inkl. Bestätigung der Unabhängigkeit des Abschlussprüfers
2.	Grundsätzliche Feststellungen („Vorwegfeststellungen“ nach § 321 Abs. 1 Satz 2 HGB)
2.1	Lage des Unternehmens (bzw. der Gebietskörperschaft)
2.1.1	Stellungnahme zur Lagebeurteilung der gesetzlichen Vertreter
2.1.2	Entwicklungsbeeinträchtigende oder bestandsgefährdende Tatsachen
2.2	Unregelmäßigkeiten
2.2.1	Unregelmäßigkeiten in der Rechnungslegung
2.2.2	Sonstige Unregelmäßigkeiten
3.	Gegenstand, Art und Umfang der Prüfung
4.	Feststellungen und Erläuterungen zur Rechnungslegung
4.1	Ordnungsmäßigkeit der Rechnungslegung
4.1.1	Buchführung und weitere geprüfte Unterlagen
4.1.2	Jahresabschluss
4.1.3	Lagebericht
4.2	Gesamtaussage des Jahresabschlusses mit Feststellungen zu
4.2.1	wesentlichen Bewertungsgrundlagen
4.2.2	Änderungen der Bewertungsgrundlagen
4.2.3	sachverhaltsgestaltenden Maßnahmen
4.2.4	Aufgliederung von Abschlussposten und Erläuterungen in Form einer Analyse
5.	Feststellungen zum Risikofrüherkennungssystem
6.	Feststellungen aus Erweiterungen des Prüfungsauftrags (wenn beauftragt)
7.	Wiedergabe des Bestätigungsvermerks

Sind nach dem Ergebnis der Prüfung keine Einwände gegen den Jahresabschluss bzw. den Konzernabschluss zu erheben, so hat der Abschlussprüfer dies nach § 322 HGB mit einem **Bestätigungsvermerk** zu bestätigen. Der Bestätigungsvermerk oder der Vermerk über seine Versagung ist in den Prüfungsbericht aufzunehmen. Hinsichtlich der einzelnen Elemente des Jahresabschlusses hat der Prüfer u.a. folgende **Grundfeststellungen** zu treffen:[140]

[140] Quelle: Institut der Wirtschaftsprüfer (Hrsg.): WP-Handbuch, 16. Aufl. 2019, Kap. L, Tz. 872, 1046, 1056, 1127.

„Bilanz:

(1) Aussagen zu Arten von Geschäftsvorfällen und Ereignissen für den zu prüfenden Zeitraum:

Eintritt: Erfasste Geschäftsvorfälle und Ereignisse haben stattgefunden und sind der Einheit zuzurechnen.

Vollständigkeit: Alle Geschäftsvorfälle und Ereignisse, die erfasst werden mussten, wurden aufgezeichnet.

Genauigkeit: Beträge und andere Daten zu aufgezeichneten Geschäftsvorfällen und Ereignissen wurden angemessen erfasst.

Periodenabgrenzung: Geschäftsvorfälle und Ereignisse wurden in der richtigen Periode erfasst.

Kontenzuordnung: Geschäftsvorfälle und Ereignisse wurden auf den richtigen Konten erfasst.

(2) Aussagen zu Kontensalden am Abschlussstichtag:

Vorhandensein: Vermögensgegenstände und Schulden sowie das Eigenkapital sind vorhanden.

Rechte und Verpflichtungen: Die bilanzierende Einheit hält die Rechte an Vermögensgegenständen bzw. hat die Kontrolle darüber, Schulden stellen Verpflichtungen der Einheit dar.

Vollständigkeit: Alle Vermögensgegenstände und Schulden und Eigenkapitalposten, die zu erfassen sind, wurden erfasst.

Bewertung und Zuordnung: Vermögensgegenstände, Schulden und Eigenkapitalpositionen sind mit angemessenen Beträgen im Abschluss enthalten, Anpassungen bei Bewertungen oder Zuordnung wurden in angemessener Weise erfasst.

3) Aussagen zur Darstellung im Abschluss und zu den Abschlussangaben:

Eintritt sowie Rechte und Verpflichtungen: Im Abschluss angegebene Ereignisse, Geschäftsvorfälle und andere Sachverhalte haben stattgefunden und sind der Einheit zuzurechnen.

Vollständigkeit: Alle Angaben, die im Abschluss enthalten sein müssen, sind enthalten.

Ausweis und Verständlichkeit: Finanzinformationen sind in angemessener Weise dargestellt und erläutert, die Angaben sind deutlich formuliert.

Genauigkeit und Bewertung: Finanzinformationen und andere Informationen sind angemessen und mit zutreffenden Beträgen angegeben.

Gewinn- und Verlustrechnung (Gesamtergebnisrechnung):

Sind sämtliche Aufwendungen und Erträge vollständig und periodengerecht ausgewiesen?

Sind die Aufwendungen und Erträge richtig ausgewiesen?

Anhang:

Erfüllt der Anhang die allgemeinen Grundsätze der Berichterstattung?

Enthält der Anhang sämtliche erforderlichen Angaben?

Sind die gemachten Angaben vollständig und richtig?

Lagebericht:

Steht der Lagebericht, soweit er den Geschäftsverlauf und die Lage darstellt, mit dem Jahresabschluss in Einklang?

Sind die gesetzlichen Vorschriften zur Aufstellung des Lageberichts in allen wesentlichen Belangen beachtet worden?

Vermittelt der Lagebericht insgesamt ein zutreffendes Bild von der Lage des Unternehmens bzw. der geprüften Einheit?

Sind die Chancen und Risiken der künftigen Entwicklung in allen wesentlichen Belangen zutreffend dargestellt?“

Bei Eigenbetrieben oder ähnlichen Einrichtungen und Unternehmen, an denen eine Gebietskörperschaft beteiligt ist, ist § 53 HGrG zu beachten, wonach die Ordnungsmäßigkeit der Geschäftsführung und die wirtschaftlichen Verhältnisse Bestandteile der Abschlussprüfung sind. Die Prüfung hat nach dem Fragenkatalog zur Prüfung nach § 53 HGrG gemäß IDW PS 720 zu erfolgen.

Eine Prüfungspflicht des Jahresabschlusses schließt leider nicht aus, dass in Einzelfällen mit krimineller Energie vorgenommene Bilanzmanipulationen auch von den Prüfern nicht rechtzeitig entdeckt werden. Aus diesem Grund wurde 2005 in Deutschland die Unternehmenskontrolle verbessert. In einem zweistufigen **Enforcement-Verfahren** (§ 342b HGB) werden Einzel- bzw. Konzernabschlüsse von Unternehmen, die den öffentlichen Kapitalmarkt in Deutschland in Anspruch nehmen, geprüft. In der ersten Stufe prüft die **Deutsche Prüfstelle für Rechnungslegung (DPR)** stichprobenartig, ob die gesetzlichen Rechnungslegungsvorschriften eingehalten wurden. Bei festgestellten Fehlern haben die betreffenden Unternehmen diese unverzüglich zu korrigieren und zu veröffentlichen. Geschieht dies nicht, wird in der zweiten Stufe die **Bundesanstalt für Finanzdienstleistungsaufsicht (BaFin)** mit ihren weitreichenden Auskunftsrechten und Sanktionsmöglichkeiten eingeschaltet.

A.15.4 Offenlegung

Die gesetzlichen Vertreter von Kapitalgesellschaften haben für die Gesellschaft folgende Unterlagen in deutscher Sprache offenzulegen:

- den festgestellten oder gebilligten Jahresabschluss, den Lagebericht und den Bestätigungsvermerk oder den Vermerk über dessen Versagung,
- den Bericht des Aufsichtsrats und die nach § 161 des Aktiengesetzes vorgeschriebene Erklärung sowie
- den Vorschlag für die Verwendung des Ergebnisses und den Beschluss über seine Verwendung, soweit sich diese nicht aus dem Jahresergebnis ergibt.

Die Unterlagen sind elektronisch beim Betreiber des Bundesanzeigers in einer Form einzureichen, die ihre Bekanntmachung ermöglicht. Die Unterlagen sind spätestens ein Jahr nach dem Abschlussstichtag einzureichen.

Der **Umfang** der Offenlegungspflicht ist größenabhängig gestaffelt (vgl. im Einzelnen §§ 325 ff. HBG, §§ 9, 15 PublG). Die umfangreichsten Offenlegungspflichten haben die großen Kapitalgesellschaften zu erfüllen. Sie müssen Bilanz, GuV-Rechnung, Anhang und Lagebericht, Bestätigungsvermerk (oder Versagungsvermerk) sowie Bericht des Aufsichtsrats und bei börsennotierten Aktiengesellschaften die nach § 161 AktG vorgeschriebene Entsprechungserklärung gemeinsam innerhalb der Fristen offenlegen (§ 325 HGB). Erleichterungen gibt es für kleinste, kleine und mittelgroße Gesellschaften.

Anstelle des Einzelabschlusses kann als Wahlrecht nach § 325 Abs. 2a HGB auch ein Einzelabschluss i.S.v. § 315e Abs. 1 HGB nach internationalen Rechnungslegungsstandards offengelegt werden.

Gebietskörperschaften haben ihren geprüften Jahresabschluss durch Beschluss festzustellen, öffentlich bekannt zu machen und zur Einsichtnahme verfügbar zu halten.[141]

[141] Vgl. z.B. § 96 GO NRW.

A.16 Jahresabschlusspolitik

Jahresabschlüsse sollen nach § 264 Abs. 2 HGB ein den tatsächlichen Verhältnissen entsprechendes Bild der Vermögens-, Finanz- und Ertragslage vermitteln. Dieses Bild lässt sich in der Realität jedoch unterschiedlich darstellen. Eine unterschiedliche Darstellung kann sich ergeben

- durch **Bilanzierungs- und Bewertungswahlrechte** einschließlich der Abschreibungswahlrechte sowie durch Gliederungs- und Offenlegungswahlrechte,
- durch **Ermessensspielräume** bei der Bilanzierung, Bewertung und Gliederung.

Wahlrechte und Ermessensspielräume können bewusst zur materiellen und formellen **Gestaltung des Jahresabschlusses** eingesetzt werden, um z.B. die Kreditwürdigkeit durch möglichst gute Werte der gängigen Kennzahlen zur Jahresabschlussanalyse (vgl. Kap. A.17) zu stärken oder die Höhe der zu leistenden Steuerzahlungen zu beeinflussen. Es können aber auch persönliche Interessen der Geschäftsleitung eine Rolle bei der Gestaltung des Jahresabschlusses spielen, sofern deren Bezüge erfolgsorientierte Bestandteile enthalten, die an Werte aus Bilanz und Ergebnisrechnung (GuV- Rechnung) anknüpfen. Geschieht eine solche Gestaltung des Jahresabschlusses bewusst, so wird von Jahresabschlusspolitik oder Bilanzpolitik gesprochen. Dabei wird bei der Gestaltung unterstellt, dass die bilanzpolitischen Maßnahmen nicht oder nicht ganz von den Adressaten des Abschlusses erkannt werden. Jahresabschlusspolitik bewegt sich **im Rahmen der gesetzlichen Bestimmungen** und der Grundsätze ordnungsmäßiger Buchführung. Sie unterscheidet sich insoweit von illegalen Bilanzfälschungen und -manipulationen. Zu beachten ist allerdings, dass eine Jahresabschlusspolitik häufig nur kurzfristig wirkt, denn die Effekte der Maßnahmen kehren sich in den Folgejahren meist um.

MERKE: Unter Jahresabschlusspolitik versteht man die vorschriftenkonforme Gestaltung des Vermögens-, Schulden- und Erfolgsausweises sowie der Jahresüberschussverwendung durch geeignete Maßnahmen und Instrumente.

Im Rahmen der Jahresabschlusspolitik kann die Geschäftsführung eines Unternehmens aber auch der für das Finanzwesen Verantwortliche einer Gebietskörperschaft z.B. die folgenden Ziele vorgeben:[142]

[142] Vgl. Bitz/Schneeloch/Wittstock/Patek, Der Jahresabschluss, 6. Aufl. 2014, S. 688.

- Ausweis eines möglichst hohen Jahresüberschusses,
- Ausweis eines gleich bleibenden oder eines gleichmäßig steigenden Jahresüberschusses (Ergebnisglättung),
- Ausweis eines möglichst hohen Vermögens,
- Ausweis eines möglichst hohen Eigenkapitals,
- Schaffung der Grundlagen für möglichst günstige Kennzahlen im Rahmen der Jahresabschlussanalyse, wie z.B.
  - hohe Renditekennzahlen,
  - eine niedrige Fremdkapitalquote,
  - einen niedrigen dynamischen Verschuldungsgrad.

Die o. g. Ziele sind jedoch nicht immer miteinander vereinbar. Mit dem ersten Ziel „Ausweis eines möglichst hohen Jahresüberschusses“ sind nahezu das dritte und vierte Ziel vereinbar. Sie können daher zu einem Ziel zusammengefasst werden, um die Wirkung der jahrespolitischen Maßnahmen grundsätzlich aufzuzeigen:

A.16.1 Bilanzierungs- und Bewertungsmaßnahmen

Soll der auszuweisende Jahresüberschuss erhöht (oder der Verlust gemindert) werden, was gleichbedeutend ist mit einer Erhöhung des Vermögens und Eigenkapitals, sind folgende Maßnahmen möglich:[143]

- Aktivierung bei möglichen Aktivierungswahlrechten oder Aktivierungsspielräumen,
- Verzicht auf Passivierung bei möglichen Passivierungswahlrechten oder Passivierungsspielräumen,
- Ansatz der Wertobergrenze bei Ermittlung der Anschaffungs- oder Herstellungskosten,
- Ansatz des jeweils höchsten Wertes bei Wertansatzwahlrechten nach § 253 Absätze 2 bis 5 HGB,
- Vornahme von möglichst niedrigen Abschreibungen bei Abschreibungswahlrechten,
- Bewertung der Passiva mit möglichst niedrigen Werten bei Passivierungswahlrechten,
- Ausnutzung der Ermessensspielräume bei Bewertung der Aktiva für einen möglichst hohen Wertansatz, d.h. vor allem
  - Schätzung einer möglichst langen Nutzungsdauer bei Gegenständen des abnutzbaren Anlagevermögens,
  - möglichst hoher Ansatz der Herstellungskosten bei Bewertung der Vorräte durch Ausnutzung von Ermessensspielräumen „nach oben“,

[143] Vgl. Bitz/Schneeloch/Wittstock/Patek, Der Jahresabschluss, 6. Aufl. 2014, S. 743, Littkemann/Holtrup/Reinbacher, Jahresabschluss, 2. Aufl. 2014, S. 247.

- möglichst niedrige Bewertung der Passiva (mit Ausnahme des Eigenkapitals) durch Ausnutzung von Ermessensspielräumen, insbesondere durch niedrige Schätzung der
  - Rückstellungen für ungewisse Verbindlichkeiten,
  - Rückstellungen für drohende Verluste aus schwebenden Geschäften,
  - Aufwandsrückstellungen.

Der Einfluss der Bewertungs- und Bilanzierungswahlrechte lässt sich verkürzt wie folgt zusammenfassen:

- Aktiva hoch; Passiva niedrig → hoher Eigenkapitalausweis am Periodenende → hoher Erfolgsausweis
- Aktiva niedrig; Passiva hoch → niedriger Eigenkapitalausweis am Periodenende → niedriger Erfolgsausweis.

Eine Jahresabschlusspolitik, die eine Erhöhung des Jahresergebnisses zum Ziel hat, bezeichnet man auch als „**progressiv**“. Eine „**konservative**“ Jahresabschlusspolitik ist auf eine Ertragsnachverlagerung bzw. Aufwandsvorverlagerung gerichtet und wirkt dementsprechend ergebnismindernd.[144]

MERKE: Wenn Aktiva unterbewertet und Passiva überbewertet wird, spricht man von der Bildung „stiller Rücklagen“ oder „stiller Reserven“.

Bilanzierungs- (Ansatz-) und Bewertungswahlrechte gibt es auch im öffentlichen Rechnungswesen, wobei in der staatlichen Doppik nach den SsD nur eingeschränkte Wahlrechte bestehen.

Die Kommunalhaushaltsverordnung in NRW sieht vor allem folgende Ansatzwahlrechte vor:

- ein Erfassungs- und Aktivierungswahlrecht für Vermögensgegenstände des Anlagevermögens mit Anschaffungs- bzw. Herstellungskosten bis einschließlich 800 € ohne USt (§ 30 Abs. 4),
- ein faktisches Passivierungswahlrecht für Instandhaltungsrückstellungen (§ 37 Abs. 3),
- ein Passivierungswahlrecht für unbestimmte Aufwendungen in künftigen Haushaltsjahren für die erhöhte Heranziehung zu Umlagen (§ 37 Abs. 5 Satz 3),
- ein Aktivierungswahlrecht für ein Disagio (§ 43 Abs. 2 Satz 1) sowie
- ein Passivierungswahlrecht für Sonderrücklagen zur Sicherung der Anschaffung oder Herstellung von Vermögensgegenständen (§ 44 Abs. 4 Satz 2).

Aus der Kommunalhaushaltsverordnung ergeben sich für NRW zudem insbesondere folgende Bewertungswahlrechte:

- eine Stichprobeninventur (§ 30 Abs. 1),

[144] Vgl. Graumann, Praktische Jahresabschlussanalyse, 2. Aufl. 2017, S. 33.

- ein Wahlrecht zur Einbeziehung der notwendigen Material- und Fertigungsgemeinkosten sowie angemessene Teile der Kosten der allgemeinen Verwaltung und angemessene Aufwendungen für bestimmte soziale Zwecke einschließlich der betrieblichen Altersversorgung in die Herstellungskosten (§ 34 Abs. 3),
- ein Wahlrecht zur Einbeziehung von Zinsen für Fremdkapital zur Finanzierung der Herstellung eines Vermögensgegenstandes (§ 34 Abs. 4),
- Die Möglichkeit der Anwendung der Fifo- bzw. Lifo-Methode bei Bewertung gleichartiger Vermögensgegenstände des Vorratsvermögens (§ 35 Satz 1),
- die Möglichkeit der Fest- und Gruppenbewertung (§ 35 Satz 2),
- ein Wahlrecht zur Anwendung der degressiven oder leistungsbezogenen Abschreibung statt der linearen Abschreibung, wenn diese dem tatsächlichen Ressourcenverbrauch besser entsprechen (§ 36 Abs. 1),
- ein Wahlrecht zur sofortigen Aufwandsverrechnung von Vermögensgegenständen mit einem Wert von unter 800 € ohne USt (§ 36 Abs. 3),
- die eigenverantwortliche Festlegung der Nutzungsdauern von abnutzbaren Vermögensgegenständen innerhalb der Bandbreite der NKF-Rahmentabelle (§ 35 Abs. 4),
- die Möglichkeit eines Komponentenansatzes bei Gebäuden für bestimmte Gebäudeteile sowie bei Straßen, Wegen und Plätzen zur Bestimmung unterschiedlicher Nutzungsdauern (§ 36 Abs. 2),
- ein Abschreibungswahlrecht bei voraussichtlich vorübergehender Wertminderung von Finanzanlagen (§ 36 Abs. 6),
- Wahlrecht zur Verteilung von außerplanmäßigen Abschreibungen bei voraussichtlich dauernder Wertminderung von Grund und Boden infolge der Anschaffung oder Herstellung von Infrastrukturvermögen auf den Zeitraum der Anschaffung oder Herstellung (§ 36 Abs. 7) sowie
- eine pauschale Bewertung von Rückstellungen für Beihilfen für Beamte (§ 37 Abs. 1 Satz 5).

Weitere Spielräume ergeben sich bei der Auslegung von sog. unbestimmten Rechtsbegriffen, wie z.B. die Bildung von Rückstellungen in „angemessener" Höhe (vgl. § 88 Abs. 1 GO).

Jedoch ist darauf hinzuweisen, dass eine Jahresabschlusspolitik durch die Existenz des Stetigkeitsgrundsatzes im Hinblick auf Ansatz- (§§ 246 Abs. 3, 265 Abs. 1 HGB) und Bewertungsmethoden (§ 252 Abs. 1 Nr. 6 HGB) eingeschränkt ist. Im Hinblick auf die zeitliche Wirkung von bilanzpolitischen Maßnahmen ist zu bedenken, dass ergebniserhöhende Maßnahmen in einem Jahr in der Regel zu ergebnisreduzierenden Effekten in den Folgejahren führen. Begrenzt wird eine Jahresabschlusspolitik auch durch den Umfang und die Ausführlichkeit der geforderten Anhangangaben. Erhebliche Spielräume bestehen trotzdem bei der Auslegung der unbestimmten Rechtsbegriffe.

A.16.2 Sachverhaltsgestaltende Instrumente

Unter sachverhaltsgestaltenden Maßnahmen werden Gestaltungen von Geschäftsvorfällen vor dem Bilanzstichtag verstanden. Hierzu zählen Windowdressing, Sale-and-lease-back-Geschäfte, Factoring und die Auswahl von Zahlungsterminen.[145]

Windowdressing bezeichnet Transaktionen, die kurz vor dem Bilanzstichtag stattfinden und ausschließlich dazu dienen, das Bilanzbild zu gestalten und nicht die Bilanzstruktur dauerhaft zu verbessern. So könnte vor dem Bilanzstichtag ein langfristiger Kredit aufgenommen werden, um die kurzfristigen Liquiditätskennzahlen (Verhältnis von Umlaufvermögen zu kurzfristigem Fremdkapital) zu verbessern.

Sale-and-lease-back-Geschäfte können eingesetzt werden, um die Kennzahlen zur Kapitalstruktur (Eigenkapital- bzw. Fremdkapitalquote) zu verbessern. Dabei werden Vermögensgegenstände des Anlagevermögens an eine Leasinggesellschaft veräußert, obwohl sie weiterhin genutzt werden, und anschließend zurückgeleast. Die Erlöse können zur Schuldentilgung eingesetzt werden, was zu einer Bilanzverkürzung und damit zu einer kurzfristig höheren Eigenkapitalquote führt.

Mit dem **Verkauf von Forderungen** aus Lieferungen und Leistungen an eine Factoringgesellschaft (sog. **Factoring**) kann die Liquidität verbessert, gleichzeitig aber auch Bilanzpolitik betrieben werden. Die Forderungen scheiden beim echten Factoring aus der Bilanz des Verkäufers aus. An ihre Stelle tritt dann, sofern die Beträge nicht ausgezahlt werden, eine Forderung gegenüber dem Factor, die als „Sonstiger Vermögensgegenstand" zu bilanzieren ist.

Auch durch eine bewusste Auswahl von **Zahlungsterminen** kann der Bilanzierende Einfluss auf den Liquiditätsausweis nehmen. Die Verschiebung von Zahlungsterminen über den Bilanzstichtag hinaus ermöglicht es, zum Bilanzstichtag einen höheren Bestand an liquiden Mitteln auszuweisen und den in der Kapitalfluss- bzw. Finanzrechnung ermittelten Cashflow (aus laufender Geschäfts- bzw. Verwaltungstätigkeit) zu verbessern.

Ferner können im Wege einer Ausnutzung der Bestimmungen zum Konsolidierungskreis Vermögensgegenstände und Schulden durch die Gründung von Objektgesellschaften, die für die Vermittlung eines den tatsächlichen Verhältnissen entsprechenden Bildes der Vermögens-, Ertrags- und Finanzgesamtlage von untergeordneter Bedeutung sind (und damit nicht in den Konzernabschluss einbezogen werden müssen), aus der Konzernbilanz eliminiert werden.

MERKE: Sachverhaltsgestaltungen sind i.d.R. nicht aus dem Jahresabschluss ersichtlich und selbst von Abschlussprüfern schwer festzustellen.

[145] Vgl. Fudalla/Tölle/Wöste, Bilanzierung und Jahresabschluss in der Kommunalverwaltung, 4. Aufl. 2017, S. 222. Eine ausführliche Auflistung von Sachverhaltsgestaltungen vor dem Bilanzstichtag enthält: Brösel, Gerrit, Bilanzanalyse, 15. Aufl. 2014, S. 100.

A.17 Jahresabschlussanalyse

A.17.1 Bedeutung der Jahresabschlussanalyse

Die Analyse des Jahresabschlusses soll Aufschluss über die wirtschaftliche Entwicklung im Zeitablauf und/oder über die wirtschaftliche Lage geben. Die wirtschaftliche Lage umfasst dabei die Vermögens-, Schulden-, Ertrags- und Finanzlage und spiegelt die Fähigkeit des Bilanzierenden wieder, seinen Verpflichtungen nachzukommen. Die Adressaten des Abschlusses sollen in zusammengefasster Form zusätzliche Informationen hierüber erhalten. Die wichtigsten Informationsadressaten der Jahresabschlussanalyse von Unternehmen sind Gläubiger und Anteilseigner mit ihren unterschiedlichen Informationsinteressen:[146]

Adressaten:	**Gläubiger**	**Anteilseigner**
Ziele:	pünktliche Zahlung von Zinsen und Tilgung	gute Performance (hohe Ausschüttung + Kursgewinn)
Bedingung zur Zielerreichung:	finanzielles Gleichgewicht in der Zukunft	hohe Ertragskraft in der Zukunft
Informationsinteresse aus Jahresabschluss:	ungetrübter Einblick in die künftige Vermögens- und Finanzlage	ungetrübter Einblick in die künftige Ertragslage
Analyseschwerpunkt:	Liquiditätsanalyse, Analyse der Vermögens- und Kapitalstruktur	Erfolgsanalyse

Abbildung 41: Adressaten der Jahresabschlussanalyse

Adressaten einer Jahresabschlussanalyse von Gebietskörperschaften sind insbesondere Führungskräfte, politische Entscheidungsträger und Aufsichtsbehörden, Bürger, Ratingagenturen, Banken und sonstige Kreditgeber.[147] Im betriebswirtschaftlichen Sinne können Bürger als Anteilseigner einer Gebietskörperschaft betrachtet werden. Allerdings haben sie nicht primär das Ziel der Gewinnmaximierung, sondern nichtmonetäre Ziele wie Sicherheit, Bildung, Kultur etc. Der Bürger hat aber u.a. ein Interesse daran, dass die Dienstleistungen kostengünstig, effizient und in guter Qualität angeboten werden. Kreditinstitute untersuchen die Jahresabschlüsse daraufhin, ob

---

[146] Vgl. Wöhe, G., Einführung in die Allgemeine Betriebswirtschaftslehre, 26. Aufl. 2016, S. 824 (mit Änderungen).

[147] Zu den unterschiedlichen Zielsetzungen kommunaler Bilanzadressaten vgl. Hennies, M: Bilanzpolitik und Bilanzanalyse im kommunalen Sektor, München 2005, S. 20.

mit hinreichender Wahrscheinlichkeit eine fristgerechte und vollständige Leistung des Kapitaldienstes (Zins und Tilgung) gesichert ist.

A.17.2 Teilbereiche der Jahresabschlussanalyse

Analyse der Vermögensstruktur (Investitionsanalyse): Ziel dieser Analyse ist es, Art und Zusammensetzung des Vermögens sowie die Dauer der Vermögensbindung zu verdeutlichen. Mit Hilfe des Anlagenspiegels lässt sich zusätzlich die Investitions- und Abschreibungspolitik untersuchen. So werden z.B. verschiedene aktive Bilanzposten betrachtet und zueinander bzw. zur Bilanzsumme in Beziehung gesetzt.

Analyse der Kapitalstruktur (Finanzierungsanalyse): Ziel ist es, Quellen und Zusammensetzung nach Art, Sicherheit und Fristigkeit des Kapitals zu analysieren. Hierdurch sollen Finanzierungsrisiken abgeschätzt werden. Untersucht wird primär die Kapitalstruktur, d.h. die Anteile von Eigen- und Fremdkapital.

Liquiditätsanalyse: Die Liquiditätsanalyse versucht, Rückschlüsse auf die Liquidität zu ziehen. Es soll die Fähigkeit abgeschätzt werden, auch zukünftig seinen Zahlungsverpflichtungen nachkommen zu können. Dazu werden entweder bestimmte Aktiv- und Passivposten zueinander in Beziehung gesetzt oder es wird durch Cashflow-Analysen, Kapitalflussrechnungen und ähnliche Rechnungen versucht, den Zahlungsprozess transparent zu machen, d.h. die Herkunft von Einzahlungen (Finanzierung) und die Verwendung von Auszahlungen (Investierung) zu verdeutlichen.

Erfolgsanalyse: Zielsetzung der Erfolgsanalyse ist es zum einen, Informationen zur Beurteilung der Ertragslage (Rentabilität) zu gewinnen, wofür die Gewinn- und Verlustrechnung die wichtigsten Daten bereitstellt. Zum anderen werden die Ertrags- und Aufwandsgrößen zurückliegender Perioden analysiert, um durch Vergleiche die gegenwärtige Lage zu beurteilen und daraus die zukünftige Entwicklung abschätzen zu können.

Zum Zwecke der Analyse eines Jahresabschlusses werden **Kennzahlen** gebildet. Man unterscheidet **absolute** (Einzelzahlen, Summen, Differenzen, Mittelwerte) und **relative** (Verhältnis-) Zahlen (Gliederungs-, Beziehungs-, Indexzahlen). Aussagekraft erhalten die Zahlen allerdings erst dann, wenn sie mit entsprechenden **Referenzgrößen** verglichen werden. Im Einzelnen bieten sich drei Vergleichsebenen an, nämlich der Vergleich mit früheren Perioden **(Zeitvergleich)**, mit anderen Betrieben **(Betriebsvergleich)** und mit Soll-Normen **(Soll-Ist-Vergleich)**, wobei Vergleiche auf mehreren Ebenen miteinander kombiniert werden können.

Unabhängig davon, welche Kennzahlen und Referenzwerte einer Analyse zugrunde gelegt werden, ist immer zu beachten, dass mit den entsprechenden Vergleichen nur versucht wird, anhand von Vergangenheitswerten Anhaltspunkte für zukünftige Entwicklungen zu erhalten. Da dies nur unvollständig gelingen kann, empfiehlt es sich auf jeden Fall, bei der Jahresabschlussanalyse mehrere unterschiedliche Kennzahlen zugrunde zu legen und diese in ihrem Zusammenhang zu analysieren. Auf keinen Fall sollten einzelne Kennzahlen nur isoliert betrachtet und daraus allgemeine Schlüsse gezogen werden.

MERKE: Ziel der Jahresabschlussanalyse ist es nicht, sichere und endgültige Urteile über die wirtschaftliche Lage des Bilanzierenden zu fällen. Vielmehr geht es darum, Entwicklungstendenzen und Auffälligkeiten zu erkennen, die dann Anlass für weitere Fragen und Recherchen sind.

Die nachfolgende Abbildung enthält einzelne Elemente der Analyse der Bilanz und der Erfolgsrechnung, die anschließend ausführlicher dargestellt sind. Daneben muss der Jahresabschluss anhand der zahlreichen Angabepflichten im Anhang (z.B. Darstellung der Bilanzierungs- und Bewertungswahlrechte und Begründung deren Änderung) analysiert werden, um eine realistische Beurteilung zu erhalten.

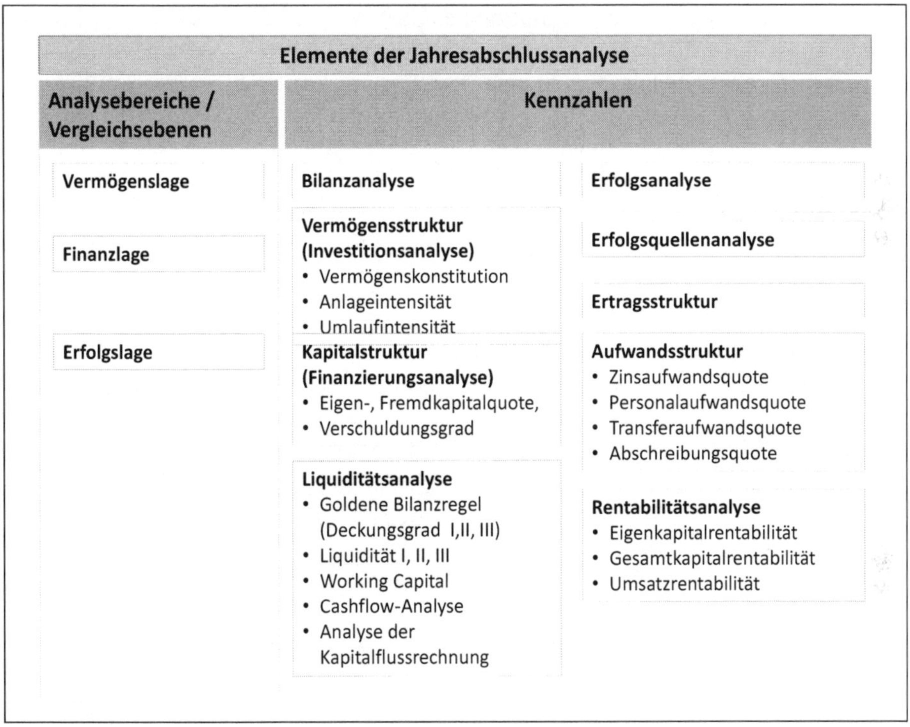

Abbildung 42: Elemente der Jahresabschlussanalyse

A.17.3 Auswertung der Bilanz

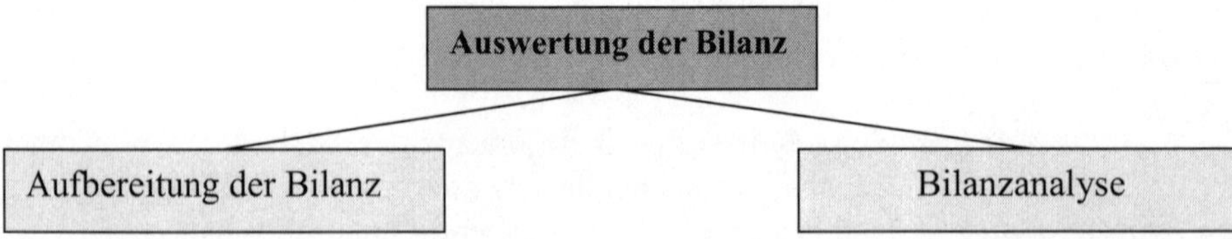

A.17.3.1 Aufbereitung der Bilanz

Die in der Bilanz ausgewiesenen zahlreichen Posten eignen sich nicht immer für eine genaue Analyse. Deshalb ist es sinnvoll, durch Aufspaltung, Zusammenfassung, Umstrukturierung oder Saldierung von einzelnen Posten zweckmäßige Basisgrößen herzuleiten. Dies bezeichnet man mit „Aufbereitung der Bilanz". Die Vermögensseite umfasst dabei die Hauptgruppen Anlagevermögen und Umlaufvermögen, die Kapitalseite das Eigenkapital und das Fremdkapital. Das Anlagevermögen ist gegliedert in immaterielle Vermögensgegenstände sowie Sach- und Finanzanlagen, das Umlaufvermögen nach Liquidität (Flüssigkeit) in die Gruppen Vorräte, Forderungen und liquide Mittel. Die Posten des Fremdkapitals sind nach den Fälligkeiten in langfristiges und kurzfristiges Fremdkapital einzuteilen.

Die sog. **Strukturbilanz** (bereinigte Bilanz) ist das Ergebnis der Aufbereitung der Bilanzposten. Sie lässt bereits deutlich den Vermögens- und Kapitalaufbau erkennen:

Vermögen — Strukturbilanz	Kapital
I. Anlagevermögen (ggf. weiter untergliedert nach Vermögensgruppen)	I. Eigenkapital (ggf. weiter untergliedert nach Eigenkapitalbestandteilen)
II. Umlaufvermögen • Vorräte • Forderungen • Liquide Mittel	II. Fremdkapital • langfristig • kurzfristig
Wie ist das Kapital angelegt?	Woher stammt das Kapital?

Abbildung 43: Bilanzstruktur

Folgende Bilanzposten müssen bei der Aufbereitung verrechnet werden:

- Soweit Aktivierungswahlrechte wahrgenommen wurden (selbsterstellte immaterielle Anlagegüter, Disagio, aktive latente Steuern) sind die Posten zu eliminieren und das Eigenkapital ist entsprechend zu kürzen. Passive latente Steuern sind ebenfalls zu eliminieren und erhöhen das Eigenkapital.[148]

- Die sonstigen aktiven Rechnungsabgrenzungsposten werden den Forderungen (Umlaufvermögen) hinzugerechnet, weil Leistungsforderungen gegenüber der neuen Periode bestehen.
- Der Bilanzgewinn, der sich nach einer teilweisen Gewinnverwendung ergibt, wird bei Kapitalgesellschaften ohne weitere Informationen dem kurzfristigen Fremdkapital (Ausschüttung an die Aktionäre) hinzugerechnet, bei Gebietskörperschaften dem Eigenkapital.
- Die Pensionsrückstellungen sind langfristiges Fremdkapital.
- Die sonstigen Rückstellungen werden ohne weitere Informationen dem kurzfristigen Fremdkapital hinzugerechnet.
- Passive Rechnungsabgrenzungsposten werden dem kurzfristigen Fremdkapital hinzugerechnet.
- Zum Eigenkapital gehören das gezeichnete Kapital, Kapital- und Gewinnrücklagen, Gewinnvortrag und Jahresüberschuss. Verlustvortrag und Jahresfehlbetrag kürzen das Eigenkapital entsprechend.

Die nachfolgende Bilanz einer Aktiengesellschaft sowie die daraus erstellte Strukturbilanz sind Grundlage für Berechnung von beispielhaften Bilanzkennzahlen:

Aktiva	Bilanz X-AG		Passiva
A. Anlagevermögen:		A. Eigenkapital	
I. Immaterielle VG	-	I. Gezeichnetes Kapital	44
II. Sachanlagen:		IV. Bilanzgewinn	4
1. Grundstücke	20		
2. Betriebs- und Geschäftsausstattung	15	B. Rückstellungen:	
III. Finanzanlagen:		1. Rückstellungen für Pensionen	20
1. Anteile an verbundenen Unternehmen	33	2. sonstige Rückstellungen	5
2. Wertpapiere	15		
		C. Verbindlichkeiten:	
B. Umlaufvermögen:		1. Anleihen	8
I. Vorräte:		davon fällig vor Ablauf eines Jahres	0
1. Roh-, Hilfs- und Betriebsstoffe	5	2. erhaltene Anzahlungen	3
2. unfertige Erzeugnisse	4	3. Sozialversicherungsverbindlichkeiten	9
3. fertige Erzeugnisse	8	4. Verbindlichkeiten L+L	35
II. Forderungen und sonstige Verm.-Gegenstände:		davon fällig vor Ablauf eines Jahres	(32)
1. Forderungen L+L	18		
2. Forderungen verbundene Unternehmen	1	D. Rechnungsabgrenzungsposten	9
III. Bank	10		
IV. Kassenbestand	5		
C. Rechnungsabgrenzungsposten	3		
--	137		137

[148] Die GuV wäre auch entsprechend anzupassen. Ausführlich hierzu vgl. Bitz/Schneeloch/Wittstock/Patek, Der Jahresabschluss, 6. Aufl. 2014, S. 515.

Aktiva:	Bereinigte Bilanz		Passiva
I. Anlagevermögen		I. Eigenkapital	44
1. Sachanlagen	35		
2. Finanzanlagen	48	II. Fremdkapital	
	83	1. langfristig	31
		2. kurzfristig	62
			93
II. Umlaufvermögen			
1. Vorräte	17		
2. Forderungen	22		
3. Liquide Mittel	15		
	54		
Gesamtvermögen	137	Gesamtkapital	137

Erläuterungen zur Bereinigung:

- Aktive Rechnungsabgrenzungsposten werden zu Forderungen,
- Bankguthaben und Kassenbestand stellen die liquiden Mittel dar,
- Bilanzgewinn wird zu kurzfristigem Fremdkapital,
- Pensionsrückstellungen werden zu langfristigem Fremdkapital,
- Verbindlichkeiten, die länger als ein Jahr laufen, werden zu langfristigem Fremdkapital,
- Passive Rechnungsabgrenzungsposten werden zu kurzfristigem Fremdkapital.

A.17.3.2 Bilanzanalyse (Kennzahlenvergleiche)

Nach der Aufbereitung der Bilanz werden zur Bilanzanalyse relative Bilanzkennzahlen ermittelt, die insbesondere Aussagen machen über

- die Vermögensstruktur,
- die Kapitalstruktur,
- die Deckung des Anlagevermögens und
- die Deckung des kurzfristigen Fremdkapitals (Liquidität).

A.17.3.3 Vermögensstruktur (Investitionsanalyse)

Die Beurteilung der Zusammensetzung des Vermögens der Aktivseite der Bilanz (Vermögensstruktur) erfolgt durch vertikale Intensitätskennzahlen. Es werden einzelne oder mehrere Aktivposten in Relation zur Bilanzsumme (Gesamtvermögen) gesetzt.

Die Vermögensstruktur ist u.a. abhängig von der Branchenzugehörigkeit, dem Produktionsprogramm und dem Grad der Automatisierung. So sind z.B. Unternehmen der Versorgungswirtschaft mit einem Anlageanteil von 70 – 80 % am Gesamtvermögen besonders anlageintensiv. Kommunale Bilanzen erreichen aufgrund des hohen Infrastruktur- und Immobilienanteils nicht selten einen Anlageanteil von über 90 % am Gesamtvermögen.

$$\textbf{Anlageintensität:}\ \frac{\text{Anlagevermögen}}{\text{Gesamtvermögen}}$$

$$\text{Lösung: } \frac{83}{137} = 0{,}61 \text{ bzw. } 61\%$$

Eine hohe Anlageintensität ist grundsätzlich negativ zu beurteilen. Anlagevermögen ist mit fixen Kosten (z.B. Abschreibungen, Zinsen des investierten Kapitals) verbunden, die unabhängig von der Beschäftigungs- und Ertragslage anfallen. Ein hoher Anteil des Anlagevermögens macht es dem Unternehmen schwierig, auf Konjunkturschwankungen sowie Veränderungen in der Nachfrage zu reagieren. Die fixen Kosten müssen auch bei schlechter Unternehmenslage aufgebracht werden. Je kurzfristiger das Vermögen gebunden ist, desto größer ist die Anpassungsfähigkeit an veränderte Marktverhältnisse und damit die Flexibilität.

Bei Gebietskörperschaften wirkt sich ein hohes Anlagevermögen nachteilig aus, wenn z.B. die Erträge (Steuereinnahmen) einbrechen, da sich die fixen Kosten nicht kurzfristig anpassen lassen. Anpassungen im Sinne einer Verringerung des Anlagevermögens werden jedoch erforderlich, wenn sich die Einwohnerzahlen rückläufig entwickeln.

Problem: Durch teure Miet- und Leasingverträge anstelle von Sachinvestitionen kann zwar die Anlageintensität gesenkt werden, die Maßnahmen belasten aber die Erfolgsrechnungen in künftigen Jahren. Im öffentlichen Bereich kann hierdurch wiederum der Haushaltsausgleich gefährdet werden. Eine niedrige Anlageintensität kann aber auch die Ursache in einem Investitionsstau oder in einer Überalterung des Anlagevermögens mit anstehendem Investitionsstau haben, da die Vermögensgegenstände zu Restbuchwerten bilanziert sind. Zur Beurteilung der Anlageintensität ist zusätzlich die Struktur des Anlagevermögens zu untersuchen; während Infrastrukturvermögen kaum veräußerbar ist, stellt sich dies bei unbebauten Grundstücken oder Finanzanlagen anders dar.

$$\textbf{Umlaufintensität:}\ \frac{\text{Umlaufvermögen}}{\text{Gesamtvermögen}}$$

$$\text{Lösung: } \frac{54}{137} = 0{,}39 \text{ bzw. } 39\%$$

Das Umlaufvermögen besteht aus Vorräten, Forderungen und flüssigen Mitteln. Ein hohes sich schnell umschlagendes Umlaufvermögen setzt kontinuierlich Liquidität frei, über die kurzfristig disponiert werden kann. Durch Bewertungsvereinfachungsverfahren im Umlaufvermögen lässt sich die Umlaufintensität leicht beeinflussen. Als problematisch erweisen sich Ladenhüter, die sich nicht absetzen lassen.

$$\textbf{Investitions(Wachstums)quote:}\ \frac{\text{Nettoinvestition}}{\text{Abschreibungen Sachanlagen}}$$

Die Kennzahl gibt Auskunft darüber, in welchem Umfang dem Substanzverlust durch Abschreibungen neue Investitionen gegenüberstehen, wobei der Begriff Nettoinvestition die Differenz von Investitionszugängen minus Abgängen zu Restbuchwerten darstellt.[149] Bei einer dauerhaft ermittelten Investitionsquote < 1 findet Substanzverzehr statt.

$$\textbf{Abnutzungsgrad:}\ \frac{\text{kumulierte Abschreibungen auf Sachanlagen}}{\text{Anschaffungskosten der Sachanlagen}}$$

Diese Kennzahl gibt einen Rückschluss auf das Anlagenalter in Verbindung mit der durchschnittlichen Nutzungsdauer der Sachanlagen. Die Informationen zu dieser Kennzahl können unmittelbar aus dem Anlagenspiegel entnommen werden. Je höher (niedriger) die Kennzahl ist, umso höher (niedriger) ist das durchschnittliche Alter der Sachanlagen und desto größer (niedriger) der künftige Investitionsnachholbedarf.

Darüber hinaus können fast beliebig weitere Intensitätskennzahlen definiert werden, so z.B. für Sachanlagen, Finanzanlagen, Vorräte oder Forderungen im Verhältnis zum Gesamtvermögen. Daneben gibt es unterschiedliche Umsatzrelationen und Umschlagskoeffizienten, die hier nicht dargestellt werden.[150]

A.17.3.4 Kapitalstruktur (Finanzierungsanalyse)

Ziel der Finanzierungsanalyse ist die Abschätzung von Finanzierungsrisiken, die besonders bei kurzfristigen Krediten wegen der Zinsänderungsrisiken hoch sind. Bei einer Eigenkapitalfinanzierung von 100 % besteht hingegen kein Risiko.

$$\textbf{Eigenkapitalquote}\ \text{(Grad der finanziellen Abhängigkeit):}\ \frac{\text{Eigenkapital}}{\text{Gesamtkapital}}$$

$$\text{Lösung:}\ \frac{44}{137} = 0{,}32\ \text{bzw.}\ 32\%$$

Hierbei gilt es zu klären, ob der Bilanzierende überwiegend mit eigenen oder fremden Mitteln arbeitet. Dabei ist zu berücksichtigen, dass das Eigenkapital zwei Funktionen zu erfüllen hat: zum einen die Haftungs- und Garantiefunktion gegenüber den Gläubigern und zum anderen die Finanzierungsfunktion. Finanziert werden Vermögensteile, die langfristig gebunden sind. Es ergibt sich dadurch ein unmittelbarer Zusammenhang zwischen der Anlageintensität und dem Eigenkapital. Ein hoher Anteil des Eigenkapitals gegenüber dem Fremdkapital macht den Bilanzierenden unabhän-

[149] Vgl. Coenenberg/Haller/Schultze, Jahresabschluss und Jahresabschlussanalyse, 25. Aufl. 2018, S. 1077.
[150] Vgl. Coenenberg/Haller/Schultze, Jahresabschluss und Jahresabschlussanalyse, 25. Aufl. 2018, S. 1094.

giger gegenüber Kreditgebern und sicherer in Krisenzeiten. Eine hohe Eigenkapitalquote deutet also auf hohe Sicherheiten hin – zumindest bei Unternehmen – und entlastet von festen Rückzahlungsverpflichtungen und Aufwendungen für Zinsen.

Bei **Gebietskörperschaften** kommt es für die Beurteilung einer hohen Sicherheit jedoch darauf an, wie die dem Eigenkapital gegenüberstehenden Vermögenswerte zusammengesetzt sind. Besteht das Vermögen überwiegend aus Infrastrukturvermögen (Straßen, Brücken, Plätze), das zum Großteil nicht veräußerbar ist, dürfte keine hohe Sicherheit vorliegen, um ggf. die Verbindlichkeiten zu begleichen. Anders sind Baugrundstücke und hohe Finanzanlagen zu beurteilen. Genaue Auskunft über die Zusammensetzung des Anlagevermögens gibt der Anlagenspiegel. Das Eigenkapital als Saldogröße ist auch abhängig von den Bewertungsspielräumen beim Vermögen, insbesondere beim Anlagevermögen, das bei Gebietskörperschaften den größten Anteil hat. In Zeiten knapper Kassen stellt sich die Frage, ob es sich Gebietskörperschaften noch leisten können, ihr gesamtes Vermögen zu unterhalten. Die Unterhaltungsaufwendungen belasten den Ergebnishaushalt und gefährden damit den Haushaltsausgleich. Deshalb **kann es notwendig sein, sich von dem Teil des Vermögens zu trennen, der nicht unbedingt im Hinblick auf die Aufgabenerfüllung notwendig ist** - auch um Schulden zu tilgen.

Eine allgemein gültige Regel für die optimale Höhe einer Eigenkapitalquote gibt es nicht, da der Anteil des Eigenkapitals weitgehend von der Anlageintensität abhängt, die von Branche zu Branche unterschiedlich ist. Für Banken sieht der sog. **Stresstest der Europäischen Zentralbank** mindestens eine Quote von 8 % bei normalen Wirtschaftsverlauf und mindestens 5,5 % bei einer Rezession vor. Fatal ist ein negatives Eigenkapital; es bedeutet, dass das Vermögen das Fremdkapital nicht deckt.

Im **NKF** wird zusätzlich die Berechnung einer **Eigenkapitalquote 2** empfohlen, wobei die „langfristigen" Sonderposten für Zuwendungen und Beiträge zum Eigenkapital hinzugerechnet werden.[151]

Um größenbedingte Fehlinterpretationen zu vermeiden, sollte für interkommunale Vergleiche zusätzlich das Eigenkapital pro Einwohner berechnet werden.

$$\textbf{Fremdkapitalquote:}\ \frac{\text{Fremdkapital}}{\text{Gesamtkapital}}$$

$$\text{Lösung: } \frac{93}{137} = 0{,}68 \text{ bzw. } 68\ \%$$

Ein hoher Fremdkapitalanteil schränkt die Selbständigkeit normalerweise erheblich ein. Mit jeder weiteren Kreditaufnahme wächst die Kontrollintensität der Gläubiger. Betrachtet man das kurzfristige Fremdkapital näher, so bedingt dies eine kurzfristige Bereitstellung von entsprechend hohen liquiden Mitteln. Die Zahlungsfähigkeit muss gewährleistet sein. Denn unabhängig von der Ertragslage sind die fälligen Tilgungs-

[151] Vgl. NKF – Kennzahlenset NRW, RdErl. des Innenministeriums NRW vom 1. 10. 2008 – 34 - 48.04.05/01 - 2323/08, Nr. 3.3.

und Zinszahlungen zu leisten. Die hohen Kredite zur Liquiditätssicherung im öffentlichen Bereich können selbst bei einer geringfügigen Erhöhung des Zinsniveaus zu erheblichen finanziellen Problemen führen. **Gebietskörperschaften** finanzieren die Tilgung von Schulden oft durch neue Kredite; dadurch wird das Verhältnis der Schulden zum Vermögen immer schlechter. Die Schulden erhöhen sich insgesamt, während der Wert des Vermögens durch die Abschreibungen sinkt. Zu fordern ist somit, dass **zumindest in Höhe der Abschreibungen die Kredite zu tilgen sind**, damit sich parallel zur Verringerung der Vermögenssubstanz eine Verringerung des Fremdkapitals erreichen lässt. Letztendlich sollte die durchschnittliche Laufzeit der Kredite nicht größer als die durchschnittliche Nutzungsdauer der Vermögenswerte sein. Zu beachten ist, dass zum Fremdkapital auch die Rückstellungen gehören.[152] Im Übrigen gelten die gleichen Einschränkungen wie bei der Anlageintensität und der Eigenkapitalquote.

$$\textbf{Verschuldungsgrad}: \frac{\text{Fremdkapital}}{\text{Eigenkapital}}$$

$$\text{Lösung: } \frac{93}{44} = 2{,}11 \text{ bzw. } 211\ \%$$

Der Verschuldensgrad will zeigen, wie viel Schulden pro Euro Eigenkapital vorhanden sind. In der Literatur gibt es eine Fülle von Vorschlägen, welche Größenordnung die Kennzahl bei einem gesunden Unternehmen haben sollte. Eine objektive Begründung für die eine oder andere Kennzahl lässt sich jedoch nicht finden.

Der Soll-Kennwert lautet 1 : 1 (= 100 %), d.h. das Eigenkapital sollte mindestens so groß sein wie das Fremdkapital. Dieser Grundsatz wird in Deutschland in den meisten Unternehmen nicht erreicht, es herrscht eine bedenkliche Eigenkapitallücke. Der durchschnittliche Eigenkapitalanteil in Deutschland liegt bei ca. 20 Prozent. Damit ist nicht einmal der Mindest-Kennwert von 2:1 erreicht, also 1/3 Eigenkapital und 2/3 Fremdkapital. In Zeiten guter wirtschaftlicher Lage ist dies nicht unbedingt negativ zu beurteilen. In wirtschaftlich schlechteren Zeiten dagegen ist die kritische Phase schnell erreicht. Gebietskörperschaften sollten für Vergleiche zusätzlich die Verschuldung pro Kopf errechnen, um größenbedingte Fehlinterpretationen zu vermeiden:

$$\textbf{Verschuldung pro Kopf}: \frac{\text{Fremdkapital}}{\text{Einwohner}}$$

Verbindlichkeiten- und Rückstellungsspiegel geben weitere Anhaltspunkte zur Interpretation von Fremdkapitalquote und Verschuldungsgrad.

[152] Zu berücksichtigen ist bei der Interpretation der Fremdkapitalquote, dass z.B. eine überschuldete Gebietskörperschaft mit hohen Rückstellungen und niedrigen Kreditverbindlichkeiten besser zu beurteilen ist als eine Gebietskörperschaft mit hohen Kreditverbindlichkeiten und niedrigen Rückstellungen.

A.17.3.5 Finanzielle Stabilität (Liquiditätsanalyse)

Zur Beurteilung der Liquidität und damit der Fähigkeit, seinen Zahlungsverpflichtungen nachzukommen, gibt es zwei Ansatzpunkte: die Analyse aufgrund von Bestandsgrößen (**statische Liquiditätsanalyse**) und die Analyse aufgrund von Stromgrößen (**dynamische Liquiditätsanalyse**). Da die letztere auf Cashflow-Ziffern basiert, wird sie erst in Kapitel 17.4 dargestellt.

- **Lang- und mittelfristige Kennzahlen**

Für die Bereitstellung und Unterhaltung des Anlagevermögens werden finanzielle Mittel langfristig gebunden. Das Investitionsrisiko ist damit beim Anlagevermögen im Allgemeinen größer als beim Umlaufvermögen. Dementsprechend wird gefordert, dass das Anlagevermögen auch durch langfristiges Kapital (Eigenkapital, Hypothekendarlehen etc.) finanziert werden muss. Der Zusammenhang zwischen der Finanzierung und dem Aufbau des Vermögens wird als Prinzip der **Fristenkongruenz** bezeichnet. Die sog. **Goldene Bilanzregel** fordert, dass langfristig gebundenes Vermögen mit langfristigem Kapital finanziert werden soll. Deshalb sollte die Kennzahl nach dieser Regel größer gleich 1 (100%) sein. Andernfalls besteht die Gefahr, dass in Krisenzeiten, in denen die Umsatzerlöse sinken, zur Tilgung der Verbindlichkeiten das Anlagevermögen verkauft werden muss. Der Unternehmensbestand wäre dadurch gefährdet. Weil die Regel im Bankgewerbe entstanden ist, heißt sie auch „Goldene Bankregel". In der Praxis finden zwei Deckungsgrade Anwendung:

$$\textbf{Deckungsgrad I:}\ \frac{\text{Eigenkapital}}{\text{Anlagevermögen}}$$

$$\text{Lösung: } \frac{44}{83} = 0{,}53 \text{ bzw. } 53\ \%$$

Das Eigenkapital ist die sicherste Deckung des Anlagevermögens, da es von den Gläubigern nicht zurückgefordert werden kann. Die Anlagendeckung ist als sehr gut zu bezeichnen, wenn das Eigenkapital das Anlagevermögen voll deckt.

$$\textbf{Deckungsgrad II:}\ \frac{\text{Eigenkapital} + \text{langfristiges Fremdkapital}}{\text{Anlagevermögen}}$$

$$\text{Lösung: } \frac{44 + 31}{83} = 0{,}90 \text{ bzw. } 90\ \%$$

Da in der Praxis das Eigenkapital allein zur Finanzierung des Anlagevermögens wohl kaum ausreicht, darf nach der Goldenen Bilanzregel zusätzlich das langfristige Fremdkapital herangezogen werden. Der Deckungsgrad II muss mindestens ≥ 1 sein, wenn eine volle Deckung durch langfristiges Kapital gegeben sein soll. Je größer die Kennzahl der Anlagendeckung ist, als umso solider kann die Finanzierung bezeichnet werden.

Kritisch ist anzumerken, dass die genannten Normvorstellungen keinerlei bindende Aussagekraft für die Zukunft haben. Aus der Entwicklung der Relationen der einzelnen Deckungsgrade (Zeitvergleich) lassen sich evtl. Hinweise auf zukünftige Tendenzen entnehmen.

Gebietskörperschaften müssen zusätzlich **Sonderposten** bei Ermittlung des Anlagendeckungsgrades berücksichtigen. So errechnet sich der Deckungsgrad II:

$$\frac{(\text{Eigenkapital} + \text{SoPo Zuwendungen / Beiträge} + \text{langfristiges Fremdkapital})}{\text{Anlagevermögen}}$$

Bei den Gebietskörperschaften ist in diesem Zusammenhang zu beachten, dass ein großer Teil des Vermögens für die öffentliche Aufgabenerfüllung gebunden ist. Es kann nicht zum Zwecke der Begleichung von Schulden veräußert werden und auch nicht als Sicherheit dienen. Außerdem spiegeln die Werte der öffentlichen Vermögensgegenstände nur bedingt deren Veräußerungspreis wider.

Dennoch sollte sich der Bilanzleser darüber ein Bild verschaffen, ob es Vermögensgegenstände gibt, mit denen eine finanzielle Notlage ausgeglichen werden könnte.

- **Kurzfristige Liquiditätskennzahlen**

Es werden Liquiditätsgrade ermittelt, die angeben, inwieweit dem kurzfristigen Fremdkapital ausreichende Deckungsmittel in Form liquider Mittel oder kurzfristig liquidierbarer Vermögensgegenstände gegenüberstehen.

Liquidität bezeichnet die Fähigkeit, den Zahlungsverpflichtungen rechtzeitig und in voller Höhe nachzukommen. Es muss also untersucht werden, ob die liquiden Mittel ausreichen, das kurzfristig fällige Fremdkapital zu decken.

Je höher die Liquiditätsgrade, umso besser ist die Liquiditätslage. Andererseits hat eine Überliquidität den Nachteil einer zu hohen Kapitalbindung verbunden mit einem Zinsentgang. In einem solchen Fall sollten die überschüssigen Mittel renditebringend, z.B. durch Kauf von Wertpapieren oder zur Entschuldung eingesetzt werden.

$$\textbf{Liquidität I:}\ \frac{\text{Flüssige Mittel}}{\text{kurzfristiges Fremdkapital}}$$

$$\text{Lösung: } \frac{15}{62} = 0{,}24 \text{ bzw. } 24\ \%$$

Die Liquidität I, auch Barliquidität genannt, setzt die flüssigen Mittel (Kasse, Bankguthaben, jederzeit veräußerbare Wertpapiere des Umlaufvermögens) ins Verhältnis zum kurzfristigen Fremdkapital.

$$\textbf{Liquidität II:}\ \frac{\text{flüssige Mittel} + \text{kurzfristige Forderungen}}{\text{kurzfristiges Fremdkapital}}$$

$$\text{Lösung: } \frac{15 + 22}{62} = 0{,}60 \text{ bzw. } 60\ \%$$

Die Liquidität II berücksichtigt zusätzlich die kurzfristigen Forderungen.

$$\textbf{Liquidität III: } \frac{\text{Umlaufvermögen}}{\text{kurzfristiges Fremdkapital}}$$

$$\text{Lösung: } \frac{54}{62} = 0{,}87 \text{ bzw. } 87\ \%$$

Die Liquidität III (auch: **Working Capital Ratio**) setzt das gesamte Umlaufvermögen zum kurzfristigen Fremdkapital in Beziehung. Unterstellt wird also, dass das gesamte Umlaufvermögen einschließlich aller Vorräte zur Begleichung kurzfristiger Schulden eingesetzt werden kann. Dies ist unrealistisch, da damit keine Betriebsbereitschaft mehr gegeben wäre. Wird die Differenz zwischen Umlaufvermögen und kurzfristigem Fremdkapital in absoluten Werten errechnet, ergibt sich als weitere Kennzahl das sog. **Working Capital**.

Neben dem Working Capital werden in der angloamerikanischen Praxis genormte „ratios“ angewandt. So verlangt der Quick Ratio (Acid Test), dass die Liquidität 2. Grades mindestens ≥ 1 (100 %) sein soll. Die Bedeutung dieser Kennzahlen liegt allenfalls in der Tatsache, dass die Analysepraxis sie oft anwendet und die Geschäftsleitung von vornherein mittels bilanzpolitischer Mittel den Jahresabschluss auf die Einhaltung dieser Kennzahlen ‚hinfrisieren’ kann (window dressing).[153] Erst wenn dies nicht mehr gelingt, wird eine negative Liquiditätsentwicklung signalisiert.

Die Liquidität II sollte eine volle Deckung des kurzfristigen Fremdkapitals bringen. Kreditinstitute verlangen in der Regel, dass das Umlaufvermögen die kurzfristigen Schulden möglichst weit überdeckt, die Liquidität III nämlich ≥ 2 sein soll (banker’s rule).

Liquiditätskennzahlen gewähren einen groben Einblick in die Liquiditätslage am Bilanzstichtag. Sie haben allerdings nur einen begrenzten Aussagewert, da wichtige Daten der Liquiditätsberechnung aus den Abschlusszahlen nicht hervorgehen. Dazu zählen Fälligkeiten der Verbindlichkeiten und Forderungen, Kreditzusagen der Banken, laufende Auszahlungen für Personalkosten, Mieten, Steuern etc. Bis zum Analysezeitpunkt kann sich die Liquiditätslage schon grundlegend geändert haben. So wird ein großer Teil der Forderungen und Verbindlichkeiten bereits ausgeglichen sein bzw. es sind neue entstanden, die liquiditätsmäßige Situation hat sich also völlig verändert. Außerdem besteht kein kausaler Zusammenhang zwischen der Liquidität am Bilanzstichtag und der zukünftigen Liquidität. Cashflow-Analysen, die sich auf Einzahlungen und Auszahlungen beziehen, sind deshalb vorzuziehen. Auch wenn die bilanzmäßige Liquiditätsermittlung aus den genannten Gründen ungenau sein muss,

[153] Vgl. Brösel, Gerrit, Bilanzanalyse, 15. Aufl. 2014, S. 143.

so lassen sich aus einem Vergleich der Bilanzkennzahlen (Zeitvergleich) doch entsprechende Schlussfolgerungen ziehen.

A.17.4 Aufgabe und Auswertung der Erfolgsrechnung

A.17.4.1 Aufgabe der Erfolgsrechnung

Die wirtschaftliche und finanzielle Lage und Entwicklung kann nicht nur aus der Bilanz allein abgeleitet werden. Aus der Bilanz ist zwar auch die Höhe des Erfolges ersichtlich, jedoch ist das Zustandekommen des Erfolges nicht erkennbar. Nur mit der Erfolgsrechnung lassen sich Kennzahlen bilden, die Aufschluss über die Wirtschaftlichkeit des betrieblichen Leistungsprozesses, die Rentabilität des Kapitaleinsatzes und das Zustandekommen des Erfolges geben.

Im Gegensatz zur Bilanz, in der eine Gegenüberstellung von Vermögens- und Kapitalposten zu einem bestimmten Zeitpunkt erfolgt, werden in der Erfolgsrechnung alle Aufwendungen und Erträge einer Abrechnungsperiode ermittelt. Die Erfolgsrechnung zeigt somit die Quellen des Erfolges auf. Sie ist keine Zahlungs-, sondern Aufwands- und Ertragsrechnung. Die Auszahlungen und Einzahlungen einer Periode müssen nicht mit den Aufwendungen und Erträgen einer Periode übereinstimmen. So führt der Kauf einer Maschine in einer früheren Periode zu Auszahlungen, bedingt durch die teilweise Nutzung aber in der jetzigen Periode zu Abschreibungen und damit zu Aufwendungen.

Umsatzkennziffern werden in diesem Kapitel nicht behandelt; sie sind für das öffentliche Rechnungswesen von untergeordneter Bedeutung.

A.17.4.2 Ertrags- und Aufwandsstruktur (Ergebnisanalyse)

Im Rahmen der Erfolgs- bzw. Ergebnisanalyse soll zunächst offengelegt werden, aus welchen Teilergebnissen sich der Erfolg ergibt. Der Erfolg kann sich primär aus dem

- Ergebnis der laufenden Geschäftstätigkeit (ordentliches Ergebnis),
- Finanzergebnis oder
- außerordentlichen bzw. außergewöhnlichen Ergebnis (lt. Anhangangabe)

ableiten. Ein Erfolg aus der laufenden Geschäftstätigkeit ist besser zu bewerten, da er betriebstypisch ist und im Normalfall stetig und regelmäßig fließt. Erfolge aus dem Finanzergebnis sind eher betriebsfremd, obwohl sie auch stetig und regelmäßig sein können. Außergewöhnliche Erfolge fallen selten, also zufallsbedingt und nicht regelmäßig an.

Anschließend werden durch eine Analyse der Struktur der Teilergebnisse einzelne Aufwand- und Ertragsarten untersucht und zueinander oder zu Teilergebnissen in Beziehung gesetzt. Von Theorie und Praxis sind hierzu eine Vielzahl von Kennzahlen entwickelt worden, wovon hier nur einige aufgeführt sind.

Insbesondere für **Gebietskörperschaften** bieten sich u.a. folgende Kennzahlen an:

$$\textbf{Zins-/Steuerquote:}\ \frac{\text{Zinsaufwand}}{\text{Steuererträge}}$$

Es zeigt sich, welcher Anteil von den gesamten Steuererträgen für Zinsaufwendungen verwendet wird. Der Anteil sollte möglichst niedrig sein.

$$\textbf{Zinsdeckungsquote:}\ \frac{\text{Zinsaufwand}}{\text{Ordentliche Erträge}}$$

Die Kennzahl für den Zinsbelastungsanteil stellt dar, welcher Anteil der ordentlichen Gesamterträge zur Deckung der Zinsaufwendungen benötigt wird. Ein hoher Zinsbelastungsanteil weist dabei auf einen hohen Verschuldungsgrad hin. Wesentliche Ertragsanteile werden beansprucht, um Zinszahlungen und andere Finanzaufwendungen decken zu können.

Um einen vollständigen Überblick über die Zinsbelastungen zu erhalten, sollten die Zahlen der Konzern (Gesamt-)bilanz verwendet werden. Weitere Kennzahlen sind:

$$\textbf{Zinslastquote:}\ \frac{\text{Zinsaufwand}}{\text{Ordentliche Aufwendungen}}$$

$$\textbf{Personalaufwandsquote:}\ \frac{\text{Personalaufwand}}{\text{Ordentlioche Aufwendungen}}$$

$$\textbf{Transferaufwandsquote:}\ \frac{\text{Transferaufwendungen}}{\text{Ordentliche Aufwendungen}}$$

$$\textbf{Abschreibungsintensität:}\ \frac{\text{Jahresabschreibung auf Sachanlagen}}{\text{Ordentliche Erträge}}$$

$$\textbf{Anteil Straßenbauunterhaltung:}\ \frac{\text{Instandhaltungsaufwand Straßenbau}}{\text{Buchwert des Straßenvermögens}}$$

$$\textbf{Anteil Gebäudeinstandhaltung:}\ \frac{\text{Unterhaltung Hochbau}}{\text{Buchwert des Gebäudevermögens}}$$

Üblich ist es in Bezug auf die Angabepflichten im Anhang (vgl. § 285 Abs. 7 HGB), bestimmte Aufwandsgrößen (z.B. Personalaufwand) auf die durchschnittliche Beschäftigtenzahl zu beziehen. Weiterhin ist zu beachten, dass zwischen verschiedenen Quoten oder Intensitäten Abhängigkeiten bestehen. Wird z.B. eigenes Personal „outgesourct" oder werden Dienstleistungen durch Fremde erbracht, so erhöhen sich die Sachaufwendungen. Personalaufwand wird dann nur in Sachaufwand umgewandelt. In diesem Fall ist es sinnvoller, die Summe beider Aufwandsarten zu analysieren.

A.17.4.3 Rentabilität (Rentabilitätsanalyse)

Auch wenn Rentabilitätskennzahlen für Gebietskörperschaften nur eingeschränkt aussagefähig sind, sollen sie an dieser Stelle kurz dargestellt werden. Im Rahmen einer Rentabilitätsberechnung wird die Verzinsung ermittelt, die ein Unternehmen erwirtschaftet hat. Rentabilitätskennziffern tragen beim Unternehmensvergleich insbesondere zur Überbrückung von unterschiedlichen Kapitalausstattungen bei. Vergleicht man z.B. die Jahresabschlüsse zweier Aktiengesellschaften, die beide einen Jahresüberschuss von 100.000 € aufweisen, in der einen AG ein Gesamtkapital von 200.000 € und in der anderen AG ein Gesamtkapital von 600.000 € eingesetzt wurde, lässt sich sicherlich beurteilen, dass das erste Unternehmen effizienter arbeitete als das zweite. Potentielle Kapitalgeber wollen, wenn sie dem ökonomischen Prinzip folgen, eine möglichst hohe Rentabilität erzielen und insbesondere Rentabilitätsvergleiche vornehmen.

Für die Beurteilung der Rentabilität dient i.d.R. das **Jahresergebnis vor Steuern.** Verschiedene Kennzahlen setzen das Bruttoergebnis (Summe aus Jahresergebnis vor Steuern, Fremdkapitalzinsen und Abschreibungen) ins Verhältnis zu einer Kapital- oder Vermögensgröße um ein operatives Ergebnis aufzuzeigen, das unabhängig von steuerlichen Einflüssen, von der Finanzierung und von der Investitions- und Abschreibungspolitik ist. Das Bruttoergebnis wird als **EBIT**[154] bzw. **EBITDA**[155] bezeichnet und von Finanzanalysten und Ratingagenturen verwandt. Die Werte sind jedoch nicht gesetzlich normiert und können sich somit von Unternehmen zu Unternehmen unterscheiden, wodurch ein Vergleich erheblich beeinträchtigt wird. Es gilt im Allgemeinen:

EBIT	**= Jahresergebnis vor Steuern + Fremdkapitalzinsen**
EBITDA	**= Jahresergebnis vor Steuern + Fremdkapitalzinsen + Abschreibungen auf Sachanlagen und immaterielle Vermögensgegenstände**

Rentabilität des Eigenkapitals

Die Rentabilität des Eigenkapitals wird üblicherweise so ermittelt, indem das durchschnittlich eingesetzte Eigenkapital „(Anfangsbestand + Endbestand) : 2" in Beziehung zum Jahresergebnis nach Steuern (Jahresüberschuss) gesetzt wird.

$$\textbf{Eigenkapitalrentabilität:}\ \frac{\text{Jahresüberschuss}}{\text{durchschnittliches Eigenkapital}}$$

Um eine Aussage über die Qualität der Kennziffer treffen zu können, vergleicht man diese mit dem Zinssatz einer langfristigen Kapitalanlage. Verbleibt nach Abzug des Zinssatzes für langfristige Kapitalanlagen noch ein Rest, so stellt dieser die Risikoprämie des Unternehmers dar.

---

[154] Earnings before interest and taxes

[155] Earnings before interest, taxes, depreciation and amortisation

Rentabilität des Gesamtkapitals (Return on Investment - ROI)

Die Gesamtkapitalrentabilität gibt die Verzinsung des im Betrieb gebundenen Gesamtvermögens an. Sie wird unabhängig von der Kapitalstruktur ermittelt. Aus diesem Grund werden dem Jahresüberschuss vor Steuern die Fremdkapitalzinsen hinzugerechnet. Dadurch werden Betriebe mit unterschiedlichen Finanzierungsstrukturen vergleichbar. Die Kennzahl sollte stets über den üblichen Fremdkapitalkosten (Kapitalmarktzins) inkl. eines Risikozuschlags liegen.

$$\textbf{Gesamtkapitalrentabilität:}\ \frac{\text{EBIT}}{\text{durchschnittliches Gesamtkapital}}$$

Wird festgestellt, dass die Gesamtkapitalrentabilität größer ist als der Fremdkapitalzins, ist die Aufnahme von zusätzlichem Fremdkapital für geplante Investitionen zu empfehlen. Die Folge ist eine Steigerung der Eigenkapital- und Gesamtkapital-Rentabilität. Das zusätzliche Fremdkapital wirkt in diesem Fall wie ein Hebel (sog. **Leverage-Effekt**).

Umsatzrentabilität (Umsatzverdienstrate)

Die Umsatzrentabilität gibt die Gewinnmarge in % an. Sie zeigt somit, wie viel € je 100 € Umsatzerlös als Gewinn erzielt werden können. Zur Berechnung der Umsatzrentabilität wird das Jahresergebnis vor Steuern und Fremdkapitalzinsen (EBIT) ins Verhältnis zu den Umsatzerlösen gesetzt.

$$\textbf{Umsatzrentabilität:}\ \frac{\text{EBIT}}{\text{Umsatzerlöse}}$$

Im **Öffentlichen Rechnungswesen** sind anstatt der Rentabilitätsberechnungen insbesondere folgende Kennzahlen sinnvoll:

Die **Fehlbetrags-Quote** setzt das negative Jahresergebnis ins Verhältnis zum Eigenkapital (z.B. Summe der Positionen 1.1 und 1.3 der NKF-Bilanz, ohne Sonderrücklage).

$$\textbf{Fehlbetragsquote:}\ \frac{\text{Negatives Jahresergebnis}}{\text{Ausgleichsrücklage und Allg. Rücklage}}$$

Die Kennzahl gibt an, welcher Anteil des Eigenkapitals vom negativen Jahresergebnis aufgezehrt wird. Bei der Interpretation der Zahlen sind arithmetische Effekte (z.B. bei negativem Eigenkapital) zu berücksichtigen.

Die **Eigenkapital-Reichweite** setzt das Eigenkapital ins Verhältnis zum negativen Jahresergebnis und bildet den „Kehrwert" zur Fehlbetrags-Quote.

$$\textbf{EK – Reichweite:}\ \frac{\text{Eigenkapital}}{\text{Negatives Jahresergebnis}}$$

Diese Kennzahl gibt an, in wie vielen Jahren das Reinvermögen verbraucht sein wird, wenn sich das negative Jahresergebnis unverändert in den Folgejahren fortsetzt. Bei negativem Eigenkapital oder positivem Jahresergebnis wird die Kennzahl negativ. Eigenkapitalreichweiten zwischen 0 und 10 Jahren deuten auf einen kritischen Handlungsbedarf hin.

A.17.4.4 Cashflow-Analyse

Die Cashflow-Analyse ist eine dynamische Kennzahlenanalyse. Statt Bestände (an Anlagevermögen, an Umlaufvermögen) werden Zahlungsmittelzuflüsse betrachtet, die zur Deckung der Verbindlichkeiten eingesetzt werden können.

Mit Cashflow wird eine Kennziffer bezeichnet, die Auskunft über den im Laufe der Betrachtungsperiode erreichten finanziellen Überschuss geben soll. Der Cashflow kann direkt anhand eines Finanzplans (Liquiditätsplans) oder einer Finanzrechnung (Kapitalflussrechnung) als Differenz zwischen den Einzahlungen und Auszahlungen der Periode ermittelt werden (**direkte Methode**). Zur Ermittlung des Cashflows nach der **indirekten Methode**[156] wird der Jahresüberschuss um verschiedene Größen bereinigt, die zwar aufwands- und ertragswirksam, jedoch nicht mit Zahlungsvorgängen verbunden sind. So mindern z.B. Abschreibungen den Jahresüberschuss, ein Zahlungsabfluss findet aber nicht statt.

MERKE: Der Cashflow ist der Überschuss der Einzahlungen über die Auszahlungen in einer Periode.

Wird der Begriff „Cashflow" in der Fachliteratur ohne weiter eingrenzende Bezeichnung verwendet, so ist damit in der Regel der operative Cashflow (aus laufender Geschäftstätigkeit) gemeint. Die anderen Teil-Cashflows sind der Investitions- und Finanzierungs-Cashflow. Selbstverständlich kann der operative Cashflow auch negativ werden. Ein negativer Wert würde bedeuten, dass die laufenden betrieblichen Auszahlungen höher waren als die Einzahlungen, was langfristig zur Illiquidität führt.

In der Literatur finden sich mehrere Definitionen. Eine vereinfachte indirekte Berechnung ist die sog. **Praktikerformel,** wobei hier die Zahlungen aus der Investitions- und Finanzierungstätigkeit unberücksichtigt bleiben:

	Jahresüberschuss (nach Steuern)
+	Abschreibungen (- Zuschreibungen) Anlagevermögen
+	Erhöhungen (- Verminderungen) der langfristigen Rückstellungen
-	Auflösung Investitionszuschüsse / Ertragszuschüsse
=	**Cashflow (indirekte Ermittlung)**

Bedingt durch die Berücksichtigung von Abschreibungen werden „Bewertungsmanipulationen" ausgeschaltet. Damit wird der Cashflow zu einer korrigierten Gewinngröße. Ferner ist der Cashflow eine Messziffer für die Selbstfinanzierungskraft. Aus der laufenden Umsatztätigkeit resultiert im Regelfall ein Finanzierungsüberschuss.

156 Vgl. hierzu Kapitel B.6.2.

Dieser kann für Investitionsauszahlungen, Tilgungszahlungen und Gewinnausschüttungen zur Verfügung stehen.

Für die Ermittlung von Kennzahlen wird der Cashflow analog zum Jahresüberschuss als **Indikator der Erfolgslage** in Beziehung zum Umsatz, zum Gesamtvermögen oder zum Eigenkapital gesetzt. So gibt die Cashflow-Umsatzquote (Cashflow : Umsatz) an, wie viel Prozent der Umsatzerlöse dem Unternehmen zur Investitionsfinanzierung, Schuldentilgung und Dividendenzahlung frei zur Verfügung stehen. Der Cashflow lässt sich auch als **Indikator der Finanzlage** zu anderen Größen in Beziehung setzen. Weit verbreitet ist der sog. **dynamische Verschuldungsgrad**:

$$\textbf{Dynamischer Verschuldungsgrad:}\ \frac{\text{Fremdkapital}}{\text{Cashflow}}$$

Der dynamische Verschuldungsgrad (auch als **Schuldentilgungsdauer** bezeichnet) lässt sich in der Dimension „Jahre“ interpretieren. Unterstellt man, dass sich der Cashflow in den kommenden Jahren nicht wesentlich in seiner Höhe ändert und würde dieser Mittelzufluss ausschließlich zur Schuldentilgung verwendet, so würde es genau die ermittelte Anzahl an Jahren dauern, bis sämtliche Schulden getilgt wären. Dabei wird bei der Vergabe von Unternehmenskrediten ein Sollwert von 7 Jahren angesehen.[157]

Der Kehrwert des dynamischen Verschuldungsgrades wird als Schuldentilgungsfähigkeit oder **dynamische Liquidität** bezeichnet, wobei oft nur das kurzfristige Fremdkapital eingesetzt wird.

$$\textbf{Dynamische Liquidität:}\ \frac{\text{Cashflow}}{\text{kurzfristiges Fremdkapital}}$$

Die dynamische Liquidität ist ein Indikator für die Zahlungsfähigkeit in Bezug auf die Mittel, die aus der laufenden Geschäftstätigkeit erwirtschaftet werden können.

Im **NKF** wird der dynamische Verschuldungsgrad nach folgender Formel berechnet:[158]

$$\frac{\text{Effektivverschuldung}}{\text{Cashflow aus laufender Verwaltungstätigkeit}}$$

Die Effektivverschuldung umfasst die Sonderposten für den Gebührenausgleich, die Rückstellungen und die Verbindlichkeiten abzüglich der liquiden Mittel und der kurzfristigen Forderungen. Der Cashflow aus laufender Verwaltungstätigkeit (direkte Ermittlung) ergibt sich aus der Finanzrechnung.

[157] Vgl. Bitz/Schneeloch/Wittstock/Patek, Der Jahresabschluss, 6. Aufl. 2014, S. 603 mit weiteren Verweisen.

[158] Vgl. NKF-Kennzahlenset NRW, RdErl. des Innenministeriums vom 1. 10. 2008, – 34 - 48.04.05/01 - 2323/08, Nr. 3.10.

A.17.5 Analyse der Kapitalfluss- bzw. Finanzrechnung

Die Kapitalfluss- bzw. Finanzrechnung ist eine zahlungsorientierte Abbildung der Geschäfts- oder Verwaltungstätigkeit nach den drei Kategorien laufendes Geschäft, Investitions- und Finanzierungstätigkeit. Mit ihrer Hilfe kann im Rahmen der Bilanzanalyse ein genauerer Einblick in die Liquiditätsströme der Berichtsperiode erreicht werden. Soweit eine zahlungsorientierte Kapitalflussrechnung vorliegt, wie dies im kommunalen Bereich in Form der Finanzrechnung der Fall ist, ist keine indirekte Ableitung der Ströme aus den Daten von GuV, Bilanz und Anhang erforderlich.[159]

Als eine erste Analyse bietet sich an, die Veränderungen des Zahlungsmittelbestandes in den drei in der Kapitalfluss- bzw. Finanzrechnung dargestellten Cashflows zu erklären. Daneben gibt es in der Literatur[160] eine Vielzahl von Kennzahlen, um Aussagen über die Zahlungsfähigkeit des Bilanzierenden zu erhalten. Beispiele sind:

Cashflow Adequacy Ratio:

Hier wird untersucht, ob der operative Cashflow ausreichend ist, um für alle Geschäftsbereiche die notwendigen Zahlungen zu leisten. Wenn dieser Wert über mehrere Jahre stets um eins liegt, so ist eine zufriedenstellende Zahlungsfähigkeit gegeben.

Critical Need Coverage Ratio:

Es wird beurteilt, ob der operative Cashflow des vergangenen Jahres ausreichend war, um die zeitkritischen Zahlungen zu finanzieren. Hierzu werden die Zins- und Dividendenzahlungen des letzten Jahres sowie die in dieser Periode beglichenen kurzfristigen Verbindlichkeiten gegenübergestellt.

Free Cashflow = Operative Cashflow + Cashflow aus Investitionstätigkeit

Der frei verfügbare Cashflow lässt sich als Summe des Cashflows aus laufender Geschäftstätigkeit (mit im Regelfall positivem Vorzeichen) und aus dem in der Regel negativen Cashflow aus Investitionstätigkeit ableiten. Hier zeigt sich, inwieweit Schulden abgebaut werden können.

---

[159] Zur indirekten Ableitung vgl. Coenenberg/Haller/Schultze, Jahresabschluss und Jahresabschlussanalyse, 25. Aufl. 2018, S. 812 ff.

[160] Vgl. Coenenberg/Haller/Schultze, Jahresabschluss und Jahresabschlussanalyse, 25. Aufl. 2018, S. 1122 ff.

A.17.6 Grenzen der Jahresabschlussanalyse

Die Ermittlung von Bilanzkennziffern ist weder im HGB noch in internationalen Rechnungslegungsvorschriften normiert, was zu unterschiedlichen Berechnungen in der Praxis führen kann.

Die Prognosequalität der Bilanzanalyse wird begrenzt durch die **mangelnde Zukunftsorientiertheit** der Datenbasis. Die Angaben in der Bilanz, in der Gewinn- und Verlustrechnung und im Anhang beziehen sich vornehmlich auf das abgelaufene Geschäftsjahr.

Allerdings kann der Lagebericht, der auch auf die voraussichtliche Entwicklung eingehen soll, wichtige Informationen liefern. Damit aus Vergangenheitswerten Schlüsse zur Prognose zukünftiger Konstellationen gezogen werden können, wird vorausgesetzt, dass die Einflüsse der Vergangenheit unverändert in der Zukunft bestehen bleiben. Zeitdifferenzen zwischen Bilanzstichtag und Veröffentlichung der Bilanz vermindern zusätzlich die Güte der Analyseergebnisse. Mit zunehmender Überalterung der Datenbasis und gewagteren langfristigeren Prognosen nimmt die Wahrscheinlichkeit ab, ein zutreffendes Urteil abzugeben.

Weiterhin wird die Prognosequalität durch die **mangelnde Vollständigkeit** der Datenbasis beeinträchtigt. Qualitative Größen, die keine buchungspflichtigen Geschäftsvorfälle darstellen und auch nicht berichtspflichtig sind, die aber die zukünftigen Erfolgsaussichten erheblich beeinflussen, wie Qualität des Managements und der Mitarbeiter, Image des Unternehmens bzw. der Gebietskörperschaft, Marktposition, neue Marketingkonzepte, technisches Know-how, Auftragsbestände, Umweltverträglichkeit der Produkte, freie Kreditlinien usw. werden gar nicht oder nur unzulänglich erfasst.

Durch das aus den GoB abgeleitete Imparitätsprinzip werden vorhersehbare Gewinne und Verluste ungleich behandelt. Hierauf aufbauende Prognosen geben ein pessimistischeres Bild wieder, als es der Realität entspricht. **Bilanzierungswahlrechte** haben zur Folge, dass Aktiva und Passiva nicht vollständig ausgewiesen werden.

Durch umfangreiche **Bewertungswahlrechte** wird die Prognosegenauigkeit zusätzlich eingeschränkt. Unabhängig davon, ob die Wahlrechte vom Gesetzgeber aus wirtschaftspolitischen Gründen oder zur Schaffung eines bilanzpolitischen Spielraums gewährt wurden, können diese benutzt werden, um die tatsächlichen Verhältnisse vor den Bilanzanalytikern zumindest zeitweilig zu verschleiern.

Werden vom Gesetzgeber verbale Erläuterungen im Anhang oder Lagebericht gefordert oder zugelassen, so entstehen häufig weitere Ungenauigkeiten, die subjektiv unterschiedlich interpretiert werden. Zu berücksichtigen ist ferner, dass auch der Bilanzersteller die Analysemethoden kennt und somit "window-dressing" betreiben kann. Die mögliche Intention des Bilanzerstellers sollte daher bekannt sein. In jedem Fall müssen die Analysemethoden der Güte der Datenbasis angepasst werden.

MERKE: Die Jahresabschlussanalyse sollte sich nie auf eine einzelne Kennzahl beziehen und immer Vergleichswerte (Zeitvergleiche, Betriebsvergleiche) hinzuziehen.

Kaum ein Bilanzanalyst wird in der Lage sein, den Umfang der Bildung bzw. Auflösung stiller Rücklagen zu quantifizieren. Gleichwohl liefert der Jahresabschluss von Unternehmen eine Reihe von Indizien, die eine Grobklassifizierung erlauben:[161]

Indikator	starkes Unternehmen	schwaches Unternehmen
außerplanmäßige Abschreibung	ja	nein
planmäßige Abschreibung	degressiv	linear
Abwertung nach gemildertem Niederstwertprinzip	ja	nein
Aktivierung von Verwaltungsgemeinkosten	nein	ja
Rückstellungen	Zuführung	Auflösung
Aktivierung von Entwicklungskosten	nein	ja
offene Rücklagen	Bildung	Auflösung

Abbildung 44: Unternehmensklassifizierung

In der obigen Übersicht werden als starke Unternehmen solche identifiziert, die es sich leisten können, offene und stille Rücklagen zu bilden. Als schwache Unternehmen werden solche klassifiziert, die weder offene noch stille Rücklagen bilden können oder die sogar offene bzw. stille Rücklagen auflösen müssen. Eine solche Grobklassifizierung von Unternehmen ist häufig aufschlussreicher als die Ermittlung von Bilanzkennzahlen, denen es vielleicht an Zukunftsbezogenheit und Objektivität mangelt.

Kreditinstitute, die Kredite an Unternehmen gewähren, haben meistens ein eigenes Aufbereitungs- und Analyseschema zur Beurteilung der Kreditwürdigkeit ihrer Schuldner. Auch Versicherungen (insb. Lebensversicherungen) gewähren im Rahmen ihrer Geldanlage Kredite in Form von Schuldscheindarlehen an Unternehmen. Sie sind jedoch gesetzlich verpflichtet, die Bonität dieser Unternehmen zu überprüfen. Werden zur **Bonitätsprüfung** die Jahresabschlussdaten herangezogen, erfolgt die Analyse nach den Bestimmungen des **Gesamtverbandes der Deutschen Versicherungswirtschaft (GDV)**. Die Bundesanstalt für Finanzdienstleistungsaufsicht (BaFin) muss diese Bestimmungen genehmigen.

[161] Vgl. Wöhe, G., Einführung in die Allgemeine Betriebswirtschaftslehre, 26. Aufl. 2016, S. 840.

Die **Kreditwürdigkeitsbeurteilung (Bonitätsprüfung)** für Unternehmen nach den **GDV-Kriterien** (Kreditleitfaden) stellt sich wie folgt dar:[162]

- Für die Ermittlung der erforderlichen Unternehmenskennzahlen werden die drei letzten testierten Jahresabschlüsse des Darlehensnehmers benötigt, bei Konzernen bzw. Firmengruppen auch die Konzernabschlüsse.
- Die Kennzahlen sind Orientierungsdaten bzw. Mindestqualifikationskriterien für die Sicherungsvermögensfähigkeit. Die tatsächliche Unternehmensbonität ist durch eine umfassende und branchenbezogene Kreditanalyse einzuschätzen.
- Der Darlehensnehmer ist verpflichtet, die Einhaltung der Kennzahlen jährlich zu bestätigen.
- Die Kennzahlen haben eine besondere Relevanz für Unternehmen, die über kein Rating einer anerkannten Ratingagentur verfügen.

Block I: Cashflow Kennzahlen zum Zinsdeckungsgrad

$$\text{Zinsdeckungsgrad (auf Basis des EBIT)} = \frac{\text{EBIT}}{\text{Zinsaufwand}} > 3$$

$$\text{Zinsdeckungsgrad (auf Basis des EBITDA)} = \frac{\text{EBITDA}}{\text{Zinsaufwand}} > 4{,}5$$

Block II: Kennzahlen zur Verschuldung

$$\text{Entschuldungsdauer I} = \frac{\text{zinstragendes Fremdkapital (Total Debt)}}{\text{EBITDA}} < 3$$

$$\text{Entschuldungsdauer II} = \frac{\text{Nettoverschuldung (Net Debt)}}{\text{EBITDA}} < 2{,}5$$

(Nettoverschuldung = zinstragendes Fremdkapital – Liquide Mittel)

Block III: Kennzahlen zur Kapitalstruktur

$$\text{Risk Bearing Capital} = \frac{\text{Haftmittel (Eigenkapital)}}{\text{modifizierte Bilanzsumme}} > 27\,\%$$

$$\text{Fremdkapitalquote} = \frac{\text{zinstragendes Fremdkapital}}{\text{Bilanzsumme}} < 50\,\%$$

[162] Vgl. GDV-Kreditleitfaden für Versicherer, 6. Aufl. 2019; zur Definition der einzelnen Kennzahlen vgl. S. 17 ff. des Leitfadens.

Volle Kreditwürdigkeit ist gegeben, wenn mindestens **eine Kennzahl pro Block eingehalten** wird. Andernfalls ist nur eine eingeschränkte Kreditwürdigkeit gegeben. Auch wenn die Kennzahlen im Öffentlichen Rechnungswesen nicht angewandt werden, können sie für interne Vergleiche genutzt werden.

Daneben gibt es die Bonitätsbeurteilungen, wie sie von den **Ratingagenturen** praktiziert werden. Besondere Verbreitung haben im Bereich großer Unternehmen (auch Gebietskörperschaften) die Ratings von Standard & Poor´s und Moody´s Investors Service. Außer Jahresabschlusskennzahlen werden in der Analyse auch interne Planzahlen und Ergebnisse, ausführliche Interviews über Managementfähigkeiten und Strategien sowie externe Faktoren wie Demografie oder Wirtschaftsstruktur berücksichtigt. Alle Daten werden zu einem Bonitätsurteil zusammengefasst, das wie bei einer Schulnote durch ein Ratingsymbol ausgedrückt wird. Bei Moody´s wird mit „Aaa" die höchste und mit „C" die niedrigste Bonität attestiert. Bei Standard & Poor´s kennzeichnet „AAA" die beste und ein einfaches „C" die schlechteste Kreditwürdigkeit.

Als eine weitere Methode zur Erlangung eines Gesamturteiles in Bezug auf eine Bonität bietet sich eine **Nutzwertanalyse (Scoring-Modell)** an, bei der die einzelnen Jahresabschlusskennzahlen mit Punkten bewertet werden. Dies kann in der Weise erfolgen, dass eine unerwünschte, weil risikobehaftete Ausprägung einer Kennzahl mit einem höheren Punktwert verknüpft wird als eine weniger risikobehaftete. Die einzelnen Punktwerte werden addiert zu einem abschließenden **Gesamtpunktwert (Score)**. Die einzelnen Punkte stellen also Maluspunkte in Bezug auf das Risiko dar.[163]

A.17.7 Jahresabschlussanalyse für Gebietskörperschaften

Auch wenn aufgrund der unterschiedlichen Zielsetzungen von Unternehmen der Privatwirtschaft (Leitbild hoher Rentabilität, hoher Ausschüttung, Sharehoulder Value) und Gebietskörperschaften (keine Gewinnerzielung, Daseinsvorsorge, hoheitliche Aufgaben) die Kennzahlen nicht „Eins zu Eins" übernommen werden können, sind sie auch für Gebietskörperschaften von besonderer Bedeutung. Neben der Aufsichtsbehörde sind insbesondere Kreditinstitute wichtige Adressaten.

Kreditinstitute verfügen über eine reichhaltige Analysepraxis aus der Privatwirtschaft. Sie wenden verstärkt ihre Kennzahlen und Erfahrungen auf staatliche und kommunale Zahlenwerke an und setzen damit faktisch Standardvorgaben für die Jahresabschlussanalyse. Den Kreditgebern geht es um die Beurteilung eines Kreditschuldners hinsichtlich seines Insolvenzrisikos und damit des Ausfalls der Forderungsrückzahlung. Vier Untersuchungsfelder spielen hierbei eine Rolle:

[163] Ein Berechnungsbeispiel enthält: Graumann, Praktische Jahresabschlussanalyse, 2. Aufl. 2017, S 251.

1. Vermögens- und Kapitalstruktur als bilanzorientierte Kennzahlenanalyse der Aktiv- und Passivseite,
2. Finanzstruktur / Liquidität als cashflow-/finanzkraftorientierte Kennzahlenanalyse,
3. Ertrags- und Aufwandsstruktur als ertragsorientierte Kennzahlenanalyse,
4. „weiche" Faktoren.

Geeignete **weiche Faktoren** können sein:

- Demographie: Einwohnerzahl, Dichte, Altersstruktur, Arbeitslosenquote, Einkommensstruktur,
- Wirtschaftsstruktur: Branchenmix, Unternehmensmix, konjunkturelle Unabhängigkeit,
- Investitionspotential: Lage, Infrastruktur, Image,
- Erfahrung und Führungsqualität in der öffentlichen Verwaltung,
- Verlässlichkeit der politischen Führung,
- Einstellung zu Innovationen,
- Qualität von Haushaltsplanung und –kontrolle (Kosten- und Leistungsrechnung, Controlling).

Der Bundesverband Öffentlicher Banken Deutschlands hat im Juni 2008 ein Kennzahlenset für Kommunen mit Vermögens-, Liquiditäts- und Ertragskennzahlen veröffentlicht.[164] Ungünstige Kennzahlen des Jahresabschlusses können damit zu einer schlechteren internen Bewertung durch Großbanken und insbesondere international tätige Instituten führen. Folge wäre, dass die ungünstigen Kennzahlen eventuell zu einem schlechten Rating führen und von den Darlehensgebern höhere Kreditzinsen verlangt werden.

Für NRW existiert ein **NKF-Kennzahlenset**, das von der Gemeindeprüfungsanstalt und den kommunalen Rechtsaufsichtsbehörden erarbeitet wurde.[165] Mit diesem eigenen Kennzahlensystem, bestehend aus Finanzkennzahlen, Wirtschaftlichkeitskennzahlen und Leistungskennzahlen werden die Kommunen auf ihre wirtschaftliche Lage hin geprüft und zueinander ins Verhältnis gesetzt, um aus den Erkenntnissen Handlungsempfehlungen für die Zukunft geben zu können. Das NKF-Kennzahlenset ist von den Gemeinden auszufüllen und im Rahmen der Anzeige- und Genehmigungsverfahren den Aufsichtsbehörden vorzulegen. Im Gegensatz zu den produktorientierten Zielen und Kennzahlen der Teilpläne, die Bestandteil des Haushaltsplanes sind (vgl. Kap. B.2.2.3), bedarf das NKF-Kennzahlenset keiner Beschlussfassung durch die Gemeindevertretung. Es bietet sich jedoch an, das NKF-Kennzahlenset nachrichtlich dem Haushaltsplan beizufügen.

---

[164] Vgl. Bundesverband Öffentlicher Banken Deutschlands: Kommunen auf dem Weg in die Doppik, www.voeb.de

[165] Vgl. Runderlass des Innenministeriums NRW vom 1.10.2008 – 34 - 48.04.05/01 - 2323/08.

NKF-Kennzahlenset Nordrhein-Westfalen		
Kennzahl	**Ergebnis**	**Bewertung**
Steuerquote (StQ)		
Zuwendungsquote (ZwQ)		
Personalintensität 1 (PI1)		
Sach- und Dienstleistungsintensität (SDI)		
Transferaufwandsquote (TAQ)		
Zinslastquote (ZLQ)		
Aufwandsdeckungsgrad (ADG)		
Drittfinanzierungsquote (DFQ)		
Fehlbetragsquote (FbQ)		
Investitionsquote (RInQ)		
Kurzfr. Verbindlichkeitsquote (KVbQ)		
Dyn. Verschuldungsgrad (DVsG)		
Eigenkapitalquote 1 (EkQ1)		
Eigenkapitalquote 2 (EkQ2)		
Anlagendeckungsgrad 2 (AnD2)		
Infrastrukturquote (ISQ)		

Abbildung 45: NKF-Kennzahlenset

Zusätzlich zu den Kennzahlen, die sich aus dem Jahresabschluss ergeben, lassen sich aus den produktbezogenen Teilrechnungen Kennzahlen (vergleichbar mit der Segmentberichterstattung im Konzernabschluss) ermitteln. Für Produkte, Produktgruppen bzw. Produktbereiche kommen folgende Kennzahlen in Frage:

Kennzahl
Produktkennzahlen (für jedes Produkt)
P1 Einwohner
P2 Entgeltkostendeckungsgrad
P3 Kostendeckungsgrad
P4 Personalaufwandsquote
P5 Sach- und Dienstleistungsaufwandsquote
P6 Entgeltertrag pro Einwohner
P7 Gesamtaufwand pro Einwohner
P8 weitere produktspezifische Kennzahlen

Abbildung 46: Produktbezogene Auswertungen

Um größenbedingte Fehlinformationen zu vermeiden, sollten für interkommunale Vergleiche zusätzliche Kennzahlen pro Einwohner errechnet werden.

Eine einheitliche Analyse mit Kennzahlen anhand vorgegebener Referenzwerte wird natürlich dadurch erschwert, dass sich die Vorgaben und Gesetze zum Öffentlichen Rechnungswesen der Kommunen in den einzelnen Bundesländern teilweise erheblich unterscheiden. Es muss zusätzlich davon ausgegangen werden, dass lediglich der konsolidierte Konzernabschluss der Gebietskörperschaft zur Analyse verwendet werden kann. Dies soll verhindern, dass Schulden und andere unerwünschte Bilanzposten durch gezielte Bilanzpolitik auf angegliederte Unternehmen ausgelagert werden (sog. Schattenhaushalte) und somit der Jahresabschluss der Kernverwaltung geschönt wird.

A.18 Standards staatlicher Doppik

In diesem Kapitel soll ein zusammenfassender Überblick über die Standards staatlicher Doppik mit den Unterschieden zum HGB gegeben werden, die teilweise in den vorhergehenden Kapiteln bereits erwähnt wurden.

A.18.1 Überblick

Das Rechnungswesen des Bundes und der Länder darf nach § 1a Abs. 1 HGrG wahlweise kameral oder nach den Grundsätzen der staatlichen doppelten Buchführung gem. § 7a HGrG (staatliche Doppik) gestaltet werden. Wird dieses **Wahlrecht** zugunsten der staatlichen Doppik ausgeübt, sind nach § 7a Abs. 1 HGrG die für Kapitalgesellschaften geltenden Vorschriften des Ersten und des Zweiten Abschnitts, Erster und Zweiter Unterabschnitt des Dritten Buchs des HGB und die Grundsätze ordnungsmäßiger Buchführung und Bilanzierung (GoB) zu beachten. Diese umfassen insbesondere die Regelungen zur laufenden Buchführung und zur Inventur sowie die Bilanzierungs- und Bewertungsgrundsätze. Die inhaltlichen Konkretisierungen der Standards staatlicher Doppik (SsD), insbesondere die **Ausübung handelsrechtlicher Wahlrechte** und vom HGB abweichende Regelungen, die aufgrund der **Besonderheiten der öffentlichen Haushaltswirtschaft** erforderlich sind, werden nach § 7a Abs. 2 HGrG von einem Gremium zur Standardisierung des staatlichen Rechnungswesens erarbeitet. Die SsD werden jeweils durch Verwaltungsvorschriften des Bundes und der Länder umgesetzt. Die SsD sind einmal jährlich zu überprüfen (vgl. § 49a Abs. 1 HGrG).

Die SsD enthalten sowohl **Regelungen zum Einzelabschluss** als auch zu konsolidierten Abschlüssen. Die Regelungen zum Einzelabschluss umfassen neben den Rechtsgrundlagen die Buchführungs-, Bilanzierungs- und Bewertungsgrundsätze sowie detaillierte Erläuterungen zum Inhalt der einzelnen Posten der Vermögens- und Erfolgsrechnung, zum Anhang und zum Lagebericht sowie zur Finanzrechnung. Die Anlagen zu den SsD enthalten Vorgaben für die Gliederung der Vermögens- und Erfolgsrechnung, für den Anlagenspiegel (Anlagengitter), für die Gliederung und Pflichtangaben des Anhangs, den Aufbau des Lageberichts nebst Formulierungshinweisen sowie für die Finanzrechnung/Cash-Flow-Rechnung.

Die **Konsolidierungsregelungen** enthalten neben Begriffsabgrenzungen und den Zielen des Gesamtabschlusses im staatlichen Bereich Regelungen zum Konsolidierungskreis und zu den Konsolidierungsmethoden sowie zum Anhang und zum Lagebericht auf konsolidierter Ebene.

A.18.2 Unterschiede zum HGB

Abweichende **Ansatzvorschriften** der staatlichen Doppik zum HGB bestehen in folgenden Fällen:[166]

- Aktivierungsverbot für selbst geschaffene immaterielle Vermögensgegenstände des Anlagevermögens lt. SsD Tz. 5.1.1. (statt Aktivierungswahlrecht nach § 248 Abs. 2 S. 1 HGB),
- Aktivierungspflicht für ein Disagio lt. SsD Tz. 5.3. (statt Aktivierungswahlrecht gem. § 250 Abs. 3 HGB),
- Aktivierungsverbot für aktive latente Steuern lt. SsD Tz. 5.4. (statt Aktivierungswahlrecht nach § 274 Abs. 1 S. 2 HGB),
- abweichende Aktivierungskonzeption für geleistete Zuwendungen, die umfangreichere Aktivierungen als nach HGB ermöglicht (SsD Tz. 5.1.1.1.),
- Passivierungsverbot für Rückstellungen für die Aufstellung, Veröffentlichung und Prüfung des JA, die Erstellung der die Betriebssteuern betreffenden Steuererklärungen sowie die Aufbewahrung der Geschäftsunterlagen lt. SsD Tz. 5.7.3.1. (statt Passivierungspflicht nach § 249 Abs. 1 S. 1 HGB),
- Passivierungsverbot für Rückstellungen für unterlassene Instandhaltung, die im folgenden Haushaltsjahr innerhalb von drei Monaten nachgeholt werden lt. SsD Tz. 5.7.3.2. (statt Passivierungspflicht nach § 249 Abs. 1 S. 2 Nr. 1 HGB),
- Passivierungsgebot für sog. Altzusagen gem. Art. 28 Abs. 1 S. 1 EGHGB und Passivierungsverbot für mittelbare Pensionsverpflichtungen gemäß Art. 28 Abs. 1 S. 2 EGHGB lt. SsD Tz. 5.7.2.1. (statt Passivierungswahlrecht nach HGB),
- Passivierungsverbot für passive latente Steuern lt. SsD Tz. 5.10. (statt Passivierungspflicht gem. § 274 Abs. 1 S. 1 HGB).

Bei einem Vergleich der **Bewertungsvorschriften** zeigen sich im Wesentlichen folgende Unterschiede zwischen den SsD und dem HGB:[167]

- Aktivierung von Gesellschafterbeiträgen im Bereich der Finanzanlagen (Anteile an verbundenen Unternehmen und Einrichtungen, Beteiligungen) als nachträgliche Anschaffungskosten unabhängig davon, ob der Gesellschafterbeitrag – wie es handelsrechtlich erforderlich ist – zu einer nachhaltigen Wertsteigerung der Anteile führt,

[166] In Anlehnung an: IDW Handbuch, Öffentliche Hand, besondere Branchen und Non-Profits, Kap. E, Tz. 34.
[167] In Anlehnung an: IDW Handbuch, Öffentliche Hand, besondere Branchen und Non-Profits, Kap. E, Tz. 41.

- Einbeziehungsverbot für die handelsrechtlichen Wahlbestandteile nach § 255 Abs. 2 f. HGB im Bereich der Herstellungskosten lt. SsD Tz. 4.2.1. (Kosten der allgemeinen Verwaltung, Zinsen für Fremdkapital sowie angemessene Aufwendungen für soziale Einrichtungen des Betriebs, für freiwillige soziale Leistungen sowie für die betriebliche Altersversorgung),

- Beschränkung der planmäßigen Abschreibung auf die lineare Abschreibung lt. SsD Tz. 4.2.3. (statt Methodenwahlrecht im HGB),

- Festlegung der Nutzungsdauern von abnutzbaren Vermögensgegenständen i.R.d. planmäßigen Abschreibung nach Maßgabe der steuerlichen AfA-Tabellen, soweit einschlägig lt. SsD Tz. 4.2.3. (statt Orientierung an der wirtschaftlichen Nutzungsdauer im HGB),

- Beschränkung der Vornahme von außerplanmäßigen Abschreibungen im Anlagevermögen auf Fälle voraussichtlich dauernder Wertminderungen lt. SsD Tz. 4.2.3. (kein zusätzliches Abschreibungswahlrecht im Finanzanlagevermögen bei lediglich vorübergehender Wertminderung nach § 253 Abs. 3 S. 6 HGB),

- Verzicht auf Abzinsung von unverzinslichen oder niedrigverzinslichen Ausleihungen an Mitarbeiten (SsD Tz. 5.1.3.7.),

- Folgebewertung und außerplanmäßige Abschreibung von Anteilen an verbundenen Unternehmen und Einrichtungen sowie von Beteiligungen nach der Eigenkapitalspiegelbildmethode lt. SsD Tz. 5.1.3.1. und Tz. 5.1.3.3. (statt außerplanmäßige Abschreibung nach Maßgabe des Ertragswerts gem. § 253 Abs. 3 S. 5 HGB),

- Behandlung von Investitionszuschüssen nach der Bruttomethode, d.h. verpflichtende Passivierung eines Sonderpostens für Investitionen lt. SsD Tz. 5.6. (statt handelsrechtlichem Wahlrecht zwischen Passivausweis, Kürzung der AHK und ggf. erfolgswirksamer Erfassung),

- Abweichender Zinssatz bei der Abzinsung der Rückstellungen für Pensions- und Beihilfeverpflichtungen (SsD Tz. 5.7.2.1.),

- Saldierungsverbot für Altersversorgungsverpflichtungen und korrespondierende Planvermögen lt. SsD Tz. 5.7.2.1. (statt Saldierungspflicht gem. § 246 Abs. 2 S. 2 HGB).

Bezüglich der **Konsolidierung** ist festzustellen, dass die SsD keine Verpflichtung zur Aufstellung eines Gesamtabschlusses enthalten, sondern ein entsprechendes Wahlrecht mit befreiender Wirkung für den Einzelabschluss. Demgegenüber ist der handelsrechtliche Konzernabschluss zusätzlich zum Einzelabschluss aufzustellen.

Abweichende Bezeichnungen und **Gliederungen** gibt es außerdem für die Vermögensrechnung und die Erfolgsrechnung, die den Besonderheiten des öffentlichen Sektors Rechnung tragen sollen. Die Gliederung der Erfolgsrechnung erfolgt wie im kommunalen Bereich ausschließlich nach dem Gesamtkostenverfahren.

B. Öffentliches Rechnungswesen am Beispiel des Neuen Kommunalen Finanzmanagements

B.1 Doppisches Haushaltsrecht

B.1.1 Allgemeines

In Deutschland und in vielen anderen Staaten wird seit mehreren Jahren eine neue Verwaltungssteuerung umgesetzt, die erreichen soll, dass

- die Verwaltungsleistungen in gewünschter Qualität erbracht werden,
- die politisch gesetzten Ziele erreicht werden und
- zugleich wirtschaftlich mit den anvertrauten Ressourcen umgegangen wird.

Konkret geht es um die Umsetzung folgender Inhalte:

- Ressourcenverbrauchskonzept statt Geldverbrauchsorientierung,
- Output-/Produktsteuerung statt Inputsteuerung,
- Doppik statt Kameralistik,
- Einführung betriebswirtschaftlicher Analyse- und Steuerungselemente,
- Dezentrale Zusammenführung von Fach- und Ressourcenverantwortung,
- Kunden-/Bürgerorientierung,
- Mitarbeiterorientierung.

Im kommunalen Bereich sind die ersten Punkte überwiegend im Rahmen der Einführung des Neuen Kommunalen Rechnungswesen auf doppischer Grundlage gesetzlich umgesetzt worden. Das im staatlichen Bereich (Bund, Länder) noch vielfach praktizierte kameralistische Rechnungswesen ist grundsätzlich zahlungsorientiert, d.h. es liefert überwiegend Informationen über Einnahmen und Ausgaben. Mit den **Standards für die staatliche doppelte Buchführung** nach §§ 7a und 49a HGrG wurde auch hier der Umstellungsprozess eingeleitet. Das kameralistische Rechnungswesen entspricht weder dem Erfordernis einer transparenten Rechnungslegung über die finanzielle Lage gegenüber dem Bürger noch den Anforderungen, die sich aus einem zunehmenden Zwang zur wirtschaftlichen Führung der öffentlichen Verwaltung herleiten.

In den unterschiedlichen Buchführungssystemen werden unterschiedliche Rechnungsbegriffe betrachtet. Die Kameralistik bezieht sich auf Einnahmen und Ausgaben, also auf die Änderungen des Geldvermögens, während das doppische Rechnungswesen primär den Nettoressourcenverbrauch (Aufwand) und das Nettoressourcenaufkommen (Ertrag) betrachtet. Der staatlichen und kommunalen Doppik liegt das **Prinzip der intergenerativen Gerechtigkeit** zugrunde, das sich über die Festlegung von Kreditaufnahmegrenzen aus Art. 109, 110 und 115 GG, den entsprechenden Bestimmungen der Länder- und Kommunalverfassungen bzw. Gemeindeordnungen (vgl. z.B. Art. 83 S. 2 LV NRW, § 1 Abs. 1 S. 3 GO NRW) ableiten lässt: **Jede Generation soll die von ihr verbrauchten Ressourcen mittels Abgaben wieder ersetzen, so dass sie das von ihrer Vorgänger-Generation empfangene öffentliche Vermögen uneingeschränkt der Nachfolger-Generation übergeben**

kann. Wegen der Schwierigkeiten, Generationen gegeneinander abzugrenzen, bezieht sich das Ressourcenverbrauchskonzept auf das laufende Rechnungsjahr, d.h. die in einem Jahr verbrauchten Ressourcen sind grundsätzlich durch das Ressourcenaufkommen desselben Jahres wieder zu ersetzen.[168]Das Prinzip der intergenerativen Gerechtigkeit kann nur durch ein doppisches Haushaltswesen gewährleistet werden.

B.1.2 Elemente des öffentlichen Rechnungswesens

Die für Gebietskörperschaften vorliegenden Regelungen sehen im Bereich des (externen) staatlichen und kommunalen Rechnungswesens drei Komponenten vor:

- Bilanz (Vermögensrechnung),
- Ergebnisrechnung (Gewinn- und Verlustrechnung) und
- Finanzrechnung (Kapitalflussrechnung).

Die **Bilanz** entspricht im Wesentlichen den HGB-Vorgaben, wobei es Abweichungen bei den Begrifflichkeiten und teilweise bei der Gliederung gibt.

Die **Ergebnisrechnung** entspricht der handelsrechtlichen GuV-Rechnung in Staffelform, wobei es auch hier Abweichungen bei den Begrifflichkeiten und der Gliederung gibt. In der kommunalen Doppik ist überwiegend noch eine Abgrenzung des ordentlichen Ergebnisses vom außerordentlichen Ergebnis vorgesehen, die im HGB aufgehoben wurde.

Die **Finanzrechnung** beinhaltet die Einzahlungen und Auszahlungen. Die Ausgestaltung kann originär oder derivativ sein, d.h. die Finanzrechnung kann im Rahmen eines 3-teiligen Rechnungssystems (vgl. Kap. A.8.7) in einem eigenen Kontenkreis direkt mitgebucht werden oder als Kapitalflussrechnung aus den Zahlungsstromgrößen abgeleitet werden. In einer originären Finanzrechnung werden die geleisteten Zahlungen nicht unmittelbar auf den Bestandskonten Bank oder Kasse gebucht, sondern über den ‚Umweg' von Zahlungskonten detailliert nachgewiesen; zu diesem Zweck wird der Kontenplan um entsprechende Einzahlungs- und Auszahlungskonten erweitert. Bei einem Zahlungsvorgang wird also nicht auf dem Aktivkonto Bank oder Kasse gebucht, sondern auf dem entsprechenden Einzahlungs- oder Auszahlungskonto. So wie die Aufwands- und Ertragskonten Unterkonten des Eigenkapitals sind, stellen die Auszahlungs- und Einzahlungskonten Unterkonten der liquiden Mittel (Bank, Kasse) dar.

Nachteil einer direkten Buchung auf Einzahlungs- und Auszahlungskonten ist, dass der Buchungsstoff deutlich ausgeweitet wird.[169] § 297 Abs. 1 HGB verlangt eine Finanzrechnung in der Form einer Kapitalflussrechnung im Rahmen des Konzernabschlusses zur Sicherung der Zahlungsfähigkeit als gleichberechtigtes Unternehmensziel neben der Wirtschaftlichkeit. Üblich ist im privaten Konzern die derivative Ableitung der Zahlungsstromgrößen (Cashflow) aus dem Rechnungswesen. Bei einer

[168] Vgl. Lüder, Klaus, Konzeptionelle Grundlagen des Neuen Kommunalen Rechnungswesens, S. 127.
[169] Vgl. Brixner/Harms/Noe, Verwaltungskontenrahmen, 2003, S. 43.

originären Finanzrechnung besteht die Gefahr, dass das Geldverbrauchsdenken gegenüber dem Ressourcenverbrauchsdenken (Kostendenken) in den Gebietskörperschaften fortgesetzt wird und kein nachhaltig kostenbewusstes Verwaltungshandeln erreicht wird.

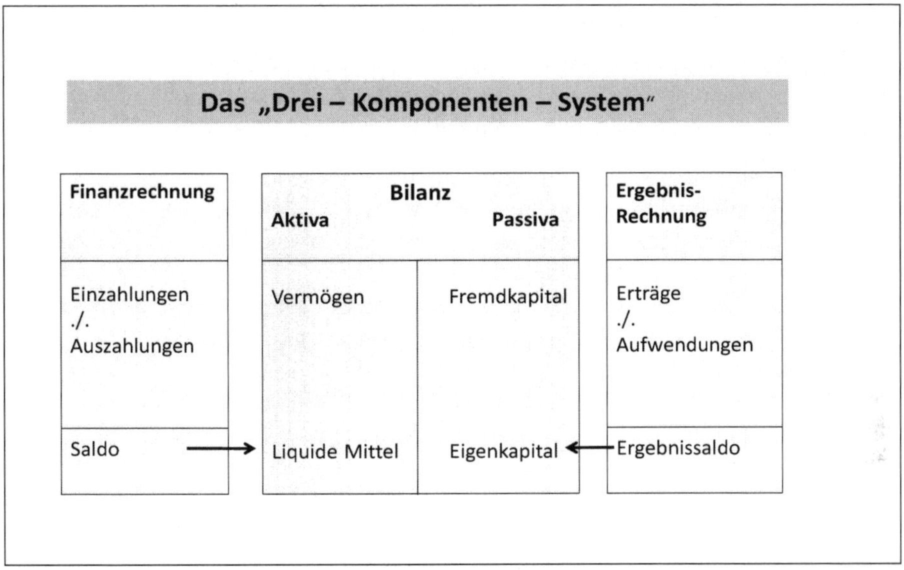

Abbildung 47: Drei-Komponenten-System

Für die **Bilanzierung und Bewertung** der einzelnen Posten gelten im öffentlichen Rechnungswesen im Wesentlichen die bereits dargestellten Regeln des Handelsrechts. Bilanzierungswahlrechte sind insbesondere in der staatlichen Doppik stark eingeschränkt, um eine gezielte Jahresabschlusspolitik zu vermeiden (vgl. Kap. A.18). Bei den Abschreibungen ist als Regelfall die lineare Abschreibungsmethode vorgesehen.

Da sich die Rechnungslegung auf alle Aufgaben einer Gebietskörperschaft erstrecken soll, unabhängig davon, in welcher Rechts- und Organisationsform die Aufgaben durchgeführt werden, ist neben dem Einzelabschluss ein konsolidierter Konzernabschluss (**Gesamtabschluss**) aus den Abschlüssen der verselbständigten Organisationseinheiten zu erstellen. Die Einhaltung einer „intergenerativer Gerechtigkeit" kann nur durch eine Gesamtbetrachtung in Form des Gesamtabschlusses der Gebietskörperschaft überprüft werden.

Zum Zwecke der internen Steuerung und zur Einführung einer dezentralen Ressourcenverantwortung werden Ergebnis- und Finanzrechnung jeweils in produktorientierte **Teilergebnis- und Teilfinanzrechnungen** unterteilt. Die Teilrechnungen erfolgen mindestens für Produktbereiche. Leistungsbeziehungen zwischen den Produktbereichen werden durch eine interne Rechnung (Kostenrechnung) erfasst, die keinen gesetzlichen Vorgaben unterliegt.[170]

B.1.3 Unterschiedliche Konzepte

Für das kommunale Rechnungswesen hat jedes Bundesland ein eigenes Konzept entwickelt. Die Innenminister der Länder konnten sich nicht auf ein durchgängig gemeinsames Konzept für die Doppik einigen. Unterschiede bestehen in Detailfragen, so z.B. bei

- der Vermögensbewertung für die erste Eröffnungsbilanz nach historischen Anschaffungs- und Herstellungskosten, nach vorsichtig geschätzten Zeitwerten oder wahlweise nach beiden Ansätzen,[171]
- der Abgrenzung zwischen ordentlichen und außerordentlichen Aufwendungen bzw. Erträgen in Ergebnisplan und Ergebnisrechnung,
- der Bilanzgliederung,
- der Möglichkeit der Aktivierung von Instandhaltungsaufwendungen,
- unterschiedlichen Bezeichnungen der Posten des Jahresabschlusses,
- den Regelungen zum Haushaltsausgleich,
- den Regelungen und Berechnungen zur Bilanzierung von Rückstellungen (insb. Pensionsrückstellungen),
- den Regelungen zum Gesamtabschluss,
- den Bestandteilen des Haushaltsplans.

Das Festhalten an den unterschiedlichen Konzepten und das in einigen Bundesländern vorgesehene Wahlrecht zwischen Einführung der Doppik und Einführung einer erweiterten (optimierten) Kameralistik haben leider zu einem gespaltenen Rechnungswesen (sog. „**Flickenteppich**") geführt. Dies ist jedoch nicht nur unwirtschaftlich hinsichtlich der immensen Bürokratiekosten und der anzuschaffenden Software, sondern ebenfalls hinsichtlich der Aus- und Fortbildung und der Mobilität des Personals. Von einer gelungenen Reform kann nicht gesprochen werden, wenn es für private Betriebe ein einheitliches Rechnungssystem nach dem HGB gibt – für kommunale Verwaltungen nach wie vor für jedes Bundesland eigene Vorschriften für das kommunale Rechnungswesen.[172] Dies macht keinen Sinn, sondern ist sogar kontraproduktiv. „16-mal zu definieren, was Rückstellungen sind und dann auch noch die Wahlrechte von Land zu Land unterschiedlich zu gestalten, ist ein Anachronismus".[173] Durch die vielen Sonderregelungen in den einzelnen Konzepten zur kommunalen Doppik ist ein Vergleich von kommunalen Jahresabschlüssen verschiedener

[170] In einigen Bundesländern gibt es im Rahmen der staatlichen Doppik ministerielle Vorgaben für den Aufbau der Kostenrechnung.

[171] Für die Folgebilanzen gilt in allen Bundesländern das Anschaffungswertprinzip.

[172] In jedem Bundesland wurde beim Neuen Kommunalen Rechnungswesen sozusagen das „Rad neu erfunden".

[173] Bals, in: Henneke/Stobl/Diemert, Recht der kommunalen Haushaltswirtschaft, § 2 Rn. 101. Mehrfachregelungen hätten auf jeden Fall vermieden werden müssen, da sie unwirtschaftlich sind.

Bundesländer so gut wie nicht möglich – Abweichungen vom HGB verstärken dieses Problem.

Bei der Reform des kommunalen Rechnungswesens hätten zumindest die Regelungen zum Haushaltswesen in einem Gesetz zusammengefasst werden können. Nach wie vor sind diese jeweils auf Kommunalverfassung bzw. Gemeindeordnung und Haushaltsverordnung verteilt. Die bisherigen Reformen des kommunalen Haushaltsrechts haben nicht nur zu einem „Flickenteppich“, sondern auch zu einem Regelwirrwarr bzw. „Reformchaos“ geführt. Die unterschiedlichen kommunalen Rechnungsmodelle in den Bundesländern sind damit Hauptursache für die hohen Kosten des Rechnungswesens. Betriebswirtschaftliche Kosten-Nutzen-Analysen wurden offenbar bei Einführung des Neuen Kommunalen Rechnungswesens nicht durchgeführt. Profiteure sind bisher und auch weiterhin in erster Linie externe Berater, die die Kommunen natürlich gerne bei der Umsetzung und der laufenden Anwendung für stattliche Honorarsätze betreuen.

Im Rahmen der Einführung der staatlichen Doppik für Bund und Länder hat man aus diesen Fehlern gelernt. Die **staatliche Doppik** folgt gemäß § 7a HGrG den Vorschriften des Ersten und des Zweiten Abschnitts, Erster und Zweiter Unterabschnitt, des Dritten Buches Handelsgesetzbuch (HGB) und den Grundsätzen der ordnungsmäßigen Buchführung und Bilanzierung. Die Vorschriften des HGB werden durch die **Standards staatlicher Doppik (SsD)** an verschiedenen Stellen modifiziert, um den Besonderheiten der öffentlichen Haushalte gerecht zu werden bzw. Wahlrechte einzuschränken oder eigenständige Regelungsinhalte zu treffen (vgl. Kap. A.19). Dies gilt insbesondere für:

- **Bilanzierungswahlrechte** (z.B. Aktivierungsverbot bei selbst geschaffenen immateriellen Vermögensgegenständen, Aktivierungspflicht bei Disagio, Passivierungspflicht von sog. Altzusagen bei Pensionsrückstellungen),
- **Bewertungswahlrechte** (z.B. Pflicht zur Anwendung der linearen Abschreibung bei Sachanlagen, Pflicht zum Ansatz der HGB-Wertuntergrenze bei Ermittlung von Herstellungskosten),
- **eigenständige Regelungsinhalte** (z.B. Aktivierungsverbot für das Steuererhebungsrecht, Aktivierungsgebot für geleistete Investitionszuschüsse bei mehrjähriger Gegenleistungsverpflichtung, Passivierungsverbot für Instandhaltungsrückstellungen als sog. Innenverpflichtung).

MERKE: Um eine hohe Vergleichbarkeit der Einzelabschlüsse untereinander (auch über die Landesgrenzen hinweg) und eine Vereinfachung bei der Konsolidierung zu erreichen, bedarf es bundesweit einheitlicher, verbindlicher Rechnungslegungsvorschriften, die sich eng an den Regelungen des HGB orientieren. Wirtschaftlich sinnvoll wäre eine einheitliche Anwendung der Standards staatlicher Doppik in allen Gebietskörperschaften (Bund, Länder und Gemeinden).

B.1.4 Kontenrahmen

Für Gebietskörperschaften existieren mehrere Kontenrahmen. Zu nennen sind hier in erster Linie

- der Verwaltungskontenrahmen,
- der NKF-Kontenrahmen und,
- der NKHR-Kontenrahmen (Speyerer Verfahren).

Daneben gibt es den IMK-Kontenrahmen (Empfehlungen der Innenministerkonferenz für einheitliche Kontenrahmen mit Varianten II 1 und II 2).

Der **Verwaltungskontenrahmen** (VKR) nach §§ 10 Abs. 2 Satz 4 und 49a HGrG stellt einen Standard-Kontenrahmen für das öffentliche Haushalts- und Rechnungswesen dar. Er umfasst die gesamte Bandbreite des öffentlichen Dienstes von rechtlich verselbständigten Kapitalgesellschaften in der Einflusssphäre der öffentlichen Hand über Landes- oder Eigenbetriebe bis hin zu neu zu schaffenden bilanzierenden Einheiten als Teilen der Landesverwaltung (z.B. einer Hochschule) in einer integrierten und geschlossenen, konsolidierungsfähigen Systematik.[174] Der Verwaltungskontenrahmen ist Grundlage für die staatliche Doppik im Bund und in den Ländern.[175]

Im **NKF-Kontenrahmen** für Kommunalverwaltungen erfolgt die Einteilung der Kontenklassen in der Reihenfolge der einzelnen Positionen von Vermögensrechnung, Ergebnisrechnung und Finanzrechnung. Der Kontenrahmen sieht die Erweiterung der doppisch geführten Finanzbuchhaltung um die Finanzrechnung vor.

Im **NKHR-Kontenrahmen** für Kommunalverwaltungen (BW, NS) erfolgt eine Trennung des Vermögens in immaterielle Vermögensgegenstände, Sachvermögen, Finanzvermögen, liquide Mittel und Abgrenzungsposten (keine Trennung nach Anlage- und Umlaufvermögen). Für außerordentliche Erträge und Aufwendungen ist eine eigene Kontenklasse vorgesehen.

Anzumerken ist, dass ein Kontenrahmen eine wichtige Voraussetzung für aussagefähige Vergleiche von Rechnungsdaten unterschiedlicher Gebietskörperschaften ist. Aussagefähige Vergleiche von Rechnungsdaten sind nicht nur innerhalb Deutschlands, sondern zumindest auch innerhalb der EU im Hinblick auf Finanzausgleichszahlungen etc. von Bedeutung (vgl. auch Art. 109 GG). Die bestehenden unterschiedlichen Regelungen des öffentlichen Haushalts- und Rechnungswesens entsprechen nicht diesen Anforderungen.

[174] Vgl. Brixner/Harms/Noe, Verwaltungskontenrahmen, S. 200.
[175] Siehe www.bundesfinanzministerium.de

B.2 Das Neue Kommunale Finanzmanagement

B.2.1 Ziele des NKF

Das Ziel der Einführung des NKF war, auf der Basis der kaufmännischen Buchführung nach dem HGB ein Haushaltsrecht zu entwickeln, das folgende Vorteile gegenüber der Kameralistik bietet:[176]

- die Erfassung und Darstellung des periodengerechten Gesamtressourcenaufkommens und –verbrauchs,
- die Darstellung des Vermögens der Kommune,
- die Hervorhebung der Ziele und Ergebnisse des Verwaltungshandelns und damit auch eine Outputorientierung,
- die Erfassung und Darstellung interner Leistungsbeziehungen,
- die Bildung von Budgets,
- die Vereinheitlichung des Rechnungswesens im „Konzern Kommune" zwischen der Kernverwaltung und den Sondervermögen bzw. Eigen- und Beteiligungsgesellschaften.

Das NKF stützt sich für die Planung, Bewirtschaftung und den Abschluss auf drei Komponenten:

(1) Der **Ergebnisplan** und die **Ergebnisrechnung** entsprechen der kaufmännischen Gewinn- und Verlustrechnung und beinhalten die Aufwendungen und Erträge. Als Planungsinstrument ist der Ergebnisplan wichtigster Bestandteil des Haushalts.

(2) Der **Finanzplan** und die **Finanzrechnung** beinhalten alle Einzahlungen und Auszahlungen.

(3) Die **Bilanz** gibt es nur im Jahresabschluss. Sie weist das Vermögen und dessen Finanzierung nach. Eine Planbilanz wird nicht erstellt.

Das sogenannte „Drei-Komponenten-System" stellt die systematische Verzahnung von Ergebnisrechnung, Finanzrechnung und Bilanz dar. In der Bilanz als Darstellung des Vermögens und der Schulden werden die Ergebnisse der Finanzrechnung in der Position „Liquide Mittel" und die Ergebnisse der Ergebnisrechnung in der Position „Jahresüberschuss/Jahresfehlbetrag" im Bereich des Eigenkapitals erfasst. Die doppelte Buchführung im Rahmen des NKF hat als Rechnungsstoff sowohl Zahlungsgrößen (Einzahlungen und Auszahlungen) als auch Erfolgsgrößen (Aufwendungen und Erträge). Das wesentliche Ziel ist die Darstellung des Vermögens und der Schulden sowie des gesamten Ressourcenaufkommens (Erträge) und Ressourcenverbrauchs (Aufwendungen).

---

[176] Vgl. Modellprojekt zur Einführung eines doppischen Kommunalhaushalts in NRW: Ziele, Zusammenfassung des Konzepts, Praxiserprobung, August 2000, S. 4.

B.2.2 Inhalt und Struktur des doppischen Produkthaushaltes

B.2.2.1 Ergebnisplan

Der Ergebnisplan ist der wichtigste Teil des Haushaltsplanes. Wie eine kaufmännische GuV-Rechnung beinhaltet der Ergebnisplan Aufwendungen und Erträge. Im Unterschied zum kameralen Rechnungssystem wird der Aufwand (Ressourcenverbrauch) vollständig, also einschließlich der Abschreibungen und der Zuführungen zu Rückstellungen, und periodengerecht erfasst. Periodengerecht bedeutet, dass auch für die Planung das Prinzip der Rechnungsabgrenzung (transitorisch und antizipativ) gilt.

Der Ergebnisplan bezieht sich auf alle Bereiche, die in der Kernverwaltung geführt werden. Er wird in Staffelform aufgestellt und beinhaltet die Darstellung verschiedener Zwischensalden (§ 2 Abs. 2 KomHVO NRW):[177]

- Ordentliche Erträge,
- Ordentliche Aufwendungen,
- Ordentliches Ergebnis,
- Finanzergebnis,
- Ergebnis der laufenden Verwaltungstätigkeit,
- Außerordentliches Ergebnis,
- Jahresergebnis.

Die einzelnen Positionen werden im Rahmen der Darstellung der Ergebnisrechnung (Kap. B.4) erläutert.

Der Ergebnisplan bildet insgesamt sechs Haushaltsjahre ab. Neben dem Jahr, für das der Haushaltsplan aufgestellt wird (Planjahr), werden abgebildet:

- das Rechnungsergebnis des Vorvorjahres,
- die Planansätze des Vorjahres,
- die Planungen für die drei auf das Planjahr folgenden Jahre.

MERKE: Im Ergebnisplan werden alle künftigen Geschäftsvorfälle abgebildet, die als Aufwand und Ertrag zu buchen sind. Es werden insbesondere die geplanten Positionen der laufenden Verwaltungstätigkeit ausgewiesen. Der Ergebnisplan stellt die Ermächtigungsgrundlage für die Verwaltung dar, die Aufwendungen entstehen zu lassen und die Erträge zu erwirtschaften.

SEHEN SIE SICH DEN ERGEBNISPLAN GEMÄß ANLAGE 4 VV MUSTER ZUR GO UND KOMHVO NRW AN!

[177] Zusätzlich wird im Ergebnisplan die Veranschlagung sog. globaler Minderaufwendungen gem. § 75 Abs. 2 Satz 4 GO NRW ermöglicht, indem nach dem Jahresergebnis zwei zusätzliche Zeilen eingefügt werden.

B.2.2.2 Finanzplan

Im Ergebnisplan sind nur die jährlichen Abschreibungen für die Investitionsobjekte enthalten, nicht aber die Auszahlungen für die Investitionen und deren Finanzierung. Im Finanzplan werden alle Zahlungen aus der laufenden Verwaltungstätigkeit und die investiven Ein- und Auszahlungen ausgewiesen. Der Finanzplan dient auch der Finanzierungsplanung für die Höhe der erforderlichen Kreditaufnahmen bzw. für die Tilgung von Krediten.

Wie der Ergebnisplan wird der Finanzplan in Staffelform aufgestellt und weist folgende Zwischensalden aus (§ 3 Abs. 2 KomHVO NRW):

- Einzahlungen aus laufender Verwaltungstätigkeit,
- Auszahlungen aus laufender Verwaltungstätigkeit,
- Saldo (Cashflow) aus laufender Verwaltungstätigkeit,
- Einzahlungen aus Investitionstätigkeit,
- Auszahlungen aus Investitionstätigkeit,
- Saldo (Cashflow) aus Investitionstätigkeit,
- Finanzmittelüberschuss/-fehlbetrag,
- Saldo (Cashflow) aus Finanzierungstätigkeit,
- Änderung des Bestandes an Finanzmitteln,
- Liquide Mittel.

Die einzelnen Positionen werden im Rahmen der Darstellung der Finanzrechnung (Kap. B.6) erläutert.

Der Saldo der Ein- und Auszahlungen aus laufender Verwaltungstätigkeit wird auch als operativer Cashflow, der aus Investitionstätigkeit als Cashflow II und derjenige aus Finanzierungstätigkeit als Cashflow III bezeichnet.

MERKE: Im Finanzplan werden alle Geschäftsvorfälle abgebildet, die als Auszahlungen und Einzahlungen zu buchen sind, d.h. die liquiden Mittel (Schecks, Kassenbestand, Bankguthaben der Kommune) verändern. Die Gemeindevertretung ermächtigt die Verwaltung, die entsprechenden Zahlungen zu leisten.

SEHEN SIE SICH DEN FINANZPLAN GEMÄß ANLAGE 5 VV MUSTER ZUR GO UND KOMHVO NRW AN!

B.2.2.3 Produktorientierte Darstellung

Neben der Planungsfunktion dient der Haushaltsplan der sachlichen Mittelfestlegung durch die Gemeindevertretung. Dies geschieht dadurch, dass neben dem Ergebnis- und Finanzplan als Ganzem produktorientiert gegliederte Teilergebnis- und Teilfinanzpläne vorgesehen sind. Die Teilpläne werden mindestens auf der Produktbereichsebene erstellt. Produktbereiche werden in Produktgruppen und diese in einzelne Produkte unterteilt, wobei die Anzahl der Produktgruppen und Produkte von der Größe der Gemeinde abhängt.

Der Haushaltsplan in NRW ist lt. Anlage 6 VV Muster zur GO und KomHVO NRW mindestens in folgende 17 Produktbereiche zu gliedern:

Produktbereichsziffer	Produktbereich
01	Innere Verwaltung
02	Sicherheit und Ordnung
03	Schulträgeraufgaben
04	Kultur und Wissenschaft
05	Soziale Leistungen
06	Kinder-, Jugend- und Familienhilfe
07	Gesundheitsdienste
08	Sportförderung
09	Räumliche Planung und Entwicklung, Geoinformationen
10	Bauen und Wohnen
11	Ver- und Entsorgung
12	Verkehrsflächen und –anlagen, ÖPNV
13	Natur- und Landschaftspflege
14	Umweltschutz
15	Wirtschaft und Tourismus
16	Allgemeine Finanzwirtschaft
17	Stiftungen

Die oberste Gliederungsebene (Produktbereiche) stellt die verbindliche Mindestgliederung des Haushaltes dar, d.h. jeder Haushalt muss die vorgeschriebenen 17 Produktbereiche des Produktrahmens abbilden. Ausnahmen hiervon sind nur zulässig, wenn eine Gemeinde die Aufgaben eines Produktbereiches (z.B. aufgrund ihrer Größe) nicht wahrnimmt.

Das folgende Schaubild verdeutlicht beispielhaft den Produktbereich Sportförderung, unterteilt in drei Produktgruppen und sieben Produkte:

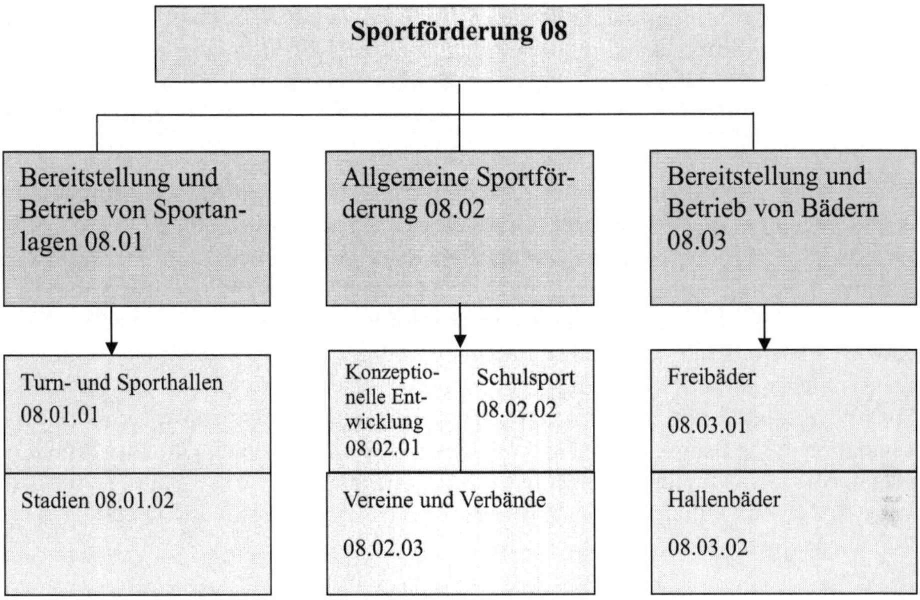

Grundprinzip der Darstellungen im Haushaltsplan ist es, alle wichtigen Angaben rund um einen Leistungsbereich zusammenzuführen. Dadurch soll erreicht werden, dass die Zusammenhänge besser erkennbar werden. Je nach Größe der Gemeinde werden den Produktbereichen, Produktgruppen bzw. Produkten folgende Inhalte zugewiesen:

- Organisationseinheit
- Produktverantwortliche bzw. Produktverantwortlicher
- Produktziele, Produktbeschreibungen
- Kennzahlen, Indikatoren
- Teilergebnisplan
- Teilfinanzplan
- Erläuterungen
- Bewirtschaftungsregeln
- Übersicht über Investitionsmaßnahmen
- Übersicht über Personaleinsatz

SEHEN SIE SICH DAS MUSTER ÜBER DEN AUFBAU VON TEILPLÄNEN GEMÄß ANLAGE 8 VV MUSTER ZUR GO UND KOMHVO NRW AN!

Im Folgenden werden die Begriffe Teilergebnisplan, Teilfinanzplan, Produktziele und Kennzahlen näher erläutert:

Teilergebnisplan

Die Teilergebnispläne sind nach § 4 Abs. 3 KomHVO NRW entsprechend der Gliederung des Ergebnisplanes aufzustellen. Alle Aufwands- und Ertragspositionen sind in der gleichen Struktur und mit denselben Zwischensalden in den Teilergebnisplänen enthalten. Ausnahmen sind zulässig für Versorgungs- und Beihilfeaufwendungen, die zentral im Produktbereich 01 „Innere Verwaltung" abgebildet werden sollten.

In den Teilergebnisplänen werden zusätzlich die **Erträge und Aufwendungen aus** den **internen Leistungsbeziehungen** abgebildet, um den vollständigen Ressourcenverbrauch der Produktbereiche darzustellen. Eine Verpflichtung zur Durchführung interner Leistungsverrechnungen besteht allerdings nicht (vgl. § 16 KomHVO NRW). Die Leistungsverrechnung ist nur dann sinnvoll, wenn sie für die produktorientierte Steuerung oder für die Kalkulation von Entgelten von Bedeutung ist, z.B. in den Bereichen Grundstücks- und Gebäudewirtschaft, Druckerei, Bauhof, Fuhrpark, IT-Service, Abfall- und Abwasserbeseitigung bei eigenen Grundstücken oder Bäderbenutzung durch Schulen. Da sich die internen Leistungsbeziehungen aller Produktbereiche in der Summe gegenseitig aufheben, spielen sie im Gesamtergebnisplan keine Rolle. Zu Umfang, Inhalt und Berechnungsverfahren sind keine gesetzlichen Regelungen getroffen worden.

Die für die interne Leistungsverrechnung erforderlichen Daten sollten aus einer **Kosten- und Leistungsrechnung** gewonnen werden. Dadurch erfolgt eine Verknüpfung zwischen dem externen Rechnungswesen (Gewinn- und Verlustrechnung mit den Rechengrößen Aufwand und Ertrag) und dem internen Rechnungswesen (Kosten- und Leistungsrechnung mit den Rechengrößen Kosten und Erlöse/ Leistungen). § 17 Abs. 1 KomHVO NRW sieht eine Kosten- und Leistungsrechnung als Soll-Vorschrift für die Gemeinden zur Unterstützung der Verwaltungssteuerung und zur Beurteilung der Wirtschaftlichkeit vor.

Bei den Bereichen, die sich aus **Benutzungsgebühren** nach § 6 KAG NRW finanzieren, können sich Abweichungen zu den Zahlen der Gebührenkalkulation ergeben. Während die Buchführung nur Abschreibungen vom Anschaffungswert und Fremdkapitalzinsen (Zinsaufwendungen) berücksichtigt, werden bei der Kalkulation von Benutzungsgebühren die Abschreibungen im Regelfall von Wiederbeschaffungszeitwerten berechnet; statt Fremdkapitalzinsen werden kalkulatorische Zinsen vom eingesetzten Kapital berechnet. Diese Differenzen zwischen Gebührenkalkulation und Teilergebnisplänen können nachrichtlich ergänzend im jeweiligen Teilergebnisplan dargestellt werden.

Im Teilergebnisplan „**Allgemeine Finanzwirtschaft**" sind hauptsächlich Steuererträge und Schlüsselzuweisungen, also Erträge, die die Gemeinde als Ganzes erhält, veranschlagt. Diese Erträge stellen Gesamtdeckungsmittel dar. Gleiches gilt auf der Aufwandsseite insbesondere für zu zahlende Umlagen (z.B. Kreisumlage). Aus diesem Grund wird der Teilplan „Allgemeine Finanzwirtschaft" im Regelfall einen

Überschuss aufweisen, während die meisten anderen Teilpläne Fehlbeträge ausweisen.[178]

SEHEN SIE SICH DAS MUSTER DES TEILERGEBNISPLANES LT. ANLAGE 9 VV MUSTER ZUR GO UND KOMHVO NRW AN!

Teilfinanzplan

Der Teilfinanzplan weist den Finanzmittelbedarf des Produktbereichs, der Produktgruppe oder des Produktes aus. Im Gegensatz zum Teilergebnisplan, der sich im Aufbau und Inhalt vollständig am Ergebnisplan orientiert, stellt sich der Aufbau des Teilfinanzplans nach § 4 Abs. 4 KomHVO NRW anders dar als beim Finanzplan. Im Teilfinanzplan werden **mindestens die Ein- und Auszahlungen für die Investitionstätigkeit**, bezogen auf die jeweilige Gliederungsebene, dargestellt. Unberücksichtigt bleiben können somit die nicht-investiven Einzahlungen und Auszahlungen. Damit entspricht der Teilfinanzplan einem privatwirtschaftlichen Investitionsplan.

Eine Darstellung von internen Leistungsverrechnungen im Finanzplan erfolgt nicht, weil sich durch die Verrechnungen keine Ein- und Auszahlungen mit Auswirkungen auf die liquiden Mittel ergeben.

Ergänzt wird der Teilfinanzplan durch eine **Übersicht über die einzelnen Investitionsmaßnahmen** mit einem Volumen, das die von der Gemeindevertretung festzusetzende Erheblichkeitsgrenze übersteigt. Maßnahmen, deren Volumen unterhalb dieser Wertgrenze liegen, können zusammen wie eine einzelne Investition dargestellt werden.

SEHEN SIE SICH DIE MUSTER DES TEILFINANZPLANES LT. ANLAGE 10 A UND ANLAGE 10 B VV MUSTER ZUR GO UND KOMHVO NRW AN!

Produktziele

Wichtiger Bestandteil einer Steuerung ist die Orientierung der Planung und der Bewirtschaftung der Ressourcen an Zielen, die politisch vorgegeben werden. Die Ziele sollten produktbezogen und grundsätzlich so formuliert werden, dass sich ihre Erreichung (bzw. ihre Nichterreichung) feststellen lässt. Die Überwachung der Ziele erfolgt in der Regel über Messgrößen wie Kennzahlen oder Indikatoren, die Bestandteile der Teilpläne sind.

Kennzahlen, Indikatoren

Es sollten solche Kennzahlen ausgewählt werden, mit deren Hilfe die Zielerreichung messbar (operational) gemacht werden kann. Hierbei kommen **monetäre und nicht-**

[178] Muster für Teilplan bzw. Teilrechnung „Allgemeine Finanzwirtschaft“ vgl. NKF-Handreichungen 7. Aufl. 2016, S. 3394.

monetäre Kennzahlen in Frage. Bei der Beurteilung und Analyse von Zielabweichungen müssen beeinflussbare und nicht beeinflussbare Effekte unterschieden werden. Die tarifvertraglich vorgeschriebene leistungsorientierte Vergütung für die Beschäftigten (§ 18 TVÖD) sollte sich zweckmäßigerweise an solchen Kennzahlen orientieren.

Beispiele für monetäre Kennzahlen

- Stromkosten je m^2
- Kostendeckungsgrad
- Zuschussbedarf je Besucher

Beispiele für nicht-monetäre Kennzahlen

- Stromverbrauch je m^2
- Anzahl der Besucher
- Anzahl der ausgegebenen Personalausweise
- durchschnittliche Wartezeit

Neben den Kennzahlen gibt es sog. **Indikatoren**, die die Zielerreichung zwar nicht direkt dokumentieren, aber einen Hinweis auf die Zielerreichung geben können. So kann z.B. die Nutzung der Kurse einer Volkshochschule ein Indikator für die Weiterbildungsbereitschaft der Bevölkerung sein.

In der allgemeinen Betriebswirtschaftslehre soll eine Steuerung der Unternehmen mit strategisch relevanten Größen erkannt und ermöglicht werden (sog. **Balanced Scorecard**).[179] Die kommunalen Ziele und Kennzahlen in den Teilplänen können als Grundlage für die Einführung dieses Systems dienen.

Die Abbildung von Zielen und Kennzahlen gemäß § 4 Abs. 2 KomHVO NRW kann zur Vereinfachung auf bedeutende Produkte beschränkt werden. Die Festlegung, welche Produkte vor Ort als bedeutend eingestuft werden, erfolgt durch die Kommune.

[179] Näheres siehe Wöhe, G., Einführung in die Allgemeine Betriebswirtschaftslehre, 26. Aufl.2016, S. 201.

B.2.2.4 Anlagen des Haushaltsplans[180]

Dem Haushaltsplan sind mehrere Anlagen zur finanziellen Entwicklung der Gemeinde und ihrer Unternehmen, Beteiligungen und Einrichtungen beizufügen. Die Pflichtanlagen sind in § 1 Abs. 2 KomHVO NRW aufgezählt:

- Vorbericht,
- Stellenplan,
- Haushaltsquerschnitt,
- Übersicht über den voraussichtlichen Stand der Verbindlichkeiten,
- Übersicht über die Entwicklung des Eigenkapitals,
- Übersicht über die Verpflichtungsermächtigungen,
- Ergebnisrechnung, Finanzrechnung und der bestätigte Entwurf der Bilanz des Vorvorjahres,
- Wirtschaftspläne und neueste Jahresabschlüsse der Sondervermögen, für die Sonderrechnungen geführt werden,
- Wirtschaftspläne und neueste Jahresabschlüsse der Unternehmen und Einrichtungen mit eigener Rechtspersönlichkeit, an denen die Kommune mit mehr als 20 % unmittelbar oder mittelbar beteiligt ist,
- in kreisfreien Städten: Übersichten mit bezirksbezogenen Haushaltsangaben.

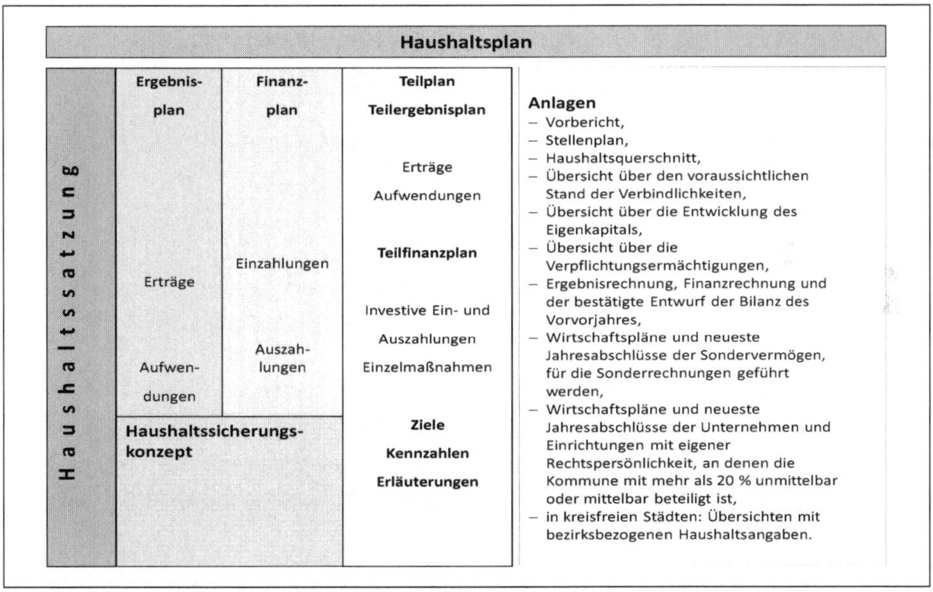

Abbildung 48: Der kommunale Haushaltsplan im NKF[181]

[180] Die Anlagen werden ausführlich erläutert in: Bernhardt/Mutschler/Stockel-Veltmann, Kommunales Finanzmanagement NRW, 7. Aufl. 2013, Kap. 8. Vgl. auch §§ 1, 7, 8 KomHVO NRW, § 97 GO NRW und Anlagen 11 – 15 VV Muster zur GO und KomHVO NRW.

[181] In Anlehnung an: Henkes, J., Der Jahresabschluss kommunaler Gebietskörperschaften, S. 113.

B.2.2.5 Haushaltssatzung

Auf Basis des Haushaltsplans ist jährlich eine Haushaltssatzung zu erlassen. Sie enthält gemäß § 78 GO NRW die Festsetzungen

1. des Haushaltsplans
    - im Ergebnisplan unter Angabe des Gesamtbetrages der Erträge und der Aufwendungen des Haushaltsjahres,
    - im Finanzplan unter Angabe des Gesamtbetrages der Einzahlungen und Auszahlungen aus laufender Verwaltungstätigkeit, des Gesamtbetrages der Einzahlungen und Auszahlungen aus Investitionstätigkeit und aus der Finanzierungstätigkeit des Haushaltsjahres,
    - zum Höchstbetrag der Kredite für Investitionen,
    - zu den vorgesehenen Ermächtigungen zum Eingehen von Verpflichtungen, die künftige Haushaltsjahre mit Auszahlungen für Investitionen belasten (Verpflichtungsermächtigungen),
2. der Inanspruchnahme der Ausgleichsrücklage und der Verringerung der allgemeinen Rücklage,
3. des Höchstbetrages der Kredite zur Liquiditätssicherung,
4. der Steuersätze, die für jedes Haushaltsjahr neu festzusetzen sind,
5. des Jahres, in dem der Haushaltsausgleich wiederhergestellt ist.

Eine Mustersatzung ist in Anlage 1 VV Muster zur GO und KomHVO NRW zu finden.

B.2.3 Bewirtschaftung des kommunalen Haushalts im NKF

B.2.3.1 Deckungsgrundsätze

B.2.3.1.1 Gesamtdeckung

Gemäß § 20 KomHVO NRW dienen die Erträge insgesamt der Deckung der Aufwendungen des Ergebnisplanes und die Einzahlungen insgesamt der Deckung der Auszahlungen. Durch die Gesamtdeckung wird eine flexible Bewirtschaftung des Haushaltes erreicht.

Die Zweckbindung von Einzahlungen/Erträgen aufgrund rechtlicher Verpflichtung oder auch die Bildung von Sondervermögen (z.B. die in Fonds oder Wertpapieren angelegten Deckungsmittel für Versorgungsverpflichtungen) gelten als Ausnahmen von der Anwendung des Gesamtdeckungsprinzips.

Aus dem Grundsatz der Gesamtdeckung ergibt sich auch, dass eine Zurechnung einzelner Ein- und Auszahlungen zu einzelnen Organisationseinheiten oder Produktbereichen nicht notwendig ist und der Gesetzgeber auf Teilfinanzpläne und Teilfinanzrechnungen hätte verzichten können. Die Zahlungsfähigkeit muss auf der Ebene der gesamten Gebietskörperschaft durch einen Ausgleich aller Auszahlungen mit Hilfe aller Einzahlungen gesichert werden.

B.2.3.1.2 Budgetierung

§ 20 KomHVO NRW weist beim Grundsatz der Gesamtdeckung durch die Formulierung „soweit in dieser Verordnung nichts anderes bestimmt ist" darauf hin, dass auch andere Bewirtschaftungsformen zulässig sind. Eine andere Bewirtschaftungsform ist gemäß § 21 KomHVO NRW die Budgetierung. Nach § 21 Abs. 1 S. 1 KomHVO NRW können zur flexiblen Haushaltsbewirtschaftung Erträge und Aufwendungen zu Budgets verbunden werden. Das bedeutet, dass die Deckung im Haushalt auf die Budgetbereiche verlagert wird. Damit sind die Gesamtsummen der Erträge und Aufwendungen des Budgets für die Haushaltsführung verbindlich.

Zu beachten ist jedoch, dass die Bewirtschaftung der Budgets gemäß § 21 Abs. 3 KomHVO NRW nicht zu einer Minderung des Saldos aus laufender Verwaltungstätigkeit in der Finanzrechnung nach § 3 Abs. 2 Nr. 1 KomHVO NRW führen darf. Die Inanspruchnahme von Budgets ist nur zulässig, wenn das geplante Jahresergebnis nicht gefährdet ist und die Vorschriften des § 86 GO NRW über die Aufnahme von Krediten beachtet werden.

Die Budgetierung ist ebenfalls im Finanzhaushalt zulässig. Auch Investitionseinzahlungen und Investitionsauszahlungen können in gemeinsamen Budgets bewirtschaftet werden (§ 21 Abs. 1 S. 3 KomHVO NRW).

Konkrete Budgetierungsvorgaben enthalten die gesetzlichen Regelungen nicht. Die Gemeinde entscheidet also, ob und in welcher Form Budgets gebildet werden. So bietet sich entweder die Budgetierung von Teilplänen oder von Organisationseinheiten an.[182] Bei einer Budgetierung von Organisationseinheiten kann ein Budget sogar aus mehreren Produktbereichen bestehen, was eine ganz erhebliche Flexibilität erlaubt.

In einigen Bundesländern (z.B. Baden-Württemberg, Hessen, Saarland) sind die Teilhaushalte automatisch als Budgets mit gegenseitiger Deckungsfähigkeit festgelegt, sofern nicht etwas anderes per Haushaltsvermerk bestimmt wird.

B.2.3.1.3 Unechte Deckungsfähigkeit

Eine Flexibilität bei der Haushaltsführung ist Voraussetzung für ein modernes Finanzmanagement, vor allem in Form der Budgetierung. Insofern hat der Gesetzgeber Regelungen getroffen, die eine solche Flexibilität ermöglichen, wobei das Instrument der unechten Deckungsfähigkeit aus der Kameralistik übernommen worden ist. § 21 Abs. 2 KomHVO NRW sieht vor, dass bestimmt werden kann, dass Mehrerträge zur Erhöhung der Aufwendungsermächtigungen führen. Es kann zudem erklärt werden,

[182] Vgl. NKF-Handreichungen 7. Aufl. 2016, S. 2461.

dass Mindererträge zu Minderungen der Aufwendungsermächtigungen führen. Gleiche Regelungen können für den Finanzhaushalt getroffen werden. Mehreinzahlungen für Investitionen können zu Mehrauszahlungsermächtigungen führen, Mindereinzahlungen die Auszahlungsermächtigungen senken. Da der Gesetzgeber ausdrücklich den Wortlaut „bestimmt werden" verwendet hat, bedürfen solche Ermächtigungen einer ausdrücklichen Erklärung und damit eines **förmlichen Haushaltsvermerks**.

Wird eine solche Ermächtigung tatsächlich ausgenutzt und werden aufgrund eines Mehrertrages Mehraufwendungen geleistet, erhöht sich automatisch das Gesamtvolumen des Ergebnishaushaltes, allerdings auf der Ertrags- und Aufwandsseite im selben Umfang. Insofern wird die konkrete Anwendung des Verfahrens in der Haushaltsausführung auch als unechte Deckungsfähigkeit bezeichnet (**Deckung oberhalb des festgesetzten Haushaltsvolumens**).

Zu beachten ist, dass in der Regel ein Zusammenhang zwischen Erträgen und Einzahlungen besteht. Man kann somit nicht nur die Mehrerträge in die unechte Deckungsfähigkeit einbeziehen. Vielmehr sind mit den meisten Mehraufwendungen auch Mehrauszahlungen aufgrund entsprechender Mehreinzahlungen verbunden.

Vermerke zur unechten Deckungsfähigkeit können generell in der Haushaltssatzung angebracht werden. Insbesondere ist dies erforderlich, wenn die flexible Haushaltsführung nach § 21 Abs. 2 KomHVO NRW gleichmäßig für alle Budgets oder Produktbereiche bzw. Produktgruppen gelten soll, je nachdem ob die Budgetierung oder Gesamtdeckung als Bewirtschaftungsform gewählt wurde.

Beispiel:

Mehrerträge in den einzelnen Budgets (Produktbereichen/Produktgruppen) berechtigen zu Mehraufwendungen in diesen Budgets (Produktbereichen/Produktgruppen). Das Gleiche gilt für Mehreinzahlungen zugunsten von Mehrauszahlungen.

Die unechte Deckungsfähigkeit kann auch in Einzelfällen erklärt werden, indem nur besondere Ertragsarten zu Mehraufwendungen berechtigen sollen:

Beispiel:

Mehrerträge aus den Verkaufserlösen in den einzelnen Budgets (Produktbereichen/Produktgruppen) berechtigen zu Mehraufwendungen bei den Sach- und Dienstleistungen.

Beachte: Mehraufwendungen bzw. Mehrauszahlungen im Rahmen der unechten Deckungsfähigkeit gelten nicht als überplanmäßige Aufwendungen oder Auszahlungen (vgl. § 21 Abs. 2 Satz 3 KomHVO NRW). Eine förmliche Bereitstellung von Mitteln nach § 83 GO NRW ist nicht erforderlich.

B.2.3.1.4 Echte Deckungsfähigkeit

Unter Deckungsfähigkeit wird die Möglichkeit verstanden, bei einer Haushaltsposition höhere Aufwendungen zu buchen oder Auszahlungen zu leisten als ursprünglich im Ergebnisplan bzw. Finanzplan veranschlagt sind, soweit bei einer oder mehreren anderen Haushaltspositionen entsprechende (endgültige) Einsparungen vorhanden sind. Bei der echten Deckungsfähigkeit ist entscheidend, ob sich die Haushaltspositionen innerhalb eines Budgets oder innerhalb der Gesamtdeckung befinden.

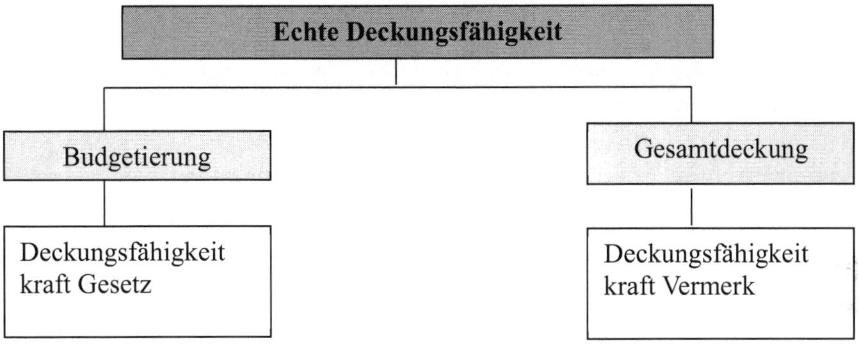

Deckungsfähigkeit innerhalb der Budgets

Wenn die Gesamtsummen der Budgets verbindlich sind, können Verschiebungen zwischen den einzelnen Aufwendungs- bzw. Auszahlungspositionen jederzeit durchgeführt werden, weil sich anders als bei der unechten Deckungsfähigkeit die Gesamtsummen der Budgets nicht verändern. Insofern bedarf es zur Anwendung der echten Deckungsfähigkeit innerhalb der Budgets keines förmlichen Haushaltsvermerkes. Es kann deshalb von einer gesetzlichen Ermächtigung ausgegangen werden (**Deckungsfähigkeit per Gesetz**).

Werden innerhalb eines Budgetbereiches z.B. insgesamt Sach- und Dienstleistungsaufwendungen eingespart, so dürfen diese eingesparten Mittel ohne weiteres für sonstige ordentliche Aufwendungen verwendet werden.

Bei der echten Deckungsfähigkeit ist jedoch zu beachten, dass durchaus nicht alle Aufwendungen bzw. Auszahlungen in die Deckungsringe einbezogen werden müssen. So werden in der Praxis meist die Abschreibungen und die internen Leistungsverrechnungen nicht für deckungsfähig erklärt. Eine Aufwendungseinsparung bei Abschreibungen darf z.B. nicht für Personalaufwendungen eingesetzt werden, weil die Abschreibungseinsparung nicht zu einer Auszahlungseinsparung führt (vgl. § 21 Abs. 3 KomHVO NRW).

Deckungsfähigkeit innerhalb der Gesamtdeckung (ohne Budget)

Außerhalb von Budgets sind nur die Gesamtsummen des Haushaltes verbindlich. Hier gilt das Prinzip der Gesamtdeckung nach § 20 KomHVO NRW. Um auch hier eine Flexibilität in der Mittelbewirtschaftung zu erreichen, kann die echte Deckungsfähigkeit durch einen begründenden Deckungsvermerk förmlich erklärt werden. Es handelt sich dann um eine **Deckungsfähigkeit kraft Vermerk**. Diese Vermerke können bei den einzelnen Planpositionen oder aber auch zentral in der Haushaltssatzung angebracht werden.

Es gibt die **gegenseitige** und **einseitige** Deckungsfähigkeit. Gegenseitige Deckungsfähigkeit bedeutet, dass alle Planpositionen, die für deckungsfähig erklärt werden, sowohl deckungsberechtigt als auch deckungsverpflichtet sind. Im Rahmen der einseitigen Deckungsfähigkeit wird durch Haushaltsvermerk festgelegt, welche Planposition deckungspflichtig und welche deckungsberechtigt ist.

Beispiele:

(1) Die „Aufwendungen für Sach- und Dienstleistungen“ sind gegenseitig deckungsfähig mit den „Sonstigen ordentlichen Aufwendungen“, sofern die Deckungsfähigkeit einzelner Aufwendungen nicht ausgeschlossen wurde (gegenseitige Deckungsfähigkeit).

(2) Die Aufwendungen für die „Unterhaltung und Bewirtschaftung der Gebäude“ sind zugunsten der „Mietaufwendungen“ deckungsfähig (einseitige Deckungsfähigkeit).

Die Möglichkeit der Deckungsfähigkeit gibt es auch bei den Verpflichtungsermächtigungen. Gemäß § 12 Abs. 2 KomHVO NRW kann im Haushalt erklärt werden, dass einzelne Verpflichtungsermächtigungen einer Investitionsmaßnahme auch für andere Investitionsmaßnahmen in Anspruch genommen werden können.

MERKE: Sowohl Budgetierung als auch echte und unechte Deckungsfähigkeit dürfen nicht zu einer Verringerung des Saldos aus den Ein- und Auszahlungen aus laufender Verwaltungstätigkeit führen (§ 21 Abs. 3 KomHVO NRW).

B.2.3.1.5 Übertragbarkeit

Da der Haushalt in der Regel nur für ein Jahr gilt, gelten die Ermächtigungen des Jahres nur bis 31.12. Bis dahin nicht in Anspruch genommene Ermächtigungen entfallen damit grundsätzlich. § 22 KomHVO NRW erlaubt deshalb, Aufwendungs- und Auszahlungsermächtigungen in die nächste Rechnungsperiode zu übertragen, wenn Aufwendungs- und Auszahlungsermächtigungen nicht bis zum Jahresende ausgeschöpft werden können. Häufig ist jedoch eine Ermächtigungsübertragung nicht erforderlich, weil die noch nicht restlos abgewickelten Geschäftsvorfälle als Verbindlichkeiten oder Rückstellungen ausgewiesen werden.

Beispiele:

(1) Reparaturrechnung geht noch im alten Jahr ein, Bezahlung muss erst im neuen Jahr erfolgen.

Buchung: *Reparaturaufwand an Verbindlichkeiten* => keine Aufwandsübertragung erforderlich

(2) Rechnung für durchgeführte Reparatur liegt zum Jahresabschluss noch nicht vor, genaue Höhe der Rechnung ist noch unbekannt.

Buchung: *Reparaturaufwand an Rückstellung für ungewisse Verbindlichkeiten* => keine Aufwandsübertragung erforderlich

(3) Arbeiten sollen erst im neuen Jahr durchgeführt werden, obwohl Haushaltsermächtigung für das alte Jahr vorliegt.

Buchung: *keine* => Aufwandsübertragung erforderlich, damit die Ermächtigung nicht verfällt

In allen drei Fällen sind jedoch Auszahlungsübertragungen notwendig, da die Auszahlungen erst im neuen Jahr erfolgen.

Werden Aufwands- und Auszahlungsermächtigungen übertragen, erhöhen sie die Planansätze des Folgejahres und bleiben bis zu dessen Ende verfügbar. Wie oben ausgeführt, kommt es durch die Bildung der Ermächtigungsübertragung zu keiner konkreten Buchung, da weder Aufwendungen noch Auszahlungen vorliegen und Bilanzpositionen nicht angesprochen werden. Jedoch ist gemäß § 95 Abs. 1 GO NRW im Jahresabschluss Rechenschaft über die Recht- und Ordnungsmäßigkeit der Haushaltswirtschaft abzulegen. Deshalb muss auch die Übertragung von Ermächtigungen dokumentiert werden. Der konkrete Nachweis erfolgt gemäß § 22 Abs. 4 Satz 2 KomHVO NRW in der Ergebnis- und Finanzrechnung (vgl. Anlagen 19 – 22 VV Muster zur GO und KomHVO NRW). Zusätzlich ist eine Übersicht über die Ermächtigungsübertragungen der Gemeindevertretung zur Kenntnis zu bringen und gleichzeitig sind die Auswirkungen auf den Ergebnis- und den Finanzplan des Folgejahres anzugeben.

Die Übertragbarkeit von Verpflichtungsermächtigungen und Kreditermächtigungen ist in §§ 85 Abs. 2 und 86 Abs. 2 GO NRW geregelt. Auf die Vorschriften wird verwiesen.

Insgesamt lässt sich feststellen, dass die Regelungen zur Übertragbarkeit einen hohen Verwaltungsaufwand bei Inanspruchnahme nach sich ziehen. Die Gemeinde sollte deshalb hiervon möglichst keinen Gebrauch machen und die Mittel im nächsten Haushaltsplan neu veranschlagen. Der kaufmännischen Rechnungslegung ist das Prinzip der Übertragbarkeit nicht bekannt; insofern stellt sich die Frage, warum auf diesen Deckungsgrundsatz im Gesetzgebungsverfahren nicht vollständig verzichtet wurde.

MERKE: Übertragene Ermächtigungen beeinflussen nicht das Jahresergebnis.

B.2.3.2 Verpflichtungsermächtigungen

Verpflichtungsermächtigungen sind Ermächtigungen zum Eingehen von Verpflichtungen, die künftige Haushaltsjahre mit Auszahlungen für Investitionen belasten (§ 85 Abs. 1 GO NRW).

Verpflichtungsermächtigungen sind lediglich im Investitionsbereich notwendig. Da Investitionen Auszahlungen zur Veränderung des Anlagevermögens darstellen, kann nur der Finanzplan Veranschlagungen von Verpflichtungsermächtigungen enthalten.

Eine Verpflichtungsermächtigung ist jedoch nicht automatisch in den Finanzplan einzustellen, wenn in den zukünftigen Jahren Investitionsauszahlungen veranschlagt werden. Vielmehr ist sie nur dann notwendig, wenn Verträge im Investitionsbereich abgeschlossen werden sollen, die Auszahlungen in späteren Jahren zur Folge haben.

Die Verpflichtungsermächtigungen dürfen nach § 12 Abs. 1 Satz 1 KomHVO NRW in der Regel zu Lasten der dem Haushaltsjahr folgenden drei Jahre veranschlagt werden.

Die Veranschlagung der Verpflichtungsermächtigung hat bei den einzelnen Investitionen im Teilfinanzplan zu erfolgen. Die Gesamtsumme aller Verpflichtungsermächtigungen des Planjahres wird in der Haushaltssatzung festgesetzt.

Da die Ansätze der Verpflichtungsermächtigungen verbindlich sind, muss die Inanspruchnahme von Verpflichtungsermächtigungen nachgehalten werden (§ 24 Abs. 3 KomHVO NRW). Dies ist nur außerhalb des Systems der doppelten Buchführung möglich, weil es sich bei Verpflichtungsermächtigungen weder um Aufwendungen noch um Auszahlungen handelt.

B.2.3.3 Kreditaufnahme

Verpflichtungen aus Krediten für Investitionen haben mit der dauernden Leistungsfähigkeit der Gemeinde in Einklang zu stehen, d.h. eine bilanzielle Überschuldung (negatives Eigenkapital) darf nicht eintreten. Eine Unterscheidung zwischen Investitionskrediten und Kassenkrediten (Krediten zur Liquiditätssicherung) gibt es in der kaufmännischen Buchführung nicht, ist jedoch im NKF vorgesehen. Der Gesamtbetrag der Kredite für Investitionen sowie der Höchstbetrag für Kredite zur Liquiditätssicherung sind in der Haushaltssatzung festzusetzen.

Voraussetzungen der Kreditaufnahme

Wegen der besonderen Bedeutung der Kreditaufnahme für die Haushaltswirtschaft und wegen der Belastung folgender Haushalte durch die Verpflichtungen, die aus Krediten entstehen, sind für die Fremdfinanzierung durch Kredite umfangreiche und detaillierte haushaltsrechtliche Regelungen getroffen worden.

Die in den Vorschriften enthaltenen Regelungen sind hier lediglich aufgezählt:[183]

- Beachtung des Subsidiaritätsprinzips (§ 77 Abs. 4 GO NRW),
- Vorliegen einer Kreditermächtigung in der Haushaltssatzung (§ 78 Abs. 2 Nr. 1c und Nr. 3 GO NRW),
- Beachtung des Verbots der bilanziellen Überschuldung (§ 75 Abs. 7 GO NRW),
- Sicherstellung der dauernden Leistungsfähigkeit (§ 86 Abs. 1 Satz 2 GO NRW),
- Berücksichtigung der Zumutbarkeit und Belastbarkeit der Einwohner (§§ 10 und 77 Abs. 3 GO NRW),
- Berücksichtigung gesamtwirtschaftlicher Belange (§ 75 Abs. 1 Satz 3 GO NRW).

B.2.3.4 Über- und außerplanmäßige Aufwendungen und Auszahlungen

Rechtsgrundlage in NRW ist § 83 GO. Die Begriffe über- und außerplanmäßig drücken damit gewisse Abweichungen von den Ansätzen des Haushaltsplanes (Planermächtigungen) aus. **Überplanmäßige** Aufwendungen sind demnach Aufwendungen, die den Aufwendungsansatz im Haushaltsplan überschreiten. Die Regelung bezieht sich auf die Teilergebnispläne, in denen die Aufwendungsermächtigungen enthalten sind. Entscheidet sich eine Gemeinde für die Mindestgliederung nach Produktbereichen, steht ein über- bzw. außerplanmäßiger Aufwand immer im Bezug zu den dort ausgewiesenen Aufwandspositionen.

Anders stellt es sich dar, wenn die Gemeinde sich entschließt, Teilergebnispläne für Produktgruppen (z.B. Produktgruppe Grundschule oder Produktgruppe Realschule) oder gar für einzelne Produkte aufzustellen. Die Begrifflichkeiten der Mehraufwendungen beziehen sich dann jeweils auf die einzelnen Aufwandspositionen der Produktgruppen bzw. der Produkte.

Außerplanmäßige Aufwendungen kommen vor, wenn keine Planermächtigungen vorliegen (z.B. außerplanmäßige Aufwendung aufgrund eines Sturmschadens am Rathaus). Für den Teilfinanzplan gelten die Ausführungen entsprechend, wobei dann lediglich auf Auszahlungspositionen abzustellen ist.

Voraussetzung für die Bewilligung ist, dass die Leistung **unabweisbar** ist. Die **Deckung soll im laufenden Haushaltsjahr gewährleistet** sein. Zu beachten ist, dass es auszahlungswirksame und nicht auszahlungswirksame Aufwendungen gibt und eine Verschlechterung des geplanten Saldos des Finanzplanes durch über- und außerplanmäßige Aufwendungen und Auszahlungen nicht eintreten darf. Gleiches gilt im

[183] Zur Erläuterung vgl. RdErl. des Ministeriums für Inneres und Kommunales NRW v. 16. 12. 2014 (Kreditererlass – MBl. NRW 2014 S. 866) sowie Bernhardt/Mutschler/Stockel-Veltmann, Kommunales Finanzmanagement NRW, 7. Aufl. 2013, Kap. 15.2.2.

Umkehrschluss auch für den Ergebnisplan. Müssen aufgrund gesetzlicher Vorschriften unabweisbare Mehrauszahlungen geleistet werden (z.B. Sozialhilfezahlungen) und ist keine Deckung gegeben, so ist grundsätzlich eine Nachtragssatzung zu erlassen. Auf § 81 GO NRW wird verwiesen.

Im Rahmen der Aufstellung des Haushaltsplanes ist grundsätzlich darauf zu achten, dass die Fachbereiche ihre Aufwendungen nicht unrealistisch niedrig schätzen.

Im Investitionsbereich ist die Sonderregelung des § 83 Abs. 3 GO NRW zu beachten, wonach unter bestimmten Voraussetzungen (z.B. bei einer Fortführungsmaßnahme) die Deckung auch im kommenden Jahr zulässig ist (= Haushaltsvorgriff).

B.2.3.5 Interne Leistungsbeziehungen

Bei der internen Leistungsverrechnung geht es um die Verrechnung der sog. internen Dienstleistungen zwischen den Teilergebnisplänen bzw. -rechnungen, z.B. Leistungen der Grundstücks- und Gebäudewirtschaft, des Bauhofs, des Fuhrparks, des IT-Services, des Rechnungsprüfungsamtes oder der eigenen Druckerei (vgl. § 16 KomHVO NRW). Durch eine Kosten- und Leistungsrechnung werden die Kosten ermittelt, die die Grundlage für die interne Leistungsverrechnung bilden. Es lässt sich hierdurch u.a. ermitteln, ob die internen Dienstleistungen **wirtschaftlich** erbracht werden. Im Ergebnisplan und in der Ergebnisrechnung müssen sich die internen Leistungsbeziehungen insgesamt ausgleichen. Finanzplan und Finanzrechnung sind nicht betroffen, da keine Ein- und Auszahlungen erfolgen.

Die konkrete Ausgestaltung hinsichtlich Art, Umfang und Verfahren der Verrechnung kann von den Kommunen individuell bestimmt werden. Es bleibt ihnen überlassen, wofür interne Leistungsbeziehungen ab welchem Mindestwert verrechnet und wie die Verrechnungsbeträge konkret ermittelt werden. Interne Verrechnungen sollten nur dann erfolgen, wenn sie einen Steuerungsnutzen besitzen.[184]

Die Berücksichtigung von internen Leistungsbeziehungen für Zwecke der Gebührenkalkulation erfolgt nach den abgabenrechtlichen Vorschriften (insb. Kommunalabgabengesetz).

B.2.3.6 Überwachung

Gemäß § 24 Abs. 1 KomHVO NRW dürfen die im Haushaltsplan enthaltenen Ermächtigungen erst dann in Anspruch genommen werden, wenn die Aufgabenerfüllung dies erfordert. Die Inanspruchnahme ist zu überwachen. Das gleiche gilt für Verpflichtungsermächtigungen. Aus der Regelung kann gefolgert werden, dass eine Haushaltsüberwachung, ohne dass die Form vorgeschrieben wird, erforderlich ist. Im Regelfall dürfte eine Überwachung über die eingesetzte Software möglich sein.

[184] Vgl. Bals, Hans Jürgen, Finanzmanagement 2004, S. 99.

Zusammenfassender Überblick: Der kommunale Haushaltsplan

Haushalts-satzung	**Ergebnisplan**	**Finanzplan**	**Anlagen z.B.**
	Erträge Aufwendungen **Teilergebnisplan Produktbereich x** Erträge Aufwendungen ergänzt um: Ziele, Kennzahlen, Erläuterungen	Einzahlungen Auszahlungen **Teilfinanzplan Produktbereich x** für Investitionen Einzahlungen Auszahlungen	-Vorbericht, -Stellenplan, -Haushaltsquerschnitt, -Übersicht über den voraussichtlichen Stand der Verbindlichkeiten, -Übersicht über die Entwicklung des Eigenkapitals, -Übersicht über die Verpflichtungsermächtigungen, -Ergebnisrechnung, Finanzrechnung und der bestätigte Entwurf der Bilanz des Vorvorjahres, -Wirtschaftspläne und neueste Jahresabschlüsse der Sondervermögen, für die Sonderrechnungen geführt werden, -Wirtschaftspläne und neueste Jahresabschlüsse der Unternehmen und Einrichtungen mit eigener Rechtspersönlichkeit, an denen die Kommune mit mehr als 20 % unmittelbar oder mittelbar beteiligt ist, -in kreisfreien Städten: Übersichten mit bezirksbezogenen Haushaltsangaben.

↑ ↑

Bewirtschaftungsregeln

Beispiel einer Zeitreihe in den Planungskomponenten: Haushaltsplan 2021

Ergebnis 2019	Ansatz 2020	Haushalts-ansatz 2021	Planung 2022	Planung 2023	Planung 2024

Abbildung 49: Der kommunale Haushalt im Überblick

B.2.4 Bilanzierung und Bewertung im NKF

B.2.4.1 Exkurs: Die Erstellung der ersten Eröffnungsbilanz

Zum Stichtag der Einführung der Doppelten Buchführung für Kommunen musste eine Eröffnungsbilanz erstellt werden, die den Bestand und die Bewertung des Vermögens und der Schulden zu diesem Zeitpunkt enthielt (Altbestand). Bei der Bewertung konnten weitgehend Vereinfachungsverfahren angewandt werden (z.B. Gruppenbewertung, Festwertbewertung, anerkannte statistische Methoden, vereinfachte Behandlung geringwertiger Vermögensgegenstände).

Für die erstmalige Bewertung wurden im NKF die Vermögensgegenstände zu **vorsichtig geschätzten Zeitwerten** angesetzt (vgl. § 92 Abs. 2 S. 1 GO NRW). Damit wurde die Anschaffung bzw. Herstellung des Vermögensgegenstandes auf den Zeitpunkt bezogen, zu dem erstmals die Grundsätze der doppelten Buchführung anzuwenden waren. Die häufig problematische Ermittlung der (fortgeführten) Anschaffungs- bzw. Herstellungskosten für weit vor dem Stichtag der Eröffnungsbilanz erworbene oder hergestellte Vermögensgegenstände wurde dadurch vermieden.

Für die Folgejahre gilt das AK/HK-Prinzip trotz seiner Durchbrechung in der Eröffnungsbilanz. Die Eröffnungsbilanzwerte werden gemäß § 92 Abs. 2 Satz 2 GO NRW in den Folgejahren als fiktive Anschaffungs- und Herstellungskosten fortgeschrieben. Für das abnutzbare Anlagevermögen bedeutet dies, dass die Eröffnungsbilanzwerte durch planmäßige Abschreibungen auf die (Rest-)Nutzungsdauer der Vermögensgegenstände zu verteilen sind. Diese Abschreibungen fließen als Aufwendungen in die Ergebnisrechnungen ein. Zeitwerte im abnutzbaren Vermögen führen zwar tendenziell zu höherem Eigenkapital in der Eröffnungsbilanz und zu einer höheren Ausgleichsrücklage als Ergebnispuffer für die Folgejahre, aber auch zu höheren Abschreibungen und damit **zu höheren Belastungen der Ergebnisrechnungen**. Bewertungsentscheidungen im Rahmen der Eröffnungsbilanz verursachen somit nicht unerhebliche Zukunftswirkungen.

Für die Ermittlung der Zeitwerte von Gegenständen des immobilen Anlagevermögens (Grundstücke, Gebäude, Infrastrukturvermögen, Kultur- und Naturgüter) ist auf die Wertbegriffe und Bewertungsmaßstäbe des öffentlichen Baurechts (insbesondere **Immobilien-Wertermittlungsverordnung** - ImmoWertV) zurückgegriffen worden. In der Verordnung werden allgemeine Grundsätze für die Ermittlung von Verkehrswerten bei Immobilien festgelegt. Der Wert eines bebauten Grundstücks ergibt sich grundsätzlich aus dem Bodenwert und dem Wert der baulichen und sonstigen Anlagen. Für die Bemessung planmäßiger Abschreibungen ist der Gesamtwert in einen Grundstückswert und einen Gebäudewert, der einer planmäßigen Abnutzung unterliegt, aufzuteilen.[185] Die **ImmoWertV** unterscheidet verschiedene Verfahren zur Ermittlung der Zeitwerte, wobei diese nicht nur für die erste Eröffnungsbilanz, sondern

[185] Die Aufteilung erfolgt in der Anlagenbuchhaltung als Nebenbuchhaltung.

auch **als Vergleichswerte (beizulegender Stichtagswert) für Folgejahre** angewandt werden können:

Das **Vergleichswertverfahren** (§ 15 ImmoWertV) kommt vor allem bei Grundstücken zur Anwendung, die mit weitgehend typisierten Gebäuden bebaut sind (Einfamilienhaus, Reihenhaus, Eigentumswohnung, Siedlung). Die Werte ergeben sich aus tatsächlich realisierten Kaufpreisen anderer nach Lage, Zuschnitt, Beschaffenheit, Alter etc. vergleichbarer Grundstücke. Besonderheiten des Einzelfalls sind durch Zu- oder Abschläge zu erfassen. Für Grund und Boden kann auf Verkaufspreise vergleichbarer Grundstücke und/oder geeignete Bodenrichtwerte zurückgegriffen werden.

Das **Ertragswertverfahren** (§§ 17 - 20 ImmoWertV) wird regelmäßig bei solchen Grundstücken herangezogen, bei denen der nachhaltig erzielbare Ertrag für die Werteinschätzung am Markt im Vordergrund steht (z.B. bei Miet- und Geschäftsgrundstücken). Daneben kann das Ertragswertverfahren auch für bebaute Grundstücke herangezogen werden, die in marktvergleichbarer Weise z.B. zu Verwaltungszwecken (Bürogebäude) oder gewerblich (Betriebs- und Lagergebäude) genutzt werden oder zumindest nutzbar sind und für die eine **marktübliche Miete** angesetzt werden kann. Das Ertragswertverfahren geht davon aus, dass sich der Wert einer Immobilie nach den künftig nachhaltig erzielbaren finanziellen Überschüssen bemisst. Zur **Abzinsung** der künftigen Überschüsse wird der Liegenschaftszins verwandt, der sich an der marktüblichen durchschnittlichen Rendite orientiert. Ausgehend von erzielbaren Nutzungserlösen je Bezugsgröße, z.B. Miete pro m², wird zunächst der periodenbezogene Rohertrag ermittelt, aus dem nach Abzug der Bewirtschaftungskosten (für Verwaltung, Betrieb und Instandhaltung des Grundstücks) der Reinertrag errechnet wird.

Der Ertragswert errechnet sich grundsätzlich nach folgendem Schema:

	Jahresrohertrag (nachhaltig erzielbare Einnahmen)
-	Bewirtschaftungskosten (für Betrieb, Verwaltung, Instandhaltung)
=	Grundstücksreinertrag
-	Verzinsung des Bodenwertes
=	Reinertrag der baulichen Anlage
·	Vervielfältiger (Anlage 1 ImmoWertV)[186]
=	Ertragswert der baulichen Anlage
+/-	besondere wertbeeinflussende Umstände
=	Wert der baulichen Anlage
+	Bodenwert
=	**Ertragswert** des bebauten Grundstücks

[186] Der Vervielfältiger entspricht dem Rentenbarwertfaktor für die jeweilige Laufzeit und dem jeweiligen Zinssatz.

Das **Sachwertverfahren** (§§ 21 - 23 ImmoWertV) ist zumeist dann anzuwenden, wenn es für die Werteinschätzung am Markt nicht in erster Linie auf einen Ertrag ankommt, sondern die Herstellungskosten nach den Gepflogenheiten des gewöhnlichen Geschäftsverkehrs wertbestimmend sind. Beim Sachwertverfahren werden die sog. Normal (Wieder-) Herstellungskosten für den Vermögensgegenstand ermittelt und als Näherung für den Veräußerungswert angesetzt. Die **Normalherstellungskosten (NHK)** werden vom Bundesministerium für Verkehr, Bau- und Wohnungswesen in der Regel alle fünf Jahre in einer Richtlinie zur Ermittlung des Sachwerts – **Sachwertrichtlinie** – herausgegeben bzw. fortgeschrieben und zwar für eine Vielzahl von unterschiedlichen Gebäudetypen. Dabei handelt es sich um Herstellungskosten von Gebäuden ohne Baunebenkosten (nach DIN 276), jedoch einschließlich Mehrwertsteuer zum jeweiligen Preisstand, z.B. NHK 2010. Unter Hinzuziehung des Baupreisindex vom Statistischen Bundesamt kann auf den Stand zum Wertermittlungsstichtag um- bzw. hochgerechnet werden.

Eine weitere Einteilung erfolgt nach Kostengruppen, wobei nach einfachen, mittleren, gehobenen und stark gehobenen Ausstattungsstandards (z.B. Fenster, Sanitär, Bodenbeläge, Heizung) differenziert wird. Nach diesen Differenzierungen werden die Kosten je Quadratmeter Bruttogrundfläche in Euro aufgeführt. Die Gesamtbruttofläche des zu bewertenden Gebäudes wird für die Wertermittlung mit den Kosten je Quadratmeter multipliziert.

Baumängel und Bauschäden können nach Erfahrungssätzen durch pauschale Abschläge nach Berücksichtigung der planmäßigen Abschreibungen erfasst werden. Weiterhin kann noch durch Multiplikation mit regionalen Faktoren – beispielsweise nach Bundesländern, Größe der Städte bzw. Bauorte, Konjunkturschwankungen – eine Anpassung an orts- und zeitspezifische Verhältnisse erfolgen.

Die nachfolgende Übersicht fasst die Anwendungsbereiche der drei Verfahren zusammen:

Ertragswertverfahren	**Sachwertverfahren**	**Vergleichswertverfahren**
Büro- und Verwaltungsgebäude	Kindergärten, Schulen	Grund und Boden
Gewerbeimmobilien	Museen, Theater, Festhallen	Eigentumswohnungen
Mehrfamilienhäuser	Öffentliche Bereitschaftsdienste	

Abbildung 50: Bewertungsverfahren

B.2.4.2 Immaterielle Vermögensgegenstände und Sachanlagevermögen

Die Gliederung der Bilanz im NKF baut auf folgendem Schema auf:

Schema für die Gliederung der NKF-Bilanz	
Aktiva **1. Anlagevermögen** Immaterielle VG Sachanlagen Finanzanlagen **2. Umlaufvermögen** Vorräte Forderungen und sonstige Vermögensgegenstände Wertpapiere des UV Liquide Mittel **3. Aktive Rechnungsabgrenzung** **4. Nicht durch Eigenkapital gedeckter Fehlbetrag**	**Passiva** **1. Eigenkapital** Allgemeine Rücklage Sonderrücklagen Ausgleichsrücklage Jahresüberschuss/Jahresfehlbetrag **2. Sonderposten** **3. Rückstellungen** **4. Verbindlichkeiten** **5. Passive Rechnungsabgrenzung**

Abbildung 51: Kurzgliederung NKF-Bilanz

1. Immaterielle Vermögensgegenstände

Nicht entgeltlich erworbene oder selbst hergestellte immaterielle Vermögensgegenstände des Anlagevermögens dürfen (wie in der staatlichen Doppik) nach § 44 Abs. 1 KomHVO NRW nicht aktiviert werden (§ 248 Abs. 2 HGB sieht eine andere Regelung vor – vgl. Kap. A.12.2.1). Entgeltlich erworbene immaterielle Vermögensgegenstände müssen hingegen aktiviert werden. Sofern die Nutzung zeitlich begrenzt ist, sind die Vermögensgegenstände über die voraussichtliche Nutzungsdauer linear abzuschreiben.

Im NKF gehören zu den immateriellen Vermögensgegenständen des Anlagevermögens auch **geleistete Investitionszuschüsse**, die mit einer **rein mengenbezogenen Gegenleistungsverpflichtung** verbunden sind (vgl. § 44 Abs. 2 KomHVO NRW).[187] Die Zuschüsse können nur aktiviert werden, wenn die Gegenleistungsverpflichtung hinreichend präzise und durchsetzbar im Förderbescheid geregelt ist.

2. Unbebaute Grundstücke und grundstücksgleiche Rechte

Unbebaute Grundstücke sind Grundstücke, auf denen sich keine benutzbaren Gebäude befinden. Als unbebaut gilt ein Grundstück auch dann, wenn sich ein geringwertiges Gebäude darauf befindet, das im Zusammenhang mit der Nutzung des

[187] Bei mit einer mehrjährigen, zeitbezogenen Gegenleistungsverpflichtung verbundene Zuwendung ist im NKF ein Rechnungsabgrenzungsposten auszuweisen. Der Ausweis von aktivierbaren Zuwendungen ist in den einzelnen Bundesländern nicht einheitlich geregelt.

Grundstücks errichtet wurde (z.B. ein Holzschuppen, der zur Bewirtschaftung des Waldes gebaut wurde). Zu den unbebauten Grundstücken zählen:

- **Grünflächen**: Friedhöfe, Parkanlagen, Kleingartendaueranlagen, Sportflächen, Kinderspielplätze, Naturschutzflächen, Wasserflächen.

  Aufbauten sind z.B. Gartenanlagen, Gewächshäuser, Brunnenanlagen (soweit nicht kulturhistorisch bzw. Denkmal), Laufbahnen, Sprunggruben, Zuschauertribünen bei Sportplätzen (jedoch keine Stadien oder Arenen), Spielgeräte, Einfriedungen, Umzäunungen, Pegelanlagen, Wehranlagen, Sandfänge und Absperrvorrichtungen. Wegen der unterschiedlichen Nutzungsdauern der Aufbauten ist in der Anlagenbuchhaltung ein separater Ausweis notwendig. Zum *Aufwuchs* gehören Bepflanzungen, Rasen und Bäume. Aufwuchs wird nicht planmäßig abgeschrieben.

- **Ackerland**: (landwirtschaftlich genutzte Flächen)

  Anbauflächen für Feldfrüchte oder Sonderkulturen (z.B. Wein) sowie Weideflächen.

- **Forstwirtschaftliche Flächen, Wald:**

  Grund und Boden und Aufwuchs (z.B. stehendes Holzvermögen, Pflanzen) sind getrennt zu bewerten. Für Aufwuchs ist ein pauschaliertes Festwertverfahren zulässig. § 29 Abs. 1 Nr. 2 KomHVO NRW ist zu beachten, wonach die Festwertüberprüfung im Rhythmus von 10 Jahren erfolgen muss.

- **Sonstige unbebaute Grundstücke:**

  Es handelt sich um einen Sammelposten für andere Grundstücke z.B. unbebaute Gewerbegrundstücke oder zur Bebauung vorgesehene Grundstücke.

Grundstücksgleiche Rechte sind dingliche Rechte, die aufgrund einer eigenständigen grundbuchrechtlichen Eintragung wie Grundstücke bilanziert werden (z.B. Erbbau-, Abbau-, Wege- oder Wohnungseigentumsrechte). Beim Erbbaurecht ist die Gemeinde nur wirtschaftlicher Eigentümer des Grund und Bodens und nicht des Gebäudes. Sofern für den Erbbauberechtigten ein Erwerbsrecht für das Grundstück mit Kaufpreisreduzierung besteht, ist diese mögliche Werteinschränkung in der Bilanz beim Ansatz des Grundstückswertes zu berücksichtigen und im Anhang zu erläutern.

3. Bebaute Grundstücke und grundstücksgleiche Rechte

Die NKF-Bilanz unterscheidet bei den bebauten Grundstücken:

- Kinder- und Jugendeinrichtungen,
- Schulen,
- Wohnbauten,
- Sonstige Dienst-, Geschäfts- und andere Betriebsgebäude (z.B. Volkshochschule, Museum, Stadthalle).

Die Bewertung bebauter Grundstücke erfolgt getrennt nach dem Bodenwert und dem Wert der baulichen und sonstigen Anlagen. Der Gebäudewert (ohne Boden) ist Grundlage für die Berechnung der planmäßigen Abschreibungen. Der Bodenwert wird nicht planmäßig abgeschrieben. Zum Gebäude rechnen alle **unselbständigen Gebäudeteile**. Ein Gebäudeteil ist unselbständig, wenn es der eigentlichen Nutzung als Gebäude dient (z.B. Heizungs- und Lüftungsanlagen, Beleuchtungseinrichtungen); es ist dann in die Bewertung des Postens „Gebäude" einzubeziehen.

Selbständige Gebäudeteile, die nicht in einem einheitlichen Nutzungs- und Funktionszusammenhang mit dem Gebäude stehen (Betriebsvorrichtungen, bewegliche Einbauten) werden gesondert z.B. unter „Technische Anlagen und Maschinen" oder „Betriebs- und Geschäftsausstattung" ausgewiesen.

Hinsichtlich der Abgrenzungen des Grundvermögens von den Betriebsvorrichtungen wird auf die steuerrechtlichen Regelungen verwiesen (vgl. R 7.1 Abs. 3 EStR 2018).

4. Infrastrukturvermögen

Das Infrastrukturvermögen umfasst Vermögensgegenstände, die nach ihrer Bauweise und Funktion ausschließlich der öffentlichen Infrastruktur dienen. Um den Besonderheiten der öffentlichen Haushalte Rechnung zu tragen, erfolgt ergänzend zur handelsrechtlichen Regelung eine gesonderte Darstellung. Infrastrukturvermögen umfasst die Verkehrs- sowie die Ver- und Entsorgungseinrichtungen. Unterschieden wird nach

- Grund und Boden des Infrastrukturvermögens,
- Brücken und Tunnel,
- Gleisanlagen mit Streckenausrüstung und Sicherheitsanlagen,
- Entwässerungs- und Abwasserbeseitigungsanlagen,
- Straßennetz mit Wegen, Plätzen und Verkehrslenkungsanlagen,
- Sonstige Bauten des Infrastrukturvermögens.

Das Infrastrukturvermögen macht einen erheblichen Teil der Bilanzsumme einer Gebietskörperschaft aus. Während **Grund und Boden** bei den anderen Bilanzposten gemeinsam mit den Gebäuden und Aufbauten ausgewiesen wird, ergibt sich im NKF die Besonderheit, dass sämtliche Grundstücke des Infrastrukturvermögens in einem Bilanzposten zusammengefasst und damit von den zugehörigen Einrichtungen getrennt abgebildet werden. Die gesonderte Erfassung des Grund und Bodens ist auf seine teilweise Mehrfachverwendung (z.B. Straßengrundstück für Straße, Strom-,

Wasser- und Abwassernetz, Schienen für Straßenbahn) zurückzuführen. Wie anderes nutzbares Sachanlagevermögen ist auch das Infrastrukturvermögen (außer Grund und Boden) abzuschreiben. Sofern die für die Erhaltung der Funktionsfähigkeit des Infrastrukturvermögens notwendigen Instandhaltungsmaßnahmen nicht rechtzeitig durchgeführt werden, ist eine **Instandhaltungsrückstellung** zu bilden, die - falls die Instandhaltungsmaßnahmen weiterhin unterbleiben - zu Lasten des Vermögenswertes aufzulösen ist. Führt unterlassene Instandhaltung zu einer voraussichtlich dauernden Wertminderung und damit zu einer Verkürzung der Nutzungsdauer, ist der Vermögensgegenstand neu zu bewerten und die Restnutzungsdauer neu zu bestimmen (§ 36 Abs. 5 KomHVO NRW).

Wird für neues Infrastrukturvermögen Grund und Boden beansprucht, der bisher anderen Bilanzposten zugeordnet war, so führt dies zu einer dauernden Wertminderung und damit zu einer außerplanmäßigen Abschreibung des Grund und Bodens. Nach § 36 Abs. 7 KomHVO NRW kann diese Abschreibung bis zur Inbetriebnahme des Infrastrukturvermögens linear auf den Zeitraum verteilt werden, in dem der Vermögensgegenstand angeschafft oder hergestellt wird.

Zum Bilanzposten **Brücken und Tunnel** gehören alle Brücken und Tunnel, unabhängig von der Nutzung für Fußgänger, Straßen- oder Schienenverkehr. Der Posten **Gleisanlagen mit Streckenausrüstung und Sicherheitsanlagen** beinhaltet neben dem Streckennetz auch die zugehörigen Anlagen der Streckenausrüstung wie Gleisunterbau, Oberleitungen, Funkanlagen der Streckensicherung etc. Sollten diese Anlagen im Eigentum ausgegliederter Verkehrsgesellschaften stehen, sind sie erst im Rahmen der Konzernbilanz relevant. Zum Posten **Entwässerungs- und Abwasserbeseitigungsanlagen** gehören alle baulichen Teile des Kanalnetzes wie Kanäle, Grundstücksanschlüsse, Straßenabläufe sowie Pumpen und Kläranlagen. Bei ausgegliederten Betrieben ist auch hier erst die Relevanz bei der Konzernbilanz gegeben. Zum Bilanzposten **Straßennetz mit Wegen, Plätzen und Verkehrslenkungsanlagen** gehören alle gemeindlichen Straßen, Wege und Plätze, die für den öffentlichen Verkehr genutzt werden, sowie alle hierzu eingesetzten Anlagen und Einrichtungen wie Schilder, Ampeln, Signalanlagen, Straßenbeleuchtung, Parkleitsysteme etc.[188] Der Posten **Sonstige Bauten des Infrastrukturvermögens** stellt einen Sammelposten für alle weiteren Bauten des Infrastrukturvermögens dar, wie z.B. Deponien, Lärmschutzwände, Stützmauern, Wildschutzzäune, Rückhaltebecken für Regenwasser und Deiche.

[188] Der Begriff Öffentliche Straßen mit seinen Bestandteilen, Zubehör und Nebenanlagen ist in § 2 Straßen- und Wegegesetz NRW geregelt.

Komponentenansatz als Wahlrecht bei Gebäuden und Straßen, Wegen und Plätzen

Bei Gebäuden **dürfen** gemäß § 36 Abs. 2 KomHVO NRW für das Bauwerk und für die mit ihm verbundenen Gebäudeteile (Komponenten) Dach und Fenster unterschiedliche Nutzungsdauern bestimmt werden (**Komponentenansatz**). Darüber hinaus dürfen weitere Komponenten gebildet werden, soweit es sich um mit dem Gebäude verbundene physische Gebäudebestandteile handelt und deren Wert im Einzelnen mindestens 5 Prozent des Neubauwertes[189] beträgt. Bei Straßen, Wegen und Plätzen in bituminöser Bauweise (keine Betonbauweise) mit Unterbau dürfen für die Komponenten Deckschicht und Unterbau unterschiedliche Nutzungsdauern bestimmt werden. Der Komponentenansatz berücksichtigt damit die Tatsache, dass insbesondere bei Gebäuden und Straßen der nutzungsbedingte Verschleiß bei den unterschiedlichen Baubestandteilen nicht gleich lange dauert. Die Abschreibung nach Komponenten soll den tatsächlichen Ressourcenverbrauch genauer abbilden. Für alle anderen Vermögensgegenstände ist die Anwendung des Komponentenansatzes ausgeschlossen.[190]

Beispiel: Komponentenansatz

Ein Gebäude im Wert von 12 Mio. € besteht aus den folgenden Komponenten:

Komponente	%-Anteil am Gesamtwert	Nutzungsdauer
Dach	10 %	25 Jahre
Fassade	45 %	40 Jahre
Fenster	5 %	25 Jahre
Heizung/Lüftung/Klima	15 %	15 Jahre
Elektrotechnik	15 %	20 Jahre
Innenausbau	10 %	10 Jahre

Es ist zu beachten, dass die Aufteilung der einzelnen Komponenten lediglich zur Abschreibungsberechnung erfolgt. Es erfolgt **kein getrennter Ausweis in der Bilanz**! Die Darstellung der einzelnen Komponenten mit ihrem jeweiligen Wertanteil und der jeweiligen Abschreibungsdauer erfolgt in der **Anlagenbuchhaltung**. Voraussetzung für die Anwendung des Komponentenansatzes ist eine abweichende Nutzungsdauer der wesentlichen Komponenten von der Nutzungsdauer der verbleibenden Sachanlage und eine Signifikanz ihrer Kosten im Verhältnis zu den Gesamtkosten (im NKF

[189] Die Ermittlung des Neubauwertes kann nach dem Sachwertverfahren gemäß §§ 21 – 23 ImmoWertV erfolgen (vgl. Kap. B.4.2.1).

[190] Der Komponentenansatz ist ebenfalls in abgewandelter Form handelsrechtlich zulässig (vgl. IDW RH HFA 1.016). Bei Ausübung des Wahlrechts besteht jedoch die Gefahr eines unübersichtlichen Abschreibungsdurcheinanders mit höherem Verwaltungsaufwand.

5 Prozent des Neubauwertes).[191] Bei Anwendung des Komponentenansatzes ist allerdings zu beachten, dass die Ausgaben für den Ersatz einer verbrauchten Teilkomponente nicht Erhaltungsaufwand, sondern **nachträglich zu aktivierende AK/HK** darstellen. Zielsetzung des Komponentenansatzes als Wahlrecht ist damit, die Aktivierung von Sanierungsaufwendungen bzw. den Ersatz einer Komponente als nachträgliche AK/HK zu ermöglichen.[192] Soweit ein etwaiger Restbuchwert vorhanden ist, wird dieser unmittelbar mit der allgemeinen Rücklage verrechnet (vgl. § 44 Abs. 3 KomHVO NRW).

Bei vorhandenen Sachanlagen kann anlassbezogen auf den Komponentenansatz umgestellt werden, d.h. dass bei Austausch eines Bauteiles, für das eine Komponente gebildet werden darf, aus diesem Anlass eine Aufteilung in Komponenten erfolgen kann.

Die Anwendung des Komponentenansatzes wirkt sich dabei immer auch auf die Behandlung der entsprechenden Sonderposten nach § 44 Abs. 5 KomHVO NRW aus. Daher sind die Sonderposten den einzelnen Komponenten zuzuordnen und entsprechend der Abschreibung der Komponenten ertragswirksam aufzulösen.

Aktivierung von Erhaltungs- und Instandhaltungsaufwendungen

Wird, soweit **nicht** von der Möglichkeit des Komponentenansatzes Gebrauch gemacht wird, durch **Erhaltung oder Instandsetzung** eines Vermögensgegenstandes des Anlagevermögens oder einer Komponente desselben, die als **erheblich** einzustufen wäre, eine **Verlängerung der wirtschaftlichen Nutzungsdauer** erreicht, **ist** der Vermögensgegenstand

- neu zu bewerten und
- die Restnutzungsdauer neu zu bestimmen.

Entsprechend ist zu verfahren, wenn in Folge einer voraussichtlich dauernden Wertminderung eine Verkürzung eintritt (**Aktivierung von Instandhaltungsaufwendungen** - § 36 Abs. 5 KomHVO NRW).[193] Die Vorschrift gilt damit nur für diejenigen Vermögensgegenstände des Anlagevermögens, für die von der Möglichkeit des Komponentenansatzes gemäß § 36 Abs. 2 KomHVO NRW kein Gebrauch gemacht wird oder für die diese Möglichkeit nicht gesetzlich zugelassen ist (z.B. für Fahrzeuge, Maschinen, technische Anlagen, Kunstrasenplätze etc.). „Erheblich" bedeutet hier wieder das Überschreiten der Grenze von mindestens 5 Prozent einer aktuellen vergleichbaren Neubeschaffung bzw. -erstellung.

---

[191] In analoger Anwendung des IAS 16.43 ff.

[192] Durch Einführung des Komponentenansatzes bzw. die Aktivierung von Erhaltung- und Instandsetzungsaufwendungen können sich zwar Ergebnisverbesserungen in den ersten Jahren ergeben; diese gleichen sich jedoch in den Folgejahren wieder aus.

[193] Infrage kommen z.B.: Einbau und Erneuerung von Straßenbelägen über die gesamte Profilbreite und einen längeren Streckenabschnitt, Verbreiterung der Fahrbahn, Einbau von Entwässerungsanlagen oder einer Frostschicht.

Durch die **Neubewertung** kann es zu einer Überschreitung der ursprünglichen Anschaffungs- und Herstellungskosten kommen; insofern sind hier die ursprünglichen Anschaffungs- und Herstellungskosten nicht als Wertobergrenze anzusehen.[194] Neubewertung bedeutet jedoch nicht, dass ein Vermögensgegenstand zum Zeitwert bewertet werden darf und damit eventuelle stille Reserven aufgedeckt werden können; dies würde dem Realisationsprinzip widersprechen. Es geht bei der Neubewertung nur darum, die Erhaltungs- oder Instandsetzungsaufwendungen zu aktivieren, soweit sie zu einer Verlängerung der Nutzungsdauer geführt haben.[195] Der Wertzuwachs ist damit durch den Wert der Erhaltungs- oder Instandsetzungsmaßnahme begrenzt.

Beispiel: Aktivierung von Instandhaltungsaufwendungen

Durch umfangreiche Instandsetzungsmaßnahmen an einer Straße hat sich die bisherige Restnutzungsdauer von 10 auf 20 Jahre verlängert. Der bisherige Restbuchwert der Straße betrug 2,4 Mio. €. Die Neubewertung nach Abschluss aller Instandsetzungsarbeiten ergibt einen aktuellen Restwert von 2,8 Mio. €. Durch die Verlängerung der Nutzungsdauer und der Neubewertung ergeben sich künftige planmäßige Abschreibungen von jrl. 140.000 €. Vor der Instandsetzung betrugen die Abschreibungen jrl. 240.000 €. Die Instandsetzungsaufwendungen können durch die Aktivierung und jährliche Abschreibung damit auf die restlichen Nutzungsjahre verteilt werden und müssen nicht im Jahr der Durchführung der Arbeiten in voller Höhe als Aufwand gebucht werden.

Die Auszahlungen für die Erhaltung- und Instandsetzungsmaßnahmen gemäß § 36 Abs. 5 KomHVO NRW stellen **Investitionsauszahlungen** dar. Die Finanzierung ist damit über einen Investitionskredit möglich.

MERKE: Insbesondere für das Infrastrukturvermögen gilt, dass sich durch die Erfassung und Bewertung über die Verlängerung der Aktivseite das Eigenkapital erhöht. Es handelt sich aber keineswegs um Schuldendeckungspotential, da es im „Ernstfall" entweder gar nicht oder nur weit unter Wert veräußert werden kann.

5. Bauten auf fremdem Grund und Boden

Es handelt sich vornehmlich um kommunalspezifische Betriebsvorrichtungen wie Trafo- und Druckreglerstationen etc., für deren Errichtung ein vertraglich gesichertes

[194] Zu den Einzelheiten zum Komponentenansatz und zur Aktivierung von Erhaltungs- und Instandsetzungsaufwendungen vgl. Anwendungserlass des Ministeriums für Heimat, Kommunales, Bau und Gleichstellung NRW v. 28. 6. 2019 (Az. 304-48.01.02.946/19).

[195] Nach dem o.g. Erlass des Ministeriums ist § 36 Abs. 5 KomHVO NRW nur im Fall einer relevanten und messbaren Verlängerung der wirtschaftlichen Nutzungsdauer anzuwenden. Bei Gebäuden kann die Verlängerung der Nutzungsdauer entsprechend Anlage 2 der Richtlinie zur Ermittlung des Sachwerts – Sachwertrichtlinie 2012 ermittelt werden, ansonsten sollte sie nicht weniger als 10 % der ursprünglichen Nutzungsdauer betragen.

Recht (Miet- oder Pachtvertrag) ggf. in Verbindung mit einer im Grundbuch eingetragenen Dienstbarkeit zugrunde liegt. Ein Bodenwert ist daher nicht in Ansatz zu bringen.

6. Kunstgegenstände, Kulturdenkmäler

Zu den Kunstgegenständen (Skulpturen, Plastiken, Gemälde, Wandbilder, historische Medien) und Kulturdenkmälern (Statuen, Säulen) gehören Objekte aller Art, deren Erhaltung im öffentlichen Interesse ist.

Baudenkmale, die als Gebäude genutzt werden (z.B. historische Rathäuser), sind als Gebäude auszuweisen und nach den hierfür geltenden Grundsätzen zu bewerten. Der Bestand der Baudenkmale ergibt sich aus der Denkmalliste der Gemeinde, die als Grundlage für die Inventur dient.

Kunstgegenstände und Baudenkmale unterliegen in der Regel keinem planmäßigen Wertverzehr. Baudenkmale, die noch als Gebäude genutzt werden, müssen jedoch planmäßig abgeschrieben werden.

7. Maschinen und technische Anlagen, Fahrzeuge

In Abgrenzung zum Posten Betriebs- und Geschäftsausstattung dienen die technischen Anlagen und Maschinen unmittelbar der Herstellung der Produkte (z.B. Druckmaschinen). Daneben gehören auch **Betriebsvorrichtungen** (Lastenaufzüge, Klimaanlagen, Tresoranlagen) und Fahrzeuge sowie Spezialfahrzeuge (Kehrmaschinen, Feuerwehrfahrzeuge, Rettungswagen, Müllfahrzeuge, Friedhofsbagger) zu diesem Bilanzposten.

Im Einzelfall kann die Abgrenzung zwischen Anschaffungskosten für ein Fahrzeug, Fahrzeugzubehör, selbständig zu bewertenden Vermögensgegenständen (z.B. Anhänger, bestimmte Aufbauten) und geringwertigen Ausrüstungsgegenständen problematisch sein. Für diese Fälle geben handels- und steuerrechtliche Literatur sowie Rechtsprechung Anhaltspunkte zur sachgerechten Zuordnung und Bilanzierung.

Besonderheit bei Spezialfahrzeugen

Während ein PKW, ein LKW oder ein Nutzfahrzeug meistens in Standardausführung mit üblicher Zusatzausstattung und Zubehör angeschafft wird, sind für Spezialfahrzeuge weitergehende Sonder- oder Zusatzausrüstungen notwendig. Für Feuerwehrfahrzeuge sind z.B. noch Schläuche, Atemschutzgeräte, Sprungretter etc. notwendig, Rettungswagen werden mit medizinischen Gerätschaften versehen. Bei **selbständiger Nutzbarkeit** der Zusatz- und Spezialausstattung (z.B. Rettungsscheren, mobile Stromversorgung, bestimmte medizinische Geräte) ist grds. nach dem Prinzip der Einzelbewertung eine getrennte Inventarisierung und Bewertung vorzunehmen. Nach dem Grundsatz der Sachgesamtheit ist jedoch auch der Ansatz des vollständig ausgestatteten Fahrzeuges zulässig. Unselbständige Ausstattungselemente (z.B. angeschweißte Spezialseilwinde) sind dagegen immer mit dem Fahrzeug zu aktivieren.

8. Betriebs- und Geschäftsausstattung

Zur Betriebs- und Geschäftsausstattung gehören Einrichtungsgegenstände von Büros, Werkstätten, Schulen und Kindergärten, wie Schreibtische, Bürostühle, Besprechungstische, PCs, Kopierer, Telefonanlagen, Werkzeuge, Spielsachen, Geschirr etc. Im Rahmen der Inventur können Festwerte gebildet werden oder die Vermögensgegenstände dürfen zu einer Gruppe zusammengefasst und mit dem gewogenen Durchschnitt angesetzt werden. Die Voraussetzungen sind in § 35 KomHVO NRW genannt (vgl. Kap. A.4.2.2).

Bücher, Medien und sonstige Ausleihgüter in Bibliotheken und anderen öffentlichen Einrichtungen können zur Vereinfachung mit einem Gesamtwert angesetzt werden, da hier als Vermögensgegenstand weniger das einzelne Buch, sondern die Gesamtheit des Bibliothekbestandes angesehen werden kann.

Hinsichtlich der Fortschreibung dieses Gesamtwerts sind zwei Varianten denkbar: Entweder wird jedes Jahr der Gesamtwert der Ausgaben der letzten zehn Jahre erneut ermittelt oder der Gesamtwert wird als Festwert angesetzt und im Regelfall alle drei Jahre überprüft. Zu beachten ist, dass Ersatzbeschaffungen bei Festwerten in späteren Jahren zwar als Aufwand gebucht werden, die zugehörige Auszahlung aber in der Finanzrechnung eine Auszahlung aus Investitionstätigkeit darstellt. Die erreichbare Vereinfachung durch die Bildung eines Festwertes liegt also darin, dass in der Anlagenbuchhaltung eine Vielzahl von Vermögensgegenständen als ein einziger Gegenstand ausgewiesen wird und zudem keine Abschreibungen erforderlich sind.

9. Geleistete Anzahlungen und Anlagen im Bau

In diesem Bilanzposten sind alle geldlichen Vorleistungen (Abschlagszahlungen) auf noch zu erhaltene bzw. noch nicht fertig gestellte Sachanlagen auszuweisen.

Bei Anlagen im Bau (noch nicht fertig gestellte Sachanlagen auf eigenen oder fremden Grundstücken) sind die Ausgaben zu aktivieren, die für Investitionen bis zum Bilanzstichtag gemacht worden sind. Auf Anlagen im Bau sind außerplanmäßige Abschreibungen vorzunehmen, wenn die jährlich zum Bilanzstichtag vorzunehmende Überprüfung ergibt, dass die zu Grunde liegende Baumaßnahme nicht weiter betrieben wird.

Im Rahmen des Jahresabschlusses sind nach dem Grundsatz der Vollständigkeit bereits Zugänge auf Anlagen im Bau zu buchen, wenn die Gebietskörperschaft wirtschaftlicher Eigentümer der Teilleistung am Vermögensgegenstand geworden ist, auch wenn noch keine Rechnung vorliegt. Der Wert des zugegangenen Vermögensgegenstandes ist dann vorsichtig zu schätzen.

Die Bilanzierung und Bewertung der Sachanlagen unterscheidet sich bis auf wenige Ausnahmen insgesamt

nicht wesentlich von den HGB-Vorschriften, so dass bei Zweifelsfragen die handelsrechtliche Literatur herangezogen werden kann.

B.2.4.3 Finanzanlagen

Wie das übrige Anlagevermögen muss das Finanzanlagevermögen der Gemeinde der dauernden Aufgabenerfüllung dienen. Der Unterschied zum Sachanlagevermögen besteht jedoch darin, dass das investierte Kapital anderen Unternehmen oder Einrichtungen überlassen wurde. Für die Bewertung der Finanzanlagen gelten grundsätzlich die **Anschaffungskosten** (inkl. Transaktionskosten) als Ausgangswert und gleichzeitig als Obergrenze. Entsprechend dem Vorsichtsprinzip wird dadurch der Ausweis unrealisierter Gewinne verhindert. Für die **Folgebewertung** ist an jedem Bilanzstichtag die Werthaltigkeit der Finanzanlagen zu prüfen.

Finanzanlagen gehören zu den nicht abnutzbaren Vermögensgegenständen des Anlagevermögens. Außerplanmäßige Abschreibungen nach § 36 Abs. 6 KomHVO NRW sind bei voraussichtlich dauernder Wertminderung vorzunehmen, um die Vermögensgegenstände mit dem niedrigeren Wert anzusetzen, der ihnen am Abschlussstichtag beizulegen ist. Bei nur vorübergehender Wertminderung besteht (anders als in der staatlichen Doppik) ein Abschreibungswahlrecht. Nach dem **Grundsatz der Vorsicht** laut HGB ist hier **im Zweifelsfall** bei einer „nur vorübergehenden Wertminderung" von einer dauernden Wertminderung auszugehen;[196] diese Auslegung entspricht jedoch **nicht** dem **Wirklichkeitsgrundsatz** im NKF. Bei Wegfall der Gründe für die außerplanmäßige Abschreibung besteht für die Folgebilanzen ein Wertaufholungsgebot nach § 36 Abs. 9 KomHVO NRW bis maximal zur Höhe der Anschaffungskosten.

Die Finanzanlagen werden nach § 42 Abs. 3 KomHVO NRW in fünf Arten untergliedert:

1. Anteile an verbundenen Unternehmen

Verbundene Unternehmen sind nach § 271 Abs. 2 HGB und § 51 Abs. 2 KomHVO NRW Unternehmen, die gemäß § 290 HGB aufgrund der **Möglichkeit eines beherrschenden Einflusses** als Mutter- oder Tochterunternehmen nach den Vorschriften der Vollkonsolidierung in einen Konzernabschluss einzubeziehen wären. In Frage kommen also Unternehmen,

- die unter der einheitlichen Leitung der Kommune stehen,
- an denen der Kommune die Mehrheit der Stimmrechte zusteht,
- bei denen der Kommune das Recht zusteht, die Mehrheit der Mitglieder des Verwaltungs-, Leitungs- oder Aufsichtsrates zu bestellen oder abzuberufen und sie gleichzeitig Gesellschafter ist, oder
- bei denen der Kommune das Recht zusteht, einen beherrschenden Einfluss aufgrund eines mit diesem Unternehmen abgeschlossenen Beherrschungsvertrages oder aufgrund einer Satzungsbestimmung dieses Unternehmens auszuüben.

[196] Vgl. Baetge/Kirsch/Thiele, Bilanzen, 15. Aufl. 2019, S. 322.

Um welche Anteile es sich handelt, ist unerheblich. Es kann sich beispielsweise um Aktien, GmbH-Anteile, aber auch um Anteile an Zweckverbänden sowie Anteile am Stammkapital von Anstalten des öffentlichen Rechts handeln. Eine Besonderheit bei den Wirtschaftsunternehmen der Gemeinde stellen die Sparkassen in deren Trägerschaft dar. Sie sind nach § 1 Abs. 1 S. 2 Sparkassengesetz nicht im Jahresabschluss der Gemeinde anzusetzen. Ein Bilanzierungsverbot gilt ebenfalls für Mitgliedschaften in Wasser- und Bodenverbänden, Abfallverbänden, Landschaftsverbänden und Landkreisen.

Weist das verbundene Unternehmen zum Bilanzstichtag kein positives Eigenkapital aus, so ist der Nullwert anzusetzen.

Sind die Voraussetzungen für den Ausweis als Anteile an verbundenen Unternehmen nicht erfüllt, kommt ein Ausweis als Beteiligung in Betracht.

2. Beteiligungen

Beteiligungen sind in Anlehnung an § 271 Abs. 1 HGB Anteile an Unternehmen und Verbänden, die in der Absicht gehalten werden, eine **dauernde Verbindung** zu diesen Unternehmen und Verbänden aufzubauen oder zu halten. Als Beteiligung gelten in der Regel Anteile, die insgesamt den fünften Teil des Nennkapitals an dem Unternehmen oder der Einrichtung überschreiten und die nicht verbundene Unternehmen sind (> 20 % und ≤ 50%). Anteile an Personengesellschaften kommen als kommunale Beteiligung wegen der uneingeschränkten Haftung nicht in Betracht (vgl. § 108 GO NRW). Damit scheiden BGB-Gesellschaft, OHG, KG und nicht rechtfähiger Verein als Rechtsformen grundsätzlich aus.

Als Beteiligungen kommen in Betracht:

- Körperschaften (z.B. Zweckverbände) und Anstalten des öffentlichen Rechts,
- Anteile an Kapitalgesellschaften (AG, GmbH),
- stille Beteiligungen.

Anteile an einer eingetragenen Genossenschaft gelten nicht als Beteiligung (§ 271 Abs. 1 S. 5 HGB). Sie werden den sonstigen Ausleihungen zugerechnet. Beteiligungen an Unternehmen, die nach § 116 Abs. 3 GO NRW **nicht** in den Gesamtabschluss einbezogen werden müssen, sowie Sondervermögen und rechtlich unselbständige Stiftungen konnten für die erste Eröffnungsbilanz mit dem anteiligen Wert des Eigenkapitals (Equity-Wert/Eigenkapitalspiegelbildmethode) angesetzt werden.

Die übrigen Beteiligungen konnten für die Eröffnungsbilanz unter Beachtung ihrer öffentlichen Zwecksetzung anhand des Ertragswertverfahrens oder des Substanzwertverfahrens (Sachwertverfahren) bewertet werden (vgl. § 56 Abs. 6 KomHVO NRW). Wie bei allen Finanzanlagen können diese Methoden sowie auch andere **Verfahren der Unternehmensbewertung** (z.B. Discounted Cash Flow-Methode)[197] bei

[197] Vgl. u.a. IDW Standard: Grundsätze zur Durchführung von Unternehmensbewertungen (IDW S1).

Folgebewertungen zur Ermittlung des niedrigeren beizulegenden Wertes herangezogen werden. Die Eigenkapitalspiegelbildmethode ist im NKF für Folgebewertungen nicht zulässig.

Der im Rahmen der Eröffnungsbilanz gewählte Wertansatz gilt für die Folgeabschlüsse als fiktive Anschaffungs- oder Herstellungskosten und damit als Wertobergrenze. Lediglich Zuzahlungen der Gesellschafter in die Rücklagen sind als nachträgliche Anschaffungskosten zu werten, die den Wertansatz erhöhen können.

Anteile, die zwar mit dauerhaftem Interesse, aber ohne unternehmerische Gestaltungsabsicht, sondern insbesondere zur verzinslichen Kapitalanlage gehalten werden, gehören zwar zum Finanzanlagevermögen, nicht jedoch zu den Beteiligungen; sie werden unter „Sonstige Ausleihungen“ oder „Wertpapiere“ bilanziert.

3. Sondervermögen

Der Bilanzposten Sondervermögen ist im handelsrechtlichen Gliederungsschema des § 266 HGB nicht enthalten. Beim Sondervermögen handelt es sich, wie sich aus der Bezeichnung ergibt, um Vermögen der Gebietskörperschaft, das für die Erfüllung bestimmter Zwecke vom Haushalt abgesondert wurde, von einem Dritten an die Gebietskörperschaft für einen bestimmten Zweck übereignet wurde oder durch einen sonstigen Rechtsakt mit Zweckbindung auf die Gebietskörperschaft übertragen wurde. Es handelt sich um zweckgebundenes und damit nicht um sog. freies Vermögen. Nach § 97 GO NRW gehören zum Sondervermögen der Gemeinde

- das Gemeindegliedervermögen nach § 99 GO NRW,[198]
- das Vermögen der rechtlich **unselbständigen** örtlichen Stiftungen,[199]
- wirtschaftliche Unternehmen (§ 114 GO NRW) und organisatorisch verselbständigte Einrichtungen (§ 107 Abs. 2 GO NRW) **ohne** eigene Rechtspersönlichkeit,
- rechtlich **unselbständige** Versorgungs- und Versicherungseinrichtungen.

Die ersten beiden Arten von Sondervermögen unterliegen den Vorschriften über die Haushaltswirtschaft. Sie sind im Haushaltsplan und im Jahresabschluss der Gemeinde gesondert in einem eigenen Teilhaushalt nachzuweisen und somit Bestandteil des Gesamthaushalts. Das entsprechende Vermögen ist bereits in anderen Bilanzpositionen enthalten, daher erfolgt kein Ausweis innerhalb des Postens Sondervermögen. Unter Sondervermögen innerhalb der Finanzanlagen sind die wirtschaftlichen Unternehmen und die organisatorisch verselbständigten Einrichtungen ohne eigene Rechtspersönlichkeit gesondert anzusetzen. Es handelt sich hier um **Eigenbetriebe und eigenbetriebsähnliche Einrichtungen**,[200] die als Sondervermögen errichtet

[198] Im Wesentlichen handelt es sich um Nutzungsrechte Dritter am gemeindlichen Grundvermögen (z.B. Wald- und Weiderechte).

[199] Es handelt sich um Vermögensgegenstände, die durch Rechtsgeschäft der Kommune mit der Auflage zugewendet werden, diese für einen bestimmten (gemeinnützigen) Zweck zu verwenden.

[200] Eigenbetriebsähnliche Einrichtungen sind nicht wirtschaftlich i. S. des § 107 Abs. 2 GO NRW tätig.

werden und die wirtschaftlich und verwaltungsmäßig selbständig (keine juristische Selbstständigkeit!) sind. Sie sind nur für Zwecke der Aufgabenerfüllung organisatorisch aus der Haushaltswirtschaft ausgegliedert und werden quasi wie ein eigener selbständiger Betrieb geführt. Die Rechnungslegung erfolgt grundsätzlich nach den Vorschriften für große Kapitalgesellschaften des Dritten Buches des HGB, sofern die EigVO NRW keine besonderen Bewertungsvorschriften enthält.

Das in der Betriebssatzung des Eigenbetriebs festzusetzende Stammkapital, für welches keine Mindestgröße vorgeschrieben ist, und die Rücklagen haben eine angemessene Eigenkapitalausstattung des Eigenbetriebs sicherzustellen. Bei einer Neugründung eines Eigenbetriebes stellt das eingelegte Stammkapital daher die Anschaffungskosten der im Posten Sondervermögen abzubildenden fiktiven Anteile dar.

Als sog. **Regiebetriebe** (Hilfsbetriebe) werden meist verwaltungsmäßig unselbständige Bereiche geführt, die nach kostenrechnerischen Gesichtspunkten interne Leistungen zur Deckung des Eigenbedarfs einer Gebietskörperschaft erbringen. Da Regiebetriebe organisatorisch nicht verselbständigt sind und über keinen separaten Rechnungslegungskreis verfügen, stellen sie keine Finanzanlagen dar, sondern sind ausschließlich im allgemeinen Haushalt nachzuweisen.

Für **rechtlich unselbständige Versorgungs- und Versicherungseinrichtungen** können, die für die Wirtschaftsführung und das Rechnungswesen der Eigenbetriebe geltenden Vorschriften sinngemäß angewendet werden. In diesem Fall erfolgt ein Ausweis als Sondervermögen in der NKF-Bilanz. Sie können aber auch direkt im Haushalt bewirtschaftet werden.

Auch das von der Gemeinde zu verwaltende Treuhandvermögen sowie das Vermögen der selbständigen örtlichen Stiftungen zählt nicht zu dem Vermögen der Gemeinde, das in der NKF-Bilanz gesondert zu aktivieren ist. Sie verfügen über einen eigenen Rechnungskreis und haben gesonderte Haushaltspläne mit eigenem Jahresabschluss aufzustellen und Sonderrechnungen zu führen (§ 98 GO NRW).

Zusammenfassend ist festzustellen, dass innerhalb der Finanzanlagen nur die Sondervermögen abzubilden sind, die ein eigenes, vom Kernhaushalt der Gemeinde losgelöstes Rechnungswesen haben und damit über einen eigenen Rechnungskreis mit eigenem Jahresabschluss verfügen (vgl. nachstehende Abbildung).

Die Gruppen des gemeindlichen Sondervermögens	
Art des Sondervermögens	**Haushaltszuordnung**
Gemeindegliedervermögen	Teil des gemeindlichen Haushalts
rechtlich unselbständige örtliche Stiftungen	Teil des gemeindlichen Haushalts
wirtschaftliche Unternehmen der Gemeinde (§ 114 GO NRW)	eigener Rechnungskreis
organisatorisch verselbständigte Einrichtungen ohne eigene Rechtspersönlichkeit (§ 107 Absatz 2 GO NRW)	eigener Rechnungskreis
rechtlich unselbständige Versorgungs- und Versicherungseinrichtungen	Wahlmöglichkeit: Teil des gemeindlichen Haushalts oder eigener Rechnungskreis

Abbildung 52: Gemeindliches Sondervermögen

4. Ausleihungen

Ausleihungen sind **Forderungen aus Kapitalhingabe** im Gegensatz etwa zu Forderungen aus Lieferungen und Leistungen oder Forderungen ohne eine Gegenleistung. Bei Kapitalhingabe muss also die Absicht bestanden haben, dem Empfänger - i.d.R. für eine bestimmte Zeit - Kapital zur Verfügung zu stellen. Beteiligungen kleiner gleich 20%, soweit es sich nicht um Wertpapiere handelt, zählen ebenfalls zu den Ausleihungen. Im öffentlichen Bereich werden Ausleihungen auch als **Förder- und Zweckdarlehen** gewährt, mit denen eine öffentliche Aufgabe erfüllt oder ein öffentlicher Zweck erreicht werden soll. Diese Darlehen kommen u.a. im Rahmen sozialer Aufgaben oder der Wirtschaftsförderung in Betracht. Eine besondere Art von Ausleihungen stellen sog. CoCo-Bonds der Sparkassen dar.[201]Die Ausleihung muss langfristig sein; dazu ist nach herrschender Meinung eine Orientierung an einer Grenze von mindestens einem Jahr vertretbar.

Nach § 42 Abs. 3 KomHVO NRW sind die Ausleihungen nach Adressaten zu untergliedern, damit die finanziellen Verflechtungen zwischen der Gemeinde und den verselbständigten Aufgabenbereichen (verbundene Unternehmen, Beteiligungen und Sondervermögen) offengelegt werden.

Als Anschaffungskosten von Ausleihungen gilt der an den Darlehensnehmer ausgegebene Betrag (Ausgabebetrag). Liegt dieser unter dem Rückzahlungsbetrag, so ist der Unterschiedsbetrag (Disagio) als sonstiger Finanzertrag über die Laufzeit der Ausleihung zu vereinnahmen. Daneben ist eine Bewertung der Ausleihung mit dem

[201] Zu den Voraussetzungen der Contingent Convertible Bonds vgl. NKF-Handreichungen, 7. Aufl. 2016, S. 3565.

Nennbetrag und Bildung eines passiven Rechnungsabgrenzungspostens in Höhe des einbehaltenen Disagios möglich.[202]

Unverzinsliche oder niedrig verzinsliche Ausleihungen sollten als nicht dauernde Wertminderung gemäß § 36 Abs. 6 KomHVO NRW abgezinst und mit dem Barwert angesetzt werden, da der Ansatz des Auszahlungsbetrages eine Überbewertung bedeuten würde.[203] Der Differenzbetrag zwischen dem Barwert, der als Anschaffungskosten aktiviert wird, und dem Auszahlungsbetrag ist im Jahr der Darlehensgewährung als „Sonstiger ordentlicher Aufwand“ (Wertkorrektur zu Forderungen) zu behandeln. Über die Laufzeit der Ausleihung erhöht sich der Barwert der Ausleihung zum jeweiligen Bilanzstichtag. Diese Barwerterhöhungen sind ebenso wie evtl. Zinszahlungen ertragswirksam zu buchen. Ist die Ausleihung allerdings mit einer Gegenleistungsverpflichtung des Empfängers verbunden (z.B. die Schaffung von Sozialwohnungen im Wohnungsbau sowie die Schaffung oder Erhaltung von Arbeitsplätzen im Rahmen der Wirtschaftsförderung) so ist von einer Abzinsung abzusehen, da die Gegenleistung die Unter- bzw. Nichtverzinslichkeit kompensiert. Die entsprechenden Buchungen wurden in Kap. A.9.3 dargestellt.

Zu den „Sonstigen Ausleihungen“ gehören u.a. Genossenschaftsanteile, die Mitgliedschaftsrechte (keine Eigentumsrechte) gewährleisten (vgl. § 271 Abs. 1 Satz 5 HGB).

5. Wertpapiere des Anlagevermögens

Hierzu zählen Wertpapiere, die zur dauernden oder langfristigen Anlage gehalten werden, ohne dass - bei Wertpapieren mit Mitgliedschaftsrechten - die Absicht besteht, an dem anderen Unternehmen mit unternehmerischer Gestaltungsabsicht beteiligt zu sein. Die dauerhafte Zweckbindung hat die Absicht, nachhaltige Finanzerträge zu erzielen. Ist diese dauerhafte Absicht nicht gegeben, erfolgt ein Ausweis im Umlaufvermögen.

Zu beachten ist, dass Gemeinden bei Geldanlagen gem. § 90 Abs. 2 S. 2 GO NRW auf eine ausreichende Sicherheit und einen angemessenen Ertrag achten müssen.[204] Ansonsten ergeben sich bei der Bilanzierung und Bewertung der Finanzanlagen keine Besonderheiten gegenüber dem kaufmännischen Rechnungswesen.

Finanzderivate (z.B. Zinsswapgeschäfte) sind schwebende Geschäfte. Werden diese von der Gebietskörperschaft zur Steuerung des Chance-Risikoprofils des Schuldenbestandes aufgenommen, stellen sie keine eigenständig bewertbaren Vermögensgegenstände dar, auch wenn sie positive Barwerte ausweisen. Finanzderivate bilden mit dem Grundgeschäft (z.B. Schuldscheindarlehen) zusammen eine Bewertungseinheit

---

[202] Vgl. Beck´scher Bilanzkommentar, 12. Aufl. 2020, § 255, Tz.254 sowie Kap. A.9.3.3.2.

[203] SsD Tz. 5.1.3 sieht vor, für die Ermittlung des Barwertes die von der Bundesbank veröffentlichten fristenkongruenten Umlaufsrenditen inländischer Inhaberschuldverschreibungen nach Restlaufzeiten (Monatsdurchschnitte) heranzuziehen.

[204] Vgl. Runderlass des IM NRW v. 11.12.2012 (MBl. NRW, S. 744) zuletzt geändert durch RdErl. v. 19.12.2017 (MBl. NRW, S. 1057): Anlage von Kapital durch Gemeinden und Gemeindeverbände.

(vgl. Kap. A.12.4). Die Bildung einer Rückstellung für drohende Verluste aus schwebenden Geschäften unterbleibt insoweit (§ 254 HGB).

Insgesamt ist festzustellen, dass sich die Bilanzierung und Bewertung der Finanzanlagen mit Ausnahme der Sondervermögen an den HGB-Vorschriften orientiert.

B.2.4.4 Umlaufvermögen

Das Umlaufvermögen ist im Gegensatz zum Anlagevermögen - Gegenstände, die bestimmt sind, dauernd dem Geschäftsbetrieb oder der Aufgabenerfüllung der Gemeinde zu dienen (§ 247 Abs. 2 HGB, § 34 Abs. 1 KomHVO NRW) - gesetzlich nicht definiert. Zum Umlaufvermögen gehören demnach alle Vermögensgegenstände, die nicht dazu bestimmt sind, dauerhaft dem Geschäftsbetrieb bzw. der Aufgabenerfüllung zu dienen. Ob ein Vermögensgegenstand als dauernd oder nicht dauernd dem Geschäftsbetrieb zur Verfügung stehen soll, richtet sich nach der vorgesehenen Zweckbestimmung, die einen Verbrauch, Verkauf oder eine nur kurzfristige Nutzung vorsehen kann. Gegenstände, die zur Weiterverarbeitung oder zum Verkauf bestimmt sind, gehören damit nicht zum Anlagevermögen.

Neben den unterschiedlichen Bewertungsregeln (gemildertes und strenges Niederstwertprinzip), die im Anlage- und Umlaufvermögen gelten, ist die Zuordnung eines Vermögensgegenstandes zu einer der beiden Kategorien auch deswegen von Bedeutung, weil die Zuordnung der zugehörigen Ein- und Auszahlungen in der Finanzrechnung hiervon abhängig ist. Bei der **Zuordnung zum Anlagevermögen** treten Zahlungen aus **Investitionstätigkeit** auf, bei einer **Zuordnung zum Umlaufvermögen** gehören die Zahlungen zur **laufenden Verwaltungstätigkeit.** Dies ist insofern wiederum bedeutsam, weil nur Beschaffungen von Anlagevermögen durch langfristige Kredite finanziert werden können.

Sofern Vermögensgegenstände des Anlagevermögens zur Veräußerung vorgesehen sind und nicht mehr dem Geschäftsbetrieb dienen, sind diese aus dem Anlagevermögen ins Umlaufvermögen umzubuchen.

Beispiel:

Das im kommunalen Vermögen befindliche Bauland von 800.000 € wird durch Beschluss der Gemeindevertretung zur Veräußerung freigegeben. Es ist eine Umbuchung ins Umlaufvermögen (Aktivtausch) vorzunehmen. Der ursprüngliche Wertansatz bleibt bestehen. Ein zu erwartender höherer Erlös wird erst bei Verkauf realisiert.

1. Vorräte

Vorräte umfassen Roh-, Hilfs- und Betriebsstoffe, unfertige Erzeugnisse und unfertige Leistungen, fertige Erzeugnisse und Waren sowie geleistete Anzahlungen auf Vorräte. Sie haben im Bereich der öffentlichen Verwaltung überwiegend eine nur geringe Bedeutung. In Teilbereichen, wie z.B. in Bauhöfen, im Garten- und Straßenbau- sowie im Forstbereich, kommen Vorräte häufiger vor.

Für das Buchen der Vorräte gibt es zwei mögliche Verfahren. Das genauere Verfahren ist das Buchen in einer **Lagerbuchhaltung** als Nebenbuchhaltung. Dies ist jedoch mit einem erheblichen Aufwand verbundenen. Sämtliche Zugänge sind zuerst zu aktivieren. Beim Verbrauch der Vorräte erfolgt eine zusätzliche Aufwandsbuchung.

Beim zweiten Verfahren werden die Zugänge **direkt als Aufwand** gebucht. Nur beim Jahresabschluss werden auf dem Bilanzkonto der Anfangsbestand und der Schlussbestand abgeglichen. Eine aufwendige Lagerbuchhaltung entfällt damit.

Vorräte, die für den eigenen Verbrauch bereits aus dem Lager abgegeben worden sind, brauchen nach § 30 Abs. 5 KomHVO NRW für die Inventur nicht mehr erfasst werden. Im Handelsrecht gibt es hierzu keine vergleichbare Regelung.

Für die Inventur und Bewertung der Vorräte sind Vereinfachungsverfahren sinnvoll (z.B. Ansatz von Festwerten, Gruppenbewertung, Anwendung mathematisch-statischer Methoden, vgl. § 35 KomHVO NRW).

Das HGB lässt eine um drei Monate vorverlegte oder um zwei Monate nachverlegte Inventur zu (§ 241 Abs. 3 HGB). Eine solche vor- bzw. nachverlegte Inventur ist gemäß § 30 Absätze 2 und 3 Nr. 1 KomHVO NRW ein anderes geeignetes Verfahren.

Die **unfertigen Erzeugnisse** aus der Bilanz des Vorjahres werden als Anfangsbestände auf der Sollseite des Kontos „Unfertige Erzeugnisse" übernommen. Am Schluss des Geschäftsjahres werden die Bestände an unfertigen Erzeugnissen durch Inventur ermittelt und i.d.R. mit den Herstellungskosten in der Schlussbilanz aktiviert. Ist der Endbestand des Kontos geringer als der Anfangsbestand (Bestandsminderung), so ist die Differenz für die Fertigstellung der Erzeugnisse aufgewandt worden; der Saldo ist als Aufwand zu buchen. Ist hingegen der Endbestand größer als der Anfangsbestand, stellt die Differenz eine Bestandserhöhung (Bestandsmehrung) dar; dieser Saldo wird nach dem Gesamtkostenverfahren als Ertrag gebucht.

Unfertige Leistungen (Dienstleistungen) sind am Bilanzstichtag noch nicht abgeschlossen. Nach HGB-Grundsätzen sind die zum Abschlussstichtag erfassbaren unfertigen Leistungen als „in Arbeit befindliche Aufträge" im Vorratsvermögen auszuweisen, sofern ein **Vergütungsanspruch** für die bisher angefallenen Leistungen besteht. Es kann sich hier z.B. um unfertige Planungs- und sonstige Leistungen von Bauverwaltungen handeln. Fertige Leistungen sind demgegenüber als Forderungen (auf das Leistungsentgelt) zu aktivieren.

Bei **Werkleistungen** hängt die Fertigstellung dagegen von der Abnahme nach § 640 BGB ab; bis zur Abnahme liegt eine unfertige Leistung vor, nach der Abnahme eine Forderung.

Bei den unfertigen Erzeugnissen / Leistungen ist wie beim gesamten Umlaufvermögen das strenge Niederstwertprinzip anzuwenden. Sie werden grundsätzlich mit den Herstellungskosten bilanziert.

2. Forderungen und sonstige Vermögensgegenstände

Im Gegensatz zur Kameralistik erfasst die doppelte Buchführung auch Forderungen. Sie sind entsprechend dem Realisationsprinzip zum Zeitpunkt ihres Entstehens zu bilanzieren. Der Realisationszeitpunkt bestimmt sich grundsätzlich nach dem rechtlichen Entstehen eines Anspruchs und nach seiner hinreichenden Konkretisierung.

Der NKF-Kontenrahmen unterscheidet zwischen „Öffentlich-rechtlichen Forderungen und Forderungen aus Transferleistungen" und „Privatrechtlichen Forderungen" (Kontengruppen 16 und 17).

Für Gebietskörperschaften haben **einseitige**, nicht auf einen Leistungsaustausch ausgerichtete Geschäftsvorfälle (Transfers, Zuweisungen, Zuschüsse, Steueransprüche und -verbindlichkeiten) eine wesentliche Bedeutung. Bei vielen Leistungen ist es somit notwendig, den Realisationszeitpunkt mangels Umsatzakt auf den Rechtsakt zu beziehen, d.h. auf den Zeitpunkt, in dem der Anspruch oder die Schuld der Gebietskörperschaft entstanden ist (z.B. Zeitpunkt des Versandes eines Steuerbescheides). Ausnahmen von diesem Grundsatz ergeben sich bei solchen Ansprüchen, die erst durch nachträgliche Erklärung des Verpflichteten bzw. durch Veranlagung ermittelt und festgesetzt werden (z.B. Gewerbesteuer). Bei Zuwendungen (Zuweisungen und Zuschüsse) können sich Besonderheiten hinsichtlich der korrekten zeitlichen Zuordnung ergeben (ausführlicher vgl. Kap. B.4)

Bei **zweiseitigen** Rechtsgeschäften, also Leistungen, die mit einer Gegenleistung verbunden sind, ist der Zeitpunkt der Realisation gegeben, wenn zugleich

- ein Vertrag abgeschlossen wurde,
- die geschuldete Lieferung oder Leistung erbracht wurde oder die Güter den Verfügungsbereich des Lieferanten verlassen haben (die Gefahr des zufälligen Untergangs auf den Empfänger übergegangen ist) und
- die Abrechnungsfähigkeit gegeben ist.

Schwebende, d.h. noch von keiner Seite erfüllte Geschäfte sind noch nicht zu buchen. Im Haushaltsplan veranschlagte Verpflichtungsermächtigungen führen somit nicht zu bilanzierungsfähigen Verbindlichkeiten oder Forderungen.

Erlassene Forderungen sind rechtlich erloschen. Erlass bedeutet einen endgültigen Verzicht. Voraussetzung ist, dass die Einziehung der Forderung eine besondere Härte bedeuten würde. **Niedergeschlagene Forderungen** bestehen noch, sind also unter Berücksichtigung ihrer Eingangswahrscheinlichkeit bilanzierungs- und bewertungsfähig. Mindestens sollten sie mit einem Erinnerungswert (Nullwert) angesetzt werden. Eine Niederschlagung von Forderungen ist nur zulässig, wenn zu erwarten ist, dass die Einziehung keinen Erfolg haben wird oder die Kosten der Einziehung außer Verhältnis zur Höhe der Forderung stehen würden. Man unterscheidet **befristete** und **unbefristete** Niederschlagung. Bei einer befristeten Niederschlagung kann von einer Weiterverfolgung des Anspruchs vorübergehend abgesehen werden, wenn die Beitreibung z. Zt. keinen Erfolg haben würde, wobei die Zahlungsbereitschaft und – fähigkeit des Schuldners in regelmäßigen Abständen zu prüfen ist. Eine unbefristete Niederschlagung kommt infrage, wenn die Einziehung dauernd ohne Erfolg bleiben wird (z.B. dauerhafte erfolglose Vollstreckungsversuche, Tod des Schuldners, Auflösung des Betriebes). Erlassene und unbefristet niedergeschlagene Forderungen sind im Einzelfall direkt abzuschreiben, befristet niedergeschlagene Forderung sollten indirekt (Einzelwertberichtigung als Aufwandsbuchung) berichtigt werden, da zumindest mit einem Teileingang noch gerechnet werden kann. Davon abzugrenzen ist die **Stundung** einer Forderung. Forderungs- und Ertragsbuchungen bleiben hier bestehen, d.h. es erfolgt keine Berichtigung der Werte – auch wenn sich die Stundung über das Ende des Haushaltsjahres erstreckt. Lediglich in der **Debitorenbuchhaltung** werden Stundungen buchungsmäßig erfasst. Hierbei wird die Forderung beim ursprünglichen Fälligkeitsdatum aus- und beim neuen Fälligkeitsdatum eingebucht. Fallen zusätzlich Stundungszinsen an, werden diese ebenfalls eingebucht. Die entsprechenden gesetzlichen Regelungen finden sich in den §§ 218 ff. der Abgabenordnung.

Beispiel 1:

Zum 30.05. wird die Forderung des Gebührenschuldners A in Höhe von 6.000 € fällig. Der Zahlungspflichtige bittet aufgrund finanzieller Engpässe um Stundung bis zum 10.07. des Jahres. Die Gemeinde gewährt Zahlungsaufschub und setzt gleichzeitig Stundungszinsen in Höhe von 30 € fest.

Gebührenforderung Debitor A – Fälligkeit 10.07.	*6.000*
an Gebührenforderung Debitor A – Fälligkeit 30.05.	*6.000*
Gebührenforderung Debitor A – Fälligkeit 10.07.	*30*
an Sonstige ordentliche Erträge	*30*

Forderungen und sonstige Vermögensgegenstände sind mit ihrem Nennwert (**Nominalbetrag**) zu bewerten, der die Anschaffungskosten darstellt. Wertabschläge für zweifelhafte, ggf. auch niedergeschlagene Forderungen zur Berücksichtigung von Ausfallrisiken sind nach dem strengen Niederstwertprinzip geboten (**Einzelwertberichtigung**). Die Einzelwertberichtigung (EWB) entspricht dem Grundsatz der Einzelbewertung. Die Forderungen werden einzeln auf ihre Werthaltigkeit hin überprüft. Uneinbringliche Forderungen sind voll abzuschreiben; bei zweifelhaften Forderungen erfolgt eine Teilwertberichtigung. Da solche individuellen Prüfungen sehr arbeits- und zeitintensiv sein können, ist es aus Wirtschaftlichkeitsgründen vertretbar, wenn Prüfungen zur Einzelwertberichtigung von Forderungen im Rahmen der Inventur auf eine überschaubare Anzahl von Forderungen und/oder betragsmäßig hohe Forderungen beschränkt werden. Daneben ist eine **pauschale Einzelwertberichtigung** zulässig, bei der pauschale Risikoabschläge anhand gewisser Kriterien (Art der Schuldner, Laufzeit etc.) vorgenommen werden (vgl. § 34 Abs. 5 KomHVO NRW).

Auch soweit im Einzelnen keine Ausfallrisiken erkennbar sind, ist bei größeren Forderungsbeständen erfahrungsgemäß mit gewissen Ausfällen zu rechnen; zu deren Berücksichtigung ist eine pauschale Wertberichtigung zweckmäßig. Bemessungsgrundlage für die **Pauschalwertberichtigung** ist der Forderungsbestand zum Ende des Jahres abzüglich der bereits einzelwertberichtigten Forderungen, wobei sich die

Bildung von Forderungsgruppen anbietet. So ist das allgemeine Ausfallrisiko z.B. bei Erstattungsansprüchen im Bereich der Jugend- und Sozialhilfe sicher höher anzunehmen als bei Ansprüchen aus Steuer-, Gebühren- und Beitragsbescheiden. Die Berichtigungsquote sollte sich an den Zahlungsausfällen der letzten drei Jahre in der jeweiligen Kommune orientieren. Je genauer die vorangegangenen (vorrangigen) Einzelwertberichtigungen vorgenommen wurden, desto geringer wird das allgemeine Ausfallrisiko anzunehmen sein, das eine Pauschalwertberichtigung begründen kann.

Beispiel 2:

Die Gemeinde A hat eine Gewerbesteuerforderung in Höhe von 20.000 € gegen ein Unternehmen, das sich in Zahlungsschwierigkeiten befindet. Nach objektiver Einschätzung ist nur mit einer Überweisung von 20 % der Forderung zu rechnen.

Es ist eine Einzelwertberichtigung in Höhe von 16.000 € vorzunehmen.

Beispiel 3:

In der Gemeinde B werden Bußgelder aus verschiedenen Ordnungswidrigkeiten in Höhe von 60.000 € ausgewiesen, wobei die Erfahrungen der letzten drei Haushaltsjahre gezeigt haben, dass die Bußgelder lediglich zu 80 % gezahlt werden.

Es ist eine Pauschalwertberichtigung nach dem allgemeinen Ausfallrisiko in Höhe von 12.000 € vorzunehmen (Buchungen vgl. Kap. A.9.4).

Einzel- und Pauschalwertberichtigungen werden auf der Basis von Nettoforderungen ermittelt. Sofern eine Gebietskörperschaft im Rahmen einer erwerbswirtschaftlichen Betätigung berechtigt ist, ihre Leistungen zzgl. der Umsatzsteuer zu berechnen, darf die Umsatzsteuer nicht in die Berechnung der Wertberichtigungen einfließen. Die Umsatzsteuer ist als „durchlaufender Posten" anzusehen, das Risiko eines Forderungsausfalles besteht nicht.

Soweit bei der Höhe der Bemessungssätze zur Ermittlung der Einzel- und Pauschalwertberichtigungen ein **Schätzungsrahmen** besteht, ist nach dem Vorsichtsprinzip innerhalb dieses Rahmens die ungünstigste Prognose bei der Bemessung zugrunde zu legen – im NKF nach dem **Wirklichkeitsprinzip** die Prognose, die am wahrscheinlichsten eintritt.

Zu den einzelnen Buchungssätzen bei Abschreibungen und Wertberichtigungen auf Forderungen vgl. Kap. A.9.4.

3. Wertpapiere des Umlaufvermögens

Wertpapiere des Umlaufvermögens sind solche, die nicht "dauernd dem Geschäftsbetrieb zu dienen" bestimmt sind (§ 247 Abs. 2 HGB). Sie dienen der kurzfristigen Anlage liquider Mittel. Gemäß § 56 Abs. 7 Satz 3 KomHVO NRW sind Wertpapiere nur dann als Umlaufvermögen anzusetzen, wenn sie zur Veräußerung oder als kurzfristige Anlage liquider Mittel bis zu einem Jahr bestimmt sind.

Die Bewertung der im Umlaufvermögen ausgewiesenen Wertpapiere erfolgt zu den Anschaffungskosten (inkl. Nebenkosten wie Maklergebühr, Courtage, Provision). Wertpapiere der gleichen Art werden zu Durchschnittsanschaffungskosten bewertet. Zur außerplanmäßigen Abschreibung und Wertaufholung der Wertpapiere des Umlaufvermögens vgl. Kap. A.13.1. Ein späterer höherer Rückzahlungs-/ Einlösungskurs bildet keinen zulässigen Wertansatz. Zeitanteilige bis zum Stichtag der Bilanzierung aufgelaufene Zinsansprüche sind unbeschadet ihrer späteren Fälligkeit als antizipative Rechnungsabgrenzung zu erfassen.

Buchung: *Sonstige Vermögensgegenstände (Forderungen) an Zinserträge*

4. Liquide Mittel

Die liquiden Mittel sind stichtagsgerecht zu erfassen und auszuweisen. Zu den Kassenbeständen zählen neben dem Bargeld auch Briefmarken und nicht verbrauchte Wertmarken für Frankiermaschinen. Auch Schecks, die zum Stichtag noch nicht einem Bankkonto gutgeschrieben sind, werden unter den liquiden Mitteln erfasst.

Im Übrigen ergeben sich bei der Bilanzierung und Bewertung des Umlaufvermögens keine Besonderheiten gegenüber dem kaufmännischen Rechnungswesen.

Bei der **Rechnungsabgrenzung** im NKF ergeben sich ebenfalls keine Besonderheiten gegenüber dem kaufmännischen Rechnungswesen, so dass auf einen gesonderten Gliederungspunkt verzichtet wird. Der Sonderfall einer **zeitbezogenen Gegenleistungsverpflichtung** gemäß § 44 Abs. 2 KomHVO NRW ist in Kap. B.4.2.6 dargestellt.

B.2.4.5 Eigenkapital

Aufgrund der kommunalen Besonderheiten gibt es erhebliche Unterschiede zum handelsrechtlichen Eigenkapital. Das Eigenkapital ergibt sich in der ersten Eröffnungsbilanz als Saldogröße aus Vermögen und Schulden einschließlich der Rechnungsabgrenzungsposten.

	Anlagevermögen
+	Umlaufvermögen
+	aktive Rechnungsabgrenzung
=	**Vermögen (Aktiva)**
-	Sonderposten
-	Rückstellungen
-	Verbindlichkeiten
-	Passive Rechnungsabgrenzung
=	**Eigenkapital**

Dem Eigenkapital kommt als Indikator für die Bonität einer Gebietskörperschaft (Rating) und als Puffer für den Haushaltsausgleich besondere Bedeutung zu.

In § 266 Abs. 3 HGB werden Bilanzposten ausgewiesen, die in einer Gebietskörperschaft nicht bzw. nicht in dieser Form vorkommen können, wie z.B das „gezeichnete Kapital" und die „Kapitalrücklage". Im NKF werden statt dieser Posten spezifische Rücklagen wie Allgemeine Rücklage, Sonderrücklage sowie Ausgleichsrücklage ausgewiesen. Der Posten „Jahresüberschuss/Jahresfehlbetrag" stimmt mit dem entsprechenden HGB-Posten überein. Gemäß § 42 Abs. 4 KomHVO NRW ergibt sich folgende Gliederung für das Eigenkapital:

I. Allgemeine Rücklage
II. Sonderrücklage
III. Ausgleichsrücklage
IV. Jahresüberschuss / Jahresfehlbetrag

MERKE: Unter dem betriebswirtschaftlichen Rücklagenbegriff ist ein Wert zu verstehen, der sich aus Ertragsüberschüssen ergibt und nicht mit dem kameralen Rücklagenbegriff zu verwechseln ist. Der Begriff Rücklage darf auch nicht mit den Rückstellungen verwechselt werden, die im Gegensatz zu den Rücklagen stets aufwandswirksam gebildet werden.

Die Funktion einer allgemeinen Rücklage nach kameralen Haushaltsrecht erfüllen dagegen vor allem Posten des Umlaufvermögens (z.B. Bankguthaben) auf der Aktivseite der Bilanz.

Zu den Posten im Einzelnen:

1. Allgemeine Rücklage

Hier wird der Saldo ausgewiesen, der sich aus der Differenz der Aktiva und der übrigen Passivposten einschließlich der Ausgleichs- und Sonderrücklagen als wertmäßiger Überschuss ergibt. Die Höhe der Allgemeinen Rücklage ist in der Eröffnungsbilanz als Saldogröße wesentlich von der Bewertung der übrigen Bilanzposten abhängig.

Ergibt sich auf dem Bestandskonto „Allgemeine Rücklage" ein **negativer Saldo**, so ist der Saldo nicht dem Posten „Allgemeine Rücklage", sondern gemäß § 44 Abs. 2 Nr. 7 KomHVO NRW dem Posten „**Nicht durch Eigenkapital gedeckter Fehlbetrag**" (Aktivkonto) zuzuordnen. Das Konto „Allgemeine Rücklage" wird damit nicht mehr ausgewiesen.

Zugänge bzw. Abgänge des Eigenkapitals ergeben sich durch

- Jahresüberschüsse nach Dotierung einer Sonderrücklage oder Ausgleichsrücklage bzw. Ausgleich eines Jahresfehlbetrages,
- Auflösung einer bzw. Umbuchung in eine Sonderrücklage gem. § 44 Abs. 4 Satz 4 KomHVO,
- Erträge bzw. Aufwendungen gem. § 44 Abs. 3 KomHVO.

Die allgemeine Rücklage dient – wie die Ausgleichsrücklage – dem Ausgleich eines Fehlbetrages, wobei sie aber in dieser Funktion der Ausgleichsrücklage nachgeordnet ist. Die Ausgleichsrücklage ist zunächst für den Ausgleich des Fehlbetrages zu verwenden. Die allgemeine Rücklage kann erst dann in Anspruch genommen werden, wenn die Ausgleichsrücklage nicht ausreicht, um den Fehlbetrag abzudecken.

Ist bei der Aufstellung der Haushaltssatzung eine Verringerung der allgemeinen Rücklage vorgesehen, so muss nach § 75 Abs. 4 GO NRW die Genehmigung der Aufsichtsbehörde eingeholt werden. Die Genehmigung gilt als erteilt, wenn die Aufsichtsbehörde nicht innerhalb eines Monats nach Eingang des Antrags der Gemeinde eine andere Entscheidung trifft. Die Genehmigung kann unter Bedingungen und mit Auflagen erteilt werden. Sie ist mit der Verpflichtung, ein Haushaltssicherungskonzept nach § 76 GO NRW aufzustellen, zu verbinden, wenn die Voraussetzungen hierfür vorliegen.

Für den Begriff Allgemeine Rücklage werden in anderen Konzepten zum Neuen Kommunalen Rechnungswesen teilweise andere Bezeichnungen wie z.B. Basiskapital (BW, Sachs.), Basis-Reinvermögen (Bbg., Nds.), Kapitalrücklage (MV, RhPf) oder Nettoposition (Bremen, Hamburg, Hess.) verwandt.

2. Sonderrücklagen

Als Sonderrücklagen sind gemäß § 44 Abs. 4 Satz 1 KomHVO NRW z.B. Zuwendungen für Investitionen zu passivieren, deren ertragswirksame Auflösung der Zuwendungsgeber ausdrücklich ausgeschlossen hat (**pflichtige Sonderrücklagen**).

Durch den Ausschluss der Auflösung bekommen diese Zuwendungen Eigenkapitalcharakter. Solange der Vermögensgegenstand, auf den sich die Zuwendung bezieht, noch nicht vollständig aktiviert ist, wird die erhaltene Zuwendung als Sonderrücklage gezeigt. Sie wird gemäß § 44 Abs. 4 Satz 3 KomHVO NRW in die allgemeine Rücklage überführt, sobald der bezuschusste Vermögensgegenstand vollständig betriebsbereit ist. Die Sonderrücklage dient dazu, erhaltene Zuwendungen bilanziell erfolgsneutral abzubilden und die erhaltenen Mittel – zumindest befristet – dem Ausgleich eines Fehlbetrages zu entziehen. Die Vereinnahmung der Zuwendung und die entsprechende Bildung der Sonderrücklage stellt eine erfolgsneutrale Bilanzverlängerung dar.

Eine ertragswirksame Auflösung wird im Regelfall dann vom Zuwendungsgeber ausgeschlossen, wenn die Zuwendung ohne besondere Maßnahmenbestimmung für den investiven Bereich zur Anschaffung oder Herstellung eines Vermögensgegenstandes gewährt wird. Solche Zuwendungen sind oftmals als „**Anschubfinanzierung**“ vom Zuwendungsgeber gedacht. Hierbei handelt es sich um eine einmalige Zuwendung zur Schaffung von Vermögen. Die Gemeinde muss die Refinanzierung über die Abschreibung aus eigener Kraft erwirtschaften.

Freiwillige Sonderrücklagen kann die Gemeinde nach eigenem Ermessen bilden (vgl. § 44 Abs. 4 Satz 2 KomHVO NRW). Möglich wäre z.B. eine Sonderrücklage aus den Differenzen zwischen dem kaufmännischen und gebührenrechtlichen Abschluss der Gebührenhaushalte. Mit Hilfe einer Sonderrücklage könnte die Verwendung der gesamten Gebühreneinnahmen für die Einrichtung oder Anlage, für deren Betrieb sie erhoben werden, garantiert werden. Die Bildung einer Sonderrücklage ist auch möglich, wenn die Gemeinde einen Aufgabenbereich in eine kommunale Stiftung überführt hat. Weil das Stiftungsvermögen nach wie vor zum Anlagevermögen der Gemeinde gehört, kann durch die Sonderrücklage eine Verwendungsbeschränkung der Mittel im Eigenkapital vorgenommen werden.[205]

3. Ausgleichsrücklage

Die Ausgleichsrücklage entspricht dem handelsrechtlichen **Gewinnvortrag**. Die Ausgleichsrücklage darf im Rahmen des Haushaltsausgleichs zum Ausgleich von Fehlbeträgen eingesetzt werden. Der Ausgleichsrücklage können Mittel durch Beschluss über die Verwendung des Jahresüberschusses zugeführt werden, soweit die allgemeine Rücklage einen Bestand in Höhe von mindestens 3 % der Bilanzsumme des Jahresabschlusses aufweist (vgl. § 75 Abs. 3 Satz 3 GO NRW). Soweit in den Jahresabschlüssen der letzten drei vorhergehenden Jahre aufgrund entstandener Fehlbeträge der Ergebnisrechnung die allgemeine Rücklage reduziert wurde, ist daher ein Jahresüberschuss zuerst der allgemeinen Rücklage zuzuführen (vgl. § 96 Abs. 1 GO NRW).

[205] Vgl. NKF-Handreichungen 7. Aufl. 2016, S. 3850.

Sowohl Überschüsse als auch Fehlbeträge aus der Ergebnisrechnung können den Bestand der Ausgleichsrücklage positiv oder negativ verändern. Ist der Bestand aufgezehrt, führt jeder weitere Fehlbedarf der Ergebnisrechnung zu einer Inanspruchnahme der Allgemeinen Rücklage mit allen weiteren haushaltsrechtlichen Konsequenzen.

Gemäß § 75 Abs. 2 GO NRW kann anstelle oder zusätzlich zur Verwendung der Ausgleichrücklage im Ergebnisplan auch eine pauschale Kürzung von Aufwendungen bis zu einem Betrag von 1 % der Summe der ordentlichen Aufwendungen unter Angabe der zu kürzenden Teilpläne veranschlagt werden (**globaler Minderaufwand**).

4. Jahresüberschuss / Jahresfehlbetrag

Es handelt sich um den Gegenbuchungsposten beim Abschluss des Ergebnisrechnungskontos. Hier wird ein Jahresüberschuss oder ein Jahresfehlbetrag ausgewiesen. Sofern ein **Jahresfehlbetrag** ausgewiesen wird, der nicht durch eine Inanspruchnahme der Ausgleichsrücklage gedeckt werden kann, gilt der Haushalt als nicht ausgeglichen (§ 75 Abs. 2 GO NRW). Der Teil des Jahresfehlbetrages, der nicht durch die Ausgleichsrücklage gedeckt werden kann, wird (im nächsten Jahresabschluss) zu Lasten der Allgemeinen Rücklage verrechnet.

Ein **Jahresüberschuss** erhöht das Eigenkapital der Gemeinde. Er kann durch Beschluss zur Aufstockung der Ausgleichsrücklage eingesetzt werden, soweit der Höchstbetrag von einem Drittel des Eigenkapitals noch nicht erreicht ist, oder der Jahresüberschuss kann der Allgemeinen Rücklage zugeführt werden. Der Jahresüberschuss kann auch dazu eingesetzt werden, eine Sonderrücklage zu bilden. Über die konkrete Verwendung des Jahresüberschusses entscheidet die Gemeindevertretung mit der Feststellung des Jahresabschlusses (§ 96 Abs. 1 GO NRW). Aus dieser Regelung und durch den gesetzlich geforderten Ausweis des Postens „Jahresüberschuss/Jahresfehlbetrag" ergibt sich auch, dass die Bilanz vor Ergebnisverwendung aufzustellen ist, wobei unter Ergebnisverwendung im öffentlichen Rechnungswesen nur Verrechnungen mit Rücklagenpositionen gemeint sind, da Ausschüttungen nicht stattfinden.

Die Veränderung der einzelnen Eigenkapitalposten ist gemäß § 45 Abs. 3 KomHVO NRW in einer Eigenkapitalveränderungsrechnung, die als **Eigenkapitalspiegel** bezeichnet wird, zu erläutern (vgl. Anlage 26 VV Muster zur GO und KomHVO NRW).

B.2.4.6 Sonderposten

Erhält eine Gebietskörperschaft zur Finanzierung aktivierungsfähiger Vermögensgegenstände Zuweisungen, Zuschüsse oder Beiträge von einer anderen Gebietskörperschaft oder von Dritten, sind die Einnahmen nach der Bruttomethode in den Sonderposten für Investitionen einzustellen. In den Folgebilanzen orientiert sich die Auflösung des Sonderpostens an der betriebsgewöhnlichen Nutzungsdauer des bezuschussten Vermögensgegenstandes.

Die Pflicht zur Passivierung von erhaltenen zweckgebundenen **Investitionszuwendungen** (Zuweisungen und Zuschüsse) und Beiträgen als Sonderposten ergibt sich aus § 44 Abs. 5 KomHVO NRW. Die Bruttodarstellung entspricht der Klarheit und Wahrheit der Mittelverwendung und -herkunft.

Die Sonderposten werden als Bilanzposten zwischen dem Eigenkapital und den Rückstellungen gebildet. Hierdurch soll unterstrichen werden, dass weder ein eindeutiger Eigenkapitalcharakter noch ein eindeutiger Fremdkapitalcharakter vorliegt. Auf der Passivseite der Bilanz werden die Sonderposten in

- Sonderposten für Zuwendungen,
- Sonderposten für Beiträge,
- Sonderposten für Gebührenausgleich (§ 6 KAG NRW) und
- Sonstige Sonderposten

unterteilt. Es werden damit Zuwendungen und Beiträge passiviert, die im Rahmen einer Zweckbindung bewilligt bzw. gezahlt werden und demzufolge nicht frei verwendet werden dürfen.

Im kaufmännischen Rechnungswesen ist neben dem Passivausweis der Zuwendungen auch eine aktive Minderung der Anschaffungs- bzw. Herstellungskosten der geförderten Vermögensgegenstände vorgesehen. Für Gebietskörperschaften ist diese Saldierung nicht zulässig. Folglich stehen sich hier in der Ergebnisrechnung der Ressourcenverbrauch (Abschreibungen) und der Ressourcenzuwachs (Erträge aus der Auflösung von Sonderposten), bezogen auf die bezuschussten Vermögensgegenstände, unsaldiert gegenüber.

MERKE: In Verbindung mit der Abschreibung der Vermögensgegenstände, zu deren Finanzierung sie dienen, sind die Sonderposten erfolgswirksam über die Ergebnisrechnung aufzulösen; hierdurch wird teilweise die laufende Belastung der Ergebnisrechnung mit Abschreibungsaufwand neutralisiert.

1. Sonderposten für Zuwendungen

Für Gebietskörperschaften haben die **Investitionszuwendungen** eine besonders wichtige Bedeutung. Für die Aufsichtsbehörde stellen sie auch ein Steuerungsinstrument dar. Durch die Gewährung von Investitionszuwendungen kann die Aufsichtsbehörde orientiert an der Leistungsfähigkeit der Gebietskörperschaft und mit Blick auf volkswirtschaftliche Erfordernisse deren Investitionstätigkeit steuern. Teilweise wurde dieses Steuerungsinstrument in einigen Bereichen durch Gewährung pauschalierter Zuwendungen auch aus Gründen einer Verteilungsgerechtigkeit in die Hände der Gebietskörperschaften gegeben. Sowohl die **investitionsbezogenen Zuwendungen** für die Anschaffung oder Herstellung eines Vermögensgegenstandes als auch die pauschalierten Zuwendungen z.B. Feuerschutzpauschale, Schul- und Bildungspauschale und Sportpauschale sind als Sonderposten abzubilden. Da bei pauschalierten

Zuwendungen eine Einzelzuordnung zu bestimmten Investitionen nicht immer möglich bzw. unwirtschaftlich ist, ist stattdessen eine Zuordnung nach Schwerpunkten zulässig.[206]

Bei den **pauschalierten Zuwendungen** werden drei Formen unterschieden, von der die Behandlung des Sonderpostens abhängt. Bei den drei Formen handelt es sich um „laufende pauschalierte Zuwendungen für investive Zwecke ohne weitere Verwendungsvorgabe", „laufende pauschalierte Zuwendungen für investive Zwecke mit weiterer Verwendungsvorgabe" und „laufende pauschalierte Zuwendungen für investive Zwecke sowie für Sanierungsmaßnahmen mit weiterer Zweckbestimmung":

- Durch **„laufende pauschalierte Zuwendungen für investive Zwecke ohne weitere Verwendungsvorgabe"** (z.B. bei der allgemeinen Investitionspauschale) sollen die Empfänger zu Investitionen angeregt werden, indem ihnen Liquidität zur Verfügung gestellt wird ohne einen Verwendungsnachweis zu verlangen. Für die einzelnen Investitionen sind entsprechende Sonderposten nach eigenem Ermessen zu bilden und nach den jeweiligen Nutzungsdauern aufzulösen.
- Bei **„laufenden pauschalierten Zuwendungen für investive Zwecke mit weiterer Verwendungsvorgabe"** (z.B. bei der Feuerschutzpauschale) hat parallel zur Aktivierung der Investition gemäß der Verwendungsvorgabe die Passivierung des Sonderpostens zu erfolgen. Der Verwendungsvorgabe entsprechend wird mit Beginn der Abschreibung des Vermögensgegenstandes auch mit der Auflösung des Sonderpostens begonnen und zwar in Höhe des Abschreibungssatzes des Investitionsgutes. Die Verwendung der Mittel muss für Investitionen in dem jeweiligen Bereich (z.B. Feuerwehr) erfolgen.
- Entscheidend für die Behandlung der **„laufenden pauschalierten Zuwendungen für investive Zwecke sowie für Sanierungsmaßnahmen mit weiterer Zweckbestimmung"** (z.B. bei der Schul- oder Sportpauschale) ist die Aufteilung in einen Investitions- und einen Sanierungsteil. Diese Entscheidung ist im jeweiligen Fall gesondert zu treffen. Für den investiven Teil muss bei Durchführung der Investition parallel zur Aktivierung des Vermögensgegenstandes ein Sonderposten passiviert werden. Dieser wird ergebniswirksam mit dem entsprechenden Abschreibungssatz des Investitionsgutes zeitgleich mit der Abschreibung des Vermögensgegenstandes aufgelöst. Für den Sanierungsteil bleibt der Sonderposten als Passivposten bestehen bis die Sanierung durchgeführt wurde. Nach Durchführung wird der Sonderposten erfolgswirksam aufgelöst.

Die Buchung einer Zuwendung als Sonderposten erfolgt erst mit der **Aktivierung des Vermögensgegenstandes**, damit auch gleichzeitig mit der Abschreibung des zu-

[206] Vgl. NKF-Handreichungen 7. Aufl. 2016, S. 3857.

gehörigen Vermögensgegenstandes die ertragswirksame Auflösung des Sonderpostens erfolgen kann. Solange hierbei der Anschaffungs- oder Herstellungsvorgang nicht abgeschlossen und somit die Zuwendungsvorgabe noch nicht erfüllt ist, stellen die zugeflossenen Finanzierungsmittel im Rahmen des Realisierungsprinzips eine **„Erhaltene Anzahlung“** (Verbindlichkeit) dar. Nach Aktivierung des Vermögensgegenstandes erfolgt eine Umbuchung der Anzahlung in den Sonderposten (Passivtausch).

Sonderposten werden auch gebildet bei gewährten **Sachzuwendungen,** d.h. Vermögensgegenstände werden z.B. der Gemeinde geschenkt bzw. unentgeltlich übertragen. Der Vermögensgegenstand wird mit dem Zeitwert bilanziert. In gleicher Höhe (Zeitwert) wird der Sonderposten eingestellt, der über die Nutzungsdauer des Vermögensgegenstandes aufgelöst wird. Dies ist beispielsweise bei Anschaffungen durch Fördervereine (für Schulen, Feuerwehr etc.) der Fall, wenn der angeschaffte Vermögensgegenstand in das Eigentum der Gemeinde übergeht. Entsprechendes gilt bei einer **Umstufung einer Straße**, z.B. eine Kreisstraße wird Gemeindestraße, wenn Eigentum und Straßenbaulast entschädigungslos auf die Gemeinde übergehen.

Auch bei nicht abnutzbarem Anlagevermögen (**Grund und Boden**) ist, soweit eine Zuwendung gewährt wird, ein Sonderposten zu bilanzieren. Er bleibt solange unverändert bestehen, wie die Gemeinde z.B. das unbebaute Grundstück, für das die Zuwendung gewährt wurde, wirtschaftlich besitzt.

Sofern der Zuwendungsgeber eine ertragswirksame Auflösung der Investitionszuwendung ausgeschlossen hat, darf gemäß § 44 Abs. 4 KomHVO NRW kein Sonderposten gebildet werden.

2. Sonderposten für Beiträge

Die Bilanzierung von **erhaltenen Beiträgen** nach dem Baugesetzbuch oder dem Kommunalabgabengesetz für das Land Nordrhein-Westfalen (KAG NRW) erfolgt nach § 44 Abs. 5 KomHVO NRW entsprechend der Verfahrensweise für investive Zuwendungen. Nach § 8 Abs. 2 KAG NRW sind Beiträge Geldleistungen, die dem Ersatz des Aufwandes für die Herstellung, Anschaffung und Erweiterung öffentlicher Einrichtungen und Anlagen i.S.d. § 4 Abs. 2 KAG NRW, bei Straßen, Wegen und Plätzen auch für deren Verbesserung, jedoch ohne die laufende Unterhaltung und Instandsetzung, dienen. Sie werden von den (anliegenden) Grundstückseigentümern als Gegenleistung dafür erhoben, dass ihnen durch die Möglichkeit der Inanspruchnahme der Einrichtungen und Anlagen wirtschaftliche Vorteile geboten werden. Der Sachverhalt noch nicht erhobener Beiträge aus fertig gestellten Erschließungsmaßnahmen ist nach § 45 Abs. 2 Ziffer 7 KomHVO NRW im Anhang zur Bilanz zu erläutern. Erst mit der Realisierung der Forderung durch den Beitragsbescheid ist der Sonderposten zu buchen. Da in der Regel zwischen Aktivierung der Vermögensgegenstände und der Bescheiderteilung eine unbestimmte Zeit liegt, beginnt die Auflösung des Sonderpostens regelmäßig nach dem Abschreibungsbeginn (vgl. Kap. B.4.1.4).

3. Sonderposten für Gebührenausgleich

§ 6 KAG NRW verpflichtet die Gemeinden dazu, Jahresüberschüsse und Jahresfehlbeträge ihrer kostenrechnenden Betriebe/Einrichtungen (Gebührenhaushalte) bei den nachfolgenden Gebührenkalkulationen zu berücksichtigen, d.h. die Gebühren sind zu senken bzw. zu erhöhen.[207] Sollten diese Betriebe **Jahresüberschüsse** aus der Gebührenkalkulation erzielen, muss bis zum Zeitpunkt der Senkung der Gebühren ein „**Sonderposten für Gebührenausgleich**“ passiviert werden (§ 44 Abs. 6 KomHVO NRW).

Hat sich die Kommune für einen einjährigen Kalkulationszeitraum nach § 6 Abs. 2 KAG NRW entschieden, sind die Gebührenüberschüsse spätestens am Ende des Zeitraums als Sonderposten für den Gebührenausgleich zu bilanzieren. Hat sie hingegen einen mehrjährigen Kalkulationszeitraum gewählt (z.B. drei Jahre) muss sie auch erst am Ende dieses Zeitraumes prüfen, ob sich eine Gebührenüberdeckung ergibt; wenn dies der Fall ist, muss erst dann ein Sonderposten gebildet werden.

Buchung: *Abführung Gebührenüberschuss (sonstiger ordentlicher Aufwand) an Sonderposten für Gebührenausgleich*

Der Sonderposten ist im Jahr oder in den Jahren der Kostenunterdeckung ertragswirksam aufzulösen. **Jahresfehlbeträge** (Kostenunterdeckungen) sind dagegen lediglich im **Anhang** anzugeben und zu erläutern. Sie sind von den Gebührenzahlern in den Folgejahren zusätzlich aufzubringen. Eine entsprechende ertragswirksame Aktivierung, z.B. als Forderung, wäre nach dem Realisationsprinzip verboten. Kostenüberdeckungen einer Einrichtung dürfen auch nicht mit Unterdeckungen anderer Einrichtungen verrechnet werden.

In dem Jahr (bzw. den Jahren), in dem (denen) die Kostenüberdeckung zum Ausgleich von (geplanten) Kostenunterdeckungen verwendet wird, hat eine ertragswirksame Auflösung des Sonderpostens zu erfolgen. Die Einbeziehung der Überdeckung in den entsprechenden Kalkulationszeitraum ist mittels einer Vorauskalkulation zu dokumentieren. Die Auflösung führt dazu, dass die in der Ergebnisrechnung erfassten veranlagten Gebühren des Haushaltsjahres um den Betrag erhöht werden, um den der Sonderposten aufgelöst wird.

Die Finanzrechnung ist bei der Bildung und Auflösung von Sonderposten für den Gebührenausgleich nicht betroffen.

4. Sonstige Sonderposten

Unter „**Sonstige Sonderposten**“ fallen z.B.:

- Sonderposten für den Kostenersatz für Haus- und Grundstücksanschlüsse nach § 10 KAG NRW,

[207] Kostenrechnende Einrichtungen liegen z.B. in folgenden Tätigkeitsgebieten vor: Abfall- und Abwasserentsorgung, Friedhofswesen, Straßenreinigung, Rettungsdienst.

- Sonderposten für die Ablösung der Verpflichtung zur Erstellung von Stellplätzen,
- Sonderposten für die Ablösung für Ausgleichs- und Ersatzmaßnahmen nach §§ 135a bis 135 c BauGB,
- Sonderposten für Ausgleichsbeträge für Sanierungs- und Entwicklungsmaßnahmen nach §§ 154, 155 BauGB.

Auf eine Erläuterung der „Sonstigen Sonderposten" wird verzichtet.[208]

Insgesamt sind die Regelungen zu den Sonderposten in den einzelnen Bundesländern nicht einheitlich. Abweichend zu den anderen Bundesländern werden in Niedersachsen die erhaltenen Zuwendungen im Eigenkapital (Netto-Position) abgebildet. In Baden-Württemberg ist auch die Absetzung der Zuschüsse von den Anschaffungs- und Herstellungskosten zulässig (sog. Nettodarstellung).

B.2.4.7 Rückstellungen

Rückstellungen sind im kameralen Haushaltsrecht nicht vorgesehen. Rückstellungen sind Verpflichtungen, die dem Grunde nach hinsichtlich des Auszahlungszeitpunktes oder der Höhe nach noch nicht bestimmt sind. Die Verpflichtung muss bis zum Bilanzstichtag wirtschaftlich verursacht sein. Sind die Voraussetzungen einer Rückstellung gegeben, ist diese grundsätzlich zu bilden.

Für die Aufnahme der Sachverhalte, die zu Rückstellungen in der Bilanz führen, sind geeignete Maßnahmen zu treffen, u.a. auch durch ein verwaltungsinternes Rundschreiben, in dem die zu erfassenden Sachverhalte beschrieben und die entsprechenden Mitteilungspflichten vorgegeben werden.

Sofern die gesetzlich bestimmten Sachverhalte vorliegen, besteht die Pflicht zur Bildung von Rückstellungen in angemessener Höhe (§ 88 GO NRW, § 37 KomHVO NRW). Nach § 253 Abs. 1 HGB sind Rückstellungen in Höhe des nach vernünftiger kaufmännischer Beurteilung notwendigen Erfüllungsbetrages zu berechnen. Die Höhe der Rückstellung hat sich an der Preis- und Kostensituation im Erfüllungszeitpunkt zu orientieren,[209] wobei es zum Bilanzstichtag objektiv wahrscheinlich sein muss, dass die bei der Rückstellungsbewertung angenommenen Kostenveränderungen künftig auch tatsächlich eintreten werden.[210] Da Bewertungen generell unter Anwendung der GoB vorzunehmen sind, gilt diese Regelung ebenso für Gebietskörperschaften, auch wenn hier der Begriff „notwendiger Erfüllungsbetrag" nicht ausdrücklich im Gesetz genannt wird. Aufgrund des **Wirklichkeitsprinzips** im NKF muss (in analoger Anwendung von IAS 37.23) die Wahrscheinlichkeit, dass das Ereignis ein-

[208] Vgl. hierzu NKF-Handreichungen, 7. Aufl. 2016, S. 3870.
[209] Vgl. Wöhe/Kußmaul, Grundzüge der Buchführung und Bilanztechnik, 9. Aufl. 2015, S. 295.
[210] Vgl. Baetge/Kirsch/Thiele, Bilanzen, 15. Aufl. 2019, S. 424 mit Verweis auf BT-Drucksache 16/10067, S. 52.

tritt, größer sein als die Wahrscheinlichkeit, dass es nicht eintritt; diese größere Eintrittswahrscheinlichkeit bemisst sich danach, ob „mehr dafür als dagegen spricht".[211] Die **Eintrittswahrscheinlichkeit** muss damit bei **mehr als 50 %** liegen. Risiken und Verluste, für deren Verwirklichung im Hinblick auf die besonderen Verhältnisse der öffentlichen Haushaltswirtschaft nur eine geringe Wahrscheinlichkeit spricht, bleiben außer Betracht (vgl. § 33 Abs. 1 Nr. 3 KomHVO NRW). Mit dem handelsrechtlichen Vorsichtsprinzip ist eine Rückstellungsbegrenzung auf die Fälle überwiegender Wahrscheinlichkeit des Ereigniseintritts nicht zu vereinbaren.[212]

Die Bildung einer Rückstellung (Zuführung) erfolgt zu Lasten der Aufwandsart, die bei Inanspruchnahme und Abrechnung belastet würde. Sofern hier eine eindeutige Zuordnung zu einer bestimmten Aufwandsart nicht möglich ist, erfolgt eine Buchung als „Sonstiger ordentlicher Aufwand".

Bei Eintritt der erwarteten Ausgaben erfolgt eine erfolgsneutrale Inanspruchnahme der Rückstellung. Wenn die Ungewissheit hinsichtlich zukünftiger Ausgaben durch eine sichere Kenntnis der zukünftigen Ausgaben ersetzt wird, erfolgt eine Umwandlung der bilanzierten Rückstellung in eine Verbindlichkeit (Passivtausch). Rückstellungen sind aufzulösen, soweit der Grund hierfür entfallen ist. Um zu prüfen, ob Rückstellungen noch zu Recht bilanziert sind, ist eine jährliche Inventur durchzuführen.

Die Rückstellungen werden gemäß § 42 Nr. 3 KomHVO NRW unterteilt in

- Pensionsrückstellungen,
- Rückstellungen für Deponien und Altlasten,
- Instandhaltungsrückstellungen und
- Sonstige Rückstellungen nach § 37 Abs. 5 und 6 KomHVO NRW.

1. Pensionsrückstellungen

Handelsrechtlich sind Pensions- und ähnliche Verpflichtungen ungewisse Verbindlichkeiten i. S. des § 249 Abs. 1 S. 1 HGB, für die eine Passivierungspflicht besteht.

Als pensionsähnliche Verpflichtungen kommen Verpflichtungen gegenüber einer rechtlich selbständigen betrieblichen Unterstützungseinrichtung sowie Vorruhestandsverpflichtungen und Verpflichtungen aus Altersteilzeitvereinbarungen in Betracht, die nach den Zuordnungsvorschriften gemäß Anlage 18 VV Muster zur GO und KomHVO NRW bei den sonstigen Rückstellungen auszuweisen sind. Verpflichtungen zur Leistung von Beihilfen für Beamte und Versorgungsempfänger sind bei den Pensionsrückstellungen auszuweisen. Für alle entstandenen Verpflichtungen gegenüber aktiv Beschäftigten, Pensionären und Hinterbliebenen sind dementsprechend Rückstellungen zu bilanzieren.

[211] Vgl. auch R 5.7 Abs. 6 EStR, wonach dies im Steuerrecht ebenfalls für eine Rückstellungsbildung gilt.
[212] Vgl. Moxter/Engel-Ciric, Grundsätze ordnungsgemäßer Bilanzierung, S. 109.

Zahlt eine Gemeinde an eine im Umlageverfahren finanzierte **Versorgungskasse**, bleibt die Rückstellungsverpflichtung uneingeschränkt bestehen, da sich der Rechtsanspruch der Beamten unmittelbar gegen die Gebietskörperschaft richtet. Die Beamtenversorgung über eine Beamtenversorgungskasse stellt damit eine **unmittelbare Altersversorgungsverpflichtung** dar.[213]Bei einer unmittelbareren Altersversorgungsverpflichtung wird unterstellt, dass sich der Mitarbeiter die zu gewährenden Pensionsleistungen über den Zeitraum seiner Tätigkeit im Unternehmen bzw. der Gebietskörperschaft erdient. Die Pensionszahlungen stellen nur Ausgaben dar; während der aktiven Zeit der Erbringung der Arbeitsleistung entsteht der Aufwand dafür.

Rückstellungen mit einer Restlaufzeit von mehr als einem Jahr sind gemäß § 253 Abs. 2 HGB abzuzinsen, d.h. zu ihrem Barwert anzusetzen. Das Handelsrecht enthält konkrete Berechnungsvorgaben für den Rechnungszinssatz. Erträge und Aufwendungen aus der Diskontierung von Rückstellungen sind „Sonstige Zinsen“ (vgl. § 275 Abs. 2 Nr. 11 und 13 HGB).

Die Pensionsrückstellung für aktive Mitarbeiter wird grundsätzlich mit dem versicherungsmathematischen Barwert des bis zum Bilanzstichtag erworbenen Versorgungsanspruchs angesetzt. Die Rückstellungsbildung erfolgt ab dem Zeitpunkt der Pensionszusage, wobei nach dem **Teilwertverfahren** eine Einmalrückstellung für auf zurückliegende Dienstzeiten entfallende Versorgungslasten zu bilden ist. Das Ruhegehalt wird gemäß § 4 Abs. 1 BeamtVG nur gewährt, wenn der Beamte eine Dienstzeit von mindestens fünf Jahren abgeleistet hat oder früher aus dienstlichen Gründen dienstunfähig geworden ist. Bei Diensteintritt eines Beamten erfolgt daher noch keine Rückstellungsbildung, sondern erst nach fünf Jahren Dienstzeit,[214] wenn „die gesetzliche Zusage realisiert ist“; es ist dann eine Einmalrückstellung für diese Zeit zu bilden. Durch ratierliche Ansammlungen bis zum Pensionsbeginn wird die Rückstellung so erhöht, dass zum Zeitpunkt des Pensionsbeginns eine Rückstellung in Höhe des Barwerts der künftigen Pensionsleistungen besteht, da eine Gegenleistung nicht mehr zu erwarten ist. Der zu verwendende Kapitalisierungszinssatz beträgt im NKF - entgegen den handelsrechtlichen Vorgaben – fünf Prozent.

Die Ermittlung des Erfüllungsbetrags von Rückstellungen für Pensionen und Beihilfen erfolgt nach versicherungsmathematischen Regeln unter Verwendung geeigneter Generationensterbetafeln in zwei Schritten:

- Im ersten Schritt sind nach den versicherungsmathematischen Regeln Dauer und Höhe der jährlichen Pensionsleistungen zu ermitteln und auf das Ende der Dienstzeit abzuzinsen.

[213] Vgl. IDW RS HFA 23 Tz. 6 und Tz. 9 ff.

[214] Gemäß Runderlass des Innenministeriums NRW vom 17. 2. 2016 – 34 – 48.01.02/30 – 244/16 - kann als Vereinfachung bei Beamten des mittleren und gehobenen Dienstes das vollendete 19. Lebensjahr, bei Beamten des höheren Dienstes das vollendete 25. Lebensjahr als Beginn der Dienstzeit angesetzt werden.

- Im zweiten Schritt sind die jährlichen Pensionsrückstellungen zu bestimmen, deren erreichte Summe zum Jahresende dem jeweiligen Barwert der künftigen Pensionsleistungen entspricht.

Erwartete Pensions- und Rentenanpassungen, Besoldungs- und Entgeltsteigerungen sind zu berücksichtigen. Bei aktiven Beamten ist eine Verteilung über die gesamte Dienstzeit auf der Grundlage des Teilwertverfahrens vorzunehmen (§ 37 Abs. 1 KomHVO NRW).

Für über die Pensionsansprüche hinausgehenden Ansprüche auf **Beihilfen** im Krankheitsfall sowie andere Ansprüche außerhalb des Beamtenversorgungsgesetzes kann eine vereinfachte prozentuale Ermittlung auf der Basis der bestehenden Versorgungsbezüge vorgenommen werden. Nach § 37 Abs. 1 KomHVO NRW ergibt sich der Prozentsatz aus dem Verhältnis der gezahlten Beihilfeleistungen zum Volumen der gezahlten Versorgungsbezüge. Der Prozentsatz bemisst sich nach dem Durchschnitt dieser Leistungen in den drei dem Jahresabschluss vorangehenden Haushaltsjahren.

Beispiel:

Für das Jahr 04 soll der Beihilfeanteil an den Pensionsrückstellungen ermittelt werden. Für die Vorjahre sind folgende Beihilfeleistungen und Versorgungsbezüge gezahlt worden:

Jahr	**Versorgungsbezüge in €**	**Beihilfezahlungen in €**
01	8 000 000	710 000
02	7 900 000	820 000
03	8 100 000	780 000
Durchschnitt:	8 000 000	770 000

Verhältnis der Beihilfezahlungen zu den Versorgungsbezügen in Prozent:

770 000 · 100 / 8.000 000 = 9,625 %

Auf den Betrag der Rückstellungen für Versorgungsbezüge für das Jahr 04 sind 9,625 % als Rückstellung für Beihilfen aufzuschlagen. Spätestens nach fünf Jahren muss eine Neuberechnung des Prozentsatzes erfolgen. Abweichend kann der Barwert für die gesamten zukünftigen Beihilfeansprüche auf Grundlage des Durchschnitts der Beihilfeleistungen der drei dem Jahresabschluss vorangehenden Haushaltsjahre ermittelt werden (vgl. § 37 Abs. 1 Satz 9 KomHVO NRW).

Sofern ein Beamter von einer Gemeinde an einen anderen Dienstherrn abgegeben wird, ist die Beihilferückstellung vollständig aufzulösen, da hierfür keine Erstattungsverpflichtungen entstehen.

Die Versorgungsrücklage nach § 14 a BBesG stellt eine kamerale Rücklage dar und ist daher nicht als doppische Rücklage zu bilanzieren. Durch die Versorgungsrücklage soll der Dienstherr gezwungen werden, eine Mindestvorsorge für künftige Pensionszahlungen zu treffen. Die entsprechenden Mittel sind deshalb gem. § 246 Abs. 2 S. 2 HGB mit den Rückstellungen zu verrechnen.[215]

2. Rückstellungen für Rekultivierung und Nachsorge von Deponien sowie Sanierung von Altlasten

Für die **Rekultivierung und Nachsorge kommunaler Deponien** sind nach § 37 Abs. 3 KomHVO NRW Rückstellungen in Höhe der zu erwartenden Gesamtkosten bezogen auf den voraussichtlichen Zeitpunkt der Rekultivierungs- und Nachsorgemaßnahmen anzusetzen. Der Wortlaut der Vorschrift ergibt, dass zukünftige Preissteigerungen bereits heute zu berücksichtigen sind. Die Rückstellungen werden während der Betriebszeit der Deponie jährlich gebildet, so dass mit dem Betriebsende (Verfüllungsende) die Rückstellung den Wert der notwendigen Rekultivierungsaufwendungen erreicht hat. Anders als bei den Pensionsrückstellungen ist nach dem Wortlaut der Gesetzesvorschrift **keine Abzinsung** vorgesehen.[216] Nach den Handreichungen des Innenministeriums NRW [217]erfolgt die Ansammlung der Rückstellung entsprechend der erreichten Verfüllmenge bezogen auf die gesamte Verfüllmenge im jeweiligen Nutzungsjahr, d.h. nach folgender Formel:

$$\text{Rückstellungshöhe} = \text{erwartete Gesamtkosten} \cdot \frac{\text{bisherige Verfüllmenge}}{\text{Verfüllmenge insgesamt}}$$

Beispiel:

Eine im Jahr 01 errichtete Deponie mit einer geplanten Nutzungsdauer von 15 Jahren ist bereits am Bilanzstichtag 31. 12. 01 mit 10 % des Gesamtvolumens verfüllt. Die Gesamtkosten für die Rekultivierung und Nachsorge betragen nach den internen Berechnungen 200.000 €.
Maßstab für die Höhe der Rückstellung ist die Verfüllmenge, nicht die geplante Nutzungsdauer. Gemäß § 36 Abs. 2 KomHVO ist somit eine Rückstellung in Höhe von 20.000 € (10 % von 200.000 €) zu bilden. Eine Abzinsung erfolgt nicht, da nach der Gesetzesvorschrift die erwarteten Kosten zum Zeitpunkt der Rekultivierungs- und Nachsorgemaßnahmen anzusetzen sind.

Bei der **Sanierung von Altlasten** (z.B. stillgelegte Aufhaldungen mit umweltgefährlichen Stoffen, von denen eine Gefahr für die öffentliche Sicherheit und Ordnung ausgeht) wird nach dem gleichen Prinzip wie bei den Deponierückstellungen verfahren. Voraussetzung für eine Rückstellungsbildung ist, dass die Gemeinde zur Beseitigung der Altlast grundsätzlich verpflichtet ist. Sanierungsverpflichtungen können

[215] In NRW besteht keine Verpflichtung mehr zur Bildung dieser Rücklage.

[216] Für Kaufleute besteht nach § 253 Abs. 2 HGB eine Abzinsungspflicht. Im Steuerrecht ist nach § 6 Abs. 1 Nr. 3a Buchst. e EStG mit einem Zinssatz von 5,5 % abzuzinsen.

[217] Vgl. NKF-Handreichungen 7. Aufl. 2016, S. 3208.

sich aus öffentlichem Recht (Landesabfall-, Wasserhaushalts-, Bodenschutz-, Immissionsschutzgesetze) oder aus Zivilrecht (Vertrag) ergeben.

3. Instandhaltungsrückstellungen

Die Rückstellungen für unterlassene Instandhaltung bei Sachanlagen stellen nach § 37 Abs. 4 KomHVO NRW Aufwandsrückstellungen für eine **Innenverpflichtung** dar.

Eine unterlassene Instandhaltung muss als Rückstellung ausgewiesen werden, wenn die Nachholung der Instandhaltung **hinreichend konkret beabsichtigt** ist.[218] Ein Indiz für die beabsichtigte Nachholung ist, dass die entsprechende Instandhaltung in der mittelfristigen Ergebnis- und Finanzplanung enthalten ist und die Instandhaltung als bisher unterlassen gilt. Dabei darf die Nachholung der Maßnahme grundsätzlich nicht über den Zeitraum der mittelfristigen Ergebnis- und Finanzplanung hinausgehen.[219] Rückstellungen dürfen nur aufgelöst werden, soweit der Grund hierfür entfallen ist (vgl. § 88 Abs. 2 GO NRW).

Eine Aufwandsrückstellung für unterlassene Instandhaltung oder Großreparaturen darf also nur gebildet werden, wenn ihr ein konkreter Sachverhalt zugeordnet werden kann. Hierbei müssen sowohl Zweck als auch Inhalt der Rückstellungsbildung feststehen, sodass die Beziehung zu einem bestimmten Vermögensgegenstand oder einem bestimmten Ereignis konkret besteht und belegt wird. Instandhaltungsmaßnahmen müssen somit **einzeln bestimmt und wertmäßig beziffert** sein. Dabei ist der genaue Verwendungszweck und der Umfang zu dokumentieren. Hilfreich kann z.B. ein Aufwandsrückstellungsplan sein.

Hinzuweisen ist in diesem Zusammenhang auf § 45 Abs. 2 Nr. 4 KomHVO NRW, wonach die Rückstellungen für unterlassene Instandhaltung unter Angabe des Rückstellungsbetrages gesondert im Anhang anzugeben und zu erläutern sind. Zur Aktivierung von Erhaltungs- und Instandsetzungsaufwendungen gemäß § 36 Abs. 5 KomHVO NRW wird auf Kap. B.2.4.2 verwiesen.

Soweit Rückstellungen für unterlassene Instandhaltung gebildet wurden, dürfen sie nicht aufgelöst werden, solange die unterlassene Instandhaltung noch nicht nachgeholt ist. Derartige Rückstellungen sind deshalb im Jahresabschluss desjenigen Jahres auszubuchen – d.h. in der Höhe ertragswirksam aufzulösen, in der entweder die Erhaltungs- oder Instandsetzungsmaßnahme aktiviert wird oder in der Höhe in Anspruch zu nehmen („zu verbrauchen“), in der diese Maßnahme konsumtiv zu bewerten ist. Die unterbliebene Instandhaltung muss tatsächlich durchgeführt worden sein.

Sofern nicht die Absicht besteht, eine unterlassene Erhaltungs- oder Instandsetzungsmaßnahme durchzuführen oder die Rückstellung wegen einer Nichtnachholung auf-

[218] § 249 HGB trifft hier für handelsrechtliche Rückstellungen eine andere Regelung, vgl. Kap. A.14.4.2. Nach SsD Tz. 5.7.3.2 werden im Rahmen der staatlichen Doppik keine Instandhaltungsrückstellungen gebildet.
[219] Vgl. NKF-Handreichungen 7. Aufl. 2016, S. 3219.

gelöst wurde, ist zu prüfen, ob und in welcher Höhe eine außerplanmäßige Abschreibung des Vermögensgegenstandes erfolgen muss. Dies gilt auch, wenn die Gemeinde unter Berücksichtigung ihrer Kapazitäten und ihrer finanziellen Leistungsfähigkeit Bauinstandhaltungen nicht realisieren kann. Es sind teilweise sogar schmerzhafte Einschnitte in den vorhandenen Bestand an Gebäuden, Infrastrukturvermögen oder sonstigen Einrichtungen unumgänglich (z.B. Schließen von Hallen- und Freibädern, Jugend- und Freizeiteinrichtungen, Schulen, Museen), wenn sich eine Gemeinde die Instandhaltung einer großen Anzahl von sanierungsbedürftigen Immobilien, insbesondere bei Bausubstanz aus den siebziger Jahren, nicht mehr leisten kann. Gemäß § 36 Abs. 6 letzter Satz KomHVO NRW hat die Gemeinde diese außerplanmäßigen Abschreibungen im Anhang zu erläutern.

Unter Instandhaltung sind **Instandsetzung, Wartung, Inspektion und Verbesserung** zu verstehen. Nähere Erläuterungen hierzu sind in der DIN 31051 enthalten.

- **Wartung:** Maßnahmen zur Bewahrung des Sollzustandes von technischen Arbeitsmitteln und Anlagen zur Vermeidung von Störungen des Produktionsablaufs (z.B. schmieren, reinigen, justieren)

- **Inspektion:** Maßnahmen zur Feststellung und Beurteilung des Istzustands von Gebäuden, Anlagen und technischen Arbeitsmittel zur Vermeidung von Störungen des Produktionsablaufs (z.B. prüfen, messen, beurteilen)

- **Instandsetzung:** Maßnahmen zur Wiederherstellung des Sollzustands von Gebäuden, Anlagen und technischen Arbeitsmittel mit Aufbereitung oder Ersatz von Teilen nach Inspektionsergebnissen (z.B. austauschen, ausbessern)

- **Verbesserung:** Kombination aller technischen und administrativen Maßnahmen sowie Maßnahmen des Managements zur Steigerung der Zuverlässigkeit und/oder Instandhaltbarkeit und/oder Sicherheit einer Einheit, ohne ihre ursprüngliche Funktion zu ändern

Rückstellungen dürfen somit nur für nicht aktivierbare bzw. nicht wertverbessernde Maßnahmen gebildet werden.

MERKE: Für Instandhaltungsrückstellungen gilt, dass sie nur für Maßnahmen gebildet werden dürfen, die nicht als nachträgliche Herstellungskosten oder Instandhaltungsaufwendungen aktivierungsfähig sind. Soweit im NKF Instandhaltungsaufwendungen gemäß § 36 Abs. 5 KomHVO NRW aktiviert wurden, sind die hierfür gebildeten Rückstellungen aufzulösen.

---

4. Sonstige Rückstellungen

- **Rückstellungen für sonstige ungewisse Verbindlichkeiten**

Hierunter fallen insbesondere die Fälle, in denen ein Auftrag zur Erbringung von Leistungen im abgelaufenen Jahr erteilt und die Leistung noch erbracht wurde, beim Jahresabschluss aber die Rechnung zur Bestimmung der genauen Höhe der Verbindlichkeit noch fehlt. Dieser Sachverhalt ist in § 37 Abs. 5 KomHVO NRW geregelt. Hiernach müssen für Verpflichtungen, die dem Grunde oder der Höhe nach zum Abschlussstichtag nicht genau bekannt sind, Rückstellungen passiviert werden (Ansatzpflicht).

§ 37 Abs. 5 Satz 2 KomHVO NRW sieht als weitere Voraussetzung für die Bildung von Rückstellungen für dem Grunde oder der Höhe nach ungewisse Verbindlichkeiten vor, dass

- es wahrscheinlich sein muss, dass eine Verbindlichkeit zukünftig entsteht,
- die wirtschaftliche Ursache vor dem Abschlussstichtag liegt und
- die zukünftige Inanspruchnahme voraussichtlich erfolgen wird.

Andere Beispiele für sonstige ungewisse Verbindlichkeiten sind:

- Rückstellungen für Haftungs- und Prozessrisiken,
- Rückstellungen zur Absicherung eines Fremdwährungsrisikos bei der Aufnahme von Krediten in fremder Währung,
- Rückstellungen für Schadensersatzverpflichtungen,
- Rückstellungen für Steuerverpflichtungen, soweit noch keine Veranlagung oder Vorauszahlung erfolgte (insb. Körperschaftssteuer),
- Rückstellungen für erhöhte Heranziehung zu Umlagen (insbesondere Kreis- und Landschaftsverbandsumlage) als Wahlrecht gemäß § 37 Abs. 5 Satz 3 KomHVO NRW,
- Rückstellungen für Abbruch-/Instandhaltungsverpflichtungen aus Miet-/ Pachtverträgen,
- Rückstellungen wegen der Beteiligung an künftigen Versorgungslasten anderer Dienstherrn.[220]

Beispiel:

a) Die Gemeinde A hat im Dezember 01 die Firma B beauftragt, im März 02 Baumpflegearbeiten durchzuführen. Hat die Gemeinde am Abschlussstichtag 01 eine Rückstellung für den erteilten Auftrag zu bilden?

b) Die Gemeinde A hat im Oktober 01 die Firma B beauftragt, im November 01 Baumpflegearbeiten durchzuführen. Die Firma hat die Arbeiten termingerecht durchgeführt. Eine Rechnung liegt am Abschlussstichtag noch nicht vor. Hat die Gemeinde am Abschlussstichtag 01 eine Rückstellung zu bilden?

[220] Zur Bewertung und Bilanzierung vgl. Ziffer 5 der Durchführungshinweise zur Bewertung von Pensionsverpflichtungen (RdErl. des Ministeriums für Inneres und Kommunales NRW vom 17.2.2016, MBl. NRW 2016, S. 166).

c) Die Gemeinde A hat im Dezember 01 die Firma B beauftragt, im selben Monat Baumpflegearbeiten durchzuführen. Die Firma hat die Arbeiten termingerecht durchgeführt. Eine Rechnung geht am 30. 12. 01 ein. Hat die Gemeinde A am Abschlussstichtag 01 eine Rückstellung zu bilden?

Im Fall a) ist nichts zu veranlassen, da bisher nur ein Verpflichtungsgeschäft vorliegt. Im Fall b) wurde eine Leistung erbracht, aber die Rechnung mit der genauen Höhe und Fälligkeit liegt noch nicht vor. Nach den obigen Ausführungen muss eine Rückstellung für sonstige ungewisse Verbindlichkeiten gebildet werden. Im Fall c) stehen Höhe und Fälligkeit am Abschlussstichtag fest, die Rechnung geht noch rechtzeitig ein. Somit ist keine Rückstellung zu bilden, sondern eine Verbindlichkeit L+L zu buchen.

MERKE: Folgende Fälle sind zu unterscheiden: Leistung wurde von Dritten erbracht, Rechnung liegt vor, Zahlung erfolgte noch nicht → Verbindlichkeit aus Lieferung und Leistung. Leistung wurde von Dritten erbracht, Rechnung liegt noch nicht vor, Höhe ist jedoch bekannt → Sonstige Verbindlichkeit. Leistung wurde von Dritten erbracht, Rechnung liegt noch nicht vor, Höhe ist unbekannt → Rückstellung. Leistung wurde von Dritten bestellt, aber noch nicht erbracht, Rechnung liegt noch nicht vor → keine Buchung.

- **Rückstellungen für drohende Verluste aus schwebenden Geschäften und aus laufenden Verfahren**

Ein weiterer Fall für sonstige Rückstellungen liegt nach § 37 Abs. 6 KomHVO NRW bei drohenden Verlusten aus schwebenden Geschäften (abgeleitet aus dem Imparitätsprinzip) vor.

Beispiel:

Die Gemeinde A hat ein Gebäude für 15 Jahre fest angemietet. Ab Beginn des 6. Jahres wird das Gebäude nicht mehr genutzt; es muss deshalb untervermietet werden. Vertraglich ist die Gemeinde zu jährlichen Mietzahlungen von 100.000 € verpflichtet. Die Untermieterträge belaufen sich auf 80.000 € pro Jahr.

Miete:	100.000 € jrl.	künftige Aufwendungen
Untervermietung:	80.000 € jrl.	künftige Erträge
Differenz:	20.000 € jrl.	drohende Verluste

Am Ende des 5. Jahres hat die Gemeinde eine Rückstellung für drohende Verluste in Höhe von 200.000 € (10 Jahre à 20.000 €) zu bilden.

Schwebende Geschäfte stellen zwar eine zweiseitige vertragliche Verpflichtung dar, es mangelt jedoch an der Erfüllung der vertraglichen Verpflichtung. Der Grund für die fehlende Erfüllung ist für die Rückstellungsverpflichtung gleichgültig. Solche schwebenden Geschäfte sind auch denkbar bei Rahmenlieferverträgen mit Mindestabnahmeverpflichtungen zu Festpreisen. Der drohende Verlust kann u.U. entstehen, wenn der Wert der Vermögensgegenstände aufgrund technischer Weiterentwicklung oder höherer Sicherheitsstandards sinkt. Durch die Verpflichtung zur Erfüllung aus dem Rahmenvertrag entsteht aber eine höhere Zahlungsverpflichtung gegenüber dem Dritten als der Wert der Vermögensgegenstände tatsächlich ausmacht. Für die Differenz zwischen Zahlungsverpflichtung und tatsächlichem Vermögenswert ist ab Bekanntwerden eine sonstige Rückstellung zu bilden.

Finanzderivate (z.B. Zinsswaps), die zur Absicherung von Risiken (z.B. eines Zinsrisikos) abgeschlossen werden, sind gemeinsam mit dem Grundgeschäft (z.B. Schuldscheindarlehen) als Bewertungseinheit zusammenzufassen, so dass eine Bildung einer Drohverlustrückstellung unterbleibt (§ 254 HGB).[221]

Verluste aus **laufenden Verfahren** können drohen, wenn z.B. ein Bürger gegen einen belasteten Verwaltungsakt (VA) Widerspruch oder Klage eingereicht hat, der VA noch nicht rechtskräftig geworden ist und die Behörde möglicherweise zu Erstattungszahlungen verpflichtet wird. Eine Berichtigung der Forderung der Gemeinde erfolgt also noch nicht – diese dürfte erst nach Bestandskraft des VA (z.B. durch Urteil) erfolgen.[222]

- **Überstunden - und Urlaubsrückstellungen**

Zu den sonstigen Rückstellungen gehören auch die Rückstellungen für nicht in Anspruch genommenen Urlaub und Rückstellungen für geleistete Überstunden. Es ist in der Regel zum jeweiligen 31.12. stichtagsbezogen festzustellen, in welcher Höhe Ansprüche der Beschäftigten aus Urlaub und Überstundenüberhängen für das abgelaufene Rechnungsjahr bestehen.

Der im Haushaltsjahr angesammelte Anspruch der Beschäftigten auf Ausgleich von Überstunden stellt einen Aufwand des laufenden Haushaltsjahres dar. Der Arbeitgeber hat auch die Möglichkeit, die Überstunden im Folgejahr gegen Freizeit oder Bezahlung auszugleichen. Im Rahmen der Rückstellungsbildung erfolgt keine Differenzierung zwischen diesen beiden Formen der Überstundenabgeltung; in beiden Fällen sind durch eine Aufwandsbuchung die entsprechenden Rückstellungen zu bilden.

Bei rückständigen Urlaubsverpflichtungen ist das maßgebliche Jahresarbeitsentgelt durch die Zahl der („Soll“-) Arbeitstage = 250 zu dividieren und mit der Zahl der offenen Urlaubstage zu vervielfachen.[223]Das **Jahresarbeitsentgelt** ergibt sich aus dem Bruttoarbeitsentgelt (einschließlich Weihnachtsgeld bzw. 13. Gehalt), dem Ar-

[221] Weitere Einzelheiten zu Finanzderivaten vgl. Arbeits- und Entscheidungshilfen der Gemeindeprüfungsanstalt NRW zur Bilanzierung von Derivaten, Stand: März 2018, www.gpanrw.de.

[222] Vgl. NKF-Handreichungen 7. Aufl. 2016, S. 3263.

[223] Vgl. Urteil des FG München v. 7. Mai 2007 – 7 K 2505/05 – (EFG 2007, S. 1423) für das Steuerrecht. Nach handelsrechtlicher Meinung sollte die Berechnung von 220 produktiven Jahresarbeitstagen (also ohne Urlaubs- u. Krankheitstage) ausgehen, vgl. Hoffmann, Lüdenbach, NWB Kommentar Bilanzierung, 11. Aufl. 2019, § 253 Rn. 136.

beitgeberanteil zur Sozialversicherung (25 % pauschal), fest zugesagten Sondervergütungen (z.B. Bonus) und periodisierten Anteilen von Aufwendungen, die erst später gezahlt werden (z.B. Zuführung zur Pensionsrückstellung) sowie künftigen Lohn- und Gehaltssteigerungen.

Beispiel 1:

Der Beschäftigte E hat am 31.12. noch zwölf nicht genommene Urlaubstage, die ins Folgejahr übertragen werden. E bezieht ein Bruttojahresgehalt von 22.000 €, ohne freiwillige Leistungen.

Jahresbruttogehalt:	22.000 €
+ 25 % AG-SV-Beiträge	5.500 €
Berechnungsgrundlage	27.500 €

27.500 € : 250 Arbeitstage = 110,00 € / Tag
Urlaubsrückstellung: 110,00 € · 12 Urlaubstage = 1.320 €
(Buchung: *Personalaufwand an Sonstige Rückstellungen 1.320)*

Beispiel 2:

Der Beschäftigte G hat eine 40-Stundenwoche und damit eine Arbeitszeit von acht Stunden pro Tag. Bei 250 Arbeitstagen pro Jahr ergeben sich 2.000 Jahres-Sollstunden. G hat im abgelaufenen Geschäftsjahr 2.200 Stunden gearbeitet. Somit hat er 200 Überstunden geleistet, die bis zum Jahresende noch nicht abgegolten wurden. G bezieht ein Bruttojahresgehalt von 22.000 €.

Jahresbruttogehalt:	22.000 €
+ 25 % AG-SV-Beiträge	5.500 €
Berechnungsgrundlage	27.500 €

Stundensatz: 27.500 € : 2000 (Soll-)Stunden = 13,75 € / Stunde
Mehrarbeitsrückstellungen: 13,75 € · 200 Stunden = 2.750 €
(Buchung: *Personalaufwand an Sonstige Rückstellungen 2.750)*

Die Überstunden- oder Urlaubsrückstellung kann entweder individualisiert pro Mitarbeiter oder auf Basis des durchschnittlichen Jahresarbeitsentgelts über alle Mitarbeiter (Gruppenbewertung mit dem gewogenen Durchschnitt gemäß § 35 Satz 2 i.V.m. § 29 Abs. 1 Nr. 3 KomHVO NRW) ermittelt werden.

- **Altersteilzeitrückstellungen**

Wenn der Beschäftigte mit reduzierter Arbeitszeit mehr Arbeitsleistungen in der vollen Arbeitszeit erbringt, er aber dafür nur zum Teil entlohnt wird, weil die Bezahlung anhand der reduzierten Arbeitszeit erfolgt, entsteht ein Erfüllungsrückstand. Deshalb hat die Gebietskörperschaft eine Rückstellung wegen Altersteilzeit zu bilden. Die Bildung der Rückstellung beginnt mit dem Zeitpunkt des Abschlusses einer vertraglichen Vereinbarung mit dem Arbeitnehmer. Grundlage für die Bemessung ist wie bei den Urlaubsrückstellungen das Bruttojahresarbeitsentgelt. Eine Bewertung nach dem Barwert erfolgt nicht.

Für die Altersteilzeit existieren nach dem Altersteilzeitgesetz zwei Modelle, nämlich Teilzeitmodell und Blockmodell, die zu unterschiedlichen Rückstellungshöhen führen.[224] Beim **Teilzeitmodell** reduziert der Arbeitnehmer seine Arbeitszeit um 50 % für die gesamte Dauer der Altersteilzeit. Beim **Blockmodell** arbeitet er in der ersten Hälfte der Altersteilzeit voll („Beschäftigungsphase“), in der zweiten Hälfte hingegen gar nicht mehr („Freistellungsphase“). In beiden Modellen bekommt er über die gesamte Dauer der Altersteilzeit 50 % seines Vollzeitarbeitsentgeltes zzgl. Aufstockungszahlungen.

MERKE: Rückstellungen müssen gemäß dem Prinzip der intergenerativen Gerechtigkeit auf der Aktivseite der Bilanz durch Vermögen gedeckt werden. Daher ist es sinnvoll, einen angemessenen Kapitalstock von liquiden Mitteln oder leicht liquidierbaren Vermögenswerten anzusparen. Die derzeitige Situation vieler öffentlicher Haushalte lässt allerdings die Bildung eines angemessenen Kapitalstockes kaum zu.

Unterschiede in den einzelnen Bundesländern gibt es bei den Rückstellungen nicht nur bei der Bilanzierung (z.B. der Pensionsrückstellungen) und Bewertung, sondern teilweise auch beim Ausweis. So wird in Rheinland-Pfalz und Thüringen für künftige Belastungen aus dem Finanzausgleich ggf. ein Sonderposten und keine Rückstellung gebildet. Im Saarland dürfen Rückstellungen für ungewisse Verbindlichkeiten aus steuerkraftabhängigen Umlagen i.R.d. Finanzausgleichs nicht gebildet werden.

B.2.4.8 Verbindlichkeiten

Nach § 42 Abs. 4 Nr. 4 KomHVO NRW sind Verbindlichkeiten wie folgt zu unterteilen:

- Anleihen (für Investitionen, zur Liquiditätssicherung),
- Verbindlichkeiten aus Krediten für Investitionen (von verbundenen Unternehmen, von Beteiligungen, von Sondervermögen, vom öffentlichen Bereich, von Kreditinstituten),
- Verbindlichkeiten aus Krediten zur Liquiditätssicherung,
- Verbindlichkeiten aus Vorgängen, die Kreditaufnahmen wirtschaftlich gleichkommen (kreditähnliche Geschäfte),
- Verbindlichkeiten aus Lieferungen und Leistungen,
- Verbindlichkeiten aus Transferleistungen,
- Sonstige Verbindlichkeiten,
- Erhaltene Anzahlungen.

[224] Zur Rückstellungsbildung gemäß dem Altersteilzeitgesetz vgl. NKF-Handreichungen, 7. Auflage 2016, S. 3236; zur Berechnung nach beiden Modellen vgl. Hoffmann, Lüdenbach, NWB Kommentar Bilanzierung, 11. Aufl.2019, § 249 Rn. 90 ff.

Anleihen sind langfristige Verbindlichkeiten, die in der Regel auf dem Kapitalmarkt aufgenommen werden (z.B. Schuldverschreibungen, Optionsanleihen). Etwaige Aufgelder auf solche Anleihen sind nach § 272 Abs. 2 Nr. 2 HGB als Kapitalrücklage zu bilanzieren.

Die **Verbindlichkeiten aus Krediten** bestehen gegenüber in- und ausländische Banken, Sparkassen und sonstigen Kreditinstitutionen. Für jede Verbindung zu einer Bank ist ein gesondertes Konto einzurichten. Die Bewertung der Verbindlichkeit richtet sich nach der zum Bilanzstichtag bestätigten Kreditinanspruchnahme – nicht nach dem eingeräumten Kreditrahmen. Die Aufnahme von Krediten in Fremdwährung ist nur zulässig, sofern das Fremdwährungsrisiko durch ein entsprechendes Währungssicherungsgeschäft abgesichert wird (vgl. § 86 Abs. 1 GO); hier kann nach § 35a KomHVO NRW der § 254 HGB (Bildung von Bewertungseinheiten) angewandt werden.

Zu den **„kreditähnlichen Geschäften"** zählen beispielsweise Schuldübernahmen, Leibrentenverträge, Verträge über die Durchführung städtebaulicher Maßnahmen, die Gewährung von Schuldendiensthilfen an Dritte sowie Verpflichtungen aus Leasinggeschäften und Restkaufgelder im Zusammenhang mit Grundstücksgeschäften.

Verbindlichkeiten aus Lieferungen und Leistungen sind Verpflichtungen bzw. Schulden aus Kauf-, Werk-, Dienst-, Miet-, Pacht- und ähnlichen Verträgen. Die Bilanzierung dieser Verbindlichkeiten erfolgt, wenn die Hauptleistung erbracht ist oder wenn die Gefahr übergegangen ist. Forderungen an Lieferanten (z.B. wegen Überzahlungen, Gutschriften) dürfen nicht mit den Verbindlichkeiten aus Lieferungen und Leistungen verrechnet werden (Ausnahmen siehe § 246 Abs. 2 S. 2, § 268 Abs. 5 HGB). Sie sind als debitorische Kreditoren unter den sonstigen Vermögensgegenständen im Umlaufvermögen auszuweisen. Im Rahmen der Zugangsbewertung sind Verbindlichkeiten aus Lieferungen und Leistungen mit dem Rechnungsbetrag zu erfassen, wobei ein beabsichtigter Skontoabzug bereits mindernd berücksichtigt werden darf.[225]

Der Bilanzposten **„Sonstige Verbindlichkeiten"** ist ein Auffangposten für alle Verbindlichkeiten, die keiner anderen Position zugeordnet werden können. Hierzu gehören z.B. die Umsatzsteuerzahllast, einbehaltene und noch abzuführende Steuern und Sozialabgaben, antizipativ abgegrenzte Zinsen oder Mieten. **Verbindlichkeiten aus Transferleistungen** resultieren aus öffentlichen Finanzbeziehungen, wobei kein Leistungs-Gegenleistungsverhältnis besteht z.B. Verbindlichkeiten aus dem vertikalen und horizontalen Finanzausgleich, Verbindlichkeiten aus Zuschüssen (Sozialleistungen, Subventionen und Förderungen an Unternehmen und Haushalte).[226]

[225] Vgl. Bitz/Schneeloch/Wittstock/Patek, Der Jahresabschluss, 6. Aufl. 2014, S. 300.

[226] In der staatlichen Doppik werden Verbindlichkeiten aus der Steuerverteilung und aus Finanzausgleichsbeziehungen separat ausgewiesen.

Erhaltene Anzahlungen sind Zahlungen an die Gemeinde für noch zu erbringende Lieferungen und Leistungen, die zur Sicherung oder Vorfinanzierung erteilter Aufträge dienen.[227]

Entsprechend § 253 Abs. 1 S. 2 HGB sind Verbindlichkeiten mit ihrem Erfüllungsbetrag anzusetzen, unabhängig davon, wie hoch der Ausgabebetrag ist. Als Ausgabebetrag wird der dem Schuldner zugeflossen Betrag bezeichnet. Rentenverpflichtungen, für die keine Gegenleistungen mehr zu erwarten sind, müssen zum Barwert angesetzt werden.

Unterschiede zum kaufmännischen Rechnungswesen ergeben sich in erster Linie beim Ausweis der Verbindlichkeiten.

B.2.5 Normenüberblick HGB und GO/KomHVO NRW

Abschließend sind einige grundlegende Vorschriften zur Rechnungslegung nach HGB und NKF gegenübergestellt, um die praktische Arbeit zu erleichtern.

	Allg. HGB	**Kapital-gesellschaften HGB**	**GO NRW**	**KomHVO NRW**
Buchführung	§§ 238, 239		§§ 93 und 94	§§ 28, 30, und 32
Inventar	§§ 240, 241, 241a		§§ 91 I,	§§ 29, 30
Jahresabschluss allgemein	§§ 242-245	§§ 264-265	§§ 92, 95, 96	§ 38
Jahresabschluss Bilanzierung	§§ 246-251	§§ 266-274a	§ 88	§§ 34 I, 35 IV, 37 I-VII, 39, 40, 41, 42, 43, 44
Jahresabschluss Bewertung	§§ 252-256a	§§ 266-274a	§§ 88, 91 IV-V	§§ 33, 34 II-VII, 35, 36, 37, 44

[227] Zu erhaltenen Anzahlungen für der Gemeinde gewährte Investitionszuwendungen vgl. NKF-Handreichungen 7. Aufl. 2016, S. 3730.

B.3 Die Ergebnisrechnung im NKF

Die Staffelform der Ergebnisrechnung im NKF, die auch dem Muster des Ergebnisplanes entspricht, stellt sich verkürzt wie folgt dar, wobei eine Zeile meist einer Kontengruppe des Kontenrahmens entspricht:

Ergebnisplan bzw. -rechnung (verkürzt)	Ist-Ergebnis des Vorvorjahres	Ansatz des Vorjahres	Ansatz des zu planenden HH-Jahres
1 Steuern und ähnliche Abgaben 2 + Zuwendungen und allgemeine Umlagen 3 + sonstige Transfererträge 4 + öffentlich-rechtliche Leistungsentgelte 5 + privatrechtliche Leistungsentgelte 6 + Kostenerstattungen und Kostenumlagen 7 + sonstige ordentliche Erträge 8 + aktivierte Eigenleistungen 9 +/- Bestandsveränderungen			
10 = Ordentliche Erträge			
11 – Personalaufwendungen 12 – Versorgungsaufwendungen 13 – Aufwendungen für Sach- und Dienstleistungen 14 – bilanzielle Abschreibungen 15 – Transferaufwendungen 16 – sonstige ordentliche Aufwendungen			
17 = Ordentliche Aufwendungen			
18 = Ordentliches Ergebnis (= Zeilen 10 und 17)			
19 + Finanzerträge 20 – Zinsen und sonstige Finanzaufwendungen			
21 = Finanzergebnis (= Zeilen 19 und 20)			
22 = Ergebnis der laufenden Verwaltungstätigkeit (= Zeilen 18 und 21)			

23 + Außerordentliche Erträge 24 – Außerordentliche Aufwendungen			
25 = Außerordentliches Ergebnis (= Zeilen 23 und 24)			
26 = Jahresergebnis (= Zeilen 22 und 25)			
27 – Globaler Minderaufwand			
28 = Jahresergebnis nach Abzug globaler Minderaufwand (= Zeilen 26 und 27)			
Nachrichtlich: Verrechnung von Erträgen und Aufwendungen mit der allgemeinen Rücklage			

Abbildung 53: Muster Ergebnisplan - Ergebnisrechnung

Die ausführlichen Muster für Ergebnisplan und –rechnung ergeben sich aus den VV Muster zur GO und KomHVO NRW Anlagen 4 und 19.

Die nachfolgende Übersicht zeigt einen Vergleich der Zwischenergebnisse der GuV-Rechnung nach dem HGB und der Ergebnisrechnung nach der KomHVO NRW:

Vergleich der Grundstruktur nach HGB und NKF

GuV § 275 II HGB		**Ergebnisrechnung**	
Betriebsergebnis	Nr. 1 – 8	Ordentliches Ergebnis	Nr. 1 – 18
+ Finanzergebnis	Nr. 9 – 13	+ Finanzergebnis	Nr. 19 – 21
= Ergebnis vor Steuern		= Ergebnis der laufenden Verwaltungstätigkeit	Nr. 22
– Steuern vom Einkommen und Ertrag	Nr. 14	+/– Außerordentliches Ergebnis	Nr. 23 – 25
= Ergebnis nach Steuern	Nr. 15		
– sonstige Steuern	Nr. 16		
=Jahresüberschuss/ Jahresfehlbetrag	Nr. 17	Jahresergebnis	Nr. 26

Abbildung 54: Struktur GuV – Ergebnisrechnung

Besonderheiten der NKF- Ergebnisrechnung:

- Das Gliederungsschema entspricht dem Gesamtkostenverfahren. Daher sind aktivierte Eigenleistungen und Änderungen des Bestandes an fertigen und unfertigen Erzeugnissen als Ertrag auszuweisen.
- Die Ergebnisrechnung sieht eine Ergebnisspaltung in ein ordentliches Ergebnis (Zeile 18) und außerordentliches Ergebnis (Zeile 25) vor. Zu den ordentlichen Erträgen gehören die regelmäßig wiederkehrenden, planbaren, zur Finanzierung der gewöhnlichen kommunalen Tätigkeit bestimmten Erträge (z.B. Steuern, Zuweisungen, Gebühren und Beiträge). Zu den ordentlichen Aufwendungen gehören die regelmäßig wiederkehrenden, planbaren, im Zusammenhang mit der gewöhnlichen Verwaltungstätigkeit entstehenden Aufwendungen. Zu den ordentlichen Erträgen und Aufwendungen können auch periodenfremde Erträge und Aufwendungen gehören, wenn sie regelmäßig anfallen und planbar sind.
- Das außerordentliche Ergebnis umfasst
  - außergewöhnliche (ungewöhnliche, selten vorkommende) Aufwendungen und Erträge,
  - unregelmäßig anfallende periodenfremde Aufwendungen und Erträge (nachgeholte Rückstellungen, Aufwendungen und Erträge aus der Veräußerung von Vermögensgegenständen, soweit sie selten und ungewöhnlich sind u.a.).

Im außerordentlichen Ergebnis werden nur Vorfälle erfasst, die nicht von untergeordneter Bedeutung sind (Grundsatz der Wesentlichkeit). Hinzuweisen ist in diesem Zusammenhang auf § 44 Abs. 3 KomHVO NRW, wonach Erträge und Aufwendungen aus dem Abgang und der Veräußerung von Vermögensgegenständen des Anlagevermögens sowie aus Wertveränderungen von Finanzanlagen **unmittelbar mit der allgemeinen Rücklage zu verrechnen** sind. Damit erscheinen außerplanmäßige Abschreibungen nach Vermögensabgängen, Gewinne und Verluste aus Vermögensveräußerungen und außerplanmäßige Abschreibungen auf Finanzanlagen weder im Ergebnis der laufenden Verwaltungstätigkeit noch im außerordentlichen Ergebnis. Sie wirken sich nicht auf das Jahresergebnis aus. Die Geschäftsvorfälle außerhalb der laufenden Tätigkeit der Gemeinde sind im Anhang zum Jahresabschluss zu erläutern.

Die ordentlichen Aufwendungen dienen als Grundlage für eine Kostenartenrechnung, jedoch sind insbesondere bei den Abschreibungen und Zinsen Korrekturen erforderlich.

Neben der gesamten Ergebnisrechnung sind gemäß § 41 KomHVO **Teilergebnisrechnungen** aufzustellen. Sie sind wie die Ergebnisrechnung gegliedert. Soweit Erträge und Aufwendungen aus internen Leistungsbeziehungen erfasst werden, sind diese nach § 4 Abs. 3 KomHVO NRW zusätzlich abzubilden. Die Teilrechnungen sind um die Ist-Zahlen zu den in den Teilplänen ausgewiesenen Leistungsmengen und Kennzahlen zu ergänzen. Zur Vereinfachung können diese auf bedeutende Produkte beschränkt werden (§ 4 Abs. 2 KomHVO NRW).

B.4 Erläuterungen zu den Posten der NKF-Ergebnisrechnung

B.4.1 Erträge

B.4.1.1 Steuern

Steuern als Kommunalabgaben sind nach § 3 Abs. 1 AO wie folgt definiert: „Steuern sind Geldleistungen, die nicht eine Gegenleistung für eine besondere Leistung darstellen und von einem öffentlich-rechtlichen Gemeinwesen zur Erzielung von Einnahmen allen auferlegt werden, bei denen der Tatbestand zutrifft, an den das Gesetz die Leistungspflicht knüpft; die Erzielung von Einnahmen kann Nebenzweck sein.“

Im Einzelnen werden unter diesem Posten erfasst:

- Grundsteuer,
- Gewerbesteuer,
- Gemeindeanteil an der Einkommensteuer,
- Gemeindeanteil an der Umsatzsteuer,
- sonstige Steuern (Vergnügungssteuer, Hundesteuer, Zweitwohnungssteuer),
- steuerähnliche Erträge (Fremdenverkehrsabgabe, Abgabe von Spielbanken).

Da es sich bei Steuern um Geldleistungen ohne Gegenleistung handelt, scheidet der Zeitpunkt der Erbringung der Gegenleistung als ertragswirksame Forderungseinbuchung aus. Deshalb erfolgt im Regelfall eine Buchung bei Bescheidversand.

MERKE: Der Steuerertrag wird in der Regel mit Versand des Steuerbescheides gebucht, sofern sich der Steuerbescheid auf das laufende oder ein vergangenes Haushaltsjahr bezieht. Dies gilt bei endgültigen Steuerfestsetzungen, Erstattungen oder Nachzahlungen.

Beispiel 1:

Grundsteuer A (endgültige Festsetzung)

Versand des Grundsteuerbescheides für 02 im Januar 02. Die Fälligkeitstermine sind der 15.2., 15.5., 15.8. und 15.11.

Die Gesamtforderung wird mit Versand des Bescheides im Januar gebucht.

02: 1631 Steuerforderungen an 4011 Grundsteuererträge[228]

[228] In der Praxis erfolgt eine Buchung in der Nebenbuchhaltung auf einem Debitorenkonto.

Beispiel 2:

Vergnügungssteuer (endgültige Festsetzung)

Erstellung und Versand des Vergnügungssteuerbescheides für das Jahr 02 erfolgen bereits am 20.12.01. Die Zahlung ist am 15.01.02 fällig. Da sich der Bescheid mit der endgültigen Festsetzung auf das Folgejahr bezieht, ist eine passive Rechnungsabgrenzung durchzuführen.[229]

01: 1631 Steuerforderungen an 399 Pass. RAP

02: 399 Pass. RAP an 4032 Vergnügungssteuererträge

Bei endgültigen Festsetzungen für vergangene Jahre ist der Ertrag aus der Nachzahlung oder der Aufwand aus der Rückerstattung noch für das Vorjahr zu erfassen, soweit der Abschluss des Vorjahres noch nicht fertig gestellt ist (**Wertaufhellung**). Andernfalls handelt es sich um Ertrag/Aufwand des Jahres der Festsetzung.

Beispiel 3:

Gewerbesteuer (endgültige Festsetzung)

(1) Versand des Bescheides an die Firma X mit der endgültigen Festsetzung der Gewerbesteuer für das Vorjahr am 20.04.02. Die Firma X muss Steuer nachzahlen. Der Betrag ist am 31.05.02 fällig. Der Jahresabschluss 01 wurde bereits im Februar aufgestellt. Für 02 ist zu buchen:

1631 Steuerforderungen an 4013 Gewerbesteuererträge

(2) Versand des Bescheides für das Vorjahr am 02.01.02; Fälligkeit der Zahlung am 10.02.02; die Gemeinde erstellt zu diesem Zeitpunkt noch den Jahresabschluss für 01. Für 01 ist noch zu buchen:

1631 Steuerforderungen an 4013 Gewerbesteuererträge

(Wertaufhellung, da sich die Erträge auf ein Steuerjahr vor dem Abschlussstichtag beziehen – vgl. § 252 Abs. 1 Nr. 4 HGB, § 33 Abs. 1 Nr. 3 KomHVO NRW)

(3) Versand des Bescheides an die Firma X mit der endgültigen Festsetzung der Gewerbesteuer für das Vorjahr am 20.04.02. Für die Firma X ergibt sich ein Erstattungsanspruch gegenüber der Gemeinde, da die geleisteten Vorauszahlungen höher waren. Der Betrag wird von der Gemeinde sofort erstattet. Der Jahresabschluss 01 wurde bereits im Februar aufgestellt. Nach § 24 Abs. 4 KomHVO NRW ist für 02 zu buchen:

4013 Gewerbesteuererträge an 181 Bank[230]

[229] Vgl. Bernhardt/Golombiewski/Mutschler/Stockel-Veltmann, Kommunales Finanzmanagement NRW, 7. Aufl. 2013, S. 339.

[230] In diesem Kapitel wird noch auf die Einbeziehung der Finanzrechnungskonten verzichtet. Die Möglichkeiten der Bedienung der Finanzrechnung werden in Kap. B.6 erläutert.

Bei Vorauszahlungsbescheiden (z.B. bei der Gewerbesteuer) ist der Ertrag sukzessive zu den einzelnen Fälligkeitsterminen realisiert. Unabhängig von der Erstellung und dem Versand des Bescheides erfolgen hier die Buchungen zu den einzelnen Fälligkeitsterminen. Auf eine Rechnungsabgrenzung kann damit verzichtet werden.

Beispiel 4:[231]

Gewerbesteuer (Vorauszahlungsbescheid)

Der Versand des Vorauszahlungsbescheides für Gewerbesteuer für das Jahr 02 erfolgt bereits am 20.12.01. Fälligkeitstermine sind der 15.2., 15.5., 15.8. und 15.11. Da hier ein Vorauszahlungsbescheid vorliegt, wird weder zum Zeitpunkt der Erstellung noch zum Zeitpunkt des Versandes eine Forderung gebucht. Im Jahresabschluss 01 bleibt dieser Geschäftsvorfall daher unberücksichtigt. Die Buchung der Vorauszahlungsbeträge erfolgt nacheinander jeweils zum Zeitpunkt der Fälligkeiten:

z.B. bei Fälligkeit

des 1. Teiles: *1631 Steuerforderungen* *an 4013 Gewerbesteuererträge*

des 2. Teiles: *1631 Steuerforderungen* *an 4013 Gewerbesteuererträge*

usw. bis zur vollständigen Erfassung der Forderung aus dem Bescheid.

In einigen anderen Bundesländern wird hier bei Versand des Bescheides gebucht, wobei am Jahresende eine passive Rechnungsabgrenzung erfolgt.

Nach dem Bruttoprinzip (Saldierungsverbot) dürfen Erträge und Aufwendungen nicht miteinander verrechnet werden. Bei Abgaben (Steuern, Gebühren, Beiträge), abgabeähnlichen Entgelten (z.B. Eintrittsgelder) und allgemeinen Zuweisungen (z.B. Schlüsselzuweisungen), die die Gemeinde zurückzuzahlen hat, gilt diese Regelung nicht. Sie sind von den Erträgen abzusetzen, auch wenn sie sich auf Erträge der Vorjahre beziehen (§ 24 Abs. 4 KomHVO NRW).[232] Diese Regelung ist analog für Einzahlungen anzuwenden, auch wenn dies in NRW nicht ausdrücklich gesetzlich geregelt ist.[233]

B.4.1.2 Zuwendungen und allgemeine Umlagen

Erträge aus Zuwendungen (Zuweisungen und Zuschüssen) sind Übertragungen, die den Charakter einer Finanzhilfe haben. Geber und Empfänger sind im Falle der **Zuweisungen** juristische Personen des öffentlichen Rechts. **Zuschüsse** sind Übertragungen vom öffentlichen an den privaten Bereich oder umgekehrt. Zuwendungen dienen der Erfüllung von kommunalen Aufgaben, bei denen die Kostendeckung oder eine Pauschalierung unerheblich sind. Unterschieden wird zwischen Zuwendungen,

[231] Vgl. Bernhardt/Golombiewski/Mutschler/Stockel-Veltmann, Kommunales Finanzmanagement NRW, 7. Aufl. 2013, S. 340.

[232] Eine entsprechende Regelung gilt in der staatlichen Doppik nach SsD Tz. 6.1.

[233] In einigen Bundesländern (z.B. Nds., Saarl.) ist die Absetzung von den Einzahlungen gesetzlich geregelt.

die die Gemeinde für laufende Aufwendungen erhält, und zweckgebundenen Zuwendungen, die die Gemeinde für Investitionen erhält.

- **Allgemeine Zuwendungen und Zuwendungen für laufende (konsumtive) Zwecke oder Aufwendungen**

Es handelt sich insbesondere um **Schlüsselzuweisungen** vom Land im Rahmen des Gemeindefinanzierungsgesetzes. Sie sind ertragswirksam zu vereinnahmen und periodengerecht abzugrenzen, soweit sie auch Folgeperioden betreffen, d.h. als Ertrag ist grundsätzlich nur der Teil der Zuwendungen ergebnisverbessernd zu behandeln, der sich wirtschaftlich auf das betroffene Rechnungsjahr bezieht.

Beispiel 1:

Das Land NRW überweist der Gemeinde am 01.04.01 eine Zuweisung für laufende Zwecke in Höhe von 400.000 €. Die Zuweisung wird auf das Konto bei der Sparkasse überwiesen. Zuwendungszeitraum ist das Haushaltsjahr 01.

Buchung bei Eingang der Zuweisung:

181 Bank *an 414 Erträge aus Zuweisungen u. Zuschüsse für lfd. Zwecke*

Beispiel 2:

Die Gemeinde richtet im Jahr 01 ein Umweltprojekt für Schulen ein. Das Projekt ist zunächst für zwei Jahre geplant. Das Land beteiligt sich mit 60.000 € an den Personalkosten der Gemeinde.

Die Zuwendung wird in 01 mit 30.000 € als Ertrag erfasst. Die weiteren 30.000 € werden passiv abgegrenzt und erst im Folgejahr als Ertrag gebucht.

Eine passive Rechnungsabgrenzung erfolgt im NKF auch, wenn mit einer empfangenen Zuwendung eine **mehrjährige Gegenleistungsverpflichtung** der Gebietskörperschaft gegenüber dem Geber verbunden ist. Der Rechnungsabgrenzungsposten ist dann nach Maßgabe der Erfüllung der Gegenleistungsverpflichtung erfolgswirksam aufzulösen.

- **Zuwendungen für abnutzbares Anlagevermögen (Zuwendungen für Investitionen)**

Investitionszuwendungen sind – soweit der Zuwendungsgeber nichts anderes bestimmt – gemäß § 44 Abs. 5 KomHVO NRW in **Sonderposten** (Passiva) einzustellen und über die Nutzungsdauer des Gegenstandes ertragswirksam aufzulösen (NKF-Kontengruppe 41). Die Zuwendungen werden nicht unmittelbar als Ertrag gebucht, da sie sich wirtschaftlich nicht nur auf das Jahr des Eingangs der jeweiligen Zuwendung beziehen, sondern auf alle Jahre, in denen das mit der Zuwendung finanzierte Anlagegut von der Gemeinde genutzt wird.

Beispiel 3:

Die Gemeinde erhält am 15.04.01 eine zweckgebundene Zuwendung vom Land in Höhe von 500.000 € für den Bau einer neuen Kläranlage. Die Zuwendung darf ertragswirksam verwendet werden. Fertigstellungstermin der Kläranlage ist der 1.8.01. Die Kläranlage wird linear abgeschrieben und hat eine Nutzungsdauer von 50 Jahren.

Die Zuwendung ist über die Nutzungsdauer von 50 Jahren ertragswirksam aufzuteilen. Jährlich sind also 10.000 € in der Ergebnisrechnung zu berücksichtigen. Für das Jahr 01 darf nicht der komplette Jahresbetrag berücksichtigt werden, sondern lediglich 5/12 von 10.000 €, weil die Kläranlage erst am 1.8.01 betriebsbereit ist. Da der Vermögensgegenstand am 15. 4. noch nicht aktiviert ist, stellen die zugeflossenen Finanzierungsmittel im Rahmen des Realisationsprinzips „Erhaltene Anzahlungen" dar.[234] Erst mit der Aktivierung erfolgt die Einstellung in den Sonderposten.

181 Bank	*an 38 Erhaltene Anzahlungen*	*500.000*

Umbuchung bei Aktivierung des VG:

38 Erhaltene Anzahlungen	*an 231 SoPo für Investitionen*	*500.000*

Auflösung des Sonderpostens im Rahmen des Jahresabschlusses 01:

231 Sonderposten	*an 415 Erträge aus Auflösung von SoPo*	*4.170*

Falls die Vorgaben des Zuwendungsgebers darauf schließen lassen, dass keine Ertragswirksamkeit gewollt ist (Zuwendung mit Bestimmung) wird kein Sonderposten gebildet, sondern eine **zweckgebundene Rücklage** (vgl. § 44 Abs. 4 KomHVO NRW).

Beispiel 4:

Das Land gewährt der Gemeinde am 15.4.01 eine Zuwendung für den Bau eines Gebäudes in Höhe von 500.000 €. Die ertragswirksame Auflösung hat das Land ausgeschlossen. Termin für die Fertigstellung ist der 5.8.01.

Bei Erhalt der Zuwendung am 15.4.01 ist zu buchen:

181 Bank	*an 203 Sonderrücklage*

Nach Fertigstellung am 5.8.01 ist die Sonderrücklage in die allgemeine Rücklage umzubuchen:

203 Sonderrücklage	*an 201 Allgemeine Rücklage*

[234] Vgl. NKF-Handreichungen 7. Aufl. 2016, S. 3658.

➢ **Zuwendungen für nicht abnutzbare Vermögensgegenstände**

Bei **nicht abnutzbaren Vermögensgegenständen** ist die ertragswirksame Auflösung des Sonderpostens ausgeschlossen, da diese Vermögensgegenstände nicht planmäßig abgeschrieben werden. In diesen Fällen wird die Zuwendung nach Ablauf der Zweckbindung (Bindefrist) der allgemeinen Rücklage zugeführt.

Beispiel 5:

Das Land gewährt der Gemeinde am 15.5.01 eine Zuwendung für den Kauf eines Grundstücks zur Errichtung einer Kindertagesstätte in Höhe von 50.000 €. Die Bindefrist des Zuwendungsbescheides läuft am 31.12.08 ab.

Buchung am 15.5.01:

181 Bank (Einz. aus Zuwendungen) *an 231 Sonderposten aus Zuwendungen*

Buchung am 1.1.09:

231 Sonderposten aus Zuwendungen *an 201 Allgemeine Rücklage*

Ist der geförderte Vermögensgegenstand dem **Umlaufvermögen** zuzuordnen, ist die Zuwendung als **Ertrag** in der Ergebnisrechnung zu berücksichtigen, weil bei Vermögensgegenständen des Umlaufvermögens angenommen wird, dass sie zum Verkauf oder zur Verarbeitung bestimmt sind. In der Regel geht man davon aus, dass sie innerhalb eines Haushaltsjahres verkauft oder verarbeitet werden.

Beispiel 6:

Das Land gewährt der Gemeinde am 15.5.01 eine Zuwendung für den Kauf von Vorratsvermögen zur Auffüllung des Lagers der neuen Kindertagesstätte in Höhe von 10.000 €.

Buchung am 15.05.01:

181Bank (Einz. aus Zuwendungen) an 414 Erträge aus Zuwendng. für lfd. Zwecke

Wie die erhaltenen Zuwendungen im NKF gebucht werden sollen, zeigt die folgende Übersicht (vgl. auch Kap. B.2.4.6):[235]

[235] Vgl. Henkes, J., Der Jahresabschluss kommunaler Gebietskörperschaften, S.141.

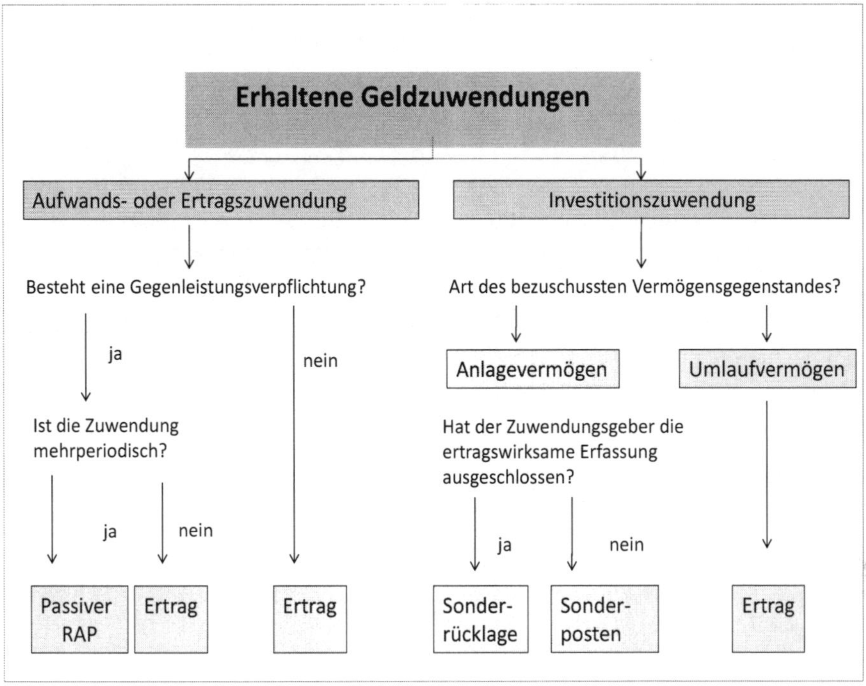

Abbildung 55: Erhaltene Geldzuwendungen

Um jederzeit einen Überblick über die erhaltenen Zuwendungen zu gewährleisten, bietet es sich an, eine Zuwendungsübersicht (**Zuwendungsspiegel**) zu erstellen. Insbesondere im Hinblick auf die Entlastung der Ergebnisrechnung (Haushaltsausgleich) durch die Auflösung der Sonderposten und passiven Rechnungsabgrenzungsposten kann eine solche Übersicht hilfreich sein.

➢ **Allgemeine Umlagen**

Sie werden vom Land oder von anderen Gemeinden oder Gemeindeverbänden ohne Zweckbindung an einen bestimmten Empfänger zur Deckung seines Finanzbedarfs aufgrund eines bestimmten Schlüssels geleistet (z.B. Kreisumlage, Landschaftsverbandsumlage). Im NKF gehören sie ebenfalls zu den Erträgen der Kontengruppe 41.

B.4.1.3 Sonstige Transfererträge

Sonstige Transfererträge, die nicht bereits unter den Steuern oder Zuwendungen erfasst werden, resultieren zum Großteil aus Erstattungen von Dritten, die aufgrund geleisteter Transferaufwendungen durch die Gemeinde (Leistungen der Sozialhilfe u.a.) anfallen. Darüber hinaus stellen Schuldendiensthilfen vom Bund, Land etc. Transfererträge der Gemeinde dar.

Die NKF-Kontengruppe 42 „Sonstige Transfererträge" beinhaltet die folgenden Kontenarten:

- Ersatz von sozialen Leistungen außerhalb von Einrichtungen,
- Ersatz von sozialen Leistungen in Einrichtungen,
- Schuldendiensthilfen,
- andere sonstige Transfererträge z.B. Erstattung des Landes im Rahmen der Grundsicherung, Elternbeiträge.

Beispiel:

Die Gemeinde erhält für geleistete Sozialhilfe von einem Unterhaltspflichtigen aufgrund des übergegangenen Unterhaltsanspruchs eine Zahlung von 1000 €. Es ist zu buchen:

181 Bank *an 423 Sonstige Transfererträge*

B.4.1.4 Öffentlich-rechtliche Leistungsentgelte

Öffentlich-rechtliche Leistungsentgelte sind solche Entgelte, die sich auf eine öffentlich-rechtliche Rechtsgrundlage (Gesetz, Rechtsverordnung, Satzung) beziehen. Hierzu gehören u.a.:

- Verwaltungsgebühren,
- Benutzungsgebühren,
- zweckgebundene Abgaben (z.B. Kurbeiträge),
- Erträge aus Auflösung von Sonderposten für Beiträge,
- Erträge aus Auflösung von Sonderposten für Gebührenausgleich,
- sonstige Entgelte (z.B. Parkgebühren, Pflegesatzentgelte von Krankenhäusern, Alten- und Pflegeheimen),
- Eintrittsgelder zu kulturellen oder sportlichen Veranstaltungen,
- Entgelte für Grabpflege.

Gebühren sind öffentlich-rechtliche Geldleistungen, die als **Gegenleistung** für eine individuell zurechenbare öffentliche Leistung geschuldet werden. Grundsätzlich sind Erträge aus Gebühren als realisiert zu betrachten, wenn die Gebietskörperschaft ihrer Leistungspflicht nachgekommen ist und die Ansprüche aus Gebühren durch Bescheid hinreichend konkretisiert sind. Soweit sich die Erträge auf mehrere Jahre beziehen, hat eine Rechnungsabgrenzung zu erfolgen, wenn es sich nicht um geringfügige Beträge handelt.

Beispiel:

Ein Bürger erwirbt von der Gemeinde im Januar für 25 Jahre die Nutzungsrechte an einer Grabstelle. Hierfür zahlt er im Voraus eine Gebühr von 10.000 € an die Gemeinde.

Der Betrag von 10.000 € ist bei Bescheidversand in einen passiven Rechnungsabgrenzungsposten einzustellen, der jährlich mit 400 € aufgelöst wird.

Bei den **Beiträgen** gemäß § 8 KAG NRW handelt es sich um Geldleistungen zur Finanzierung von Investitionen. Eine direkte Erfassung dieser Leistungen als Ertrag kommt nicht in Frage. Beiträge sind nach § 44 Abs. 5 KomHVO NRW zu behandeln wie Investitionszuwendungen. Zunächst erfolgt eine Passivierung des Beitrags als Sonderposten. Die ertragswirksame Auflösung dieses Sonderpostens über die Konten der NKF-Kontengruppe 43 wird anteilig über die Nutzungsdauer der mit dem Beitrag finanzierten öffentlichen Einrichtung oder Anlage durchgeführt.

Beispiel:

Die Gemeinde führt die Erschließung von Grundstücken in Höhe von 1Mio. € durch, wobei 80% der Kosten beitragsfähig sind. Die Beitragsbescheide im Gesamtbetrag von 800.000 € werden den Beitragspflichtigen zugestellt. Parallel zur Aktivierung der Infrastruktureinrichtung und deren planmäßiger Abschreibung über eine Nutzungsdauer von 30 Jahren wird ein Sonderposten gebildet und ebenfalls über 30 Jahre aufgelöst.

Problematisch ist der Zeitpunkt der buchungsmäßigen Erfassung der Beiträge. Zwischen der Fertigstellung der Anlagen und der Veranlagung der Beitragspflichtigen liegt häufig ein erheblicher Zeitraum; deshalb sind **noch nicht erhobene Beiträge aus fertig gestellten Erschließungsmaßnahmen** im Anhang anzugeben und zu erläutern (§ 45 Abs. 2 Nr. 7 KomHVO NRW). Nach dem Realisationsprinzip dürfen diese „Forderungen“ allerdings erst mit der Veranlagung aktiviert werden. Das Ende der Auflösungsdauer des Sonderpostens wird trotzdem durch das Ende der Abschreibungsdauer bestimmt. Bezüglich der Auflösung bestehen zwei Möglichkeiten:

- Der Sonderposten wird über eine kürzere Dauer aufgelöst als der Vermögensgegenstand abgeschrieben wird, oder
- bei Veranlagung erfolgt eine sofortige ertragswirksame Erfassung des Sonderpostenanteils, der bereits aufgelöst worden wäre, wenn die Auflösung parallel zu den Abschreibungen erfolgt wäre; der Restbetrag wird dann in den Sonderposten eingestellt.

B.4.1.5 Privatrechtliche Leistungsentgelte, Kostenerstattungen und Kostenumlagen

Es handelt sich hier um Entgelte für konkrete Gegenleistungen, die nicht auf einer öffentlich-rechtlichen Rechtsgrundlage (z.B. Satzung) beruhen, aber zum gewöhnlichen Leistungsangebot einer Gebietskörperschaft gehören. Beispiele sind:

- Erträge aus Verkauf,
- Mieten und Pachten,
- sonstige privatrechtliche Leistungsentgelte,
- Kostenerstattungen und Kostenumlagen anderer Stellen.

Verkaufserträge resultieren aus

- landwirtschaftlichen, forstwirtschaftlichen und gärtnerischen Erzeugnissen (z.B. Holz aus kommunalen Wäldern),
- Drucksachen (z.B. Stadtpläne) und
- anderen Waren (z.B. Kennzeichen für Fahrzeuge).

Erstattungen erhält die Gemeinde für Aufwendungen, die sie z.B. durch Delegation für eine andere Stelle erbracht hat. Die Gemeinde handelt in diesen Fällen im Auftrag eines Dritten.

Beispiel:

Die Gemeinde stellt dem Bund 2 Mio. € für Personalkostenerstattung in Rechnung, weil städtische Mitarbeiter Aufgaben für den Bund im Rahmen von „Hartz IV" wahrnehmen.

Soweit die Aufwendungen, die im Auftrag eines Dritten geleistet wurden, nicht exakt berechnet, sondern nur pauschal ermittelt und erstattet werden, handelt es sich um eine **Kostenumlage**.

B.4.1.6 Sonstige ordentliche Erträge

Der Posten „Sonstige ordentliche Erträge" enthält alle ordentlichen Erträge, die nicht einem anderen Posten zugeordnet werden können. Hierzu gehören im NKF grds. auch Erträge aus der Veräußerung von Anlagevermögen. Erträge aus dem Verkauf von Vermögensgegenständen des Anlagevermögens sowie aus Wertveränderungen von Finanzanlagen sind im Jahresabschluss nach § 44 Abs. 3 KomHVO NRW jedoch unmittelbar mit der allgemeinen Rücklage zu verrechnen und im Anhang zu erläutern.[236]

Beispiel:

Die Gemeinde veräußert ein unbebautes Grundstück. Im Anlagenverzeichnis wird das Grundstück mit einem Buchwert von 200.000 € geführt. Der Preis beträgt 250.000 €. Der Betrag muss in voller Höhe gemäß der notariellen Vereinbarung erst zwei Monate später an die Gemeinde überwiesen werden.

171 Privatrechtliche Forderungen aus Lieferungen und Leistungen	*250.000*
an 024 Grund und Boden (sonstige unbebaute Grundstücke)	*200.000*
an 453 Erträge aus der Veräußerung von Grundstücken u. Geb.	*50.000*

[236] Aufgrund der Vielzahl solcher Fälle ist eine unmittelbare Verrechnung mit der Allgemeinen Rücklage nicht sinnvoll, so dass hier eine unterjährige Buchung auf einem separaten Erfolgskonto (Verrechnungskonto) erfolgt, das nicht über die Ergebnisrechnung abgeschlossen wird, sondern über das Konto Allgemeine Rücklage. Der Saldo wird in der Ergebnisrechnung unterhalb des Jahresergebnisses ausgewiesen. Dies ist im Anhang zu erläutern (vgl. Bernhardt/Mutschler/Stockel-Veltmann, Kommunales Finanzmanagement NRW, 7. Aufl. 2013, S. 351).

Als sonstige ordentliche Erträge sind ebenfalls zu buchen:

- Bußgelder, Säumniszuschläge, Mahn- und Bearbeitungsgebühren, Stundungszinsen (z.B. bei der Gewerbesteuer),
- Erträge aus Auflösung von sonstigen Sonderposten,
- nicht zahlungswirksame ordentliche Erträge (aus der Auflösung von Wertberichtigungen auf Forderungen, aus der Auflösung von Rückstellungen, aus Zuschreibungen),
- Konzessionsabgaben,
- Erstattung von Steuern vom Einkommen und Ertrag für Vorjahre (periodenfremde Erträge).

Den Erträgen aus Geldstrafen, Geldbußen oder Verwarnungs- und Zwangsgeldern liegt kein Leistungsaustausch zugrunde. Sie entstehen vielmehr durch einen Verwaltungsakt bzw. durch ein Urteil. Die Erträge sind realisiert, wenn die Ansprüche hinreichend konkretisiert sind.

B.4.1.7 Aktivierte Eigenleistungen, Bestandsveränderungen

Unter **„Aktivierten Eigenleistungen“** versteht man den Ausgleichsposten zu den Aufwendungen, die zur Herstellung eines Vermögensgegenstandes des Anlagevermögens benötigt werden, um den Vermögensgegenstand zu bilanzieren. Beispiele sind: Einsatz eigener Ingenieure im Rahmen der Herstellung, Erweiterung oder wesentlichen Verbesserung von Gebäuden oder Straßen, Errichtung einer Schutzhütte oder eines Spielplatzes durch Bauhofmitarbeiter. Die Buchungen sind in Kap. A.7.1.2 dargestellt.

Bestandsveränderungen sind nach dem Gesamtkostenverfahren erfolgswirksam in der NKF-Kontengruppe 47 zu erfassen. Als Bestandsveränderungen sind Änderungen bei den als Beständen in der Vermögensrechnung ausgewiesenen fertigen Erzeugnissen sowie unfertigen Erzeugnissen und Leistungen darzustellen. Bestandserhöhungen erhöhen den Ertrag der Rechnungsperiode, Bestandsminderungen reduzieren den Ertrag. Somit lassen sich Vermögensmehrungen periodengerecht entsprechend der eigenen Leistungserstellung als Ertrag zuordnen, unabhängig davon, wann ein entsprechender Ertrag durch den Verkauf der Produkte an Dritte entsteht. Die Buchungen sind in Kap. A.7.2 dargestellt.

Die Bestandsveränderungen und aktivierten Eigenleistungen werden mit den Herstellungskosten gemäß § 34 KomHVO NRW bewertet. Zur Berücksichtigung der Einzel- und Gemeinkosten im Rahmen der Kostenträgerrechnung ist eine differenzierte Zuschlagskalkulation erforderlich.[237]

[237] Vgl. hierzu Band 2, Kap. A.6.2.3 dieser Reihe.

B.4.1.8 Finanzerträge

Hierzu gehören:

- Zinserträge,
- sonstige Finanzerträge (z.B. aus Beteiligungen, aus Wertpapieren, aus Gewinnabführungsverträgen),
- sonstige zinsähnliche Erträge.

Maßgeblich für die Höhe der Finanzerträge sind die Bruttobeträge. Diese können also einbehaltene Kapitalertragssteuern und die anrechenbare Körperschaftssteuer beinhalten. Die Steuern sind gleichzeitig mit der Ertragsbuchung zu neutralisieren, indem sie auch als Aufwendungen für Steuern vom Einkommen und Ertrag in der NKF-Kontengruppe 54 (sonstige ordentliche Aufwendungen) zu buchen sind.

Andere sonstige zinsähnliche Erträge sind u.a. Erträge aus der Aufzinsung von niedrig- oder unverzinslichen Forderungen (vgl. Kap. A.9.3).

B.4.1.9 Erträge aus internen Leistungsbeziehungen

Es handelt sich um Verrechnungen zwischen Produktbereichen bzw. –gruppen. Die internen Leistungsbeziehungen werden nur in den Teilergebnisplänen und Teilergebnisrechnungen ausgewiesen, da sie in der Periode für den Gesamthaushalt ausgeglichen sein müssen. Vorgaben über Art, Umfang und Verfahren hat der Gesetzgeber nicht getroffen.

B.4.1.10 Außerordentliche Erträge

Im Gegensatz zur Gliederung der handelsrechtlichen GuV-Rechnung werden nach dem Gliederungsschema der NKF-Ergebnisrechnung außerordentliche Erträge und Aufwendungen noch separat ausgewiesen. Es handelt sich dabei um Vorgänge, die in hohem Maße ungewöhnlich sind. Ein Eintreten kann nicht erwartet werden, sie kommen selten oder unregelmäßig vor, d.h. sie fallen nicht ständig an bzw. sind nicht wiederkehrender Natur und somit nicht planbar. Diese Voraussetzungen müssen kumulativ erfüllt sein. Beispiele sind erhaltene hohe Spenden, Erträge aus der Veräußerung von Vermögen, sofern der Vorgang für die jeweilige Gebietskörperschaft **selten und ungewöhnlich sowie von einiger finanzieller Bedeutung** ist (im NKF gilt die Spezialvorschrift des § 44 Abs. 3 KomHVO).[238]

---

[238] In mehreren Bundesländern (u.a. Bdb, BW, Hess., Nds., Sachs., S-Anh.) sind sämtliche Vermögensveräußerungserträge dem außerordentlichen Ergebnis zuzuordnen und beim Haushaltsausgleich lediglich nachrangig einzubeziehen. In anderen Bundesländern (u.a. MV) wird entsprechend den HGB-Regelungen kein außerordentliches Ergebnis mehr ausgewiesen.

Bei den o.g. Vorgängen ist stets auf die „Verhältnisse des Einzelfalls“ abzustellen. Es ist durchaus möglich, dass ein Ereignis, das für eine Gemeinde zur laufenden Verwaltungstätigkeit gehört, für eine andere Gemeinde ein außerordentliches Ereignis darstellt.

Was „**wesentlich**“ heißt, ist im Gesamtvolumen des Ergebnisplanes zu sehen. Hier gilt der Grundsatz, dass ein abweichender Ausweis nicht zu einer veränderten Einschätzung der Ertragslage führen darf. Unwesentliche außergewöhnliche Beträge sind unter dem jeweils dafür vorgesehenen Posten der Ergebnisrechnung auszuweisen.

Außerordentliche Erträge sind hinsichtlich ihres Betrages und ihrer Art im Anhang zu erläutern.

Die außerordentlichen Erträge wirken sich zwar ergebnisverbessernd im Gesamtergebnis aus, haben aber keinen Einfluss auf die Ermittlung des ordentlichen Ergebnisses und des Ergebnisses aus laufender Verwaltungstätigkeit.

In der Ergebnisrechnung wird der Saldo der außerordentlichen Erträge und der außerordentlichen Aufwendungen als „Außerordentliches Ergebnis“ ausgewiesen.

B.4.2 Aufwendungen

B.4.2.1 Personalaufwendungen

Zu Personalaufwendungen gehören alle auf der Arbeitgeberseite anfallenden Aufwendungen für das **aktive** Personal und Aufwendungen, die aufgrund von sonstigen arbeitnehmerähnlichen Vertragsformen oder gesetzlichen Regelungen geleistet werden, unabhängig davon, ob es sich um Geld- oder Sachleistungen bzw. Haupt- oder Nebenbezüge handelt. Aufwandswirksam sind die Bruttobeträge einschließlich des Urlaubs- und Weihnachtsgeldes. Ebenso sind Personalnebenaufwendungen wie Beiträge zu den Sozialversicherungsträgern, Berufsgenossenschaften sowie Zuführungen zu Pensionsrückstellungen und Beihilfen für Beamte zu berücksichtigen. Zu den Personalaufwendungen gehören:

- Dienstaufwendungen u. dgl. für Beamte und sonstige Beschäftigte,
- Beiträge zu Versorgungskassen für Beschäftigte,
- Beiträge zur gesetzlichen Sozialversicherung,
- Beihilfen und Unterstützungsleistungen,
- Zuführungen zu Pensionsrückstellungen (für aktive Beamte),
- Zuführungen zu Rückstellungen für nicht genommenen Urlaub, Überstunden (soweit Aufwand entsteht) und Altersteilzeit,
- Pauschalierte Lohnsteuer.

Die entsprechenden Buchungen sind in Kap. A.7.5 dargestellt.

Der Bestand der Pensionsverpflichtungen (pensionsberechtigte Personen und Umfang) ist durch Inventur festzustellen. Die Höhe der **Pensionsrückstellung** je aktiven

Mitarbeiter am Bilanzstichtag bemisst sich nach dem versicherungsmathematischen Barwert des bis zu diesem Zeitpunkt erworbenen Versorgungsanspruchs, wobei zukünftige „Gehaltstrends" mit zu berücksichtigen sind (vgl. Kap. B.2.4.7). Zur Berechnung des Barwerts wird nach § 37 Abs. 1 KomHVO NRW das Teilwertverfahren eingesetzt (vgl. hierzu § 6a EStG). Näherungswerte zur Berechnung liefern die Richttafeln von K. Heubeck.[239]

Pensionsrückstellungen für Beamte sind im NKF unabhängig davon zu bilden, ob die Gemeinde die Versorgungsbezüge später selbst leistet oder ob sie einer Versorgungskasse beigetreten ist, die sich über Umlagezahlungen finanziert. Die **Umlagezahlung an die Versorgungskasse** ist als Aufwand zu buchen. Da die Pensionäre bzw. die Hinterbliebenen in jedem Fall einen Anspruch gegenüber dem ursprünglichen Dienstherrn besitzen, ist die entsprechende Verpflichtung bei diesem als Pensionsrückstellung auszuweisen. Demgegenüber bestehen die Ansprüche der Angestellten auf Zusatzversorgung regelmäßig gegenüber der entsprechenden Versorgungskasse, so dass keine Rückstellungsbildung erfolgt. Da der Aufwand für die Bildung von Pensionsrückstellungen auch den einzelnen Teilhaushalten zuzuordnen ist, muss eine personengenaue Differenzierung anhand des Stellenplans erfolgen.

Bei den laufenden Beamtengehältern ist für das Januargehalt zu beachten, dass die Zahlung schon im Vorjahr Ende Dezember erfolgt und daher ein aktiver Rechnungsabgrenzungsposten zu bilden ist, der im Folgejahr aufzulösen ist.

MERKE: Durch den Ansatz von Pensionsrückstellungen wird die Ruhestandszeit von Versorgungsaufwand entlastet und die aktive Berufszeit zusätzlich mit Personalaufwand belastet.

Für geringfügig Beschäftigte entrichtet der AG eine pauschalierte Lohnsteuer an das Finanzamt, die als Personalaufwand zu erfassen ist.

Die Auszahlung von **Kindergeld** an die Beschäftigten wird bei den Personalaufwendungen nicht berücksichtigt. Die Zahlung des Kindergelds für die Beschäftigten stellt keinen Aufwand für die Gebietskörperschaft dar. Es handelt sich hierbei um einen **durchlaufenden Posten**, da die Gebietskörperschaft zwar das Kindergeld an ihre Beschäftigten auszahlt aber in gleicher Höhe eine Erstattung von der Bundesagentur für Arbeit bezieht. Solche Leistungen, die aus Mitteln Dritter (durchlaufende Posten) finanziert werden, stellen erfolgsneutrale Ausgaben dar; die Einnahmen werden als Verbindlichkeit gebucht, die Ausgaben gegen die entsprechende Verbindlichkeit geleistet.

Vorschüsse auf Entgelte oder Bezüge stellen keinen Personalaufwand dar. Sie werden als Forderungen gegen Mitarbeiter erfasst, da die Gegenleistung noch nicht erbracht wurde.

[239] Vgl. www.heubeck.de

Zu beachten ist, dass nicht jeder Aufwand im Zusammenhang mit Personal diesem Posten zugeordnet wird (vgl. z.B. Kontengruppe „Sonstige ordentliche Aufwendungen").

B.4.2.2 Versorgungsaufwendungen

Zu Versorgungsaufwendungen gehören alle durch den Arbeitgeber zu tragenden Aufwendungen für das **nicht mehr aktive** Personal oder deren Angehörige. Aufwandswirksam sind die Bruttobezüge einschließlich des Weihnachtsgeldes. Ebenso sind Versorgungsnebenaufwendungen (z.B. Beiträge zur Sozialversicherung und Beihilfen) zu berücksichtigen. Durch die Bildung von Pensionsrückstellungen sind die Aufwendungen grundsätzlich bereits während der aktiven Beschäftigungszeit der Versorgungsempfänger als Zuführung zur Pensionsrückstellung ergebniswirksam geworden. Soweit die Zahlungen aus der gebildeten Rückstellung bewirkt werden, sind sie im Jahr der Zahlung nicht ergebniswirksam. Als ergebniswirksamer Aufwand sind nur Zahlungen zu erfassen, für die zuvor keine ausreichend hohen Rückstellungen gebildet wurden (z.B. Zuführung infolge einer Anpassung der Sterbetafeln). Im Einzelnen werden bei den Versorgungsaufwendungen unterschieden:

- Versorgungsaufwendungen für Beamte und sonstige Beschäftigte,
- Beiträge zu Versorgungskassen für Beamte,
- Beiträge zur gesetzlichen Sozialversicherung,
- Beihilfen und Unterstützungsleistungen,
- Aufwendungen (Zuführungen) zu Pensionsrückstellungen (für Pensionäre).

Beispiel: Buchungen im Rahmen der Pensionsrückstellungen[240]

(1) Während der Beschäftigungszeit werden für die Beamten der Gemeinde A Pensionsrückstellungen gebildet. Die Höhe der Zuführung zu dieser Rückstellung in einem Jahr ergibt sich aus der Differenz des jeweiligen Teilwertes zum Ende und zum Anfang des Haushaltsjahres. Liegt der Teilwert für den Amtmann B am 01.01.01 bei 200.000 € und am 31.12.01 bei 210.000 €, ist für ihn im Jahr 01 eine zusätzliche Pensionsrückstellung von 10.000 € zu bilden. Auch wenn eine separate Buchung des Einzelfalls nicht erforderlich ist, so ist die Dokumentation und Erfassung der Teilwerte für jeden einzelnen Beschäftigten erforderlich. Im Versorgungsfall ist eine Umbuchung der Rückstellung vorzunehmen, die für die Differenzierung der Personal- und Versorgungsaufwendungen erforderlich ist.

505 Zuführung Pensionsrückst.an 251 Pensionsrückst. (aktive Beamte) 10.000

(2) Am 01.01.02 tritt B in den Ruhestand. Die für ihn gebildete Pensionsrückstellung ist umzubuchen:

---

240 In Anlehnung an Bernhardt/Golombiewski/Mutschler/Stockel-Veltmann, Kommunales Finanzmanagement NRW, 7. Aufl. 2013, S. 358.

251 Pensionsrückst..(aktive Beamte) an 252 Pensionsrückst. (Pensionäre) 210.000

(3) Im Jahr 02 erhält B Pensionszahlungen und Beihilfen in Höhe von insgesamt 40.000 €. Zum Ende des Jahres 02 wird mittels eines Gutachtens oder durch den Einsatz entsprechender Software gleichzeitig der neue Teilwert für den 01.01.03 ermittelt. Dieser beträgt 180.000 €. Die bestehende Pensionsrückstellung kann damit im Rahmen des Jahresabschlusses 02 um 30.000 € aufgelöst werden. Der Restbetrag von 10.000 € ist als zusätzlicher Versorgungsaufwand zu buchen.

252 Pensionsrückst. (Pensionäre) 30.000
+ 511 Versorgungsaufwand 10.000 an 181 Bank 40.000

Hinweis: Die Auflösung der Pensionsrückstellung erfolgt in Höhe der Differenz zwischen Rückstellungsbetrag (Barwert am Ende des Vorjahres) und Barwert der Pensionsverpflichtung am Ende des Jahres. Diese Buchungsmethode nennt sich **versicherungsmathematische Methode**.

B.4.2.3 Aufwendungen für Sach- und Dienstleistungen

Hierunter fallen alle Aufwendungen im Zusammenhang mit dem betriebszwecktypischen Verwaltungshandeln sowie für Dienstleistungen, die von Dritten erbracht werden. In diesem Zusammenhang ist nochmals auf die Bedeutung der Abgrenzung zwischen Erhaltungs- und Herstellungsaufwand (Kap. A 13.2.2) hinzuweisen. Beispiele sind:

- Aufwendungen für Fertigung, Vertrieb, Waren,
- Aufwendungen für Energie, Abwasser, Wasser,
- Aufwendungen für Unterhaltung/ Bewirtschaftung des Anlagevermögens,
- weitere Verwaltungs- und Betriebsaufwendungen (z.B. Lernmittel, Schülerbeförderungskosten),
- Kostenerstattungen (an Bund, Land, Gemeinden und Gemeindeverbände, Unternehmen etc.),
- sonstige Aufwendungen für Sach- und Dienstleistungen (z.B. Vergütungen für nebenamtliche Referenten).

B.4.2.4 Bilanzielle Abschreibungen[241]

Die Abschreibungen vom Anschaffungs- bzw. Herstellungswert stellen den Wertverzehr des Anlagevermögens dar. Sie sind in der Regel linear auf die Nutzungsdauer des Anlagegutes zu verteilen, wobei im NKF die degressive Abschreibung oder die Leistungsabschreibung auch angewandt werden kann, hiervon aber abgesehen werden sollte. Abschreibungen erfolgen auf

[241] Kalkulatorische Abschreibungen auf Basis des Wiederbeschaffungszeitwertes dürfen ausschließlich in der Kontenklasse 9 (Kostenrechnung) gebucht werden.

- Immaterielle Vermögensgegenstände des Anlagevermögens,
- Gebäude und Gebäudeeinrichtungen,
- Infrastrukturvermögen,
- Maschinen und technische Anlagen,
- andere Anlagen, BGA und geringwertige Wirtschaftsgüter,
- Finanzanlagen (nur außerplanmäßige Abschreibungen),[242]
- Umlaufvermögen (ohne Forderungen).[243]

Der Abschreibungsbeginn erfolgt mit dem Beginn der Nutzung des jeweiligen Vermögensgegenstandes. Bei einem Nutzungsbeginn im laufenden Jahr muss der jeweilige Jahresanteil nach Monaten bemessen werden. Gleiches gilt für den Fall der Veräußerung oder Außerbetriebnahme.

Planmäßige Abschreibungen ergeben sich durch die Verteilung der Anschaffungs- oder Herstellungskosten des Anlagevermögens auf die betriebsübliche Nutzungsdauer des jeweiligen Vermögensgegenstandes. **Außerplanmäßige** Abschreibungen sind – unabhängig von der Nutzungsdauer des Vermögensgegenstandes – bei einer voraussichtlich dauernden Wertminderung vorzunehmen. Ein eventueller Sonderposten ist entsprechend im gleichen Verhältnis zu mindern.

Planmäßige und außerplanmäßige Abschreibungen	Außerplanmäßige Abschreibungen
- Immaterielle VG - Gebäude - Infrastrukturvermögen - Maschinen und technische Anlagen - Betriebs- und Geschäftsausstattung	- Grundstücke - Aufwuchs auf Forstgrundstücken - Kunstwerke - Anzahlungen, Anlagen im Bau - Finanzanlagen - Umlaufvermögen

Abbildung 56: Bilanzielle Abschreibungen

Die Bestimmung der jeweiligen Nutzungsdauer soll nach § 36 Abs. 4 KomHVO NRW unter Berücksichtigung der vom Innenministerium herausgegebenen Rahmentabelle (Anlage 16 VV Muster zur GO und KomHVO NRW) erfolgen. Die Abschreibung wird als Aufwand im Soll gebucht, der Vermögensverzehr auf dem jeweiligen Aktivkonto im Haben:

570 Abschreibungen   *an Anlagevermögen*

[242] Wertveränderungen bei Finanzanlagen sind nach § 44 Abs. 3 KomHVO unmittelbar mit der Allgemeinen Rücklage zu verrechnen; vgl. hierzu: Mutschler/Stockel-Veltmann, Kommunales Finanzmanagement, Studienbuch für den kommunalen Bachelorstudiengang, 6. Aufl. 2019, S. 248.

[243] Die Wertkorrektur von Forderungen ist in NRW nach den Kontierungsrichtlinien nicht als Abschreibung, sondern als Wertberichtigung in der Kontengruppe 54 zu erfassen. Nach SsD Tz. 6.9 zählen die Abschreibungen auf Finanzanlagen und Wertpapiere des Umlaufvermögens wie lt. HGB zum Finanzergebnis.

Sonderfall: Geringwertige Wirtschaftsgüter (GWG)

Als GWG werden Vermögensgegenstände bezeichnet, die

- zum Anlagevermögen gehören,
- selbständig genutzt werden können,
- einer Abnutzung unterliegen und
- deren Anschaffungs- oder Herstellungskosten (ohne Umsatzsteuer) 800 € nicht übersteigen.

Geringwertige Wirtschaftsgüter unter 800 € (ohne Umsatzsteuer) können nach § 36 Abs. 3 KomHVO NRW unmittelbar als Aufwand gebucht werden. Sie können aber auch aktiviert und im Jahr der Anschaffung sofort abgeschrieben werden.

MERKE: Ausgehend von Art. 115 GG, wonach Kredite nur für Investitionen zulässig sind, sollte die Tilgung der Kredite mindestens der Höhe der planmäßigen Abschreibungen entsprechen. Leider wird gegen diesen Grundsatz sowohl in der staatlichen als auch in der kommunalen Verwaltung in eklatanter Weise verstoßen.

B.4.2.5 Transferaufwendungen

Transferaufwendungen stellen Übertragungen der Gemeinde an den öffentlichen oder privaten Bereich dar, die **ohne konkrete Gegenleistung** erbracht werden und bei denen es sich nicht um Steueraufwendungen der Gemeinde handelt. Hier sind insbesondere Leistungen an private Haushalte, die meist ohne Anspruch auf eine Gegenleistung erfolgen (z.B. Sozialhilfe), zu erfassen. Daneben sind Transferzahlungen an Unternehmen (Subventionen) möglich, die **mit einer Gegenleistungsverpflichtung** verbunden sind. Da diese Transferzahlungen beim Empfänger für Investitionen eingesetzt werden, sind sie bei den „Sonstigen ordentlichen Aufwendungen" zu erfassen.

Transferaufwendungen sind der Periode zuzurechnen, in der ihre wirtschaftliche Ursache liegt. Dies ist grundsätzlich die Periode, in der ein rechtswirksamer Anspruch eines Dritten auf die Geldleistung entsteht bzw. falls die Leistung an Voraussetzungen geknüpft ist, wenn die Leistungsvoraussetzungen erfüllt sind. Werden Transferaufwendungen im Voraus gewährt, so ist zu prüfen, ob ein aktiver Rechnungsabgrenzungsposten zu bilden ist, z.B. bei der Auszahlung der Sozialhilfe Ende Dezember für den Januar des nächsten Jahres. Transferaufwendungen sind z.B.:

- Aufwendungen für geleistete Zuweisungen und Zuschüsse für laufende konsumtive Zwecke (**ohne** konkreten Gegenleistungsanspruch),
- Schuldendiensthilfen,
- Sozialtransferaufwendungen (z.B. Sozialhilfe, Arbeitslosengeld II, Jugendhilfe),[244]

[244] In einigen Bundesländern werden Transferaufwendungen im Rahmen der Sozialen Sicherung in einer eigenen Kontengruppe erfasst.

- Aufwendungen wegen Steuerbeteiligungen etc. (z.B. Gewerbesteuerumlage, Fonds Deutsche Einheit),
- allgemeine Umlagen (an Land, Gemeinden, Gemeindeverbände),
- Aufwendungen aus Verlustübernahme,
- sonstige Transferaufwendungen.

Beispiel:

Die Gemeinde bewilligt im Rahmen der Sportförderung dem Kanuverein für die Renovierung der Umkleidekabinen einen Zuschuss i. H. v. 10.000 €. Die Auszahlung erfolgt zwei Monate später (aus Sicht der Gemeinde handelt es sich um einen konsumtiven Zuschuss!).

531 Zuschüsse für lfd. Zwecke (Transferaufwand)	*10.000*
an 360 Verbindlichkeiten aus Transferleistungen	*10.000*

B.4.2.6 Sonstige ordentliche Aufwendungen

Die „Sonstigen ordentlichen Aufwendungen" werden in der NKF-Kontengruppe 54 geführt. Es handelt sich um Aufwendungen, die nicht anderen Posten zuzuordnen sind. Hierzu zählen:

- Aufwendungen für die Inanspruchnahme von Rechten und Diensten (Gerichts-, Anwalts- und Notarkosten, Miete, Leasing,[245] Provisionen, ehrenamtliche Tätigkeit),
- Geschäftsaufwendungen,
- sonstige Personal- und Versorgungsaufwendungen (Aus- und Fortbildungsaufwendungen, Personalnebenaufwendungen, Reisekosten etc.),
- Aufwendungen für Beiträge (Versicherungen, Berufsvertretungen, Vereine),
- Zuführung zu Einzel- und Pauschalwertberichtigung auf Forderungen,
- Verluste aus Finanzanlagen und Wertpapieren, soweit nicht außergewöhnlich hoch,
- Aufwand für nicht rückzahlbare Zuweisungen für Investitionen,
- betriebliche Steuern (Grundsteuer, Kfz-Steuer),
- Steuern vom Einkommen und Ertrag,
- andere sonstige ordentliche Aufwendungen (Verfügungsmittel des Bürgermeisters, Zuführung SoPo Gebührenausgleich, Zuführung zu Rückstellung, soweit nicht woanders erfassbar).

Erläuterung zu den Aufwendungen für Zuweisungen für Investitionen:

Bei der Gewährung von Investitionszuschüssen werden i.d.R. neben den finanziellen Leistungen auch der Verwendungszweck und die Gegenleistungsverpflichtung von der Behörde bestimmt.

[245] Nur wenn der Leasing-Gegenstand im wirtschaftlichen Eigentum des Leasing-Gebers steht, bucht der Leasing-Nehmer die Raten als sonstige ordentliche Aufwendungen, vgl. auch Kapitel A.7.7.

Damit eine ordnungsgemäße Bilanzierung erfolgen kann ist zu prüfen, ob die Gebietskörperschaft durch eine geleistete Zuwendung das **wirtschaftliche Eigentum** an dem geförderten Vermögensgegenstand erworben hat. Liegt dies vor, erfolgt eine **Aktivierung** des Vermögensgegenstandes auch dann bei der Gebietskörperschaft, wenn der geförderte Dritte rechtlicher Eigentümer geworden ist. Zuwendungen, bei denen nicht das wirtschaftliche Eigentum erworben wird, können vom Grundsatz her nicht aktiviert werden.

Beispiel 1:

Die Gemeinde bewilligt dem Kanuverein einen Zuschuss in Höhe von 10.000 € für den Kauf eines Transporters. Die Auszahlung erfolgt erst nach Vorlage des Verwendungsnachweises. Es besteht keine Gegenleistungsverpflichtung. Der Kanuverein wird wirtschaftlicher Eigentümer.

549 Aufwendungen für Zuweisungen für Investitionen
an 360 Verbindlichkeiten aus Transferleistungen

Ist mit der geleisteten Zuwendung eine mehrjährige Gegenleistungsverpflichtung des Empfängers verbunden, ist die Zuwendung über den Zeitraum, für den die Gegenleistung geschuldet wird, durch einen aktiven Rechnungsabgrenzungsposten abzugrenzen (§ 44 Abs. 2 KomHVO NRW).[246]

Beispiel 2:

Die Gemeinde gewährt im Januar einen nicht rückzahlbaren Zuschuss zum Bau eines Altenheimes, ohne dass sie Anteilseigner des Altenheimes wird, in Höhe von 3.000.000 €. Die Gegenleistungsverpflichtung besteht in der Schaffung und mindestens 20-jährigen Erhaltung von 50 Heimplätzen.

Buchung im 1. Jahr:

549 Aufwendungen für Zuweisungen für Investitionen	*150.000*
+ 19 Akt. RAP	*2.850.000*
an 181 Bank	*3.000.000*

Buchung in den Folgejahren:

549 Aufwendungen für Zuweisungen für Investitionen	*150.000*
an 19 Akt. RAP	*150.000*

[246] Dies entspricht der sog. **Lehre vom Mindestzeitraum**, die der BFH entwickelt hat. Hiernach kann ein Mindestzeitraum angegeben werden, ohne dass Anfangs- und Endzeitpunkt des Zeitraumes exakt bestimmt sein müssen und damit ein Rechnungsabgrenzungsposten zulässig ist. Diese Auslegung des Kriteriums „bestimmte Zeit" ist auch mit dem Handelsrecht vereinbar, vgl. Baetge/Kirsch/Thiele, Bilanzen, 15. Aufl. 2019, S. 537.

Liegt keine mehrjährige Gegenleistungsverpflichtung vor, sondern bezieht sich die Gegenleistung auf eine rein mengenmäßige Leistung, so ist nach § 44 Abs. 2 S. 3 KomHVO NRW ein immaterieller VG zu bilanzieren.

MERKE: Grundvoraussetzung für eine Bilanzierung von geleisteten Zuwendungen als Rechnungsabgrenzungsposten oder immaterieller Vermögensgegenstand ist das Vorliegen einer – bilanzierungsfähigen – Gegenleistungsverpflichtung des Zuwendungsempfängers. Hierzu müssen konkrete zeit- oder mengenbezogene Gegenleistungsansprüche vorliegen. Die zweckentsprechende Verwendung einer (zweckgebundenen) Zuwendung durch den Zuwendungsempfänger stellt allein noch keinen bilanzierungsfähigen Gegenleistungsanspruch dar – auch dann nicht, wenn das Recht besteht, die Zuwendung zurückzufordern, wenn der Empfänger sie nicht zweckentsprechend verwendet.

Beispiel 3:

Die Gemeinde bewilligt dem ortsansässigen Kanuverein für die Anschaffung neuer Sportgeräte 15.000 €. Standort der Sportgeräte ist die städtische Sporthalle. Wirtschaftlicher Eigentümer wird die Gemeinde, nicht der Kanuverein. Der Kanuverein schafft die Sportgeräte an, Wartung und Instandhaltung übernimmt die Gemeinde.

Buchung bei Zahlung der Zuwendung:

091 Geleistete Anzahlung an 181 Bank *15.000*

Buchung bei Anschaffung der Sportgeräte durch den Verein:

080 Betriebs- und Geschäftsausstattung an 091 Geleistete Anzahlung *15.000*

In der kommunalen Praxis werden oftmals Zuwendungen gewährt, die sowohl Anteile für Aufwands- und/oder Ertragszuweisungen enthalten, als auch Anteile für Investitionszuwendungen. Bei solchen gemischten Zuwendungen ist darauf zu achten, dass die Aufteilung bereits im Zuwendungsbescheid der Gemeinde erfolgt, damit getrennt gebucht werden kann.

Rückforderungen von Zuwendungen bei Nichterfüllung der Gegenleistungsverpflichtung durch den Zuwendungsnehmer:

Leistet eine Gebietskörperschaft Zuwendungen, sind diese in der Regel zweckbestimmt. Im Falle der Nichterfüllung des bestimmten Zwecks oder bei Verstoß gegen eine Auflage durch den Zuwendungsnehmer ergibt sich in den meisten Fällen ein einklagbarer Rückzahlungs- bzw. Rückgabeanspruch. Besteht ein Rückzahlungs- bzw. Rückgabeanspruch, begründet dies eine Forderung gegenüber dem Zuwendungsnehmer. Die Aktivierung der Forderung erfolgt nach dem Realisationsprinzip. Die Forderung darf erst im Moment des Bedingungseintritts (z.B. Nichterfüllung der Gegenleistungsverpflichtung) aktiviert werden.

Beispiel 4:

Die Gemeinde bewilligt dem ortsansässigen Kanuverein im Jahre 01 für die Anschaffung neuer Sportgeräte 50.000 €. Wirtschaftlicher Eigentümer wird der Verein. Die Sportgeräte sollen in den nächsten zehn Jahren für die Förderung der Schulsportgruppen eingesetzt werden. Bei Nichteinhaltung der Gegenleistungsverpflichtung ist der Kanuverein verpflichtet, die Zuwendung in voller Höhe zu erstatten. Bei einer Ortsbesichtigung im Januar 04 stellt die Gemeinde fest, dass die Sportgeräte zur Aufbesserung der Vereinskasse an einen Dritten verkauft wurden.

Buchung bei Gewährung der Zuwendung:

549 Aufwendungen für Zuweisungen für Investitionen	*5.000*	
+ 19 Aktiver Rechnungsabgrenzungsposten	*45.000*	
an181 Bank		*50.000*

In den folgenden Jahren wird der aktive Rechnungsabgrenzungsposten jeweils zu 1/9 aufgelöst. Die Buchung lautet jeweils:

549 Aufwendungen für Zuweisungen für Investitionen an 19 Akt. RAP 5.000

Buchung bei Rückforderung der Zuwendung in 04:

164 Forderung aus Transferleistungen	*50.000*	
an 19 Akt. RAP	*35.000*	
+446 Erträge aus Erstattungen		*15.000*

Die nachfolgende Übersicht stellt die Behandlung geleisteter Zuwendungen im NKF dar; sie weicht teilweise von der staatlichen Doppik und von anderen Konzepten zum Neuen Kommunalen Rechnungswesen ab. Statt eines aktiven Rechnungsabgrenzungspostens ist z.B. in Baden-Württemberg und Sachsen ein „Aktiver Sonderposten" vorgesehen, in anderen Konzepten (z.B. Niedersachsen, Hessen) wird wie in der staatlichen Doppik ein immaterieller Vermögensgegenstand bilanziert:[247]

[247] Bei geleisteten Investitionszuweisungen und -zuschüssen mit mehrjähriger Gegenleistungsverpflichtung des Dritten, der wirtschaftlicher Eigentümer des Vermögensgegenstandes wird, ist in der staatlichen Doppik ein immaterieller VG zu bilanzieren, der über die Bindungszeit abzuschreiben ist (vgl. SsD Tz. 5.1.1.1).

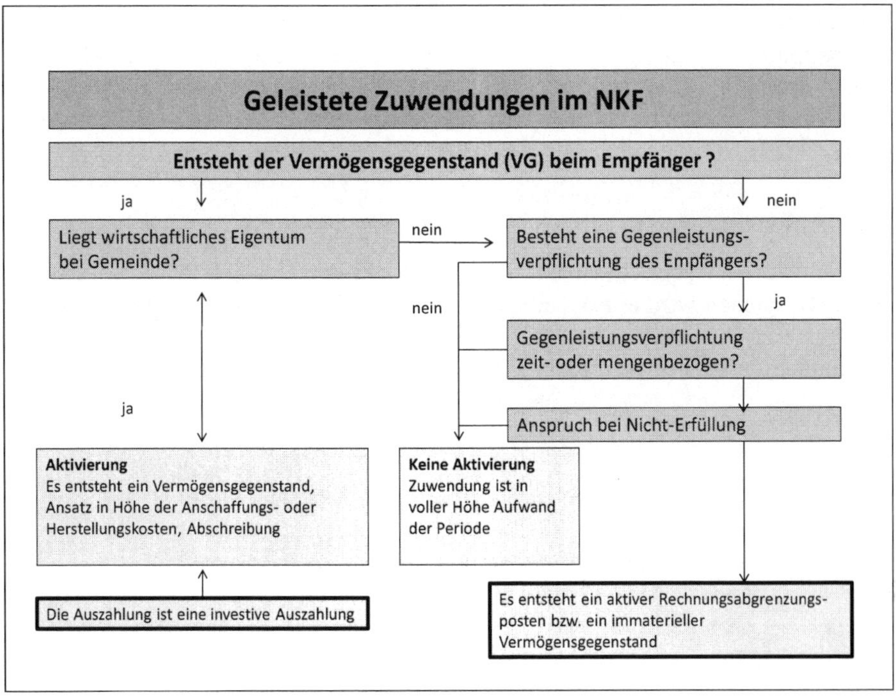

Abbildung 57: Geleistete Zuwendungen im NKF

B.4.2.7 Zinsen und sonstige Finanzaufwendungen

Hierzu gehören:

- Zinsaufwendungen, Diskontaufwendungen,
- Abschreibung auf Disagio,
- Avalprovision (für Bürgschaften),
- Aufwendungen aus der Auf- und Abzinsung (z.B. Aufzinsung von in Vorjahren abgezinsten Rückstellungen),
- Verzugszinsen, Überziehungszinsen,
- Kreditbereitstellungsgebühren,
- sonstige Zinsen und ähnliche Aufwendungen.

Die Konten der Kontengruppe „Zinsen und sonstige Finanzaufwendungen" werden mit den Finanzerträgen zum Finanzergebnis zusammengefasst. Wie im HGB und in der staatlichen Doppik sollte eine Differenzierung nach den Empfängern bzw. Darlehensgebern (z.B. verbundenen Unternehmen, Beteiligungen, Sondervermögen, Kreditinstituten) erfolgen. Das Finanzergebnis wird im NKF mit dem ordentlichen Ergebnis zum Ergebnis der laufenden Verwaltungstätigkeit zusammengefasst.

Jede Gemeinde kann selbständig regeln, ob Zinsen zentral im Produktbereich "Allgemeine Finanzwirtschaft" oder dezentral in den Teilergebnisplänen ausgewiesen werden. Bei dezentraler Veranschlagung erfolgt die Aufteilung der Schuldzinsen auf die Produktbereiche grundsätzlich entsprechend dem Anteil des dort gebundenen Anlagevermögens abzüglich erhaltener Zuwendungen am gesamten Anlagevermögen. Die dezentrale Buchung ist allerdings mit einem hohen Verwaltungsaufwand verbunden. Bei der Interpretation von Teilergebnisrechnungen bzw. –plänen ist dieser Sachverhalt zu beachten.

B.4.2.8 Aufwendungen aus internen Leistungsbeziehungen

Es handelt sich um Verrechnungen zwischen Produktbereichen bzw. –gruppen. Der Leistungsaustausch wird auf der Ebene der Aufwendungen und Erträge verrechnet. Zahlungen zwischen Produktbereichen finden nicht statt. Die Finanzrechnung ist somit von internen Leistungsverrechnungen nicht betroffen.

Leistungsbeziehungen werden nur in den Teilergebnisplänen und -rechnungen ausgewiesen, da sie sich innerhalb des Gesamthaushaltes ausgleichen.

Im Rahmen des internen Leistungsaustauschs bucht der Teilhaushalt, welcher die Leistungen abgibt, Erträge aus internen Leistungsbeziehungen und der Leistungsempfänger (Teilhaushalt als Bezieher interner Leistungen) Aufwendungen aus internen Leistungsbeziehungen.

Beispiel:

Die städt. Druckerei (Produktbereich 01) erzeugt für die städtische Volkshochschule (Produktbereich 04) die Programme im Wert von 10.000 €.

Die Druckerei bucht als interner Anbieter Erträge aus internen Leistungsbeziehungen in der Kontengruppe 48, die Volkshochschule bucht als interner Abnehmer Aufwendungen aus internen Leistungsbeziehungen in der Kontengruppe 58.

Anstelle einer Verbuchung über die gesondert für innere Verrechnungen gebildeten Kontengruppen 48 und 58 ist auch eine Verbuchung über die Konten der Kosten- und Leistungsrechnung in der Kontenklasse 9 möglich. Die konkrete Ausgestaltung der internen Leistungsverrechnung bestimmt jede Gemeinde eigenverantwortlich. Die Verrechnung kann nach festen Sätzen oder anhand einer Kostenstellenrechnung erfolgen. Es besteht keine Verpflichtung, interne Leistungsbeziehungen zu verrechnen (vgl. § 16 KomHVO NRW). Allerdings fördert dieses Instrument die Kostentransparenz und unterstützt wirtschaftliches Verhalten.

B.4.2.9 Außerordentliche Aufwendungen

Sie beruhen auf seltenen und ungewöhnlichen Vorgängen von wesentlicher Bedeutung (vgl. auch Kap. B.4.1). Außerordentliche Aufwendungen fallen insbesondere im Zusammenhang mit Naturkatastrophen oder vergleichbaren Schadensfällen an.[248]

[248] Verluste aus dem Verkauf von Beteiligungen, Teilbetrieben, Zweigniederlassungen oder andere Privatisierungsverluste sind in NRW im Jahresabschluss vorrangig mit der Allgemeinen Rücklage zu verrechnen.

B.5 Haushaltsausgleich und Haushaltssicherung

B.5.1 Ausgleich von Ergebnisplan und Ergebnisrechnung

Die Ergebnisrechnung ist das zentrale Element des doppischen Haushalts. Sie stellt das Ressourcenaufkommen und den Ressourcenverbrauch einer Periode dar.

Ein Haushaltsausgleich liegt – sowohl in der Planung als auch in der Rechnung – vor, wenn der Gesamtbetrag der Erträge die Höhe des Gesamtbetrages der Aufwendungen erreicht oder übersteigt. Diese Verpflichtung gilt als erfüllt, wenn der Fehlbedarf im Ergebnisplan und der Fehlbetrag in der Ergebnisrechnung durch Inanspruchnahme der **Ausgleichsrücklage** gedeckt werden können (§ 75 Abs. 2 Satz 3 GO NRW). Im Zusammenhang mit der Forderung nach Ausgeglichenheit des Haushalts kann die Gemeinde anstelle einer bestehenden oder fehlenden Ausgleichsrücklage oder zusätzlich zur Verwendung der Ausgleichsrücklage im Ergebnisplan auch eine pauschale Kürzung von Aufwendungen bis zu einem Betrag von 1 % der Summe der ordentlichen Aufwendungen unter Angabe der zu kürzenden Teilpläne veranschlagen (sog. **globaler Minderaufwand** nach § 75 Abs. 2 Satz 4 GO NRW).

Wird bei der **Aufstellung der Haushaltssatzung** eine Verringerung der allgemeinen Rücklage vorgesehen, bedarf dies der Genehmigung der Aufsichtsbehörde. Die Genehmigung gilt als erteilt, wenn die Aufsichtsbehörde nicht innerhalb eines Monats nach Eingang des Antrages der Gemeinde eine andere Entscheidung trifft. Die Genehmigung kann unter Bedingungen und mit Auflagen erteilt werden. Sie ist mit der Verpflichtung, ein Haushaltssicherungskonzept aufzustellen, zu verbinden, wenn die Voraussetzungen des § 76 Abs. 1 GO NRW vorliegen.

Weist die Ergebnisrechnung bei der **Bestätigung des Jahresabschlusses** gem. § 95 Abs. 3 GO NRW trotz eines ursprünglich ausgeglichenen Ergebnisplans einen Fehlbetrag oder einen höheren Fehlbetrag als im Ergebnisplan ausgewiesen aus, so hat die Gemeinde dies der Aufsichtsbehörde unverzüglich anzuzeigen. Die Aufsichtsbehörde kann in diesem Fall Anordnungen treffen, erforderlichenfalls diese Anordnungen selbst durchführen oder – wenn und solange diese Befugnisse nicht ausreichen – einen Beauftragten bestellen, um eine geordnete Haushaltswirtschaft wiederherzustellen.

Wenn die Ergebnisrechnung ausgeglichen ist, bleibt automatisch die Höhe des Eigenkapitals in der Bilanz konstant (bzw. bei Überschüssen in der Ergebnisrechnung steigt das Eigenkapitals). Hierin drückt sich die systematische Verbindung der Ergebnisrechnung mit der Bilanz aus. Das Eigenkapital kann in seinem Betrag nur durch Überschüsse erhöht bzw. durch Fehlbeträge der Ergebnisrechnung gemindert werden. Folglich hat der Haushaltsausgleich immer Auswirkungen auf das Eigenkapital.

Eigenkapital stellt bei Kapitalgesellschaften die Einlagen der Anteilseigner dar. Sie haben eine „Forderung“ gegenüber der Gesellschaft. Da im öffentlichen Haushalt das Eigenkapital stets von den Bürgern stammt, stellt es eine Forderung der Bürger an die Gebietskörperschaft dar. Ist das Eigenkapital negativ, gibt es eine Forderung der Gebietskörperschaft an die Bürger. Die Gebietskörperschaft hat mehr Schulden als Vermögen. In Unternehmen läge eine bilanzielle Überschuldung vor, die zur Insolvenz führt. In einer überschuldeten Gebietskörperschaft gibt es damit Vermögensgegenstände, die bereits abgeschrieben sind, die aber weder vollständig vor- noch nachfinanziert worden sind. Bürger haben Leistungen oder Vermögensgegenstände erhalten oder genutzt, für die noch niemand bezahlt hat.

MERKE: Nach dem Grundsatz der intergenerativen Gerechtigkeit ist es nicht zulässig, dass heute Bürger für Leistungen bezahlen, die in früheren Perioden vollständig verbraucht worden sind und die ihnen damit nicht mehr zu Gute kommen.

B.5.2 Verbot der bilanziellen Überschuldung

Aus dieser Überlegung zur Bedeutung eines negativen Eigenkapitals leitet sich im NKF eine weitere Bedingung für den Haushaltsausgleich ab: Der Haushalt ist ausgeglichen, wenn das **Eigenkapital nicht negativ** ist (§ 75 Abs. 7 GO NRW). Praktische Relevanz gewinnt diese Vorschrift insbesondere, wenn eine Gebietskörperschaft bereits in der ersten Eröffnungsbilanz ein negatives Eigenkapital ausweist. Es liegt selbst dann ein unausgeglichener Haushalt vor, wenn der Ergebnisplan einen Ausgleich von Erträgen und Aufwendungen vorsieht.

Im NKF besteht das Eigenkapital aus den Einzelposten Allgemeine Rücklage, Sonderrücklagen, Ausgleichsrücklage und Jahresüberschuss/Jahresfehlbetrag. Eine Überschuldung liegt dementsprechend nur dann vor, wenn die Summe dieser Bilanzposten 0 € nicht überschreitet. Ein Haushaltsausgleich ist damit möglich, obwohl bei aufgebrauchter Ausgleichsrücklage die Summe aus Jahresüberschuss/-fehlbetrag und Allgemeiner Rücklage negativ ist, der (positive) Wert der Sonderrücklagen die negativen Eigenkapitalpositionen jedoch übersteigt.[249]

Das Eigenkapital spielt eine Rolle bei der Analyse des Jahresabschlusses, so z.B. bei der Berechnung der Eigenkapitalquote. In privaten Betrieben ist die Höhe der Quote relevant für die Vergabe von Krediten durch Banken. Ohne ausreichendes Eigenkapital gibt es keine Kredite. Auch im öffentlichen Bereich orientieren sich Banken bei der Kreditvergabe mehr und mehr an der Höhe der Eigenkapitalquote.

Die Entwicklung des Eigenkapitals ist gemäß § 1 Abs. 2 Nr. 5 KomHVO NRW in einer Übersicht zum Haushaltsplan darzustellen (Eigenkapitalspiegel – vgl. Anlage 26 VV Muster zur GO und KomHVO NRW).

[249] Bernhardt/Golombiewski/Mutschler/Stockel-Veltmann: Kommunales Finanzmanagement NRW, 7. Auf. 2013, S. 474. Anders jedoch die Ausführungen in den NKF-Handreichungen, 7. Aufl. 2016, S. 531, wonach die Sonderrücklage **nicht** bei der Feststellung der Überschuldung berücksichtigt werden darf.

B.5.3 Haushaltssicherungskonzept

Zur Sicherung ihrer dauerhaften Leistungsfähigkeit muss die Gemeinde gemäß § 76 Abs. 1 GO NRW ein **Haushaltssicherungskonzept** aufzustellen und darin den nächstmöglichen Zeitpunkt bestimmen, bis zu dem der Haushaltsausgleich wieder hergestellt ist, wenn bei der Aufstellung der Haushaltssatzung

- durch Veränderungen des Haushalts innerhalb eines Haushaltsjahres der in der Schlussbilanz des Vorjahres auszuweisende Ansatz der allgemeinen Rücklage um mehr als ein Viertel verringert wird oder
- in zwei aufeinanderfolgenden Haushaltsjahren geplant ist, den in der Schlussbilanz des Vorjahres auszuweisenden Ansatz der allgemeinen Rücklage jeweils um mehr als ein Zwanzigstel zu verringern oder
- innerhalb des Zeitraumes der mittelfristigen Ergebnis- und Finanzplanung die allgemeine Rücklage aufgebraucht wird.

Nach dem Ausführungserlass zur Haushaltskonsolidierung des zuständigen Ministerium ergibt sich auch aus einer **drohenden bzw. bestehenden Verschuldung** eine Verpflichtung zur Aufstellung eines Haushaltsicherungskonzeptes.[250] Das Haushaltsicherungskonzept hat das Ziel, im Rahmen einer geordneten Haushaltswirtschaft die künftige, dauernde Leistungsfähigkeit der Gemeinde zu erreichen, d.h. das Eigenkapital soll wieder erhöht werden.

Wichtigstes Element eines Haushaltssicherungskonzeptes ist die **mittelfristige Ergebnis- und Finanzplanung** (§ 84 GO NRW). Ausgehend von den Ist-Zahlen muss zunächst die Entwicklung der Aufwendungen und Erträge dargestellt werden. Danach ist aufzuzeigen, wie es zu der Fehlentwicklung gekommen ist und mit welchen Maßnahmen ein Haushaltsausgleich nachhaltig erreicht wird, um die dauernde Leistungsfähigkeit der Gemeinde wieder zu gewährleisten. In diesem Rahmen ist u.U. eine umfassende Aufgabenkritik erforderlich. Die angedachten Maßnahmen (z.B. Personalabbau, Privatisierungen, Einstellen freiwilliger Leistungen) sind hinsichtlich ihrer Ergebniswirkungen in der Mittelfristplanung darzustellen, um das Wiederreichen eines Haushaltsausgleichs zu dokumentieren. Auch bei der Aufstellung eines Haushaltssicherungskonzeptes ist auf eine realistische und sorgfältige Planung (vgl. § 11 Abs. 1 KomHVO NRW) zu achten. Die beabsichtigten Maßnahmen sind von der Gemeindevertretung als Haushaltssicherungskonzept zu beschließen. In der **Haushaltssatzung** ist der Zeitpunkt der Wiederherstellung des Haushaltsausgleichs festzusetzen und die vorgesehenen Konsolidierungsmaßnahmen sind zu benennen. Das Haushaltssicherungskonzept muss von der Aufsichtsbehörde genehmigt werden. Die **Genehmigung** soll nur erteilt werden, wenn aus dem Haushaltssicherungskonzept hervorgeht, dass spätestens im zehnten auf das Haushaltsjahr folgende Jahr der Haushaltsausgleich nach § 75 Absatz 2 wieder erreicht wird. Im Einzelfall kann

[250] Vgl. Ziff. 3.1.1 Ausführungserlass zur Haushaltskonsolidierung des Ministeriums für Inneres und Kommunales NRW vom 7.3.2013 (Az. 34 – 46.09.01 – 918/13).

durch Genehmigung der Bezirksregierung auf der Grundlage eines individuellen Sanierungskonzeptes von diesem Konsolidierungszeitraum abgewichen werden. Die Genehmigung des Haushaltssicherungskonzeptes kann unter Bedingungen und mit Auflagen erteilt werden.

MERKE: Der Haushaltsausgleich liegt vor, wenn in Planung und Rechnung die Summe aller Erträge mindestens die Summe aller Aufwendungen (inkl. Abschreibungen und Zuführungen zu Rückstellungen) erreicht und sich kein negatives Eigenkapital in der Bilanz ergibt.
Die Aufstellung eines Haushaltssicherungskonzeptes wird erforderlich, wenn ein Haushaltsausgleich nicht erreicht wird und die Voraussetzungen des § 76 Abs. 1 GO NRW vorliegen.

Während in NRW der Haushalt ausgeglichen ist, wenn der Gesamtbetrag der Erträge die Höhe des Gesamtbetrages der Aufwendungen erreicht oder übersteigt (ähnlich in Bay., MV, Saarl., SchlH, RhPf, Thür.), gilt in anderen Ländern das Ausgleichsgebot nur für das ordentliche Ergebnis (BW, Bdg., Hess., Sachs.) bzw. sowohl für das ordentliche als auch für das außerordentliche Ergebnis (Nds., S-Anh.). Zusätzlich ist zu beachten, dass sich die Länderkonzepte auch in der Abgrenzung zwischen ordentlichem und außerordentlichem Ergebnis unterscheiden.

Die nachfolgende Abbildung bezogen auf den Ausgleich der Erträge und Aufwendungen unter Einschluss der Notwendigkeit eines Haushaltssicherungskonzeptes (HSK) gibt einen Überblick über den Haushaltsausgleich im NKF:[251]

Haushaltsausgleich und Konsequenzen bei unausgeglichenem Haushalt im NKF im Überblick - §§ 75 und 76 GO NRW-

Ergebnisplan Ergebnisrechnung	Ergebnisplan Ergebnisrechnung	Ergebnisplan	Ergebnisrechnung
Erträge ≥ Aufwendungen	Erträge < Aufwendungen	Erträge < Aufwendungen	Erträge < Aufwendungen
§ 75 II S. 2 GO	§ 75 II S. 3 GO	§ 75 IV GO	§ 75 V GO
Keine Inanspruchnahme von Ausgleichsrücklage und allgemeiner Rücklage	Deckung durch Ausgleichsrücklage § 75 III GO	Verringerung der allgemeinen Rücklage	Fehlbetrag oder höherer Fehlbetrag in Abweichung des Ergebnisplanes
keine aufsichtsrechtlichen Folgen	keine aufsichtsrechtlichen Folgen	Genehmigung der Aufsichtsbehörde § 75 IV GO	Anzeige an Aufsichtsbehörde § 75 V GO
kein HSK notwendig	kein HSK notwendig	evtl. HSK notwendig § 76 I GO	evtl. HSK notwendig § 76 I GO

Abbildung 58: Konsequenzen bei unausgeglichenem Haushalt

[251] Leicht modifiziert entnommen aus: Erkes, Hubert, Allgemeine Rücklage und Ausgleichsrücklage im Haushaltsausgleich des NKF, in: Der Gemeindehaushalt 2005, S. 265.

B.6 Finanzrechnung

B.6.1 Finanzrechnung als dritte Komponente der kommunalen Doppik

Die kommunale Finanzrechnung kann als Pendant zur handelsrechtlichen **Kapitalflussrechnung** betrachtet werden, die im Unternehmensbereich gem. § 297 Abs. 1 HGB für den Konzernabschluss vorgeschrieben ist. Die Finanzrechnung stellt die Veränderung des Zahlungsmittelbestandes in Form einer Cashflow-Rechnung dar. Sie erfasst alle zahlungswirksamen Vorgänge (Einzahlungen/Auszahlungen). Die Differenz zwischen den **Einzahlungen und Auszahlungen** ist entweder ein Nettozufluss oder ein Nettoabfluss von Zahlungsmitteln. Dieser Liquiditätssaldo wird am Jahresende dem Bilanzposten „Liquide Mittel“ bzw. „Finanzmittel“ zugeführt. Der Anfangsbestand der liquiden Mittel zuzüglich der Veränderung des Zahlungsmittelbestandes ergibt den Endbestand der liquiden Mittel zum Bilanzstichtag.

Die Finanzrechnung baut sich wie folgt auf:

➢ **Cashflow I (Saldo aus der laufenden Geschäftstätigkeit = operativer CF)**

Der Cashflow I gibt die zahlungswirksame Tätigkeit wieder, die nicht der Investitions- oder Finanzierungstätigkeit zuzuordnen ist. Bei der direkten Methode wird der CF I unmittelbar aus den Einzahlungen und Auszahlungen ermittelt. Bei der indirekten Methode wird das Jahresergebnis ohne Berücksichtigung der außergewöhnlichen bzw. außerordentlichen Aufwendungen und Erträge um nicht zahlungswirksame Aufwendungen und Erträge bereinigt.

➢ **Cashflow II (Saldo aus Investitionstätigkeit)**

Der Cashflow aus Investitionstätigkeit umfasst Einzahlungen und Auszahlungen, die mit dem Erwerb und der Veräußerung von Sachanlagen und Finanzanlagen zusammenhängen. Dazu gehört auch die Anlage von Finanzmittelbeständen, die nicht dem Finanzmittelfonds oder der Finanzierungstätigkeit zuzuordnen sind.

➢ **Cashflow III (Saldo aus Finanzierungstätigkeit)**

Der Cashflow aus der Finanzierungstätigkeit umfasst alle zahlungswirksamen Aktivitäten, die sich auf die Finanzschulden, vor allem die Aufnahme und Tilgung von Krediten beziehen.

Der Grundsatz der erfolgswirtschaftlichen Periodenabgrenzung gilt in der Finanzrechnung nicht: Zahlungen sind immer dem Haushaltsjahr zuzuordnen, in welchem sie zahlungswirksam werden. Geschäftsvorfälle, die keine Zahlungen beinhalten (Abschreibungen, Zuführungen zu Rückstellungen), werden nicht in der Finanzrechnung erfasst. Hieraus ergibt sich auch, dass es in der Finanzrechnung – anders als bei den Erträgen und Aufwendungen – keinen Bewertungsspielraum gibt.

B.6.2 Ermittlung der Zahlungsströme

Grundsätzlich lassen sich vier Verfahren zur Ermittlung der für die Finanzrechnung erforderlichen Informationen ableiten:[252]

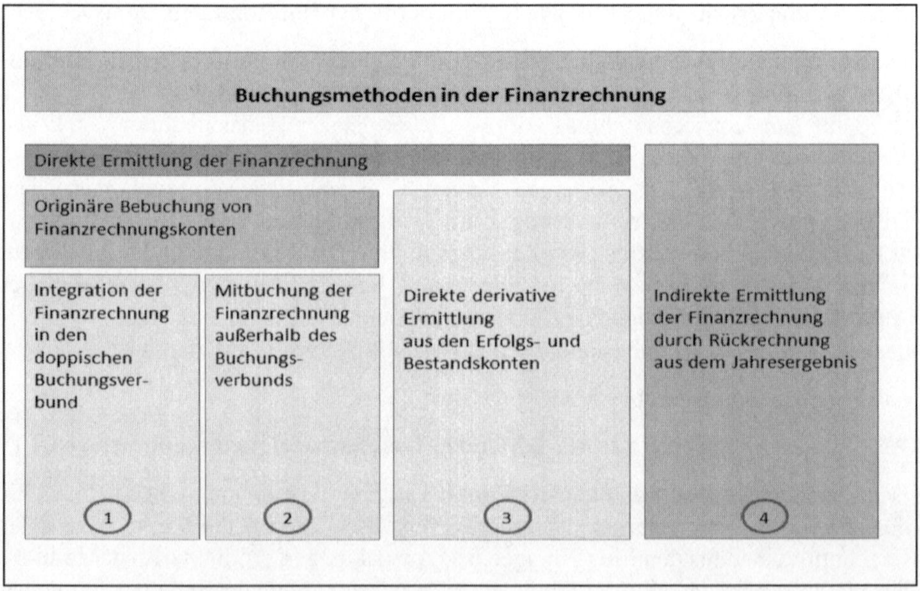

Abbildung 59: Buchungsmethoden in der Finanzrechnung

Zulässig sind im NKF gemäß § 28 Abs. 4 KomHVO NRW die direkten Ermittlungsmethoden (1-3). Die indirekte Ermittlungsmethode (4) findet üblicherweise im kaufmännischen Rechnungswesen Anwendung und ist im kommunalen Bereich nur beim Gesamtabschluss anzuwenden (vgl. Kap. B.10). Alle Varianten der direkten und indirekten Ermittlung der Finanzrechnung werden nun zunächst kurz dargestellt, bevor auf Einzelheiten eingegangen wird.

➢ Variante 1: Integration in den doppischen Buchungsverbund

Im NKF-Kontenrahmen sowie in den anderen kommunalen Kontenrahmen sind **Finanzrechnungskonten** vorgesehen. Diese werden dann bei Einzahlungen und Auszahlungen anstelle des Kontos „Bank“[253] bebucht. Für jede Einzahlungs- und Auszahlungsart wird ein eigenes Finanzrechnungskonto angelegt, das bei zahlungswirksamen Geschäftsvorfällen angesprochen wird. Für die Einzahlungskonten ist im

---

[252] Vgl. Begründung zum Gesetz über ein Neues Kommunales Finanzmanagement für Gemeinden im Land Nordrhein-Westfalen, S. 69.

[253] Die Kontenbezeichnung „Bank“ wird hier als Abkürzung für die Bezeichnung „Liquide Mittel“ oder „Guthaben bei Kreditinstituten“ gebraucht.

NKF die **Kontenklasse 6**, für die Auszahlungskonten die **Kontenklasse 7** vorgesehen. Analog zu den Finanzmittelkonten Bank und Kasse werden **Einzahlungen auf der Sollseite** und **Auszahlungen auf der Habenseite** gebucht. Durch die Zusammenführung der Konten kann im Rahmen des Jahresabschlusses der Saldo ermittelt werden, der dem Saldo eines Bankkontos entsprechen würde.

Beispiel:

Bezahlung einer Stromrechnung

525 Energieaufwand an 725 Energieauszahlung
(statistische Mitbuchung des Bankkontos 181)

Die o.g. Buchung hat allerdings zur Folge, dass das Bestandskonto „Bank" nicht direkt fortgeschrieben wird. Um eine Fortschreibung zu erreichen, ist bei der Buchung auf den Finanzrechnungskonten das Bankkonto über eine Zusatzkontierung mitzubuchen. Diese statistische Mitbuchung (vergleichbar mit der Zusatzkontierung von Kostenstellenbezeichnungen) erfolgt ohne Buchung eines Gegenkontos.

Für die meisten Ertrags- und Aufwandskonten (NKF-Kontenklassen 4 und 5) gibt es korrespondierende Ein- und Auszahlungskonten, d.h. fast jedes Ertragskonto hat sein entsprechendes Einzahlungskonto und fast jedes Aufwandskonto hat sein Auszahlungskonto als Pendant. Es unterscheiden sich also meistens nur die Kontenklassenziffern voneinander. Natürlich gilt dies nicht für die Zahlungen im Investitions- und Finanzierungsbereich, die mit Aufwendungen und Erträgen nichts zu tun haben, sowie für Erträge und Aufwendungen, die nicht zahlungswirksam werden können, wie z.B. Abschreibungen, Bestandsveränderungen und aktivierte Eigenleistungen.

Der Abschluss der Finanzrechnungskonten der NKF-Kontenklassen 6 und 7 erfolgt über ein eigenes Abschlusskonto, das sog. „**Abschlusskonto Finanzrechnung** " (NKF-Kontenklasse 8), welches zur Erstellung der Finanzrechnung benötigt wird. Es erfolgen folgende Buchungen:

Abschlusskonto Finanzrechnung an alle Einzahlungskonten

und

alle Auszahlungskonten an Abschlusskonto Finanzrechnung

Bei direkter Buchung auf Finanzrechnungskonten wird der Saldo des Abschlusskontos der Finanzrechnung (Zahlungsmittelveränderung) auf das bilanzielle Finanzmittelkonto übertragen. Die entsprechenden Buchungen lauten:

Saldo auf der Habenseite:

Liquide Mittel (Bilanz) an Abschlusskonto Finanzrechnung
(Erhöhung des Zahlungsmittelbestandes)

Saldo auf der Sollseite:

Abschlusskonto Finanzrechnung an Liquide Mittel (Bilanz)
(Minderung des Zahlungsmittelbestandes)

Die nachfolgende Übersicht stellt die Integration der Finanzrechnung in den Buchungsverbund in Form von T-Konten dar:[254]

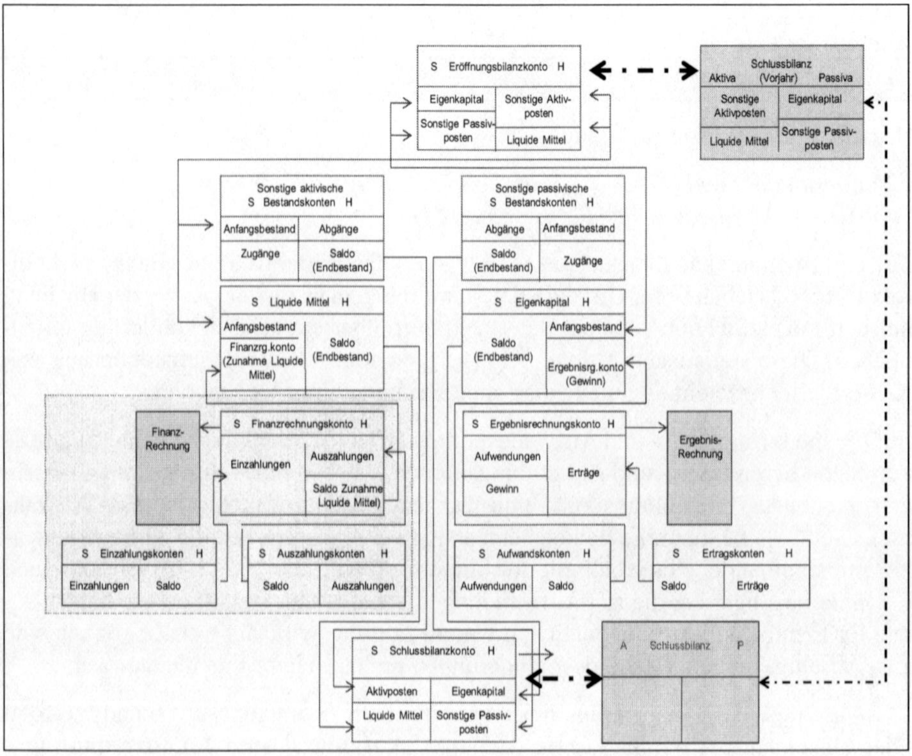

Abbildung 60: Buchungssystematik im Dreikomponentensystem

[254] Vgl. Kußmaul/Henkes, Kommunale Doppik, 2009, S.124. In ähnlicher Form dargestellt in: Coenenberg/Haller/Schultze, Jahresabschluss und Jahresabschlussanalyse, 25. Aufl. 2018, S. 795, wobei das Finanzrechnungskonto dort als Kapitalflussrechnungskonto bezeichnet wird.

➢ Variante 2: Mitbuchung außerhalb des Buchungsverbunds

Bei Variante 2 einer direkt-originären Vorgehensweise erfolgt die Buchung der Ein- und Auszahlungen entsprechend dem klassischen kaufmännischen System auf Bank- und Kassenkonten; im Gegensatz zur Variante 1 wird das entsprechende Finanzrechnungskonto über eine Zusatzkontierung statistisch mitgebucht. Die Mitbuchung auf dem Finanzrechnungskonto erfolgt ohne Buchung eines Gegenkontos.

Beispiel:

Bezahlung einer Stromrechnung

525 Energieaufwand an 181 Bank
(statistische Mitbuchung des Finanzrechnungskontos 725 „Energieauszahlung")

➢ Variante 3: Direkte derivative Ermittlung der Finanzrechnung aus den Erfolgs- und Bestandskonten

Bei Variante 3 sind im Gegensatz zu den beiden anderen Varianten keine Finanzrechnungskonten erforderlich. Die Ein- und Auszahlungen werden bei der direkten derivativen Ermittlung der Finanzrechnung genau nach Zahlungsarten aus den Daten der Finanzbuchhaltung abgeleitet. Hierzu müssen die Aufwands- und Ertragsbuchungen zur Ermittlung der Zahlungsströme um die Änderungen der relevanten Bestandskonten korrigiert werden.

So müssen z.B. die Gebührenerträge um die Änderungen des Bestandes der Gebührenforderungen berichtigt werden. Es werden die nicht zahlungswirksamen Gebührenerträge, die zu einer Erhöhung der Forderungen führen, abgezogen und die nicht ergebniswirksamen Forderungseinzahlungen, die die Forderungen reduzieren, hinzuaddiert. Ebenso sind andere Bestandsveränderungen z.B. bei den Verbindlichkeiten, Anzahlungen, Rückstellungen und Rechnungsabgrenzungsposten, die zu Abweichungen zwischen Ergebnis- und Finanzrechnung führen, zu korrigieren.

In der praktischen Umsetzung werden zunächst die Veränderungen der Wertansätze auf den Bestandskonten in einer sog. **Bewegungsbilanz** festgehalten. Die Bewegungsbilanz ist dann um die Daten der Ergebnisrechnung zu erweitern, indem die Eigenkapitalpositionen der Bewegungsbilanz durch die Ertrags- und Aufwandsarten ersetzt werden. Variante 3 erfordert eine Vielzahl von Rechenoperationen und Abgleichen mit anderen Konten. Sie ist daher fehleranfällig und mit erheblichem Ermittlungsaufwand verbunden.[255]

[255] Ein ausführliches Berechnungsbeispiel enthält Bernhardt/Mutschler/Stockel-Veltmann, Kommunales Finanzmanagement NRW, 7. Aufl. 2013, S. 379.

➢ Variante 4: Indirekte Rückrechnung aus dem Jahresergebnis

Diese Variante stellt eine vereinfachte summarische Rückrechnung dar. Den Ausgangspunkt der Berechnung bildet das Jahresergebnis (ohne Berücksichtigung der außergewöhnlichen bzw. außerordentlichen Aufwendungen und Erträge) der Ergebnisrechnung. Um zum Finanzmittelfluss aus laufender Verwaltungstätigkeit zu gelangen, wird das Jahresergebnis um nicht zahlungswirksame Aufwendungen und Erträge bereinigt. Ferner erfolgt eine Bereinigung des Jahresergebnisses um nicht erfolgswirksame bzw. nicht „laufende" Auszahlungen und Einzahlungen. Die Rechenoperationen stellen eine Korrektur der liquiditätsverzerrenden Faktoren dar. Dennoch können nicht alle Einflussgrößen eliminiert werden. Dem Verfahren haften Ungenauigkeiten an. Die Korrekturposten (Abschreibungen, Rückstellungen) lassen sich durch bilanz- bzw. haushaltspolitische Erwägungen manipulieren. Es ergibt sich folgende Gliederung nach DRS 21:

1	**Periodenergebnis** (Konzernjahresüberschuss/-fehlbetrag einschließlich Ergebnisanteile anderer Gesellschafter
2 +/-	Abschreibungen/Zuschreibungen auf Gegenstände des Anlagevermögens
3 +/-	Zunahme/Abnahme der Rückstellungen
4 +/-	Sonstige zahlungsunwirksame Aufwendungen/Erträge
5 -/+	Zunahme/Abnahme der Vorräte, der Forderungen aus Lieferungen und Leistungen sowie anderer Aktiva, die nicht der Investitions- oder Finanzierungstätigkeit zuzuordnen sind
6 +/-	Zunahme/Abnahme der Verbindlichkeiten aus Lieferungen und Leistungen sowie anderer Passiva, die nicht der Investitions- oder Finanzierungstätigkeit zuzuordnen sind
7 -/+	Gewinn/Verlust aus dem Abgang von Gegenständen des Anlagevermögens
8 +/-	Zinsaufwendungen/Zinserträge
9 -	Sonstige Beteiligungserträge
10 +/-	Aufwendungen/Erträge von außergewöhnlicher (außerordentlicher) Größenordnung oder Bedeutung
11 +/-	Ertragssteueraufwand/-ertrag
12 +	Einzahlungen im Zusammenhanf mit Erträgen von außergewöhnlicher (außerordentlicher) Größenordnung oder Bedeutung
13 -	Auszahlungen im Zusammenhanf mit Erträgen von außergewöhnlicher (außerordentlicher) Größenordnung oder Bedeutung
14 -/+	Ertragssteuerzahlungen
15 =	**Cashflow aus laufender Geschäfts- bzw. Verwaltungstätigkeit** (Summe aus 1 bis 14)

Abbildung 61: Indirekte Ermittlung Cashflow aus laufender Geschäftstätigkeit nach DRS 21

Im Anschluss an den CF aus laufender Geschäfts- bzw. Verwaltungstätigkeit (Cashflow I) erfolgt die Ermittlung des CF aus Investitionstätigkeit (Cashflow II) und dann

die Ermittlung des CF aus Finanzierungstätigkeit (Cashflow III). Die Summe der Teil-Cashflows ergibt die Veränderung des Finanzmittelfonds (liquide Mittel).
Im Rahmen der Konzernrechnungslegung kann gemäß DRS 21 bei der Kapitalflussrechnung[256]

- der Cashflow aus laufender Geschäftstätigkeit nach der direkten oder indirekten Methode,
- der Cashflow aus der Investitionstätigkeit nach der direkten Methode und
- der Cashflow aus der Finanzierungstätigkeit nach der direkten Methode dargestellt werden.

Direkte und indirekte Darstellung ermöglichen unterschiedliche Sichtweisen auf den Cashflow. Die direkte Darstellung betont die Zahlungsarten, während die indirekte Darstellung die Erfolgswirksamkeit der Zahlungen in den Vordergrund stellt. Letztere Darstellungsart zeigt, welche Anteile die erfolgswirksamen und die nicht-erfolgswirksamen Zahlungen am Cashflow aus laufender Geschäftstätigkeit hatten. Im Folgenden wird von einer originären Buchung in der Finanzrechnung (Varianten 1 und 2) ausgegangen. Dabei ist es unerheblich, welche Variante zur Anwendung kommt.

B.6.3 Ziele und Aufgaben der öffentlichen Finanzrechnung

Aus den gesetzlichen Regelungen für Gebietskörperschaften ergeben sich folgende Ziele und Aufgaben einer Finanzrechnung:[257]

- die Finanzrechnung ist eine zeitraumbezogene Abbildung sämtlicher Zahlungsströme (Ein- und Auszahlungen),
- dargestellt werden die Finanzierungsquellen (Mittelherkunft) und die Mittelverwendung,
- dargestellt wird die Veränderung des Zahlungsmittelbestandes,
- die Finanzrechnung ist ein Steuerungsinstrument für das Finanzmanagement,
- die Finanzrechnung enthält (über den Finanzplan) die Ermächtigungen für investive Einzahlungen und Auszahlungen,
- durch die Finanzrechnung kann die Gebietskörperschaft ihre Meldepflichten im Rahmen der Finanzstatistik erfüllen.

B.6.4 Aufbau der Finanzrechnung im NKF

Das folgende Muster (vgl. Anlage 21 VV Muster zur GO und KomHVO) stellt den Aufbau der Finanzrechnung nach dem NKF verkürzt dar: Die Gliederung des Finanzplans entspricht der Gliederung der Finanzrechnung.

---

[256] Erhaltene Zinsen und Dividenden sind nach DRS 21.44 im Cash-Flow aus Investitionstätigkeit abzubilden, gezahlte Zinsen und Dividenden sind nach DRS 21.48 dagegen im Cash-Flow aus Finanzierungstätigkeit nachzuweisen.
[257] Vgl. z.B. § 40 KomHVO NRW.

Ein- und Auszahlungsarten	in €
1. Steuern und ähnliche Abgaben	
2. + Zuwendung und allgemeine Umlagen	
3. + sonstige Transfereinzahlungen	
4. + öffentlich-rechtliche Entgelte	
5. + Privatrechtliche Entgelte	
6. + Kostenerstattungen, Kostenumlagen	
7. + Sonstige Einzahlungen	
8. + Zinsen und sonstige Finanzeinzahlungen	
9. = Einzahlungen aus laufender Verwaltungstätigkeit	
10. – Auszahlungen für aktives Personal	
11. – Versorgungszahlungen	
12. – Auszahlungen für Sach- und Dienstleistungen	
13. – Zinsen und sonstige Finanzauszahlungen	
14. – Transferauszahlungen	
15. – sonstige Auszahlungen	
16. = Auszahlungen aus laufender Verwaltungstätigkeit	
17. = Saldo aus laufender Verwaltungstätigkeit (= Zeilen 9 und 16)	
18. + Zuwendung für Investitionsmaßnahmen	
19. + Einzahlungen aus der Veräußerung von Sachanlagen	
20. + Einzahlungen aus der Veräußerung von Finanzanlagen	
21. + Einzahlungen aus Beiträgen u.ä. Entgelten	
22. + Sonstige Investitionseinzahlungen	
23. = Einzahlungen aus Investitionstätigkeiten	
24. – Auszahlungen für den Erwerb von Grundstücken und Gebäuden	
25. – Auszahlungen für Baumaßnahmen	
26. – Auszahlungen für den Erwerb von beweglichem Anlagevermögen	
27. – Auszahlungen für den Erwerb von Finanzanlagen	
28. – Auszahlungen von aktivierbaren Zuwendungen	
29. – Sonstige Investitionsauszahlungen	
30. = Auszahlungen aus Investitionstätigkeit	
31. = Saldo aus Investitionstätigkeit (= Zeilen 23 und 30)	
32. = Finanzmittel-Überschuss/-Fehlbetrag (Summen Zeile 17 und 31)	
33. + Einzahlungen aus der Aufnahme und durch Rückflüsse von Krediten für Investitionen und diesen wirtschaftlich gleichkommenden Rechtsverhältnissen	
34. + Einzahlungen aus der Aufnahme und durch Rückflüsse von Krediten zur Liquiditätssicherung	

35. – Auszahlungen für die Tilgung und Gewährung von Krediten für Investitionen und diesen wirtschaftlich gleichkommenden Rechtsverhältnissen 36. – Auszahlungen für die Tilgung und Gewährung von Krediten zur Liquiditätssicherung	
37. = Saldo aus Finanzierungstätigkeit	
38. = Änderung des Bestandes an eigenen Finanzmitteln (Zeilen 32 und 37)	
39. + Anfangsbestand an Zahlungsmitteln 40. + Änderung des Bestandes an fremden Finanzmitteln	
41. = Liquide Mittel (Zeilen 38, 39 und 40)	

Die Finanzrechnung wird wie die Ergebnisrechnung in Staffelform aufgestellt. Wie bei der kaufmännischen Kapitalflussrechnung werden die folgenden Zwischensalden gebildet, wobei nur die Bezeichnungen geringfügig abweichen:

- Mittelzufluss/ -abfluss aus laufender Verwaltungstätigkeit (Cashflow – Zahlungsmittelüberschuss/-defizit – aus laufender Verwaltungstätigkeit) = Zeilen 1 – 17,
- Mittelzufluss/ -abfluss aus Investitionsaktivitäten (Cashflow aus Investitionstätigkeit) = Zeilen 18 – 31,
- Mittelzufluss/ -abfluss aus Finanzierungsvorgängen (Cashflow aus Finanzierungstätigkeit) = Zeilen 33 – 37,
- Änderung des Bestandes an liquiden Mitteln = Zeilen 38 – 41.

Zusätzlich zur gesamten Finanzrechnung sind im NKF für jeden Produktbereich Teilrechnungen gemäß § 41 KomHVO NRW zu erstellen. Die **Teilfinanzrechnungen** bestehen wie die Teilfinanzpläne aus den Teilen A (Zahlungsnachweis) und B (Nachweis einzelner Investitionsmaßnahmen).

B.6.5 Einzelne Positionen der NKF-Finanzrechnung

B.6.5.1 Einzahlungen und Auszahlungen aus laufender Verwaltungstätigkeit

Die Bezeichnungen der einzelnen Positionen sind fast identisch mit denen der Ergebnisrechnung, was auf die erfolgs- und zahlungsgleiche Abbildung zurückzuführen ist. Für Bestandsveränderungen, aktivierte Eigenleistungen und Abschreibungen existieren allerdings keine Positionen in der Finanzrechnung, da es sich um nicht zahlungswirksame Aufwendungen und Erträge handelt. Bezüglich der Höhe können sich zusätzlich Abweichungen zwischen Finanzrechnung und Ergebnisrechnung in verschiedenen Positionen ergeben, da die Ergebnisrechnung im Gegensatz zur Finanzrechnung periodengerecht aufzustellen ist.

- **Steuern und ähnliche Abgaben**
  Auf die NKF-Kontengruppe 40 der Ergebnisrechnung wird verwiesen. Zu beachten ist, dass Rückzahlungen überzahlter Abgaben für Vorjahre gemäß § 24 Abs. 4 KomHVO NRW von den Erträgen abzusetzen sind. Nach dem Wortlaut

des Gesetzes gilt dies jedoch nicht für die damit verbundene Auszahlung. Die Durchbrechung des Bruttoprinzips gilt nach dem Gesetzeswortlaut ausdrücklich nur für Erträge. Eine analoge Anwendung der Gesetzesvorschrift für Einzahlungen ist jedoch vertretbar und entspricht auch den Regelungen in anderen Bundesländern.

- **Zuwendungen und allgemeine Umlagen**
  Zur NKF-Kontengruppe 61 gehören ausschließlich die Zuwendungen und allgemeinen Umlagen aus laufender Verwaltung. Die investiven Zuwendungen gehören zu den Einzahlungen aus Investitionstätigkeit in der NKF-Kontengruppe 68.
- **Sonstige Transfereinzahlungen**
  Unter Transfereinzahlungen im Bereich der öffentlichen Verwaltung sind Einzahlungen zu verstehen, denen keine konkreten Gegenleistungen gegenüberstehen. Sie beruhen auf einseitigen Verwaltungsmaßnahmen, nicht auf einem Leistungsaustausch.
- **Öffentlich-rechtliche Leistungsentgelte**
  Hierzu zählen Verwaltungsgebühren, Benutzungsgebühren und ähnliche Entgelte.
- **Privatrechtliche Leistungsentgelte, Kostenerstattungen und Kostenumlagen**
  Zu den privatrechtlichen Leistungsentgelten zählen im Wesentlichen Einzahlungen aus Verkauf sowie Miet- und Pachteinzahlungen. Kostenerstattungen und Kostenumlagen erhält die Gemeinde für Auszahlungen, die sie z.B. im Rahmen einer Delegation für eine andere Stelle erbringt.
- **Sonstige Einzahlungen aus laufender Verwaltungstätigkeit**
  Zu den sonstigen Einzahlungen aus laufender Verwaltungstätigkeit gehören alle Einzahlungen, die nicht einem anderen Posten zuzuordnen sind.
- **Zinsen und sonstige Finanzeinzahlungen**
  Hierzu gehören Zinseinzahlungen und Einzahlungen aus Beteiligungserträgen.
- **Personalauszahlungen**
  Unter Personalauszahlungen sind alle auf der Arbeitgeberseite anfallenden Auszahlungen im Zusammenhang mit den aktiv Beschäftigten zu verstehen. Dazu gehören in erster Linie die Bruttobeträge der Löhne und Gehälter der Beschäftigten und der Bezüge der Beamten einschließlich des Urlaubs- und Weihnachtsgeldes. Weiterhin sind Auszahlungen wie Beihilfen, Beiträge zur Sozialversicherung und Berufsgenossenschaften zu berücksichtigen.
- **Versorgungsauszahlungen**
  Hier sind insbesondere die Versorgungsauszahlungen für Beamte und Umlagezahlungen an Versorgungskassen zu buchen. Bei der Planung und Erfassung der Auszahlungen für die Versorgungsempfänger ist auf den Unterschied zur Ergebnisrechnung zu achten. Während als Versorgungsauszahlungen alle Beträge erfasst werden, die in einem Haushaltsjahr zahlungswirksam werden, stellt lediglich die Differenz zwischen den Versorgungsauszahlungen und der Auflösung der Pensionsrückstellung für Versorgungsempfänger Versorgungsaufwand dar.

- **Auszahlungen für Sach- und Dienstleistungen**
  Auszahlungen für Sach- und Dienstleistungen umfassen alle Auszahlungen für empfangene Sach- und Dienstleistungen, die mit dem Betriebszweck bzw. der Aufgabenerfüllung der Gebietskörperschaft wirtschaftlich zusammenhängen.
- **Transferauszahlungen**
  Unter Transferauszahlungen im Bereich der öffentlichen Verwaltung sind Auszahlungen zu verstehen, denen keine konkreten Gegenleistungen gegenüberstehen. Sie beruhen auf einseitigen Verwaltungsmaßnahmen, nicht auf einem Leistungsaustausch (z.B. Sozialhilfe- und Jugendhilfezahlungen).
- **Sonstige Auszahlungen aus laufender Verwaltungstätigkeit**
  Die sonstigen Auszahlungen aus laufender Verwaltungstätigkeit umfassen alle weiteren Auszahlungen, die nicht anderen Auszahlungspositionen zuzuordnen sind. Das sind z.B. sonstige Personal- und Versorgungsauszahlungen, Auszahlungen für die Inanspruchnahme von Rechten und Diensten, Auszahlungen für Beiträge und Steuern.
- **Zinsen und sonstige Finanzauszahlungen**
  Zinsen gelten in der Ergebnisrechnung als Finanzaufwendungen und in der Finanzrechnung als Zinsauszahlungen, wenn sie als Entgelt für die Überlassung von Fremdkapital zu entrichten sind. Zinsauszahlungen setzen regelmäßig einen Ansatz von Verbindlichkeiten in der Bilanz voraus.

B.6.5.2 Einzahlungen und Auszahlungen aus Investitionstätigkeit

- **Kontengruppe 68** (Einzahlungen aus Investitionstätigkeit)
  Hierzu zählen Investitionszuwendungen, Einzahlungen aus der Veräußerung von Sachanlagen und Finanzanlagen, Einzahlungen aus Beiträgen und ähnlichen Entgelten sowie sonstige Investitionseinzahlungen.

- **Kontengruppe 78** (Auszahlungen für Investitionstätigkeit)
  Folgende Auszahlungsarten sind im Investitionsbereich zu unterscheiden:

  - Auszahlungen für den Erwerb von Grundstücken und Gebäuden,
  - Auszahlungen für Baumaßnahmen,
  - Auszahlungen für den Erwerb von beweglichem Anlagevermögen,
  - Auszahlungen für den Erwerb von Finanzanlagen,
  - Auszahlungen für aktivierbare Zuwendungen,
  - Auszahlungen für aktivierbare Erhaltung- und Instandsetzungsaufwendungen,
  - sonstige Investitionsauszahlungen.

B.6.5.3 Einzahlungen und Auszahlungen aus Finanzierungstätigkeit

- **Kontengruppe 69** (Einzahlungen aus Finanzierungstätigkeit)
  Die Einzahlungen aus Finanzierungstätigkeit beinhalten in erster Linie die Kreditaufnahmen für die Investitionstätigkeit und zur Liquiditätssicherung.

- **Kontengruppe 79** (Auszahlungen aus Finanzierungstätigkeit)
  Als Auszahlungen im Bereich der Finanzierungstätigkeit sind die Tilgungen von Investitionskrediten (791) und Krediten zur Liquiditätssicherung (792) zu erfassen.

Ein positiver Cashflow aus Finanzierungstätigkeit ist gleichbedeutend mit einer Nettokreditaufnahme – also einem Anwachsen der Schulden. Zu berücksichtigen ist, dass hohe Schuldenstände den Cashflow aus laufender Verwaltungstätigkeit empfindlich schmälern können. Schließlich belasten die Auszahlungen zur Begleichung von Schuldzinsen den Cashflow aus laufender Verwaltungstätigkeit. Um in diesen Fällen finanzielle Handlungsspielräume zurückzugewinnen, müsste der Schuldenstand reduziert werden. Das ist gleichbedeutend mit einem negativen Cashflow aus Finanzierungstätigkeit.

MERKE: Ist der Cashflow aus der laufenden Verwaltungstätigkeit positiv, dann stehen in diesem Umfang Eigenmittel zur Finanzierung von Investitionen, zur Schuldentilgung oder zur Verstärkung von Liquiditätsreserven zur Verfügung. Im Falle eines negativen Cashflows müssen laufende Auszahlungen durch Veräußerung von Vermögen, durch Verzicht auf Investitionen, durch Aufnahme von Krediten oder durch Inanspruchnahme der Liquiditäts-Reserven finanziert werden.

Um dem Erfordernis einer generationsgerechten Haushaltswirtschaft nachzukommen ist es letztlich zwingend erforderlich, einen **positiven Cashflow aus laufender Verwaltungstätigkeit** zu erwirtschaften. Damit sollen zumindest teilweise Investitionen (insbesondere Ersatzinvestitionen nach Ablauf der Nutzungsdauer der bisherigen Investitionen) und Tilgungszahlungen zur Reduzierung des Schuldenstandes finanziert werden. Letztlich ist aber nicht die Höhe eines Gesamt-Cashflows, sondern die Struktur der Teilergebnisse von Interesse, was sich an folgenden Konstellationen darstellen lässt:

Beispiel:[258]

Wert	Typ I	Typ II	Typ III
Cashflow aus lfd. Verwaltungstätigkeit	100	100	100
Cashflow aus Investitionstätigkeit	-120	40	-280
Cashflow aus Finanzierungstätigkeit	40	-120	200
Gesamt-Cashflow	**20**	**20**	**20**
Beurteilung	„gesunde Entwicklung“	„Konsolidierung“	„wirtschaften auf Pump“

Die dargestellten Konstellationen können wie folgt interpretiert werden:

- Typ I lässt erkennen, dass die Investitionen nur zu einem geringen Anteil durch Fremdkapitalaufnahme finanziert werden. Die Innenfinanzierung deckt den Großteil der benötigten Mittel ab.
- Typ II lässt erkennen, dass der Cashflow zum großen Teil zur Schuldentilgung verwandt wird, jedoch „lebt“ die Gebietskörperschaft von ihrer Substanz. Es werden in nicht ausreichendem Umfang Investitionen vorgenommen.
- Typ III weist eine hohe Investitionstätigkeit aus, welche allerdings überwiegend durch Kredite finanziert wird. Damit besteht ein hohes Verschuldensrisiko:

Im Anhang zur Jahresrechnung sollte für weitere Informationsgewinne aus der Finanzrechnung eine Überleitungsrechnung zwischen Jahresergebnis und Cashflow aufgenommen werden, um den Cashflow auch nach der indirekten Methode zu bestimmen.[259]

In Hessen und Sachsen ist der Finanzhaushalt im Bereich der laufenden Verwaltungstätigkeit nach der indirekten Methode aufzustellen, während beim Jahresabschluss sowohl eine direkte als auch eine indirekte Finanzrechnung aufzustellen ist. In der **staatlichen Doppik** kann nach SsD Tz. 9 die Finanzrechnung in Anlehnung an DRS 21 nach der direkten oder indirekten Methode erfolgen.

---

[258] In Anlehnung an: Graumann, Praktische Jahresabschlussanalyse, 2. Aufl. 2017, S 200.

[259] Dies empfehlen internationale Standards (z.B. IPSAS 2).

B.7 Kontengliederung

Es ist generell üblich, der individuellen Kontengliederung in einem Kontenplan einen übergreifend festgelegten oder empfohlenen Kontenrahmen – allgemein in dekadischer Einteilung – zugrunde zu legen.

Damit eine Erstellung von Konzernabschlüssen für den Einflussbereich der Gebietskörperschaft nicht zu sehr erschwert oder vielleicht unmöglich gemacht wird, wäre ein Konzern-Kontenrahmen erforderlich, der die Bedürfnisse aller einzubeziehenden Institutionen angemessen berücksichtigt bzw. hierfür Gliederungsraum belässt. Um den Vergleich zwischen Gebietskörperschaften zu ermöglichen, ist eine bundeseinheitliche Regelung – mit der schwierigen Aufgabe der Integration bereits existierender Kontenrahmen – weiterhin erstrebenswert.

Die Gliederung des NKF-Kontenrahmens wurde bereits im Teil A dargestellt. Der Kontenrahmen ist auch dann verbindlich, wenn die Gemeinde die Kontenklassen 6 und 7 nicht direkt in den Buchungsverbund einbezieht, sondern nur statistisch mitbucht. Die Konten der Kontenklasse 8 und 9 des NKF-Kontenrahmens nehmen Positionen auf, die nicht unmittelbar Gegenstand des kommunalen Jahresabschlusses sind:

- In Kontenklasse 8 sind die Eröffnungs- und Abschlusskonten sowie Konten der Ergebnis- und Finanzrechnung,
- in Kontenklasse 9 die Konten der Kosten- und Leistungsrechnung (Betriebsabrechnung) aufgeführt.

MERKE: In der Praxis der meisten IT-Systeme wird die Kosten- und Leistungsrechnung nicht buchhalterisch wie die Finanzbuchhaltung, sondern als tabellarisch-statistische Kosten- und Leistungsrechnung durchgeführt, so dass entsprechende Konten in der Kontenklasse 9 nicht benötigt werden.

Aus dem NKF-Kontenrahmen heraus kann jede Gemeinde ihren eigenen Kontenplan entwickeln und die Gliederungstiefe selbst bestimmen. Ein vereinfachter Kontenplan – für Zwecke der Aus- und Fortbildung – ist als Anlage abgedruckt.

Struktur des NKF-Kontenrahmens nach Kontenkategorien

Kontenkategorien	
Aktiva Passiva	Konten der Vermögensrechnung
Erträge Aufwendungen	Konten der Ergebnisrechnung
Einnahmen/Einzahlungen Ausgaben/Auszahlungen	Konten der Finanzrechnung
Verrechnungen u. Abgrenzungen, Abschlusskonten	Konten für internen Verrechnungsbedarf
Kosten u. Leistungen Erlöse	Konten der Kosten- u. Leistungsrechnung

Der NKF-Kontenrahmen ist in Anlage 17 VV Muster zur GO und KomHVO NRW abgedruckt. Die Kommune ist verpflichtet, all ihre Konten in einem individuellen Kontenplan aufzuführen.

Abbildung 62: Struktur des NKF-Kontenrahmens nach Kontenkategorien

Hinweis:

Die bisherige Buchung der Sachkonten in diesem Lehrbuch erfolgte nach der Gliederung des NKF-Kontenrahmens. Zusätzlich müssen alle Ein- und Auszahlungen, Vermögens- und Schuldenänderungen sowie alle Aufwendungen und Erträge dem betreffenden Produktbereich, der Produktgruppe und dem untergeordneten Produkt zugeordnet werden. Diese Zuordnung erfolgt nach dem örtlichen Produktrahmen. Das eigentliche Konto ist dann ein kombiniertes Konto, ein Produkt-Sachkonto.

Beispiel:

Gemäß der Gliederung des NKF-Produktbereiches 08 Sportförderung würde die Zahlung von Versicherungsbeiträgen für das Hallenbad auf dem Produkt-Sachkonto 080302-5441 erfolgen (die Produktnummer wurde der Übersicht in Kap. B.2.2.3 entnommen). Außerdem wäre bei der Buchung u.U. noch eine Kostenstellenbezeichnung anzugeben.

Erkennbar ist, dass diese Vorgehensweise im NKF vom Grundsatz her der Vorgehensweise in der Kameralistik entspricht. In der Kameralistik wird jede Zahlung nach dem Gliederungsplan und nach dem Gruppierungsplan eingeordnet, so dass sich auch eine kombinierte Ziffernfolge für das kameralistische Konto, die Haushaltsstelle ergibt. Im doppischen öffentlichen Rechnungswesen tritt an die Stelle des Gliederungsplans der Produktrahmen und an die Stelle des Gruppierungsplans der Kontenplan.

B.8 Zusammenfassung: Jahresabschluss und Jahresabschlussarbeiten

Der Jahresabschluss im NKF ist angelehnt an den handelsrechtlichen Jahresabschluss für große Kapitalgesellschaften (§§ 264 ff. HGB). Zusätzlich werden im doppischen Jahresabschluss – analog zur kameralen Verfahrensweise – Plan und Ist-Beträge des Haushaltsjahres gegenübergestellt. Der Jahresabschluss ist spätestens bis zum 31. März des dem Haushaltsjahr folgenden Jahres zu erstellen und anschließend unverzüglich der Gemeindevertretung vorzulegen. Nach der KomHVO NRW besteht der NKF-Jahresabschluss aus

- Bilanz (§ 42),
- Ergebnisrechnung auf der Gesamtebene (§ 39),
- Finanzrechnung auf der Gesamtebene (§ 40),
- Teilrechnungen mit
    - Teilergebnisrechnungen,
    - Teilfinanzrechnungen mit Übersichten über Investitionsmaßnahmen,
    - Kennzahlen mit Erläuterungen (§ 41),
- Anhang (§ 45)
    - Bilanzierungsmethoden und –erläuterungen,
    - Bewertungsmethoden und –erläuterungen,
    - Anlagenspiegel (§ 46),
    - Forderungsspiegel (§ 47),
    - Eigenkapitalspiegel (§ 45 Abs. 3),
    - Verbindlichkeitenspiegel (§ 48),
    - Übersicht über übertragene Haushaltsermächtigungen (§ 45 Abs. 3).
- Lagebericht, der zwar kein Bestandteil, aber dem Jahresabschluss beizufügen ist (§ 48).

Freiwillige Anlagen sind z.B. Rückstellungs- und Sonderpostenspiegel.

Die Regelungen zum Anhang und Lagebericht wurden in Kap. A. 15 dargestellt. Die derzeit gültigen NKF-Regelungen weisen geringfügige Abweichungen auf, da noch keine Anpassung an die insbesondere durch das Bilanzrichtlinie-Umsetzungsgesetz aktuellen HGB-Vorschriften erfolgt ist. Zusätzliche Anhangangaben nach dem NKF sind z.B. vorgeschrieben für noch nicht erhobene Beiträge aus fertiggestellten Erschließungsmaßnahmen, für Kostenunterdeckungen, die in den Folgejahren durch erhöhte Gebühren ausgeglichen werden sollen, für Bewertungseinheiten gemäß § 35a KomHVO NRW oder sofern eine Kommune von der größenabhängigen Befreiung im Zusammenhang mit der Erstellung des Gesamtabschlusses und des Gesamtlageberichtes Gebrauch macht, Angaben zu Erträgen und Aufwendungen mit den einzubeziehenden vollkonsolidierungspflichtigen verselbständigten Aufgabenbereichen.

Abbildung 63: Der Jahresabschluss[260]

In einigen Bundesländern (BW, Sachs.) sind die Teilrechnungen nicht Bestandteil des Jahresabschlusses. In anderen Bundesländern (Bbg., Hess.) ist der Anhang nicht Bestandteil, sondern dem Jahresabschluss beizufügen.

Die **Jahresabschlussarbeiten** sind in der Zeit vom 01.01. bis zum 31.03. des dem abzuschließenden Haushaltsjahr folgenden Jahres zu erledigen.

Für die Praxis bedeutsam ist, dass die Kosten- und Leistungsrechnung vor der Bilanz fertig gestellt sein muss, denn die Ergebnisse ihrer Kalkulation sind z.B. erforderlich für die Bemessung der Sonderposten für Gebührenausgleich und für die Aktivierung von Eigenleistungen. Folgende einzelne Arbeiten fallen u.a. an:[261]

- Letzte Buchung von Debitoren- und Kreditorenrechnungen für das abgelaufene Jahr; zu Beginn der Jahresabschlussarbeiten müssen die Vor- und Nebenbücher (Debitoren-, Kreditoren-, Lagerbuchhaltung etc.) abgeschlossen wer-

[260] In Anlehnung an: Henkes, J., Der Jahresabschluss kommunaler Gebietskörperschaften, S. 126.

[261] Vgl. hierzu ausführlich: LEITFADEN ZUM JAHRESABSCHLUSS IM NEUEN KOMMUNALEN HAUSHALTS- UND RECHNUNGSWESEN (NKHR) nach den Grundlagen des Neuen Kommunalen Haushalts- und Rechnungswesen (NKHR) in Baden-Württemberg, Lenkungsgruppe AG Internet (Innenministerium BW, Gemeindeprüfungsanstalt BW, Gemeindetag, Städtetag, Landkreistag, Datenverarbeitungsverbund BW), Stand: Dezember 2018.

den; vorhandene Unterkonten sind über entsprechende Hauptkonten abzuschließen; die Summen der Haupt- und Nebenbücher müssen übereinstimmen.

- Bei Umsatzsteuerpflicht sind die Konten Vorsteuer und Umsatzsteuer abzuschließen; die Zahllast ist zu ermitteln.
- Abschluss der Anlagenbuchhaltung (Überprüfung der Zu- und Abgänge auf Vollständigkeit, Prüfung der abschreibungsrelevanten Parameter wie Abschreibungsbeginn, Dauer etc., Abrechnung der aktivierungsfähigen Eigenleistungen, Abrechnung von Anlagen im Bau, Feststellung von dauerhaften Wertminderungen für außerplanmäßige Abschreibungen, Durchführung der planmäßigen Abschreibungen, evtl. Zuschreibung bei Wegfall des Grundes für außerplanmäßige Abschreibung).
- Verrechnung von internen Leistungsverrechnungen, soweit noch nicht unterjährig erfolgt.
- Abschluss der Einnahmekassen, Zahlstellen, Hand- und Wechselkassen.
- Vorschüsse sind als sonstige Forderungen zu führen, Handvorschüsse als liquide Mittel.
- Bereits vor dem Abschluss der Konten müssen Fehlbuchungen durch Korrektur- und Stornobuchungen bereinigt werden.
- Die Forderungen sind auf ihre Werthaltigkeit (Bonität, Einbringlichkeit) hin zu beurteilen. Es ist zu prüfen, ob Einzel- und Pauschalwertberichtigung gebucht wurden und ob ggf. der prozentuale Wertberichtigungssatz anzupassen ist.
- Buchen von Bestandsveränderungen bei fertigen und unfertigen Erzeugnissen/Leistungen, Ermittlung und Buchen von Lagerverbräuchen bei Vorräten.
- Überprüfung der Werthaltigkeit von weiteren Positionen (z.B. Beteiligungen, Wertpapiere).
- Buchung der Ergebnisse der rechtlich unselbständigen Stiftungen und anderer Vermögensbestandteile, die im Haushalt der Gemeinde gebucht werden.
- Eingenommene zweckgebundene Einzahlungen sind auf ihre zweckentsprechende Verwendung zu prüfen.
- Die periodengerechte Abgrenzung der Erträge und Aufwendungen ist zu prüfen. Transitorische und antizipative Rechnungsabgrenzungen sind ggf. noch zu bilden.
- Zu prüfen ist, welche von der Gebietskörperschaft erteilten Aufträge bereits ausgeführt, aber noch nicht in Rechnung gestellt sind. Sie müssen nach dem Periodisierungsprinzip als Aufwand und zugleich als Verbindlichkeit oder Rückstellung gebucht werden.

- Die notwendigen Zuführungen und Auflösungen von Rückstellungen sind zu prüfen und zu buchen.
- Ergibt eine zum Jahresende durchzuführende Inventur Differenzen (z.B. beim Kassenbestand oder bei den Werten des Vorratsvermögens), müssen diese berichtigt werden. Möglicherweise sind auch höhere Abschreibungen oder Zuschreibungen erforderlich.
- Abschluss und Abgleich der Finanzkonten mit den Bestandskonten der liquiden Mittel.
- Mit Abschluss der Erfolgskonten sind ihre Salden auf das Ergebnisrechnungskonto zu buchen.
- Abschluss der Bestandskonten und Übernahme ihrer Schlussbestände in das Schlussbilanzkonto sowie Übernahme der Salden der Ergebnisrechnung und der Finanzrechnung in das Schlussbilanzkonto.
- Erledigung nicht ergebniswirksamer Jahresabschlussarbeiten, wie z.B. Erfassung der Sachverhalte für Verpflichtungsermächtigungen, Ermittlung von Budgetüberschreitungen, Übertragung von Haushaltsmitteln.
- Abschluss der Kostenrechnung und der internen Leistungsverrechnung, soweit noch nicht vollständig erfolgt.
- Schließlich müssen der Anhang zum Jahresabschluss, die Anlagen und der Lagebericht erstellt werden.

B.9 Wesentliche Abweichungen in anderen Bundesländern

Da die dargestellten Regelungen für NRW zeitlich am frühesten in Kraft getreten sind, konnten sie als Vorlage für die nachfolgenden Länderkonzepte genutzt werden. Hessen hat von vornherein ein eigenes Konzept entwickelt, das sich nahe am HGB orientiert und deshalb keine größeren Abweichungen zum nordrhein-westfälischen Konzept aufweist. Einige Bundesländer (Bay., SchlH, Thür.) erlauben ihren Gemeinden die Wahl zwischen Doppik und erweiterter Kameralistik.

Formale Abweichungen gibt es häufig bei den Gliederungen und Bezeichnungen. So gliedert sich der Haushalt z.B. in BW, Hess. in einen Finanz- und Ergebnishaushalt, was dem Finanz- und Ergebnisplan entspricht. Der Lagebericht wird in einigen Bundesländern als Rechenschaftsbericht bezeichnet. Für den Haushaltsausgleich stehen entweder eine Ausgleichsrücklage oder eine (Bay.) bzw. zwei (Hess., Nds., Sachs., S-Anh., Bbg.) Ergebnisrücklagen bei entsprechender Bildung durch Jahresüberschüsse zur Verfügung. Unterschiedliche Bezeichnung gibt es auch bei der Gliederung des Eigenkapitals. Statt der Bezeichnung „Allgemeine Rücklage" gibt es die Bezeichnungen „Kapitalrücklage", „Netto-Position" bzw. „Basisreinvermögen".

Erhebliche **inhaltliche Abweichungen** von den anderen Länderregelungen weisen die Doppik-Konzepte von Niedersachsen und Baden-Württemberg auf, die sich an dem von Klaus Lüder entwickelten „Speyerer Verfahren" orientieren.[262] Im Gegensatz zum HGB und den Regelungen in den anderen Bundesländern erfolgt hier in der Bilanz **keine** Trennung der Aktivseite in Anlage- und Umlaufvermögen, sondern in Immaterielles Vermögen, Sachvermögen (inkl. Vorräte), Finanzvermögen (inkl. Forderungen), Liquide Mittel und Rechnungsabgrenzungsposten. In Niedersachsen werden zudem die Sonderposten dem Eigenkapital (Nettoposition) zugeordnet, die Verbindlichkeiten (Schulden) stehen auf der Passivseite vor den Rückstellungen. Darüber hinaus war es in Niedersachsen möglich, eine Trennung des Vermögens in sog. Verwaltungsvermögen und sog. realisierbares Vermögen vorzunehmen. Diese abweichenden Bilanzgliederungen machen länderübergreifende Vergleiche nahezu unmöglich und erschweren die Kennzahlenbildung im Rahmen der Bilanzanalyse sowie die Erstellung eines kommunalen Konzernabschlusses zusätzlich.

Bei der Ermittlung der Vermögenswerte für die erste Eröffnungsbilanz hat sich NRW für die Zeitwerte entschieden, während in den meisten anderen Bundesländern eine Bewertung zu historischen oder rückindizierten Anschaffungskosten erfolgte. Die Entscheidung für das Anschaffungskostenprinzip führte in vielen Gemeinden zwar zu einem negativen Eigenkapital in der Eröffnungsbilanz, jedoch durch den niedrigeren Vermögensausweis auch zu niedrigeren Abschreibungen in den Folgejahren,

[262] Zur Beschreibung vgl. Henneke/Strobl/Diemert: Recht der kommunalen Haushaltswirtschaft, Doppik – Neue Steuerung, S. 319 ff.

während in NRW die Eröffnungsbilanzen zwar ein positives Eigenkapital auswiesen, das aber durch die höheren Abschreibungen in den Folgejahren mehr und mehr aufgezehrt wird.

Unterschiedliche Regelungen gibt es auch bezüglich der Ergebnis- und Finanzrechnung. In einigen Ländern z.B. Baden-Württemberg, Niedersachsen wird kein gesondertes Finanzergebnis in der Ergebnisrechnung ausgewiesen. Finanzerträge zählen hier zu den ordentlichen Erträgen, Finanzaufwendungen zu den ordentlichen Aufwendungen. Unterschieden wird somit nur zwischen ordentlichem und außerordentlichem Ergebnis, wobei Vermögensveräußerungen und periodenfremde Aufwendungen und Erträge ebenfalls zum außerordentlichen Ergebnis zählen. In einigen Bundesländern (z.B. Mecklenburg-Vorpommern) erfolgt entsprechend den HGB-Regelungen kein getrennter Ausweis des außerordentlichen Ergebnisses. In einigen Bundesländern (BW, Sachs.) sind die Teilrechnungen nicht Bestandteil des Jahresabschlusses.

Eine weitere kommunale spezifische Besonderheit stellt die teilweise Abkehr vom handelsrechtlichen Vorsichtsprinzip dar. In einzelnen Bundesländern (z.B. BW, NRW, Sachsen) wird nach dem sog. **Wirklichkeitsprinzip** bewertet. Dies bedeutet aber keine Bewertung zu Marktpreisen. Unrealisierte Gewinne dürfen trotzdem nicht ausgewiesen werden. Auch sind Wertausweise oberhalb der historischen AHK grundsätzlich nicht zulässig. Jedoch soll als Wertmaßstab nicht immer die unterste Bewertungsgrenze gelten.

Uneinheitlich sind auch die Regelungen zu den Sonderposten. Während in den meisten Bundesländern nur die Bruttodarstellung von Investitionszuschüssen zulässig ist, ist in BW auch eine Nettodarstellung (Absetzung der Zuschüsse von den Anschaffungs- und Herstellungskosten) möglich.

In einigen Bundesländern werden in der Bilanz keine Rückstellungen für Pensionen und Beihilfen ausgewiesen, wenn die Kommune Mitglied in einem Kommunalen Versorgungsverband ist. Hier hat der Versorgungsverband sowohl für sich und für seine Mitglieder Rückstellungen für Pensionen und Beihilfen zu bilden.

Ebenfalls unterschiedlich sind die Regelungen zum Haushaltsausgleich. Hier fordern einige Bundesländer nur einen Ausgleich der ordentlichen Aufwendungen und Erträge.

In Hessen und Sachsen besteht die Besonderheit, dass der Finanzhaushalt (Finanzplan) im Bereich der lfd. Verwaltungstätigkeit nach der indirekten Methode aufzustellen ist, während beim Jahresabschluss sowohl eine direkte als auch eine indirekte Finanzrechnung aufzustellen ist.

Zusammenfassend bleibt festzustellen, dass aufgrund der nur beispielhaft angeführten Unterschiede ein haushaltsrechtlicher Vergleich von Gemeinden über die Landesgrenzen hinweg nahezu unmöglich ist.

B.10 Konzernrechnungslegung

B.10.1 Grundlagen

Alle im Deutschen Aktienindex DAX notierten Großunternehmen von Adidas bis Volkswagen sind Konzerne. An der Spitze eines Konzerns steht das Mutterunternehmen, das im Regelfall über Mehrheitsbeteiligungen einen beherrschenden oder maßgeblichen wirtschaftlichen Einfluss auf die abhängigen Tochterunternehmen ausüben kann.

Im Gegensatz zu den Einzelabschlüssen jeder zum Konzern gehörenden Gesellschaft, die in erster Linie eine Dokumentationsfunktion sowie eine Zahlungsbemessungsfunktion haben, hat der Konzernabschluss ausschließlich eine **Informationsfunktion** (vgl. Kap. A.11.1).

Auch Gebietskörperschaften haben in der Vergangenheit durch die Ausgliederung ihrer Aufgaben auf selbständige dezentrale Wirtschafts- oder Organisationseinheiten konzernähnliche Strukturen angenommen. Dies erschwert den Einblick in die tatsächlichen Verhältnisse der Vermögens-, Schulden-, Finanz- und Ertragslage. Werden beispielsweise Schulden im Zuge eines Umwandlungsvorgangs auf eine städtische GmbH ausgegliedert, ist die tatsächliche Verschuldungssituation der Stadt nicht mehr erkennbar. In einem Konzernverbund ist der Einzelabschluss damit nicht mehr aussagekräftig.

Ein Konzernabschluss spiegelt die Verhältnisse der zum Konzern gehörenden Wirtschaftseinheiten so wieder, als würde es sich um eine einzelne Einheit handeln. Nur der Konzernabschluss zeigt, wie „reich“ bzw. wie „arm“ der gesamte Konzern bzw. eine gesamte Gebietskörperschaft tatsächlich ist.

Ein Unternehmen, das zur Konzernrechnungslegung verpflichtet ist, wird als „**Mutterunternehmen**“ bezeichnet; jedes in den Konzernabschluss grundsätzlich einzubeziehende Unternehmen wird als „**Tochterunternehmen**“ bezeichnet, auch wenn es aufgrund eines Wahlrechts (vgl. § 296 HGB) nicht einbezogen wird. Dies gilt sinngemäß auch für eine Gebietskörperschaft.

MERKE: Unter einem **Konzern** versteht man einen Verbund rechtlich selbständiger Unternehmen (Einheiten, Teilbereiche), die dem beherrschenden oder maßgeblichen Einfluss des Mutterunternehmens unterstellt sind.

Der Konzernabschluss wird aus den Einzelabschlüssen des Mutterunternehmens und aller Tochterunternehmen, auf die meist über Mehrheitsbeteiligungen ein beherrschender Einfluss ausgeübt werden kann, abgeleitet. Dies erfolgt aber nicht durch bloße Addition der jeweiligen Posten der Einzelbilanzen. Das würde zu unsinnigen Doppelzählungen führen, die zu vermeiden sind. Die jeweiligen Posten sind aufzurechnen (zu **konsolidieren**), um die wirtschaftliche Einheit des Konzerns so zu behandeln, als läge ein einziges eigenständiges Unternehmen vor **(Einheitstheorie)**.

Zur Vermeidung von Doppelzählungen sind folgende Konsolidierungen vorzunehmen:

(1) Aufrechnung der Buchwerte von Beteiligungen der Muttergesellschaft gegen entsprechende Anteile des Eigenkapitals bei den Tochtergesellschaften **(Kapitalkonsolidierung)**,

(2) Aufrechnung von Forderungen und Verbindlichkeiten zwischen Konzernunternehmen **(Schuldenkonsolidierung)**,

(3) Eliminierung von Gewinnen und Verlusten aus Lieferungen und Leistungen zwischen den Konzernunternehmen **(Zwischenergebniseliminierung)**,

(4) Aufrechnung von Aufwand und Ertrag aus Lieferungen und Leistungen zwischen den Konzernunternehmen **(Aufwands- und Ertragskonsolidierung)**.

Nach § 290 HGB ist grundsätzlich jede Konzernmutter mit Sitz im Inland zur Erstellung eines Konzernabschlusses verpflichtet. Konzernmuttergesellschaften, die den Kapitalmarkt (durch Ausgabe börsennotierter Aktien oder Anleihen) in Anspruch nehmen, müssen den Konzernabschluss nach den internationalen Rechnungslegungsvorschriften IFRS erstellen. Nehmen die Konzernmütter den Kapitalmarkt nicht in Anspruch, haben sie die Wahl zwischen einem Abschluss nach HGB (§§ 290 ff.) oder nach IFRS.

Der Konzernabschluss einer kommunalen Gebietskörperschaft, d.h. einer Stadt oder einer Gemeinde wird als **Gesamtabschluss** bezeichnet. Im Folgenden wird schwerpunktmäßig der kommunale Konzernabschluss[263] nach dem NKF betrachtet, wobei die Regelungen in den anderen Bundesländern und zur staatlichen Doppik – bis auf die jeweiligen Befreiungsmöglichkeiten - keine wesentlichen inhaltlichen Unterschiede aufweisen.

Die rechtlichen Regelungen zum kommunalen Konzernabschluss nach dem **NKF** im 12. Teil der GO NRW und in Teil 7 der KomHVO NRW lehnen sich eng an die handelsrechtlichen Regelungen der §§ 290 ff. HGB an. Insbesondere bei den Konsolidierungsmethoden und der Kapitalflussrechnung wird in §§ 51 und 52 KomHVO NRW direkt auf die handelsrechtlichen Regelungen verwiesen.

B.10.2 Konzernstruktur der Gebietskörperschaft

Der kommunale Konzernabschluss einer Gebietskörperschaft umfasst neben dem Kernhaushalt der Kommune sowohl privatrechtliche Beteiligungen (z.B. AG, GmbH) wie auch öffentlich-rechtliche Beteiligungen (Anstalten des öffentlichen Rechts, Zweckverbände, Eigenbetriebe und eigenbetriebsähnliche Einrichtungen sowie andere Sondervermögen).

[263] Die Begriffe „kommunaler Konzernabschluss" und „Gesamtabschluss" werden synonym verwendet.

Wie auch beim Konzernabschluss besteht im kommunalen Gesamtabschluss eine **Mutter-Tochter-Beziehung**. Die Konzernmutter ist die kommunale Kernverwaltung, während die privatwirtschaftlichen Gesellschaften sowie die öffentlich-rechtlichen Teilbereiche die Tochtereinheiten darstellen.

Die Konzernstruktur einer kommunalen Gebietskörperschaft lässt sich wie folgt schematisieren:[264]

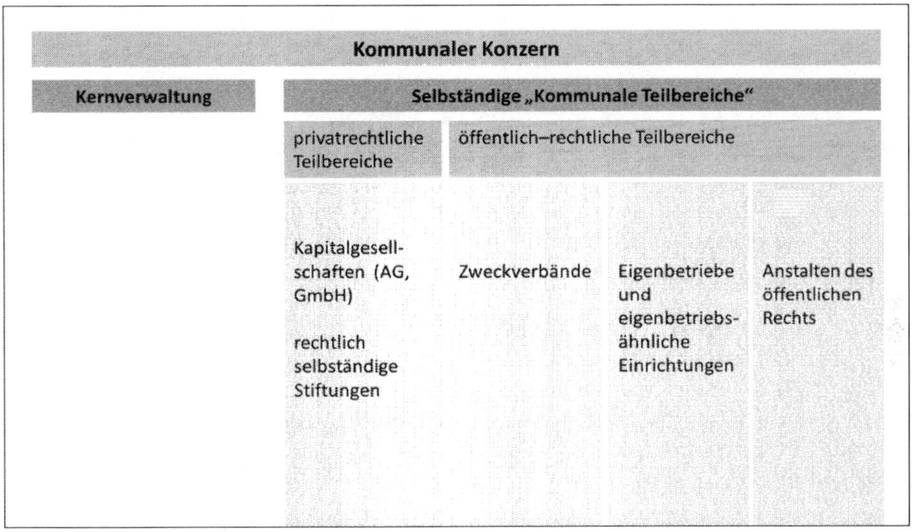

Abbildung 64: Kommunaler Konzern

Der Konzernabschluss einer Gebietskörperschaft muss vor allem ein zutreffendes Bild der tatsächlichen wirtschaftlichen Lage der Kernverwaltung und der selbständigen kommunalen Teilbereiche (Beteiligungen) vermitteln.

Mit dem nachfolgenden Schema werden die für die Erstellung des kommunalen Konzernabschlusses notwendigen Schritte, die anschließend einzeln erläutert werden, aufgelistet:[265]

Schritte zur Entstehung des Gesamtabschlusses
Festlegung des Konsolidierungskreises einer Gebietskörperschaft:
- Teilbereiche, die mit der Gebietskörperschaft eine Rechtseinheit bilden, - Teilbereiche und Vermögensmassen mit Nennkapital, an denen die Gebietskörperschaft eine Beteiligung hält, - Anstalten des öffentlichen Rechts, die von der Gebietskörperschaft getragen werden, - Mitgliedschaften in Zweckverbänden,

[264] Mit Änderungen entnommen aus: NKF-Handreichungen 7. Aufl. 2016, S. 4058.
[265] Mit Änderungen entnommen aus: NKF-Handreichungen 7. Aufl. 2016, S. 4069.

- rechtlich selbständige Stiftungen, bei denen die Gebietskörperschaft Stifter ist,
- sonstige rechtlich selbständige Teilbereiche, deren finanzielle Existenz die Gebietskörperschaft aufgrund rechtlicher Verpflichtung wesentlich sichert.

Aufbereitung der Einzelabschlüsse der Teilbereiche des Konsolidierungskreises

- Aufstellung eines einheitlichen Postenplans (auch: Positionenplan), nachdem die verbundenen Einheiten ihre Daten an die Verbundmutter zur einheitlichen Erfassung der Bilanz- und Ergebnisposten melden (Überleitung der Konten nach der handelsrechtlichen Gliederungsstruktur auf die kommunalen Gliederungsvorschriften – sog. Mapping),
- Vereinheitlichung des Bilanzstichtags,
- Vereinheitlichung von Bilanzierung, Bewertung und Ausweis sowie Aufdeckung stiller Reserven unter Beachtung des Grundsatzes der Wirtschaftlichkeit und Wesentlichkeit:
- Erstellung der sog. Handelsbilanz II (HB II) bzw. Kommunalbilanz II (KB II) und Ergebnisrechnung II für jeden Einzelabschluss zur Vereinheitlichung von Ausweis, Ansatz und Bewertung,
- Aufdeckung stiller Reserven und Lasten,
- ggf. Währungsumrechnungen.

Erstellen eines Summenabschlusses

- Addition der aktiven und passiven Bilanzposten aller einzelnen HB II und KB II zur Summenbilanz (bei Vollkonsolidierung),
- Addition der Ertrags- und Aufwandspositionen der einzelnen GuV auf der Basis der Ergebnisrechnung II zur Summenergebnisrechnung (bei Vollkonsolidierung),
- Übernahme des fortgeschriebenen Beteiligungsbuchwertes (bei der Equity-Methode).

Durchführung der Konsolidierungsmaßnahmen

- Vollkonsolidierung bei **beherrschendem** Einfluss (Kapitalkonsolidierung nach der Erwerbsmethode - Neubewertungsmethode -, Schuldenkonsolidierung, Zwischenergebniseliminierung, Aufwands- und Ertragskonsolidierung),
- Konsolidierung nach der Equity-Methode bei **maßgeblichem** Einfluss - Buchwertmethode - gemäß § 312 HGB,
- dabei insgesamt Eliminierung der konzerninternen Beziehungen.

Aufstellung der Bestandteile und Anlagen des Gesamtabschlusses

- Gesamtergebnisrechnung
- Gesamtbilanz
- Gesamtanhang
- Kapitalflussrechnung nach DRS 21
- Eigenkapitalspiegel
- Anlagen: Gesamtlagebericht

Prüfung des Gesamtabschlusses

Gesamtsteuerung

Gesamtabschluss- bzw. Gesamtbilanzanalyse für die Ausgestaltung der örtlichen Steuerung.

Abbildung 65: Schritte zum Gesamtabschluss

B.10.3 Konsolidierungskreis und –methoden, größenabhängige Befreiungen

In den kommunalen Konzernabschluss (Gesamtabschluss) sind grundsätzlich alle verselbständigten Aufgabenbereiche (Teilbereiche) einzubeziehen, unabhängig davon, ob sie in öffentlich- oder privatrechtlicher Form geführt werden (§ 116 Abs. 3 GO NRW).[266] Die Rechtsfähigkeit eines verselbstständigten Teilbereichs hat keinen Einfluss auf seine Zugehörigkeit zum Konsolidierungskreis. So zählen auch die rechtlich unselbstständigen Eigenbetriebe, die Sondervermögen einer Kommune darstellen, dazu. Hat sich die Zusammensetzung der in den Gesamtabschluss einbezogenen Teilbereiche im Laufe des Jahres wesentlich geändert, so sind in den Gesamtabschluss Angaben aufzunehmen, dass eine sinnvolle Vergleichbarkeit mit bisherigen Abschlüssen ermöglicht wird (§ 294 Abs. 2 HGB, § 116 Abs. 5 GO NRW).

In § 294 Abs. 3 HGB bzw. § 116 Abs. 6 GO NRW sind die Vorlage- und Auskunftsrechte gegenüber den einzubeziehenden verselbständigten Aufgabenbereichen (Tochterunternehmen) geregelt.

Eine entsprechende **Einbeziehung in den Konzern- bzw. Gesamtabschluss kann unterbleiben**, wenn die verselbständigten Teilbereiche für die Verpflichtung, ein den tatsächlichen Verhältnissen entsprechendes Bild der Vermögens-, Ertrags- und Finanzgesamtlage zu vermitteln, **von untergeordneter Bedeutung** sind (§ 296 Abs. 2 HGB, § 116b GO NRW). Erfüllen mehrere „Töchter" jeweils einzeln diese Voraussetzung, so sind sie alle in den Konzernabschluss einzubeziehen, wenn sie zusammen nicht von untergeordneter Bedeutung sind.[267] Es ist offensichtlich, dass für die „Mutter" bei dieser Rechtslage ein erheblicher Spielraum zur Einbeziehung bzw. Nichteinbeziehung von „Töchtern" in den Konzernabschluss bestehen kann. Die Anwendung dieses Spielraums ist im Konzernanhang zu erläutern, weil die Aussagekraft des Abschlusses stark beeinflusst wird, auf der anderen Seite der Konsolidierungsaufwand erheblich verringert werden kann. Als Ergebnis dieser Prüfung muss ein ausgewogener Kompromiss aus Mehraufwand und Aussagekraft gefunden werden. Daneben gibt es Einbeziehungswahlrechte bei Vorliegen von **sachlichen Gründen** (z.B. bei unverhältnismäßig hohen Kosten) gemäß § 296 Abs. 1 HGB.

Im NKF ist eine **Gemeinde** ist von der Pflicht einen Gesamtabschluss und einen Gesamtlagebericht aufzustellen gemäß § 116a GO NRW **befreit**, wenn am Abschlussstichtag ihres Jahresabschlusses und am vorhergehenden Abschlussstichtag **mindestens zwei** der nachstehenden Merkmale zutreffen:[268]

[266] Dies gilt nach § 116b nicht, soweit eine mittelbare oder unmittelbare Trägerschaft an Sparkassen besteht.

[267] Eine untergeordnete Bedeutung liegt regelmäßig bei Anteilen von weniger als 20 % vor, wobei die Summe der nicht einbezogenen Aufgabenbereiche ebenfalls nicht diesen Wert übersteigen darf. Die Anwendung des § 116 b GO NRW ist im Anhang anzugeben und zu begründen.

[268] Für die größenabhängigen Befreiungen im HGB gelten hier wesentlich geringere Grenzen (vgl. § 293 HGB). Für die Überprüfung, ob eine Kommune die Kriterien des § 116a GO NRW erfüllt, hat die Gemeindeprüfungsanstalt auf der Internetseite www.gpa.nrw.de ein Berechnungstool zur Verfügung gestellt.

- die Bilanzsummen in den Bilanzen der Gemeinde und der einzubeziehenden verselbständigten Aufgabenbereiche (Teilbereiche) nach § 116 Abs. 3 GO NRW übersteigen insgesamt nicht mehr als 1 500 000 000 Euro,
- die der Gemeinde zuzurechnenden Erträge aller vollkonsolidierungspflichtigen verselbständigten Aufgabenbereiche nach § 116 Abs. 3 GO NRW machen weniger als 50 Prozent der ordentlichen Erträge der Ergebnisrechnung der Gemeinde aus,
- die der Gemeinde zuzurechnenden Bilanzsummen aller vollkonsolidierungspflichtigen verselbständigten Aufgabenbereiche nach § 116 Abs. 3 GO NRW machen insgesamt weniger als 50 Prozent der Bilanzsumme der Gemeinde aus.

Über das Vorliegen der Voraussetzungen für die Befreiung von der Pflicht zur Aufstellung eines Gesamtabschlusses entscheidet die Gemeindevertretung für jedes Haushaltsjahr bis zum 30. September des auf das Haushaltsjahr folgenden Jahres. Die Entscheidung der Gemeindevertretung ist der Aufsichtsbehörde jährlich mit der Anzeige des festgestellten Jahresabschlusses der Gemeinde vorzulegen.

Sofern eine Gemeinde von der größenabhängigen Befreiung im Zusammenhang mit der Erstellung eines Gesamtabschlusses Gebrauch macht, ist ein **Beteiligungsbericht** gemäß § 117 GO NRW zu erstellen.

MERKE: Wenn eine Gemeinde von dem Wahlrecht der Befreiung von der Aufstellung eines Gesamtabschluss Gebrauch macht, ist § 116b GO NRW nicht anwendbar.

Gemäß der Fiktion der rechtlichen Einheit nach § 297 Abs. 3 S. 1 HGB, wonach die Vermögens-, Finanz- und Ertragslage der einbezogenen Unternehmen so darzustellen ist, „als ob diese Unternehmen insgesamt ein einziges Unternehmen wären", wird auch der kommunale Konzernabschluss so aufgestellt, als handele es sich um eine einheitliche juristische Person. Die notwendigen Schritte zur Eliminierung von wirtschaftlichen Verflechtungen innerhalb des Verbundes werden als **Konsolidierung** bezeichnet. Daraus folgt, dass alle Aufwendungen, Erträge und Gewinne aus internen Lieferungen und Leistungen zwischen den eigenständigen Einheiten (Konsolidierungskreis) eliminiert werden müssen (Aufwands- und Ertragskonsolidierung, Zwischenergebniseliminierung). Ebenfalls sind die Beteiligungsbuchwerte an den Beteiligungsgesellschaften gegen deren Eigenkapital aufzurechnen (Kapitalkonsolidierung) und alle konzerninternen Forderungen und Verbindlichkeiten (Schuldenkonsolidierung) zu eliminieren. Der **Einheitsgrundsatz** wird in Analogie zu den handelsrechtlichen Vorschriften in § 51 KomHVO NRW näher konkretisiert. So werden die Methoden bestimmt, nach denen die verselbständigten Aufgabenbereiche zu konsolidieren sind. Danach kommen grundsätzlich die Vollkonsolidierung, die Equity-Methode sowie der Beteiligungsausweis in Betracht. Da § 51 KomHVO NRW keine Verweisung auf § 310 HGB enthält, ist eine Quotenkonsolidierung weder für verselbständigte Teilbereiche in öffentlich-rechtlicher noch in privatrechtlicher Form vorgesehen.

B.10.3.1 Vollkonsolidierung

Für verselbständigte Aufgabenbereiche in öffentlich-rechtlicher Organisationsform sowie Unternehmen und Einrichtungen des privaten Rechts, die unter der einheitlichen Leitung oder dem beherrschenden Einfluss der Gemeinde stehen, sieht § 51 KomHVO NRW die Vollkonsolidierung in entsprechender Anwendung der §§ 300, 301 und 303 – 305 und 307 - 309 HGB vor (**statischer Verweis**[269]). **Vollkonsolidierung** bedeutet, dass die Abschlüsse des Mutterunternehmens und der Tochterunternehmen zu einem einzigen Abschluss aggregiert werden; es müssen dabei alle Vermögensgegenstände und Schulden bzw. alle Aufwendungen und Erträge in die Bilanz bzw. Gewinn- und Verlustrechnung vollständig einbezogen werden, wobei jedoch Verflechtungen innerhalb des Konzerns durch Konsolidierungsmaßnahmen (vgl. Kap. B.10.5) eliminiert werden. Alle Tochterunternehmen, die über eine Vollkonsolidierung in den Konzernabschluss einbezogen werden, werden als **Konsolidierungskreis im engeren Sinne** bezeichnet. Grundlegende Voraussetzungen für die Vollkonsolidierung sind eine **einheitliche Leitung oder ein beherrschender Einfluss.** Obwohl die Vorschriften zum Konzept der einheitlichen Leitung durch das BilMoG gestrichen worden sind, gelten sie nach den derzeitigen Regelungen noch im NKF. Beherrschung kann als rechtliche Möglichkeit gesehen werden, die Geschäftspolitik eines anderen Unternehmens mittelbar oder unmittelbar zu bestimmen (sog. **Control-Konzept** im Sinne des § 290 Abs. 2 HGB). Auf die tatsächliche Ausübung der Beherrschung kommt es nicht an. Von einer Beherrschung kann nach § 51 Abs. 2 KomHVO NRW ausgegangen werden, wenn

- der Gemeinde entweder die Stimmenmehrheit zusteht,
- die Gemeinde das Recht hat, die Mehrheit der Mitglieder des Verwaltungs-, Leitungs- oder Aufsichtsorgans eines anderen Unternehmens zu bestellen oder abzurufen und sie gleichzeitig Gesellschafter ist, oder
- der Gemeinde das Recht zusteht, einen beherrschenden Einfluss (Bestimmung der Finanz- und Geschäftspolitik) aufgrund eines Beherrschungsvertrages oder einer Satzungsbestimmung auf das Tochterunternehmen auszuüben.

§ 290 Abs. 2 Nr. 4 HGB (Zuweisung der Mehrheit der Chancen und Risiken) ist nach der Spezialregelung des § 51 Abs. 2 KomHVO NRW nicht für den NKF-Gesamtabschluss anzuwenden.

Ein Beherrschungsvertrag ist nach § 291 Abs. 1 AktG ein Vertrag, durch den eine Aktiengesellschaft die Leitung ihrer Gesellschaft einem anderen Unternehmen unterstellt. Ein solcher Vertrag kann unter analoger Anwendung auch von anderen Unternehmensformen oder einer Gebietskörperschaft abgeschlossen werden. Zu erwähnen ist, dass zur Annahme eines beherrschenden Einflusses lediglich eine der drei

[269] Statischer Verweis bedeutet, dass der Gesetzgeber auf eine bestimmte Version des HGB verweist und somit Änderungen des HGB nicht unmittelbar für die kommunale Rechnungslegung gelten. Im Gegensatz hierzu gibt es dynamische Verweise, die sich auf die jeweils aktuelle Version des HGB beziehen. Die Bindungswirkung solcher dynamischen Verweise für die kommunale Rechnungslegung ist jedoch juristisch umstritten.

obigen Voraussetzungen erfüllt sein muss. Außerdem muss das Mutterunternehmen den beherrschenden Einfluss nicht unmittelbar ausüben können. Eine mittelbare Beherrschung ist ausreichend.

Beispiel:

Die Stadt A hält 80 % der Aktien der Energie-AG, die ihrerseits 80 % der Aktien der Wasser-AG hält. Jede Aktie hat ein Stimmrecht.

Die Stadt A beherrscht in unmittelbarer Weise die Energie-AG und über diese zusätzlich in mittelbarer Weise die Wasser-AG.

B.10.3.2 Equity-Methode

Liegen die Voraussetzungen für eine Vollkonsolidierung nicht vor, weil weder eine einheitliche Leitung noch ein beherrschender Einfluss gegeben ist, sind verselbständigte Aufgabenbereiche bei **maßgeblichem Einfluss** der Gemeinde nach der Equity-Methode in den Gesamtabschluss einzubeziehen (§ 51 Abs. 3 KomHVO NRW). Diese Möglichkeit gilt sowohl für die öffentlich-rechtliche als auch für die privatrechtliche Organisationsform. Aufgrund der Verweisung auf § 311 HGB folgt, dass ein maßgeblicher Einfluss anzunehmen ist, wenn die Gemeinde auf ein in die Gesamtrechnung einbezogenes Beteiligungsunternehmen maßgeblichen Einfluss hinsichtlich der Geschäfts- und Finanzpolitik **tatsächlich** (Möglichkeit ist nicht ausreichend!) ausübt; dies wird bei einem Stimmrechtsanteil von **mindestens 20 %** vermutet (§ 311 Abs. 1 Satz 2 HGB). Zudem muss zumindest eine Beteiligung im Sinne des § 271 HGB vorliegen (§ 311 Abs. 1 S. 1 HGB). Das Handelsrecht spricht hier von sog. **assoziierten Unternehmen**. Es handelt sich um einen **Konsolidierungskreis im weiteren Sinne**, wenn neben den per Vollkonsolidierung in den Konzernabschluss einbezogenen Tochterunternehmen weitere Teilbereiche einbezogen werden, auf die das Mutterunternehmen einen maßgeblichen Einfluss ausübt.

Auf das Vorhandensein eines maßgeblichen Einflusses einer Gemeinde (soweit nicht schon aufgrund des Umfangs ein beherrschender Einfluss vorliegt) weisen folgende Sachverhalte hin:

- Gemeinde ist im Vorstand oder Aufsichtsrat vertreten,
- Bestehen eines Mitwirkungsrechts bei Unternehmensentscheidungen,
- Bestehen von intensiven Liefer- und Leistungsbeziehungen,
- Bestehen von intensiven finanziellen Verflechtungen.

Die Beteiligung an einem assoziierten Unternehmen ist im Konzernabschluss *at equity*, d.h. mit dem anteiligen Eigenkapital zu bewerten. Die Berechnung des anteiligen Eigenkapitals erfolgt nach der **Buchwertmethode** gemäß § 312 Abs. 1 HGB. Danach wird die Beteiligung mit dem Buchwert aus dem Einzelabschluss angesetzt, bei dem ausgehend von den Anschaffungskosten der Beteiligung die Eigenkapitalveränderungen des jeweiligen Berichtsjahrs fortgeschrieben werden. Sofern es sich bei der Beteiligung um ein Verlustunternehmen handelt, ist zu beachten, dass der Equity-Wert nicht negativ werden kann. Ist das gesamte Eigenkapital des Unternehmens durch die Verluste aufgezehrt, so ist die Beteiligung mit dem Erinnerungswert (Nullwert) anzusetzen.

Die Einbeziehung nach der Equity-Methode kann unterbleiben, wenn die Beteiligung für die Vermittlung eines den tatsächlichen Verhältnissen entsprechenden Bildes der Vermögens-, Finanz- und Ertragslage des Konzerns **von untergeordneter Bedeutung** ist (§ 311 Abs. 2 HGB/ § 116b GO NRW).

B.10.3.3 Beteiligungsausweis

Liegen weder die Voraussetzungen für eine Vollkonsolidierung noch für eine Einbeziehung nach der Equity-Methode vor, ist der **Beteiligungsbuchwert** im Gesamtabschluss in Ansatz zu bringen. Rein formal wird es sich hier um Beteiligungshöhen handeln, die **unter 20 %** liegen.

Zusammenfassend kann der Konsolidierungskreis im NKF wie folgt abgegrenzt werden:

Stufe	Konsolidierungskreis	Konsolidierungsmethode
1	verselbständigte Teilbereiche, die unter einheitlicher Leitung stehen oder bei denen eine kontrollierende Einflussnahme möglich ist	Vollkonsolidierung, es sei denn: untergeordnete Bedeutung, bei der auf Konsolidierung verzichtet werden kann (§ 116 b GO)
2	verselbständigte Teilbereiche, auf die die Gemeinde einen maßgeblichen Einfluss hat (assoziierte Unternehmen)	Equity-Methode, es sei denn: untergeordnete Bedeutung, bei der auf Konsolidierung verzichtet werden kann (§ 116 b GO)
3	Beteiligungen und sonstige Finanzanlagen sowie verselbständigte Teilbereiche, die in Ausübung des Konsolidierungswahlrechts weder voll noch „at equity" einbezogen werden	Übernahme der fortgeführten AK/HK (Beteiligungsbuchwert) aus dem Einzelabschluss

Abbildung 66: Abgrenzung Konsolidierungskreis[270]

[270] Leicht modifiziert entnommen aus: Henkes, J., Der Jahresabschluss kommunaler Gebietskörperschaften, S. 513.

In Abhängigkeit von der Höhe der Anteile ergibt sich folgende Übersicht:

Unternehmensanteile	Art der Konsolidierung
> 50 %	Vollkonsolidierung
≥ 20 % und ≤ 50 %	Equity-Methode
< 20 %	keine Konsolidierung

Abbildung 67: Konsolidierungsmethoden nach Kapitalanteilen

B.10.4 Grundsätze der Konzernrechnungslegung

Für den kommunalen Konzernabschluss gelten im Wesentlichen die gleichen Ziele wie für den Einzelabschluss der Gemeinde (vgl. §§ 50 ff. KomHVO NRW).

Speziell im Hinblick auf die Zusammenfassung von Einzelabschlüssen in einem Konzernabschluss sind aus dem HGB folgende Grundsätze anzuwenden:

- Vermittlung eines den tatsächlichen Verhältnissen entsprechenden Bildes der Vermögens-, Finanz- und Ertragslage des Konzerns (§ 297 Abs. 2 HGB),
- Fiktion der rechtlichen und wirtschaftlichen Einheit des Konzerns (Einheitstheorie, § 297 Abs. 3 HGB),
- Zusammenfassung der Einzelabschlüsse (§ 300 Abs. 1 HGB),
- Vollständigkeit des Konzernabschlusses (§ 300 Abs. 2 HGB),
- Ersatz des Beteiligungsausweises durch die einzelnen Bilanzposten der Tochterunternehmen (§ 301 Abs. 1 HGB),
- Eliminierung der Bilanz- und GuV-Posten, die aus konzerninternen Beziehungen stammen (§§ 303, 304, 305 HGB).

Ein Konzernabschluss lässt sich sinnvoll nur dann erstellen, wenn nur einheitliche Vorschriften bezüglich Ansatz und Bewertung zur Anwendung kommen.

B.10.5 Der Prozess zur Aufstellung des Gesamtabschlusses

Als vorbereitende Maßnahme muss zunächst der Konsolidierungskreis bestimmt werden. Dabei werden alle verselbständigten Teilbereiche, die mit der Gemeinde eine Rechtseinheit bilden (Sondervermögen nach § 97 GO NRW), rechtlich selbständige Teilbereiche mit Nennkapital, an denen die Gemeinde eine Beteiligung hält, sowie Zweckverbände, Anstalten des öffentlichen Rechts und selbständige Stiftungen erfasst.

Bevor die einzelnen Abschlüsse zu einem Gesamtabschluss zusammengefasst werden können, müssen die Daten der Einzelabschlüsse so aufbereitet werden, dass sie der Fiktion der rechtlichen Einheit genügen. Nach den gesetzlichen Vorgaben der §§ 290 ff. HGB sind – wie bereits erwähnt – für die Zusammenfassung (Konsolidierung) der Einzelabschlüsse insbesondere folgende Schritte zu beachten:

- Vereinheitlichung der Bilanzierung und Bewertung,

- Kapitalkonsolidierung,
- Schuldenkonsolidierung,
- Zwischenergebniseliminierung und
- Aufwands- und Ertragskonsolidierung (Konsolidierung der GuV).

B.10.5.1 Vereinheitlichung der Bilanzierung und Bewertung

Die realistische Abbildung der Rechnung einer ganzen Gebietskörperschaft setzt die Anwendung eines einheitlichen Bilanzierungs- und Bewertungsrahmens voraus. Es gilt die „**Maßgeblichkeit des Bilanzierungs- und Bewertungsrahmens des Mutterunternehmens**“.

Auf den NKF-Gesamtabschluss bezogen bedeutet das, dass die NKF-Regelungen (GO, KomHVO NRW) maßgebend sind, d.h. alle zu konsolidierenden Teilbereiche haben NKF-konforme Werte und Informationen zu liefern. In der Praxis erfolgt dies grundsätzlich durch die Erstellung einer **Handelsbilanz II** (Kommunalbilanz II)[271], in der konzerneinheitliche Bilanzierungs- und Bewertungsregeln angewandt werden, und die Erstellung einer vereinheitlichten GuV-Rechnung II (Ergebnisrechnung II) für jedes Tochterunternehmen und für das Mutterunternehmen, falls auch bei diesem Anpassungen vorgenommen werden.

Die Vereinheitlichung, die mit Hilfe einer **Konzernbilanzierungsrichtlinie** erreicht werden sollte, betrifft zumindest

- die Abschlussstichtage,
- die Gliederungs- und Ausweisregeln,
- die Bewertungsgrundsätze und
- ggf. die Währung.

Die Vereinheitlichung der Bilanzierung und Bewertung ist in mehreren Schritten durchzuführen:

- Umgliederung der Einzelbilanzen in ein konzerngemeinschaftliches Gliederungsbild für die Vermögens- und Ergebnisrechnung (HB II, KB II),
- Anpassung der Gliederungstiefe der Einzelbilanzen auf die Notwendigkeit einer kommunalen Bilanzierung, insbesondere im Sachanlagevermögen,
- Anpassung der Einzelbilanzen an die Belange des Konzern- bzw. Gesamtabschlusses,
- Neubewertung der umgegliederten Posten.

Bei der Vereinheitlichung können Bilanzierungs- und Bewertungswahlrechte völlig losgelöst von den zugrunde liegenden Einzelabschlüssen neu ausgeübt werden; dies

[271] Als Handelsbilanz I (HB I) werden die Einzelabschlüsse der einbezogenen Tochterunternehmen bezeichnet. Auch der Einzelabschluss des Mutterunternehmens gilt als HB I. Die Anpassung der einzelnen HB I an die konzerneinheitlichen Ansatz-, Bewertungs- und Ausweismethoden führt zu den sog. Handelsbilanzen II (HB II).

gilt auch für das Mutterunternehmen. Die Bilanzierungs- und Bewertungswahlrechte können damit i.S. einer eigenständigen Konzernbilanzpolitik neu ausgeübt werden.

Für die einheitliche Bewertung schreibt § 308 Abs. 1 HGB vor, dass die Bewertungswahlrechte im Konzern nach den Bewertungsmethoden des Mutterunternehmens vorzunehmen sind, d.h. dass gleichartige Sachverhalte so zu bewerten sind, als ob es sich um ein rechtlich einheitliches Unternehmen handeln würde. Obwohl grundsätzlich die Einheitlichkeit der Bewertung gefordert wird, lässt § 308 Abs. 2 Satz 3 HGB eine Durchbrechung zu, wenn die Auswirkungen für die Darstellung eines tatsächlichen Verhältnisses der Vermögens-, Ertrags- und Finanzlage des Konzerns von **untergeordneter Bedeutung** sind (Grundsatz der Wirtschaftlichkeit und Wesentlichkeit).

Weiterhin sollte die Buchführung aufeinander abgestimmt werden (für Gesamtabschluss: Einführung eines einheitlichen Kontenrahmens für Kernverwaltung und verselbständigte Aufgabenbereiche, die vollkonsolidiert werden). Unter Umständen ist sogar neben der offiziellen Buchführung eine zweite speziell zur Ableitung der Handelsbilanz II (Kommunalbilanz II) sinnvoll. Es bietet sich auch die Erstellung eines **Konsolidierungshandbuches** an, worin zu regeln ist, welche Angaben in welcher Form und von wem an wen zu liefern sind, um den Gesamtabschluss aufstellen zu können.

B.10.5.2 Kapitalkonsolidierung

Auf Basis der vereinheitlichten Einzelabschlüsse der **verbundenen Unternehmen** (beherrschender Einfluss) wird die eigentliche Konsolidierung durchgeführt, in der die konzerninternen Verflechtungen eliminiert werden. Die einzubeziehenden Tochterunternehmen werden im Rahmen der **Vollkonsolidierung** in den Konzernabschluss einbezogen, d.h. die Abschlüsse des Mutterunternehmens (MU) und der Tochterunternehmen (TU) werden zu einem einzigen Abschluss zusammengefasst. Dabei wird aus den einzelnen Abschlüssen zunächst eine **Summenbilanz** gebildet. Danach erfolgt die Konsolidierung in mehreren Schritten. Der erste und wichtigste Schritt ist die **Kapitalkonsolidierung**. Hier wird die Beteiligung aus dem Abschluss des Mutterunternehmens mit dem Eigenkaptal des Tochterunternehmens aufgerechnet. Der Grundbuchungssatz lautet:

Eigenkapital TU   *an Beteiligung MU*[272]

Die Kapitalkonsolidierung ist für einen HGB-Konzernabschluss in § 301 HGB geregelt. Dabei basiert die Kapitalkonsolidierung auf der sog. **Erwerbsmethode**, d.h. es wird der Neuerwerb des Tochterunternehmens (TU) durch einen Einzelerwerb aller

[272] Zur Vereinfachung umfasst der Begriff „Beteiligung" nicht nur die Beteiligungen i.S.d. § 266 Abs. 2 A.III.3 HGB, sondern auch Anteile an verbundenen Unternehmen und Wertpapiere im Anlage- und Umlaufvermögen.

Vermögensgegenstände und Schulden (sog. asset deal) durch das Mutterunternehmen (MU) **zum aktuellen Wert (Tageswert - Neubewertungsmethode)**[273] zum Zeitpunkt des Beteiligungserwerbs unterstellt. Die Vermögensgegenstände und Schulden sind also nicht mit ihren sich aus den Einzelabschlüssen ergebenden Buchwerten anzusetzen, sondern mit ihren Zeitwerten neu zu bewerten. Die Neubewertung erfolgt grundsätzlich für das gesamte Vermögen des Tochterunternehmens, unabhängig von den jeweils erworbenen Anteilen.

Erwirbt ein MU 100 % der Anteile eines anderen Unternehmens, so ist der Kaufpreis für den Erwerb nach Abzug der Schulden der TU gedanklich auf die in der TU vorhandenen einzelnen Vermögensgegenstände aufzuteilen. Ist der Kaufpreis höher als die Summe aller einzeln vorhandenen Vermögensgegenstände nach Abzug der Schulden, so stellt der Differenzbetrag den aus Konzernsicht mit erworbenen Geschäfts- oder Firmenwert der neuen TU dar. Bei der Kapitalkonsolidierung unterscheidet man zwischen der

(1) **Erstkonsolidierung** zum Zeitpunkt des Anteilerwerbs,

(2) **Folgekonsolidierung** an allen folgenden Bilanzstichtagen.

(1) Erstkonsolidierung:

Nach der Erstellung der Summenbilanz erfolgt die **Neubewertung** der Vermögensgegenstände und Schulden der TU. Die Neubewertung bezieht sich auch auf Sachverhalte, die bisher im Einzelabschluss nicht bilanziert wurden oder nicht bilanziert werden durften oder die aufgrund des Vorsichtsprinzips und des Anschaffungskostenprinzips höher (bei Schulden) oder niedriger (bei Vermögen) als die tatsächlichen Zeitwerte bewertet sind. Es werden also sämtliche **stillen Reserven und Lasten**, die im Abschluss der TU noch bestehen, aufgelöst. Als Gegenposten zu den aufgelösten stillen Reserven und Lasten wird eine **Neubewertungsrücklage** gebildet. Das folgende Beispiel zeigt die Ermittlung des Eigenkapitals zu Zeitwerten durch die Neubewertung, wobei eine 100 % Beteiligung an der TU unterstellt wird.

Beispiel: MU erwirbt 100 % an TU mit Wertaufschlag[274]

Die MU-Gesellschaft erwirbt am 31.12.01 100 % der Anteile an der TU-Gesellschaft und konsolidiert diese erstmalig in ihrem Konzernabschluss. Die Anschaffungskosten für den Erwerb der Anteile betragen 1500 Geldeinheiten (GE).

Für die sonstigen Aktiva der TU wurde ein Zeitwert von 2490 GE ermittelt (Buchwert 2400), d.h. es sind stille Reserven von 90 GE enthalten. Die Verbindlichkeiten weisen einen Zeitwert von 1020 GE auf (Buchwert 1050 GE). Sie enthalten stille Reserven von 30 GE. Das gezeichnete Kapital der TU beträgt 450 GE, die Rücklagen betragen 900 GE. Als Gegenposten wird eine Neubewertungsrücklage in Höhe der

[273] In der Unternehmensbewertung wird hier von Substanzwert (Teilrekonstruktionswert) gesprochen.

[274] Beispiel mit geringfügigen Änderungen entnommen aus: Coenenberg/Haller/Mattner/Schultze, Einführung in das Rechnungswesen, 7. Aufl. 2018, S. 534.

gesamten stillen Reserven von 120 GE gebildet. Das neubewertete Eigenkapital der TU beträgt daher 450 GE + 900 GE + 120 GE = 1470 GE.

Nach der Neubewertung erfolgt die Aufrechnung der Beteiligung mit dem neubewerteten Eigenkapital, also die eigentliche Kapitalkonsolidierung. Hier werden der Beteiligungsbuchwert aus der HB II der MU und das neubewertete Eigenkapital der TU ausgebucht. Da sich die Anschaffungskosten der Anteile an der TU und das anteilige neubewertete Eigenkapital in ihrer Höhe nicht entsprechen, verbleibt meist nach Auflösung der stillen Reserven ein **positiver oder negativer Unterschiedsbetrag**. Im Beispielsfall ergibt sich eine positive Differenz von 30 GE (sog. Goodwill), der einen derivativen Geschäfts- oder Firmenwert gemäß § 301 Abs. 3 HGB darstellt. Im umgekehrten Fall eines negativen Unterschiedsbetrages würde sich ein sog. Badwill ergeben, der als „Unterschiedsbetrag aus der Kapitalkonsolidierung“ auf der Passivseite nach dem Eigenkapital auszuweisen ist.[275] Der Buchungssatz für die positive Differenz lautet:

Gezeichnetes Kapital *450*
+ Rücklagen *900*
+ Neubewertungsrücklage *120*
+ Geschäftswert (Goodwill) *30* *an Beteiligungen (Anteile)* *1500*

Das Ergebnis ist dann die Konzernbilanz, in der keine Beteiligung zwischen MU und TU mehr ausgewiesen wird.[276]

	MU-Bilanz		**TU-Bilanz**		**Summenbilanz**		**Neubewertung**		**Konsolidierung**		**Konzernbilanz**	
	A	**P**	**A**	**P**	**A**	**P**	**A**	**P**	**A**	**P**	**A**	**P**
GF-Wert									30		30	
Sonst. Aktiva	7500		2400		9900		90				9990	
Anteile	1500		0		1500					1500	0	
Gez. Kapital		1500		450		1950			450			1500
Rücklagen		2250		900		3150			900			2250
Neubew.-rücklage								120	120		-	-
Verb.		5250		1050		6300	30					6270
Summe	9000	9000	2400	2400	11400	11400	120	120	1500	1500	10020	10020

[275] Als passiver Unterschiedsbetrag kann sich auch ein sog. „lucky buy" bei einer Übernahme einer TU unter seinem eigentlichen Wert ergeben. Hier ist die Verhandlungsposition des Anteilsverkäufers so schlecht, dass der Anteilskäufer das Unternehmen unter dem Wert übernehmen kann.

[276] Vgl. Coenenberg/Haller/Mattner/Schultze, Einführung in das Rechnungswesen, 7. Aufl. 2018, S. 535.

Wenn das Mutterunternehmen eine geringere Beteiligungsquote als 100 % besitzt, ist analog § 307 HGB trotzdem eine Vollkonsolidierung, allerdings mit ergänzendem Minderheitsausweis, durchzuführen. Die Anteile anderer Gesellschafter am Eigenkapital sind als „**Ausgleichsposten für die Anteile anderer Gesellschafter**" gesondert auszuweisen. Der Ausgleichsposten gehört zum Eigenkapital des konsolidierten Abschlusses.

(2) Folgekonsolidierung

In der Folgekonsolidierung ist zuerst die Erstkonsolidierung zu wiederholen, d.h. es werden die Buchungen zur Kapitalkonsolidierung analog zur Erstkonsolidierung nochmals vorgenommen. Dabei ist die Fortschreibung im Konzernabschluss nur auf die aufgedeckten stillen Reserven und Lasten vorzunehmen, da die Buchwerte aus den Einzelabschlüssen bereits im Einzelabschluss fortgeführt werden. Soweit dabei stille Reserven bzw. Lasten im Folgejahr nicht mehr bestehen, sind sie vollständig abzuschreiben; soweit sie sich auf noch vorhandene Vermögensgegenstände und Schulden beziehen, werden sie analog dem Wertverzehr des entsprechenden Bilanzpostens abgeschrieben. Das Ausbuchen der stillen Reserven führt zu Aufwendungen, das Ausbuchen der stillen Lasten führt zu Erträgen in der Konzern-GuV. Des Weiteren ist der Firmenwert bzw. ein positiver Unterschiedsbetrag aus der Kapitalkonsolidierung in den Folgejahren fortzuschreiben.

Beispiel:

Die stillen Reserven aus obigem Beispiel in den sonstigen Aktiva i.H.v. 90 GE werden entsprechend der 10-jährigen Nutzungsdauer der Anlagen planmäßig abgeschrieben. Die Verbindlichkeiten, in denen stille Reserven i. H. v. 30 GE enthalten waren, existieren im Folgejahr nicht mehr. Der Firmenwert hat eine angenommene Nutzungsdauer von 5 Jahren.

Die Abschreibung der stillen Reserven beträgt 9 GE. Da die Verbindlichkeiten nicht mehr bestehen, sind die stillen Reserven in voller Höhe abzuschreiben. Die Abschreibung des Firmenwertes beträgt 6 GE (30 GE / 5). Das Konzernergebnis vermindert sich in dem Beispiel damit um Abschreibungen i. H. v. 45 GE.

B.10.5.3 Schuldenkonsolidierung

Im Rahmen der Schuldenkonsolidierung gemäß § 303 Abs. 1 HGB sind Ausleihungen, Forderungen, Rückstellungen und Verbindlichkeiten zwischen den in den Konzernabschluss einbezogenen Einheiten bzw. Unternehmen sowie entsprechende Rechnungsabgrenzungsposten zu eliminieren. Im Konzernabschluss dürfen nur Forderungen und Verbindlichkeiten zu Konzernfremden verbleiben.

Bei der zinslosen oder niedrig verzinsten Vergabe von Darlehen an Tochterunternehmen hat eine Abzinsung der Darlehensforderung zu erfolgen. Da sich dann Forderungen und Verbindlichkeiten in unterschiedlicher Höhe gegenüberstehen, kommt es zu **Aufrechnungsdifferenzen**. Es handelt sich hier um sog. **echte** Aufrechnungsdifferenzen, da sie durch unterschiedlich hohe Wertansätze in den Einzelbilanzen entstehen können (z.B. kann nach dem Vorsichtsprinzip ein höherer Wertansatz bei einer Verbindlichkeit als bei der entsprechenden Forderung entstehen).

Beispiel:

Die Stadt A gewährt einem Tochterunternehmen (TU) ein Darlehen von 100.000 €. Da ein Zahlungsausfall von 30 % wahrscheinlich ist, schreibt die Stadt die Forderung um 30 % ab, was im Einzelabschluss der Stadt zu einem Aufwand von 30.000 € führt. In der Bilanz der Stadt ergibt sich für die Position „Ausleihungen an verbundene Unternehmen" ein Ansatz von 70.000 €. In der Bilanz der TU ist das Darlehen hingegen als „Verbindlichkeit gegenüber verbundenen Unternehmen" in Höhe von 100.000 € auszuweisen. Es entsteht somit eine echte Aufrechnungsdifferenz von 30.000 €. Im Konzernabschluss ist die Abschreibung auf die Ausleihung rückgängig zu machen, so dass sich das Konzernergebnis im Vergleich zur Summen-GuV erhöht. Damit wird der Aufwand im Einzelabschluss wieder neutralisiert.

Unechte Aufrechnungsdifferenzen können sich durch falsche oder fehlende Buchungen sowie zeitliche Buchungsunterschiede in der Verarbeitung der Geschäftsvorfälle ergeben (z.B. Zahlung einer Verbindlichkeit gegenüber einem einbezogenen Unternehmen vor Jahresende; der Geldeingang beim Forderungsinhaber erfolgt erst im neuen Jahr).

Sind die Beträge von untergeordneter Bedeutung (Grundsatz der Wesentlichkeit), kann eine Schuldenkonsolidierung nach § 303 Abs. 2 unterbleiben. Der Grundbuchungssatz für die Schuldenkonsolidierung lautet:

Verbindlichkeiten an Forderungen

B.10.5.4 Zwischenergebniseliminierung

Gewinne und Verluste, die aus Lieferungen und Leistungen zwischen den Teilbereichen entstanden sind, gelten aus Sicht des konsolidierten Abschlusses als nicht realisiert. Gemäß § 304 HGB sind die internen Gewinne und Verluste in voller Höhe zu eliminieren, außer wenn die Eliminierung der Zwischenergebnisse für die Vermittlung eines den tatsächlichen Verhältnissen entsprechenden Bildes der Vermögens-, Finanz- und Ertragslage des konsolidierten Abschlusses nur von untergeordneter Bedeutung ist.

B.10.5.5 Aufwands- und Ertragskonsolidierung

Aufwendungen und Erträge aus konzerninternen Umsätzen dürfen in der konsolidierten Erfolgsrechnung nicht ausgewiesen werden. Sie sind gemäß § 305 HGB miteinander zu verrechnen, soweit sie nicht als Erhöhung des Bestands an fertigen und unfertigen Erzeugnissen oder als andere aktivierte Eigenleistungen ausgewiesen werden. Das Prinzip der Wesentlichkeit gilt hier ebenfalls.

Neben den Konsolidierungsbuchungen müssen die Umsatzerlöse der Tochterunternehmen mit Dritten in die sonstigen ordentlichen Erträge des Gesamtabschlusses umgegliedert werden, wenn die Umsatzerlöse eines Tochterunternehmens nicht den gewöhnlichen und typischen Erzeugnissen und Dienstleistungen der Gebietskörperschaft entsprechen.

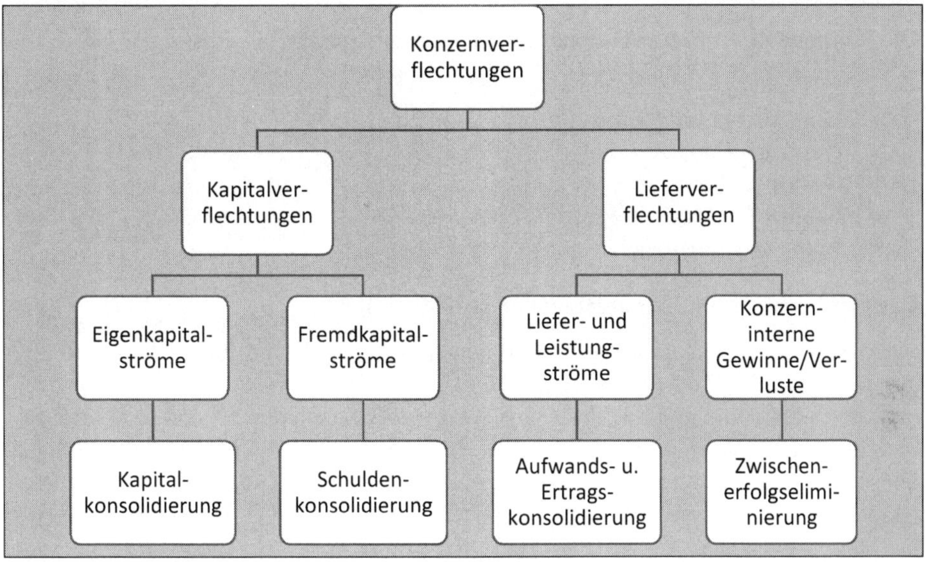

Abbildung 68: Konsolidierungsmaßnahmen

Zur Konsolidierung von Gemeinschaftsunternehmen (joint ventures), die im kommunalen Bereich keine Bedeutung hat und zur Konsolidierung von assoziierten Unternehmen nach der sog. **Equity-Methode** wird auf die Fachliteratur verwiesen.[277]

MERKE: Die Equity-Methode berücksichtigt die wirtschaftliche Verflechtung zwischen MU und assoziierten TU in der Weise, dass der Wertansatz der Beteiligung in der Konzernbilanz nicht zu Anschaffungskosten, sondern zu einem an der TU-Eigenkapitalentwicklung (= equity) orientierten Wert erfolgt.

B.10.6 Bestandteile des Konzernabschlusses

Der handelsrechtliche Konzernabschluss besteht aus der **Konzernbilanz**, der **Konzern-GuV-Rechnung**, dem **Konzernanhang**, der **Kapitalflussrechnung** sowie dem **Eigenkapitalspiegel**; der Konzernabschluss ist um einen **Konzernlagebericht**

[277] Vgl. z.B. Coenenberg/Haller/Schultze, Jahresabschluss und Jahresabschlussanalyse, 25. Aufl. 2018, S. 725ff.

zu ergänzen (§ 290 i. V. mit §§ 297, 315 HGB). Konzernanhang und Konzernlagebericht können mit dem Anhang und dem Lagebericht des Mutterunternehmens zusammengefasst werden (§§ 298 Abs. 2, 315 Abs. 5 HGB).

Der Abschluss kann um eine **Segmentberichterstattung** erweitert werden (§ 297 Abs. 1 Satz 2 HGB).

Der kommunale Konzernabschluss im NKF besteht nach § 116 Abs. 2 GO NRW und § 50 KomHVO NRW aus

- **Gesamtergebnisrechnung,**
- **Gesamtbilanz,**
- **Gesamtanhang,**
- **Kapitalflussrechnung und**
- **Eigenkapitalspiegel.**

Darüber hinaus ist ein **Gesamtlagebericht** beizufügen.

Für die Gesamtergebnisrechnung wird auf die Anlage 30 und für die Gesamtbilanz auf die Anlage 29 VV Muster zur GO und KomHVO NRW verwiesen. Es wird deutlich, dass der kommunale Konzernabschluss nicht nur materiell, sondern auch formell auf den Strukturen, die für den gemeindlichen Jahresabschluss gelten, aufbaut. Diese Sachlage gilt auch für den Gesamtanhang und den Gesamtlagebericht, auch wenn dafür eigene Vorschriften geschaffen worden sind (vgl. § 52 KomHVO NRW).

Im Konzern- sowie im NKF-Gesamtabschluss ist die geforderte **Konzernkapitalflussrechnung** unter Beachtung des Deutschen Rechnungslegungsstandards Nr. 21 (DRS 21) in der vom Bundesministerium der Justiz und Verbraucherschutz nach § 342 HGB bekannt gemachten Form aufzustellen. **DRS 21** lässt die Wahl zwischen zwei Mindestgliederungsschemata für die Kapitalflussrechnung, die sich lediglich bei der Darstellung der Mittelzu- und Mittelabflüsse aus der laufenden Geschäftstätigkeit, nämlich nach der direkten oder indirekten Methode, unterscheiden (vgl. Kap. B.6.2).

Die Struktur des **Eigenkapitalspiegels** ist abhängig von der Rechtsform des jeweiligen Unternehmens. Für Mutterunternehmen in der Rechtsform der Kapitalgesellschaft ist der formelle Aufbau in Anlage 1 zu DRS 22 geregelt. Der NKF-Eigenkapitalspiegel des kommunalen Gesamtabschlusses richtet sich nach der Anlage 31 VV Muster zur GO und KomHVO NRW.

Insgesamt gibt es folgende Rechnungslegungsstandards, die für die inhaltliche Gestaltung des kommunalen Konzernabschlusses genutzt werden können:

Ausgewählte Deutsche Rechnungslegungsstandards	
NUMMER	**BEZEICHNUNG**
DRS 3	Segmentberichterstattung
DRS 8	Bilanzierung von Anteilen an assoziierten Unternehmen im Konzernabschluss
DRS 12	Immaterielle Vermögensgegenstände des Anlagevermögens

DRS 13	Grundsatz der Stetigkeit und Berichtigung von Fehlern
DRS 18	Latente Steuern
DRS 19	Pflicht zur Konzernrechnungslegung und Abgrenzung des Konsolidierungskreises
DRS 20	Konzernlagebericht
DRS 21	Kapitalflussrechnung
DRS 22	Konzerneigenkapital
DRS 23	Kapitalkonsolidierung
DRS 24	Immaterielle Vermögensgegenstände im Konzernabschluss
DRS 25	Währungsumrechnung im Konzernabschluss

Abbildung 69: Deutsche Rechnungslegungsstandards

Struktur der Gesamtbilanz im NKF gemäß Muster zur GO und KomHVO NRW:

Die Struktur der NKF-Gesamtbilanz	
AKTIVA	**PASSIVA**
1. Anlagevermögen	**1. Eigenkapital**
1.1 Immaterielle VG	1.1 Allgemeine Rücklage
1.2 Sachanlagen	1.2 Sonderrücklagen
1.2.1 Unbebaute Grundstücke und grundstücksgleiche Rechte	1.3 Ausgleichsrücklage
1.2.2 Bebaute Grundstücke und grundstücksgleiche Rechte	1.4 Gesamtjahresergebnis ohne anderen Gesellschaftern zuzurechnendes Ergebnis
1.2.3 Infrastrukturvermögen	1.5 Ausgleichsposten für die Anteile anderer Gesellschafter
1.2.3.1 Grund und Boden des Infrastrukturvermögens	**2. Unterschiedsbetrag aus der Kapitalkonsolidierung**
1.2.3.2 Bauten des Infrastrukturvermögens	**3. Sonderposten**
1.2.4 Bauten a. fremden Grund u. Boden	3.1 Sonderposten für Zuwendungen
1.2.5 Kunstgegenstände, Kulturdenkmäler	3.2 Sonderposten für Beiträge
1.2.6 Maschinen und technische Anlagen, Fahrzeuge	3.3 Sonderposten für den Gebührenausgleich
1.2.7 Betriebs- u. Geschäftsausstattung	3.4 Sonstige Sonderposten
1.2.8 Geleistete Anzahlungen und Anlagen im Bau	**4. Rückstellungen**
	4.1 Pensionsrückstellungen
	4.2 Rückstellungen für Deponien/Altlasten
	4.3 Instandhaltungsrückstellungen
	4.4 Steuerrückstellungen
	4.5 Sonstige Rückstellungen
1.3 Finanzanlagen	**5. Verbindlichkeiten**
1.3.1 Anteile an verbundenen Untern.	5.1 Anleihen
1.3.2 Anteile an assoziierten Untern.	5.2 Verbindlichkeiten aus Krediten für Investitionen
1.3.3 Übrige Beteiligungen	
1.3.4 Sondervermögen	5.3 Verbindlichkeiten aus Krediten zur Liquiditätssicherung
1.3.5 Wertpapiere des Anlagevermögens	
1.3.6 Ausleihungen	5.4 Verbindlichkeiten aus Vorgängen, die

2. Umlaufvermögen 2.1 Vorräte 2.1.1 Roh-, Hilfs-. Betriebsstoffe, Waren 2.1.2 Geleistete Anzahlungen 2.2 Forderungen und sonstige VG 2.2.1 Forderungen 2.2.2 Sonstige Vermögensgegenstände 2.3 Wertpapiere des Umlaufvermögens 2.4 Liquide Mittel **3. Aktive Rechnungsabgrenzung** **4. Nicht durch EK gedeckter Fehlbetrag**	Kreditaufnahmen wirtschaftlich gleichkommen 5.5 Verbindlichkeiten aus Lieferungen und Leistungen 5.6 Sonstige Verbindlichkeiten 5.7 Erhaltene Anzahlungen **6. Passive Rechnungsabgrenzung**

Abbildung 70: Struktur NKF-Gesamtbilanz

B.10.7 Gesamtanhang, Gesamtlagebericht, Prüfung

B.10.7.1 Gesamtanhang

Auf den Gesamtanhang von Gebietskörperschaften sollten sinngemäß die Vorschriften der §§ 313, 314 HGB angewendet werden.

Das nachfolgende Schema soll eine mögliche Gliederung des gemeindlichen Gesamtanhangs aufzeigen:[278]

Die Gestaltung des gemeindlichen Gesamtanhangs		
1	**Allgemeine Angaben**	Einführung, Erläuterungspflichten, gesetzliche und örtliche Vorschriften u.a.
2	**Konsolidierungskreis und Konsolidierungsmethoden**	Angaben zu den einbezogenen und nicht einbezogenen Tochterunternehmen, assoziierten und anderen Unternehmen und Angaben zu den Konsolidierungsvorgängen
3	**Bilanzierungs- und Bewertungsmethoden**	Angaben zu genutzten Ansatzwahlrechten und Bewertungswahlrechten u.a.
4	**Erläuterungen zur Gesamtbilanz**	Angaben zu einzelnen Posten
5	**Erläuterungen zur Gesamtergebnisrechnung**	Angaben zu einzelnen Posten
6	**Erläuterungen zur Kapitalflussrechnung**	gegliedert nach Cashflow-Arten in den drei Bereichen

[278] Mit Änderungen entnommen aus: NKF-Handreichungen 7. Aufl. 2016, S. 4127.

7	**Sonstige Angaben**	z.B. zusätzliche Angaben zur Vermittlung eines den tatsächlichen Verhältnissen entsprechendes Bild der Vermögens-, Finanz- und Ertragslage; nicht bilanzierungsfähige Sachverhalte, die aber wirtschaftliche Bedeutung haben; Verzicht auf die Einbeziehung von verselbstständigten Aufgabenbereichen bei untergeordneter Bedeutung nach § 116 b GO NRW
8	**Hinweise auf sonstige Unterlagen**	z.B. Anlagen-, Forderungs- und Verbindlichkeitenspiegel
9	**Hinweise auf Verantwortliche**	Angaben zu den Mitgliedern des Verwaltungsvorstands, zu Bürgermeister und Kämmerer sowie zu den Ratsmitgliedern, ggf. auch zur Geschäftsführung der gemeindlichen Betriebe des Konsolidierungskreises nach § 116 Abs. 7 GO NRW
10	**Weitere Besonderheiten**	wichtige örtliche Sachverhalte, die nicht bereits anzugeben waren

Abbildung 71: Gesamtanhang

B.10.7.2 Gesamtlagebericht

§ 315 HGB sollte sinngemäß auch für die Konzernrechnungslegung von Gebietskörperschaften (vgl. § 52 Abs. 1 KomHVO NRW) Anwendung finden. Das nachfolgende Schema soll mögliche thematische Inhalte des Gesamtlageberichts[279] aufzeigen:[280]

Die Gestaltung des gemeindlichen Gesamtlageberichts	
ABSCHNITT	**INHALTE**
Rahmenbedingungen der gemeindlichen Verwaltungstätigkeit	Allgemeine örtliche Verhältnisse und Besonderheiten
Ergebnisüberblick und Rechenschaft	Überblick über die wichtigen Ergebnisse des Gesamtabschlusses und Rechenschaft über die gesamte Haushaltswirtschaft der Gemeinde einschließlich der Einhaltung der öffentlichen Zwecksetzung durch die gemeindlichen Betriebe

[279] Andere landesrechtliche Regelungen verwenden die Begriffe „Konsolidierungsbericht" (z.B. Nds., Bdg., SchlH), „Gesamtrechenschaftsbericht" (z.B. RhPf und Thür.) oder „Bericht zum Gesamtabschluss" (z.B. S-Anh.). Die Inhalte weichen länderspezifisch im Detail ab.

[280] Mit Änderungen entnommen aus: NKF-Handreichungen 7. Aufl. 2016, S. 4284.

Steuerung und Produktorientierung	Ausgewogene und umfassende, dem Umfang der gemeindlichen Aufgabenerfüllung entsprechende Analyse der produktorientierten Haushaltswirtschaft von Kernverwaltung und Betrieben unter Einbeziehung der Ziele und Kennzahlen
Überblick über die wirtschaftliche Gesamtlage	Ausgewogene und umfassende, dem Umfang der gemeindlichen Aufgabenerfüllung entsprechende Analyse der Vermögens-, Ertrags- und Finanzgesamtlage der Gemeinde unter Einbeziehung der produktorientierten Ziele und Leistungskennzahlen, ggf. Angaben über eine Krise
Wichtige Vorgänge	Bericht über Vorgänge von besonderer Bedeutung und deren Wirkungen auf die Haushaltswirtschaft von gemeindlicher Verwaltung und Betrieben
Prognosen	Beurteilung und Erläuterung der voraussichtlichen Entwicklung
Chancen	Chancen für die künftige Gesamtentwicklung der Gemeinde mit Angabe der zugrunde liegenden Annahmen
Risiken	Risiken für die künftige Gesamtentwicklung mit Angabe der zu Grunde liegenden Annahmen, ggf. auch der Gegenmaßnahmen und der Risikoüberwachung (u.a. Verwendung von Finanzinstrumenten, Informationen über internes Kontroll- und Risikomanagementsystem)
Örtliche Besonderheiten	Umsetzung eines Sanierungskonzeptes zur Wiedererreichung und dauerhaften Sicherung des Haushaltsausgleichs und/oder zum Aufbau von Eigenkapital (Beseitigung der Überschuldung)
Anlagen	z.B. Gesamtergebnisse im Zeitvergleich, Kennzahlen im Zeitvergleich, Prognosen im Zeitvergleich

Abbildung 72: Gesamtlagebericht

DRS 20 regelt die Lageberichterstattung für alle Mutterunternehmen, die einen Konzernlagebericht gemäß § 315 HGB aufzustellen haben oder freiwillig aufstellen.[281]

[281] Vgl. Deutscher Rechnungslegungsstandard Nr. 20 vom 14. 9. 2012, Bundesanzeiger vom 4. 12. 2012.

B.10.7.3 Beteiligungsbericht

In den Fällen, in denen eine Gemeinde von der Aufstellung eines Gesamtabschlusses unter den Voraussetzungen des § 116a GO NRW befreit ist, ist in dem Jahr ein Beteiligungsbericht[282] zu erstellen. Für die Erstellung des Beteiligungsberichtes gilt § 116 Abs. 6 Satz 2 GO NRW entsprechend, d.h. die Gemeinde kann von jedem verselbstständigten Teilbereich alle Aufklärungen und Nachweise für die Aufstellung des Berichtes verlangen. Über den Beteiligungsbericht ist ein gesonderter Beschluss der Gemeindevertretung in öffentlicher Sitzung herbeizuführen.

Der Beteiligungsbericht hat gemäß § 117 Abs. 2 GO NRW i.V.m. § 53 KomHVO NRW folgende Informationen zu sämtlichen verselbständigten Aufgabenbereichen in öffentlich-rechtlicher und privatrechtlicher Form zu enthalten, sofern in der Gemeindeordnung oder in einer Rechtsverordnung nichts anderes bestimmt ist:

1. die Beteiligungsverhältnisse mit Erläuterungen insb. zu den Zielen der Beteiligung und zur Erfüllung des öffentlichen Zwecks nach § 107 Abs. 1 GO NRW,
2. die Jahresergebnisse der verselbständigten Aufgabenbereiche,
3. eine Übersicht über den Stand der Verbindlichkeiten und die Entwicklung des Eigenkapitals jedes verselbständigten Aufgabenbereiches sowie
4. eine Darstellung der wesentlichen Finanz- und Leistungsbeziehungen der Beteiligungen untereinander und mit der Gemeinde (z.B. Verlustabdeckungen, Gewinnabführungen, Darlehensgewährungen).

Darüber hinaus sind im Anhang des Jahresabschlusses der Gemeinde Angaben gemäß § 38 Abs. 2 Satz 2 KomHVO NRW zu Erträgen und Aufwendungen mit den vollkonsolidierungspflichtigen Beteiligungen zu machen.

Stellt die Gemeinde einen Gesamtabschluss mit Gesamtlagebericht auf, braucht sie keinen Beteiligungsbericht anfertigen; die Angaben nach § 53 Nr. 1 – 3 KomHVO NRW müssen in den Gesamtlagebericht aufgenommen werden. Die Gemeinde kann aber freiwillig zusätzlich einen Beteiligungsbericht aufstellen.

B.10.7.4 Prüfung

Der Gesamtabschluss ist innerhalb der ersten neun Monate nach dem Abschlussstichtag aufzustellen (§ 116 Abs. 8 GO NRW). Über die Gesamtabschlussprüfung ist grundsätzlich unabhängig von der Berichterstattung über die Prüfung des Jahresabschlusses der Kernverwaltung als Konzernmutter selbständig zu berichten. Es gelten die allgemeinen Berichtsgrundsätze. Die Prüfung des Gesamtabschlusses hat sich darauf zu erstrecken, ob die gesetzlichen Vorschriften und die ergänzenden Satzungen sowie die sonstigen ortsrechtlichen Bestimmungen beachtet worden sind. Die Prüfung ist so anzulegen, dass Unrichtigkeiten und Verstöße gegen die in § 102 Abs.

[282] Der Beteiligungsbericht ist nach dem entsprechenden Muster des Ministeriums für Heimat, Kommunales, Bau und Gleichstellung NRW zu erstellen.

3 Satz 2 GO NRW aufgeführten Bestimmungen, die sich auf die Darstellung des sich nach § 95 Abs. 1 Satz 4 GO NRW ergebenden Bildes der Vermögens-, Finanz- und Ertragslage der Gemeinde wesentlich auswirken, bei gewissenhafter Berufsausübung erkannt werden.

Der Gesamtlagebericht ist darauf zu prüfen, ob er mit dem Gesamtabschluss sowie mit den bei der Prüfung gewonnenen Erkenntnissen in Einklang steht und ob er insgesamt ein zutreffendes Bild von der Lage der Gemeinde vermittelt. Dabei ist zu prüfen, ob die Chancen und Risiken der künftigen Entwicklung zutreffend dargestellt sind. Die Prüfung des Gesamtlageberichts hat sich auch darauf zu erstrecken, ob die gesetzlichen Vorschriften zu seiner Aufstellung beachtet worden sind.

Die Gemeinde kann mit der Durchführung der Gesamtabschlussprüfung einen Wirtschaftsprüfer, eine Wirtschaftsprüfungsgesellschaft oder die Gemeindeprüfungsanstalt beauftragen. Gemeinden ohne eigene Rechnungsprüfung können sich zudem für die Durchführung der Prüfung einer anderen örtlichen Rechnungsprüfung bedienen.

Der Abschlussprüfer des Gesamtabschlusses hat auch die Jahresabschlüsse der verselbständigten Aufgabenbereiche, insbesondere die **konsolidierungsbedingten Anpassungen** zu prüfen. Sind diese Jahresabschlüsse von einem anderen Abschlussprüfer geprüft worden, hat der Abschlussprüfer des Gesamtabschlusses entsprechend der Regelung des § 317 Abs. 3 Satz 2 HGB dessen Arbeit zu überprüfen und dies zu dokumentieren. Daneben sind die eigentlichen **Konsolidierungsmaßnahmen** nach §§ 301 ff HGB sowie die zutreffende Abgrenzung des **Konsolidierungskreises** zu prüfen. Wie im Einzelabschluss ist das Ergebnis der Prüfung in einem Prüfungsbericht unter Anwendung der Regelungen der §§ 321 und 322 HGB zusammenzufassen (vgl. § 102 Abs. 8 GO NRW).[283]

B.10.8 Internationaler Konzernabschluss

§ 315e Abs. 1 HGB benennt die HGB-Vorschriften, die ein Mutterunternehmen, das einen Konzernabschluss unter Anwendung internationaler Rechnungslegungsstandards aufstellt, zusätzlich beachten muss (so z.B. die Bestimmungen zum Konzernlagebericht). Gemäß § 315e Abs. 2 HGB haben Mutterunternehmen, die dem Recht eines Mitgliedsstaates der EU unterliegen und nicht unter § 315e Abs. 1 HGB fallen, den Konzernabschluss nach internationalen Rechnungslegungsstandards aufzustellen, „wenn für sie bis zum jeweiligen Bilanzstichtag die Zulassung eines Wertpapiers im Sinne des § 2 Absatz 1 des Wertpapierhandelsgesetzes zum Handel an einem organisierten Markt im Sinne des § 2 Abs. 5 des Wertpapierhandelsgesetzes im Inland beantragt worden ist“ (sog. **kapitalmarktorientiertes MU**). Mutterunternehmen, die nicht unter Absatz 1 oder 2 fallen (sog. **nichtkapitalmarktorientiertes MU**), können den Konzernabschluss wahlweise entweder nach HGB oder nach internatio-

[283] Zur Prüfung des Gesamtabschlusses sei auf Band 3 dieser Reihe verwiesen.

nalen Rechnungslegungsstandards aufstellen, müssen aber im Fall der Option für einen nach internationalen Standards aufgestellten Abschluss diese Standards und § 315e Abs. 1 HGB vollständig befolgen (§ 315e Abs. 3 HGB).

Aufgrund ihrer Geschäftsbeziehungen sind nichtkapitalmarktorientierte Mutterunternehmen jedoch oft faktisch gezwungen, die internationalen Rechnungslegungsvorschriften anzuwenden. Wie die einzelnen Vermögens- und Schuldenpositionen letztlich zu bewerten sind, richtet sich nach den Vorgaben der jeweils einschlägigen Standards, ggf. unter Bezugnahme auf die im Rahmenkonzept diskutierten Bewertungsmaßstäbe. Es ist deshalb nur eine Frage der Zeit, dass die IFRS die HGB-Rechnungslegungsvorschriften ablösen werden.

Das derzeitige deutsche Bilanzrecht orientiert sich primär am Vorsichtsprinzip im Sinne des Gläubigerschutzes, während die internationalen Rechnungslegungsstandards möglichst aktuelle Kapitalmarktinformationen zur Verfügung stellen wollen. Im Kern geht es u.a. um die Debatte, wie die Anschaffungs- und Herstellungskosten von Investitionsgegenständen fortgeschrieben werden und ob dabei stille Reserven entstehen oder eher aufgedeckt werden. Aufgrund des tendenziell höheren Ansatzes von Aktiv- und der tendenziell niedrigeren Bewertung der Passivposten werden nach IFRS regelmäßig höhere Gewinne ausgewiesen als nach deutschem Handelsbilanzrecht und damit stille Reserven tendenziell aufgelöst (shareholder value).

Nach den IFRS stehen anonyme Kapitalgeber als Abschlussadressaten im Vordergrund. Es wird davon ausgegangen, dass hierdurch ebenfalls die Informationsbedürfnisse anderer Adressaten befriedigt werden.

Die IFRS haben das Ziel, entscheidungsnützliche Informationen bereitzustellen. Es soll ein den tatsächlichen Verhältnissen entsprechendes Bild der Vermögens-, Finanz- und Ertragslage eines Unternehmens vermittelt werden.

Das Rahmenkonzept kennt keine einheitliche Bewertung, sondern nennt grundsätzliche Bewertungsmaßstäbe, die im IFRS-Abschluss zur Anwendung gelangen können. Wie die einzelnen Vermögens- und Schuldenpositionen letztlich zu bewerten sind, richtet sich nach den Vorgaben der jeweils einschlägigen Standards.

Es ist aber darauf hinzuweisen, dass ein Vorziehen von Gewinnen nach IFRS zu entsprechend niedrigeren Gewinnen in späteren Perioden führt, sodass, bezogen auf die Totalperiode, ein identischer Gewinnausweis gegeben ist.

B.10.9 Ausblick

Je mehr Abweichungen es zwischen den Regelungen der Einzelabschlüsse und den Regelungen für Konzernabschlüsse gibt, desto schwieriger wird die Konsolidierung; auch ist eine automatische Summierung und Konsolidierung mittels Software nicht möglich. Der Aufwand für die Konzernrechnungslegung ist damit relativ hoch. Er erhöht sich nochmals, wenn die Konzernrechnungslegung über kurz oder lang auch für Gebietskörperschaften nach den internationalen Rechnungslegungsvorschriften

(**IFRS**) erfolgen muss, wie sie kapitalmarktorientierte Mutterunternehmen bereits ab 2005 bzw. 2007 zu beachten haben.

Neben den IFRS gibt es internationale Rechnungslegungsvorschriften für den öffentlichen Bereich (International Public Sector Accounting Standards – **IPSAS**), die bereits in einigen Ländern – außer Deutschland - weitgehend angewandt werden. Die IPSAS sollen sowohl einen Rahmen als auch eine Grundlage für die Rechnungslegung und die Jahresabschlüsse im öffentlichen Bereich darstellen und zu europäischen Rechnungsführungsgrundsätzen für den öffentlichen Sektor (**EPSAS**) führen, die durch die Mitgliedsstaaten in nationales Recht umgesetzt werden sollen.[284] Durch eine solche Vereinheitlichung der Rechnungslegungsgrundsätze in den einzelnen Staaten soll auch erreicht werden, dass sich die **Einhaltung der sog. EU-Konvergenzkriterien** (zumeist Maastricht-Kriterien genannt) sinnvoll überprüfen lässt. So hat sich in der Vergangenheit gezeigt, dass das Kriterium der Staatsverschuldung in den Staaten unterschiedlich berechnet wird, da es keine einheitlichen Normen gibt, was überhaupt zu den Schulden zählt. Auch kann durch eine Ausgliederung von Schulden der eigene Schuldenstand des Staates geschönt werden. Eine Vergleichbarkeit der Daten ist aufgrund der unterschiedlichen Rechnungslegungssysteme in den einzelnen Staaten nicht möglich.

Zumindest für Deutschland bleibt zu hoffen, dass die Zersplitterung des Rechnungswesens in den Gebietskörperschaften (Bund, Länder und Gemeinden) durch die Einführung der EPSAS beseitigt wird. Für die Gebietskörperschaften, die bereits ein doppisches Rechnungswesen anwenden, dürfte der Umstellungsaufwand geringer sein. Von deutscher Seite sollte bei der inhaltlichen Gestaltung der EPSAS insbesondere eine Verankerung des Vorsichtsprinzips als zentraler und bewährter Rechnungslegungsgrundsatz angestrebt werden. Alternativen zu einer einheitlichen öffentlichen Rechnungslegung gibt es nicht.

Nach der derzeitigen Planung soll mit einer stufenweisen Einführung der EPSAS bereits 2020 begonnen werden. Eine vorausschauende Fortbildung der eigenen Mitarbeiter ist schon jetzt sinnvoll, um bei einer verbindlichen Einführung nicht primär auf externe Berater zurückgreifen zu müssen. Dies ließe wiederum die Kosten der Einführung steigen.

Sollte die Einführung der EPSAS in Deutschland scheitern, wäre zumindest eine einheitliche Anwendung der Standards staatlicher Doppik in allen Gebietskörperschaften (Bund, Länder und Gemeinden) anzustreben, da dies langfristig wirtschaftlicher ist als das Festhalten an unterschiedlichen Konzepten.

---

[284] Zu den Inhalten der IPSAS und EPSAS im Überblick vgl.: NKF-Handreichungen, 7. Aufl. 2016, S. 350 und KGST Bericht 14/2015: Internationale Rechnungslegungsstandards und ihre Anwendung in Kommunen.

Literaturverzeichnis

Adler/Düring/Schmaltz: Rechnungslegung und Prüfung der Unternehmen, 6. Aufl., Stuttgart 1995

Baetge/Kirsch/Thiele: Bilanzen, 15. Aufl., Düsseldorf 2019

Baetge/Kirsch/Thiele: Konzernbilanzen, 13. Aufl., Düsseldorf 2019

Beck'scher Bilanzkommentar: 12. Aufl., München 2020, Verlag C. H. Beck

Bernhardt/Golombiewski/Mutschler/Stockel-Veltmann: Kommunales Finanzmanagement NRW, 7. Aufl., Witten 2013

Bitz/Schneeloch: Der Jahresabschluss, 6. Aufl., München 2014

Blödtner/Bilke/Heining: Lehrbuch Buchführung und Bilanzsteuerrecht, 12. Aufl., Herne 2017

Bolsenkötter/Detemple: Die Eröffnungsbilanz der Gebietskörperschaft, Frankfurt am Main 2002

Brixner/ Harms/ Noe: Verwaltungs-Kontenrahmen, München 2003

Brösel, Gerrit: Bilanzanalyse, 16. Aufl., Berlin 2017

Buchner, Robert: Buchführung und Jahresabschluss, 7. Aufl. 2005

Coenenberg/Haller/Schultze: Jahresabschluss und Jahresabschlussanalyse, 25. Aufl., Stuttgart 2018

Coenenberg/Haller/Schultze: Jahresabschluss und Jahresabschlussanalyse, Aufgaben und Lösungen, 17. Aufl., Stuttgart 2018

Coenenberg/Haller/Mattner/Schultze: Einführung in das Rechnungswesen, 7. Aufl., Stuttgart 2018

DIN Deutsches Institut für Normung e. V.: DIN 31051:2003-06, Grundlagen der Instandhaltung, Berlin 2003

Döring/ Buchholz: Buchhaltung und Jahresabschluss, 15. Aufl., Berlin 2018

Dresbach: Kommunale Finanzwirtschaft Nordrhein-Westfalen, 46. Aufl., Bergisch Gladbach 2019

Düngen/ Zeiler: Rechnungswesen in der öffentlichen Verwaltung, 6. Aufl., Köln 2019

Endriss (Hrsg.): Bilanzbuchhalter-Handbuch, 12. Aufl., Herne 2019

Engelhardt/ Raffée/ Wischermann: Grundzüge der doppelten Buchhaltung, 8. Aufl., Wiesbaden 2010

Falterbaum/Bolk /Reiß: Buchführung und Bilanz, Grüne Reihe, Band 10, 22. Aufl. 2015

Freytag/Hamacher/ Wohland: Neues Kommunales Finanzmanagement, Kommentar, 2. Aufl., Stuttgart 2009

Fudalla/ zur Mühlen/ Wöste: Doppelte Buchführung in der Kommunalverwaltung, 4. Aufl., Berlin 2010

Fudalla/ Tölle/ Wöste: Bilanzierung und Jahresabschluss in der Kommunalverwaltung, Grundsätze für das „Neue Kommunale Finanzmanagement" (NKF), 4. Aufl. 2017

Gemeindeprüfungsanstalt NRW: Kommunalhaushaltsrecht Nordrhein-Westfalen, Kommentar mit Anhang, Stand November 2019

Gemeindeprüfungsanstalt NRW: Bilanzierung von Derivaten, Stand März 2018, www.gpanrw.de

Gemeindeprüfungsanstalt NRW: Abgrenzung von Herstellungskosten und Erhaltungsaufwand bei Gebäuden, Stand April 2015, www.gpanrw.de

Gräfer: Rechnungslegung, 5. Aufl., Herne 2016

Graumann: Praktische Jahresabschlussanalyse, 2. Aufl., Herne 2017

Häfner, Philipp: Doppelte Buchführung für Kommunen nach dem NKF, 3. Aufl., Freiburg 2005

Haufe Mediengruppe: Neues Kommunales Finanzmanagement, 2. Aufl., 2003

Haufe: Rechnungswesen Office www.rechnungswesen-office.de

Heinhold, Michael: Buchführung in Fallbeispielen, 12. Aufl., Stuttgart 2012

Henkes, Jörg: Der Jahresabschluss kommunaler Gebietskörperschaften, Berlin 2008

Henneke/Strobl/Diemert: Recht der kommunalen Haushaltswirtschaft, Doppik – Neue Steuerung, München 2008

Hennies, Marc: Bilanzpolitik und Bilanzanalyse im kommunalen Sektor, München 2005

Hoffmann/Lüdenbach: NWB Kommentar Bilanzierung, 11. Aufl., Herne 2019

Homann, Klaus: Kommunales Rechnungswesen, 6. Aufl., Wiesbaden 2005

Innenministerium NRW: NKF-Handreichungen für Kommunen, 7. Aufl. 2016

Institut der Wirtschaftsprüfer (Hrsg.): WP Handbuch, Wirtschaftsprüfung und Rechnungslegung, 16. Aufl., Düsseldorf 2019

Institut der Wirtschaftsprüfer (Hrsg.): Öffentliche Hand, besondere Branchen und Non-Profits, Düsseldorf 2019

Isemann/Müller/Müller: Kommunale Kosten- und Leistungsrechnung, Berlin 2009

KGSt-Bericht 9/2005: Rückstellungen für unterlassene Instandhaltungen im Neuen Haushalts- und Rechnungswesen

KGST-Bericht 14/2015: Internationale Rechnungslegungsstandards und ihre Anwendung in Kommunen

Klümper/Möllers/Zimmermann: Kommunale Kosten- und Wirtschaftlichkeitsrechnung, 20. Aufl., Witten 2019

Küting/Weber: Der Konzernabschluss, 14. Aufl., Stuttgart 2018

Kuntzmann: Prüfungstraining für Bilanzbuchhalter, Band 1, 20. Aufl., Herne 2017

Kuntzmann: Prüfungstraining für Bilanzbuchhalter, Band 2, 10. Aufl., Herne 2015

Kußmaul / Henkes: Kommunale Doppik, Berlin 2009

Lehmitz/Kamp: Der Kommunale Gesamtabschluss: Konsolidierung in der Doppik, Weinheim 2012

Littkemann/Holtrup/Reinbacher: Jahresabschluss, 3. Aufl., Hagen 2016

Littkemann/Holtrup/Schulte: Buchführung, 8. Aufl., Hagen 2016

Meyer, Claus: Bilanzierung nach Handels- und Steuerrecht, 30. Aufl., Herne 2019

Moxter/Engel-Ciric, Grundsätze ordnungsgemäßer Bilanzierung, Düsseldorf 2019

Mutschler/Stockel-Veltmann: Kommunales Finanzmanagement, Studienbuch für den kommunalen Bachelorstudiengang, 6. Aufl., Witten 2019

Penné/ Schwed/ Janßen: Bilanzprüfung – Ausweis, Bilanzierung, Bewertung und Prüfung der Bilanzpositionen, Stuttgart 2000

Peper / Weller: Der kommunale Gesamtabschluss, Berlin 2010

Petersen/ Zwirner/ Brösel: Handbuch Bilanzrecht, Köln 2010

Petersen/ Zwirner: Systematischer Praxiskommentar Bilanzrecht, 4. Aufl. Köln 2020

Rinker/Ditges/ Olfert: Bilanzen, 15. Aufl., Herne 2016

Rose, Joachim: Kommunale Finanzwirtschaft Niedersachsen, Grundriss für die Aus- und Fortbildung, 8. Aufl., Stuttgart 2020

Schierenbeck, Henner: Grundzüge der Betriebswirtschaftslehre, 19. Aufl., Berlin 2016

Schierenbeck, Henner: Übungsbuch: Grundzüge der Betriebswirtschaftslehre, 10. Aufl., Berlin 2011

Schmidt: Einkommensteuergesetz, 38. Aufl., München 2019

Schmolke/Deitermann: Industrielles Rechnungswesen, 47. Aufl., Braunschweig 2018

Srocke, Isabell: Konzernrechnungslegung in Gebietskörperschaften unter Berücksichtigung von HGB, IAS/IFRS und IPSAS, Düsseldorf 2004

Wambach, Martin/ Redenius, Hilko: Leitfaden zur Bilanzierung und Prüfung nach NKFG: Eröffnungsbilanz und Jahresabschluss, 1. Aufl. Nürnberg 2005

Wedell/Dilling: Grundlagen des Rechnungswesens, 16. Aufl., Herne 2018

Wehrheim/Gehrke/Renz: Die Handels- und Steuerbilanz, 5. Aufl., München 2020

Wöhe, Günter: Einführung in die Allgemeine Betriebswirtschaftslehre, 26. Aufl. München 2016

Wöhe, Günter: Bilanzierung und Bilanzpolitik, 10. Aufl. München 2017

Wöhe/Kußmaul: Grundzüge der Buchführung und Bilanztechnik, 10. Aufl. München 2018

Wöltje, Jörg: Buchführung und Jahresabschluss, 3. Aufl., München 2012

Überblick über die Rechtvorschriften zum Kommunalen Haushaltsrecht in den Ländern:

- Baden-Württemberg: Verordnung des Innenministeriums über die Haushaltswirtschaft der Gemeinden (Gemeindehaushaltsverordnung - GemHVO)
- Bayern: Verordnung über das Haushalts-, Kassen- und Rechnungswesen der Gemeinden, der Landkreise und der Bezirke nach den Grundsätzen der doppelten kommunalen Buchführung (Kommunalhaushaltsverordnung - Doppik - KommHV-Doppik)
- Brandenburg: Verordnung über die Aufstellung und Ausführung des Haushaltsplans der Gemeinden (Kommunale Haushalts- und Kassenverordnung-KomHKV) (Doppik)
- Hessen: Verordnung über die Aufstellung und Ausführung des Haushaltsplans der Gemeinden (Gemeindehaushaltsverordnung - GemHVO)
- Mecklenburg-Vorpommern: Gemeindehaushaltsverordnung-Doppik (GemHVO-Doppik), Gemeindekassenverordnung-Doppik (GemKVO-Doppik)
- Niedersachsen: Verordnung über die Aufstellung und Ausführung des Haushaltsplans sowie die Abwicklung der Kassengeschäfte der Gemeinden auf der Grundlage der kommunalen Doppik (Gemeindehaushalts- und -kassenverordnung - GemHKVO)
- Nordrhein-Westfalen: Verordnung über das Haushaltswesen der Gemeinden im Land Nordrhein-Westfalen (Kommunalhaushaltsverordnung NRW - KomHVO NRW)
- Rheinland-Pfalz: Gemeindehaushaltsverordnung (GemHVO)
- Saarland: Kommunalhaushaltsverordnung (KommHVO)
- Sachsen: Verordnung des Sächsischen Staatsministeriums des Innern über die kommunale Haushaltswirtschaft nach den Regeln der Doppik (Sächsische Kommunalhaushaltsverordnung-Doppik – SächsKomHVO-Doppik), Sächsische Kommunale Kassen- und Buchführungsverordnung (SächsKomKBVO)
- Sachsen-Anhalt: Verordnung über die Aufstellung und Ausführung des Haushaltsplanes der Gemeinden im Land Sachsen-Anhalt nach den Grundsätzen der doppelten Buchführung (Gemeindehaushaltsverordnung Doppik - GemHVO Doppik)
- Schleswig-Holstein: Landesverordnung über die Aufstellung und Ausführung eines doppischen Haushaltsplanes der Gemeinden (Gemeindehaushaltsverordnung Doppik)
- Thüringen: Thüringer Gemeindehaushaltsverordnung-Doppik (ThürGemHV-Doppik)

Anlage: vereinfachter NKF-Kontenrahmen

Kontenklasse 0	Kontenklasse 1
Immaterielle Vermögensgegenstände und Sachanlagen	**Finanzanlagen, Umlaufvermögen und aktive Rechnungsabgrenzung**
01 Immaterielle Vermögensgegenstände	10 Anteile an verbundenen Unternehmen
011 Konzessionen	11 Beteiligungen
012 Lizenzen	12 Sondervermögen
013 DV-Software	13 Ausleihungen
014 Nutzungsrechte	141 Wertpapiere des Anlagevermögens
018 Sonstige immaterielle VG	142 Wertpapiere des Umlaufvermögens
019 Geleistete Anzahlungen auf immat. VG	**15 Vorräte**
02 Unbebaute Grundstücke und grundstücksgleiche Rechte	151 Roh-, Hilfs- und Betriebsstoffe, Waren
	1511 Nachlässe (Skonto, Boni)
021 Grünflächen	1512 Bezugskosten
022 Ackerland	152 Geleistete Anzahlungen auf Vorräte
023 Wald, Forsten	**16 Öffentlich-rechtliche Forderungen und Forderungen aus Transferleistungen**
024 Sonstige unbebaute Grundstücke	
03 Bebaute Grundstücke und grundstücksgleiche Rechte	161 Gebührenforderungen
	162 Beitragsforderungen
031 Kinder- und Jugendeinrichtungen	163 Steuerforderungen
032 Schulen	164 Forderungen aus Transferleistungen
033 Wohnbauten	165 Sonstige öffentlich-rechtliche Forderungen
039 Sonstige Gebäude	166 Zweifelhafte öffentl.-rechtl. Forderungen
04 Infrastrukturvermögen	**17 Privatrechtliche Forderungen, sonstige Vermögensgegenstände**
041 Grund u. Boden des Infrastrukturvermögens	
	171 Forderungen aus Lieferungen u. Leistungen
042 Brücken und Tunnel	172 Sonstige privatrechtliche Forderungen
043 Gleisanlagen	173 Zweifelhafte privatrechtliche Forderungen
044 Entwässerungs- und Abwasseranlagen	174 Privatrechtliche Forderungen gegen Mitarbeiter, Organmitglieder
045 Straßen, Wege, Plätze u. Verkehrslenkung	
049 Sonstiges Infrastrukturvermögen	175 Sonstige Vermögensgegenstände
05 Bauten auf fremden Grund und Boden	176 Vorsteuer
06 Kunstgegenstände, Kulturdenkmäler	177 Sonst. Forderungen (Rechnungsabgrenzung))
07 Maschinen und technische Anlagen, Fahrzeuge	**18 Liquide Mittel**
	181 Bank und sonstige Sichteinlagen
071 Maschinen	182 Kasse
072 Technische Anlagen	**19 Aktive Rechnungsabgrenzung (RAP)**
073 Fahrzeuge	191 Aktive RAP für (Disagio)
08 Betriebs- und Geschäftsausstattung	192 Aktive RAP für geleistete Zuwendungen mit Gegenleistungsverpflichtung
09 Geleistete Anzahlungen, Anlagen im Bau	
091 Geleistete Anzahlungen auf Sachanlagen	193 Sonstige akt. RAP
092 Anlagen in Bau	199 Überschuldung

Kontenklasse 2	**Kontenklasse 3**
Eigenkapital und Rückstellungen **20 Eigenkapital** 201 Allgemeine Rücklage (Basiskapital, Nettoposition) 203 Sonderrücklage 204 Ausgleichsrücklage 205 Jahresüberschuss/Jahresfehlbetrag **21 Wertberichtigungen** (Bilanzausweis nicht zulässig) 211 Einzelwertberichtigungen zu Forderungen 212 Pauschalberichtigungen zu Forderungen **23 Sonderposten (SoPo)** 231 SoPo aus Zuwendungen für Investitionen 232 Sonderposten aus Beiträgen 233 Sonderposten für den Gebührenausgleich 234 Sonstige Sonderposten 25 Pensionsrückstellungen 26 Rückstellungen für Deponien und Altlasten 27 Rückstellung für unterlassene Instandhaltung 28 Sonstige Rückstellungen	**Verbindlichkeiten und passive Rechnungsabgrenzungsposten** **30 Anleihen** 32 Verbindlichk. aus Krediten für Investitionen 33 Verbindlichk. aus Krediten zur Liquiditätssicherung 34 Verbindlichkeiten, die Kreditaufnahmen wirtschaftlich gleichkommen 35 Verbindlichkeiten aus Lieferung u. Leistung 36 Verbindlichkeiten aus Transferleistungen **37 Sonstige Verbindlichkeiten** 371 Steuerverbindlichkeiten (einbehaltene Lohnsteuer, Kirchensteuer) 372 Verbindlichkeiten gegenüber SV-Träger 373 Umsatzsteuer 374 Umsatzsteuerverrechnung 376 Sonstige Verbindlichk. (Rechnungsabgr.) 3790 Andere sonstige Verbindlichkeiten 3795 Ungeklärte Zahlungseingänge („Verwahrgelder“) **38 Erhaltene Anzahlungen** **39 Passive Rechnungsabgrenzung (RAP)**
Kontenklasse 4 Erträge	**Kontenklasse 5 Aufwendungen**
40 Steuern und ähnliche Abgaben 401 Realsteuern 402 Gemeindeanteil an Gemeinschaftssteuern 403 Sonstige Gemeindesteuern 404 Steuerähnliche Erträge 405 Ausgleichsleistungen **41 Zuwendungen und allgemeine Umlagen** 411 Schlüsselzuweisungen 412 Bedarfszuweisungen 414 Zuweisungen u. Zuschüsse f. lfd. Zwecke 415 Erträge aus Auflösung von SoPo aus Zuwendungen 416 Allgemeine Umlagen (z.B. Kreisumlage) **42 Sonstige Transfererträge** 421 Ersatz von sozialen Leistungen außerhalb v. Einrichtungen 422 Ersatz von sozialen Leistungen in Einrichtungen 423 Sonstige Transfererträge **43 Öffentlich-rechtliche Leistungsentgelte** 431 Verwaltungsgebühren 432 Benutzungsgebühren und ähnliche Entgelte 433 Erträge aus der Auflösung von Sonderposten für Beiträge 434 Erträge aus der Auflösung von Sonderposten für den Gebührenausgleich	**50 Personalaufwendungen** 501 Dienstaufwendungen für Beamte, Entgelte für tariflich und sonstige Beschäftigte 502 Beiträge zu Versorgungskassen 503 Beiträge zur gesetzlichen Sozialvers. 504 Beihilfen, Unterstützungsleistungen für Beschäftigte 505 Zuführung zu Pensionsrückstellungen für Beschäftigte 506 Zuführung zu Beihilferückstellungen für Beschäftigte 507 Aufwand für Urlaubs-, Überstundenrückstellungen etc. **51 Versorgungsaufwendungen** 511 Versorgungsbezüge 512 Beiträge zu Versorgungskassen 513 Beiträge zur gesetzlichen Sozialvers. 514 Beihilfen, Unterstützungsleistungen für Versorgungsempfänger 515 Zuführung zu Pensionsrückstellungen für Versorgungsempfänger 516 Zuführung zu Beihilferückstellungen für Versorgungsempfänger

44 Privatrechtliche Leistungsentgelte, Kostenerstattungen und umlagen
441 Umsatzerlöse
442 Erlösberichtigungen (Korrekturkonto)
443 Mieten und Pachten
445 Sonstige privatrechtliche Leistungsentgelte
446 Erträge aus Kostenerstattungen, -umlagen
45 Sonstige ordentliche Erträge
451 Erträge aus Veräußerung von VG
452 Erträge aus Veräußerung von Finanzanlagen
453 Verrechnung von Veräußerungserträgen mit der Allg. Rücklage
454 Bußgelder, Verwarngelder (Ordnungswidrigkeiten)
455 Konzessionsabgaben
456 Säumniszuschläge, Stundungszinsen
457 Erträge aus Zuschreibungen
458 Erträge aus der Aufl. von Rückstellungen
459 Andere sonstige ordentliche Erträge
46 Finanzerträge
461 Zinserträge
462 Sonstige Finanzerträge
47 Aktivierte Eigenleistungen und Bestandsveränderungen
471 Aktivierte Eigenleistungen
472 Bestandsveränderungen an fertigen u. unfertigen Erzeugnissen
48 Erträge aus internen Leistungsbeziehungen
49 Außerordentliche Erträge

52 Aufw. f. Sach- u. Dienstleistungen
521 Instandhaltung des unbeweglichen Vermögens
524 Unterhaltung und Bewirtschaftung des unbewegl. Vermögens
525 Unterhaltung und Bewirtschaftung des bewegl. Vermögens
527 Besondere Verwaltungs- u. Betriebsaufwendungen (Lernmittel)
528 Aufwendungen für sonstige Sachleistungen
529 Aufwendungen f. sonstige Dienstleistungen
53 Transferaufwendungen
531 Zuweisungen u. Zuschüsse für lfd. Zwecke
532 Schuldendiensthilfen
533 Sozialtransferaufwendungen
534 Steuerbeteiligungen
535 Allgemeine Zuweisungen an Gemeinden
537 Allgemeine Umlagen an Land/ Gemeinden/ Zweckverbände
538 Sonstige Transferaufwendungen
54 Sonstige ordentliche Aufwendungen
541 Sonstige Personal- und Versorgungsaufwendungen (für Aus- und Fortbildung, Umschulungen, Reisekosten)
542 Aufwendungen für die Inanspruchnahme von Rechten und Diensten (u.a. Mieten, Pachten, Leasing)
543 Geschäftsaufwendungen
544 Steuern, Versicherungen, Schadensfälle
545 Verluste aus dem Abgang von VG des AV
546 Verrechnung von Veräußerungsverlusten mit der Allg. Rücklage
547 Wertberichtigung von Forderungen (Abschreibung a. Ford., Zuführung EWB, PWB
548 Verfügungsmittel
549 Sonstige ordentliche Aufwendungen (z.B. Investitionszuschüsse)
55 Zinsen u. sonstige Finanzaufwendungen
551 Zinsaufwendungen
552 Auflösung akt. RAP für Disagio
553 Sonstige Finanzaufwendungen
57 Bilanzielle Abschreibungen auf Anlage- und Umlaufvermögen
571 Abschreibungen auf imm.VG und SA
572 Abschreibungen auf Finanzanlagen
573 Abschreibungen auf Umlaufvermögen (außer Forderungen)
574 Außerplanmäßige Abschreibungen
58 Aufwendungen aus internen Leistungsbeziehungen
59 Außerordentliche Aufwendungen

Kontenklasse 6 Einzahlungen	Kontenklasse 7 Auszahlungen
60 Steuern und ähnliche Abgaben 61 Zuwendungen und allgemeine Umlagen 611 Schlüsselzuweisungen 612 Bedarfszuweisungen 613 Sonstige allgemeine Zuweisungen 614 Zuweisungen und Zuschüsse für laufende Zwecke 616 Allgemeine Umlagen (z.B. Kreisumlage) 62 Transfereinzahlungen 63 Öffentlich-rechtliche Leistungsentgelte 631 Verwaltungsgebühren 632 Benutzungsgebühren und ähnliche Entgelte 64 Privatrechtliche Leistungsentgelte, Kostenerstattungen und Kostenumlagen 641 Umsatzerlöse 642 Erlösschmälerungen 643 Mieten und Pachten 645 Sonstige privatrechtliche Leistungsentgelte 646 Einzahlungen aus Kostenerstattungen, Kostenumlagen 65 Sonstige Einzahlungen aus laufender Verwaltungstätigkeit 66 Zinsen und sonstige Finanzeinzahlungen 68 Einzahlungen aus Investitionstätigkeit 69 Einzahlungen aus Finanzierungstätigkeit 691 Einzahlungen aus Anleihen 692 Kreditaufnahmen für Investitionen 693 Aufnahme von Krediten zur Liquiditätssicherung 695 Einzahlung aus Rückflüssen von Darlehen	70 Personalauszahlungen 71 Versorgungsauszahlungen 72 Auszahlungen für Sach- u. Dienstleistungen 73 Transferauszahlungen 74 Sonstige Auszahlungen aus laufender Verwaltungstätigkeit 741 Sonstige Personal- und Versorgungsauszahlungen 742 Mieten, Pachten und Leasing 743 Geschäftsauszahlungen 744 Steuern, Versicherungen, Schadensfälle 748 Verfügungsmittel 749 Sonstige Auszahlungen aus laufender Verwaltungstätigkeit 75 Zinsen und sonstige Finanzauszahlungen 78 Auszahlungen aus Investitionstätigkeit 79 Auszahlungen aus Finanzierungstätigkeit 791 Auszahlungen aus der Rückzahlung von Anleihen 792 Tilgung von Krediten für Investitionen 793 Tilgung von Krediten zur Liquiditätssicherung 794 Tilgung von sonstigen Wertpapierschulden 795 Gewährung von Darlehen

Sachverzeichnis